绿色建筑技术实施指南

GREEN BUILDING TECHNICAL GUIDELINES

马素贞　主编

中国建筑工业出版社

图书在版编目（CIP）数据

绿色建筑技术实施指南/马素贞主编．—北京：中国建筑工业出版社，2016.7

ISBN 978-7-112-19257-1

Ⅰ．①绿…　Ⅱ．①马…　Ⅲ．①生态建筑-指南　Ⅳ．①TU18-62

中国版本图书馆 CIP 数据核字（2016）第 059070 号

本书依据国家标准《绿色建筑评价标准》GB/T 50378—2014 进行编写，并与其配合使用，为绿色建筑设计咨询工作提供具体的技术指导。本书根据《绿色建筑评价标准》编排章节框架及梳理相关的绿色建筑技术，并从技术简介、适用范围、技术要点、相关标准规范及图集、参考案例等方面对每项绿色建筑技术进行详细阐述，给读者以实战性指导。

本书可供绿色建筑的决策者、投资者、建设者、设计人员、咨询人员、施工人员、运行管理人员使用，也可供绿色建筑技术相关的产品供应商以及高校相关专业的教师和学生等参考。

责任编辑：张文胜

责任设计：董建平

责任校对：陈晶晶　关　健

绿色建筑技术实施指南

马素贞　主编

*

中国建筑工业出版社出版、发行（北京西郊百万庄）

各地新华书店、建筑书店经销

霸州市顺浩图文科技发展有限公司制版

北京君升印刷有限公司印刷

*

开本：787×1092 毫米　1/16　印张：30¾　字数：742 千字

2016 年 7 月第一版　　2016 年 7 月第一次印刷

定价：**85.00** 元

ISBN 978-7-112-19257-1

（28497）

（邮政编码 100037）

编写委员会

顾　　问：王有为　王清勤　程志军

主编单位：中国建筑科学研究院上海分院

主　　编：马素贞

副 主 编：张　鉴

委　　员：陈　蕊　樊　瑛　房佳琳　范世锋　冯　伟　景小峰
李芳艳　林星春　刘丽霞　邵文晞　邵　怡　孙金金
孙屹林　谈周尧　汤曼琳　田慧峰　王　龙　伍文艳
薛磊磊　杨青照　湛江平　张　雪　左　星

审 稿 人：张津奕　吕伟娅　张　沂　邓良和　夏　林

*　*　*

本书受国家工程技术研究中心再建项目“国家建筑工程技术开发”（项目编号：2011FU125Z12）和国家“十二五”科技支撑计划课题“绿色建筑评价指标体系与综合评价方法研究”（课题编号：2012BAJ10B02）资助。

前　言

近年来我国绿色建筑发展迅猛，在国家政策的大力推动下，绿色建筑迎来了规模化发展阶段。《绿色建筑评价标准》GB/T 50378－2014（以下简称《标准》）于2015年1月1日开始实施，更将促进我国绿色建筑的快速、健康发展。相对2006版的标准，新标准中涉及了更多的绿色建筑技术，如绿色雨水基础设施、节能电梯、节能变压器等，因此有必要结合目前绿色建筑的实际情况及新版标准的要求编制一本《绿色建筑技术实施指南》（以下简称《指南》），以便适应今后绿色建筑精细化设计和管理的需求。

《指南》的编制得到国家工程技术研究中心再建项目"国家建筑工程技术开发"（项目编号：2011FU125Z12）和国家"十二五"科技支撑计划课题"绿色建筑评价指标体系与综合评价方法研究"（课题编号：2012BAJ10B02）的资助。

《指南》依据《标准》进行编制，为绿色建筑设计咨询工作提供更为具体的技术指导。《指南》的章节框架也与《标准》基本对应，第1章阐述了绿色建筑的发展背景，包括缘起、概念、发展历程、相关的绿色建筑评估体系、绿色建筑发展现状等；第2～8章分别对应《标准》的7大版块——节地与室外环境、节能与能源利用、节水与水资源利用、节材与材料资源利用、室内环境质量、施工管理、运营管理，书中的绿色建筑技术则依据《标准》的具体条文（有所拓展）。每个技术按照技术简介、适用范围、技术要点、相关标准规范及图集、参考案例来阐述，技术简介主要是对每个技术的概念、分类进行简要阐述，适用范围主要是该技术适用的建筑类型、建筑高度、系统类型等；技术要点则从技术指标、设计要点、注意事项等方面详细阐述；参照标准主要是涉及到该项技术的国家标准、规范、导则、图集等；参考案例则结合实际项目案例阐述该技术的实践应用情况。

本书各章的编著者分别是：第1章，马素贞，范世锋；第2章，马素贞，景小峰，房佳琳，湛江平，汤曼琳，谈周尧，左星，陈蕊；第3章，马素贞，林星春，孙金金，杨青照，李芳艳，樊瑛，陈蕊；第4章，马素贞，汤曼琳，冯伟，薛磊磊；第5章，汤民，张雪，景小峰，陈蕊，刘丽霞；第6章，马素贞，孙金金，邵怡，邵文晞，孙屹林，王龙；第7章，张崟，伍文艳；第8章，田慧峰，马素贞，汤曼琳，杨青照，孙金金。

本书依据《标准》确定章节框架及相关的绿色建筑技术，从技术简介、适用范围、技术要点、相关标准规范及图集、参考案例等方面对每项绿色建筑技术进行详细的阐述，给读者以实战性指导，希望能为从事绿色建筑开发建设、设计咨询、施工、运营管理等的相关人员提供技术指导。

绿色建筑是一个系统工程，其功能实现需要各个专业的配合，绿色建筑咨询工程师应尽早介入，以被动优先、主动优化的思路，基于绿色性能提升的原则进行绿色策划，并结合项目实际需求合理确定绿色建筑集成方案，这样才可以使绿色建筑更加健康地发展。

本书编著过程中，王有为、张津奕、吕伟娅、张沂、邓良和、夏林等专家提出了宝贵意见，在此表示衷心的感谢！

最后，诚恳地希望读者对本书提出意见和建议，以便后续修订完善。

目 录

第 1 章　绿色建筑概述

1.1　绿色建筑的缘起

现代科学和工业革命给人类带来了前所未有的进步，但同时也带来一系列严重的环境问题和发展挑战，如人口剧增、资源紧缺、气候变化、环境污染和生态破坏等问题威胁着人类的生存与发展。实践证明，传统的发展模式和消费方式已经难以为继，必须寻求一条人口、经济、社会发展与资源及环境相互协调的发展道路。

20 世纪 60 年代，全球兴起了一场"绿色运动"，以此寻求人类持续生存和可持续发展的空间。"生态"思想的出发点是保护自然资源，调整人类行为，满足自然生态的良性循环，保证人类生存的安全。面对保护生态环境、维护生态平衡这一全球性课题以及日益蓬勃发展的绿色运动，在建筑这一与人类息息相关的领域，生态建筑开始日益受到关注。20 世纪 60 年代，美籍意大利建筑师保罗・索勒瑞（Paola Soleri）主张保持生态平衡并保持城市与建筑的自身特征，把生态学"Ecology"和建筑学"Architecture"两词合并为"Arology"，即"生态建筑学"。1963 年维克多・奥戈亚（V・Olgyay）在《设计结合气候：建筑地方主义的生物气候研究》中，提出建筑设计与地域、气候相协调的设计理论。1969 年美国风景建筑师麦克哈格（McHarg）出版了《设计结合自然》一书，提出人、建筑、自然和社会应协调发展并探索了建造生态建筑的有效途径与设计方法，它标志着生态建筑理论的正式诞生。

1972 年，英国经济学家巴巴拉・沃德（Barbara Ward）和美国生物学家雷内・杜博斯（Rene DuBoS）为联合国环境会议起草的报告《只有一个地球》问世，把人类生存与环境的认识提高到可持续发展的新境界。同年，罗马俱乐部发表了著名的研究报告《增长的极限》，明确提出"持续增长"和"合理的持久的均衡发展"的概念。20 世纪 80 年代，巴比尔（EdwardB. Barbier）等学者发表了一系列有关经济、环境可持续发展的文章，引起了国际社会的广泛关注。1987 年，以挪威首相布伦特兰（Gro Harlem Brundtland）为主席的世界与环境发展委员会向联合国提交了一份经过充分论证的报告——《我们共同的未来》，正式提出可持续发展概念，即"既满足当代人的需要，又不对后代人满足其需要的能力构成危害的发展"，并以此为主题对人类共同关心的环境与发展问题进行了全面论述，受到世界各国政府组织和舆论的极大重视。

在 1992 年巴西里约热内卢召开的联合国环境与发展会议上，"可持续发展"的战略思想得到与会者的一致认可。会上通过了《二十一世纪议程》，至此可持续发展理念开始转变为人类的共同行动纲领。可持续发展理论摒弃了过去"零增长"（过分强调环保）和过分强调经济增长的偏激思想，主张"既要生存、又要发展"，力图把人与自然、当代与后代、区域与全球有力地统一起来。二十余年来，各国政府、专家学者纷纷投入时间和精力，从经济学、社会学和生态学等各个领域对可持续发展的概念、意义与应用进行了大量卓有成效的研究。随着可持续发展理论体系的发展和完善，这一全新价值观逐渐深入人心。许多行业和领域纷纷展开行动，把可持续发展理念贯彻于具体实践之中。

伴随着可持续发展思想在国际社会的推广，绿色建筑理念也逐渐得到了行业人员的重视和积极支持。绿色是自然、生态、生命与活力的象征。它代表了人类与自然和谐共处、协调发展，贴切而直观地表达了可持续发展的概念与内涵。将绿色理念引入建筑中，这是国际建筑界对人类可持续发展战略所采取的积极回应，也必将成为未来建筑的主导趋势。

1993年国际建筑师协会第十八次大会发表了《芝加哥宣言》，号召全世界建筑师把环境和社会的可持续性列入建筑师职业及其责任的核心。1999年国际建筑师协会第二十届世界建筑师大会发布的《北京宪章》，明确要求将可持续发展作为建筑师和工程师在新世纪中的工作准则。可持续发展已经成为建筑领域的重要原则与行动纲领。而绿色建筑的普及与发展将成为符合可持续发展理念，创造自然、健康、舒适人工环境的必然道路。

1.2 绿色建筑的概念辨析

有人把绿色建筑称为生态建筑、节能建筑、可持续建筑，但事实上这几个概念存在一定的差异。生态建筑是将当代建筑的设计思想提升到与生态学自觉融合的高度，目的是构建一个人、建筑、自然环境和社会环境协调发展的人工生态系统。在生态学与生态建筑的理论真正出现之前，人类早期的一些建筑中已经含有生态思想。比如，我国传统的民居中就有很多生态建筑，如西北的窑洞，南方的干栏民居等。国际上的赖特、柯布西埃、富勒等现代主义大师的许多作品中也蕴涵着一些朴素的生态思想，如赖特的“有机建筑”，强调整体概念的重要性，认为建筑必须同所在的场所、建筑材料以及使用者的生活有机地融为一体。虽然生态建筑理论或已确立，但生态建筑设计的关注点仍是随着理论和实践的发展在逐渐变化，总结下来，主要经历了三个阶段：

1. 第一阶段：注重人体对气候生物反应的建筑设计

20世纪60年代以前，建筑师对生态的关注主要是注重建筑与气候、建筑与地域的关系，如1928年勒·柯布西耶（Le Corbusier）的适于热带高温气候、以遮阳构架和凹入的廊子为代表的设计语汇，1933年芝加哥柯克兄弟发明的太阳房，美国的理查德·纽特拉（Richard Neutra）、路易斯·康（Louis Kahn）、保罗·鲁道夫（Paul Rudolph）等，巴西的奥斯卡·尼迈耶（Oscar Niemeyer）、卢西奥·考斯塔（Lucio Costa）等建筑师的许多作品中都充分考虑了气候和地域这两个因素。1963年，维克多·奥戈亚（Victor Olgyay）完成了《设计结合气候：建筑地方主义的生物气候研究》，概括了20世纪60年代以前建筑设计与气候、地域关系研究的各种成果，提出“生物气候地方主义”的设计理论，将满足人体的生物舒适感觉（冷、热、干、湿等）作为设计出发点，注重研究气候、地域和人体生物感觉之间的关系，认为建筑设计应遵循气候—生物—技术—建筑的过程。生物气候地方主义理论较大地影响了以后的建筑设计。

2. 第二阶段：利用替代能源和适用技术的建筑设计

20 世纪 60 年代以后，西方各国兴起了一系列的“绿色运动”，其中与建筑设计相关的主要有深层次生态学理论、生物建筑运动。

1969 年，生物学家约翰·托德（John Todd）在《从生态城市到活的机器：生态设计诸原则》中阐述了将“地球作为活的机器”的生态设计原则：①体现地域性特点，同周围自然环境协同发展，具有可持续性；②利用可再生能源，减少不可再生能源的耗费；③建设过程中减少对自然的破坏，尊重自然界的各种生命体。

1974 年，舒马赫（E. F. Schumacher）完成了他的著述《小是美好的》，为自足性设计提供了一套哲学理论，提倡采用中间技术（不采用高科技、高能耗的技术），使得建筑师更多地利用当地适用建筑技术和可再生能源。西姆·范德·莱恩（Sim Van der Ryn）创造了“整合市镇住宅”的概念和建筑模式。1976 年，约翰·耐尔（John Nile）完成了《为有限的星球而设计》，总结回顾了各种使用替代能源的住宅。1976 年，施耐德（Schneider）博士在西德成立了生物和生态建筑学会，倡导与健康建筑相关的生物建筑运动。生物建筑将建筑视为活的有机体，建筑建成后是内外的各种物质、能量等的交换依赖具有渗透性的“皮肤”来进行，以便维持一种健康的、适宜居住的室内温度。

3. 第三阶段：寻求人、建筑、自然三者和谐统一的建筑设计

20 世纪 80 年代以来，主导的思想主要是盖娅住区宪章以及可持续思想。詹姆斯·拉乌洛克（James Lovelock）在 20 世纪 80 年代中期完成了著作《盖娅：地球生命的新视点》，这本书推进了盖娅运动。盖娅式的建筑是舒适和健康的场所，人类和所有生命都处于和谐之中。20 世纪 90 年代，可持续思想得到了发展。1993 年由美国国家公园出版社出版的《可持续发展设计指导原则》中列出了“可持续的建筑设计细则”，1993 年 6 月，国际建筑师协会在芝加哥举行的主题为“为了可持续未来的设计”会议采纳了这些设计原则。

从以上三个阶段的梳理可以看出，生态建筑有丰富的理论支撑，它是一个非常广泛的概念，包括体现朴素生态思想的民居、传统建筑，以及采用适宜技术和可再生能源技术的建筑，同时也包括关注舒适和健康的当代建筑。

节能建筑，顾名思义，其主要目标是节约能源消耗。20 世纪 70 年代石油危机后，工业发达国家开始注重建筑节能的研究，可再生能源（太阳能、地热能、风能）、节能围护结构等新技术应运而生。20 世纪 80 年代，节能建筑体系日趋完善，并在英、德等发达国家广为应用。我国也同期研究了很多节能建筑技术和体系，并出台了一系列的节能设计标准。但建筑物密闭性提高后产生的室内环境问题逐渐显现。建筑病综合症（SBS）的出现，影响了人们的身心健康和工作效率。以健康为中心的建筑环境研究因此成为热点，故关注资源性能和环境品质的绿色建筑受到了越来越多的关注。

绿色建筑是在“可持续发展”理论指导下发展起来的，20 世纪 90 年代之后，绿色建筑理论研究开始步入正轨。1991 年，布兰达·威尔（Brenda Vale）和罗伯特·威尔（Robert Vale）合著的《绿色建筑：为可持续发展而设计》问世，提出了综合考虑能源、气候、材料、住户、区域环境的整体设计观。阿莫里·洛温斯（Amory B. Lovins）在其文章《东西方的融合：为可持续发展建筑而进行的整体设计》中指出：“绿色建筑不仅仅关注物质上的创造，而且还包括经济、文化交流和精神等方面。”20多年来，绿色建筑研究由建筑个体、单纯技术上升到体系层面，由建筑设计扩展到环境评估、区域规划等多个领域，形成了整体性、综合性和多学科交叉的特点。

我国《绿色建筑评价标准》对绿色建筑的定义是“在建筑的全寿命周期内，最大限度地节约资源、保护环境和减少污染，为人们提供健康、适用和高效的使用空间，与自然和谐共生的建筑。”根据我国绿色建筑评价标准对其的定义，绿色建筑主要包含以下几个内涵：

（1）全生命周期，即整体地审视建筑在材料生产、规划设计、施工、运营维护、拆除及回收过程中对生态、环境的影响，强调的是全过程的绿色。

（2）坚持节约资源，尽可能节约土地，资源包括合理布局、合理利用旧有建筑、合理利用地下空间；尽可能降低能源消耗，一方面减少能源的需求，另一方面充分利用低品质的能源和可再生能源；尽可能节约水资源，包括采用节水器具，对生活污水进行处理再利用；尽可能降低建筑材料消耗，发展新型、轻型建材和循环再生建材，促进工业化和标准化体系的形成，实现建筑部品通用化。

（3）以人为本，注重环境质量。绿色建筑将环保、节能、信息等技术渗入人们的生活与工作，在确保节能效果的同时，确保高品质的室内外环境质量。

（4）因地制宜，我国各地的气候条件、经济状况、居住习惯、社会风俗等都存在较大的差异，建筑类型也是多种多样，在绿色建筑设计中需要具体问题具体分析，采用不同的技术方案，体现地域性和适用性。

因此，与节能建筑相比，绿色建筑关注的内容更加广泛，不但关注节能内容，还关注材料、环境，甚至经济方面的内容，主张绿色应以人、建筑、环境的协调发展，体现人居环境的可持续发展要求，并将其贯穿到规划设计、建造和运行管理的全寿命周期的各个环节。但相比绿色建筑，生态建筑包含的内容更多，不仅包含体现朴素思想的传统建筑，也包含寻求人、建筑、自然三者和谐统一的当代建筑，而绿色建筑更像是生态建筑发展的一个阶段。

1.3　绿色建筑的发展历程

1.3.1　国外绿色建筑发展历程

1987年，联合国环境署发表《我们共同的未来》报告，确立了可持续发展的思想。将绿色理念引入建筑中，这是国际建筑界对人类可持续发展战略所采取的积极回应，这也标志着建筑行业开始步入绿色建筑发展时代。

1990年，世界上第一个绿色建筑评估体系BREEAM（Building Research Establishment Environmental Assessment Method）在英国发布，由英国建筑研究院推出。BREEAM不仅是一套绿色建筑的评估标准，也为绿色建筑的设计提供了最佳实践方法，因此被认为是绿色建筑领域最权威的国际标准。BREEAM也是后续世界各国出台的绿色建筑评价体系的基础。

1992 年，巴西里约热内卢“联合国环境与发展大会”召开，使可持续发展思想得到了推广。至此，一套相对完整的绿色建筑理论初步形成，并在不少国家实践推广，成为世界建筑发展的方向。

1993 年，美国创建绿色建筑协会（The U. S. Green Building Council，USGBC），其宗旨是整合建筑业各机构、推动绿色建筑和建筑的可持续发展、引导绿色建筑的市场机制、推广并教育建筑业主、建筑师、建造师的绿色实践。1999 年，USGBC 正式公布了绿色建筑评估体系 LEED（Leadership in Energy & Environmental Design Building Rating System)，它是目前世界上市场运作最成功的绿色建筑评估体系。加拿大、墨西哥和巴西均基于 LEED 建立了自己的绿色建筑评估体系——LEED 加拿大版、LEED 墨西哥版和 LEED 巴西版。2014 年美国又推出了更加注重健康舒适的健康建筑评估体系 WELL。

1997 年，荷兰基于 BREEAM 推出了 BREEAM 荷兰版。

1999 年，澳大利亚推出了绿色建筑评估体系 NABERS（National Australian Built Environment Rating System)，2003 年澳大利亚绿色建筑委员会又推出了 GREEN Star。

2001 年，日本组建了建筑物综合环境性能评价委员会，2002 年发布了绿色建筑评估体系 CASBEE，开启了日本的绿色建筑工作。

2008 年，德国可持续建筑委员会推出了 DGNB，包括生态质量、经济质量、社会文化及功能质量、技术质量、过程质量和基地质量 6 大领域，共 60 多条标准。

21 世纪以来，世界上一些其他国家也纷纷建立了自己的绿色建筑评估体系，并及时更新以适应新的需求。依赖于不断完善的评价体系和市场机制，繁衍产生了众多的绿色建筑项目，传播了绿色建筑的理念，加深了绿色建筑的存在感，这反过来又促进了评价体系和市场机制的成熟。

1.3.2 我国绿色建筑发展历程

1992 年巴西里约热内卢“联合国环境与发展大会”以来，我国政府开始大力推动绿色建筑的发展，颁布了若干相关纲要、导则和法规。原建设部初步建立起以节能 50%为目标的建筑节能设计标准体系，制定了包括国家和地方的建筑节能专项规划和相关政策规章，初步形成了建筑节能的技术支撑体系。

2004 年 9 月“全国绿色建筑创新奖”的启动，标志着我国的绿色建筑进入了全面发展阶段。2005 年 3 月召开的“首届国际智能与绿色建筑技术研讨会暨技术与产品展览会”(大会现场照片见图 1-1）发表了《北京宣言》，公布了“全国绿色建筑创新奖”获奖项目及单位，同年发布了《绿色建筑技术导则》。

2006 年，“第二届国际智能、绿色建筑与建筑节能大会”在北京召开，原建设部在大会上正式发布了《绿色建筑评价标准》GB/T 50378—2006。2007 年 8 月，原建设部又出台了《绿色建筑评价技术细则（试行）》和《绿色建筑评价标识管理办法》，2008 年 6 月，住房和城乡建设部发布实施《绿色建筑评价技术细则补充说明（规划设计部分）》，至此开始建立起适合我国国情的绿色建筑评价体系。

2008 年 3 月，召开“第四届国际智能、绿色建筑与建筑节能大会”，筹建中国城市科

图 1-1　首届大会上原建设部领导参观展会、接受现场采访

学研究会节能与绿色建筑专业委员会，启动绿色建筑职业培训及政府培训。2008 年 4 月 14 日，绿色建筑评价标识管理办公室正式设立。同年 5 月，评审通过了第一批绿色建筑设计评价标识项目，共 6 个，详细信息见表 1-1 和图 1-2。2009 年 7 月 20 日，中国城市科学研究会绿色建筑研究中心成立。这两个评审机构的成立，标志着在我国正式启动绿色建筑的项目评价工作。

我国第一批绿色建筑设计标识项目　　表 1-1

类型	编号	项目名称	完成单位	标识星级
公共建筑	1	上海市建筑科学研究院绿色建筑工程研究中心办公楼	上海市建筑科学研究院(集团)有限公司	★★★
	2	华侨城体育中心扩建工程	深圳华侨城房地产有限公司	★★★
	3	中国 2010 年上海世博会世博中心	上海世博(集团)有限公司	★★★
	4	绿地汇创国际广场准甲办公楼	上海绿地杨浦置业有限公司	★★
居住建筑	5	金都·城市芯宇(1 号、2 号、3 号、5 号、6 号)	金都房地产开发有限公司	★
	6	金都·汉宫	金都房地产开发有限公司	★

图 1-2　首批绿色建筑评价标识颁奖

2009年3月，召开“第五届国际智能、绿色建筑与建筑节能大会”，大会的主题是“贯彻落实科学发展观，加快推进建筑节能”。与前四届相比，本届大会开始关注绿色建筑的运行实效。同年9月印发了《绿色建筑评价技术细则补充说明（运行使用部分）》，正式启动绿色建筑运行评价标识的相关工作。9月，评审通过了第一批绿色建筑运行评价标识项目——山东交通学院图书馆和上海市建筑科学研究院绿色建筑工程研究中心办公楼2个项目，见图1-3和图1-4。

图1-3 山东交通学院图书馆

图1-4 上海建科院绿色建筑工程研究中心办公楼

在专业标准制定方面，2010年8月，住房和城乡建设部印发《绿色工业建筑评价导则》，拉开了我国绿色工业建筑评价工作的序幕。同年11月，住房和城乡建设部发布《建筑工程绿色施工评价标准》GB/T 50640。2012年5月，住房和城乡建设部印发《绿色超高层建筑评价技术细则》。2011年6月，由住房和城乡建设部科技发展促进中心主编的国家标准《绿色办公建筑评价标准》开始在全国范围内广泛征求意见。2012年8月14日～15日，中国城市科学研究会绿色建筑研究中心在北京召开了绿色工业建筑评审研讨会暨国家首批“绿色工业建筑设计标识”评审会，实现了我国绿色工业建筑评价标识“零”的突破。这些都为我国绿色建筑的纵深化发展和专业化评价创造了条件。

2012年4月27日，财政部和住房和城乡建设部联合发布《关于加快推动我国绿色建筑发展的实施意见》，意见中明确将通过多种手段全面加快推动我国绿色建筑发展。

2013年1月1日，国务院办公厅以国办发［2013］1号转发国家发展和改革委员会、住房和城乡建设部制订的《绿色建筑行动方案》，提出“十二五”期间，要完成新建绿色建筑10亿m^2；到2015年末，20%的城镇新建建筑达到绿色建筑标准要求。这标志着绿色建筑行动正式上升为国家战略。

2013年4月，《“十二五”绿色建筑和绿色生态城区发展规划》（以下简称《规划》）正式发布。《规划》提出，“十二五”期间，将新建绿色建筑10亿m^2，完成100个绿色生态城区示范建设；从2014年起，政府投资工程要全面执行绿色建筑标准；从2015年起，直辖市及东部沿海省市城镇的新建房地产项目力争50%以上达到绿色建筑标准。

2013年4月，第九届国际绿色建筑与建筑节能大会在北京举行，本次大会以“加强管理，全面提升绿色建筑质量”为主题，表明绿色建筑更加关注性能提升，质量把控成为发展的重点。

2014年3月，第十届国际绿色建筑与建筑节能大会在北京举行，大会以“普及绿色建筑，促进节能减排”为主题，本次大会的新焦点——装配式建筑，引领了我国后续建筑产业化的新征程。

2015年，第十一届国际绿色建筑与建筑节能大会在北京举行，大会以“提升绿色建筑性能，助推新型城镇化”为主题，互联网＋绿色建筑的思路开启了新常态下绿色建筑发展的新思路。

在国家宏观政策的引导下，各地也纷纷制定绿色建筑相关的地方标准规范、政策法规，积极开展绿色建筑评价工作，有力地推动了我国绿色建筑的发展。

1.4　绿色建筑评估体系

1.4.1　国外主要绿色建筑评估体系

构建符合时代需求、行业需求的绿色建筑评估体系，是推动本国绿色建筑发展的前提条件。世界上很多国家都有自己的绿色建筑评估体系（见表1-2），被大家所熟知的有英国的BREEAM、美国的LEED、德国的DGNB和日本的CASBEE等。

世界主要绿色建筑评估体系一览　　表1-2

评价体系	研发国家	研发时间	分　类	评价结果等级	评估内容
BREEAM[1]	英国	1990年	办公建筑、零售商店、多层住宅、学校、医卫建筑、法院、监狱、工业建筑等	通过、良好、优秀、优异、杰出	管理、健康和舒适、能源、交通、水、材料、固废、土地利用和生态、污染
LEED[2]	美国	1999年	建筑设计和施工、建筑内部设计和施工、建筑运行和维护、社区发展、住宅	认证级、银级、金级、铂金级	场地设计、水资源、能源与环境、材料与资源、室内环境质量和创新设计
CASBEE[3]	日本	2002年	拟建建筑、新建建筑、既有建筑、改建建筑四个基本体系	C、B-、B+、A、S	建筑环境质量和建筑环境负荷
GREEN Star[4]	澳大利亚	2003年	社区、设计和建造、内部设计和建造、建筑运行和维护	四星级、五星级、六星级	管理、室内环境质量、能源、交通、水资源、材料、土地利用和生态、气体排放
DGNB[5]	德国	2008年	新建建筑、既有建筑	铜级（仅适用于既有建筑）、银级、金级、铂金级	环境质量、经济质量、社会文化及功能质量、技术质量、过程质量和基地质量

[1] BREEAM Offices 2008 Assessor Manual.

[2] http://cn.usgbc.org/leed.

[3] http://www.ibec.or.jp/CASBEE/english/overviewE.htm.

[4] http://www.gbca.org.au/green-star/.

[5] http://www.dgnb-system.de/en/system/evaluation_and_awards/.

下面介绍几个主要的绿色建筑评估体系：

1. 英国绿色建筑评估体系——BREEAM

BREEAM是世界上第一个绿色建筑评估体系，由英国建筑研究院于1990年推出。BREEAM的目的是提升建筑物的资源利用水平和环境品质，主要关注项目的节能节水性能、管理、健康环境、交通便利性、建材使用、垃圾管理、土地使用和生态保护，以此综合评价建筑的可持续性。

2008年共颁布了8种类型建筑的评估体系，如法院、教育、工业、医疗保健、办公、零售、监狱、多层住宅等。2009年颁布了BREEM欧洲商业中心评估标准，2010年颁布了数据中心评估标准，2011年颁布了新建建筑评估标准，2012年颁布了建筑改造评估标准。

目前全球有超过27万栋建筑完成了BREEAM认证，另有超过100万栋正在申报。英国建筑研究院通过BREEAM体系帮助联合国环境规划署和包括荷兰、西班牙、荷兰、挪威、瑞典、德国、奥地利、瑞士和卢森堡等国创立了适用于当地的绿色建筑评估标准。

BREEAM体系的特点：

（1）考察建筑全生命周期的环境性能；

（2）设定了一系列定量的指标对可持续进行评价；

（3）以第三方评价加BRE监督的管理体制保证可靠性；

（4）与绿色建筑政策法规紧密相连，保持更新引领绿色建筑市场。

2. 美国绿色建筑评估体系——LEED

LEED是能源与环境设计先导绿色建筑评估体系（Leadership in Energy & Environmental Design Building Rating System）的简称，是目前世界上运作最成功的绿色建筑评估体系。LEED由美国绿色建筑委员会（USGBC）于1994年开始制定，1999年正式公布第一版本并接受评估申请。

LEED认证项目分布在美国55个州和全球150多个国家和地区。截至2015年10月21日，全球各地申请LEED认证的项目已达到101871个，其中获得认证的项目有47388个。早在21世纪初，LEED认证就被引入中国，一些高档公寓、写字楼等申请并得到LEED认证。目前中国是LEED认证最大的海外市场，截至2015年10月，中国大陆地区注册项目超过2000个，获得认证的项目超过700个。

LEED评估体系分为建筑设计和施工（BD+C）、建筑内部设计和施工（ID+C）、建筑运行和维护（O+M）、社区发展（ND）、住宅（H）五大类（见图1-5），其中BD+C体系又包括新建建筑（New Construction）、内核和外壳（Core and Shell）、学校（Schools）、零售（Retail）、酒店（Hospitality）、数据中心（Data Centers）、仓储中心（Warehouse&Distribution Centers）和医卫（Healthcare）；ID+C包括内部装修（Commercial Interiors）、零售（Retail）、酒店（Hospitality）；O+M体系包括既有建筑（EB）、学校（Schools）、零售（Retail）、酒店（Hospitality）、数据中心（Data Centers）、仓储中心（Warehouse&Distribution Centers）；ND体系主要是针对社区发展的认证体系；Homes体系适用于低层住宅（一～三层）或多层住宅（四～六层）。

LEED体系的特点：

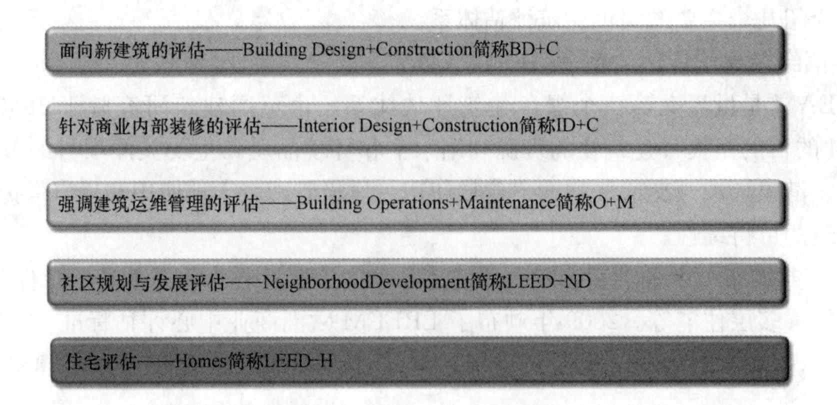

图 1-5　LEED 认证分类

（1）在世界各国的绿色建筑评估以及建筑可持续性评估标准中，被认为是最完善、最有影响力的评估体系；

（2）采用第三方认证机制，保证了该体系的公正性和公平性，因而增加了其信誉度和权威性，形成政府、市场、第三方机构共同推进绿色建筑实施的有效机制；

（3）评估体系分门别类，专业性极强，包含各类建筑类型；

（4）评估体系定期更新，及时反映建筑技术和政策的变化，并修正原来体系中不合理的部分。

LEED 体系最为人称道的一点是其市场推广力度，目前 LEED 项目遍及全球 150 多个国家和地区，其中登记注册的项目中 40%的建筑面积来自美国以外的地区。为适应全球市场的迅速发展，LEED 在过去两年采取了多项措施，以满足美国以外的会员和项目团队的需求。

3. 德国绿色建筑评估体系——DGNB

DGNB 是德国政府和可持续建筑委员会合作开发的绿色建筑评估体系，是德国多年来可持续建筑实践经验的总结，第一版发布于 2008 年，针对不同建筑类型和功能已经开发出了不同的评价标准体系。目前已有认证建筑类型包括：办公与管理建筑、商业建筑、工业建筑、居住建筑、教育建筑、酒店建筑、混合功能建筑、医疗建筑、城市开发区。处于先导试验认证阶段包括：小型住宅建筑、试验室研发建筑、人流聚集型公共建筑（博物馆、会展中心、剧场、市政厅等）、既有办公建筑改造、办公建筑租户装修、商业建筑租户装修、工业开发区等。DGNB 号称是比美国 LEED 更为严谨的第二代评价体系。DGNB 覆盖了绿色生态、建筑经济、建筑功能与社会文化等多方面内容，致力于为建筑行业的未来发展指明方向。

德国 DGNB/BNB 可持续建筑认证标准，包含 6 大类评价指标范围（图 1-6），分别是：

生态质量：包括对建筑上所有使用的建筑材料在生产、建造过程中对环境产生负面影响的评估和有害物质的控制，对一次性能源消耗量的严格控制，水资源的节约与高效利用等；

经济质量：包括全寿命周期内的建筑建造、运营、维护更新费用，以及建筑平面使用率、使用灵活性、功能可变性以及价值稳定性等指标因素；

社会质量：包括热工舒适度、空气质量、声学质量、采光照明控制、个性化需求、社会环境以及环境设计的协调；

过程质量：包括设计、施工、经营的管理，能耗管理和材料品质监督；

技术质量：包括防火技术、室内气候环境，控制的灵活性、耐久性和耐候性等；

场地质量：包括基础设施管理、微观和宏观质量控制、风险预测和扩建发展可能等。

DGNB体系的特点：

（1）该体系吸收了世界各国先进的绿色建筑理念，结合了德国自己几十年的工程实践和经验总结，是一套建立在德国高水平的工业体系基础之上的评估体系。

（2）该体系包含了生态环保、建筑经济和建筑功能以及社会文化等各方面的因素，是实实在在的世界上第二代绿色建筑评估体系，特别是在建筑成本控制、建筑投资和建筑运营成本、建筑全寿命周期控制方面有独到之处。

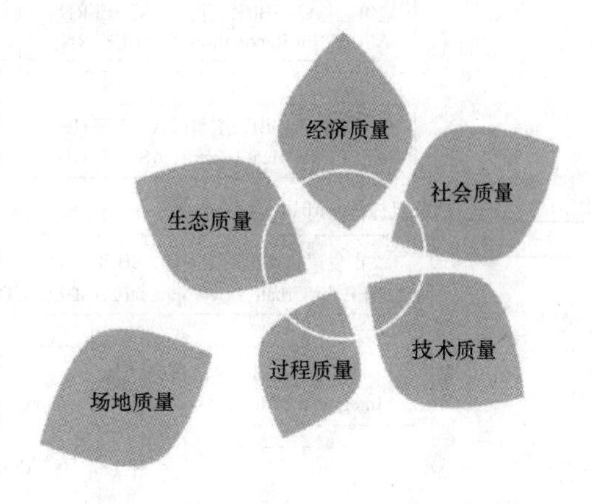

图1-6 德国DGNB体系的评价内容

（3）该体系首次对于建筑碳排放量提出系统完整的科学计算方法，这种方法得到包括联合国环境署在内的多家国际机构的认可，碳排放量计算涵盖四大方面，包括建筑材料生产与建造，使用期间的能耗，维护和更新以及建筑在拆除和利用整个过程中的能耗以及相对应的碳排放量的计算方法[1]。

4. 日本绿色建筑评估体系——CASBEE

日本的绿色建筑评估体系CASBEE于2003年推出，该体系采用生命周期评价法，从建筑的设计、材料生产、建设、使用、改建到拆除的整个过程的环境负荷进行评价。自2003年颁布了针对新建建筑的评价标准后，先后颁布了针对既有建筑、改建建筑、新建独立式住宅、城市规划、学校以及热岛效应、房地产评价等评价标准（图1-7），针对建筑的基本评估体系主要有CASBEE-拟建建筑、CASBEE-新建建筑、CASBEE-既有建筑和CASBEE-改造建筑四类。

日本许多地方政府颁布了建筑物综合环境评价制度，并推行CASBEE评价认证和评审专家登记制度。

CASBEE体系的特点：

（1）简便易懂。可将评价结果用几种简单的图形表示在一张纸上，直观可视、简明易懂。

（2）综合性强。建筑环境性能分为内环境品质Q和环境负荷L两个方面，用雷达图、BEE指标等进行综合评价。在评价时更加看重对环境相关方面的综合考虑而求得均衡，

[1] 《关于德国DGNB绿色建筑标准》，中国国际工程咨询协会网站. http://www.caiec.org/2009/stone_view.asp?id=5842.

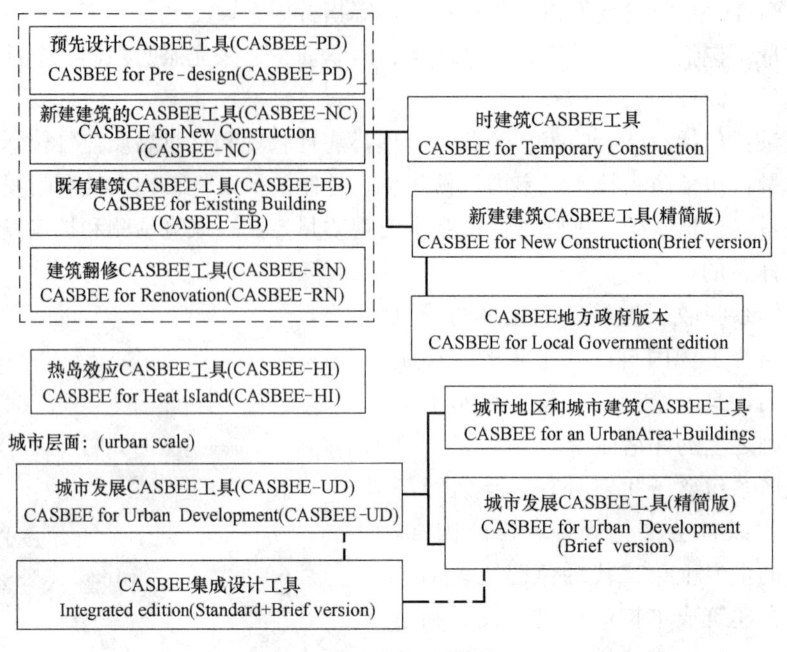

图 1-7　CASBEE 评估体系

不过于强调某个方面做得出色。

（3）可信度高。CASBE 认证制度是建筑环境节能机构（IBEC）作为第三方以注册评价员所评结果资料为依据，审查其是否属实、妥当并加以确认的制度，认证后颁发证书并在网上公布，具有更高的可信度。

1.4.2　我国的绿色建筑评估体系❶

住房和城乡建设部于 2014 年 4 月 15 日发布公告，批准新版国家标准《绿色建筑评价标准》GB/T 50378—2014 自 2015 年 1 月 1 日起实施。原《绿色建筑评价标准》GB/T 50378—2006 同时废止。

《绿色建筑评价标准》自 2006 年首次发布实施以来，有效指导了我国绿色建筑的实践工作。但随着绿色建筑各项工作的逐步推进，绿色建筑的内涵和外延不断丰富，各行业、各类别建筑践行绿色理念的需求不断提出，该标准已不能完全适应现阶段绿色建筑实践及评价工作的需要。对此，住房和城乡建设部委托中国建筑科学研究院和上海市建筑科学研究院会同有关单位对《绿色建筑评价标准》进行修编。2011 年 9 月 28 日，《绿色建筑评价标准》修订组成立暨第一次工作会议在北京召开。会后几个月修订组形成了标准修订初稿，于 2012 年 5 月召开了修订稿征求意见会，会后修订组对初稿进行了修改，形成了标准征求意见稿，并于 2012 年 9 月起公开征求意见。根据意见反馈，修订组又对征求意见稿作了进一步修改，形成了标准送审稿。2013 年 3 月，住房和城乡建设部建筑环境与节能标准化技术委员会组织召开标准审查会，会后修订组又根据审查专家的意见最终确定了

❶ 林海燕，程志军，叶凌．国家标准《绿色建筑评价标准》GB/T 50378—2014 解读［J］．建设科技，2014，16：11-18.

标准报批稿，于2013年7月上报住房和城乡建设部。此后，经过住房和城乡建设部标准定额所和标准定额司的审查和完善，于2014年4月15日由住房和城乡建设部、国家质检总局联合发布国家标准《绿色建筑评价标准》GB/T 50378—2014（以下简称《标准》），自2015年1月1日起实施。

《标准》共分11章，主要技术内容是：总则、术语、基本规定、节地与室外环境、节能与能源利用、节水与水资源利用、节材与材料资源利用、室内环境质量、施工管理、运营管理、提高与创新。其对于原《绿色建筑评价标准》GB/T 50378—2006修订的重点内容包括：

1. 适用建筑类型

《标准》的适用范围，由原《绿色建筑评价标准》GB/T 50378—2006中的住宅建筑和公共建筑中的办公建筑、商场建筑和旅馆建筑，进一步扩展至民用建筑各主要类型。其确定依据是：

（1）由近些年的绿色建筑评价工作实践来看，绿色建筑的内涵和外延不断丰富，各行业、各类别建筑践行绿色理念的需求不断提出。截至2012年底，742个绿色建筑标识项目中已有医疗卫生类5项、会议展览类9项、学校教育类12项，但具体评价中却反映出原《绿色建筑评价标准》GB/T 50378—2006对于这些类型的建筑考虑得不够。

（2）近些年先后立项了《绿色办公建筑评价标准》GB/T 50908—2013、《绿色商店建筑评价标准》（已报批）、《绿色饭店建筑评价标准》、《绿色医院建筑评价标准》、《绿色博览建筑评价标准》等针对特定建筑类型的绿色建筑评价标准，《标准》对包括上述建筑类型在内的各类民用建筑予以统筹考虑，必将有助于各国家标准之间的协调，形成一个统一的绿色建筑评价体系。

（3）项目试评工作也纳入了4个医疗卫生类、5个会议展览类、7个学校教育类以及航站楼、物流中心等建筑，初步验证了《标准》对此的适用性。

2. 评价阶段划分

原《绿色建筑评价标准》GB/T 50378—2006要求评价应在建筑投入使用一年后进行。但在随后发布的《绿色建筑评价标识实施细则（试行修订）》（建科综［2008］61号）中，已明确将绿色建筑评价标识分为“绿色建筑设计评价标识”（规划设计或施工阶段，有效期2年）和“绿色建筑评价标识”（已竣工并投入使用，有效期3年）。而且，经过多年的工作实践，证明了这种分阶段评价的可行性，以及对于我国推广绿色建筑的积极作用。因此，《标准》在评价阶段上也作了划分，便于更好地与相关管理文件配合使用。

具体方法上，根据此前公开征求意见的结果，有66.3%的反馈意见同意将“施工管理”、“运营管理”两章的内容仅在运行阶段评价。基于此，《标准》将设计评价内容定为“节地与室外环境”、“节能与能源利用”、“节水与水资源利用”、“节材与材料资源利用”、“室内环境质量”5章，运行评价则在此基础上增加“施工管理”、“运营管理”两章。

指标大类方面，在原《绿色建筑评价标准》GB/T 50378—2006中节地与室外环境、节能与能源利用、节水与水资源利用、节材与材料资源利用、室内环境质量和运营管理6大类指标的基础上，《标准》增加了“施工管理”，更好地实现对建筑全生命期的覆盖。

具体指标（评价条文）方面，根据前期各方面的调研成果，以及征求意见和项目试评两方面工作所反馈的情况，以标准修订前后达到各评价等级的难易程度略有提高和尽量使各星级绿色建筑标识项目数量呈金字塔形分布为出发点，通过补充细化、删减简化、修改内容或指标值、新增、取消、拆分、合并、调整章节位置或指标属性等方式进一步完善了评价指标体系。

3. 评价定级方法

根据对于原《绿色建筑评价标准》GB/T 50378—2006 的修订意见和建议，修订组在第一次工作会议上就确定了采用量化评价手段。经反复研究和讨论，《标准》的评价方法定为逐条评分后分别计算各类指标得分和加分项附加得分，然后对各类指标得分加权求和并累加上附加得分计算出总得分。等级划分则采用“三重控制”的方式：首先仍与原《绿色建筑评价标准》GB/T 50378—2006 一致，保持一定数量的控制项，作为绿色建筑的基本要求；其次，每类指标设固定的最低得分要求；最后再依据总得分来具体分级。严格地讲，上述“各类指标得分”和“总得分”实际上都是“得分率”。因为建筑的情况多样，各类指标下的评价条文不可能适用于所有的建筑，对某一栋具体的被评建筑，总有一些评价条文不能参评。因此，用“得分率”来衡量建筑实际达到的绿色程度更加合理。但是在习惯上，“按分定级”更容易被理解和接受，《标准》在“基本规定”一章中规定了一种折算的方法，避免了在字面上出现“得分率”。

绿色建筑量化评分的方式现已非常成熟，目前通行于世界各国的绿色建筑评价体系之中；而引入权重、计算加权得分（率）的评分方法，也早为英国 BREEAM、德国 DGNB 等所用，并取得了较好的效果；《标准》中加入的大类指标最低得分率，则是一种避免参评建筑某一方面性能存在“短板”的措施，并已通过项目试评工作论证了控制最低得分率的必要性。

4. 加分项评价

为了鼓励绿色建筑在节约资源、保护环境等技术、管理上的创新和提高，同时也为了合理处置一些引导性、创新性或综合性等的额外评价条文，参考国外主要绿色建筑评估体系创新项的做法，《标准》设立了加分项。加分项包括规定性方向和可选方向两类，前者有具体指标要求，侧重于“提高”；后者则没有具体指标，侧重于“创新”。加分项最高可得 10 分，实际得分累加在总得分中。

5. 多功能综合建筑评价

以商住楼、城市综合体为代表的多功能综合建筑的评价，是近些年绿色建筑评价工作中频频遭遇的老大难问题，也是标准修订工作无法回避的重要内容。修订组首先明确了评价对象应为建筑单体或建筑群的前提，规定了多功能综合建筑也要整体参评，避免了此前个别绿色建筑标识项目为“半拉楼”、“拦腰斩”的尴尬情况。

在其具体评价和分级问题上，修订组基于前期调研成果，在标准征求意见稿中提出了两种备选方案：“先对其中功能独立的各部分区域分别评价，并取其中较低或最低的评价等级作为建筑整体的评价等级”；或是“先对其中功能独立的各部分区域分别评价，然后按各部分的总得分经面积加权计算建筑整体的总得分，最后依建筑整体的总得分确定建筑整体的评价等级”。由公开征求意见的反馈情况来看，39.6％赞同前一方案，58.6％赞同后一方案。

即便如此，赞同某一方案的反馈意见中，也对其本身的固有问题提出了一些质疑，例如前一方案过于严格，后一方案过于繁琐等。根据有关专家建议，并基于标准绝大多数条文均适用于民用建筑各主要类型的工作基础，《标准》在“基本规定”一章中给出了另一种方案：不论建筑功能是否综合，均以各个条/款为基本评判单元。如此，既科学合理，又避免了重复工作，而且保持了评价方法的一致性。

6. 评价条文分值

《标准》的评价分值以1分为基本单元，按评价条文在本章内的相对重要程度赋予不同分值。而在某评价条文内，也可分别针对不同建筑类型分别设款（并列式），也可根据指标值大小分别设评分款（递进式），进一步细化了评分。此外，各章评价条文分别由相关专业的专家组成的专题小组编写并分配分值，有利于提高其专业性和可行性。

7. 各等级分数要求

《标准》不仅要求各个等级的绿色建筑均应满足所有控制项的要求，而且要求每类指标的评分项得分不小于40分。对于一、二、三星级绿色建筑，总得分要求分别为50分、60分、80分。这是修订组从国家开展绿色建筑行动的大政方针出发，综合考虑评价条文技术实施难度、绿色建筑将得到全面推进、高星级绿色建筑项目财政激励等因素，经充分讨论、反复论证后的结果。

原《绿色建筑评价标准》GB/T 50378—2006以达标的条文数量为确定星级的依据，《标准》则以总得分为确定星级的依据。就修订前后两版标准星级达标的难易程度，修订组对两轮试评的70余个项目的得分情况进行了分析，得出的结论是：一、二星级难度基本相当或稍有提高，三星级难度提高较为明显。之所以规定三星级达标分为80分，适当提高难度，主要是希望国家的财政补贴主要用在提高建筑的“绿色度”上，而非减少开发商的实际支出；另外，适当提高三星级的达标难度也有助于推动我国绿色建筑向着更高的水平发展。

《标准》已由中国建筑工业出版社出版发行，并于2015年1月1日起实施。与标准配套使用的细则、指南、软件等，也已完成。《标准》的实施，有望为实现《绿色建筑行动方案》（国办发［2013］1号）的主要目标提供有力支撑，并对促进绿色建筑持续健康发展、推进生态文明建设发挥重要作用。

1.5 绿色建筑发展现状

1.5.1 我国绿色建筑的规模[1]

近年来我国绿色建筑发展迅猛，在国家政策大力推动下，绿色建筑迎来了规模化发展阶段。截至2015年6月30日，全国已评出3194项绿色建筑评价标识项目，总建筑面积达到3.59亿m^2，其中设计标识项目3009项，占总数的94.2%，建筑面积为3.37亿m^2；运行标识项目185项，占总数的5.8%，建筑面积为0.22亿万m^2，见图1-8。

[1] 本节中绿色建筑的统计数据来自中国城市科学研究会。

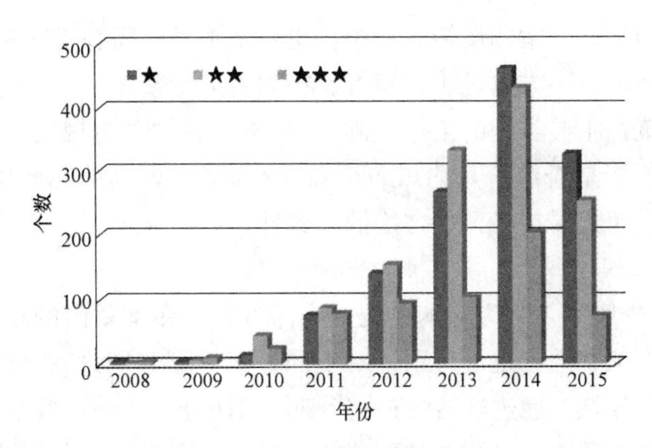

图 1-8　2008～2015 年绿色建筑标识项目逐年发展情况（2015 为半年数据）

截至 2015 年 6 月底，各星级的组成比例为，一星级 1293 项，占 40.5%，面积 1.60 亿 m^2；二星级 1308 项，占 41.0%，面积 1.48 亿 m^2；三星级 593 项，占 18.6%，面积 0.52 万 m^2，见图 1-9（*a*）。从图中可以看出，一星级和二星级的比例相当，三星级的比例最少，这主要是跟星级的成本有关，绿色建筑的星级越高，成本也越高。

绿色建筑各种类型的组成比例为，居住建筑 1569 项，占 49.1%，面积 2.31 亿 m^2；公共建筑 1602 项，占 50.2%，面积 1.23 亿 m^2；工业建筑 23 项，占 0.7%，面积 480.3 万 m^2，见图 1-9（*b*）。

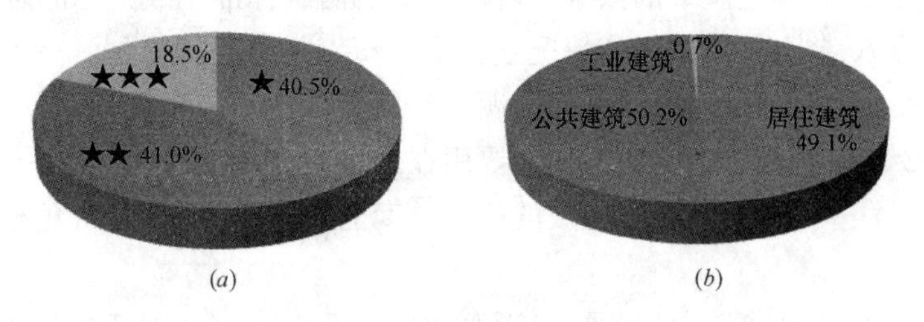

图 1-9　绿色建筑星级分布

（*a*）星级分布；（*b*）类型分布

另外，公共建筑和居住建筑中各星级的组成比例见图 1-10。从图中可以看出，两类建筑中，一星级和二星级的比例旗鼓相当，但就三星级而言，公共建筑的比例相对较高，

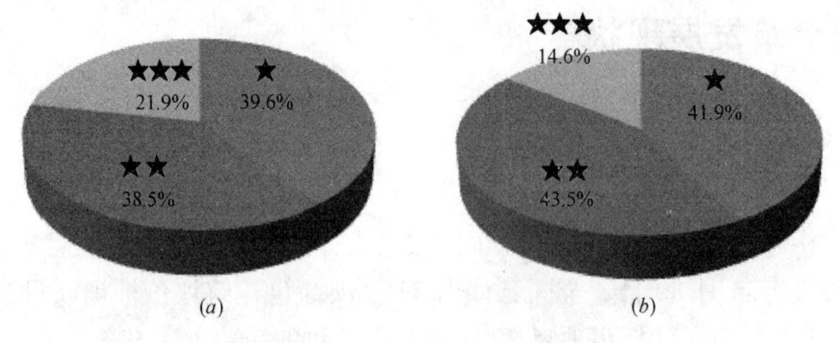

图 1-10　绿色建筑星级分布

（*a*）公共建筑；（*b*）居住建筑

主要是很多总部办公建筑、展馆建筑、示范工程都是公共建筑，这些项目往往因为其定位高端、示范效应而申请三星级。

从全国范围看，目前江苏、广东、山东、上海、浙江、湖北、天津、河北、陕西、北京十个沿海地区的绿色建筑数量均超过 100 个，遥遥领先，这些省市的绿色建筑数量占总数的 31.3%；标识项目数量在 30～100 个的地区占 37.5%；标识项目数量在 10～30 个的地区占 28.1%；标识项目数量不足 10 个的地区只有一个澳门，占 3.1%，详情见图 1-11。我国绿色建筑地域分布的不均衡主要是跟当地的经济发展水平、气候条件等因素有关，经济发展条件好的省市如江苏、广东、上海、山东、北京等省地绿色建筑标识项目数量和项目面积也相对较多，反之则较少。

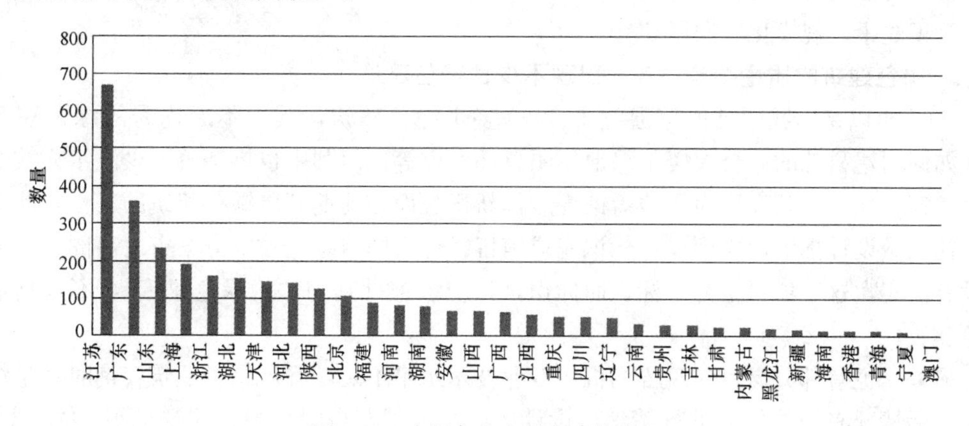

图 1-11 全国各省市绿色建筑分布

总体而言，2008 年以来，我国的绿色建筑发展迅速，数量和面积上均取得了可喜的成绩，但相对我国近 500 亿 m^2 的总建筑面积而言，绿色建筑的比例不到 1%，而且我国的绿色建筑推进过程中还存在各种各样的问题，因此，我国的绿色建筑发展之路仍任重而道远。

1.5.2 我国绿色建筑的问题分析

第 1.5.1 节中分析了我国绿色建筑的发展规模，总体而言是取得了很大的成绩。但是，在我国绿色建筑规模化推进的过程中，也存在各种各样的问题：

1. 绿色建筑的认知问题

从整个绿色建筑的发展历程看，“绿色建筑”这个概念在政府层面和业内人士层面均有较高和较统一的认知度。但对普通的老百姓来说，绿色建筑还是一个相对陌生的概念，他们主要通过电视、网络、书刊、广告、展览等媒介以及朋友、同事之间的谈论来了解绿色建筑。由于某些开发商对绿色建筑概念的炒作，导致很多人认为绿色建筑就是高档建筑或高成本建筑。根据某市对绿色建筑认知度的调查，发现 80%以上的被调查者认为绿色建筑会增加造价成本，近 40%的被调查者认为高绿化率的小区就是绿色建筑，近 30%的人认为绿色建筑与环境保护有关。另外，也有不少人认为，新产品、环保产品、高科技技术都是绿色建筑的标签，跟自己的生活比较远。这种观念在一定程度上加深了投资者和消费者对绿色建筑的误解，不利于绿色建筑的推广。

事实上，绿色建筑确实存在一定的成本增量，但绿色建筑也有星级之分，三星级的增量成本相对较高，但一星级和二星级的成本相对适中，尤其是一星级绿色建筑几乎没有成本增量。国家在引进绿色建筑标准和技术时，就充分考虑了这些问题，规定绿色建筑所采用的技术产品和设施的成本要低，要对整个房地产的价格影响不大。

绿色建筑要真正规模化发展，不能只停留在专家、政府官员层面，应进入寻常百姓家。要让老百姓知道什么是绿色建筑，不是有鲜花绿草、喷泉水池、高绿化的楼盘就是“绿色建筑”。如果老百姓都能关注到绿色建筑，不仅关注场地绿化环境，还能注意到房屋的能耗、材料、室内环境质量、二氧化碳的减排，那么绿色建筑才会走下象牙塔，真正走进老百姓的心坎里，而大家的共识会形成绿色建筑的市场需求，有了市场需求，绿色建筑才能真正健康、规模化地发展。

2. 绿色建筑的质量参差不齐，出现不少伪绿色建筑

2008年以来，我国已评审通过了3000多个绿色建筑，其中不乏优秀的绿色建筑作品，如深圳建科院的办公大楼、绿地集团总部大楼等。但其中也掺杂着不少滥竽充数的伪绿色建筑，如部分开发商为了楼盘销售炒作新概念而在前期开展绿色建筑的工作，此类楼盘往往只做设计标识，拿到设计标识完成销售目标后即将绿色建筑方案束之高阁，后期完全没有落实，这些项目是为了标识而标识，是应该被批判的“伪绿色建筑”，不是真正的绿色建筑。

另外，也有部分绿色建筑咨询机构专业技术水平不足，开展绿色建筑咨询时不是结合项目实际情况有的放矢地进行精细化设计，而是为了获得绿色建筑认证标识，“对条文、硬上技术”，如某些项目不适用中水却花高成本硬上中水技术，虽然符合绿色建筑标准条文要求，但与项目本身的契合较差，导致成本偏高而实际运行效果差，绿色建筑不“绿”。这些获得标识的绿色建筑项目其实不算真正意义上的绿色建筑，但占的比例却不在少数。

3. 绿色建筑应因地制宜地进行技术集成，不应变成技术堆砌

我国的绿色建筑标识项目中还存在着技术堆砌的问题，不少项目在方案设计时没有或很少考虑被动节能技术，优化措施也较少，而是在方案完成后再去大量增加一些主动的绿色技术措施，不仅有技术堆砌的倾向，而且也造成增量成本较大。另外，建筑相关的专业在绿色建筑技术方面的配合不够，造成相关技术不相匹配。

把绿色建筑的发展道路定位为高端、贵族化是不会取得成功的，事实证明把发展道路确定为中国式、普通老百姓式、适用技术式，绿色建筑才能健康发展。绿色建筑不应该是高科技新技术的堆砌，而应该是因地制宜地采用适宜技术，比如河北有个国际合作的改造项目，对建筑进行了从外保温到供热、智能、玻璃、门、天顶棚和水循环系统的全面改造，政府给每户出3000元钱，住户自己出2000元钱，国外机构资助2000元，总共一户投资7000元钱，改造后，住户一年所减少的开支就达到3000元以上。

4. 绿色建筑重设计而轻运营

我国绿色建筑发展迅速是个不争的事实，获得认证的项目数量也比较多。但从目前认证情况来看，绝大多数绿色建筑项目均为设计标识，运行标识项目的比例不到6%。衡量绿色建筑是否真正做到“绿色、节能”，不应仅仅局限于通过设计标识认证，而是应从项目后期实际运行情况具体判断，即需要通过对设计标识项目进行调研评估后确定其是否真正“绿色、节能”。

中国建筑科学研究院上海分院对全国上百个绿色建筑项目进行了详细调研，在调研过程中发现了大量问题，现就其中普遍存在的问题总结如下：

(1) 部分设计阶段采用的绿色建筑技术（如中水系统、节水灌溉、雨水系统等）后期并没有真正施工落实，缺乏与绿色建筑技术相关的监管和验收环节。

(2) 设计不够精细化。这带来的问题有：一是导致某些技术因缺少一些必需的设备而无法正常启用，或使用效果打折扣，如中水系统缺少曝气装置。二是设备选型时出现容量不足，无法满足项目要求，如地源热泵容量选用不足的问题就很普遍，该问题带来的后果是地源热泵系统的使用效果较差。三是未根据项目实际情况进行设计，如某些项目复层绿化的植物配置在并不适合滴灌的情况下，设计了滴灌系统。

(3) 在采用相关技术时，缺少充分的技术经济可行性分析，使得技术使用效果无法达到预期。如某些项目场地较小，雨水收集量较少，采用雨水系统的话，增量成本较高的同时，投资回收期也会较长，关键是雨水系统的使用效果会很差。

(4) 在项目中采用具有自控系统或功能的机电设备时，或控制线路出现问题，或传感器、执行器故障，或物业人员技术能力有限无法完全操作系统，即存在BA系统的各部分缺乏维护、BA系统的调试和对操作人员的培训工作不到位的问题，导致“智能不智”。

(5) 物业管理人员节水、节电、节能意识较差，对系统的运维数据、分项计量数据进行分析的能力有限，这些都直接影响了绿色建筑技术的运行效果。

5. 绿色建筑的市场监管不力

绿色建筑的规模化发展得到了大家的一致认可，但推进过程中也出现了很多问题，比如绿色建筑相关主体的能力、资质、水平参差不齐，如部分绿色建筑咨询机构水平不足，不少设计人员不愿意学习新技术而被动等待绿色咨询人员的方案，绿色建筑产品的质量也是参差不齐。绿色建筑带动了一批相关产品，但产品厂家在配合项目时只会套用标准模块，而不会根据项目的实际情况做出合理化的设计，因此应加强绿色建筑产品的认证及产品市场准入机制，完善准入机制保障市场健康发展。

1.6 绿色建筑技术指南编制

第1.5节分析了我国绿色建筑发展的现状，总结了绿色建筑在推进过程中存在的一些问题，基于此，笔者所在的研究团队根据近十年的绿色建筑项目实践，对绿色建筑技术应用的问题进行了系统的分析，综合了多项国家级及省部级的科研成果，如住房和城乡建设部课题“绿色建筑实施效果调研与评估”和“中国绿色建筑后评估”，上海市城乡建设和管理委员会课题“上海市绿色建筑运行实效评估”、中国建筑科学研究院自筹基金课题“基于绿色建筑质量提升的关键技术研究”等课题研究成果，在大量调研、实践经验沉淀后编制了这本绿色建筑技术指南。

本书依据《标准》进行编制，为绿色建筑设计咨询工作提供更为具体的技术指导。章节框架也与《标准》基本对应（《标准》评价指标体系的框架见图1-12，条文/技术摘要见表1-3～表1-9），第1章阐述了绿色建筑的发展背景，包括缘起、概念、发展历程、相关的绿色建筑评估体系、绿色建筑发展现状等；第 2～8 章分别对应《标准》的七大版块——节地与室外环境、节能与能源利用、节水与水资源利用、节材与材料资源利用、室内环境质量、施工管理、运营管理，文中的绿色建筑技术则依据《标准》的具体条文（有所拓展）。

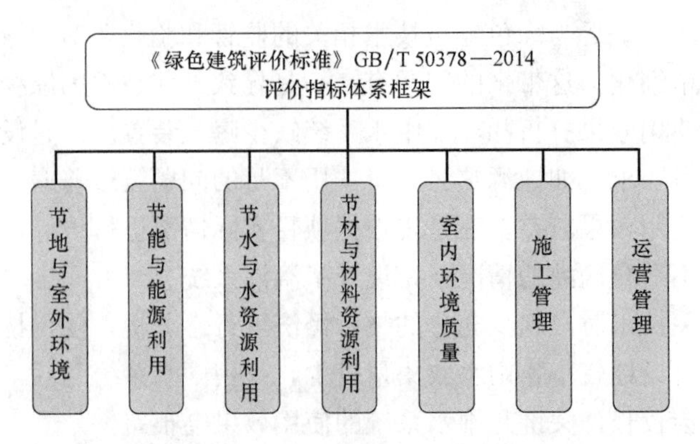

图 1-12 《标准》评价指标体系框架

每项绿色建筑技术均从技术简介、适用范围、技术要点、参照标准、规范及图集参考案例等方面来阐述。技术简介主要是对每项技术的概念、分类进行简要阐述；适用范围主要是该技术适用的建筑类型、建筑高度、系统类型等；技术要点则从技术指标、设计要点、注意事项等方面展开详细阐述；参照标准主要是涉及该项技术的国家标准、规范、导则、图集等；参考案例则结合实际项目案例阐述该技术的实践应用情况；最后部分技术还辅以相关产品的介绍，该部分主要是绿色建筑技术涉及的相应产品，为拟采用该项技术的设计咨询人员或业主提供一些产品选择指导。

节地与室外环境条文/技术摘要　　**表 1-3**

属　性	序　号		条文/技术摘要	分　值
控制项		1	选择合规	—
		2	场地安全	—
		3	无超标污染源	—
		4	日照标准	—
评分项	Ⅰ		土地利用	34
		1	节约集约用地	19
		2	绿化用地	9
		3	地下空间	6
	Ⅱ		室外环境	18
		4	光污染	4
		5	环境噪声	4
		6	风环境	6
		7	热岛强度	4

续表

属性	序号		条文/技术摘要	分值
评分项	Ⅲ		交通设施与服务	24
		8	公共交通设施	9
		9	人行道无障碍	3
		10	停车场所	6
		11	公共服务设施	6
	Ⅳ		场地设计与生态	24
		12	生态保护补偿	3
		13	绿色雨水设施	9
		14	径流总量控制	6
		15	绿化方式与植物	6
加分项			废弃场地/旧建筑	1

节能与能源利用条文/技术摘要　　表 1-4

属性	序号		指标	分值
控制项		1	节能设计标准	—
		2	电热设备	—
		3	能耗分项计量	—
		4	照明功率密度	—
评分项	Ⅰ		建筑与围护结构	22
		1	建筑设计优化	6
		2	外窗幕墙可开启	6
		3	热工性能	10
	Ⅱ		暖通空调	37
		4	冷热源机组能效	6
		5	输配系统效率	6
		6	暖通系统优化	10
		7	过渡季节节能	6
		8	部分负荷节能	9
	Ⅲ		照明与电气	21
		9	照明节能控制	5
		10	照明功率密度	8
		11	电梯扶梯	3
		12	其他电气设备	5
	Ⅳ		能量综合利用	20
		13	排风热回收	3
		14	蓄冷蓄热	3
		15	余热废热利用	4
		16	可再生能源	10

续表

属　性	序　号		指　标	分　值
加分项			热工性能	1
			冷热源机组能效	1
			分布式三联供	1

节水与水资源利用条文/技术摘要　　表1-5

属　性	序　号		指　标	分　值
控制项		1	水资源利用方案	—
		2	给排水系统	—
		3	节水器具	—
评分项	Ⅰ		节水系统	35
		1	节水用水定额	10
		2	管网漏损	7
		3	超压出流	8
		4	用水计量	6
		5	公用浴室节水	4
	Ⅱ		节水器具与设备	35
		6	卫生器具水效	10
		7	绿化灌溉	10
		8	节水冷却技术	10
		9	其他用水节水	5
	Ⅲ		非传统水源利用	30
		10	非传统水源	15
		11	冷却水补水	8
		12	景观水体	7
加分项			卫生器具水效	1

节材与材料资源利用条文/技术摘要　　表1-6

属　性	序　号		指　标	分　值
控制项		1	禁限材料	—
		2	400兆帕钢筋	—
		3	建筑造型要素	—
评分项	Ⅰ		节材设计	40
		1	建筑形体规则	9
		2	结构优化	5
		3	土建装修一体化	10
		4	灵活隔断	5
		5	预制构件	5
		6	整体化厨卫	6

续表

属性	序号		指标	分值
评分项	Ⅱ		材料选用	60
		7	本地材料	10
		8	预拌混凝土	10
		9	预拌砂浆	5
		10	高强结构材料	10
		11	高耐久结构材料	5
		12	可循环利用材料	10
		13	废弃物装修材料	5
		14	装饰装修材料	5
加分项			结构形式	1

室内环境质量条文/技术摘要 表1-7

属性	序号		指标	分值
控制项		1	室内噪声级	—
		2	构件隔声性能	—
		3	照明数量质量	—
		4	暖通设计参数	—
		5	内表面结露	—
		6	内表面温度	—
		7	空气污染物浓度	—
评分项	Ⅰ		室内声环境	22
		1	室内噪声级	6
		2	构件隔声性能	9
		3	噪声干扰	4
		4	专项声学设计	3
	Ⅱ		室内光环境视野	25
		5	户外视野	3
		6	采光系数	8
		7	天然采光优化	14
	Ⅲ		室内热湿环境	20
		8	可调节遮阳	12
		9	空调末端调节	8
	Ⅳ		窝内空气质量	33
		10	自然通风优化	13
		11	室内气流组织	7
		12	IAQ监控	8
		13	CO监测	5
加分项			空气处理措施	1
			空气污染物浓度	1

施工管理条文/技术摘要　　　　表1-8

属性	序号		指标	分值
控制项		1	施工管理体系	—
		2	施工环保计划	—
		3	职业健康安全	—
		4	绿色专项会审	—
评分项	Ⅰ		环境保护	22
		1	施工降尘	6
		2	施工降噪	6
		3	施工废弃物	10
	Ⅱ		资源节约	40
		4	施工用能	8
		5	施工用水	8
		6	混凝土损耗	6
		7	钢筋损耗	8
		8	定型模板	10
	Ⅲ		过程管理	38
		9	绿色专项实施	4
		10	设计变更	4
		11	耐久性检测	8
		12	土建装修一体化	14
		13	竣工调试	8

运营管理条文/技术摘要　　　　表1-9

属性	序号		指标	分值
控制项		1	运行管理制度	—
		2	垃圾管理制度	—
		3	污染物排放	—
		4	绿色设施工况	—
		5	自控系统工况	—
评分项	Ⅰ		管理制度	30
		1	管理体系认证	10
		2	操作规程	8
		3	管理激励机制	6
		4	教育宣传机制	6
	Ⅱ		技术管理	42
		5	设施检查调试	10
		6	空调系统清洗	6
		7	非传统水源记录	4
		8	智能化系统	12
		9	物业管理信息化	10

续表

属性	序号		指标	分值
评分项	Ⅲ		环境管理	28
		10	病虫害防治	6
		11	植物生长状态	6
		12	垃圾站(间)	6

第2章　节地与室外环境

根据《绿色建筑评价标准》GB/T 50378—2014，节地与室外环境主要关注场地安全、土地利用、室外环境、交通设施和公共服务、场地设计与场地生态。本章主要从绿色建筑技术的角度来阐述，故弱化了土地利用等规划指标的内容，而重点阐述场地安全、室外环境、交通设施、场地生态等的技术内容。

2.1　场地安全

由于历史上缺乏必要的城市规划，我国很多工业企业位于城市中心区内。20世纪90年代以来，社会经济发展迅速，城市化进程加快，产业结构调整深化，导致土地资源紧缺，许多城市开始将主城区的工业企业迁移出城，于是产生了大量存在环境风险的场地。这些污染场地的存在带来了双重问题：一方面是环境和健康风险，另一方面也阻碍了城市建设和经济发展。

针对这些快速城市化中污染场地再开发带来的一系列环境问题，污染场地的环境修复与再开发逐渐成为一个重要的议题。近年来，环境保护研究机构逐渐加大在污染场地领域的研究与实践，并根据污染场地开发利用过程中环境管理和环境修复的需要，制定出台了相关的地方法规和配套技术标准，逐渐完善污染防治的政策法律法规等管理体系框架，为场地修复事业的健康成长引路护航。

本节主要就污染场地再开发过程中可能存在的土壤污染和水体污染相关修复技术进行阐述。

2.1.1　污染土壤修复

1. 技术简介

近30年来，随着社会经济的高速发展和高强度的人类活动，我国因污染退化的土壤范围不断扩大，土壤质量恶化加剧。根据2014年全国土壤污染状况调查报告，我国土壤环境状况总体不容乐观，部分地区土壤污染较重，耕地土壤环境质量堪忧，工矿业废弃地土壤环境问题突出。全国土壤总的超标率为16.1%，其中轻微、轻度、中度和重度污染点位比例分别为11.2%、2.3%、1.5%和1.1%。污染类型以无机型为主，有机型次之，复合型污染比重较小，无机污染物超标点位数占全部超标点位的82.8%。

长期以来土壤环境形势日益严峻主要有两个原因：一个是土壤环境问题的隐蔽性和累积性使得土壤污染不易觉察；另一个主要原因是我国土壤污染防治方面的立法不足。

2015年7月11日，环保部副部长李干杰在由中国科学院、中国科学技术协会、农业部和环境保护部共同主办的“土壤与生态环境安全——国际土壤年在中国”高层论坛上表示，相关部门正抓紧编制全国土壤污染防治行动计划（“土十条”）。环保部拟定了一个目标：争取利用六七年，即2020年，使土壤污染恶化趋势得到遏制。可见，污染土壤修复技术的重要性日益凸显。

参考《展览会用地土壤环境质量评价标准（暂行）》HJ 350—2007，土壤污染指由于人类活动产生的有害、有毒物质进入土壤，积累到一定程度，超过土壤本身的自净能力，导致土壤性状和质量变化，构成对人体和生态环境的影响和危害。

根据《污染场地土壤修复技术导则》HJ 25.4—2014，土壤修复是指采用物理、化学或生物的方法固定、转移、吸收、降解或转化场地土壤中的污染物，使其含量降低到可接受水平，或将有毒有害的污染物转化为无害物质的过程。

污染土壤修复技术按类型分主要包括生物修复、物理修复、化学修复及联合修复技术。

生物修复技术（图2-1和图2-2）是通过改变重金属在土壤中的存在形态，达到对重金属在土壤中的净化、减少、积累固定的作用。生物修复技术具有成本低、来源广、无二次污染等特点，尤其适用于低浓度重金属的去除❶。治理效果显著的是植物修复和微生物修复❷。植物修复技术包括利用植物积累性功能的植物吸取修复、利用植物根系控制污染扩散和恢复生态功能的植物稳定修复、利用植物代谢功能的植物降解修复、利用植物转化功能的植物挥发修复、利用植物根系吸附的植物过滤修复等技术❸。微生物修复是指利用野生或人工培养的具有特定功能微生物群，在适宜环境条件下，通过自身的代谢活动，降低有毒污染物活性或降解成无毒物质。主要包括被吸收有毒金属后并贮存在细胞的不同部位或被结合到胞外基质上的生物富集、通过静电吸附或者络合作用固定重金属离子的生物吸着以及通过生物氧化还原、甲基化与去甲基化以及重金属的溶解和有机络合配位降解的生物转化技术❹。

图2-1 适宜修复土壤的超富集植物示意（从左往右依次为香雪球、油菜、蜈蚣草）

物理修复是指通过各种物理过程将污染物（尤其是有机污染物）从土壤中去除或分离的技术，较常见的物理修复技术是热处理技术，主要应用于工业企业场地土壤有机污染，主要技术包括热脱附、热解析、蒸气浸提等技术，较多应用于苯系物、多环芳烃、多氯联

❶ 李飞宇. 土壤重金属污染的生物修复技术［J］. 环境科学与技术，2011，34（12）.

❷ 张贵龙，任天志，郝桂娟等. 生物修复重金属污染土壤的研究进展［J］. 化工环保，2007，27（4）.

❸ 骆永明. 污染土壤修复技术研究现状与趋势［J］. 化学进展，2009，21（2/3）.

❹ 李飞宇. 土壤重金属污染的生物修复技术［J］. 环境科学与技术，2011，34（12）.

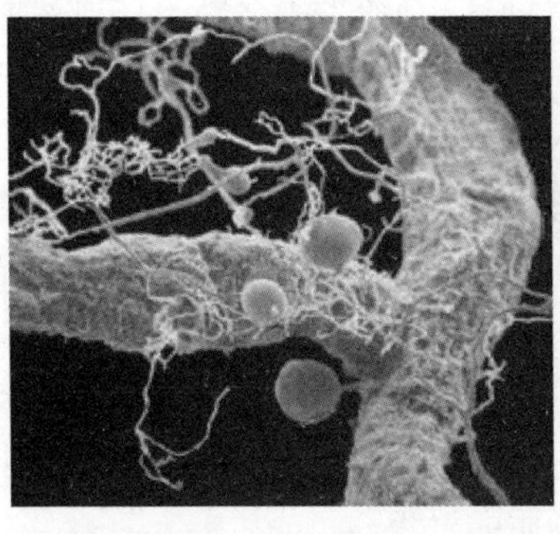
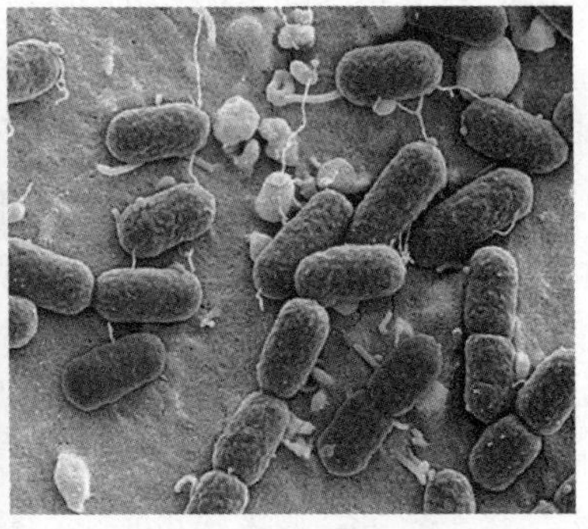

图 2-2　适宜修复土壤的微生物示意（促生根际菌、机污染物降解微生物）

苯和二英等污染土壤的修复❶（图 2-3）。

图 2-3　土壤物理修复技术示意（热解析、蒸汽浸提）

热脱附技术是用直接或间接的热交换，加热土壤中有机污染组分到足够高的温度，使其蒸发并与土壤介质相分离的过程。热脱附技术具有污染物处理范围广、设备可移动、修复后土壤可再利用等优点，对 PCBs 这类含氯有机物处理效果较好。但是如设备价格昂贵、脱附时间过长、处理成本过高等问题，限制了热脱附技术在持久性有机污染土壤修复中的应用❷。热解吸是一项新型非燃烧技术，常被用于处理有机污染的土壤。近年来，热解吸技术也被广泛应用于发性有机污染物（VOCs）污染土壤的修复。这项技术通过在特定的设备中加热，把有机污染物从固相土壤中转移到气相并使其挥发出来，气相污染物再通过燃烧或冷凝吸附的方式处理，达标后排放。热解吸技术处理的污染物范围广，包括低沸点物质、高沸点物质如农药、多环芳烃等❸。蒸气浸提技术是去除土壤中挥发性有机污染物（VOCs）的一种原位修复技术，具有成本低、操作性强、采用标准设备、处理有机物的范围广、不破坏土壤结构和不引起二次污染等优点。苯系物等轻组分石油烃类污染物的去除率可达 90%。该技术将新鲜空气通过注射井注入污染区域，利用真空泵产生负压，空气流经污染区域时，解吸并夹带土壤孔隙中的 VOCs 经由抽取井流回地上；抽取出的

❶ 骆永明. 污染土壤修复技术研究现状与趋势 [J]. 化学进展，2009，21 (2/3).

❷ 骆永明. 污染土壤修复技术研究现状与趋势 [J]. 化学进展，2009，21 (2/3).

❸ 吴健，沈根祥，黄沈发. 挥发性有机物污染土壤工程修复技术研究进展 [J]. 土壤通报，2005，36 (3).

气体在地上经过活性炭吸附法以及生物处理法等净化处理，可排放到大气或重新注入地下循环使用❶。

化学修复技术是利用加入到土壤中的化学修复剂与污染物发生一定的化学反应，使污染物被降解和毒性被去除或降低的修复技术❷。主要有土壤固化-稳定化技术、淋洗技术、氧化-还原技术和电动力学修复等技术（图 2-4）。固化-稳定化技术是将污染物在污染介质中固定，使其处于长期稳定状态，是较普遍应用于土壤重金属污染的快速控制修复方法，多用于同时处理多种重金属复合污染土壤。该处理技术的费用较为低廉，适用于非敏感区的污染土壤。常用的固化稳定剂有飞灰、石灰、沥青和硅酸盐水泥等❸。淋洗技术是借助能促进土壤环境中污染物溶解或迁移作用的溶剂，通过水力推动清洗液，将其注入受污染土层中，然后再把含有污染物的液体抽提出来，进行分离或污水处理。清洗剂可以是水或含有一定助剂的溶液，一般要求清洗剂能再生并重复使用。但需注意防止二次污染❹。氧化-还原技术是通过向土壤中投加化学氧化剂（Fenton 试剂、臭氧、过氧化氢、高锰酸钾等）或还原剂（SO_2、FeO、气态 H_2S 等），使其与污染物质发生化学反应来实现净化土壤的目的。通常，化学氧化法适用于土壤和地下水同时被有机物污染的修复❺。电动力学修复是通过电化学和电动力学的复合作用（电渗、电迁移和电泳等）驱动污染物富集到电极区，进行集中处理或分离的过程。该技术修复速度较快、成本较低，适用于小范围的黏质的多种重金属污染土壤和可溶性有机物污染土壤的修复；对于不溶性有机污染物，需添加溶剂，但易产生二次污染❻。

图 2-4　土壤化学修复技术示意（淋洗、氧化-还原）

土壤污染修复技术很多，但没有一种修复技术可以针对所有的土壤污染。每种技术也有各自的优缺点。相似的污染状况，不同的土壤性质、不同的修复要求，也会限制一些技术的使用。此外，大多数修复技术对土壤多少会带来一些副作用。应基于风险管理的基本

❶ 骆永明. 污染土壤修复技术研究现状与趋势 [J]. 化学进展，2009，21 (2/3).

❷ 杨丽琴. 污染土壤的物理化学修复技术研究进展 [J]. 环境保护科学，2008，34 (5).

❸ 骆永明. 污染土壤修复技术研究现状与趋势 [J]. 化学进展，2009，21 (2/3).

❹ 杨丽琴. 污染土壤的物理化学修复技术研究进展 [J]. 环境保护科学，2008，34 (5).

❺ 骆永明. 污染土壤修复技术研究现状与趋势 [J]. 化学进展，2009，21 (2/3).

❻ 杨丽琴. 污染土壤的物理化学修复技术研究进展 [J]. 环境保护科学，2008，34 (5).

思路，筛选适应的修复技术，并根据场地污染分布及水文地质条件对筛选出来的修复技术进行有机组合，形成系统性的污染场地修复方案。

2. 适用范围

（1）生物修复技术主要适用于重金属污染。

（2）物理修复技术多应用于苯系物、多环芳烃、多氯联苯和二英等污染土壤。

（3）化学修复技术适用于重金属、苯系物、石油、卤代烃、多氯联苯等污染土壤。

3. 技术要点

（1）技术指标

《绿色建筑评价标准》GB/T 50378—2014 第 11.2.9 条：合理选用废弃场地进行建设，或充分利用尚可使用的旧建筑，评价分值为 1 分。本条所指的废弃场地主要包括裸岩、石砾地、盐碱地、沙荒地、废窑坑、废旧仓库或工厂弃置地等。绿色建筑可优先考虑合理利用废弃场地，采取改造或改良等治理措施，确保场地利用不存在安全隐患、符合国家相关标准的要求。

现行《土壤环境质量标准》GB 15618—1995 的修订草案之一——《建设用地土壤污染风险筛选指导值》已完成征求意见稿，当前正在向社会公开征求意见。《建设用地土壤污染风险筛选指导值》规定的 118 种土壤污染物的风险筛选指导值，依据《污染场地风险评估技术导则》HJ 25.3—2014 确定，适用于建设用地土壤污染风险的筛查和风险评估的工作。

该标准将建设用地土壤环境功能分为两类：一类为住宅类敏感用地方式，包括《城市用地分类与规划建设用地标准》GB 50137—2011 规定的城市建设用地中的居住用地（R）、文化设施用地（A2）、中小学用地（A33）、社会福利设施用地（A6）、公园绿地（G1）等，以及农村地区此类建设用地。二类为工业类非敏感用地方式，包括 GB 50137—2011 规定的城市建设用地中的工业用地（M）、物流仓储用地（W）、商业服务业设施用地（B）、公用设施用地（U）等，以及农村地区此类建设用地。以上两类混合区域，视为住宅类敏感用地。

该标准将建设用地土壤污染物项目分为基本项目和选测项目。基本项目是指我国土壤环境中广泛分布或在工业企业场地土壤中普遍有检出的元素或化合物，适用于所有建设用地土壤污染风险的筛查。选测项目是指在不同类型工业企业场地土壤中检出的人为制造的污染物，适用于特定类型工业企业场地土壤污染风险的筛查。土壤污染物分析方法参见《建设用地土壤污染风险筛选指导值（征求意见稿）》，部分标准在制定中或待制定的土壤污染物分析方法参见《展览会用地土壤环境质量评价标准（暂行）》HJ 350—2007。

根据以上分类，《建设用地土壤污染风险筛选指导值》给出了住宅类敏感用地和工业类非敏感用地土壤污染风险筛选指导值，见表 2-1 和表 2-2。

建设用地土壤污染物基本项目风险筛选指导值　　表 2-1

序号	污染物项目	住宅类敏感用地	工业类非敏感用地	地下水饮用水源保护地[④]
1	总锑	6.63	66.3	—
2	总砷	0.37[①]	1.22[①]	—
3	总铍	10.9	21.5	—

续表

序号	污染物项目	住宅类敏感用地	工业类非敏感用地	地下水饮用水源保护地④
4	总镉	7.22	28.3	33.9
5	铬(三价)	24900②	249000②	—
6	铬(六价)	0.25	0.54	—
7	总钴	2.92①	5.73①	28.2
8	总铜	663②	6630②	—
9	汞(无机)	4.92	47.6	35.3
10	甲基汞	1.66	16.6	—
11	总镍	90.5	198	235
12	总锡	9950②	99500②	—
13	总钒	3.16①	6.21①	—
14	总锌	4970②	49800②	2446
15	氰化物(CN^-)	9.86	96.2	—
16	氟化物	640	5810	—
17	苊	755②	5710②	—
18	蒽	3770②	28600②	—
19	苯并(a)蒽	0.63	1.86	—
20	苯并(a)芘	0.064③	0.19	0.045③
21	苯并(b)荧蒽	0.64	1.87	—
22	苯并(k)荧蒽	6.2	18	—
23	屈	61.5	178②	—
24	二苯并(a,h)蒽	0.064	0.19	—
25	荧蒽	503	3810②	—
26	芴	503	3810	—
27	茚并(1,2,3-cd)芘	0.64	1.87	—
28	萘	0.48	2.13	—
29	芘	377	2860②	—

① 当表中数值低于土壤环境本底值时，将表中数值加上土壤环境本底值作为风险筛选值；
② 当表中数值较高，并远大于土壤环境本底值时，应综合考虑环境保护法律法规相关要求确定风险筛选值；
③ 当表中数值低于现行土壤污染物分析方法标准的检出限时，以标准方法的检出限为风险筛选值；
④ 当建设用地所在区域地下水规划为饮用水源时，应同时考虑建设用地环境功能区类型和地下水饮用水源地风险筛选指导值，并选取较低值作为该区域风险筛选值。

建设用地土壤污染物选测项目风险筛选指导值 **表 2-2**

序号	污染物项目	住宅类敏感用地	工业类非敏感用地	地下水饮用水源保护地③
1	丙酮	2130①	14400①	—
2	苯	0.064②	0.26	0.060②
3	甲苯	120①	672①	5.03
4	乙苯	0.20	0.81	3.93
5	对二甲苯	2.63	14.1	—
6	间二甲苯	2.63	14.1	—

续表

序号	污染物项目	住宅类敏感用地	工业类非敏感用地	地下水饮用水源保护地③
7	邻二甲苯	2.63	14.1	—
8	二甲苯	2.63	14.1	5.63
9	一溴二氯甲烷	0.014②	0.055	0.36
10	1,2-二溴甲烷	0.001②	0.005②	
11	四氯化碳	0.082②	0.34	0.012②
12	氯苯	1.31	7.06	2.12
13	氯仿	0.022②	0.089	0.36
14	氯甲烷	2.37	12.7	—
15	二溴氯甲烷	0.019②	0.092	0.60
16	1,4-二氯苯	0.079②	0.39	3.28
17	1,1-二氯乙烷	0.31②	1.27	—
18	1,2-二氯乙烷	0.019②	0.078	—
19	1,1-二氯乙烯	5.23	28.2	0.18
20	1,2-顺式-二氯乙烯	33.2	332	—
21	1,2-反式-二氯乙烯	1.57	8.47	—
22	二氯甲烷	13.6	78.3	0.12
23	1,2-二氯丙烷	0.050②	0.20	—
24	硝基苯	0.99	4.25	0.11
25	苯乙烯	36.5	236	0.26
26	1,1,1,2-四氯乙烷	0.067②	0.28	—
27	1,1,2,2-四氯乙烷	0.031②	0.15	—
28	四氯乙烯	1.04	5.63	0.24
29	三氯乙烯	0.052②	0.28	0.42
30	氯乙烯	0.10	0.41	0.030②
31	1,1,2-三氯丙烷	82.9①	829	—
32	1,2,3-三氯丙烷	0.021	0.080	—
33	1,1,1-三氯乙烷	131①	706	—
34	1,1,2-三氯乙烷	0.0053②	0.028②	—
35	艾氏剂	0.029②	0.087	—
36	狄氏剂	0.031②	0.093	—
37	异狄氏剂	4.00	31.7	—
38	氯丹	1.56	5.23	—
39	滴滴滴	2.05	6.24	—
40	滴滴伊	1.43	4.36	—
41	滴滴涕	1.71	5.89	4.68
42	七氯	0.10	0.31	0.46
43	α-六六六	0.074	0.23	—
44	β-六六六	0.26	0.80	—
45	γ-六六六	0.49	1.63	0.016②

续表

序号	污染物项目	住宅类敏感用地	工业类非敏感用地	地下水饮用水源保护地[3]
46	六氯苯	0.060	0.24	0.17
47	灭蚁灵	0.026[2]	0.08	—
48	毒杀芬	0.45	1.36	—
49	多氯联苯 189	0.12	0.33	—
50	多氯联苯 167	0.11	0.33	—
51	多氯联苯 157	0.11	0.33	—
52	多氯联苯 156	0.11	0.33	—
53	多氯联苯 169	0.00011[2]	0.00033[2]	—
54	多氯联苯 123	0.11	0.33	—
55	多氯联苯 118	0.11	0.32	—
56	多氯联苯 105	0.11	0.32	—
57	多氯联苯 114	0.11	0.33	—
58	多氯联苯 126	0.000034[2]	0.000097[2]	—
59	多氯联苯(高风险)	0.21	0.62	0.043[2]
60	多氯联苯(低风险)	1.07	3.13	—
61	多氯联苯(最低风险)	6.08	17.7	—
62	多氯联苯 77	0.035[2]	0.10	—
63	多氯联苯 81	0.011[2]	0.032	—
64	二恶英(总量)	0.000094[2]	0.00033[2]	—
65	二恶英(TCDD2378)	0.0000044[2]	0.000015[2]	—
66	多溴联苯	0.017[2]	0.050	—
67	苯胺	5.92	32.5	0.60
68	溴仿	0.68	3.30	0.60
69	2-氯酚	82.9	829[1]	—
70	4-甲酚(对—)	1260[1]	9640[1]	—
71	3,3-二氯联苯胺	1.07	3.23	—
72	2,4-二氯酚	40.0	317[1]	1.31
73	2,4-二硝基酚	26.6	211[1]	—
74	2,4-二硝基甲苯	1.54	4.68	0.0049[2]
75	六氯环戊二烯	0.0061[2]	0.039[4]	
76	五氯酚	0.93	2.46	1.24
77	苯酚	2820[1]	18000[1]	—
78	2,4,5-三氯酚	1330[1]	10600[1]	—
79	2,4,6-三氯酚	13.3	106	9.94
80	阿特拉津	2.16	6.61	0.013[2]
81	敌敌畏	1.36	4.27	0.006[2]
82	乐果	2.66	21.1	0.48
83	硫丹	79.9[1]	633[1]	—
84	草甘膦	1330[1]	10600[1]	41.0

续表

序号	污染物项目	住宅类敏感用地	工业类非敏感用地	地下水饮用水源保护地③
85	邻苯二甲酸二(2-乙基己基)酯	35.3	108①	26.6
86	邻苯二甲酸苄丁酯	261①	800①	—
87	邻苯二甲酸二乙酯	10700①	84500①	1.80
88	邻苯二甲酸二丁酯	1330①	10600①	0.098②
89	邻苯二甲酸二正辛酯	133①	1060①	—

① 当表中数值较高，并远大于土壤环境本底值时，应综合考虑环境保护法律法规相关要求确定风险筛选值；

② 当表中数值低于现行土壤污染物分析方法标准的检出限时，以标准方法的检出限为风险筛选值；

③ 当建设用地所在区域地下水规划为饮用水源时，应同时考虑建设用地环境功能区类型和地下水饮用水源地风险筛选指导值，并选取较低值作为该区域风险筛选值。

鉴于土壤污染问题具有区域差异性、污染累积性，治理修复成本高、难度大等特点，《建设用地土壤污染风险筛选指导值》强调土壤环境反退化原则，即土壤中污染物含量低于标准限值的，应以控制污染物含量上升为目标，不应局限于“达标”；对于超标的土壤，应启动土壤污染详细调查、进一步开展风险评估，准确判断关键风险点及其成因，采取针对性管控或修复措施。

（2）技术要点

土壤污染修复可按照以下流程进行操作：场地环境调查→场地风险评估→场地修复目标值确定→土壤修复方案编制→实施土壤修复→修复后评估。

1）场地环境调查

场地环境调查包括三个阶段（图 2-5），具体操作参见《场地环境调查技术导则》HJ 25.1—2014。

第一阶段场地环境调查是污染识别阶段，以资料收集、现场踏勘和人员访谈为主，原则上不进行现场采样分析。若该阶段调查确认场地内及周围区域当前和历史上均无可能的污染源，则认为场地环境状况可以接受，调查活动可以结束。

第二阶段场地环境调查是以采样和分析为主的污染证实阶段，若第一阶段场地环境调查表明场地内或周围区域存在可能的污染源，以及由于资料缺少等原因造成无法排除场地内外存在污染源时，作为潜在污染场地进行环境调查，以确定污染物种类、浓度（程度）和空间分布。该阶段主要包括初步采样分析和详细采样分析两步。若初步采样分析结果显示污染物浓度均未超过国家和地方等相关标准以及清洁对照点浓度，则调查工作结束，否则认为可能存在环境风险，需进行详细调查，确定污染物程度和范围。

第三阶段场地环境调查以补充采样和测试为主，以获得风险评估及土壤修复所需参数，可单独进行，也可在第二阶段同时展开。

2）场地风险评估

场地风险评估包括危害识别、暴露评估、毒性评估、风险表征以及土壤风险控制值计算（图 2-6），详见《污染场地风险评估技术导则》HJ 25.3—2014。

危害识别是为了掌握场地土壤中关注污染物的浓度分布，明确规划土地利用方式，分析可能的敏感受体。暴露评估是在危害识别的基础上，分析场地内关注污染物迁移和危害敏感受体的可能性，确定土壤污染物的主要暴露途径和暴露评估模型，确定评估模型参数

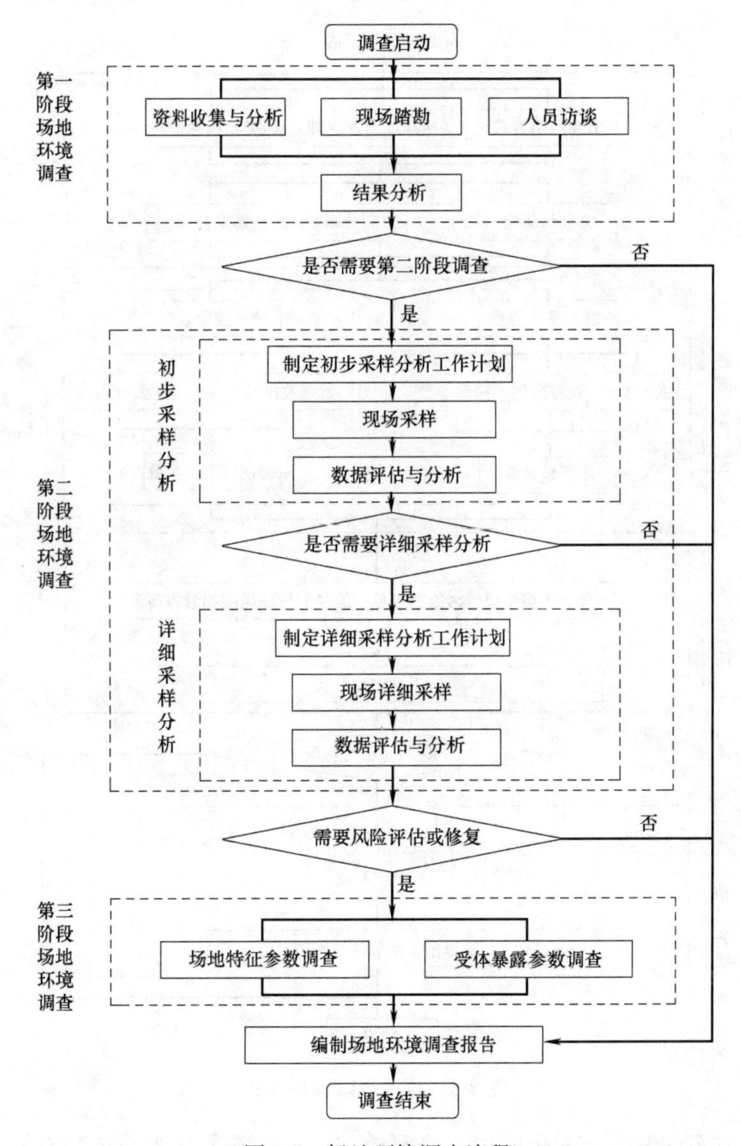

图 2-5　场地环境调查流程

取值，计算敏感人群对土壤中污染物的暴露量。此后应在危害识别的基础上，分析关注污染物对人体健康的危害效应，包括致癌效应和非致癌效应，确定与关注污染物相关的参数，包括参考剂量、参考浓度、致癌因子等。然后在暴露评估和毒性评估的基础上，采用风险评估模型计算土壤中单一污染物经单一途径的致癌风险和危害商，计算单一污染物的总致癌风险和危害指数，进行不确定性分析，获取风险表征。在此基础上，判断计算所得风险值是否超过可接受风险水平：如未超过，则结束评估；如若超过，则需计算并提出土壤中关注污染物的发现控制值。

3）场地修复目标值确定

场地修复的目标值详见前述“技术指标”中规定的土壤污染风险筛选指导值。

4）土壤修复方案编制

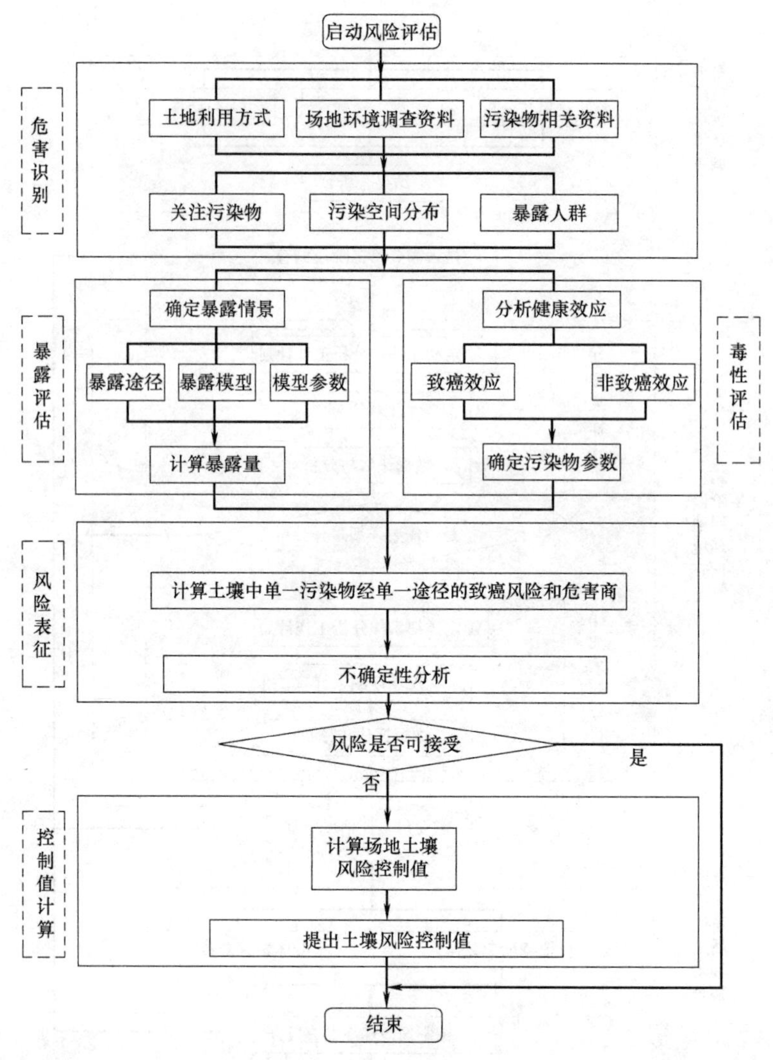

图2-6 场地风险评估流程

场地修复方案编制分为三个阶段：修复模式选择、修复技术筛选和修复方案制定（图2-7），参见《污染场地土壤修复技术导则》HJ 25.4—2014。

根据前期场地环境调查和风险评估的基础，根据污染场地特征条件、目标污染物、修复目标、修复范围和修复时间长短，选择确定污染场地修复模式。然后根据污染场地的具体情况，按照确定的修复模式，筛选实用的修复技术，展开实验室小试和现场中试，对土壤修复技术应用案例进行分析，从适用条件、修复效果、成本和环境安全性等方面进行评估。最后根据确定的修复技术，制定土壤修复技术路线，确定土壤修复技术的工艺参数，计算污染场地土壤修复工程量；从主要技术指标、修复工程费用以及二次污染防治等方面进行方案可行性比选，确定经济、实用、可行的修复方案。

5）实施土壤修复

依据制定的土壤修复方案实施土壤修复程序。

6）修复后评估

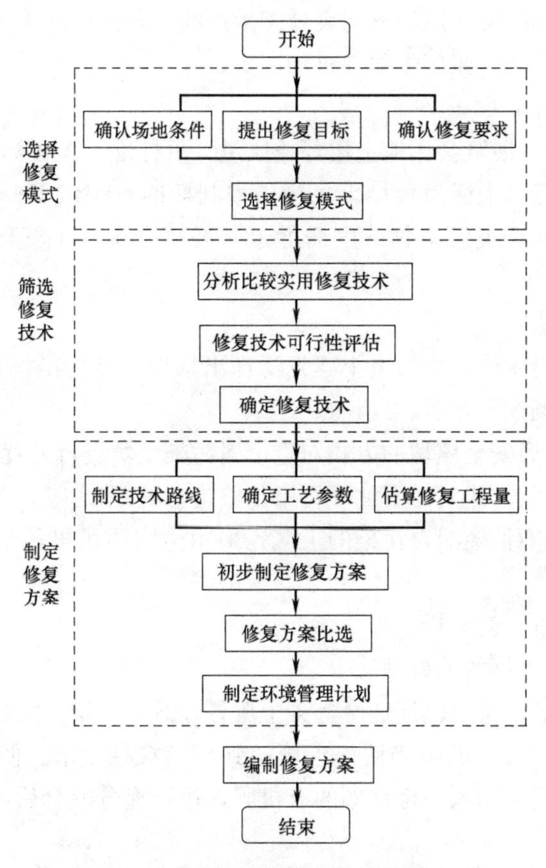

图 2-7 污染场地土壤修复方案编制流程

依据步骤 2）的流程实施修复后评估。

4. 相关标准、规范及图集

（1）《土壤环境质量标准》GB 15618—1995；

（2）《城市用地分类与规划建设用地标准》GB 50137—2011；

（3）《场地环境调查技术导则》HJ 25.1—2014；

（4）《场地环境监测技术导则》HJ 25.2—2014；

（5）《污染场地风险评估技术导则》HJ 25.3—2014；

（6）《污染场地土壤修复技术导则》HJ 25.4—2014；

（7）《建设用地土壤污染风险筛选指导值（征求意见稿）》；

（8）《展览会用地土壤环境质量评价标准（暂行）》HJ 350—2007。

5. 参考案例

某工厂原址场地拟作为商住用地进行开发项目，需要对场地污染物进行检测评估，并根据评估情况进行修复，以确保满足场地安全要求。

（1）污染程度

42 个监测点位共计 75 个土壤样品出现不同程度的重金属及总石油烃的超标现象，参照《展览会用地土壤环境质量评价标准（暂行）》HJ 350—2007 中 A 级标准采用单因子污染指数评价法的评价结果显示，超标点位的单因子污染指数均大于 1。

主要的重金属污染区域：原厂车间表处理生产线、车间电泳涂漆生产线；

主要的总石油烃污染：原厂零部件机加厂房。

(2) 治理修复目标

场地修复目标值：《展览会用地土壤环境质量评价标准》A级标准限值为主；

修复后土壤需满足《生活垃圾填埋场污染控制标准》GB 16889—2008中对于填埋废物的入场标准；总石油烃类污染物浓度需低于《展览会用地土壤环境质量评价标准》A级标准限值（1000mg/kg）。

(3) 场地修复方法

修复以异位修复为主体，将污染土壤先清理出场地，使污染场地尽早满足使用要求。污染土壤则运送贮存场进行处置。

1) 采用稳定固化后安全填埋的方式对重金属污染土壤进行处置；

2) 采用生物通风的方式对总石油烃污染土壤进行处置；

3) 对重金属和总石油烃混合污染的土壤先采用生物通风再稳定固化后安全填埋的方式处置。

(4) 生物通风处置工艺分析

1) 总石油烃污染土壤的前处理

将清挖出的石油烃污染土壤运送至污染土壤暂存区，土壤首先经过筛分将粒径较大的石块清除，再经过一定程度的破碎使得土壤达到相应粒径要求。使用机具对土壤进行混拌，使其更加松散，同时加入一定比例的有机肥，进行充分混合后，将土壤导运至生物通风处理场地内。

2) 生物通风处理

生物通风处理过程可大致分为两个阶段（图2-8）：

第一阶段为快速气提阶段，通过加气管使大量较高温度的气体进入污染土壤底部，气体通过土壤中空隙时，高温可使有机污染物气化，通过大量气流上升使得污染物随气体向上层流动，其中大部分低沸点、易挥发的有机物直接随空气一起抽出。

高沸点的重组分污染物主要是在微生物的作用下被分解为CO_2和H_2O。最终污染物随气体进入活性炭处理装置，污染物在活性炭装置内被吸附。

第二阶段为慢速生物通风反应阶段，利用处置设施上表面布设的滴注管网保持一定速率向土壤中加入含有氮磷的营养液。保持土壤的温度和湿度，通过土壤中的菌种对总石油烃污染物进行生物降解。

3) 稳定化及安全填埋

总石油烃污染土壤经过生物通风处理，经采样检测达到相应标准后，可作为垃圾卫生填埋时的中间覆盖土进行安全填埋或在其他指定地点回填。对总石油烃和重金属复合污染的土壤，经生物通风处理达标后进行稳定化安全填埋。

(5) 修复后风险评估

修复后对验收监测数据进行风险分析。判定修复后的场地是否对人体存在潜在风险。

参照《污染场地风险评估技术导则》及当地污染场地风险评估技术指南中各污染物的毒理参数，以修复场地验收监测数据为依据进行的场地风险评估结果可以看出：修复后的

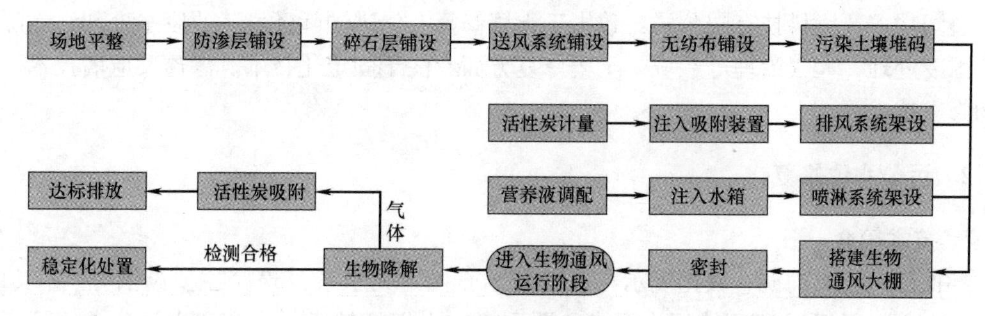

图 2-8 生物通风处置流程

场地单一污染物的致癌风险值均小于 10^{-6}，非致癌危害商均小于 1；各样品中所有污染物累加致癌风险值均小于 10^{-5}，非致癌危害商均小于 1。

因此，修复治理后的场地能够满足居住用地土壤环境质量要求，在日后的建设及使用过程中，不会对人体健康产生影响。

6. 相关厂家

经各相关单位自愿申请、材料核实和专家评审等环节，中国环境修复产业联盟于 2014 年、2015 年公布了两批污染场地调查评估修复从业单位推荐名录。涉及调查评估单位、修复方案设计单位、修复工程实施单位、修复项目监理单位、修复验收单位和分析检测单位若干家。也需注意，由于申请是自愿原则，故并非名录中企业机构一定比不在名录中的企业机构在修复中具有更强的技术水平。

（1）中国环境修复产业联盟公布的第一批污染场地调查评估修复从业单位推荐名录

北京高能时代环境技术股份有限公司、北京建工环境修复股份有限公司、永清环保股份有限公司、中节能六合天融环保科技有限公司、北京金隅红树林环保技术有限责任公司、北京生态岛科技有限责任公司、北京市环境保护科学研究院、河北煜环环保科技有限公司、武汉市环境保护科学研究院、中国环境科学研究院、澳实分析检测（上海）有限公司、北京华测北方检测技术有限公司等。

（2）中国环境修复产业联盟公布的第二批污染场地调查评估修复从业单位推荐名录

安徽省四维环境工程有限公司、北京中地泓科环境科技有限公司、高达（上海）工程咨询有限公司、河北煜环环保科技有限公司、江苏省环境科学研究院、北京矿冶研究总院、中环循（北京）环境技术中心、江苏省优联检测技术服务有限公司、中持依迪亚（北京）环境检测分析股份有限公司等。

（3）国外知名修复公司或机构

加拿大瑞美达克（RemedX）环境科技有限公司：以环境修复为主营产业，致力于研究土壤及污泥修复技术，拥有自己的土壤修复场地。主要的业务有堆肥、填埋和生物处理的设计及操作；热处理系统的设计及建造；修复系统的评估、安装及操作等。该公司还拥有的固体堆肥处理厂（BSTF），其设计为开放式的混合生物处理系统（Bioreactor）。

美国柏奥生物科技公司：致力于研究和开发生物技术产品和治理方案。生物修复项目包括污水/废弃物治理、可持续农业和畜牧业污染治理、水产养殖污处理和湖泊/池塘养护、油污油脂治理、下水道和化粪治理、石油石化污染治理等。

法国功倍环境科技有限公司：致力于土壤修复、促进国际环境工业废水处理、能源效率、固废处理、大气治理等领域。土壤修复方面专注于固定化技术、渗透反应墙技术、微生物修复技术等。

2.1.2 污染水体修复

1. 技术简介

环保部门公布的调查数据显示，2012年，全国十大水系、62个主要湖泊分别有31%和39%的淡水水质达不到饮用水要求，严重影响人们的健康、生产和生活。水体污染体现在三个方面：第一，就整个地表水而言，受到严重污染的劣Ⅴ类水体所占比例较高，全国约10%，有些流域甚至大大超过这个比例。如海河流域劣Ⅴ类的比例高达39.1%。第二，流经城镇的一些河段，城乡接合部的一些沟渠塘坝污染普遍比较重，并且由于受到有机物污染，黑臭水体较多，受影响群众多，公众关注度高，不满意度高。第三，涉及饮水安全的水环境突发事件的数量依然不少。

2015年4月16日国务院印发《水污染防治行动计划》（“水十条”），明确了水环境整治的目标“到2020年，长江、黄河、珠江、松花江、淮河、海河、辽河等七大重点流域水质优良（达到或优于Ⅲ类）比例总体达到70%以上，地级及以上城市建成区黑臭水体均控制在10%以内，地级及以上城市集中式饮用水水源水质达到或优于Ⅲ类比例总体高于93%，全国地下水质量极差的比例控制在15%左右，近岸海域水质优良（一、二类）比例达到70%左右。京津冀区域丧失使用功能（劣于Ⅴ类）的水体断面比例下降15个百分点左右，长三角、珠三角区域力争消除丧失使用功能的水体。到2030年，全国七大重点流域水质优良比例总体达到75%以上，城市建成区黑臭水体总体得到消除，城市集中式饮用水水源水质达到或优于Ⅲ类比例总体为95%左右。”。

水体污染主要是因为污染源排出的污染物超过了水体纳污的环境容量和其本身的自净能力，造成的水质恶化。

污染水体修复技术按类型分主要包括生物修复技术、物理修复技术、化学修复技术等。

生物修复技术是指利用植物或微生物的生命活动对水中污染物进行转移、转化或降解，从而使水体得到净化，包括植物净化、微生物降解、人工浮岛、人工湿地等技术。

植物净化是利用浮水植物、挺水植物和沉水植物在时间和空间的配置，发挥起净化作用，常见的水生植物有水葫芦、香蒲和凤眼莲[1]。微生物降解是利用微生物的降解功能，对水体中的有机污染物、氮、磷等营养物质理化处理，将有机物转化为无机物，并通过氧化作用除去残余无机污染物的技术[2]。人工浮岛是利用附着在天然河床上生物膜的净化和过滤作用，借助人工填充滤料和载体，为微生物提供较大的附着面积，强化微生物对污染物的降解作用[3]。人工湿地是模拟构造天然湿地，人工配置基质、植物、微生物和水体组成的复合体，使污水在床体的填料缝隙中流动或在表面流动，利用土壤-微生物-植物生态

---

[1] 井艳文，胡秀林，许志兰等．利用生物浮床技术进行水体修复研究与示范［J］．北京水利，200（6）．

[2] 黄蕾．城市老工业搬迁区生态环境特征与修复对策［D］．沈阳：沈阳大学，2013．

[3] 黄蕾．城市老工业搬迁区生态环境特征与修复对策［D］．沈阳：沈阳大学，2013．

系统的自我调控机制净化污染物❶。

物理修复技术是指在系统中通过物理沉淀、过滤、吸附作用除去可沉淀的固体、胶体、BOD_5、氮、磷、重金属、细菌、病毒及难以溶解的有机物质，包括河流稀释、底泥疏浚、水体曝气等技术。河流稀释是引清洁的江河水对城市河道进行冲刷，通过稀释降低污染物相对难度，缓解污染程度，提高水体自净能力的方法❷。底泥疏浚是通过疏挖底泥，去除底泥中包裹的污染物，缓解或抑制其中污染物向水体再次释放，减少水体污染总量❸。水体曝气通过向水体填充空气或氧气，增加水体中溶解的氧含量，从而增强水体中好氧微生物的活性，净化污染物而改善或消除黑臭现象的方法❹。

化学修复技术是利用污染物的化学反应来分离、回收污水中的有害物质，使其转化为无害的物质，包括化学沉淀、化学除藻、化学固定等技术。化学沉淀是向水体投加铝盐、铁盐、钙盐等，使之与河水中溶解态磷形成不溶性固体转移到底泥中，适用于控制水体磷的释放❺。化学除藻是通过向水体投放化学药剂控制抑制藻类生长的方法，该方法适用于严重富营养化水体的应急除藻，短时间有效但无法彻底移除水体中氮、磷等物质❻。化学固定是向水体投入适量的碱性物质调节 pH 值，使重金属结合在底泥，达到抑制其释放的目的。常用的碱性物质有石灰、硅酸钙炉渣、钢渣等❼。

2. 适用范围

（1）生物修复适用于存在有机物、细菌、病原体、富集重金属，或黑臭的水体。

（2）物理修复技术能去除可沉淀的固体、胶体、BOD_5、氮、磷、重金属、细菌、病毒及难以溶解的有机物质等。

（3）化学修复技术可以改变水体中的氧化还原电位、pH，吸附沉淀水体中悬浮物质和有机质等。

3. 技术要点

（1）技术指标

《绿色建筑评价标准》GB/T 50378—2014 第 4.1.12 条：结合现状地形地貌进行场地设计和建筑布局，保护场地内原有的自然水域、湿地和植被，采取表层土利用等生态补偿措施，评价分值为 3 分。建设项目应对场地可利用的自然资源进行勘察，充分利用原有地形地貌。此外，根据场地实际状况，采取生态恢复或补偿措施，对水体进行净化和循环。

《地表水环境质量标准》GB 3838—2002 按照地表水环境功能分类和保护目标，规定了水环境质量应控制的项目及限值。

依据地表水水域环境功能和保护目标，按功能高低依次划分为五类：

---

❶ 黄蕾. 城市老工业搬迁区生态环境特征与修复对策 [D]. 沈阳：沈阳大学，2013.

❷ 黄蕾. 城市老工业搬迁区生态环境特征与修复对策 [D]. 沈阳：沈阳大学，2013.

❸ 邢雅囡，阮晓红，赵振华. 城市河道底泥疏浚深度对氮磷释放的影响 [J]. 河海大学学报（自然科学版），2006，34（4）.

❹ 孙从军，张明旭. 河道曝气技术在河流污染治理中的应用 [J]. 环境保护，2001（4）.

❺ 李培军. 混凝投药工艺控制技术研究 [D]. 成都：西华大学，2010.

❻ 李静会，高伟，张衡. 除藻剂应急治理玄武湖蓝藻水华实验研究 [J]. 环境污染与防治，2007（1）.

❼ 黄蕾. 城市老工业搬迁区生态环境特征与修复对策 [D]. 沈阳：沈阳大学，2013.

Ⅰ类主要适用于源头水、国家自然保护区；

Ⅱ类主要适用于集中式生活饮用水地表水源地一级保护区、珍稀水生生物栖息地、鱼虾类产场、仔稚幼鱼的索饵场等；

Ⅲ类主要适用于集中式生活饮用水地表水源地二级保护区、鱼虾类越冬场、洄游通到、水产养殖区等渔业水域及游泳区；

Ⅳ类主要适用于一般工业用水区及人体非直接接触的娱乐用水区；

Ⅴ类主要适用于农业用水区及一般景观要求水域。

对应地表水上述五类水域功能，将地表水环境质量标准基本项目标准值分为五类，不同功能类别分别执行相应类别的标准值（表 2-3）。水域功能类别高的标准值严于水域功能类别低的标准值。同一水域兼有多类使用功能的，执行最高功能类别对应的标准值。

地表水环境质量标准基本项目标准限值（单位：mg/L）　　**表 2-3**

序号		Ⅰ类	Ⅱ类	Ⅲ类	Ⅳ类	Ⅴ类
1	水温(℃)	人为造成的环境水温变化应限制在:周平均最大温升≤1,周平均最大温降≤2				
2	pH 值(无量纲)	6～9				
3	溶解氧≥	饱和率 90%（或 7.5)	6	5	3	2
4	高锰酸盐指数≤	2	4	6	10	15
5	化学需氧量(COD)≤	15	15	20	30	40
6	五日生化需氧量(BOD_5)≤	3	3	4	6	10
7	氨氮(NH_3-N)≤	0.015	0.5	1	1.5	2
8	总磷(以 P 计)≤	0.02（湖、库 0.01)	0.1（湖、库 0.025)	0.2（湖、库 0.05)	0.3（湖、库 0.1)	0.4（湖、库 0.2)
9	总氮(湖、库,以 N 计)≤	0.2	0.5	1	1.5	2
10	铜≤	0.01	1	1	1	1
11	锌≤	0.05	1	1	2	2
12	氟化物(以 F^- 计)≤	1	1	1	1.5	1.5
13	硒≤	0.01	0.01	0.01	0.02	0.02
14	砷≤	0.05	0.05	0.05	0.1	0.1
15	汞≤	0.00005	0.00005	0.0001	0.001	0.001
16	镉≤	0.001	0.005	0.005	0.005	0.01
17	铬(六价)≤	0.01	0.05	0.05	0.05	0.1
18	铅≤	0.01	0.01	0.05	0.05	0.1
19	氰化物≤	0.005	0.05	0.2	0.2	0.2
20	挥发酚≤	0.002	0.002	0.005	0.01	0.1
21	石油类≤	0.05	0.05	0.05	0.5	1
22	阴离子表面活性剂≤	0.2	0.2	0.2	0.3	0.3
23	硫化物≤	0.05	0.1	0.2	0.5	1
24	粪大肠菌群(个/L)≤	200	2000	10000	20000	40000

(2) 技术要点

水体污染修复可按照以下流程进行操作：水质评价→水体修复目标值确定→水体修复方案编制→实施水体修复→修复后评估。

1) 水质评价

地表水水质评价方法参见《地表水环境质量评价办法（试行）》。

地表水水质评价指标为《地表水环境质量标准》GB 3838—2002 的表 1 中除水温、总氮、粪大肠菌群以外的 21 项指标。水温、总氮、粪大肠菌群作为参考指标单独评价（河流总氮除外）。

考虑到绿色建筑项目涉及的地表水环境多为河流、流域（水系），故按照河流、流域（水系）水质评价方法。河流断面水质类别评价采用单因子评价法，即根据评价时段内该断面参评的指标中类别最高的一项来确定。描述断面的水质类别时，使用“符合”或“劣于”等词语。断面水质类别与水质定性评价分级的对应关系见表 2-4。

断面水质定性评价 **表 2-4**

水质类别	水质状况	表征颜色	水质功能类别
Ⅰ～Ⅱ类水质	优	蓝色	饮用水源地一级保护区、珍稀水生生物栖息地、鱼虾类产卵场、仔稚幼鱼的索饵场等
Ⅲ类水质	良好	绿色	饮用水源地二级保护区、鱼虾类越冬场、洄游通道、水产养殖区、游泳区
Ⅳ类水质	轻度污染	黄色	一般工业用水和人体非直接接触的娱乐用水
Ⅴ类水质	中度污染	橙色	农业用水及一般景观用水
劣Ⅴ类水质	重度污染	红色	除调节局部气候外，使用功能较差

当河流、流域（水系）的断面总数少于 5 个时，计算河流、流域（水系）所有断面各评价指标浓度算术平均值，然后按照“断面水质评价”方法评价，并按上表指出每个断面的水质类别和水质状况。

当河流、流域（水系）的断面总数在 5 个（含 5 个）以上时，采用断面水质类别比例法，即根据评价河流、流域（水系）中各水质类别的断面数占河流、流域（水系）所有评价断面总数的百分比来评价其水质状况。河流、流域（水系）的断面总数在 5 个（含 5 个）以上时不作平均水质类别的评价。

河流、流域（水系）水质类别比例与水质定性评价分级的对应关系见表 2-5。

河流、流域（水系）水质定性评价分级 **表 2-5**

水质类别比例	水质状况	表征颜色
Ⅰ～Ⅲ类水质比例≥90%	优	蓝色
75%≤Ⅰ～Ⅲ类水质比例<90%	良好	绿色
Ⅰ～Ⅲ类水质比例<75%，且劣Ⅴ类比例<20%	轻度污染	黄色
Ⅰ～Ⅲ类水质比例<75%，且 20%≤劣Ⅴ类比例<40%	中度污染	橙色
Ⅰ～Ⅲ类水质比例<60%，且劣Ⅴ类比例≥40%	重度污染	红色

断面主要污染指标的确定方法：评价时段内，断面水质为“优”或“良好”时，不评价主要污染指标。

断面水质超过Ⅲ类标准时，先按照不同指标对应水质类别的优劣，选择水质类别最差的前三项指标作为主要污染指标。当不同指标对应的水质类别相同时计算超标倍数，将超标指标按其超标倍数大小排列，取超标倍数最大的前三项为主要污染指标。当氰化物或铅、铬等重金属超标时，优先作为主要污染指标。

确定了主要污染指标的同时，应在指标后标注该指标浓度超过Ⅲ类水质标准的倍数，即超标倍数，如高锰酸盐指数（1.2）。对于水温、pH值和溶解氧等项目不计算超标倍数。

$$超标倍数=\frac{某指标的浓度值-该指标的Ⅲ类水质标准}{该指标的Ⅲ类水质标准}$$

河流、流域（水系）主要污染指标的确定方法：将水质超过Ⅲ类标准的指标按其断面超标率大小排列，一般取断面超标率最大的前三项为主要污染指标。对于断面数少于5个的河流、流域（水系），按“断面主要污染指标的确定方法”确定每个断面的主要污染指标。

$$断面超标率=\frac{某评价指标超过Ⅲ类标准的断面(点位)个数}{断面(点位)总数}\times 100\%$$

2）水体修复目标值确定

场地修复的目标值详见前述“技术指标”中规定的地表水环境质量标准基本项目标准限值。

3）水体修复方案编制

水体修复方案编制分为三个阶段：修复模式选择、修复技术筛选和修复方案制定。水体修复方案编制的流程可参见污染场地土壤修复方案的编制。

根据前期场地环境调查和风险评估的基础，根据污染场地特征条件、目标污染物、修复目标、修复范围和修复时间长短，选择确定污染场地修复模式。然后根据污染场地的具体情况，按照确定的修复模式，筛选实用的修复技术，展开实验室小试和现场中试，对水体修复技术应用案例进行分析，从适用条件、修复效果、成本和环境安全性等方面进行评估。最后根据确定的修复技术，制定水体修复技术路线，确定水体修复技术的工艺参数，计算污染场地水体修复工程量；从主要技术指标、修复工程费用以及二次污染防治等方面进行方案可行性比选，确定经济、实用、可行的修复方案。

4）实施水体修复

依据制定的水体修复方案实施水体修复程序。

5）修复后评估

依据步骤（1）实施修复后评估。

4. 相关标准、规范及图集

(1)《地表水环境质量标准》GB 3838—2002；

(2)《地表水环境质量评价办法（试行）》。

5. 参考案例

北京什刹海生态修复试验工程：什刹海作为北京市城市中心风景游览湖泊，历史悠久，沿湖居民密集，市场繁荣，娱乐活动众多，生活污染严重，水体氮磷负荷逐年增加，污染淤积日盛，湖泊富营养化发展迅速。2001年夏天，蓝藻“水华”暴发，湖水发臭，鱼类大量死亡。根据2001年夏实测资料证实，生态修复试验工程前，什刹海是一个严重富营养水体。

（1）主要污染物及污染程度

2001年8月在北京什刹海的后海（水域面积18.4km²，平均水深1.5m）进行试验，对照区为前海。2001年夏季什刹海超过Ⅴ类水体的指标有BOD_5、氨氮、COD_{Mn}和总磷。如按照湖泊水库富营养化特定项目标准值评价，总氮，总磷，叶绿素-a、透明度都严重超过Ⅴ类水体标准，其中总磷，总氮，叶绿素-a含量均超过Ⅴ类水体指标3-10倍，呈现严重富营养化状态（表2-6）。

试验开始前什刹海（后海和前海）的水质状况　　表2-6

湖区	pH	SS	DO	透明度	COD_{Mn}	BOD_5	氨氮	亚硝酸盐氮	硝酸盐氮	Chl.a	总氮	总磷
后海	8.42	46	6.32	0.21	19.9	12.5	1.22	0.015	0.83	0.451	6.5	0.68
前海	8.62	35	4.62	0.26	17	11.5	0.83	0.03	0.79	0.168	5.14	0.44

注：除pH为无量纲值，透明度音爆为（m）外，其余项目单位无为（mg/L）。表示数据为2001年6月28日、7月23日和8月2日的平均值或单次测值。

什刹海水体的浮游植物、浮游动物、底栖动物和微生物均呈现严重富营养化特征。镜检显示，什刹海藻类种类和数量均很多，有蓝藻门、绿藻门、硅藻门、裸藻门、隐藻门、甲藻门等，优势种是水华微囊藻、铜绿微囊藻。2001年7月，前海对照区表层水体中藻类数据达1506×10⁴个/L，底层达1856×10⁴个/L；而后海东部和西部藻类数量分别达2285×10⁴个/L和2972×10⁴个/L。

2001年7月，对后海和前海的柱状底泥样进行分层分析，两海的底泥表面腐泥层厚度后海为25cm，前海为15cm左右，以下均为硬质底泥测试结果表明（表2-7），底泥总氮、总磷、有机质的含量很高，呈现严重富营养化特征。

后海和前海的底泥营养盐含量（单位：mg/kg）　　表2-7

采样点		氨氮	硝酸盐氮	总氮	总磷	有机质
后海	0～10cm	70.9	0.41	3064.2	1413.1	7.94
	10～20cm	92.2	0.52	6131.4	1388.9	10.54
	20～30cm	103.3	1.08	3038.9	1425.5	7.2
前海	0～10cm	106.2	0.51	2892.5	1014.5	6.29
	10～25cm	35.4	0.46	2336.3	1932.4	5.61

（2）技术选择

什刹海的治理是多种修复技术的综合。臭氧/超声波除藻、曝气充氧、生物浮床、基底修复等多项技术方法都被采用，进行综合试验研究，改善什刹海水域的生态环境。

（3）修复效果

通过10个多月生态修复，根据2002年5月28日北京市水利局对北京市中心城区的水质的监测结果，2002年5月后海总氮、总磷分别为1.26mg/L以及0.046mg/L，与治理前相比，总氮下降了4.74mg/L，总磷下降了0.454mg/L，去除率分别达到了79%及91%，同时，水体叶绿素-a显著下降，透明度明显上升（由此证明，一年来的治理试验研究具有明显的效果），其水质的总体评价水平为Ⅳ类，好于与其相邻的西海（劣Ⅴ类）和前海（劣Ⅴ类）水质，相较治理前提高了一个等级。

2002年3月进行的底质监测与试验研究前的监测点位置相同，结果表明，经过治理后的后海底泥中的有机质有一定下降，约降低15%；而且总氮、总磷均有所下降，本试验中，后海底泥中的总氮去除率约为11%，氨氮为14%，总磷约为21%。

2002年5月对后海水体中的浮游生物进行了监测，从前后两次监测可以看出在什刹海后海出现的浮游生物中，浮游生物种群及结构发生了变化，多污带常出现的萼花臂尾轮虫及角突臂尾轮虫在治理后的检测中未发现，而中污带的曲腿龟甲轮虫等数量在增多，同时少污带中常出现的二刺异尾轮虫等种群开始出现。经统计，治理后，后海湖区又见到了7种以前未见到的浮游生物，这些新出现的物种主要是少污带及中污带常出现的物种，4种原有多污带常见的物种未检测到。因此，从浮游生物种群在数量上的变化可以看出，后海的水体水质正向着良性生态的方向发展。

2.2 室外环境

绿色建筑关注的室外环境主要包括光环境、声环境、风环境和热岛环境四个方面，本节主要就提升这些环境品质的绿色建筑技术进行阐述，主要包括光污染控制技术（景观照明光污染及幕墙光污染控制）、声环境优化技术（隔声屏障、隔声绿化带）、风环境优化技术及降低热岛强度技术。

2.2.1 景观照明光污染控制

1. 技术简介

国际天文界于20世纪70年代最早提出了光污染的概念，定义光污染为城市夜景照明照亮天空后造成对天文观测的负面影响；随后，国际照明委员会（Commission Internationale de L'Eclairage，CIE）和英美澳发达国家将光污染定义为干扰光；日本将其称为光害。目前，关于光污染的定义并没有权威的说法，但国内各城市技术规范的表述大致相同，此处援引《城市夜景照明设计规范》JGJ/T 163—2008对光污染和景观照明的定义：光污染（Light pollution）指干扰光或过量的光辐射（含可见光、紫外和红外光辐射）对人、生态环境和天文观测等造成的负面影响的总称。一般来讲，景观照明光污染是指由不适当或过度的人工照明对人类生活及生态环境造成的负面影响。

随着城市照明技术的发展，城市规模的扩大，丰富的夜景照明带来的是逐渐严重的景观照明光污染，凡是在夜间人工光源照射到的范围都有可能受到光污染的影响：①危害生物圈：夜景光污染不仅会影响人们正常休息、扰乱生理节律，还会扰乱动植物的生活习性与生长规律，破坏生态环境；②危害社会生活：夜间照明所引发的眩光会降低夜视能力，是夜间交通事故频发的主要“凶手”之一，同时它也破坏了城市的自然夜空，对天文观测造成严重的影响；③危害城市环境：我国照明耗电量占据全国总发电量的较大比例，不断增长的照明能耗加大了火力发电对燃煤的需求，加剧了污染物排放和温室效应。另一方面，人工光源散发的大量热量也在无形中加剧了城市“热岛效应”。

国外早于我国开始了在制定相关规范或指南来控制光污染方面的实践。国际照明委员会（CIE）针对光污染制定了《城市照明指南》CIE 136—2000、《泛光照明指南》CIE

94—1993 等指南，并在多个国家取得了有效成果。日本、美国、英国、澳大利亚等发达国家也已经在光污染防治领域制定了相关法律和标准。如日本在 1998 年制定了《光污染对策标准》，美国犹他州在 2003 年制定了《光污染防治法》。

相比而言，我国目前的夜景照明管理建设相对比较滞后。不过，国内一些先进城市已经着手制定并实施了地方性的夜景照明技术规范。北京市出台了《城市夜景照明工程评比标准和办法》[1]。2004 年，上海市正式颁布了《城市环境与装饰照明规范》DB 31/T 316—2004，对各类灯具及广告标识的亮度要求、灯具安装位置、照射角度和遮光措施等都做了具体的规定，具有一定的指导意义。原建设部于 2004 年发布实施了《节约能源——城市绿色照明示范工程》，提出了到 2008 年我国实现城市照明节电 15%的目标，并明确要求杜绝照明光污染。

2. 适用范围

适用于所有设计景观照明、建筑外立面泛光照明的民用建筑。

3. 技术要点

(1) 技术指标

《绿色建筑评价标准》GB/T 50378—2014 第 4.2.4 条：室外夜景照明光污染的限制符合现行行业标准《城市夜景照明设计规范》JGJ/T 163 的规定，得 2 分。其中指出“光污染控制对策包括降低建筑物表面（玻璃和其他材料、涂料）的可见光反射比，合理选配照明器具，采取防止溢光措施”、“室外夜景照明设计应满足《城市夜景照明设计规范》JGJ/T 163—2008 第 7 章关于光污染控制的相关要求，并在室外照明设计图纸中体现。”

《城市夜景照明设计规范》JGJ/T 163—2008 第 7 章“光污染的限制”规定了光污染的限制应遵循的原则、光污染的限制应符合的规定、光污染的限制应采取的措施。其中光污染的限制应符合的规定包括：

1）夜景照明设施在居住建筑窗户外表面产生的垂直面照度不应大于规定值；

2）夜景照明灯具朝居室方向的发光强度不应大于规定值；

3）城市道路的非道路照明设施对汽车驾驶员产生的眩光的阈值增量不应大于 15%；

4）居住区和步行区的夜景照明设施应避免对行人和非机动车人造成眩光，夜景照明灯具的眩光限制值应满足规定；

5）灯具的上射光通比的最大值不应大于规定值；

6）夜景照明在建筑立面和标识面产生的平均亮度不应大于规定值。

(2) 设计要点

一般来讲，景观照明光污染的防治是多层次的，不仅要从城市角度考虑城市夜景观总体规划、城市夜景观详细规划，还要从单体角度考虑景点与建筑的夜景设计和技术设计。

1）城市夜景观总体规划，需制定合理的城市夜景定位、光亮分区、照度分级，从宏观角度上对不同照明分区与对象的光照水平进行分级处理，避免不合理的亮度分布。

2）城市夜景观详细规划，侧重于各照明区域内部确定合理的照明方式和原则，并通过制定各区域及各类建筑的亮度等级来控制各区域及建筑物外观照度水平，从而控制该区

[1] 北京市照明协会受北京市市政管理委员会编写，1999 年颁布实施。

域总的夜景形态。

3）景点、建筑的夜景设计，则需结合具体情况，从照明灯具选型、安装的位置与角度、投射方向、运行时间控制等方面出发，在设计层面上防止光污染。

4）技术设计则是从技术与操作角度出发，关注灯具防光污染的措施、施工与安装的要求、照明智能化管理等方面的合理设计与操作，为光污染防止提供技术保障。

下面就每个层次分别阐述设计要点：

1）夜景观总体规划

① 城市夜景观总体定位

城市夜景观的定位与风格应融入城市总体规划中，与城市的功能布局、照明需求相结合，整体控制，该亮则亮，该暗则暗，避免无序建设。

② 照明分区与光照总量控制

城市照明分区应根据城市建设，确定不同的照明分区，并对不同区域提出不同的亮度控制要求。

居住区（居住建筑）、科教区（学校建筑）、办公区（办公楼）等室外照明的光照总量与照度级应控制在较低水平。

商业（商场）、娱乐区（游乐园）、交通区域（道路、交通枢纽、客运站）等照度要求较高，室外照明的光照总量与照度级的限值可调至较高水平。

对于不宜采用夜景照明的天然暗环境区，如天文台所在地区、自然保护区、国家公园等，应严格控制光亮照度标准。

③ 确定光亮分区

应确定不同的光亮分区和光亮级别，控制射向天空的光线，当相邻功能区之间的照明要求发生矛盾时，可根据光亮控制要求来进行合理调整。《城市夜景照明规范》JGJ/T 163—2008 中对光亮分区有明确规定，见表 2-8。

环境亮度分区　　表 2-8

编号	光亮分区	环境区域
E1 区	天然暗环境区	国家公园、自然保护区和天文台所在地区等
E2 区	低亮度环境区	乡村的工业或居住区等
E3 区	中等亮度环境区	如城郊工业或居住区等
E4 区	高亮度环境区	如城市中心和商业区等

但对于光亮照度分级，我国目前还未有相关正式标准，可参考国际照明委员会（CIE）和英国的相关规定（表 2-9）。

英国的光污染限制光学参数　　表 2-9

区域	天空光 UWLR	进入窗户的光线 E_v(Lx)		灯的光强 L(kcd)		建筑表面亮度 L(cd/m^2)
	（最大值%）	熄灯前	熄灯后	熄灯前	熄灯后	熄灯前的平均值
E1	0	2	1	0	0	0
E2	5	5	1	50	0.5	5
E3	15	10	5	100	1.0	10
E4	25	25	10	100	2.5	25

2）夜景观详细规划

夜景观详细规划是针对各照明分区的功能、景观形态、使用需求，确定具体的夜景照明光照总量与平均照度水平，选择合理的照明方式。主要有以下要点：

① 通过现场调查、景观对象分析等方法，合理确定区域的光照范围。

② 出台相关照明设计及控制标准，明确该区域及区域内建筑物外观的照度要求与照度限值，进行有效照明，合理控制光照总量。目前我国照明设计标准开始逐步完善，详见后面的“相关规范、标准及图集”。

③ 根据景点和建筑的功能形态和使用需求，合理选择照明方式。常见的照明方式有投光（泛光）照明、轮廓照明、内透光照明和特种照明（图 2-9）。《城市夜景照明设计规范》JGJ/T 163—2008 中对照明方式的选择，有如下规定：

（a）除有特殊要求的建筑物外，使用泛光照明时不宜采用大面积投光将被照面均匀照亮的方式；对玻璃幕墙建筑和表面材料反射比低于 0.2 的建筑，不应选用泛光照明。

（b）对具有丰富轮廓特征的建筑物，可选用轮廓照明；当轮廓照明使用点光源时，灯具间距应根据建筑物尺度和视点远近确定；当使用线光源时，线光源的形状、线径粗细和亮度应根据建筑物特征和视点远近确定。

（c）对玻璃幕墙以及外立面透光面积较大或外墙被照面反射比低于 0.2 的建筑，宜选用内透光照明；使用内透光照明应使内透光与环境光的亮度和光色保持协调，并应防止内透光产生光污染。

（d）重点照明的光影特征、亮度和光色等应与建筑整体协调统一。

（e）当采用光纤、导光管、激光、太空灯球、投影灯和火焰光等特种照明器材时，应对照明的必要性、可行性进行论证。

3）景点、建筑的夜景设计

① 交通照明设计要点

交通照明光污染控制主要关注控制眩光、减少光误导和增加兴奋点三个方面。

控制交通照明的眩光：《城市夜景照明设计规范》JGJ/T 163—2008 中规定“城市道路的非道路照明设施对汽车驾驶员产生的眩光的阈值增量不应大于 15%”。可从以下几点着手：

（a）采用截光型灯具：截光型灯具（图 2-10），即最大光强方向在 0°～65°，其 90°和 80°角度方向上的光强最大允许值分别为 10cd/1000lm 和 30cd/1000lm 的灯具。

（b）限值灯具仰角，尤其是在司机视野会发生转向的弯道，应严格控制灯具仰角，防止眩光。

（c）坡道上，灯具的横向对称面应与路面垂直，这样可使灯具发出的光线等距离到达路面，保证光线的均匀分布，避免眩光。

减少光误导：交通照明在设计时，其颜色、亮度应尽量与交通信号灯区别开来，避免引起驾驶员的视觉误解。临近机场与港口的道路灯光应与机场跑道灯、港口航运灯有效区别开来。

增加兴奋点：城市道路照明中，应适当增加视觉兴奋点，打破道路环境的视觉单调和频闪效应。

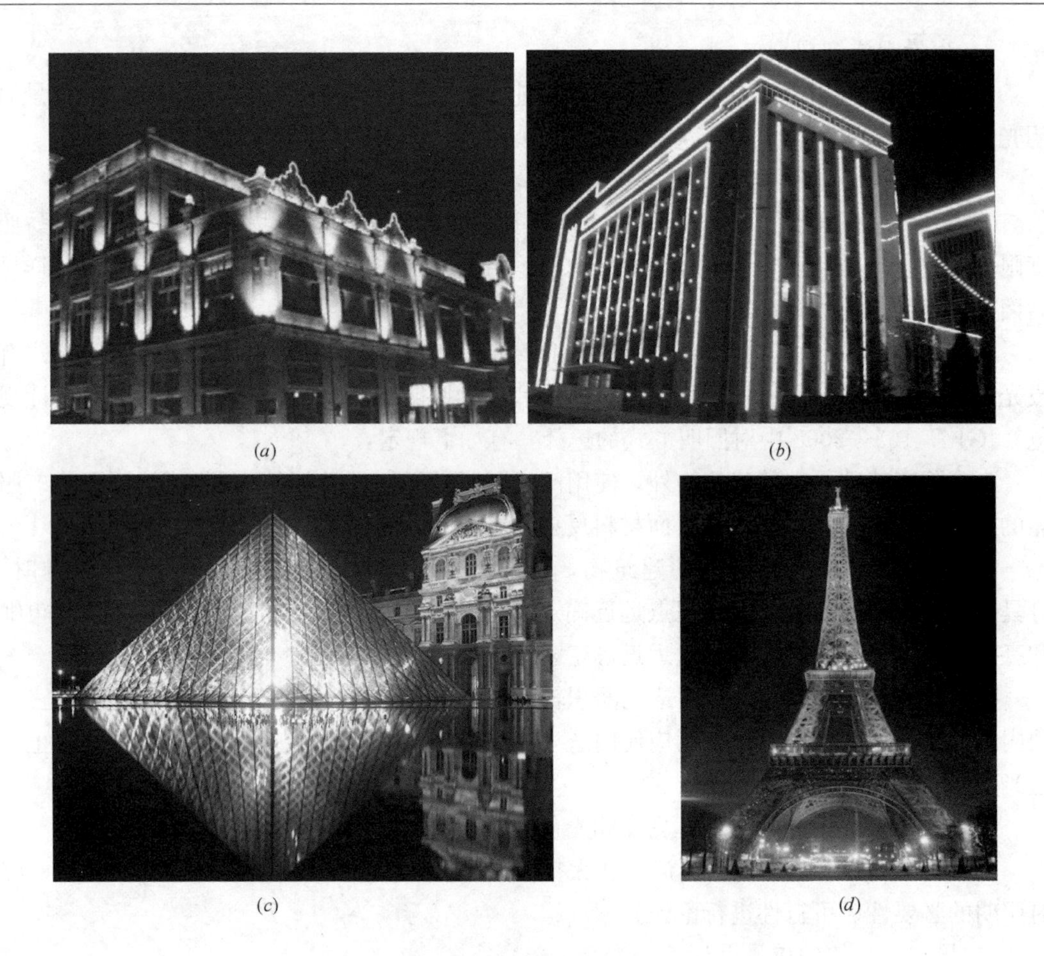

(a)　(b)　(c)　(d)

图 2-9　常见的照明方式

(a) 投光照明；(b) 轮廓照明；(c) 透光照明；(d) 特殊照明

图 2-10　截光型灯具示意图

② 居住区照明设计要点

(a) 控制夜景照明照射方向：控制居住区夜景照明和附近道路照明的灯具光线出射方向，避免照明光线直射到居住建筑的外窗。

(b) 居住建筑不应使用泛光（投光）照明。

(c) 居住区夜景照明设计中，应避免将照明灯具安装在住宅外窗附近。

(d) 对居住区照度进行控制，在不同时段制定不同的照度限值

《城市夜景照明设计规范》JGJ/T 163—2008 第 7 章“光污染的限制”规定：“夜景照明设施在居住建筑窗户外表面产生的垂直面照度不应大于表 7.0.2-1 的规定值”，具体规定值见表 2-10。

居住建筑窗户外表面产生的垂直面照度最大允许值　　表 2-10

照明技术参数	应用条件	环境区域			
		E1 区	E2 区	E3 区	E4 区
垂直面照度 E_v(lx)	熄灯时段前	2	5	10	25
	熄灯时段	0	1	2	5

注：考虑对公共（道路）照明灯具会产生影响，E1 区熄灯时段的垂直面照度最大允许值可提高到 1lx。

上海市地方标准《城市环境（装饰）照明规范》DB31/T 316—2004 中也有相关规定：“与住宅相邻的装饰性照明设施必须采取措施，避免其外溢光、杂散光射入临近住宅的窗户，住宅窗户上的垂直照度和室内直接看到的发光体的光强应小于或等于表 3 的规定”，规定值见表 2-11。

住宅光害管控值　　表 2-11

	面向小区内侧的住户		面向小区外侧的住户	
	傍晚	23 时后	傍晚	23 时后
住宅窗户上的垂直照度(lx)	25	4	50	25
直接看到的发光体光强(cd)	7500	1000	7500	2500

注：如果看到的发光体为闪动的，其强度应降低一半。

(e) 严格按照照明标准控制室外照度和发光强度

《城市夜景照明设计规范》JGJ/T 163—2008 中规定：“夜景照明灯具朝居室方向的发光强度不应大于表 7.0.2-2 的规定值”，规定值见表 2-12。

夜景照明灯具朝居室方向的发光强度的最大允许值　　表 2-12

照明技术参数	应用条件	环境区域			
		E1 区	E2 区	E3 区	E4 区
灯具发光强度 I(cd)	熄灯时段前	2500	7500	10000	25000
	熄灯时段	0	500	1000	2500

另外，关于室外照度的限制值，还可参考国际照明委员会（CIE）对住宅光干扰照度的相关规定（表 2-13）。其中，熄灯前的照度为住宅周边的垂直照度，熄灯后的照度为住宅窗户上的垂直照度。

(f) 严格控制居住区的眩光值

《城市夜景照明设计规范》JGJ/T 163—2008 中规定“居住区和步行区的夜景照明设施应避免对行人和非机动车人造成眩光。夜景照明灯具的眩光限制值应满足表 7.0.2-3 的规定”，规定值见表 2-14：

③ 减少夜景照明对动植物的影响

(a) 景观照明中应降低对绿化照明的光亮等级，并控制绿化照明的运行时间，尽量减少对绿化的照明时长。

CIE 对住宅光干扰的照度和光强限值　　表 2-13

区域类型	天空光 UWLR（最大值%）	进入窗户的光线 E_v(Lx)		灯的光强 L(cd)	
		熄灯前	熄灯后	熄灯前	熄灯后
区域 1(国家公园等)	0	2	0	15000	0
区域 2(其他城区住宅区和农村住宅区)	5	5	1	15000	500
区域 3(城市住宅区)	15	10	2	30000	1000
区域 4(城市混合型住宅区，有夜市的商业区内的住宅区)	25	25	5	30000	2500

居住区和步行区夜景照明灯具的眩光限制值　　表 2-14

安装高度(m)	L 与 $A^{0.5}$ 的乘积
$H \leqslant 4.5$	$LA^{0.5} \leqslant 4000$
$4.5 < H \leqslant 6$	$LA^{0.5} \leqslant 5500$
$H > 6$	$LA^{0.5} \leqslant 7000$

（b）照射植物的灯具，其亮度不宜太高，且应选用发热量低的小功率光源，减少灯具热量对植物生长的影响。对于具有景观作用的高大植物，应控制对其的照明时间。

（c）对于有动物栖息的区域，应尽量不采用景观照明措施，若需采用，应降低照度等级，减少对动物的影响。

④ 减少对城市夜空的影响

对城市夜空的光污染防治，主要可从控制上射光线和防止外溢光两方面着手。

《城市夜景照明设计规范》JGJ/T 163—2008 中规定了灯具的上射光通比的最大值，见表 2-15。

《城市夜景照明规范》JGJ/T163—2008 中的灯具上射光通比最大允许值　　表 2-15

照明技术参数	应用条件	环境区域			
		E1 区	E2 区	E3 区	E4 区
上射光通比	灯具所处位置水平面以上的光通量与总光通量之比(%)	0	5	15	25

防止外溢光的做法和道路交通类似，即尽量选择截光灯具，避免光线的向外及向上溢散。

⑤ 投（泛）光照明

《城市夜景照明设计规范》JGJ/T 163—2008 中规定："除有特殊要求的建筑物外，使用泛光照明时不宜采用大面积投光将被照面均匀照亮的方式；对玻璃幕墙建筑和表面材料反射比低于 0.2 的建筑，不应选用泛光照明。"在采用泛光照明时，有以下几个设计注意要点：

（a）确定泛光照明的标准值，选择合适的灯具和配光曲线

关于泛光照明的照度及亮度标准，《城市夜景照明设计规范》JGJ/T 163—2008 中也做出了明确规定，见表 2-16。

（b）对灯具的投射角度和位置进行合理设计，防止大量光线直接投向天空和人眼。

设计投射角度时，应注意避免直射玻璃、尽量少用投射光束角度大的投光灯；由上向下投射时，应避开附近道路和建筑，避免眩光；慎用远投，若需使用，光线应控制在人视线以上。

不同城市规模及环境区域建筑物泛光照明的照度和亮度标准值　　表 2-16

建筑物饰面材料		城市规模	平均亮度				平均照度(lx)			
名称	反射比		E1 区	E2 区	E3 区	E4 区	E1 区	E2 区	E3 区	E4 区
白色外墙涂料，乳白色外墙釉面砖，浅冷、暖色外墙涂料，白色大理石等	0.6～0.8	大	—	5	10	25	—	30	50	150
		中	—	4	8	20	—	20	30	100
		小	—	3	6	15	—	15	20	75
银色或灰绿色铝塑板、浅色大理石、白色石材、浅色瓷砖、灰色或土黄色釉面砖、中等浅色涂料、铝塑板等	0.3～0.6	大	—	5	10	25	—	50	75	200
		中	—	4	8	20	—	30	50	150
		小	—	3	6	15	—	20	30	100
深色天然花岗石、大理石、瓷砖、混凝土，褐色、暗红色釉面砖、人造花岗岩、普通砖等	0.2～0.3	大	—	5	10	25	—	75	150	300
		中	—	4	8	20	—	50	100	250
		小	—	3	6	15	—	30	75	200

⑥ 广告、标识照明设计要点

《城市夜景照明设计规范》JGJ/T 163—2008 规定"除指示性、功能性标识外，行政办公楼（区）、居民楼（区）、医院病房楼（区）不宜设置广告照明"，"广告与标识照明不应产生光污染及影响机动车的正常行驶，不得干扰通信、交通等公共设施的正常使用"，"广告与标识采用外投光照明时，应控制投射范围，散射到广告与标识外的溢散光不应超过 20%"。

《城市夜景照明设计规范》JGJ/T 163—2008 中规定了不同环境区域、不同面积的广告与标识照明的平均亮度最大允许值及夜景照明在建筑立面和标识面产生的平均亮度的规定限值，见表 2-17 和表 2-18。

不同环境区域、不同面积的广告与标识照明的平均亮度最大允许值（cd/m^2）　表 2-17

广告与标识照明面积(m^2)	环境区域			
	E1 区	E2 区	E3 区	E4 区
$S \leqslant 0.5$	50	400	800	1000
$0.5 < S \leqslant 2$	40	300	600	800
$2 < S \leqslant 10$	30	250	450	600
$S > 10$	—	150	300	400

建筑立面和标识面产生的平均亮度最大允许值　　表 2-18

照明技术参数	应用条件	环境区域			
		E1 区	E2 区	E3 区	E4 区
建筑立面亮度 L_b(cd/m^2)	被照面平均亮度	2500	7500	10000	25000
标识亮度 L_s(cd/m^2)	外投光标识被照面平均亮度；对自发光广告标识，指发光面的平均亮度	0	500	1000	2500

⑦ 灯具的选择

《城市夜景照明设计规范》JGJ/T 163—2008 中对不同的照明设计的灯具选择做出了以下指导：

(a) 泛光照明宜采用金属卤化物灯或高压钠灯；

(b) 内透光照明宜采用三基色直管荧光、发光二极管（LED）或紧凑型荧光灯；

(c) 轮廓照明宜采用紧凑型荧光灯、冷阴极荧光灯或发光二极管（LED）；

(d) 商业步行街、广告等对颜色识别要求较高的场所宜采用金属卤化物灯、三基色直管荧光灯或其他高显色性光源；

(e) 园林、广场的草坪灯宜采用紧凑型荧光灯、发光二极管（LED）或小功率的金属卤化物灯；

(f) 自发光的广告、标识宜采用发光二极管（LED）、场致发光膜（EL）等低耗能光源；

(g) 通常不宜采用高压汞灯，不应采用自镇流荧光高压汞灯和普通照明白炽灯。

4) 技术设计

① 灯具防光污染措施

选用合适的灯具遮光措施，也是避免灯具光线溢散和产生眩光的有效措施。景观照明中，如地埋灯、草坪灯等设置于人的视线下的灯具，为避免眩光，都应增设遮光构件。一般来说，光源亮度越高，灯具的遮光要求也越大。常用的灯具遮光措施有遮光板、遮光灯罩、遮光格栅等（图 2-11）。遮光板可以有效遮挡从灯具侧面的射出的光线，且可根据照明要求调节角度；遮光罩对泛光灯和聚光灯比较适用。遮光格栅中格栅灯具的设计受到格栅片数量、间距大小、角度方向等的影响，它主要是将光源和发射器的可见度降低，但它并适用于所有的灯具。

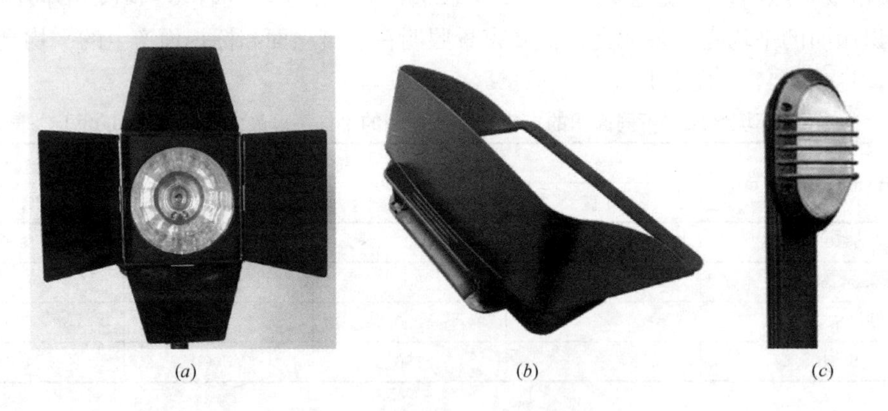

(*a*)　(*b*)　(*c*)

图 2-11　常用的灯具遮光设施

(*a*) 遮光板；(*b*) 遮光罩；(*c*) 遮光格栅

② 灯具的安装

光污染的防治离不开高质量施工的配合。在施工过程中应严格按照设计要求进行施工，灯具在安装的时候，安装角度应与设计保持一致，尤其是像地埋灯、侧嵌灯、水下灯这样的固定灯具，一旦安装后就很难调整，如果由于位置不当而产生眩光，便会形成长时间的影响。因此，光具安装调试已成为照明设计的重要部分，设计人员应该到现场指导，以保证灯具的正确安装，实现灯具最大使用价值。

灯具的安装有以下注意点：

(a) 安装高度：安装高度越高，易于遮光，溢散光较少，光污染也较少。

(b) 投射距离：投射距离由灯具的特性决定。投射距离越远，溢散光越多。

(c) 与房屋的距离：距离房屋越远，房屋受到的溢散光和眩光污染就越弱。

③ 景观照明智能化管理

对照明进行智能化统一管理，也能减少光污染。

照明时段控制：通过灵活调配照明时间，对不同区域的灯具的开灯时间进行合理设计控制，一般分三种模式：全夜灯、半夜灯、景观灯。对于某些不重要的景观带照明、住宅区附近的夜景照明等，应及时关闭。

智能化控制：利用光控、声控、遥控等智能感应技术，灵活调整景观照明的开闭，最大限度减少用光量。住宅区使用感应控制，还应保证居民的休息环境。

4. 相关标准、规范及图集

(1)《城市夜景照明设计规范》JGJ/T 163—2008；

(2)《建筑照明设计标准》GB 50034—2013；

(3)《城市道路照明设计标准》GJJ 45—2006；

(4) 上海市《城市环境（装饰）照明规范》DB31/T 316—2004；

(5) 北京市《城市夜景照明工程评比标准和办法》

(6)《建筑电气安装工程质量检验评定标准》GBJ 303—88；

(7) 国际照明委员会 CIE Pub NO. 37 “Exterior Lighting in the Environment”，1976；

(8) 国际照明委员会 CIE Pub NO. 92 “Guide to the lighting of Urban Areas”，1992；

(9) 国际照明委员会 CIE PubNO. 94 “Guide for Floodlighting”，1993；

(10) 国际照明委员会 CIENO. 150 “限制室外照明设施产生的干扰光影响指南”，2003；

(11) 国际照明委员会 CIE PubNO. 136 “Guide to the ighting of Urban Areas”，2000；

(12) 澳大利亚与新西兰技术标准 AS4282 “Control of the obtrusive effects of outdoor lighting”，1997；

(13) 北美照明学会 HB-9-00 “Lighting Handbook”，9th edition。

5. 参考案例

中央广播电视塔夜景照明改造工程起止时间为 2008 年 1～7 月，项目改造前存在以下问题：

(1) 照明模式比较单一，缺少变化，未能体现时代的发展。

(2) 塔身投光灯配光器不合适，造成水泥塔身及塔顶桅杆的泛光效果不均匀。

(3) 过多的彩色灯泡设置在塔的多处圆周结构上，从表现上与整体效果不相协调，且光源效率低下，不适合当前绿色节能的主张。绿色节能夜景照明改造技术措施。

为了解决以上问题，该项目进行了改造，采取的措施包括以下几个方面：

(1) 灯具防眩光控制。在设计时便考虑到灯具的安装，做到隐蔽掩藏灯具，不影响白天的建筑景观；在光污染控制方面，目前的所有照明灯具都完全避免了直射眩光，且在很多部位都加装了防眩光设备，在任何入视角度所见的灯光效果，将是间接反射的柔和效果，不影响周边夜空环境，减少光污染，营造适宜的光环境。

(2) 多种模式智能化控制。改造后通过集成的灯光控制系统，结合绿色照明的原则，控制不同灯光的多种表现组合以及灯具的智能运行时段，可以实现例如平时、一般节日、重大节日和深夜等不同时段的不同效果，达到智能控制和有效节能的目的（图2-12）。

(*a*) (*b*) (*c*)

图2-12 照明控制模式

(*a*) 平时模式；(*b*) 节日模式；(*c*) 深夜模式

(3) 合理选择节能灯具

在灯具的选择上，选用高防护等级的设备，减少日常维护需要，并依据仔细的照度计算选用合适的配光角度，充分提高灯具的利用率；采用节能环保的灯具产品，并采用了先进的技术产品和智能化控制。在光源的使用上，遵循长寿命、高光效、安全系数高的新型光源，常规光源的光效不低于80lm/W（流明每瓦），在一些难以维护的地方选用超常寿命的LED光源。整个塔体共安装灯具6188套，其中97.2%为LED灯具。改造前总用电量约为420kW，改造后塔体总计耗电量约200kW，比改造前节约用电达50%以上。

(4) LED投光灯创新使用

这是全球首例将大功率LED投光灯运用在高达400多米的建筑外立面作远距离泛光照明的成功案例，非接力状态下最高的投射距离将近100m，且所使用的LED灯具全部为国产灯具。中央广播电视塔项目的成功运用颠覆了LED投光灯不能作远距离、大面积户外照明的概念，提升了国内LED照明行业的信心，并将加快LED大功率灯具替换传统灯具的进程，甚而将对未来全面深入的普及LED照明带来深远的影响。

2.2.2 玻璃幕墙光污染控制

1. 技术简介

玻璃幕墙光污染（或称噪光）是高层建筑的外幕墙采用高反射率的玻璃，当直射日光和天空光照射到玻璃表面上时由于玻璃的镜面反射（即正反射）而产生的反射眩光。玻璃幕墙对太阳光进行镜面反射而形成的眩光射入人眼就会使人看不清东西，产生不舒服感觉。

玻璃幕墙光污染存在很多危害，主要包括：产生眩光，扰乱生活办公环境；危害人们身体和心理健康；刺眼的反射光射入道路上行驶的汽车内，干扰司机视线从而引发交通事故；反射光聚集的高温易引发火灾；某些吸热玻璃含有放射性污染物，随着光反射到人体身上等。

玻璃幕墙产生的光污染危害大，因此需通过采取适当措施进行预防并减少光污染影响。由于玻璃幕墙产生光污染有着特定的条件，因而解决城市玻璃幕墙的光污染问题，可通过对玻璃幕墙的使用限制、安装位置、面材光学性能以及立面结构设计等方面进行研究，从城市规划、法规条例等多方面进行防控，提出改善城市光环境的技术策略。

玻璃幕墙的面积越大，光污染的强度越大，受到光污染影响的范围也越大。因此，在治理光污染时，应先从城市规划入手。相关的城市规划部门应结合当地气候、环境、建筑功能机城市规划，出台相关光污染管理和幕墙光学性能设计的法律法规，从宏观上对幕墙的使用类型、使用面积、幕墙立面构造等进行限制。

住房和城乡建设部于2015年3月发布的《关于进一步加强玻璃幕墙安全防护工作的通知》［建标（2015）38号］中对幕墙使用作出了相关限制规定“新建住宅、党政机关办公楼、医院门诊急诊楼和病房楼、中小学校、托儿所、幼儿园、老年人建筑，不得在二层及以上采用玻璃幕墙”、“人员密集、流动性大的商业中心，交通枢纽，公共文化体育设施等场所，临近道路、广场及下部为出入口、人员通道的建筑，严禁采用全隐框玻璃幕墙。以上建筑在二层及以上安装玻璃幕墙的，应在幕墙下方周边区域合理设置绿化带或裙房等缓冲区域，也可采用挑檐、防冲击雨篷等防护设施。”

《上海市建筑玻璃幕墙管理办法》（沪府令77号）第六条中规定“住宅、医院门诊急诊楼和病房楼、中小学校教学楼、托儿所、幼儿园、养老院的新建、改建、扩建工程以及立面改造工程，不得在二层以上采用玻璃幕墙。在T形路口正对直线路段处，不得采用玻璃幕墙。”

南京市《河西新城区城市空间品质提升设计和城市管理导则》中规定“高度24米至50米、50米至100米和大于100米的建筑，玻璃幕墙在外立面所占比例分别不大于50%、60%和70%。”

2008年，哈尔滨市建委规定哈尔滨市的建筑物将限制使用幕墙玻璃等22类97项建筑材料。并规定“小城市的建设工程，使用幕墙玻璃面积也不得超过外墙面积的40%（包括窗面积）。”

此外，加强城市绿化是减少玻璃幕墙光污染的有效措施之一。在光污染严重的地方种植高大树冠的树木，利用树冠来遮挡和吸收幕墙反射光，降低光污染的程度，从而减少光污染对人体及环境的伤害。

2. 适用范围

适用于所有采用玻璃幕墙的民用建筑。

3. 技术要点

（1）技术指标

《绿色建筑评价标准》GB/T 50378—2014 第 4.2.4 条：玻璃幕墙可见光反射比不大于 0.2，得 2 分。

《玻璃幕墙光学性能》GB/T 18091—2000 也对玻璃幕墙的可见光反射比做出了相应的规定：4.1.2 为限值玻璃幕墙的有害光反射，玻璃幕墙应采用反射比不大于 0.30 的幕墙玻璃……在城市主干道、立交桥、高架路两侧的建筑物 20m 以下，其余路段 10m 以下不宜设置玻璃幕墙的部分如使用玻璃幕墙，应采用反射比不大于 0.16 的低反射玻璃。若反射比高于此值应控制玻璃幕墙的面积或采用其他材料对建筑立面加以分隔。

（2）设计要点

由于玻璃幕墙光污染只有在使用了大面积反射率高的材料时，在特定方向和特定时间产生，且光污染的程度与玻璃幕墙的光学性能、立面构造、方向位置、幕墙材质等有着密切的关系。因此，在幕墙光污染防治设计中，可从以下几个方面着手：

1）控制玻璃幕墙可见光反射比

可见光反射比指被物体表面反射的光通量与入射到物体表面的光通量之比（援引自《玻璃幕墙光学性能》GB/T 18091—2000 第 3.1 条）。可见光反射比高是玻璃幕墙产生眩光的主要原因，在幕墙设计时就应明确玻璃幕墙的可见光反射比的控制要求。

要控制玻璃幕墙的可见光反射比，首要就是要选择可见光反射比低的玻璃材料，或是对玻璃进行处理，改变直射光的定向光反射。主要的几类低辐射玻璃有：

① 半透明或全透明玻璃；

② Low-E 型低辐射玻璃：具有较高的可见光透射比（80%以上）和较低的反射比（11%以下），同时具有良好的隔热性能，既保证了建筑物的采光，又一定程度上减轻了光污染；

③ 各类贴膜玻璃：贴热反射隔热膜、低反射隔热膜、高透光磁控溅射膜的玻璃、磨砂玻璃膜等；

④ 回反射玻璃：一种新型玻璃，能将阳光顺着原先的照射方向给反射回去，不会像周围环境产生反射光。

2）合理选择幕墙材质

幕墙材质的选择应从单一的玻璃幕墙向钢板、铝板、合金板、搪瓷烧结板等多种材质相结合的形式发展。合理组合不同方向的幕墙材质，能有效地减少玻璃材质带来的光污染，在保证高层建筑美观、环保的同时还能减轻建筑结构自重。

3）优化玻璃幕墙构造

① 玻璃幕墙应尽量避免使用曲面玻璃

凸面幕墙对周围环境有强烈光反射影响，射入道路会干扰驾驶员视线；凹面幕墙对反射光有聚集作用，反射光在聚焦点会产生高温，存在火灾隐患。

《玻璃幕墙光学性能》GB/T 18091—2000 第 4.2.5 条对曲面玻璃幕墙的设计做出相关规定：道路两侧玻璃幕墙设计成凹形弧面时应避免反射光进入行人与驾驶员的视场内。凹形弧面玻璃幕墙的设计与设置应控制反射光聚焦点的位置，其幕墙弧面的曲率半径 R_p 一般应大于幕墙至对面建筑物里面的最大距离 R_s，即 R_p 大于 R_s。

② 优化南北向玻璃幕墙倾斜角度

《玻璃幕墙光学性能》GB/T 18091—2000 第 4.2.6 条：南北向玻璃幕墙做成向后倾斜某一角度时，应避免太阳反射光进入行人与驾驶员的视场内，其向后与垂直面的倾角应大于 $H/2$。当幕墙离地高度大于 36m 时，可不受此限值。H 为当地夏至正午时的太阳高度角。

③ 建议采取齿状立面设计，可以对立面玻璃反射面进行分割，减少光反射影响。

4）合理设计建筑朝向

由于反射光的方向基本由入射光的方向和反射面的方向决定。因此，建筑设计中，应根据周边敏感建筑的分布，合理设计建筑朝向，调整反射面角度，尽量避免反射光射入周边敏感建筑，从而降低光污染影响。

5）合理设计玻璃位置和面积比

在我国，建筑的东、西立面容易产生直射光，应限制易产生直射光的立面的玻璃有效面积。可采用其他非镜面幕墙材料（如石材、穿孔铝板）进行分割，降低立面玻璃面积比，减少连续的大面积反射。

6）增加遮阳措施

在建筑玻璃幕墙外立面增设遮阳板、遮阳百叶、雨棚等遮阳措施，可降低玻璃反射光的有效面积，减少玻璃幕墙对光线的反射。通常设计中，应使立面有效玻璃面积比小于 40%。

4. 相关标准、规范及图集

(1)《建筑幕墙》GB/T 21086—2007；

(2)《玻璃幕墙光学性能》GB/T 18091—2000；

(3)《关于进一步加强玻璃幕墙安全防护工作的通知》[建标（2015）38 号》；

(4)《关于在建设工程中使用幕墙玻璃的有关规定的通知》[沪建材（98）第 0322 号]；

(5)《上海市建筑玻璃幕墙管理办法》(沪府令 77 号)；

(6)《建筑玻璃》GB/T 2680—1994；

(7)《建筑外窗采光性能分级及其检测方法》GB/T 11976—1989；

(8)《建筑玻璃应用技术规程》JGJ 113—2009。

5. 参考案例

某项目位于上海市卢湾区 126 地块和 127 地块，由两栋 135m、27 层高的塔楼和三层高的商业裙房组成，塔楼形状和立面编号见图 2-13。塔楼外立面维护玻璃幕墙包括可视部分和非可视部分，玻璃的基本配置为 8+16A（双银 Low-E)+6 中空钢化玻璃，性能指标见表 2-19。由于该项目南侧有住宅小区，办公塔楼的 A3 号、A4 号、B3 号、B4 号会对住宅区产生一定的玻璃幕墙光反射影响[1]。

该项目主要从幕墙选材和优化设计两方面来进行幕墙光污染防治：

(1) 幕墙选材：该商业办公楼项目选用了可见光反射率小于 15%的浅灰色的 8+16A（双银 Low-E)+6 中空钢化玻璃，响应了节能减排的政策，又大大降低了玻璃对周围敏感建筑的光污染影响。另外，建筑外立面采用的其他金属件和材料均要求用非

[1] 刘昭丽，江霜英. 玻璃幕墙光污染环境影响评价案例分析 [J]. 四川环境，2009，10（28）：85-90.

镜面材料。

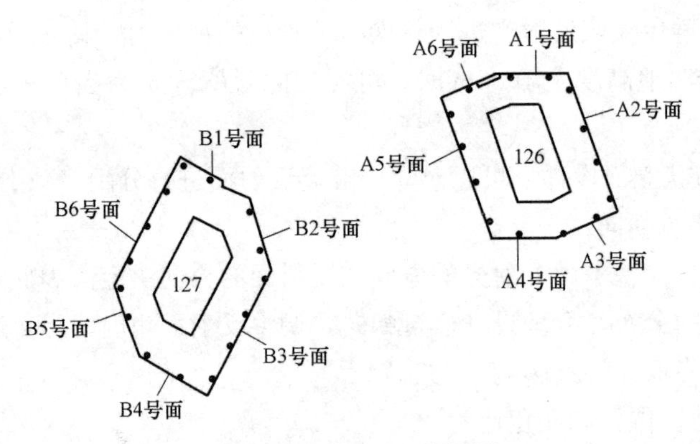

图 2-13　项目立面编号图

项目的玻璃性能指标　　**表 2-19**

参数名称	数值
颜色	浅灰色
可见光反射率——室内	21%
可见光反射率——室外	15%
可见光透射率	36%
太阳能反射率	30%
太阳能透射率	20%
传热系数[W/(m²·C)]	1.46
遮阳系数(SC)	0.36

（2）幕墙优化设计：控制玻璃幕墙的有害光反射就要减少玻璃反射光的有效面积。该商业办公楼项目立面设计上通过增设大量突出的 400mm 玻璃面板以及 150mm 的竖向遮阳板来降低光污染。图 2-14 为该项目在对周围敏感建筑有影响的立面（A3 号、A4 号、B3 号、B4 号）采取遮阳措施后，在影响时段内减少反射光有效面积的百分比。

2.2.3　隔声屏障

1. 技术简介

隔声屏障（sound insulation screen）是一个隔声设施。《声屏障声学设计和测量规范》HJ/T 90—2004 中定义隔声屏障为“一种专门设计的立于噪声源和受声点之间的声学障板，它通常是针对某一特定声源和特定保护位置（或区域）设计的。”一般来说，它为了遮挡声源和接收者之间直达声，在声源和接收者之间插入一个设施，使声波传播有一个显著的附加衰减，从而减弱接收者所在的一定区域内的噪声影响。隔声屏障主要用于室外。随着公路交通噪声污染日益严重，有些国家大量采用各种形式的屏障来降低交通噪声。在建筑物内，如果对隔声的要求不高，也可采用屏障来分隔车间与办公室。屏障的拆装和移动都比较方便，又有一定的隔声效果，因而应用较广。

声屏障降噪的理论基础是惠更斯—菲涅耳的波动理论，通常的结构形式为在声源与接收点的传播途径之间加一屏障，当噪声声波在传播过程中遇到声屏障时，就会产生反射、

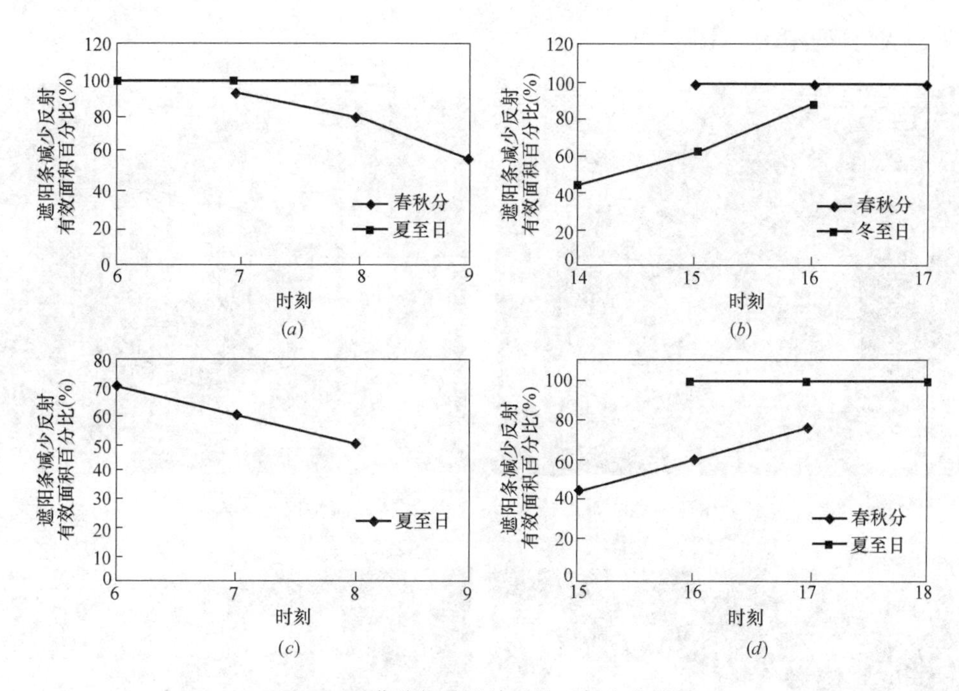

图 2-14 幕墙优化设计后的反射光分析图

(a) A3 号立面遮阳条遮挡效果分析图；(b) A4 号立面遮阳条遮挡效果分析图；(c) B3 号立面遮阳条遮挡效果分析图；(d) B4 号立面遮阳条遮挡效果分析图

透射和绕射现象。《声屏障声学设计和测量规范》HJ/T 90—2004 第 4.1 条对隔声原理进行了解释："当噪声源发出的声波遇到声屏障时，它将沿着三条路径传播：一部分越过声屏障顶端绕射到达受声点；一部分穿透声屏障到达受声点；一部分在声屏障壁面上产生反射。"声屏障的插入损失主要取决于声源发出的声波沿这三条路径传播的声能分配（图 2-15）。

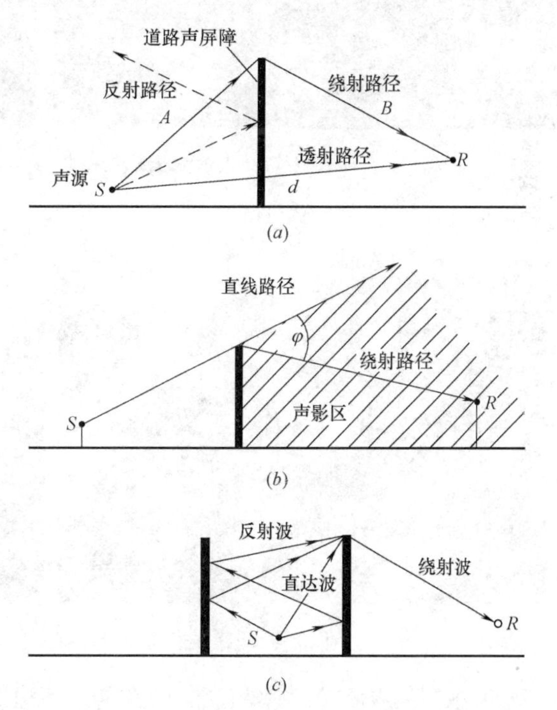

图 2-15 声波传播理论及声屏障隔声原理

(a) 声波传播路径；(b) 声波绕射路径；(c) 声屏障绕射、反射路径

隔声屏障可按照材质、结构形式、外形设计、隔声形式进行分类：

(1) 根据材质分，主要有：全玻璃钢隔声屏障、耐力板（PC）全透明隔声屏障、高强水泥隔声屏障、水泥木屑隔声屏障、全金属隔声屏障等（图 2-16、图 2-17）；

(2) 根据结构设计，主要有：直立式、全封闭式、半封闭式等（图 2-18）；

(3) 根据外形设计，主要有：R 形声屏障、隧道式声屏障、Y 形屏障、扇形屏障、八角形屏障等（图 2-19）；

图 2-16　玻璃隔声屏障（左）耐力板透明隔声屏障（右）

图 2-17　水泥木屑隔声屏障（左）全金属隔声屏障（右）

图 2-18　直立式隔声屏障（左）全封闭式隔声屏障（右）

（4）根据隔声形式，主要有：单边屏障、双边屏障、吸声屏障、反射屏障、复合屏障等。

2. 适用范围

（1）适用于高速公路、高架复合道路、城市轻轨地铁等交通市政设施中的隔声降噪、

图 2-19 R形隔声屏障（左）扇形隔声屏障（右）

控制交通噪声对附近城市区域、民用建筑的影响；

（2）适用于自身产生较大噪声的工厂类建筑。

3. 技术要点

（1）技术指标

《绿色建筑评价标准》GB/T 50378—2014 第 4.2.5 条规定：场地内环境噪声符合现行国家标准《声环境质量标准》GB 3096 的有关规定，评价分值为 4 分。本条要求绿色建筑设计应对场地周边的噪声现状进行检测，并对规划实施后的环境噪声进行预测，必要时采取有效措施改善环境噪声状况，使之符合现行国家标准《声环境质量标准》GB 3096—2008 中对于不同声环境功能区噪声标准的规定。

国家标准《声环境质量标准》GB 3096—2008 规定了各类声环境功能区的环境噪声等效声级限值，具体要求见表 2-20。

环境噪声限值（单位：dB（A）） **表 2-20**

声环境功能区类别		昼间	夜间
0类		50	40
1类		55	45
2类		60	50
3类		65	55
4类	4a类	70	55
	4b类	70	60

《民用建筑隔声设计规范》GB 50118—2010 第 3.02 条规定：新建居住小区临近交通干线、铁路线时，宜将对噪声不敏感的建筑物作为建筑声屏障，排列在小区外围。交通干线、铁路线旁边，噪声敏感建筑物的声环境达不到现行《声环境质量标准》GB 3096—2008 的规定时，可在噪声源与噪声敏感建筑物之间采取设置声屏障等隔声措施。

（2）设计原则

1）声学设计要求：隔声屏障的首要设计是满足隔声降噪的要求，这就要对声屏障的材料给予充分的考虑，应尽量选择吸声效果好的隔声材料。

2）结构设计要求：必须保证隔声屏障的结构具有足够的强度与刚度，同时保证与吸声材料密实连接，使透射声降到最少。由于这些材料被用于室外，因此应关注它的耐久性，要求材料必须能抵抗气候侵蚀、一般性破坏等行为。

3）结合环境设计：隔声屏障设计时，需结合项目周围自然环境与地形特征，如在选择吸声材料时，风沙多的地方就尽量避免使用多孔材料；有些材料可能会因为日晒、雨淋而变形、碎裂，须对其采取保护措施。

4）景观设计要求：设计隔声屏障时，在其满足隔声降噪的同时，将其作为环境的景观来考虑，增强其美观效果。屏障板色彩的变化是目前常用的手法。另外，采用透明材料或复合式拼接的声屏障也是常用的设计手法。透明材料可以增加景观的通透性，降低隔离感，减轻行车者的“隧道感”。

（3）设计要点

1）确定隔声屏障设计目标值

① 确定噪声保护对象：根据声环境评价的要求，确定噪声防护对象，它可以是一个区域，也可以是一个或一群建筑物。

② 代表性受声点的确定：选择噪声最严重的敏感点。它根据道路路段与防护对象的相对位置以及地形地貌来确定，它可以是一个点，或者是一组点。通常，代表性受声点处的插入损失能满足要求，则该区域的插入损失亦能满足要求。

③ 测量背景噪声值：代表性受声点的背景噪声值可由现场实测得到。具体的测量方法，应按照《声屏障声学设计和测量规范》HJ/T 90—2004和《城市区域环境噪声测量方法》HJ/T 2.4—95的相关要求进行。

④ 设计目标值的确定：声屏障设计目标值的确定与受声点处的道路交通噪声值（实测或预测的）、受声点的背景噪声值以及环境噪声标准值的大小有关。如果受声点的背景噪声值等于或低于功能区的环境噪声标准值时，则设计目标值可以由道路交通噪声值（实测或预测的）减去环境噪声标准值来确定。当采用声屏障技术不能达到环境噪声标准或背景噪声值时，设计目标值也可在考虑其他降噪措施的同时（如建筑物隔声），根据实际情况确定。声屏障降噪目标实现的难易程度见表2-21。

声屏障的降噪难易程度　　　　**表2-21**

声屏障降噪量(dB(A))	可达到的水平	减少声能量	降低声响度
5	简单易行	68%	30%
10	能达到要求	90%	50%
15	十分困难	97%	65%
20	几乎不能	99%	75%

2）确定隔声屏障位置

《声屏障声学设计和测量规范》HJ/T 90—2004中对隔声屏障位置的确定做出了以下要求：根据道路与防护对象之间的相对位置、周围的地形地貌，应选择最佳的声屏障设置位置。选择的原则：或是声屏障靠近声源，或者靠近受声点，或者可利用的土坡、堤坝等障碍物等，力求以较少的工程量达到设计目标。由于声屏障通常设置在道路两旁，而这些区域的地下通常埋有大量管线，故应作详细勘察，避免造成破坏。

3）确定几何尺寸

隔声屏障的几何尺寸主要包括隔声屏障的高度、长度、厚度。根据设计目标值，可以确定几组声屏障的长与高，形成多个组合方案，计算每个方案的插入损失，保留达到设计目标值的方案，并进行比选，选择最优方案。隔声屏障的高度、长度、厚度应根据《声屏障声学设计和测量规范》HJ/T 90—2004 中的相关设计方法和要求进行设计。

① 高度：由于建筑限界、桥梁承重、环境要求等因素，一般高架轨道的声屏障高度不宜超过轨顶 1.8～2.5m；列车声源高度在列车轨顶以上 0.45m，声屏障高度不宜超过 2.1m。同时，隔声屏障高度还需考虑乘客的视觉舒适度要求，不宜产生环绕感。

② 长度：一般先假定声屏障为无限长，然后根据受声点和道路之间的位置关系确定最终的声屏障长度。

③ 厚度：隔声屏障厚度由隔声屏障的隔声量决定。一般选取的隔声屏障的材料隔声量应比屏障边缘最大绕射损失高 10dB（A）以上。

4）隔声屏障结构设计

隔声屏障的结构设计，要重点考虑声屏障的荷载分析和承重结构计算。荷载分析主要考虑风荷载，是构成声屏障强度和稳定的主要荷载。风荷载是根据所在地区决定的，一般采用 100 年一遇的设计重现。隔声屏障的结构设计可按《上海市建设规范道路声屏障结构技术规范》DG/TJ 08-2086—2011 和《建筑结构荷载规范》GB 50009—2012 等相关标准执行。

5）吸声结构设计

隔声屏障的几何形状主要包括直立型、折板型、弯曲型、半封闭或全封闭型。隔声屏障结构形状的选择主要依据插入损失和现场的条件决定。对于非直立型隔声屏障，其等效高度等于声源至声屏障顶端连线与直立部分延长线的交点的高度，见图 2-20。

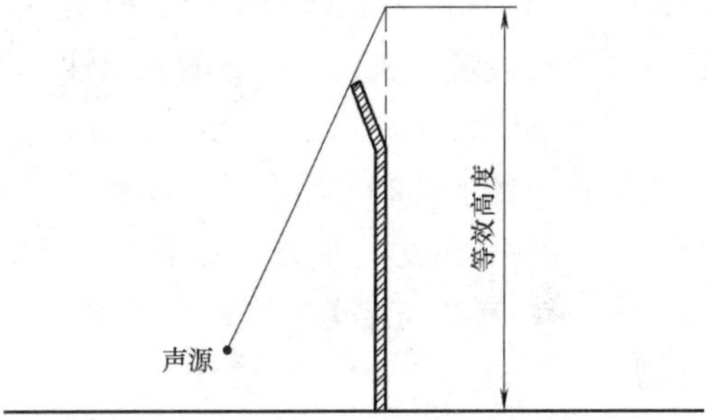

图 2-20　隔声屏障等效高度示意图

6）确定隔声屏障材料

隔声屏障材料一般分为两大类，即隔声材料和吸声材料。

隔声材料的选择原则：隔声材料本身应有一定的隔声量，一般要求其隔声量比降噪量大 10dB（A）以上，以保证透射声远小于衍射声。隔声材料主要有砖、混凝土、木屑木板、石材、玻璃等。

吸声材料的选择原则：吸声材料通过降低双屏之间来回反射的混响声，从而提高单屏的吸声降噪来达到隔声的效果。吸声材料一般要求中心频率为 125～4000Hz 的平均吸声系数大于 0.5。吸声材料主要有玻璃棉（丝）、石棉绒、多孔吸声砖、多孔吸声金属板、泡沫塑料、吸声混凝土等。

4. 相关标准、规范及图集

（1）《声屏障声学设计和测量规范》HJ/T 90—2004；

（2）《民用建筑隔声设计规范》GBJ 118—2014；

(3)《上海市建设规范道路声屏障结构技术规范》DG/T J08-2086—2011；

(4)《建筑隔声测量规范》GBJ 75—84；

(5)《声级计》GB 3785—83；

(6)《公路建设项目环境影响评价规范》GBJ 005—96；

(7)《混响室法——吸声系数的测量方法》GBJ 47—83；

(8)《声环境质量标准》GB 3096—2008；

(9)《城市区域环境噪声测量方法》HJ/T 2.4—95；

(10)《公路声屏障材料技术要求和检测方法》JT/T 646—2005；

(11)《建筑结构荷载规范》GB 50009—2012；

5. 参考案例

莱茵小区位于天津市塘沽区，该小区拥有良好的市政设施、发达的交通网络。但该小区毗连京津唐高速公路，大量的车流不可避免地产生一定的噪声，从而给小区带来不良的声污染。此外，还在小区的外围开辟了一条城市辅道，更加剧了噪声的危害。因此，该项目开发单位从社区居民的角度出发，决定在临近小区的辅道一侧设置隔声屏障，使小区的环境更加安静优美，充分体现社区"以人为本"的思想❶。

该项目隔声屏障是由实心黏土砖墙和两层透明的夹胶玻璃组成（图2-21）。实心黏土砖墙具有良好的隔声性能，夹胶玻璃的质量面密度＞20kg/m²，满足了质量定律的要求。为了防止吻合效应的产生，两层夹胶玻璃的厚度分别为7mm和5mm，中间的玻璃胶为0.76mm。结构材料采用H型钢形成框架，具有足够的刚度；采用密封胶条和夹胶玻璃连接。同时，夹胶玻璃还具有良好的安全性，不易破碎，即使破碎也不会掉下来。

本隔声屏障设计在满足功能的基础上，从小区的环境入手，达到了功能和环境的结合。夹胶玻璃的下部的砖墙设计成锯齿型，相互之间的高差为500mm，它的外边缘和夹胶玻璃H型钢的外边缘平齐，防止外人翻过屏障进入住宅小区内，而在内侧则突出H型边500mm，不同的高度上分别种植了花草以及作为休闲座椅，成为居民茶余饭后聊天的良好场所。

项目隔声屏障选择透明的夹胶玻璃使内外视线相互不被遮挡，在外侧既可以看到声屏障的景观效果，又可看到住宅小区内的美好景观，同时在小区内还可以看到小区外的景观。

考虑周围环境以及一些不利因素的影响，该隔声屏障的实际插入损失可能有所降低，但隔声效果应不低于6～10dB。各典型点的插入损失值计算见表2-22和表2-23。

该住宅小区北侧距外墙1m处隔声屏障各频率插入损失值（dB）　　表2-22

高度(m)	频率(Hz)				
	125	250	500	1000	2000
4.3	6.1	7.2	8.2	10.1	11.4
1.5	9.1	11.3	12	13.4	14.8

❶ 李成，吴雅君，孙冰. 声屏障在住宅小区声环境中的设计研究与应用［J］. 辽宁工业大学学报（自然科学版），2012 (04).

图 2-21 项目隔声屏障实景照片

该住宅小区南侧距外墙 1m 处隔声屏障各频率插入损失值（dB） **表 2-23**

高度(m)	频率(Hz)				
	125	250	500	1000	2000
1.5	7.2	8.1	10.7	12.5	13.8

由于该住宅小区和京津塘高速公路所属部门不同，因此该隔声屏障只能设置在小区道路红线边缘。屏障离高速公路比较远，对于一、二层来说，隔声效果很好；而对其上住户来说，效果不是很理想。但由于高速公路在住宅小区的北侧，北侧大部分是厨房、卫生间等辅助用房，因此对第一排四、五层的居民还是可以接受的。同时，该屏障对室外的噪声起到了很好的降噪效果，使传播到小区内部的噪声降低很多；而且，采取降噪措施后，减少了小区内噪声在前后楼的相互反射。总之，该屏障对改善住宅小区的声环境是大有裨益的。

2.2.4 隔声绿化带

1. 技术简介

根据中国环境监测总站发布的《2003 年城市声环境质量报告》，全国大城市中的各类功能区噪声，除 3 个城市全部达标外，其余城市均有不同程度超标，交通噪声和区域环境噪声属重度污染的城市占 3.2%和 0.6%。一般来说，若场地周边有交通干线、高架道路、轻轨、高速公路、地铁、铁路、磁悬浮、机场、船舶航道等，交通噪声有可能超标。交通噪声为流动噪声，难以处理，在超标一定范围内可以采用隔声绿化带来缓解其对项目场地的噪声污染。隔声绿化带，也称隔声林带，是指为降低交通噪声对建筑室内声环境的影响，人工种植以乔木、灌木为主的生态隔声屏障。

国内外专家已对隔声绿化带这种生态降噪方式进行了长时间的研究，相继提出了一系列的理论和方法：

1972 年美国人 Aylor 首先提出了植物是一种天然的隔声降噪材料，并对多种常见的植物对噪声的衰减效果进行了广泛测试。1979 年，Kragh. J 进一步研究了铁路和一般公路两侧植物的降噪效果，研究它们对交通噪声的衰减效果，对不同种类植物的降噪作用做了定性分析。

2004年，上海市绿化降噪研究课题组人员推荐了15种降噪效果较好的植物，其中10类植物带可减小噪声4～10dB。2003～2007年，肖荣波等人实验研究了景观植物对交通噪声的衰减效果，发现了36种常见道路绿化植物的隔声降噪效果。

隔声绿化带具有一定的隔声能力，合理种植、搭配景观植物可达到较好的降噪效果。

2. 适用范围

隔声绿化带适用于城市道路或铁路两侧的功能区，如工业区、居住区、商业区、学校或医院，特别是学校、医院等噪声功能区要求高的区域，以及室外环境噪声监测结果超过《声环境质量标准》GB 3096—2008规定的相关功能区域的噪声值限定标准的区域或场地。

3. 技术要点

（1）技术指标

《绿色建筑评价标准》GB/T 50378—2014第4.2.5条：场地内环境噪声符合现行国家标准《声环境质量标准》GB 3096—2008的有关规定，评价分值为4分。不同功能区对环境噪声的要求见表2-20。

（2）设计要点

相关的植物降噪特性研究表明，绿化带对噪声衰减影响的主要因素包括植物的组织结构、树种类型、绿化带布局形式等。

1）植物的组织结构及树种类型

优先选取叶型较大、叶表面被毛、枝叶相对繁茂的植物。常绿和落叶树种相结合，充分发挥盛叶期和落叶期不同树种对噪声的抑制作用，使绿化带在不同季节都能有较好的噪声控制效果。

一般用阔叶类树种来抑制频率较高的噪声，中针叶类树种抑制频率较低的噪声，配置中等大小叶子树种绿化带来抑制中等频率噪声。乔木、灌木和地被相结合的方式，乔木分支以下的降噪空白由灌木来填充，灌木以上的高度空白由乔木实现，可以使绿化带有较好的降噪效果。宽度和高度较大的灌木丛有较好的降噪效果，枝叶越茂密和层次越多其对噪声的抑制效果就会越好，其中以“小花木＋高灌木＋高桩乔木”型绿篱的降噪效果最佳。图2-22为乔木绿化隔声带和复合绿化隔声带。

(a)

(b)

图2-22　隔声绿化带

(a) 乔木绿化带；(b) 复合绿化带

实验表明，阔叶类的石楠对高频噪声（f>2000Hz）有很好的衰减效果，其对交通噪声插入损失值为 4.8dB；针叶类的雪松对低频噪声（$f<500$Hz）有很好的衰减效果，其对交通噪声的插入损失值为 4.2dB；而小叶黄杨则对中频噪声（$500\text{Hz}<f<2000\text{Hz}$）有很好的衰减效果，其对交通噪声的插入损失值为 2.9dB。

2）绿化带布局形式

单一树种，种植密度相同且密度较高时，降噪效果方面由强到弱依次为：品字对齐方式（图 2-23）、行列整齐方式（图 2-24）、自由散点方式；种植密度较低时，对噪声衰减效果由强到弱依次为：自由散点式、品字对齐式、行列整齐式。

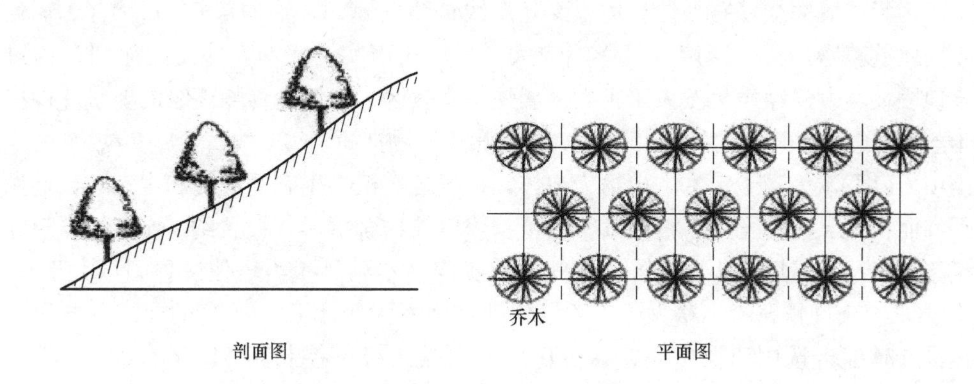

图 2-23　品字对齐方式

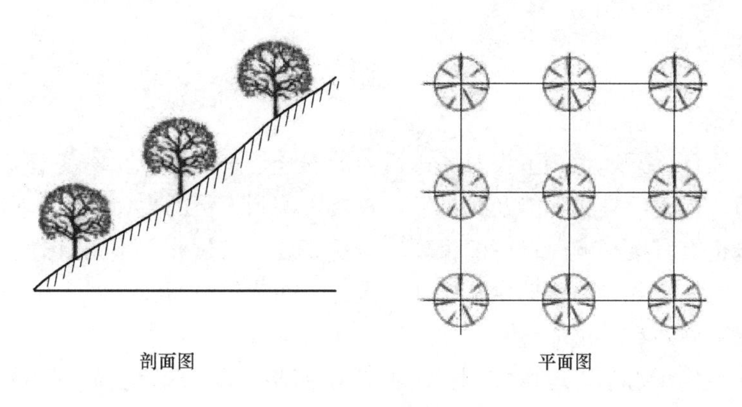

图 2-24　行列整齐方式

选择常青针叶类植物和较大冠幅的常青阔叶类植物搭配种植，如雪松和石楠，石楠和小叶黄杨等，同时缩小它们之间的种植间距，可有效地提高绿篱对各频率段的交通噪声的吸收能力。如设置 2m 宽的绿化带，石楠和雪松搭配可有效降低交通噪声值 5.9dB，小叶黄杨和雪松搭配则可以有效降低交通噪声值 5.3dB。

此外，当声源距绿化带大于 4m 时，绿化树种大于 7m 才会有明显的降噪效果；当声源距绿化带小于 4m 时，树种高度 3.8m 时降噪效果最好。

绿化带的种植间距一般为 3～4m，植被栽植宜在 5～13 排左右。

3）注意事项

隔声绿化带布置需要一定宽度和长度的场地，当因场地条件限制不能采用时，建议采用工业材料声屏障，如玻璃声屏障、混凝土声屏障、金属网（孔）声屏障和 PC 声屏障。

当小区噪声超标10dB以上时一般也不建议用隔声绿化带，要达到降噪10dB的效果，绿化带宽度需设置20m以上，对小区用地来说较为困难。

4. 相关标准、规范及图集

(1)《声环境质量标准》GB 3096—2008；

(2)《城市居住区规划设计规范》GB 50180—1993（2002版）；

(3)《城市绿化条例》（中华人民共和国国务院令第100号）。

5. 参考案例

某小区紧邻陇海线铁路，地界边缘距陇海线铁路仅60m，平均每6min就有1辆列车通过，因此铁路噪声对小区声环境影响较大。现场噪声实测表明，即使在无列车通过时段，该地段环境背景噪声仍然大于1类（居住、文教区）建筑允许噪声级的要求［即白天不大于55dB（A），夜间不大于45dB（A）］，噪声问题严重。

该项目以乔木为骨干、木本植物为主体，根据各类植物生态适应性和生态位，选用树冠大、叶面积大、叶片宽厚、枝叶紧密的植物，以植物群落形式设置约8m宽的隔声绿化带。设置隔声绿化带后，小区室外的昼间铁路噪声基本满足1类居住区昼间不大于55dB（A）的要求，夜间铁路噪声略大于1类居住区夜间不大于45dB（A）的要求。同时，住宅优化设计时配合选用双层中空窗，优化后室内噪声级可控制到31.5dB（A），满足了《住宅设计规范》GB 50096—1999和《住宅建筑规范》GB 50368—2005中对住宅室内噪声级的规定。

2.2.5 室外风环境优化

1. 技术简介

建筑室外风环境不理想，不仅对周边行人的安全带来潜在威胁，甚至会在建筑周围形成涡旋和死角，使得污染物不能及时扩散，直接影响到人员的生命健康。同时，建筑风环境对建筑节能也有直接影响。良好的风环境会提高夏季、过渡季室内自然通风效果，并削弱冬季围护机构的渗透风而降低供暖能耗。因此，在建筑方案设计时，应进行室外风环境优化，以确保良好的室外风环境。

室外风环境优化指基于现场实测、风洞模拟实验、CFD数值模拟等技术手段对场地室外风环境指标进行预测，并对建筑设计提出优化策略，最终使建筑达到有利于室外行走、活动舒适和建筑自然通风的目的。

2. 适用范围

适用于各类民用建筑，尤其是建筑群项目及超高层建筑。

3. 技术要点

(1) 技术指标

《绿色建筑评价标准》GB/T 50378—2014第4.2.6条：场地内风环境有利于室外行走、活动舒适和建筑的自然通风，评价总分值为6分，并按下列规则分别评分并累计：

1) 在冬季典型风速和风向条件下，按下列规则分别评分并累计：

① 建筑物周围人行区风速小于5m/s，且室外风速放大系数小于2，得2分；

② 除迎风第一排建筑外，建筑迎风面与背风面表面风压差不大于5Pa，得1分；

2）过渡季、夏季典型风速和风向条件下，按下列规则分别评分并累计：

① 场地内人活动区不出现涡旋或无风区，得2分；

② 50%以上可开启外窗室内外表面的风压差大于0.5Pa，得1分。

（2）设计要点

室外风环境优化设计过程中主要考虑以下因素：建筑布局、朝向、间距和周围景观环境布置。

1）建筑布局

一般建筑群的平面布局形式有行列式、周边式和自由式三种（图2-25），其中行列式又包括并列、错列、斜列三种形式（图2-26）。周边式的部分建筑前后都处于负压区，四周封闭，不利于风的导入，在其内部、背面及转角处会出现静风区，最好将开口尽可能朝向夏季主导风向。为了促进通风，建筑群布局应采取行列式和自由式，能争取到较好的朝向，使大多数房间能获得良好的日照和自然通风，其中又以错列式和斜列式的布局较好。

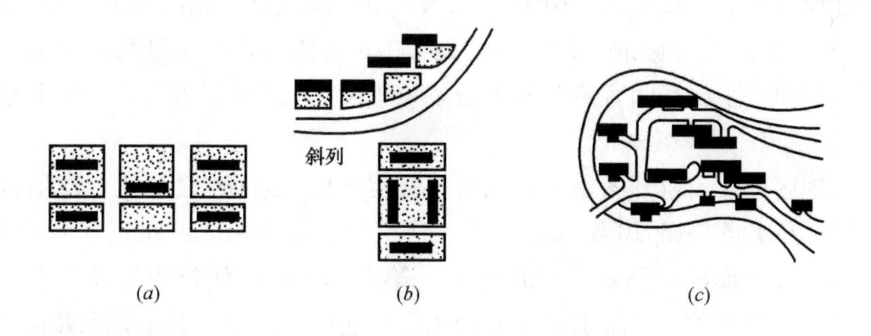

图2-25 建筑群的平面布局形式
（a）行列式；（b）周边式；（c）自由式

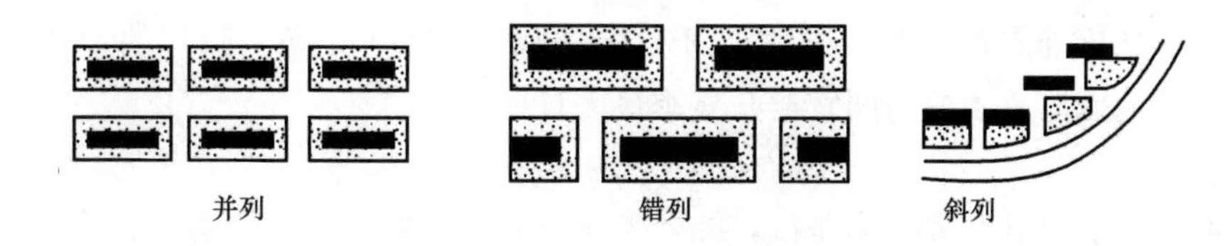

图2-26 两种行列式布局方式

为保证居住区具备基本的通风散热能力，《城市居住区热环境设计标准》JGJ 286—2013对影响居住区通风条件的建筑规划布局设计作出了相应规定：

① 居住区夏季平均迎风面积比应符合表2-24的规定。

居住区夏季平均迎风面积比 **表2-24**

建筑气候区	Ⅰ、Ⅱ、Ⅵ、Ⅶ 建筑气候区	Ⅲ、Ⅴ 建筑气候区	Ⅳ 建筑气候区
平均迎风面积比	≤0.85	≤0.80	≤0.70

② 居住区规划布局时，在Ⅰ、Ⅱ、Ⅵ、Ⅶ建筑气候区，宜将住宅建筑净密度大的组

团布置在冬季主导风向的上风向；在Ⅲ、Ⅳ、Ⅴ建筑气候区，宜将住宅建筑净密度大的组团布置在夏季主导风向的下风向。

③ 在Ⅰ、Ⅱ、Ⅵ、Ⅶ建筑气候区，开敞型院落式组团的开口不宜朝向冬季主导风向。

④ 在Ⅲ、Ⅳ、Ⅴ建筑气候区，当夏季主导风向上的建筑物迎风面宽度超过80m时，该建筑低层的通风架空率不应小于10%。

⑤ 在Ⅲ、Ⅳ、Ⅴ建筑气候区，居住区围墙应能通风，围墙的可通风面积率宜大于40%。

⑥ 居住区宜结合景观设施引导活动空间的空气流动或防止风速过高。

⑦ 设置通风围墙，围墙的可通风面积率应大于40%。

2）朝向

建筑的最优朝向与项目所在地的气候情况、人文历史等有关。我国北方地区的朝向设置主要考虑防风节能，南方地区主要考虑通风，中部地区则需要两者兼顾。

严寒和寒冷地区建筑朝向应避开冬季主导风向，有利于防风节能。《严寒和寒冷地区居住建筑节能设计标准》JGJ 26—2010第4.1.2条：建筑物宜朝向南北或接近朝向南北。《北京市公共建筑节能设计标准》DB 11/687—2015第3.1.3条：建筑的主朝向宜采用南北向或接近南北向，主要房间宜避开冬季最多频率风向（北向）和夏季最大日射朝向（西向）。

夏热冬冷地区建筑需避开冬季主导风向并有利于夏季通风。《夏热冬冷地区居住建筑节能设计标准》JGJ 134—2010第4.0.2条：建筑物宜朝向南北或接近朝向南北。《上海市公共建筑节能设计标准》DGJ 08-107—2012第3.1.2条：建筑规划及总平面的布置和设计，应有利于减少夏季太阳辐射并充分利用自然通风，冬季有利于日照和避开冬季主导风向，建筑物的朝向宜为南北向。

夏热冬暖地区和温和地区建筑朝向主要考虑夏季通风。《夏热冬暖地区居住建筑节能设计标准》JGJ 75—2012第4.0.2条：居住建筑的朝向宜采用南北向或接近南北向。《公共建筑节能设计标准广东省实施细则》DBJ 15—2007第4.1.2条：建筑的主朝向宜采用南北向或接近南北向，主要房间宜避开夏季最大日射方向。

3）间距

建筑间距以满足日照要求为基础，综合考虑采光、通风、消防、防灾、管线敷设、视觉卫生等要求确定。《城市居住区规划设计规范》GB 50180—93（2002版）规定，住宅侧面间距：对于条式住宅，多层之间不宜小于6m，高层和各种层数住宅之间不宜小于13m；高层塔式住宅、多层和中高层点式住宅与侧面有窗的各种层数住宅之间应考虑视觉卫生因素，适当加大间距。《绿色建筑评价标准》GB/T 50378—2014中规定，对居住建筑，其与相邻建筑的直接间距超过18m。

4）景观环境

除了建筑群布局对建筑室外风环境产生的影响外，室外的植被和水体也可以改变进入室内的气流状况，改善场地微气候。

可利用植被的种类、位置、高度进行选择和搭配，改善场地内不同季节的风环境状况。研究表明，当篱笆或障碍物与建筑间距 D 为建筑高度 H 的2倍时，因障碍物的遮挡，通过建筑立面气流量为原有气流的23%；当$D=2\sim3H$时，立面风速变化为原有风速的38%～67%。可以此数据作制定冬季防风策略。在加强夏季室内自然通风方面，可在迎风一侧的窗前种植一排低于窗台的灌木，灌木与窗的间距为4～6m，可使吹进窗户的风角度向下倾斜而有利于室内的自然通风。

场地内的水体具有潜在的蒸发吸热能力，可将水体布置于建筑夏季主导风向的上风向。冬季白天太阳辐射下，水体温度增高，储存了大量热量，晚上温度下降时，水体储存热量散发可弥补建筑周围环境温度下降造成的热量损失。夏季白天风从水面吹来，气流经过开阔的水面被水面上部空气冷却，建筑制冷作用明显。

注意事项：小区规划应确保"风道"畅通，建筑群的进风口和出风口应结合当地主导风向合理设置。夏热冬冷地区按照夏季盛行风向作为建筑的主要朝向，确保小区内建筑对自然风的共享性，同时使北面高大建筑成为一道屏障，夏季有良好的空气穿越，冬季可阻挡寒冷北风。

4. 相关标准、规范、图集

(1)《民用建筑设计通则》GB 50352—2005；

(2)《公共建筑节能设计标准》GB 50189—2015；

(3)《严寒和寒冷地区居住建筑节能设计标准》JGJ 26—2010；

(4)《夏热冬冷地区居住建筑节能设计标准》JGJ 134—2010；

(5)《夏热冬暖地区居住建筑节能设计标准》JGJ 75—2012；

(6)《城市居住区规划设计规范》GB 50180—93（2002版）；

(7)《城市居住区热环境设计规范》JGJ 286—2013；

(8)《中国建筑热环境分析专用气象数据集》。

5. 参考案例

上海某绿色建筑项目位于奉贤区，地块内有11栋高层住宅、4栋商业、7栋多层住宅。11栋高层住宅布置于地块东北部分，7栋多层住宅位于东南面，商业楼沿西部沿湖布置。这些楼基本上均为南北朝向，采用错列式布局，且北面沿交通主干道布置了绿化带，并采用复层绿化。经模拟分析，场地内冬季人行区域风速均不超过5m/s，未出现涡流区，夏季室内自然通风良好，满足《绿色建筑评价标准》的相关要求。

2.2.6 降低热岛效应技术

1. 技术简介

热岛是指一个地区（主要指城市内）整体或局部温度高于周围地区，温度较高的城区被温度较低的郊区所包围的现象。热岛效应的强弱由热岛强度表示，热岛强度是近20年来国内外针对室外热环境设计所普遍采用的作为控制环境热舒适性的指标，由两个区域的气温差值表示。

热岛效应的产生与自然环境的改变有很大关系，主要原因有两个：一是城市规模不断扩大带来的高楼林立、绿地锐减；另一方面城市下垫面的改变，柏油路面、混凝土路面、建筑硬质屋顶、混凝土墙壁等大量吸收太阳辐射并积蓄能量，从而使城市温度升高，产生热岛效应。此外，工业生产产生的热量，空气污染、粉尘、二氧化碳浓度增加导致的温室效应也在一定程度上增强了热岛效应。

城市热岛效应的存在会导致区域环境恶化，危害人体健康，城市地面散发的热气，形成近地面暖气团，使得城市烟尘流通受阻，难以扩散，加剧大气污染等。例如当高温季节有太阳辐射时，室外活动场地和人行道路的烘烤感强烈，对人员的户外活动造成了影响。

降低城市热岛效应主要通过合理规划建筑布局、加大住区绿化率、屋面和道路采用高反射材料等措施来实现。研究表明，城市绿化覆盖率与热岛强度成反比，当覆盖率大于30%，热岛效应则得到明显削弱，覆盖率大于50%，绿地对热岛的消减作用极其明显。由于水的热容量较大，在吸收相同热力的情况下，升温值相对较小，可以通过增加场地的水面面积，利用水面蒸发吸热，以降低空气温度，缓解热岛效应。另一方面应有效控制环境收到的太阳辐射，保证户外活动场所的热安全性，场地可利用园林绿化提供遮阳，或充分利用诸如亭、廊、固定式棚、架、膜结构等构筑物的遮阳手法。

2. 适用范围

适用于各类民用建筑。

3. 技术要点

（1）技术指标

《绿色建筑评价标准》GB/T 50378—2014 第4.2.7条：采取措施降低热岛强度，评价总分值为4分，并按下列规则分别评分并累计：

1）红线范围内户外活动场地有乔木、构筑物等遮阴措施的面积达到10%，得1分；达到20%，得2分；

2）超过70%的道路路面、建筑屋面的太阳辐射反射系数不小于0.4，得2分。

热岛效应用平均热岛强度指标来评价，一般可通过平均热岛强度比较区域因设计手法不同而导致的热岛效应差异。根据《城市居住区热环境设计标准》JGJ 286—2013 规定，居住区夏季平均热岛强度不应大于1.5℃。

（2）设计要点

1）合理规划建筑布局

地块的建筑密度、容积率的增大以及建筑布局的不合理设计，易导致场地通风阻力大、通风条件差，从而加剧热岛效应。因此，场地建筑规划布局时应充分结合当地气候、地形特征，考虑主导风向，合理规划道路、建筑布局、朝向等，充分利用自然通风来降低室外场地温度，并促进上空污染物扩散，从而缓解热岛效应。

为保证居住区具备基本的通风散热能力，《城市居住区热环境设计标准》JGJ 286—2013 对影响居住区通风条件的建筑规划布局设计作出了相应规定：

① 居住区夏季平均迎风面积比应符合表2-25的规定。

居住区夏季平均迎风面积比 **表2-25**

建筑气候区	Ⅰ、Ⅱ、Ⅵ、Ⅶ建筑气候区	Ⅲ、Ⅴ建筑气候区	Ⅳ建筑气候区
平均迎风面积比	≤0.85	≤0.80	≤0.70

② 居住区规划布局时，在Ⅰ、Ⅱ、Ⅵ、Ⅶ建筑气候区，宜将住宅建筑净密度大的组团布置在冬季主导风向的上风向；在Ⅲ、Ⅳ、Ⅴ建筑气候区，宜将住宅建筑净密度大的组

团布置在夏季主导风向的下风向。

③ 在Ⅰ、Ⅱ、Ⅵ、Ⅶ建筑气候区，开敞型院落式组团的开口不宜朝向冬季主导风向。

④ 在Ⅲ、Ⅳ、Ⅴ建筑气候区，当夏季主导风向上的建筑物迎风面宽度超过80m时，该建筑低层的通风架空率不应小于10%。

⑤ 在Ⅲ、Ⅳ、Ⅴ建筑气候区，居住区围墙应能通风，围墙的可通风面积率宜大于40%。

⑥ 居住区宜结合景观设施引导活动空间的空气流动或防止风速过高。

⑦ 设置通风围墙，围墙的可通风面积率应大于40%。

2）合理规划绿地系统，布局立体绿化

绿色植物的蒸腾和遮盖作用能够有效改善场地过热的环境，乔灌木的环境改善效果更加显著。为降低场地热岛强度，《城市居住区热环境设计标准》JGJ 286—2013做出如下规定：

① 城市居住区详细规划阶段热环境设计时，居住区应做绿地和绿化，绿地率不应低于30%，每100m² 绿地上不少于3株乔木。

② 居住区内建筑屋面的绿化面积不应低于可绿化屋面面积的50%。

③ 墙面宜做垂直绿化，墙面绿化宜采用叶片重叠覆盖率较高的爬藤植物。

④ 绿化物种宜选择适应当地气候和土壤条件的植物，采用乔、灌、草结合的复层绿化。

3）户外活动场地遮阳

户外道路、活动场地、停车场等设置遮阳设施是改善户外活动环境、降低热岛效应的一项有效措施。目前所采用的遮阳手法多样，可以利用植物遮阳，也可以充分利用亭、廊、固定式棚、架、膜结构等构筑物进行户外场地遮阳（图2-27）。

(a)

(b)

(c)

图2-27 不同的户外遮阳方式

(a) 停车场绿化遮阳；(b) 休闲场膜结构遮阳；(c) 廊亭遮阳

《城市居住区热环境设计标准》JGJ 286—2013对居住区户外活动场地的遮阳作出如下规定：

① 居住区夏季活动场地应有遮阳，遮阳覆盖率不应小于表2-26的规定。

② 环境遮阳应采用乔木类绿化遮阳方式，或应采用庇护性景观亭、廊或固定式棚、架、膜结构等的构筑物遮阳方式，或应采用绿化的构筑物混合遮阳方式。

③ 利用植物遮阳时，绿化遮阳体的太阳辐射透射比不应超过0.15，叶面积指数不应小于3.0。

场地遮阳覆盖率（单位：%）　　表 2-26

场地	建筑气候区	
	Ⅰ、Ⅱ、Ⅵ、Ⅶ	Ⅲ、Ⅳ、Ⅴ
广场	10	25
游憩场	15	30
停车场	15	30
人行道	25	30

④ 在Ⅰ、Ⅱ、Ⅵ、Ⅶ建筑气候区，影响建筑或小区场地冬季日照的遮阳体应采用落叶物种或活动式的构筑物遮阳。

⑤ 居住区宜合理利用建筑阴影为居住区环境遮阳，如对于严寒和寒冷地区应以满足冬季日照要求为前提有条件地利用建筑物自身遮阳形成的阴影进行遮阳；夏热冬冷、夏热冬暖以及温和地区应以满足通风、日照为主，合理利用建筑自身遮阳。

4）增加透水地面及合理布局室外水景

增加住区室外活动场地和行人道路地面的雨水渗透与蒸发能力，是硬化地面被动降温、进而降低热岛强度的一项有效措施。《城市居住区热环境设计标准》JGJ 286—2013 规定，居住区户外活动场地和人行道路地面应有雨水渗透与蒸发能力，渗透与蒸发指标不应低于表 2-27 的规定。

居住区地面的渗透与蒸发指标　　表 2-27

地面	Ⅰ、Ⅱ、Ⅵ、Ⅶ建筑气候区			Ⅲ、Ⅳ、Ⅴ建筑气候区		
	渗透面积比率 β(%)	地面透水系数 k(mm/s)	蒸发量 m [kg/(m²·d)]	渗透面积比率 β(%)	地面透水系数 k(mm/s)	蒸发量 m [kg/(m²·d)]
广场	40	3	1.6	50	3	1.3
游憩场	50			60		
停车场	60			70		
人行道	50			60		

室外活动场地和人行道路地面可以通过改善地面的铺装措施来达到增加雨水入渗与蒸发的效果，传统地面铺装通常采用水泥、花岗岩、不透水胶垫等硬质铺装，会导致夏季地面温度较高，增加炙烤感。为改善这一现象，可将原有硬质铺装改为透水铺装（图2-28），如透水砖、透水混凝土、透水沥青、镂空率大于 40%的植草砖等，透水地面具体做法详见 2.4.3 节。当透水铺装下为地下室顶板时，地下室顶板应设有疏水板及导水管等可以将渗透雨水导入与地下室顶板接壤的实土。

此外，用室外水景的蓄水及水体的蒸发散热可以有效改善住区室外热环境。《城市居住区热环境设计标准》JGJ 286—2013 规定：居住区宜利用室外水景蒸发降温；休憩场所采用人工雾化蒸发降温；为保证景观水体有足够的容纳吸收热量的作用，景观水体的水深不应小于 300mm，累计水域面积不足 50m² 者可将其纳入绿地面积。除静态水景外，居住区可以通过设置跌水、喷泉、溪流、瀑布等动态水景，以扩大水体与空气的接触面积，加快蒸发速度，提高水景的降温加湿效果。

5）道路、屋面采用高反射材料

此外，城市热岛强度与地块或小区的下垫面的材料有关，城市及小区路面多为沥青、

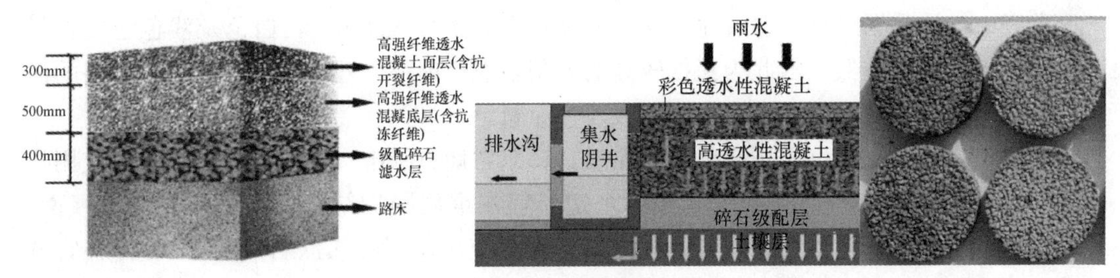

图 2-28 透水铺装

混凝土等深色路面，屋面也通常为深色屋面，能够吸收大量太阳辐射，蓄热能力较强，容易强化热岛效应。因此，规划设计时应选择太阳辐射反射系数高的铺装材料及建筑材料，以降低屋面、地面和外墙表面的温度，进而达到降低热岛强度的目的。(绿色建筑评价标准）GB/T 50378—2014 第 4.2.7 条规定，超过 70%的道路路面、建筑屋面的太阳辐射反射系数不小于 0.4。

太阳辐射系数是指吸收的与入射的太阳辐射能通量之比值，对于不透明的表面，太阳辐射吸收系数在数值上等于 1－太阳光反射比，因此，屋面、墙面材料的太阳辐射反射系数可根据材料的太阳辐射吸收系数作为判定依据，《民用建筑热工设计规范》GB 50176 中对各类材料的太阳辐射吸收系数作出统计，见表 2-28。

围护结构外表面太阳辐射吸收系数 表 2-28

	面层类型	表面性质	表面颜色	吸收系数		面层类型	表面性质	表面颜色	吸收系数
墙面	石灰粉刷墙面	光滑、新	白色	0.48	屋面	绿豆砂保护层屋面		浅黑色	0.65
	抛光铝反射板		浅色	0.12		白石子屋面	粗糙	灰白色	0.62
	水泥拉毛墙	粗糙、旧	米黄色	0.65		浅色油毛毡屋面	不光滑、新	浅黑色	0.72
	白水泥粉刷墙面	光滑、新	白色	0.48		黑色油毛毡屋面	不光滑、新	深黑色	0.85
	水刷石墙面	旧、粗糙	灰白色	0.70	油漆	黑色漆	光滑	深黑色	0.92
	水泥粉刷墙面	光滑、新	浅黄	0.56		灰色漆	光滑	深灰色	0.91
	砂石粉刷面		深色	0.57		褐色漆	光滑	淡褐色	089
	浅色饰面砖及浅色涂料		浅黄、褐绿色	0.50		绿色漆	光滑	深绿色	0.89
	红墙砖	旧	红褐色	0.75		棕色漆	光滑	深棕色	0.88
	硅酸盐砖墙	不光滑	黄灰色	0.50		蓝色漆、天蓝色漆	光滑	深蓝色	0.88
	混凝土砌块		灰色	0.65		中棕色	光滑	中棕色	0.84
	混凝土墙	平滑	深灰	0.73		浅棕色漆	光滑	浅棕色	0.80
	大理石墙面	磨光	白色、深色	白 0.44 深 0.65		棕色、绿色喷泉漆	光亮	中棕、中绿色	0.79
	花岗石墙面	磨光	红色	0.55		红油漆	光亮	大红色	0.74
屋面	红瓦屋面	旧	红褐色	0.55		浅色涂料	光平	浅黄、浅红	0.50
	灰瓦屋面	旧	浅灰	0.52		银色漆	光亮	银色	0.25
	水泥屋面	旧	青灰色	0.70	其他	绿色草坪			0.80
	水泥瓦屋面		深灰	0.69		水(开阔湖、海面)			0.96
	石棉水泥瓦屋面		浅灰色	0.75					

由表中统计数据可见，普通建筑材料的吸收系数大多大于 0.6，白色及浅色建筑材料太阳辐射吸收系数较低，因此为获得较高的太阳辐射反射率，建筑屋面、墙面、道路的面层不应采用深色材料，宜采用浅色饰面或浅色涂料。

除以上方法外，亦可使用反射隔热涂料，广东省地方标准《建筑反射隔热涂料应用技术规程》DBJ 15—75—2010 第 4.0.2 条规定，宜在重质围护结构的东、西外墙及屋面，轻质围护结构和金属围护结构的各朝向外墙及屋面应用反射隔热涂料（图 2-29），并宜选择白色或浅色。屋面采用建筑反射隔热涂料时，宜为非上人坡屋面。

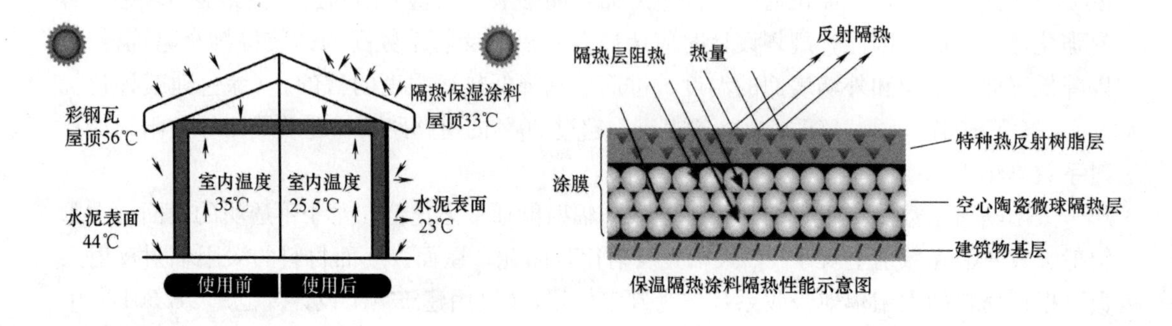

图 2-29　保温隔热涂料性能示意图

4. 相关标准、规范及图集

（1）《城市居住区热环境设计标准》JGJ 286—2013；

（2）《民用建筑热工设计规范》GB 50176；

（3）《透水沥青路面技术规程》CJJ/T 190—2012；

（4）《透水路面砖和透水路面板》GB/T 25993—2010；

（5）《透水水泥混凝土路面技术规程》CJJ/T 135—2009。

5. 参考案例

上海青浦某住宅项目用地面积 25218.96m²，建筑密度 22.2%，住区绿地率 35%，绿化率较高，能有效降低热岛强度，住区内乔木比例为 50%，各连续绿地的平均面积为 1261m²，经热岛模拟计算，夏季典型时刻的郊区气候条件下，模拟住区室外 1.5m 高处的典型时刻温度分布情况，得到的平均热岛强度为 0.51℃，低于 1.5℃，热岛强度能满足要求。

2.3　交通设施与公共服务

交通设施与公共服务部分关注场地内的交通组织、自行车停车、集约停车及公共设施配套，目的是确保场地内居民出行安全、生活便捷。场地开发过程中合理进行场地外与场地内部的交通组织规划协调，方便居民进出；其次，规划布局自行车停车场、机械式停车库和立体停车楼以满足停车需求，并集约利用土地资源；最后，根据周边的公共服务设施配置情况，进行针对性的设施补充与完善，以提供充足的服务配套。

2.3.1　交通组织

1. 技术简介

交通组织是指为解决交通问题所采取的各种软措施的总和，此处所指交通组织是城市道路、公交站点、轨道站点等到建筑物或场地出入口处之间涉及的交通类型及组织[1]（图2-30），具体包括四点内容：一是城市道路系统、公交站点及轨道站点等的布局位置及服务覆盖范围；二是道路系统、公交站点及轨道站点等到场地入口之间的衔接方式，包括步行道路、人行天桥、地下通道等；三是场地出入口的位置、样式、方向等；最后是场地出入口与建筑入口之间的交通形式布设及安排等。

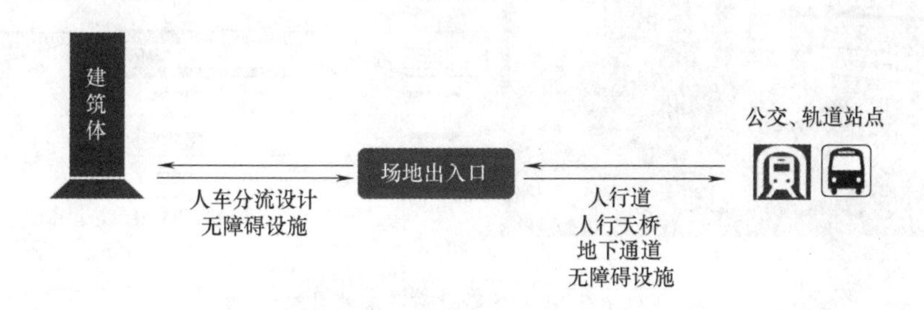

图 2-30　交通组织过程

2. 适用范围

交通组织在场地中涉及的技术主要包括人车分流设计、场地与外界公共交通连接设计、无障碍设施设计等。因此该技术适用于新建、改建的民用建筑。

3. 技术要点

（1）技术指标

《绿色建筑评价标准》GB/T 50378—2014 第 4.2.8 条规定，场地出入口到达公共汽车站的步行距离不超过 500m，到达轨道交通站的步行距离不超过 800m；场地 500m 范围内设有 2 条或 2 条以上线路的公共交通站点（含公共汽车站和轨道交通站）；有便捷的人行通道联系公共交通站点。

《城市道路交通规划设计规范》GB 50220—95 第 3.3.2 条：公共交通车站服务面积，以 300m 半径计算，不得小于城市用地面积的 50%；以 500m 半径计算，不得小于 90%。

（2）设计要点

1）公交、轨道站点布局

根据《国务院关于城市优先发展公共交通的指导意见》，为推动城市交通绿色化发展，要求“大城市要基本实现中心城区公共交通站点 500m 全覆盖，公共交通占机动车出行比例达到 60%左右。”

城市控制性详细规划和交通专项规划对交通站点进行规划布局时应按照指导意见及相

[1] 顾宝和. 城市建筑综合体设计——空间、功能、交通组织［D］西安：西安建筑科技大学，2001.

关规范要求，合理布设公交站点位置确保相应的服务半径。

公交站点规划时宜根据《城市道路交通规划设计规范》GB 50220—95、《城市道路公共交通站、场、厂工程设计规范》CJJ/T 15—2011、《深圳市公交中途站设置规范》SZDB/Z 12—2008等标准合理设置公交站点形式及服务设施（图2-31），最大化安全、便利服务居民。

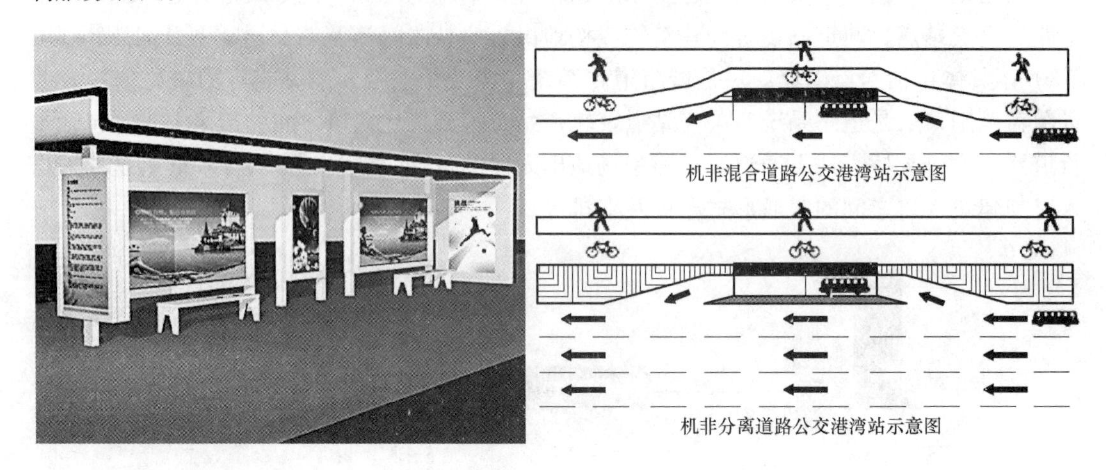

图2-31 公交站服务设施及港湾式公交站

《城市道路交通规划设计规范》GB 50220—95第3.3.1条要求：中运量快速轨道交通公共交通站距在市区线为800～1000m，郊区线为1000～1500m；大运量快速轨道交通公共交通站距在市区线为1000～1200m，郊区线为1500～2000m，通过合理的站点设置以此满足轨道站点的服务需求。

轨道网络作为大型专项工程，在城市总体规划及轨道交通专项规划时需严格按照《城市轨道交通技术规范》GB 50490—2009、《城市轨道交通工程项目建设标准》（建标104-2008）、《地铁设计规范》GB 50157—2013等标准要求进行线路、站点、运营、车辆、土建工程等的设计、建设。

2）场地对外交通设计

《民用建筑设计通则》GB 50352—2005第4.1.5条要求场地出入口位置符合下列要求：与大中城市主干道交叉口的距离，自道路红线交叉点量起不应小于70m（图2-32）；

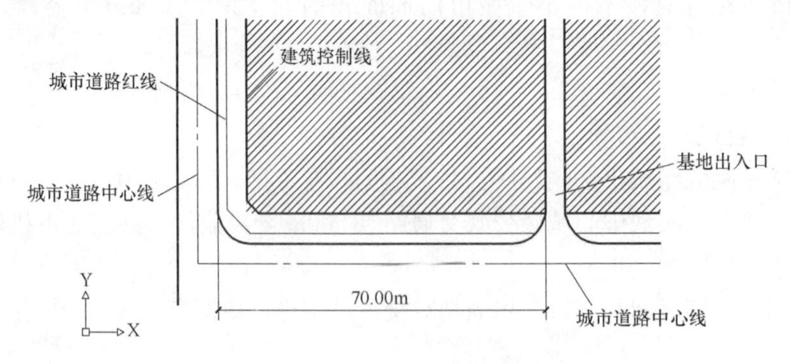

图2-32 出入口与城市主干道交叉口距离图

与人行横道线、人行过街天桥、人行地道（包括引道、引桥）的最边缘线不应小于5m；距地铁出入口、公共交通站台边缘不应小于15m；距公园、学校、儿童及残疾人使用建筑的出入口不应小于20m。

根据《城市居住区规划设计规范》GB 50180—93（2002年版）第5.0.3条要求，对住宅建筑的规划布置主要从五个方面作了原则性规定。其中面街布置的住宅，主要考虑居民，特别是儿童的出入安全和不干扰城市交通，规定其出入口不得直接开向城市道路或居住区级道路，即住宅出入口与城市道路之间要求有一定的缓冲或分隔，当临街住宅有若干出入口时，可通过宅前小路集中开设出入口。

在进行具体的建筑设计时，其出入口应满足对应的建筑类型及防火要求，包括《建筑设计防火规范》GB 50016—2014、《商店建筑设计规范》JGJ 48—2014、《电影院建筑设计规范》JGJ 58—2008、《综合医院建筑设计规范》GB 51039—2014、《图书馆建筑设计规范》JGJ 38—1999等。

场地出入口在满足各标准、规范指标要求的同时，出入口设计应不影响城市道路系统，保障居民人身安全。场地应有两个及两个以上不同方向通向城市道路的出口，且至少有一面直接连接城市道路，以减少人员疏散时对城市正常交通的影响。

3）人车分流设计

《民用建筑设计通则》GB 50352—2005第5.2.2条要求：单车道路宽度不应小于4m，双车道路不应小于7m；人行道路宽度不应小于1.50m；利用道路边设停车位时，不应影响有效通行宽度；车行道路改变方向时，应满足车辆最小转弯半径要求；消防车道路应按消防车最小转弯半径要求设置。

进入场地后人行道路与车行道路在空间上分离，设置步行路与车行路两个独立的路网系统；车行路应分级明确，可采取围绕场地外围的布置方式，并以枝状尽端路或环状尽端路的形式伸入到各住户院落、住宅单元或办公楼等的背面入口（图2-33）[1]。

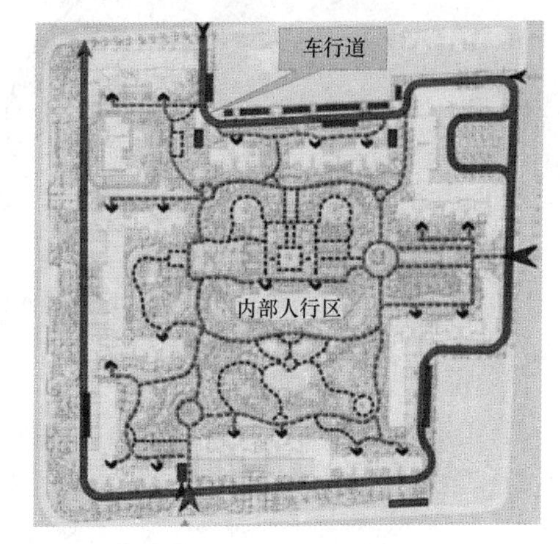

图2-33 人车分流设计

在车行路附近或尽端处应设置适当数量的机动车停车位，在尽端型车行路的尽端应设回车场地；步行路应该贯穿于场地内部各主要功能区，将绿地、公共服务设施串联起来，并伸入到各住宅院落、住宅单元或办公楼等的正面入口，起到连接住宅院落、办公楼等的作用。

人车分流设计需考虑场地用地面积的大小，合理设计车行道和人行道的用地比；场地内车行道和人行道设计需优先考虑安全需求，其次为居民出入便利性。

[1] 秦鑫鑫．新建住宅小区人车分流设计的应用——以太原市大井峪村改造详细规则为例［J］．科技情况开发与经济，2010（20）．

4）无障碍设施设计

新建民用建筑场地内及相关的设计应按照《无障碍设计规范》GB 50763—2012，落实其控制性条文，且包括 3.7.3（3、5）、4.4.5、6.2.4（5）、6.2.7（4）、8.1.4 等条文。

① 缘石坡道

人行道的各种路口必须设缘石坡道，缘石坡道下口调出车行道的地面不得大于 20mm；且缘石坡道设计时应在人行道范围内进行，并与人行横道相对应，设置的坡面应平整且不光滑（图 2-34）。

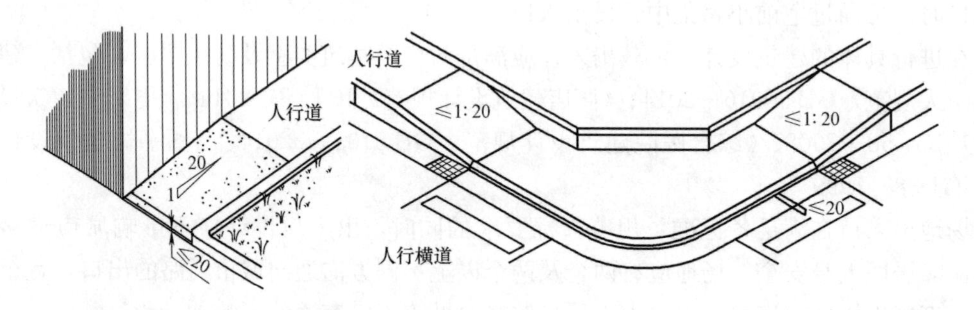

图 2-34　缘石坡道设计比

扇形单面坡缘石坡道不应小于 1.5m，设在道路转角处单面坡缘石坡道上口宽度不宜小于 2m（图 2-35）。

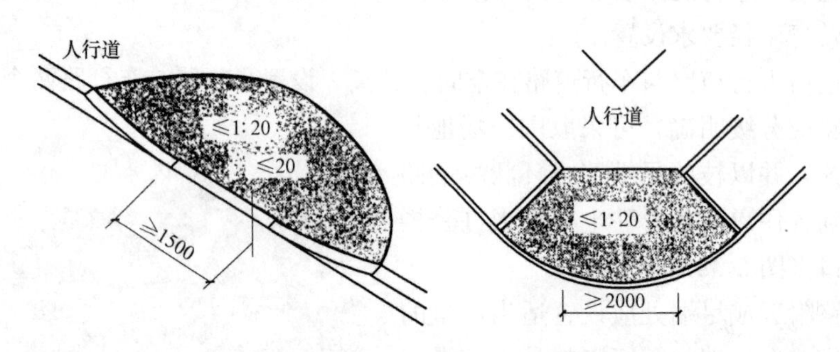

图 2-35　扇形单面和转角处单面坡缘石坡道

② 盲道

盲道应连续、便利，在具体设计时人道外侧应有围墙、花台或绿地带 0.25～0.5m 处，行进盲道的宽度宜为 0.3～0.6m，且根据道路宽度选择低限和高限（图 2-36）。

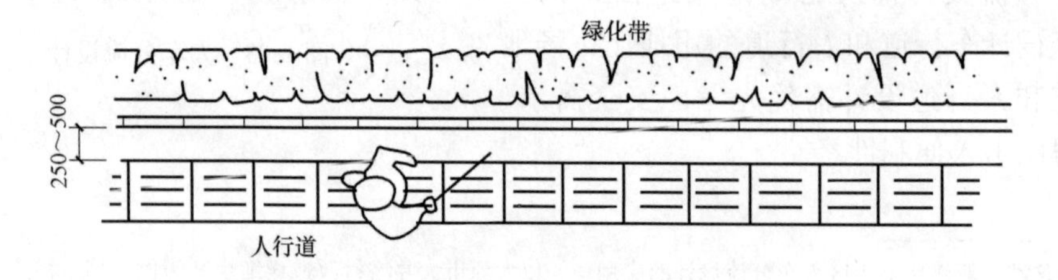

图 2-36　缘花台的行进盲道

行进盲道的起点和终点处设提示盲道，其长度应大于行进盲道的宽度；人行道中有台阶、坡道和障碍物等，以及距人行横道入口、地下铁道入口等0.25～0.5m处应设提示盲道，提示盲道长度与各入口的宽度应相对应。

盲道的设计位置和走向应方便视残者安全行走和顺利到达，且中途不得有电线杆、拉线、树木等障碍物；其次，盲道表面触感部分以下的厚度应与人行道砖一致，并避开井盖铺设（图2-37）。

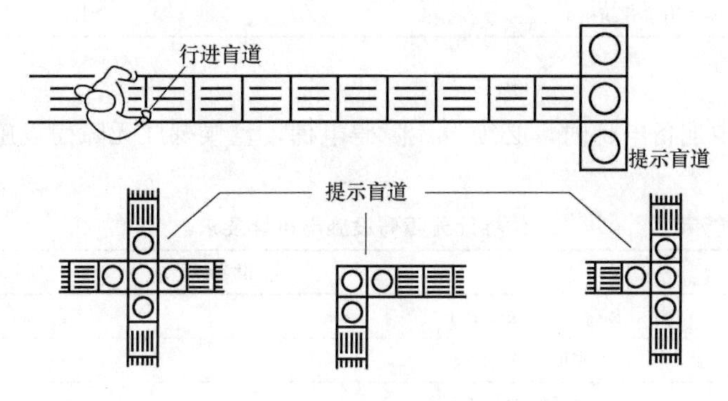

图2-37　提示盲道布局及样式

③ 公交车站

城市主要道路和居住区的公交车站，应设提示盲道和盲文站牌。在公交候车站铺设提示盲道主要使视残者能方便知晓候车站的位置，因此要求提示盲道有一定的长度和宽度，使视残者容易发现候车站的准确位置。在人行道上未设置盲道时，从候车站的提示盲道到人行道的外侧引一条直行盲道，使视残者更容易抵达候车站位置。

公交车站需在候车站牌一侧设提示盲道，并配置相应的休息设施以满足残疾人的候车需求（图2-38），同时盲文站牌的位置、高度、形式与内容应方便视力残疾者的使用。

④ 建筑入口

建筑入口为无障碍时，入口室外的地面坡度不应大于1∶50（图2-39）。

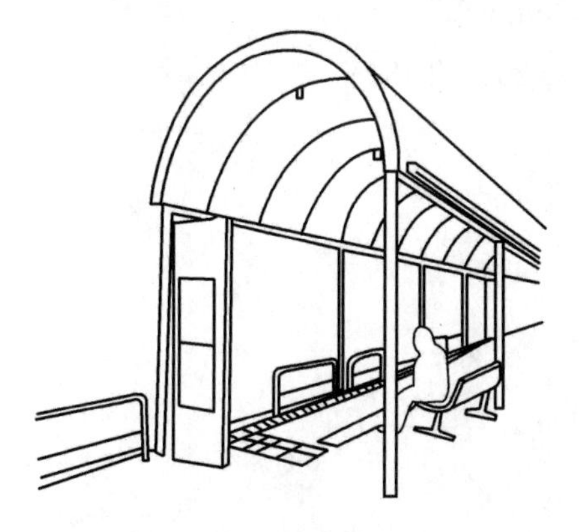

图2-38　候车站提示盲道位置

图2-39　无台阶的建筑入口

公共建筑与高层、中高层居住建筑入口设台阶时，必须设轮椅坡道和扶手。建筑入口轮椅通行平台最小宽度应符合表2-29的规定。

入口平台宽度　表2-29

建筑类别	入口平台最小宽度(m)
大、中型公共建筑	≥2
小型公共建筑	≥1.5
中、高层建筑、公寓建筑	≥2
多、低层无障碍住宅、公寓建筑	≥1.5
无障碍宿舍建筑	≥1.5

⑤ 候梯厅

在公共建筑中配备电梯时，必须设无障碍电梯，且候梯厅无障碍设施与设计要求符合表2-30的要求。

候梯厅无障碍设施与设计要求　表2-30

设施类别	设计要求
深度	候梯厅深度大于或等于1.8m
按钮	高度0.9～1.1m
电梯门洞	净宽度大于或等于0.9m
显示与音响	清晰显示轿厢上、下运行的方向和层数位置及电梯抵达音响
标志	每层电梯口应安装楼层标志； 电梯口应设提示盲道

(3) 注意事项

由于残疾人在行走中的不同状态和使用各种助行工具，在通行时要求道路和建筑物的水平通道及垂直交通的宽度、高度、坡度、地面及各种相应设施与家具，应具备乘轮椅者、拄拐杖者及拄盲杖者既方便又安全的通行空间和使用条件。

4. 相关标准、规范及图集

(1)《城市道路交通规划设计规范》GB 50220—95；

(2)《城市道路公共交通站、场、厂工程设计规范》CJJ/T 15—2011；

(3)《深圳市公交中途站设置规范》SZDB/Z 12—2008；

(4)《城市居住区规划设计规范》GB 50180—93（2002年版）；

(5)《民用建筑设计通则》GB 50352—2005；

(6)《无障碍设计规范》GB 50763—2012；

(7)《建筑设计防火规范》GB 50016—2014；

(8)《商店建筑设计规范》JGJ 48—2014；

(9)《电影院建筑设计规范》JGJ 58—2008；

(10)《综合医院建筑设计规范》GB 51039—2014；

(11)《图书馆建筑设计规范》JGJ 38—1999。

5. 参考案例

仁恒河滨花园位于上海市长宁区芙蓉江路388弄。毗邻虹桥开发区和古北高档住宅区、是国家康居示范工程——“古北河滨城”的主体部分。仁恒河滨花园分三期，包括14幢住宅公寓楼、1660个单元、一个地下停车场以及一些辅助设施。总体规划布局力求大部分住宅单体拥有最佳的景观视野、良好的通风条、栋距较大、视野开阔，充分发挥大环境磅礴的气势，营造内涵丰富文化底蕴的生态型内部空间。小区以绿化、水景、庭院、小品相结合，随空间形成多层次景观。

整个仁恒河滨花园小区内部完全做到人车分流，车行道结合入口在整个小区外围沿环线布置；小区内的人车分流是通过景观的构造使车本身就不能进入人行的区域，见图2-40。

图 2-40 仁恒河滨花园外环车行道与内部步行道分流设计

居住区内机动车库入口沿小区角落结合机动车环线转弯半径布置，非机动车库入口结合每栋建筑位置布置，同时机动车与非机动车库入口都呈弧线形式（图 2-41），避免地库黑洞现象。

小区内基本上无阶梯，在有阶梯的地方，提前进行了无障碍设施的标示，且修建无障碍缘石坡道融入景观中（图 2-42）。

项目在进行内部交通细化组织的同时，在对外交通出入口的充分结合天山路边的公交站点和轨道站点进行设计，场地东门出口距离最近的公交站点约为 376m，距离轨道站点约为 565m；西门距离最近的公交站点约为 277m（图 2-43），因此出行极为便利。

图 2-41　仁恒河滨花园车行道入库设计

图 2-42　仁恒河滨花园车行道入库设计

图 2-43　仁恒河滨花园车行道入库设计

通过对仁恒河滨花园的调研了解，整个项目的出入交通以及内部交通体系、配套设施，相对同等水平的场地有明显的优势，其出行条件极为便利，内部交通及设施能有效提升居民的生活质量，改善区域环境水平。

2.3.2 自行车停车场

1. 技术简介

自行车是常用的交通工具，具有轻便、灵活和经济的特点，且数量庞大。为此，在规划布局自行车停车位时应根据各地的经济发展水平、居民生活消费水平和项目的定位，合理确定机动车停车泊位、自行车停车位及其停车方式。

自行车停车场指停放和储存自行车的场地。为满足民用建筑自行车停车需求，不同类建筑应结合自身的情况合理设置一定规模的自行车停车位（图 2-44），为绿色出行提供便利条件。

图 2-44 自行车停车

2. 适用范围

该技术适用于新建、改建或扩建民用建筑项目的自行车停车场设计。

3. 技术要点

(1) 技术指标

《绿色建筑评价标准》GB/T 50378—2014 第 4.2.10 条：合理设置停车场所，自行车停车设施位置合理、方便出入，且有遮阳防雨措施。

《住宅性能评定技术标准》GB/T 50362—2005 第 5.2.4 条：高层住宅自行车停车位可设置在地下室；多层住宅自行车停车位可设置在室外，自行车停车位距离主要使用人员的步行距离≤100m。

(2) 设计要点

1) 自行车停车位置及规模

自行车停车位相关规模及比例应结合相应省市“城市规划技术管理规定及相关配建指标设定”等文件进行民用建筑自行车停车位的规划布设。

对于自行车停车的相应位置及规模，可根据《城市步行和自行车交通系统规划设计导则》中“9.1 设施选址：建筑物配建停车场应在建筑物的人行出入口就近设置”和“9.2 设置规模：对于新建居住区和公共建筑的自行车停车场，其规模须严格遵照本地规划技术管理规定等相关配建指标设定”等要求进行设计，表 2-31 为南京市非机动车标准车位配建指标示例。

南京市非机动车标准车位配建指标（示例）　　表 2-31

建筑物类型			计算单位	非机动车		
				Ⅰ	Ⅱ	Ⅲ
住宅	别墅、独立式住宅或 $S_{建}>200m^2$		车位/户	0		
住宅	商品房与酒店式公寓	$S_{建}\leqslant 90m^2$	车位/户	1.8		
住宅	商品房与酒店式公寓	$90m^2<S_{建}\leqslant 140m^2$	车位/户	1.8		
住宅	商品房与酒店式公寓	$140m^2<S_{建}\leqslant 200m^2$	车位/户	1.5		
住宅	商品房与酒店式公寓	未分户	车位/100m² 建筑面积	2.0		
住宅	经济适用房		车位/户	1.8		
住宅	廉租住房、政策性租赁住房、集体宿舍		车位/100m² 建筑面积	2.5		
饭店、宾馆、培训中心			车位/客房	1.0		
办公	行政办公		车位/100m² 建筑面积	3.0	2.5	2.0
办公	其他办公		车位/100m² 建筑面积	3.0	2.5	2.0
办公	生产研发、科研设计		车位/100m² 建筑面积	3.0	2.0	1.5
餐饮娱乐	独立餐饮娱乐		车位/100m² 建筑面积	2.0	1.5	1.0
餐饮娱乐	附属配套餐饮娱乐		车位/100m² 建筑面积	2.0	1.5	1.0
商业	商业设施		车位/100m² 建筑面积	4.0	3.0	2.0
商业	大型超市		车位/100m² 建筑面积	4.0	3.0	2.0
商业	配套商业设施（小型超市、便利店、专卖店）		车位/100m² 建筑面积	5.0	4.0	3.0
商业	专业、批发市场		车位/100m² 建筑面积	4.0	3.0	2.0
医院	综合医院、专科医院		车位/100m² 建筑面积	4.0	3.0	2.0
医院	社区卫生防疫设施		车位/100m² 建筑面积	5.0	3.0	2.0
医院	独立门诊		车位/100m² 建筑面积	2.0	2.0	2.0
影剧院			车位/100 座位	3.5	3.0	2.0
博物馆、图书馆			车位/100m² 建筑面积	2.0	1.5	1.5
展览馆、会议中心			车位/100m² 建筑面积	2.0	1.5	1.0
体育场馆			车位/100 座位	2.0	1.5	1.5
学校	中小学、幼儿园		车位/100 师生	中学 70/小学 20/幼儿园 5		
学校	中专、大专、职校		车位/100 师生	80	80	50
学校	综合性大学		车位/100 师生	80	80	50
游览场所	主题公园		车位/公顷占地面积	15.0	10.0	5.0
游览场所	一般性公园、风景区		车位/公顷占地面积	20.0	15.0	10.0
工业	厂房		车位/100m² 建筑面积	—	1.0	1.0
工业	仓储		车位/100m² 建筑面积	—	1.0	1.0
交通枢纽	汽车站		车位/年平均日每百位旅客	3.0	3.0	3.0
交通枢纽	火车站		车位/年平均日每百位旅客	3.0	3.0	3.0
轨道交通车站	轨道一般站		车位/100 名远期高峰小时旅客	8.0	6.0	5.0
轨道交通车站	轨道换乘站		车位/100 名远期高峰小时旅客	6.0	4.0	4.0
轨道交通车站	轨道枢纽站		车位/100 名远期高峰小时旅客	6.0	4.0	4.0

2）自行车停放形式

单台自行车按2m×0.6m计，停放方式可为单向排列、双向错位、高低错位及对向悬排。车排列可垂直，也可斜放。自行车停车带宽度和通道宽度及自行车单位停车面积如表2-32所示。

自行车停车带宽度和通道宽度（单位：m） **表2-32**

停车方式		停车带宽度		车辆间距	通道宽度	
		单排停车	双排停车		一侧使用	两侧使用
垂直排列		2.0	3.2	0.7	1.5	2.6
斜排列	600	1.7	2.7	0.5	1.5	2.6
	450	1.4	2.26	0.5	1.2	2.0
	300	0.1	1.6	0.5	1.2	2.0

根据《住宅性能评定技术标准》GB/T 50362—2005第5.2.4条要求“自行车在露天场所停放，应划分出专用场地并安装车架，周边或场内进行绿化，避免阳光直射，但要有一定的领域感。若多层住宅在楼内设置自行车停放场，要求使用方便，且隐蔽。”

4. 相关标准、规范及图集

(1)《城市居住区规划设计规范》GB 50180—1993（2002版）；

(2)《图书馆建筑设计规范》GBJ 38—1999；

(3)《停车场建设和管理暂行规定》；

(4)《停车场规划设计规则（试行）》；

(5)《林荫停车场绿化标准》DB 13（J）/T 131—2011；

(6)《住宅性能评定技术标准》GB/T 50362—2005；

(7)《城市园林绿化评价标准》GB/T 50563—2010；

(8)《城市道路绿化规划与设计规范》CJJ 75—1997；

(9)《公园设计规范》CJJ 48—1992；

(10)《城市公共停车场工程项目建设标准》（建标128—2010）。

5. 参考案例

日本东京在推广自行车作为日常交通工具上做得非常好。当越来越多人骑自行车时，渐渐开始会有车子的停放问题。日本政府找到了解决方案。他们找来专攻潮汐和防洪系统的技术公司（Giken Seisakusho）进行一项地下化自行车停放系统设计（图2-45）：

自行车停车形式：往地下凿挖的柱状空间，直径约八米；

自行车停车规模：每个柱状空间可以停放204台脚踏车；

控制形式：全程采用自动化方式，整个停车、取车的过程最快只要8s。

2.3.3 林荫停车场

1. 技术简介

林荫停车场是指停车位间种植有乔木或通过其他永久式绿化方式进行遮荫，满足绿化遮阴面积大于或等于停车场面积30%的停车场。林荫停车场一般对停车区域采用透气、透水性铺装材料铺设地面，停车空间与园林绿化空间有机结合（图2-46）。

图 2-45　自行车停车布局样式

图 2-46　林荫停车场

2. 适用范围

适用于新建、扩建和改建的室外大中型停车场。

3. 技术要点

（1）技术指标

《绿色建筑评价标准》GB/T 50378—2014 第 4.2.10 条：合理设置停车场所，不挤占步行空间及活动场所。

《林荫停车场绿化标准》DB 13（J）/T 131—2011 要求：绿化遮阴面积不小于停车场面积 30%。

（2）设计要点

1）林荫停车场形式和

《林荫停车场绿化标准》DB 13（J）/T 131—2011 中规定了林荫停车场的建设形式，主要有树阵式、乔灌式、棚架式和综合式，有关指标和形式可如下：

① 树阵式：停车场通过栽植乔木来形成林荫，乔木以树列的形式栽植于各列停车位或两列停车位之间（图 2-47），乔木间的距离应以留出供树冠生长成荫的空间为准。

② 乔灌式：停车场通过在停车位间设置绿化隔离带，在隔离带内栽植乔木形成林荫，并配植花灌木等其他植物与乔木共同形成良好的景观效果（图 2-48）。

③ 棚架式：停车场通过在停车位上方搭建棚架，棚架内或周围设置栽植槽以栽植藤

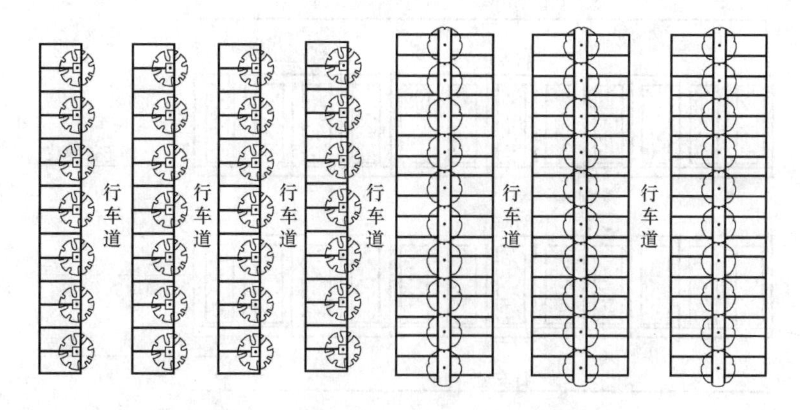

图 2-47　树阵式林荫停车场平面示意图

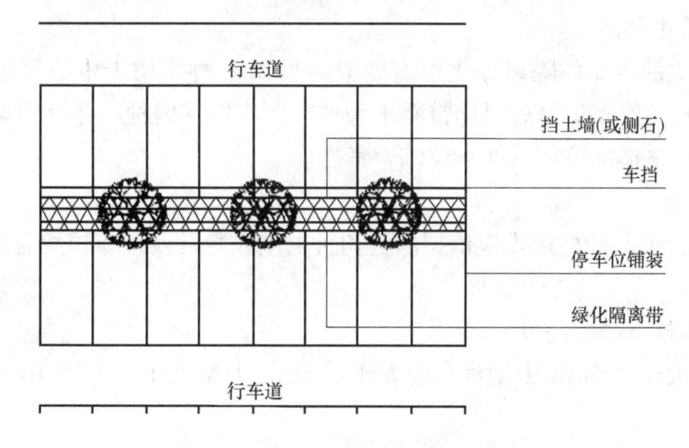

图 2-48　乔灌式林荫停车场平面示意图

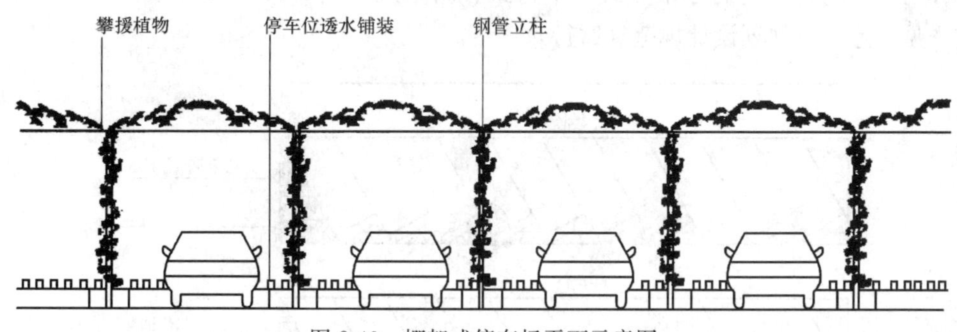

图 2-49　棚架式停车场平面示意图

本植物来形成林荫（图 2-49）。

④ 综合式：由树阵式、乔灌式、棚架式三种形式组合形成的林荫停车场。

2）植物选择

宜选用适应性强、养护管理便利、园林绿化效果好的植物，其中乔木宜冠大荫浓、树干通直；所选乔木的规格应控制在胸径 12cm 以内。

3）地面铺装

林荫停车场的地面铺装宜采用嵌草铺装或透水铺装（图 2-50）。

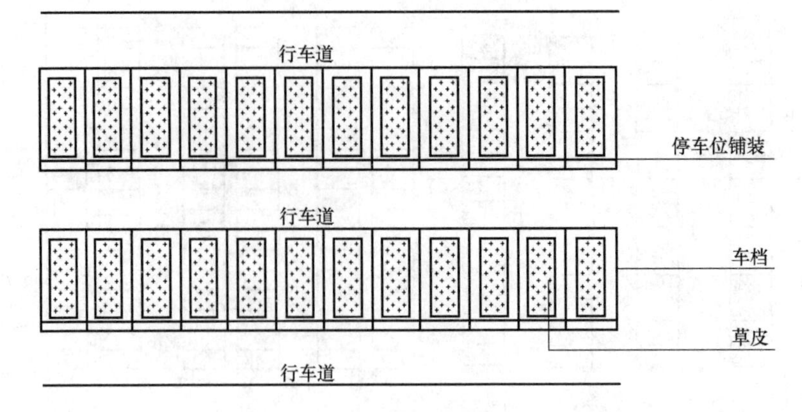

图 2-50　嵌草铺装形式

4）停车位尺寸设计

停车场内设立的停车位隔离绿化带宽度应≥1.5m；乔木树干中心至绿化带或树池边缘距离应≥0.75m；停车位隔离绿化带乔木种植间距应以其树种壮年期冠幅为准，以不小于4.0m为宜，具体指标可依据停车位综合考虑。

5）种植株行距

乔木种植株行距及种植规模应依据所选树种的生长特性及停车位综合考虑，应保证乔木种植株距≤6m。

6）遮阴乔木枝下净空高度

小型汽车应大于2.5m；中型汽车应大于3.5m；大型汽车应大于4.0m，自行车停车场应大于2.2m。

7）停车方式

林荫停车场有不同的停车方式（平行式、斜列式（图 2-51）、垂直式），停车场设计参数详见《停车场规划设计规范（试行）》。

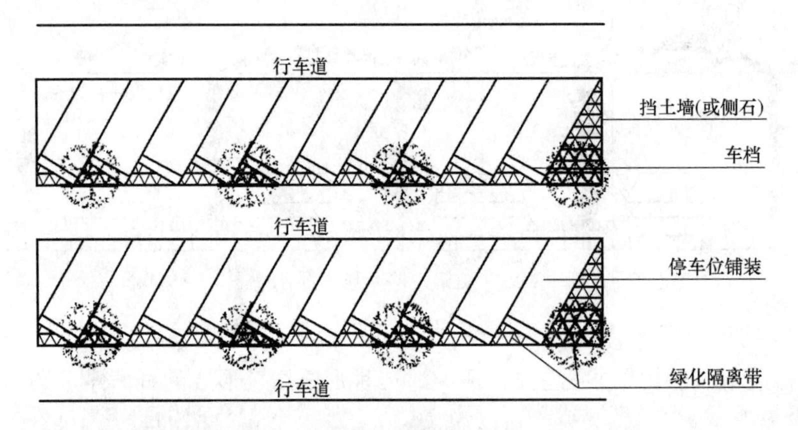

图 2-51　停车位斜列式林荫停车场平面示意图

4. 相关标准、规范及图集

（1）《停车场建设和管理暂行规定》；

（2）《停车场规划设计规范（试行）》；

(3)《林荫停车场绿化标准》DB 13 (J)/T 131—2011；

(4)《住宅性能评定技术标准》GB/T 50362—2005；

(5)《城市园林绿化评价标准》GB/T 50563—2010；

(6)《城市道路绿化规划与设计规范》CJJ 75—97；

(7)《城市绿化工程施工及验收规范》CJJ/T 82—99；

(8)《透水砖》JC/T 945—2005；

(9)《城市公共停车场工程项目建设标准》(建标 128—2010)；

(10)《山东省城市林荫停车场评价标准（试行)》。

5. 参考案例

为有序推动长沙市绿色城市的建设，长沙市政府于 2015 年提出规划建设 20 个林荫停车场。露天的林荫停车场充分利用透气、透水性铺装材料铺设地面，并间隔栽植一定数量的乔木等绿化植物，形成绿荫覆盖，将停车空间与绿化空间有机结合。到目前为止共完成了 S16 地块、华光外贸地块、大桥五处地块生态停车场工程，占地面积共 28268m^2，绿化面积达 23325m^2，共提供生态停车位 116 个。

排列形式：树阵式；

铺装类型：透水性铺装材料；

绿化植物：本地乔木。

2.3.4　机械式停车库

1. 技术简介

机械式停车库（场）是指采用机械式停车设备存取停放车辆的停车库（场）。在国家质量监督检验检疫总局颁布的《特种设备目录》中，将立体车库分为九大类，具体是升降横移类、简易升降类、垂直循环类、水平循环类、多层循环类、平面移动类、巷道堆垛类、垂直升降类和汽车专用升降机，其中国内目前常用的、推行较广的包括升降横移类、简易升降类、垂直循环类、垂直升降类等四类，此处着重对这四类进行说明。

升降横移类：停车位为两层或多层，有若干层的同层置车板可左右横向移位，通过升降机构改变置车板的高度，可为地上式或带地坑式（图 2-52)。

图 2-52　升降横移类停车库

垂直循环类：通过传动机械，驱使以垂直方式排列的各置车板作连续环形运动。车辆出入口位于停车设备最下面的称为下出入口式；位于中间部分的称为中出入口式；位于最上面的称为上出入口式（图 2-53）。可为封闭式高塔或敞开式低塔。

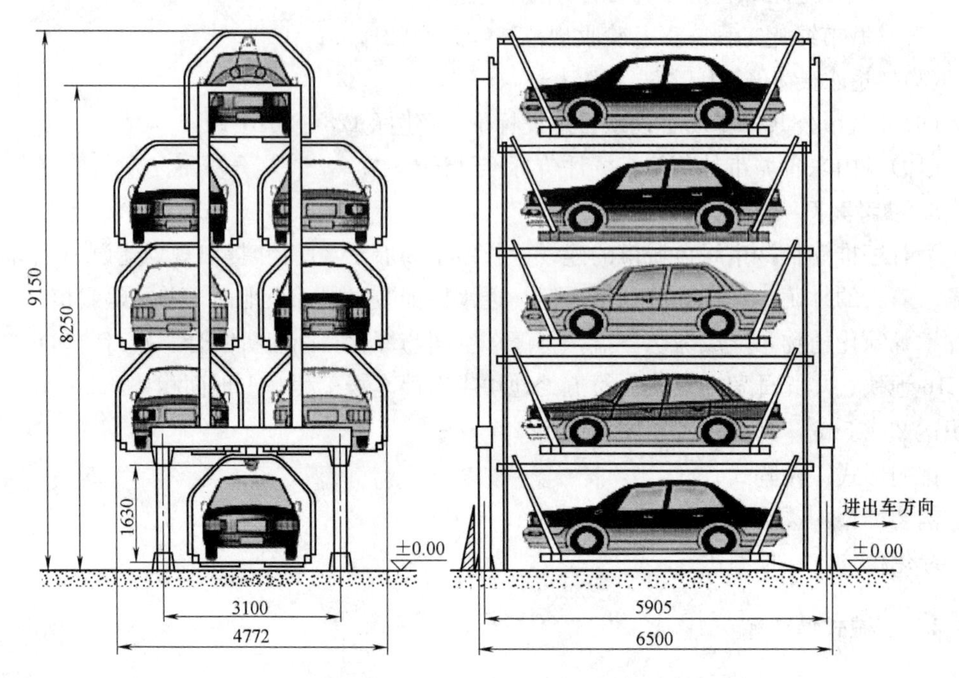

图 2-53　垂直循环类停车库

垂直升降类：停放车辆的停车位和车辆升降机以立体方式组成的高层停车设备。通过搬运机械将车辆或载有车辆的置车板横向或纵向地从车辆升降机械搬运至停车位（图 2-54）。停车位分横置式、纵置式和圆周式三种。

简易升降类：停车位为两层或三层，通过升降机构或俯仰机构改变置车板的高度或倾斜角度，供车辆出入（图 2-55），可为地上式或带地坑式。

2. 适用范围

所有机械式停车库适用于新建或扩建且需要配置停车位的民用建筑项目，各具体停车库类型结合自身特点及情况适用不同情况：

（1）升降横移式适用于建设结构简单、维护方便、地下空间相对宽裕的机械停车库；

（2）简易升降式适合投资成本低、建设结构简单的机械式停车库；

（3）垂直升降式适用于建设用地面积小，土地利用系数较高，停车位数量需求多的机械停车库，但车位成本高；

（4）垂直循环式适用于建筑面积小、需要控制简单的机械停车库。

3. 技术要点

（1）技术指标

《绿色建筑评价标准》GB/T 50378—2014 第 4.2.10 条：合理设置机动车停车设施；采用机械式停车库、地下停车库或停车楼等方式节约集约用地；采用错时停车方式向社会开放，提高停车场（库）使用效率；合理设计地面停车位，不挤占步行空间及活动场所。

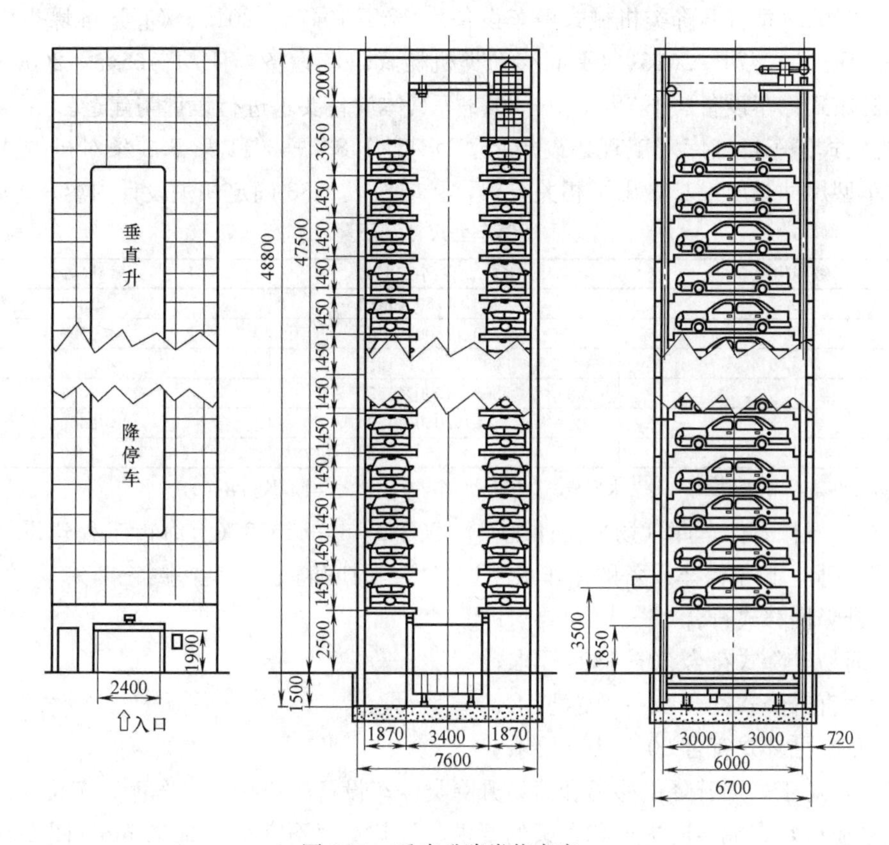

图 2-54　垂直升降类停车库

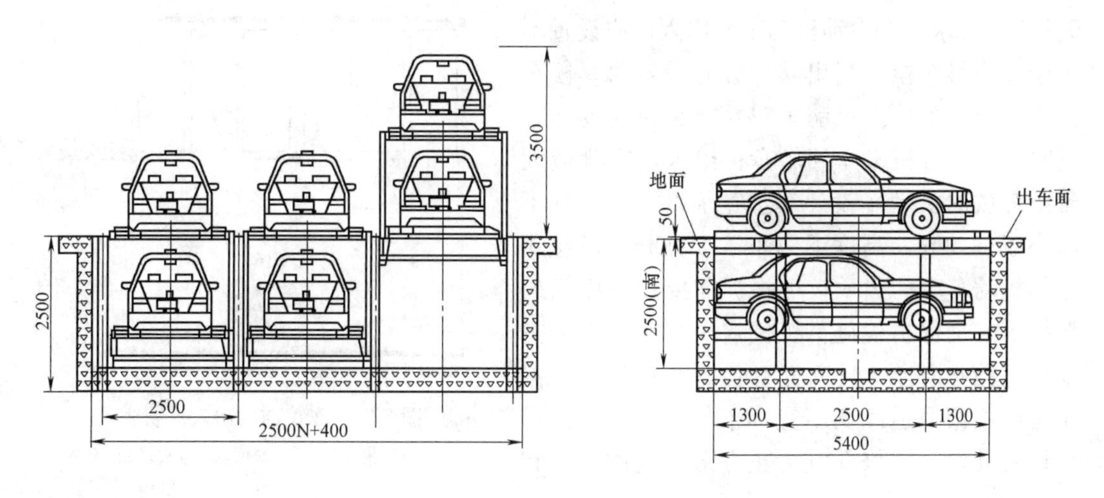

图 2-55　简易升降类停车库

（2）设计要点

机械式停车库的基地和总平面设计应按现行业标准《车库建筑设计规范》JGJ 100—2015 执行，同时宜符合所在省市的相关标准要求。其次，各类型的停车库应按照《升降横移类机械式停车设备》JB/T 8910—2013、《垂直循环类机械式停车设备》JB/T 10215—2000、《垂直升降类机械式停车设备》JB/T 10475—2015、《巷道堆垛类机械式停车设备》JB/T 10474—2015、《平面移动类机械式停车设备》JB/T 10545—2006、《简易升降类机械式停车设备》JB/T 8909—2013 等具体设备要求进行设计与建造。

《机械式停车场（库）工程建设规范》DB11/T 837—2011 第 5.2 条对机械式停车库的适停车型尺寸及质量都做出了相关要求，且应按表 2-33 确定相关设计内容。

适停车型尺寸及质量 **表 2-33**

级别代码	长×宽×高(mm)	质量(kg)
X	≤4400×1750×1450	≤1300
Z	≤4700×1800×1450	≤1500
D	≤5000×1850×1550	≤1700
T	≤5300×1900×1550	≤2350
C	≤5600×2050×1550	≤2550
K	≤5000×1850×2050	≤1850

注：X 为小型车；Z 为中型车；D 为大型车；T 为特大型车；C′为超大型车；K 为客车。

根据《机械式停车库（场）设计规程》DGJ 08-60—2006（上海市工程建设规范）第 3.0.7 条要求，典型停车设备的单车最大进（出）时间满足下列要求：

1）升降横移式符合 35～170s 要求；

2）简易升降式符合 60～130s 要求；

3）垂直升降式符合 45～210s 要求；

4）垂直循环式符合 30～110s 要求。

其次，对于采用升降横移类和简易升降类停车设备的机械式停车库，车位前的出入口场地尺寸应满足车辆转向进入载车板的要求，且其宽度不宜小于 6000mm（图 2-56）。

《车库建筑设计规范》JGJ 100—2015 第 5.1.5 条要求：全自动机动车库出入口应设置不少于 2 个候车位，当出入口分开设置时，候车位不少于 1 个；当机动车需要掉头而受场地限制时，可设置机动车回转盘；出入口宽度应大于所存放的机动车设计车型宽加 0.50m，且不应小于 2.50m，高度不应小于 2.00m；机械式立体机动车库的出入口可根据需要设置库门或栅栏等安全保护设施。机械式停车库应根据需要设置检修通道，且宽度不应小于 600mm，停车位内检修通道净高不宜小于停车位净高。设置检修孔时，检修孔宜为正方形，且边长不宜小于 700mm。

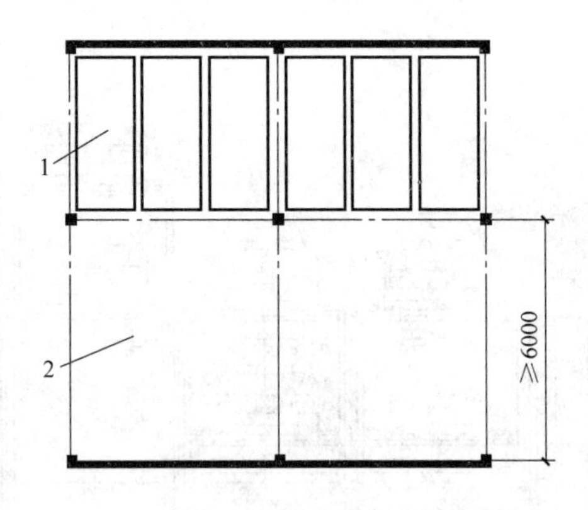

图 2-56 车位前的出入口场地

1—停车位；2—通道或室外道路

机械停车库在设计、建设、运行时，应有效关注规模容量、设计参数、控制室、运行管理等相关问题，以保障设施的高效、安全运行。

（1）机械停车库建设规模的确定

机械停车库建设规模设计就是确定车库最大库容量。其主要取决于以下条件：停车库所在位置的周边环境，车库管辖范围内固定时间段需要入库车辆的最大数量或流动车辆数量的平均值，车辆在库内平均存放时间和机械停车库存取车辆的出入库时间。还应当考虑到出入库高峰时段里，停车库对周围其他城市设施造成的影响和停车库使用人员出入库排队等待的时间等因素。

（2）机械停车库设计参数的确定

停车库的建筑设计应根据总体布局需要，结合停车库的运行特点和有关技术资料的规定进行设计，如建筑空间的大小、荷载大小、结构的安装连接、荷载的作用位置、预留沟、埋管等，同时还应充分注意与现行有关规范的规定相符合。

（3）机械停车库控制室的确定

根据机械停车库类型、室内或室外、规模大小、有无专门管理人员等不同条件，控制室的设立与否及其大小有所不同，但对设有专门管理人员的车库都应当设有控制室。

（4）机械停车库的安全运行

从安全保护人员及其他车辆角度考虑，应进行联锁设计保障运行的安全性，其次还应当有运行超时保护，当1个停车托盘得到指令开始运行，未在规定时间内到达下一个位置时，应当发出故障信号，并锁定停车库使之不能运行。在使用、管理及维修人员经常出人的地方，合理的位置要设置自锁式急停按钮，以便于操作。

4. 相关标准、规范及图集

（1）《机械式停车库工程技术规范》JGJT 326—2014；

（2）《机械式停车场（库）工程技术规范》DB11/T 837—2011；

（3）上海市工程建设规范《机械式停车库（场）设计规程》DGJ 08-60—2006；

（4）《车库建筑设计规范》JGJ 100—2015；

（5）《城市道路公共交通站、场、厂工程设计规范》CJJ/T 15—2011；

（6）《升降横移类机械式停车设备》JB/T 8910—2013；

（7）《垂直循环类机械式停车设备》JB/T 10215—2000；

（8）《垂直升降类机械式停车设备》JB/T 10475—2015；

（9）《巷道堆垛类机械式停车设备》JB/T 10474—2015；

（10）《平面移动类机械式停车设备》JB/T 10545—2006；

（11）《简易升降类机械式停车设备》JB/T 8909—2013；

（12）《机电类特种设备制造许可规则》（国质检［2003］174号）；

（13）《特种设备安全监察条例》（国务院第373号令）；

（14）《机械式停车设备类别、型式与基本参数》JB/T 8713—1998；

（15）《机械式停车设备通用安全要求》GB 17907—2010；

（16）《汽车库、修车库、停车场设计防火规范》GB 50067—2014；

（17）《起重机设计规范》GB 3811—2008；

（18）《机械式停车场安装工程施工及验收规范》工程标准 TJ 213。

5. 参考案例

上海华山医院作为复旦大学（原上海医科大学）附属的一所综合性教学医院，常年就医人口数量巨大，医院从业人员数量巨多，因此为满足医院就业人员及外来就医人员的停车需求，根据区域规划医院采用二层升降横移式机械停车库来缓解部分停车需求（图2-57），具体设计参数如下：

车位数：129车位/2台；

产品名称：二层升降横移式/汽车专用升降电梯；

产品型号：PSHGD/3-CB/CPQS-250—6/6；

传动方式：电机＋减速机＋滚珠螺杆/液压式；

结构形式：后悬式/三层三站。

图2-57　华山医院机械停车库

根据相关资料，目前华山医院机械停车库自2010年投入运行后，满足了从业人员的停车需求，同时缓解就医人员的停车压力，在一定程度上减少了对区域用地功能影响；通过系统合理化的管理，整个停车场运行相对良好，且促进了区域静态交通的合理化发展。

2.3.5　立体停车楼

1. 技术简介

立体停车楼是指通过多层停车空间斜坡将汽车停放在立体化停车楼，这种停车方式决定了车位应该置于主体建筑底部靠近地面的数层，因此此种停车方式也被称为多层停车库（图2-58）。

2. 适用范围

多层停车库适用条件/场合：

（1）适用于新建地下停车库（场）；

图 2-58 多层停车库示例

（2）适用于建设用地面积大且规则的基地环境；

（3）适用于用地不紧张的区域。

3. 技术要点

（1）技术指标

《绿色建筑评价标准》GB/T 50378—2014 第 4.2.10 条：合理设置机动车停车设施；采用机械式停车库、地下停车库或停车楼等方式节约集约用地；采用错时停车方式向社会开放，提高停车场（库）使用效率；合理设计地面停车位，不挤占步行空间及活动场所。

（2）设计要点

多层停车库的设计与建设应按照《车库建筑设计规范》JGJ 100—2015、《城市道路公共交通站、场、厂工程设计规范》CJJ/T 15—2011 的第 3.5 节“多层与地下停车库”，有针对性地进行坡度、停车面积设计。

停车库的场地设计应符合《城市道路公共交通站、场、厂工程设计规范》CJJ/T 15—2011 第 3.5.2 条规定：多层停车库的地质条件和基础工程必须符合多层建筑的设计要求，与周围易燃、易爆物体和高压电力设施的间距应符合现行国家标准《汽车库、修车库、停车场设计防火规范》GB 50067—2014 的规定。

多层停车库的停放形式应按照《城市道路公共交通站、场、厂工程设计规范》CJJ/T 15—2011 第 3.5.5 条来设计：多层停车库停车区车辆的停放形式可按平行式停放，成 30°、45°、60°的斜列式停放，成 90°的垂直式停放。停放形式应结合停放区的平面形状，选用进出车最方便、占用停放区建筑面积最小的停放形式（图 2-59）。

对于立体停车楼中汽车设计车型的外廓尺寸应根据《车库建筑设计规范》JGJ 100—2015 第 5.1.3 条表进行设计，具体如表 2-34 所示。

汽车设计车型外廓尺寸 **表 2-34**

组别代号	机动车长×车宽×车高(m×m×m)	重量(kg)
X 型车	≤4.4×1.75×1.45	≤1300
Z 型车	≤4.7×1.8×1.45	≤1500
D 型车	≤5.0×1.85×1.55	≤1700
T 型车	≤5.3×1.90×1.55	≤2350
C 型车	≤5.6×2.05×1.55	≤2550
K 型车	≤5.0×1.85×2.05	≤1850

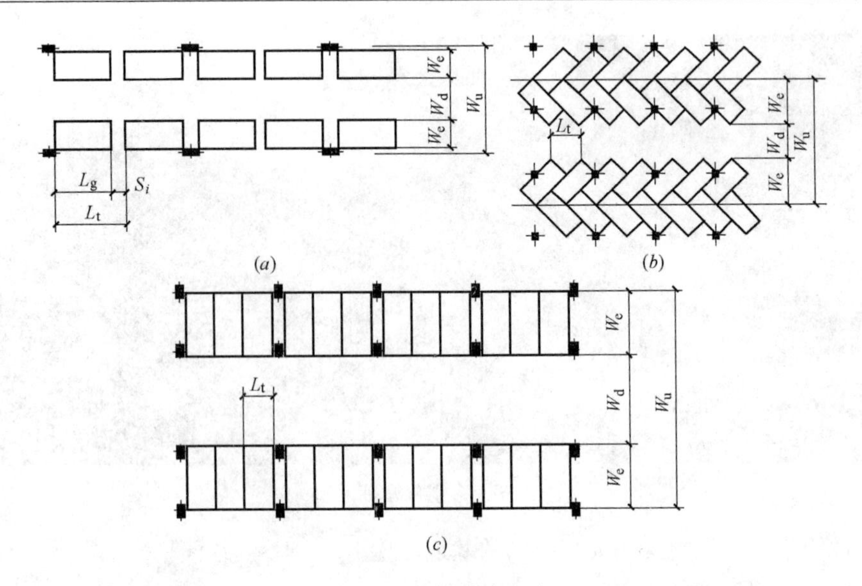

图 2-59　汽车停车方式

(*a*) 平行式；(*b*) 斜列式；(*c*) 垂直式

S_i—汽车间净距；L_g—汽车长度；t—汽车倾斜角度；L_t—车行于通车道的停车位尺寸；

W_u—停车带宽度；W_d—通车道宽度；W_e—垂直于通车道的停车位尺寸

立体停车楼通常利用地面以上数层或者多、高层建筑地面以下数层布置地下停车库，提高空间使用效率。这种停车场多布置于建筑底部，与建筑联系十分紧密，对建筑内部使用者来说较为方便。同时，立体停车楼空间的利用率较低，占地面积较大，土建成本较大，因此项目宜根据本身实际情况进行选择。

立体停车楼严格按照建筑防火、照明、通风、供电等标准要求，确保立体停车楼安全、高效运行。

4. 相关标准、规范及图集

(1)《汽车库建筑设计规范》JGJ 100—2015；

(2)《城市道路公共交通站、场、厂工程设计规范》CJJ/T 15—2011。

5. 参考案例

为有效规范开发场地的多层停车需求，恒大集团对于开发的楼盘项目对多层停车库都做了统一设计与要求，以满足不同项目的标准化建设，具体如下：

(1) 多层停车库停车位尺寸

中高端/中端楼盘：一个车位保证满足 2400mm×5300mm。

高端楼盘：一个车位保证满足 2700mm×5700mm（在人行出入口附近考虑 5%数量的 2700mm×6000mm 车位）。

(2) 多层停车库净高要求

中高端/中端楼盘：车道净高 2.2m，车位净高：2.0m（不含地面耐磨层、找坡高度、上空设备高度）。

高端楼盘：车道及车位大部分净高 3.0m，局部车位尾部处净高 2.5m（不含地面耐磨层、找坡高度、上空设备高度）

（3）地下车库规划其他要求

1）设置原则：

① 小区首期原则上不设置多层停车库。

② 原则上不设置机械停车库。

③ 城市盘的住宅区原则上不考虑室外地面停车。

2）设计要求：

① 多层停车库与塔楼地下室宜结合统一设置。

② 多层停车库尽量避免设置于消防车道下。

③ 非供暖地区和有可利用地形条件的地形，宜考虑设计自然通风采光的多层停车库。

④ 为减少地下室车道出入口数量及实现人车分流，宜设置大型地下室。

⑤ 人防地下室设置在工程的最后一期，并应与塔楼地下室统一设置。

3）出入口：

① 尽可能布置在主出入口附近，减少对景观园林和人行活动区的影响；

② 车库出入洞口避免正对道路或重要公建。

2.3.6 设施配套

1. 技术简介

根据《城市居住区规划设计规范》GB 50180—93（2002 年版），居住区公共服务设施（也称配套公建）包括教育、医疗卫生、文化体育、商业服务、金融邮电、社区服务、市政公用和行政管理及其他八类设施。

本书涉及的设施配套主要强调场地与周边公共服务设施的连接便利度，且包含场地出入口的开设位置、方向及与公共服务设施的连接距离等，通过合理化的场地出入口布局设计，以满足居民的相关需求，提供便利服务。

2. 适用范围

适用于新建及改建的民用建设项目。

3. 技术要点

（1）技术指标

《绿色建筑评价标准》GB/T 50378—2014 4.2.11 条：居住建筑满足下列要求中至少 3 项：

1）场地出入口到达幼儿园的步行距离不超过 300m；

2）场地出入口到达小学的步行距离不超过 500m；

3）场地出入口到达商业服务设施的步行距离不超过 500m；

4）相关设施集中设置并向周边居民开放；

5）场地 1000m 范围内设有 5 种以上的公共服务设施。

公共建筑满足下列要求中至少 2 项：

1）2 种及以上的公共建筑集中设置，或公共建筑兼容 2 种及以上的公共服务功能；

2）联合建设时配套辅助设施设备共同使用、资源共享；

3）建筑向社会公众提供开放的公共空间；

4）室外活动场地错时向周边居民免费开放。

（2）设计要点

城市总体规划及控制性详细规划在进行编制时，配套公共建筑的项目与规模，必须与居住人口规模相对应，并应与住宅同步规划、同步建设、同期交付。

根据《关于发布<工程建设标准强制性条文>（城乡规划部分）的通知》，公共服务设施的规划布局需严格按照《城市居住区规划设计规范》GB 50180—93（2002 年版）第 6.0.3 条“居住区配建指标，应以表 6.0.3 规定的千人总指标和分类指标控制”，具体如表 2-35 所示。

公共服务设施控制指标（m²/千人） 表 2-35

类别		居住规模					
		居住区		小区		组团	
		建筑面积（m²）	用地面积（m²）	建筑面积（m²）	用地面积（m²）	建筑面积（m²）	用地面积（m²）
总指标		1065～2700 （2165～3620）	2065～4680 （2655～5450）	1176～2102 （1546～2682）	1282～3334 （1682～4084）	363～854 （704～1354）	502～1070 （882～1590）
其中	教育	600～1200	1000～2400	600～1200	1000～2400	160～400	300～500
	医疗卫生 （含医院）	60～80 （160～280）	100～190 （260～360）	20～80	40～190	6～20	12～40
	文体	100～200	200～600	20～30	40～60	18～24	40～60
	商业服务	700～910	600～940	450～570	100～600	150～370	100～400
	金融邮电 （含银行、邮电局）	20～30 （60～80）	25～50	16～22	22～34	—	—
	市政公用 （含自行车存车处）	40～130 （460～800）	70～300 （500～900）	30～120 （400～700）	50～80 （450～700）	9～10 （350～510）	20～30 （400～550）
	行政管理	85～150	70～200	40～80	30～100	20～30	30～40
	其他	—	—	—	—	—	—

注：1. 居住区级指标含小区和组团级指标，小区级含组团级指标；
2. 公共服务设施符合居住区用地平衡控制指标；
3. 总指标未含其他类，使用时应根据规划设计要求确定本类面积指标；
4. 小区医疗卫生类未含门诊所；
5. 市政公用类未含锅炉房。在供暖地区应自行确定。

在进行城市服务设施规划时，应根据《城市居住区规划设计规范》GB 50180—93（2002 年版）等规划要求，合理进行各服务设施半径覆盖要求，合理规划各服务设施的布局点位，相关要求见表 2-36。

公共服务设施服务半径及用地面积要求 表 2-36

设施	分类小项	服务半径	服务人口	占地面积	规范
小学	12 班	≤500m		≥6000m²	《城市居住区规划设计规范》GB 50180—1993
	18 班			≥7000m²	
	24 班			≥8000m²	
中学	18 班	≤1000m		≥11000m²	《城市居住区规划设计规范》GB 50180—1993
	24 班			≥12000m²	
	30 班			≥14000m²	
农贸市场		≤1000m	1～2 万人	480m²/千人	商业网点规划
公园、绿地	综合性公园	≤1000m			
	小游园	300～500m			
广场				0.2～0.5m²/人	
变电所	变压等级： 35/10，全户外	5～10km		2000～3500m²	《城市工程系统规划》 《城市电力规划规范》GB 50293—2014
医疗卫生	医院（社区卫生服务中心）		10 万左右	15000～25000m²	
	门诊所（社区卫生服务站）		3～5 万	3000～5000m²	

续表

设施	分类小项	服务半径	服务人口	占地面积	规范
文化活动中心				8000～12000m²	
居民运动场、馆				10000～15000m²	《城市居住区规划设计规范》GB 50180—1993
公共厕所			1000～1500户	60～100m²	《城市居住区规划设计规范》GB 50180—1993
公共厕所	居住用地	500～800m		60～100m²	城镇环境卫生设施设置标准 建设部公告第310号
	公共设施用地	300～500m		80～170m²	
	工业仓储用地	800～1000m		60m²	

城市规划应根据各类服务设施及用地要求，应明确场地内公共建筑的兼容布局要求，合理按照表2-37进行用地的布局，以实现各服务设施对区域提供便利服务。

建设用地可兼容性表 **表2-37**

建筑类别	一类居住用地	二类居住用地	三类居住用地	行政办公用地	商业金融业用地	文化娱乐用地	体育用地	医疗卫生用地	教育科技设计用地	文物古迹用地	工业用地	仓储用地	对外交通用地	道路广场用地	市政公用设施用地	绿地
用地性质	R1	R2	R3	A1	B	A2	A4	A5	A3	A7	M	W	T	S	U	G
普通住宅	●	●	●	○	○	○	×	○	○	×	×	×	×	×	×	×
公寓	●	●	●	○	○	○	○	○	○	×	×	×	×	×	×	×
别墅	●	●	●	×	×	×	×	×	○	×	×	×	×	×	×	○
商住楼	●	●	●	○	○	○	×	○	○	×	×	×	×	×	×	×
单身宿舍	●	●	●	○	○	○	○	○	○	×	○	○	○	×	○	×
中小学	●	●	●	○	×	×	×	×	●	×	×	×	×	×	×	×
托幼	●	●	●	○	×	×	×	○	○	×	×	×	×	×	×	×
小型配套服务设施	●	●	●	○	●	○	○	○	○	○	●	●	●	○	●	○
大型金融商贸服务设施	○	○	○	○	●	○	×	×	×	×	×	×	×	×	×	×
行政办公	○	○	○	●	○	○	○	○	○	×	○	○	○	○	○	×
商务办公	○	○	○	○	●	○	×	○	○	×	×	×	×	×	×	×
大型文化娱乐设施	×	○	○	○	●	●	○	×	×	×	×	×	×	×	×	○
大型综合市场	×	○	○	×	●	○	×	×	×	×	×	○	○	×	×	×
医疗卫生	○	●	●	○	○	○	○	●	○	×	×	×	×	×	×	×
市政公用设施	○	○	○	○	●	○	○	○	○	×	●	●	●	●	●	○
社会停车场	○	○	○	○	●	○	○	○	○	○	○	○	●	●	○	○
科研教学	×	○	○	○	○	○	○	○	●	×	○	×	×	×	○	×
体育设施	○	○	○	○	○	○	●	×	●	×	○	○	×	○	×	○

注：1. ●允许设置（无限制条件）；○可以设置（有限制条件）；×为不允许设置；
2. 商住楼为地上一层或1～2层为商业服务用房，其他部分为住宅的楼房建筑。

场地区域的公共服务设施应结合城市规划公共服务设施位置，根据满足的公共服务设施或缺少的服务设施进行合理补充，以满足相关标准对其建设要求。

根据《城市居住区规划设计规范》GB 50180—93（2002年版）第8.0.5条要求，小区内主要道路至少应有两个出入口；居住区内主要道路至少应有两个方向与外围道路相连；机动车道对外出入口间距不应小于150m。沿街建筑物长度超过150m时，应设不小于4m×4m的消防车通道。人行出口间距不宜超过80m，当建筑物长度超过80m时，应在底层加设人行通道。因此，在不影响场地外围交通的情况下，设计出入口选择离配套服务设施最近、出行较为便利、安全的地方。

4. 相关标准、规范及图集

（1）《城市居住区规划设计规范》GB 50180—93（2002年版）；

（2）《住宅设计规范》GB 50096—99（2003年版）；

（3）《住宅建筑规范》GB 50368—2005；

（4）《办公建筑设计规范》JGJ 67—2006；

（5）《城市用地分类与规划建设用地标准》GB 50137—2011；

（6）《重庆市城乡公共服务设施规划标准》DB 50/T 543—2014。

5. 参考案例

根据公共服务设施服务半径要求，各城市进行规划编制时需根据服务半径配置适宜规模及数量的服务设施（表2-38）。

公共服务设施服务半径表　　表2-38

序号	设施分类名称	设施	服务人口(万人)	服务半径(m)	备注
1	教育设施	幼儿园		300	
		小学		500	
		中学		3000	
2	医疗卫生设施	门诊所	3～5万人设一处		
		社区卫生服务站	0.5～1	1000	
3	文化体育设施	文化活动中心		1500	
4	绿地广场	综合性公园		1000	
		小游园		300～500	
5	交通设施	公交首末站			
		公交站点			平均站距500～800，300m站点覆盖率＞50%，500m站点覆盖率＞90%
		加油站		900～1200	
		社会停车场		300	一般地区不应大于300，居住区150
6	公共管理设施	行政管理设施			
		社区服务站			
7	社会福利与保障设施	福利院			
		社区老年之家			
8	消防设施	消防站		1400～1800	
9	环卫设施	污水处理厂			
		垃圾中装站		2000	
		小型转动站		500	
		垃圾收集点		70	
		公共厕所		300～500	繁华街道300～500m；一般街道700～1000m；新建居住区300～500m
10	商业服务设施	综合商业中心		1500	
		农贸市场	1～2	1000	
		居住区商业中心		500	
		中区商业中心		300	
		中小型超市		500	

基于服务半径要求，仙居新区控制性详细规划根据居住区的分布情况合理进行中小学、幼儿园的布局，以此规划的幼儿园满足300m可到达，小学500m可到达和中学1000m可到达的要求，如图2-60所示。因此，周边居住区在进行场地出入口设计时可有效结合周边道路体系，选择次干道或者支路作为连接口，同时考虑与幼儿园、中小学的最近距离进行出入口设置，以满足居民出行需求。

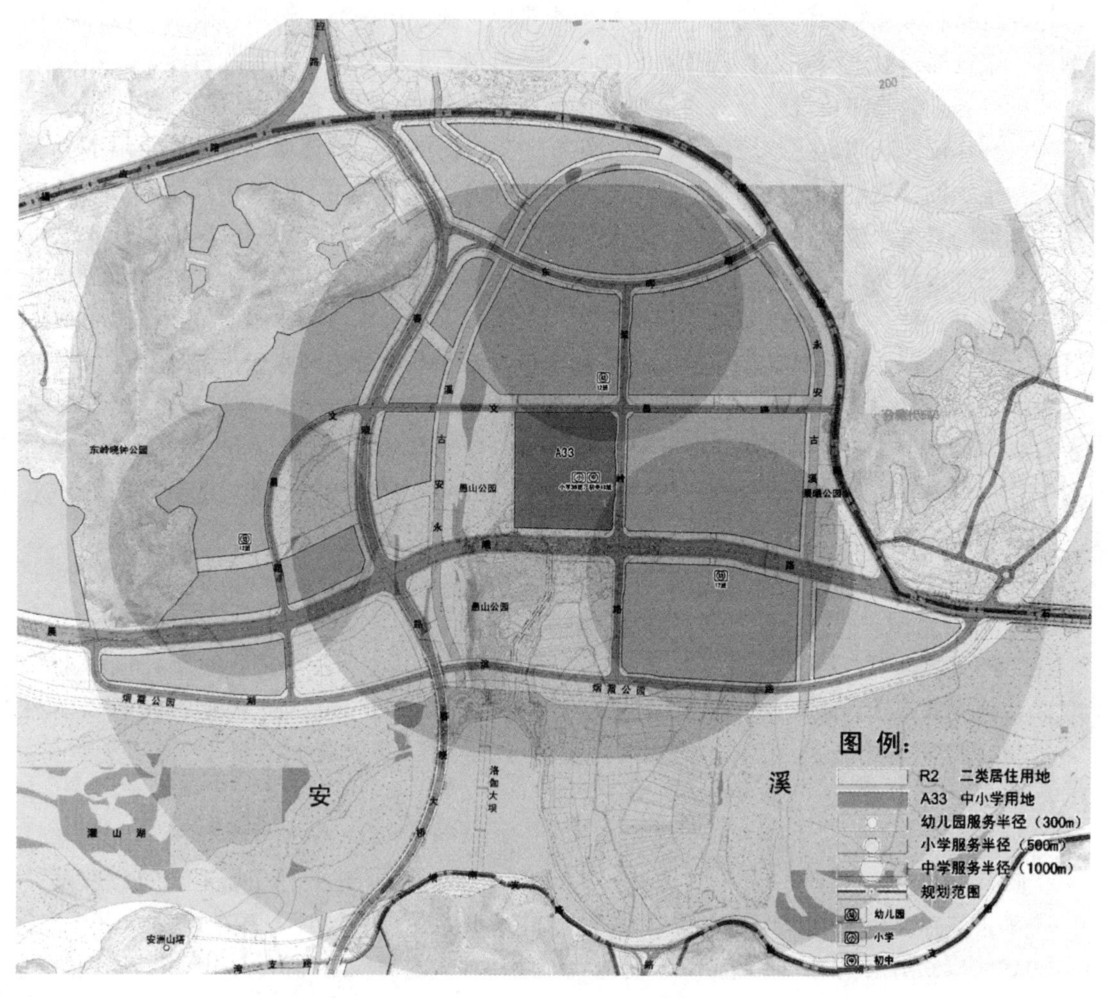

图 2-60 居住区配套设施布局

2.4 场地生态

场地生态部分主要关注绿色雨水基础设施、绿化方式及配置。绿色雨水基础设施技术包括下凹式绿地、雨水花园、透水铺装等；绿化方式包括屋顶绿化、垂直绿化技术等。

2.4.1 下凹式绿地

1. 技术简介

下凹式绿地指具有一定的调蓄容积，且可用于调蓄和净化径流雨水的景观绿地。在地势较低的区域种植植物，通过植物截流、土壤过滤滞留处理小流量径流雨水，达到消纳径流、控制污染目的。

根据《海绵城市建设技术指南》，下凹式绿地具有狭义和广义之分，狭义的下凹式绿地指低于周边铺砌地面或道路在 200mm 以内的绿地；广义的下凹式绿地泛指具有一定的调蓄容积（在以径流总量控制为目标进行目标分解或设计计算时，不包括调节容积），且可用于调蓄和净化径流雨水的绿地，包括生物滞留设施、渗透塘、湿塘、雨水湿地、调节塘等。生物滞留设施指在地势较低的区域，通过植物、土壤和微生物系统蓄渗、净化径流雨水的设施。生物滞留设施分为简易型生物滞留设施和复杂型生物滞留设施，按应用位置不同又称作雨水花园、生物滞留带、高位花坛、生态树池等。渗透塘是一种用于雨水下渗补充地下水的洼地，具有一定的净化雨水和削减峰值流量的作用。湿塘指具有雨水调蓄和净化功能的景观水体，雨水同时作为其主要的补水水源。湿塘有时可结合绿地、开放空间等场地条件设计为多功能调蓄水体，即平时发挥正常的景观及休闲、娱乐功能，暴雨发生时发挥调蓄功能，实现土地资源的多功能利用。雨水湿地利用过滤、水生植物及微生物等作用净化雨水，是一种高效的径流污染控制设施，雨水湿地分为雨水表流湿地和雨水潜流湿地，一般设计成防渗型以便维持雨水湿地植物所需要的水量，雨水湿地常与湿塘合建并设计一定的调蓄容积。调节塘也称干塘，以削减峰值流量功能为主，一般由进水口、调节区、出口设施、护坡及堤岸构成，也可通过合理设计使其具有渗透功能，起到一定的补充地下水和净化雨水的作用。

本书中指狭义上的下凹式绿地。

2. 适用范围

下凹式绿地可广泛应用于城市建筑与小区、道路、绿地和广场内。对于径流污染严重、设施底部渗透面距离季节性最高地下水位或岩石层小于 1m 及距离建筑物基础小于 3m（水平距离）的区域，应采取必要的措施，防止次生灾害的发生。

3. 技术要点

（1）技术指标

《绿色建筑评价标准》GB/T 50378—2014 第 4.2.13 条：充分利用场地空间合理设置绿色雨水基础设施，对大于 $10hm^2$ 的场地进行雨水专项规划设计。并在第一款中规定：下凹式绿地、雨水花园等有调蓄雨水功能的绿地和水体的面积之和占绿地面积的比例达到 30%，得 3 分。

（2）设计要点

1）典型构造

下凹式绿地主要由蓄水层、种植土层、原土层构成，见图 2- 61。

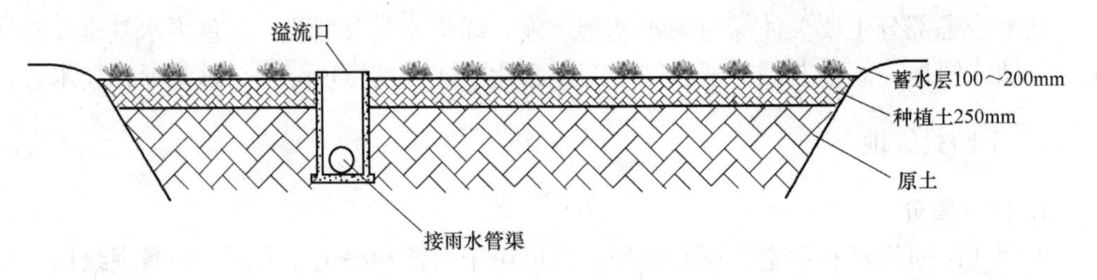

图 2-61　下凹式绿地典型构造示意图

2）植物选择

下凹式绿地植物宜选用当地抗旱耐淹品种，定期收割养护。设计草长 50～150mm，最高草长 75～180mm。当草长到最高草长时，收割至 40～120mm。

3）土壤选择

土壤宜选用蓄渗能力强、吸附截流径流污染物效果好的材料，并及时清除沉积物和杂物。

4）下凹深度

下凹深度应根据植物耐淹性能和土壤渗透性能确定，宜低于周边地面 100～200mm，并有保证雨水均匀分散进入绿地的措施。

(3) 注意事项

下凹式绿地内一般应设置溢流口（如雨水口），保证暴雨时径流的溢流排放，溢流口顶部标高一般应高于绿地 50～100mm。

当采用绿地入渗时可设置入渗池、入渗井等入渗措施增加入渗能力。

4. 相关标准、规范及图集

(1)《建筑与小区雨水利用工程技术规范》GB 50400—2006；

(2)《雨水控制与利用工程设计规范》DB11/685—2013；

(3)《海绵城市建设技术指南》。

5. 参考案例

北京奥林匹克公园坐落于北京市南北中轴线北端，建设了面积达 11.59km^2 的高标准雨水利用示范工程。项目雨水利用技术包括透水铺装、下凹式绿地雨水利用、下沉花园雨水利用、休闲花园观众席草地雨水利用、大面积地下空间屋顶雨水利用、水系雨水利用、跨水系路桥的雨水利用。

项目全部采用下凹式绿地或带增渗设施的下凹式绿地形式进行雨水利用（图 2-62）。绿地比周围路面或广场下凹 50～100mm，路面和广场多雨的雨水可经过绿地入渗或外排。增渗设施采用 PP 透水片材、PP 透水型材、PP 透水管材以及渗滤框、渗槽、渗坑等多种形式。在大面积的绿地内也设计了一定数量的雨水口，但雨水口高于绿地 50mm，只有超过设计标准的雨水才能经雨水口排入市政雨水管道。而且绿地均通过地形设计，增加渗透能力。

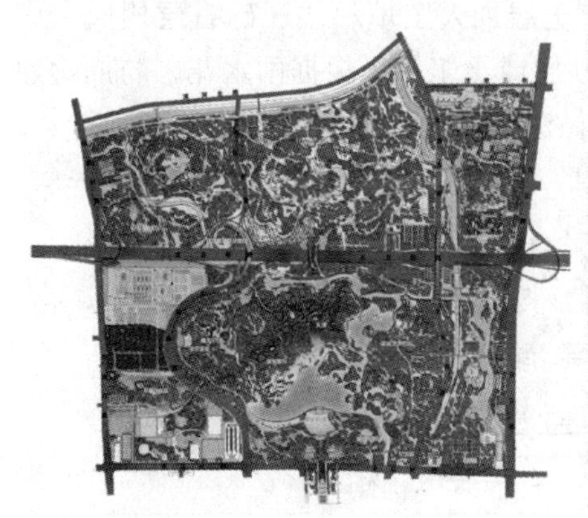

图 2-62 北京奥林匹克森林公园的下凹式绿地

2.4.2 雨水花园

1. 技术简介

雨水花园，是生物滞留设施的一种，起到在地势较低的区域，通过植物、土壤和微生物系统蓄渗、净化径流雨水的作用。

雨水花园除了能够有效地进行雨水渗透之外，还具有多方面的功能：①能够有效去除径流中的悬浮颗粒、有机污染物以及重金属离子、病原体等有害物质；②通过合理的植物配置，雨水花园能够为昆虫与鸟类提供良好的栖息环境；③雨水花园中通过其植物的蒸腾作用可以调节环境中空气的湿度与温度，改善小气候环境；④雨水花园的建造成本较低，且维护与管理比草坪简单；此外，与传统的草坪景观相比，雨水花园能够给人以新的景观感知与视觉感受。

雨水花园按其功能可分为两种类型：①以控制径流为目的，该类雨水花园主要起到滞留与渗透雨水的目的，结构相对简单。一般用在环境较好、雨水污染较轻的地域，如居住区等。②以降低径流污染为目的，该类型雨水花园不仅是滞留与渗透雨水，同时也起到净化水质的作用。适用于环境污染相对严重的地域，如城市中心、停车场等地。由于要去除雨水中的污染物质，因此在土壤配比、植物选择以及底层结构上需要更严密的设计。

2. 适用范围

主要适用于建筑与小区内建筑、道路及停车场的周边绿地，以及城市道路绿化带等城市绿地内。

3. 技术要点

（1）技术指标

《绿色建筑评价标准》GB/T 50378—2014 第 4.2.12 条：充分利用场地空间合理设置绿色雨水基础设施，对大于 $10hm^2$ 的场地进行雨水专项规划设计。并在第一款中规定下凹式绿地、雨水花园等有调蓄雨水功能的绿地和水体的面积之和占绿地面积的比例达到 30%，得 3 分。

（2）设计要点

1）典型构造

雨水花园主要由蓄水层、覆盖层、植被及种植土层、人工填料层、砾石层构成（图 2-63）。其中在填料层和砾石层之间可以铺设一层砂层或土工布。根据雨水花园与周边建筑物的距离和环境条件可以采用防渗或不防渗两种做法。

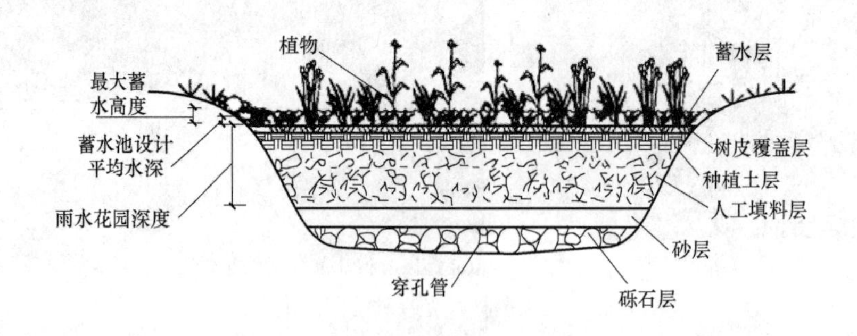

图 2-63　典型雨水花园结构示意

蓄水层能暂时滞留雨水，同时沉淀、去除部分污染物。蓄水层深度应根据周边地形和当地降雨特性等因素来确定，一般为 200～300mm，并应设 100mm 的超高。

覆盖层能缓解径流雨水对土壤的冲刷，保持土壤湿度，维持较高的渗透率，同时在土壤界面创造适合微生物生长和有机物降解的环境。一般采用树皮进行覆盖，最大深度一般为 50～80mm。

种植土层通过植物根系的吸附作用以及微生物的降解消除各种污染物。一般选用渗透系数较大的砂质土壤，其主要成分中砂子含量为 60%～85%，有机成分含量为 5%～10%，黏土含量不超过 5%。种植土层厚度根据植物类型而定，当采用草本植物时一般厚度为 250mm 左右。种植在雨水花园的植物应是多年生的，可短时间耐水涝，如大花萱草、景天等。

人工填料层的设计是为了保证雨水能及时下渗，多选用渗透性较强的天然或人工材料，其厚度应根据当地的降雨特性、雨水花园的服务面积等确定，多为 0.5～1.2m。当选用砂质土壤时，其主要成分与种植土层一致。当选用炉渣或砾石时，其渗透系数一般不小于 10～5m/s。人工填料层和砾石层之间一般设置透水土工布隔离层，也可采用厚度不小于 100mm 的砂层（细砂和粗砂）代替，可防止土壤颗粒堵塞穿孔管或进入砾石层，同时有利于通风。

砾石层起到排水作用，厚度一般为 200～300mm，可在其底部埋置管径为 100～150mm 的穿孔排水管，使经渗滤的雨水可排入邻近的河流或其他蓄积系统，砾石应洗净且粒径不小于穿孔管的开孔孔径；为提高雨水花园的调蓄作用，在穿孔管底部可增设一定厚度的砾石调蓄层。当雨水的收集量超过其承载力时，则可通过溢流管直接排出场地。

2）植物选择

雨水花园植物的选择应遵循以下原则：①以乡土植物为主，不能选择入侵性植物；②选择既耐旱又能耐短暂水湿的植物；③选择根系较发达的植物；④选择香花性植物，以吸引昆虫等生物。表 2-39 所列出的植物为适应我国气候与土壤特点且能用于雨水花园的部分植物种类，在不同地区可以有选择性的使用。

我国雨水花园建议植物 **表 2-39**

分类	植物名称
宿根花卉	鸢尾、马蔺、紫鸭跖草、金光菊、落新妇属、蛇鞭菊、沼泽蕨、萱草类、景天类、芦苇
草本植物	狐尾草、莎草、柳枝稷、发草、玉带草、藿香蓟、扫帚草、半枝莲
灌木	冬青、山胡椒、杜鹃、唐棣、山茱萸属、接骨木、齿叶荚蒾、木槿、柽柳、胡颓子、海州常山、海棠花、西府海棠、紫穗槐、杞柳、夹竹桃
乔木	红枫、枫香、麻栎、钻天杨、桂香柳、旱柳、楝树、白蜡、杜梨、乌桕、榕树

（3）注意事项

1）对于污染严重的汇水区应选用植草沟、植被缓冲带或沉淀池等对径流雨水进行预处理，去除大颗粒的污染物并减缓流速；应采取弃流、排盐等措施防止融雪剂或石油类等高浓度污染物侵害植物。

2）屋面径流雨水可由雨落管接入设施，道路径流雨水可通过路缘石豁口进入，路缘石豁口尺寸和数量应根据道路纵坡等经计算确定。

3）设施应用于道路绿化带时，若道路纵坡大于 1%，应设置挡水堰/台坎，以减缓流速并增加雨水渗透量；设施靠近路基部分应进行防渗处理，防止对道路路基稳定性造成影响。

4）设施内应设置溢流设施，可采用溢流竖管、盖箅溢流井或雨水口等，溢流设施顶一般应低于汇水面100mm。

5）设施宜分散布置且规模不宜过大，生物滞留设施面积与汇水面面积之比一般为5%～10%。

6）设施结构层外侧及底部应设置透水土工布，防止周围原土侵入。如经评估认为下渗会对周围建（构）筑物造成塌陷风险，或者拟将底部出水进行集蓄回用时，可在生物滞留设施底部和周边设置防渗膜。根据地下水位高度，选择合理适宜的设计设施深度，设施底部低于地下水位时，应铺设防渗层。

4. 相关标准、规范及图集

（1）《建筑与小区雨水利用工程技术规范》GB 50400—2006；

（2）《雨水控制与利用工程设计规范》DB11/685—2013；

（3）《海绵城市建设技术指南》。

5. 参考案例

波特兰的“雨水花园”是世界上规模最大、最负盛名的项目，其成功处理了雨水排放和初步净化处理的问题，该项目获得了波特兰2003年度最佳水资源保护奖（2003 BESTA Ward for Water Conservation）。

波特兰雨水花园（图2-64，图2-65）位于波特兰会议中心的西南面，主要收集5.5英亩（约合2.2公顷）屋顶上的雨水进行净化蓄积，造型就像一系列的跌水和小溪，同时包含一系列的水池和玄武岩的堆石。其间种植了大量的当地水生植物和水草，通过这些水池的沉淀和植物根系和砂石、土壤的过滤以后，洁净的雨水渗入地下，被土壤吸收。这样做不仅巧妙地解决了雨水排放和过滤的问题，同时还创造了优美的景观环境空间。波特兰雨水花园几乎吸纳了会议中心屋顶上所有的雨水，堪称一项举世瞩目的成就。

图2-64 雨水花园平面图及鸟瞰图

2.4.3 透水铺装

1. 技术简介

透水铺装指采用如植草砖、透水沥青、透水水泥混凝土、透水砖等透水铺装系统，既能满足路用及铺地强度和耐久性要求，又能使雨水通过本身与铺装下基层相通的渗水路径直接渗入下部土壤的地面铺装。

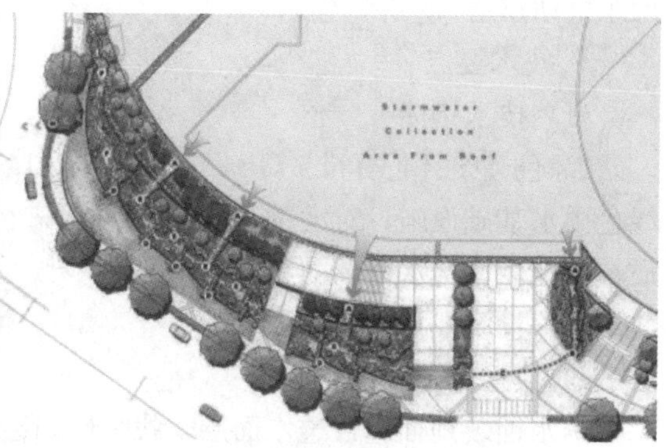

图 2-65　会议中心的屋面排水及“雨水花园”周围场地的排水走向

透水铺装按照面层材料不同可分为透水砖铺装、透水水泥混凝土铺装和透水沥青混凝土铺装，嵌草砖、园林铺装中的鹅卵石、碎石铺装等也属于渗透铺装，图 2-66 是几种常见的透水铺装材料。

透水砖路面指具有一定厚度、空隙率及分层结构的以透水铺装为面层的路面。主要包括：透水砖面层、找平层、基层和垫层。

透水水泥混凝土指由粗集料及水泥基胶结料拌和形成的具有联系孔隙结构的混凝土。

透水沥青路面是由透水沥青混合料修筑、路表水可进入路面横向排出，或深入到路基内部的沥青路面的总称。

图 2-66　透水铺装材料

2. 适用范围

透水砖铺装和透水水泥混凝土铺装主要适用于广场、停车场、人行道以及车流量和荷载较小的道路，如建筑与小区道路、市政道路的非机动车道等，透水沥青混凝土路面还可用于机动车道。

3. 技术要点

（1）技术指标

《绿色建筑评价标准》GB/T 50378—2014 第 4.2.12 条：充分利用场地空间合理设置绿色雨水基础设施，对大于 10hm² 的场地进行雨水专项规划设计。并在第 3 款中规定硬质铺装地面中透水铺装面积的比例达到 50%，得 3 分。

（2）设计要点

1）典型构造

透水铺装地面应设透水面层、找平层和透水垫层（包括透水基层和透水底基层），图 2-67 是透水砖的典型构造图。

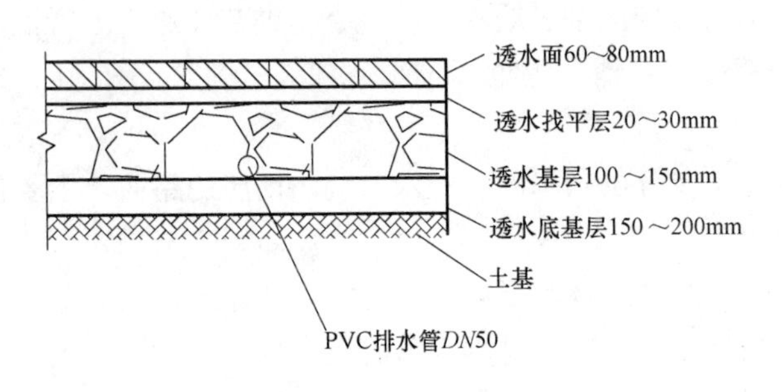

图 2-67　透水砖典型构造示意图

透水面层渗透系数应大于 1×10^{-4}m/s，透水面层可采用透水面砖、透水混凝土、草坪砖等，当采用可种植植物的面层时，宜在下面垫层中混合一定比例的营养土。透水面砖的有效孔隙率应不小于 8%，透水混凝土的有效孔隙率应不小于 10%。当面层采用透水面砖时，其抗压强度、抗折强度、抗磨长度等应符合《透水砖》JC/T 945—2005 中的相关规定。

透水找平层的渗透系数应不小于面层，宜采用细石透水混凝土、干砂、碎石或石屑等；找平层的有效孔隙率应不小于面层；厚度宜为 20～50mm。

透水基层和透水底基层的渗透系数应大于面层，底基层宜采用级配碎石、中、粗砂或天然级配砂砾料等，基层宜采用级配碎石或透水混凝土；透水混凝土的有效孔隙率应大于 10%，砂砾石和砾石的有效孔隙率应大于 20%；垫层总厚度不宜小于 150mm。

2）透水铺装结构

透水铺装结构应符合《透水砖路面技术规程》CJJ/T 188、《透水沥青路面技术规程》CJJ/T 190 和《透水水泥混凝土路面技术规程》CJJ/T 135 的规定。

透水地面设施的蓄水能力不宜低于重现期为 2 年的 60min 降雨量。

透水铺装对道路路基强度和稳定性的潜在风险较大时，可采用半透水铺装结构。

（3）注意事项

1）土地透水能力有限时，应在透水铺装的透水基层内设置排水管或排水板。

2）当透水铺装设置在地下室顶板上时，顶板覆土厚度不应小于 600mm，并应设置排水层。

3）铺装地面应满足相应的承载力要求，北方寒冷地区还应满足抗冻要求。

4）透水铺装应用于以下区域时，还应采取必要的措施防止次生灾害或地下水污染的发生：①可能造成陡坡坍塌、滑坡灾害的区域，湿陷性黄土、膨胀土和高含盐土等特殊土壤地质区域。②使用频率较高的商业停车场、汽车回收及维修点、加油站及码头等径流污染严重的区域。

4. 相关标准、规范及图集

(1)《透水砖路面技术规程》CJJ/T 188—2012；

(2)《透水沥青路面技术规程》CJJ/T 190—2012；

(3)《透水水泥混凝土路面技术规程》CJJ/T 135—2009；

(4)《透水砖路面施工与验收规程》DB11/T 686—2009；

(5)《建筑与小区雨水利用工程技术规范》GB 50400—2006；

(6)《雨水控制与利用工程设计规范》DB 11/685—2013；

(7)《海绵城市建设技术指南》。

5. 参考案例

深圳市光明新区位于深圳市西北部，面积 156km^2，人口 100 万，深圳光明新区现已成为全国低影响开发的示范区。该区先后启动了 18 个政府投资的示范项目，其中：公共建筑项目 1 个、市政道路项目 5 个、公园绿地项目 3 个、水系湿地项目 2 个、居住小区(保障性住房)项目 5 个、工业全区项目 2 个。

公共建筑示范项目主要采用建设绿色屋顶、雨水花园、透水铺装、生态停车场等工程措施。如光明新区群众体育中心，建设了 2.3 万 m^2 的绿色屋顶和 1.3 万 m^2 的透水广场、生态停车场，透水面积超过总用地面积 90%。配建 500m^3 地下蓄水池，收集经绿色屋顶等设施净化后的雨水用于绿化浇洒，累计年雨水利用量超过 1 万 m^3，综合径流系数由 0.7～0.8 下降到 0.4 以下，生态效益良好。

2.4.4 屋顶绿化

1. 技术简介

屋顶绿化对开拓绿化空间、缓解城市热岛效应、改善生存环境空间、提高生活质量，以及对美化城市环境等有着极其重要的意义。

屋顶绿化在国外实践早于我国，目前，在德国、瑞典、日本、新加坡、加拿大、美国等国家，屋顶绿化已经成为有限的城市空间提高绿地率最有效的方式，并且有些国家还制定了相关的法律和法规。如 1982 年德国立法强制推行屋顶绿化，新建或改建项目申报规划设计，必须同时申报屋顶绿化、立体绿化设计，否则不予立项；实施屋顶绿化，可减免 50%～80%的排水费，政府补贴屋顶绿化工程款的 50%～80%，并可享受政府低息甚至无息贷款。日本东京明文规定新建筑占地面积只要超过 1000m^2，屋顶的 1/5 必须为绿色植物所覆盖，否则开发商就得接受罚款。新加坡政府成立了专门的立体绿化部门，自 2000 年，提出了打造立体花园的生态城市建设目标。

国内目前正处于屋顶绿化的初级阶段，近年来如北京、上海、广州、深圳、成都、杭州、西安等城市陆续出台促进屋顶绿化发展的相关政策、地方性法规和技术规范，推动和保障屋顶绿化的发展。《杭州市区建筑物屋顶综合整治管理办法》提出“根据划定的重点整治区域和财政资金配套情况，每年年初下达各区屋顶综合整治改造任务，主要开展既有多层住宅‘平改坡’和非住宅屋顶序化、绿化、美化工作。”《广州市屋顶绿化技术规范》要求“新建建筑在符合公共安全的要求下，宜采用花园式屋顶绿化，对于旧房屋的屋顶绿化，必须进行承重安全检测，在充分检测屋面荷载符合规定的前提下方可实施”。上海市日前正在组织《上海市绿化条例修正案（草案）》征求意见。

关于屋顶绿化的定义各城市技术规范的表述大致相同，此处援引上海市地方标准《立体绿化技术规程》DG/T 08-75—2014 的定义：“屋顶绿化是以建（构）筑物顶部为载体，不与自然土层相连且高出地面 150cm 以上，以植物材料为主体进行配置，营建的一种立体绿化形式，一般可分为花园式、组合式和草坪式三种类型。”

花园式屋顶绿化（图 2-68）是选择各类植物进行复层配置，可供人游览和休憩的屋顶绿化类型。

图 2-68　花园式屋顶绿化示意

组合式屋顶绿化（图 2-69）是以单层配置为主，并在屋顶承重部位进行绿化复层配置的屋顶绿化方式。

图 2-69　组合式屋顶绿化示意

草坪式屋顶绿化（图 2-70）是采用适生地被植物或攀缘植物进行单层配置的屋顶绿化形式。

2. 适用范围

（1）屋顶绿化主要适用于 12 层以下、50m 高度以下的建筑物屋顶。草坪式屋顶绿化由于草本植物的抓地性、抗逆性等特点，可以适用于较高层建筑的屋顶绿化。

（2）屋顶绿化主要适用于平屋顶及屋面坡度小于 15°的坡屋顶：平顶屋面或屋面坡度小于 5°的坡屋顶可选用三种类型屋顶绿化，屋面坡度大于 5°且小于 15°的屋顶可采用草坪

图 2-70 草坪式屋顶绿化示意

式屋顶绿化。

3. 技术要点

（1）技术指标

《绿色建筑评价标准》GB/T 50378—2014 第 4.2.15 条：合理选择绿化方式，科学配置绿化植物，居住建筑绿地配置乔木不少于 3 株/100m²，公共建筑采用垂直绿化、屋顶绿化等方式，得 3 分。

绿化是城市环境建设的重要内容。大面积的草坪不但维护费用昂贵，其生态效益也远小于灌木、乔木。鼓励各种公共建筑进行屋顶绿化和墙面垂直绿化，既能增加绿化面积，又能改善屋顶和墙壁的保温隔热效果，还可有效截留雨水。

（2）设计要点

1）屋顶绿化面积比例要求

屋顶绿化要发挥绿化的生态效益，保证有足够的绿化面积。屋顶绿化面积比例要求如下：

花园式屋顶绿化绿化屋顶面积占≥30%屋顶总面积；

组合式屋顶绿化绿化屋顶面积占≥50%屋顶总面积；

简单式屋顶绿化绿化屋顶面积占≥60%屋顶总面积。

2）屋面荷载

屋顶绿化设计必须考虑屋顶的荷载，绿化构造的荷载不得超过屋面结构原有荷载设计值。

新建建筑屋顶绿化应根据绿化构造的荷载进行屋面结构荷载设计；已建建筑屋顶绿化设计时，设计荷载应符合 GB 50009 的要求并根据屋面结构原有荷载设计值进行设计，满足房屋屋顶承载实际要求。

屋面荷载≥6.5kN/m²，可按花园式屋顶绿化设计。

屋面荷载≥4.5kN/m²，可按组合式屋顶绿化设计。

屋面荷载≥2.5kN/m²，可按草坪式屋顶绿化设计。

3）结构构造

目前国内比较常见的构造方式为多层构造基层方式（图 2-71），由下而上依次为：普通防水层、耐根穿刺防水层、排（蓄）水层、隔离过滤层、基质层和植被层。构造厚度通常会比较大，但能为更多的种植物提供较好的生长环境。

国外较多采用三层构造基层方式（图2-72），包括排水层、过滤层、基质层，被普遍认为是屋顶绿化的标准构造层组成方式。多年来项目实践证明，三层构造方式具有较高的可行性和耐久性。

图2-71 多层构造基层方式

1—乔木；2—地下树木支架；3—与围护墙之间留出适当间隔；4—排水口；5—基质层；6—过滤层；7—渗水管；8—排（蓄）水层；9—防穿刺层；10—隔离层；11—保护层；12—防水层；13—建筑屋面构造

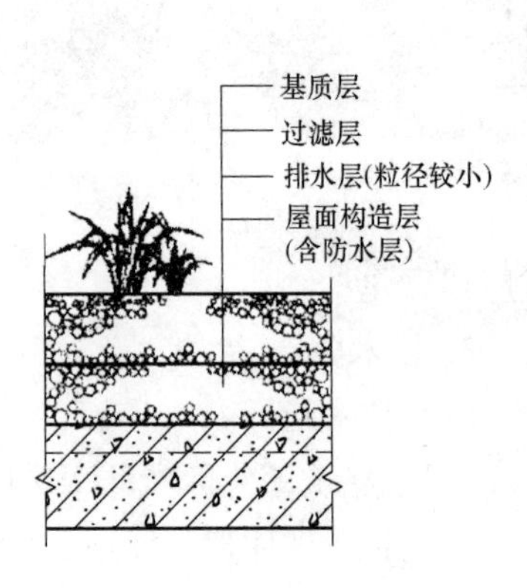

图2-72 三层构造基层方式

4）防水系统

防水层须采用两道以上的防水设计，通常下层为普通防水层，上层为耐根穿刺防水层。在对既有建筑屋顶绿化设计前应对屋面做大于24h的蓄水试验，如若原屋面防水层还有效，可只增加一层耐根穿刺防水层。不同的防水层宜采用合适的施工工艺复合，具体按《屋面工程技术规范》GB 50345和《种植屋面工程技术规程》JGJ 155执行。

5）排灌系统

排灌系统应与原屋顶给水排水系统匹配，不得改变原屋顶排水系统（天沟）。排水系统须有过滤装置，并宜增设雨水和浇灌回用系统设施。

灌溉装置优先采用滴灌、渗灌和微喷灌等节水灌溉装置，搭档采用自动控制和雨量传感技术，预留人工浇灌接口。

排蓄水材料建议采用凸台式、模块式、组合式等多种形式的排蓄水板，或直径大于4mm的陶粒，亦或克重大于400g/m^{2}的排蓄水毡。

6）隔离过滤层和基层

隔离过滤层应采用兼具过滤和透水性能的材料，推荐规格在200～300g/m^{2}之间。与基质层的搭接缝的有效宽度应在100～200mm之间，并向建筑侧墙面延伸至基质表层下方50mm处。

基质层宜选用质量轻、通透性好、持水量大、酸碱度适宜、清洁无毒的配方轻质土壤，通常由泥炭土、草炭和椰糠、壤土、腐殖土，珍珠岩，蛭石、砂子和有机肥料等按一定配方混合而成。

种植乔木的基质要增加壤土配比以增强土壤固根抗风能力。

屋顶绿化基质应符合植物生长发育的基本需求，具体基质厚度可根据植物类型和规格、小气候环境及灌溉方式等因素综合确定。不同植物类型基质厚度应符合表 2-40 的要求。

不同植物类型基质厚度 **表 2-40**

植物类型	植物规格(m)	基质厚度(m)
大型乔木	2.5～10	0.9～1.2
小型乔木	2.0～2.5	0.6～0.9
大灌木	1.5～2.0	0.5～0.6
小灌木	1.0～1.5	0.3～0.5
草本、地被植物	0.2～1.0	0.1～0.3

7）绿化及种植设计

屋顶绿化设计应符合表 2-41 中的比例要求。

屋顶绿化设计比例要求 **表 2-41**

花园式屋顶绿化	绿化种植面积占屋顶绿化总面积的比例	≥70%
	乔灌木覆盖面积占绿化种植面积的比例	≥70%
	园路铺装面积占屋顶绿化总面积的比例	≤25%
	园林小品等构筑物占屋顶绿化总面积的比例	≤5%
组合式屋顶绿化	绿化种植面积占屋顶绿化总面积的比例	≥80%
	乔灌木覆盖面积占绿化种植面积的比例	≥50%
	绿化种植面积占屋顶绿化总面积的比例	≥70%
	园路铺装面积占屋顶绿化总面积的比例	≤20%
简单式屋顶绿化	绿化种植面积占屋顶绿化总面积的比例	≥90%
	园路铺装面积占屋顶绿化总面积的比例	≤10%

种植设计的一般规定应符合《城市绿地设计规范》GB 50420 和《公园设计规范》CJJ 48 的相关规定。

在种植区通过种植、铺设植生带和播种等形式种植的各种植物，包括乔木、灌木、草坪、地被植物、攀缘植物等。花园式屋顶绿化植物配置以复层结构为主，由小乔木、大灌木、低矮灌木、草坪、地被植物组合配置；组合式屋顶绿化植物配置由低矮灌木、草坪、地被植物等组成；草坪式屋顶绿化宜选用抗性强、低维护的低矮地被植物。

植物种植尽量选择本土植物。

4. 相关标准、规范及图集

（1）《种植屋面工程技术规程》JGJ 155—2013；

（2）《屋面工程质量验收规范》GB 0207—2002；

（3）《城市绿地设计规范》GB 50420—2007；

（4）《公园设计规范》CJJ 48—92；

（5）上海市《立体绿化技术规程》DG/T 08-75—2014；

（6）上海市《屋顶绿化技术规范》DB 31/T 493—2010；

（7）深圳市《屋顶绿化设计规范》DB 440300/T 37—2009；

（8）广州市《屋顶绿化技术规范》DB 440100T 111—2007；

（9）北京市《屋顶绿化规范》DB 11/T 281—2005；

(10)《成都市屋顶绿化及垂直绿化技术导则（试行)》;

(11)《上海市绿化条例修正案（草案)》。

5. 参考案例

凯泽帝国中心屋顶花园（图 2-73）是二战之后加利福尼亚州的第一大屋顶花园，面积达 1.2hm²。它自建成开放以来，便被誉为是第二次世界大战后设计最为成功的屋顶花园。它不仅很快享誉世界，而且备受世人推崇，直接导致了随后公众争相建造屋顶花园的热潮。无论从设计水准还是技术的开创来说，该项目均是屋顶花园建设史上划时代的作品，其中的许多成功经验直至今天仍有很好的借鉴意义。凯泽中心屋顶花园拥有自己独立的给水排水系统，是一个超脱于地面的独立景观，它为凯泽大厦西面提供了一个非常优美的视觉景观，同时解决了如何在高密度建筑空间里营造绿色空间的问题。

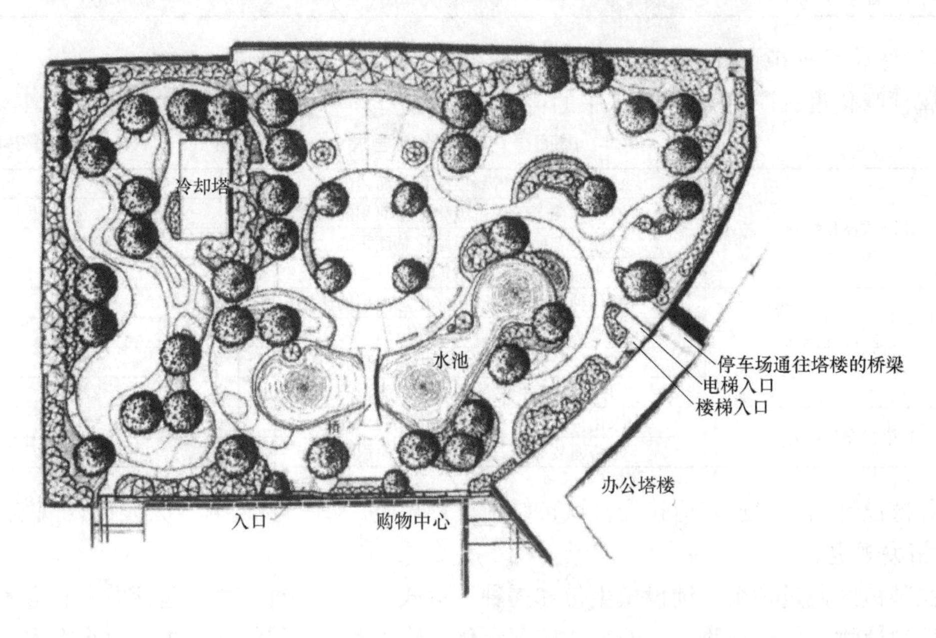

图 2-73　凯泽帝国中心屋顶花园设计平面

项目的设计方案如下：

排水层：花园中所有的雨水都被引导流入屋面的排水管。方案阶段尽量将花园种植区安排在排水管口上方，并通过找坡材料将花园中的雨水引导入屋面排水管，在无法通过屋顶花园场地表面的竖向找坡直接将雨水引导至排水口的地方，则在其最低点安装一个收集盆，通过埋于土壤里的一根直径 4 英寸排水管，将雨水引导流至就近的落水口。同时，在屋面之上增加了一层厚 4 英寸（10cm）页岩颗粒的排水层。

过滤层：由于凯泽中心屋顶花园建造于 20 世纪 60 年代初期，那时聚丙烯过滤材料还没有出现，设计师意识到他们需要一种材料置于土壤层与排水层之间，过滤土壤层中的细小颗粒。当时选用稻草来作为过滤层的材料。尽管它会腐烂并被水冲走，但在此之前为土壤建立的稳定结构提供了足够的时间。土壤、混凝土路及其他所有设施都建立在排水层与过滤层之上，从而使整个屋面保持良好的排水。

基质层：整个楼面柱之间的静荷载被限定在 659kg/m²，因此土壤的厚度及材料的结构数量等都是有所限制的。在不需要深土的地方，如草地基质层只需要15厘米，选用的是自然表层土，而一些需要种植乔木的地方，则采用约76cm高的盛土壤的容器，里面用轻质土壤混合匀质的页岩颗粒、灰炭沼泥以及各种肥料、屋顶花园所有的铺装及其他结构都是用轻质的混凝土做成，所有的石头和鹅卵石都是轻质的浮石材料。

植被：园中共种有42棵乔木，主要包括橄榄树、冬青、橡树、日本枫树、南方木兰等，初始时都是4.6～6.1m高，鉴于它们自身较大的重量，所以都被选择放置在的承重柱上面。这些树木在新的环境下均生长良好。树木的土球都放置在运送它们的木板箱里，这些木板箱的厚度为5.1cm。木板箱子的好处是作为部分地表下的支撑，固定植物，最终等箱子和支柱腐烂以后，乔木自身的根系已起到了支撑的作用。

详细构造见图2-74。

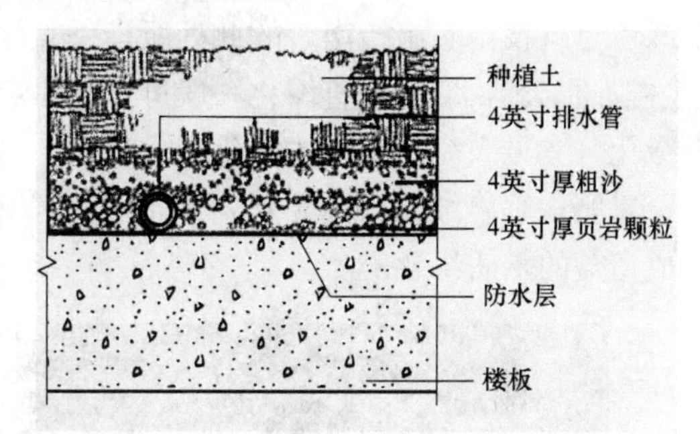

图2-74 结构层设计

6. 相关产品

(1) 上海海纳尔生态建筑公司：屋面系统（屋顶防水和保温）和建筑绿化系统（屋顶绿化和墙体绿化）的高科技企业，集生产、设计、安装、维护为一体。

(2) 南京万荣立体绿化工程有限公司：屋面绿化工程，墙面绿化工程，立体绿化植物材料，屋面绿化蓄排水系统，立体绿化专用基质，建筑绿化防渗水系统，墙体绿化模块，生态植物墙系统等立体绿化相关配套产品的销售与技术咨询服务。

(3) 浙江森禾种业股份有限公司：彩叶容器苗木生产，拥有成熟的木本穴盘苗、容器苗生产技术体系，成功实现了苗木生产的现代化（容器化、标准化、专业化、规模化）。

(4) 东郁维德绿景观科技（上海）有限公司：屋顶花园、墙面绿化、垂直绿化、植物墙、Vertical Garden设计并安装商用应用和私人住宅的垂直花园、屋顶花园及其相关的自动灌溉、自动水肥系统。

(5) 上海景墙绿化有限公司：墙体绿化（绿墙）、景观墙体绿化（绿景墙）和屋面绿化（屋顶花园）的园林景观绿化公司，集设计、施工、养护为一体。

2.4.5 垂直绿化

1. 技术简介

全球环境的恶化和对生存环境要求的提升使得人们开始重新审视自己的生活方式，绿化和建筑也由寄生关系向共生关系发展，昭示着建筑绿化走向立体化。由于屋顶绿化技术要求和造价相对于建筑垂直绿化较低，因而屋顶绿化无论是研究还是应用技术方面都要比建筑垂直绿化成熟很多。但垂直绿化凭借其对城市环境和建筑本身的巨大效益，也必将是一种具有巨大发展前景的建筑绿化方式。

当前国内外在垂直绿化方面展开了不少实践。澳大利亚在1927年就以法律形式规定，如果要建筑墙的话，必须搞植物墙。新加坡政府成立了专门的立体绿化部门，2000年提出了打造立体花园的生态城市建设目标，到了新加坡满眼都是墙体绿化、室内绿化、空中花园、屋顶菜园和立体公园项目建设，特别是在60层高楼顶上建成的空中花园，成了全球知名的旅游景点。《上海市人民政府办公厅转发市绿化市容局关于推进本市立体绿化发展实施意见的通知》要求："以工业建筑为主推进垂直绿化建设。根据工业建筑的特点，实施以垂直绿化为主的立体绿化建设，立体绿化建设面积应不少于新建建筑表面积的20%。具体指标由规划管理部门在核定规划条件中明确或作为建设用地使用权招拍挂出让条件，绿化管理部门在建设工程设计方案并联审批中，确保落实上述指标。"

关于垂直绿化的定义，各城市技术规范的表述大致相同，此处援引福建省地方标准《城市垂直绿化技术规范》DBJ/T 13-124—2010的定义："垂直绿化是指利用植物材料沿建筑物立面或其他构筑物表面攀附、固定、贴植、垂吊形成垂直面的绿化。"考虑到本书是绿色建筑技术实施指南，故此处所指垂直绿化是建筑墙面垂直绿化方式，下同。

按照工艺，墙面垂直绿化一般可分为攀爬式垂直绿化、贴植式垂直绿化及构件绿墙垂直绿化（参见上海市《立体绿化技术规程》DG/T 08-75—2014）。

攀爬式垂直绿化（图2-75）是指利用植物自身的攀爬性能对各种建（构）筑物立面形成覆盖的垂直绿化类型。

图2-75　攀爬式垂直绿化示意

贴植式垂直绿化（图2-76）是指利用枝条柔韧性强、耐修剪的植物，辅以牵引固定等措施，使植物枝叶附着在建（构）筑物壁面的垂直绿化类型。

图2-76　贴植式垂直绿化示意

构件绿墙式垂直绿化（图2-77）是指将栽培容器、栽培基质、灌溉装置和植物材料集合设置成可以拼装的单元，依靠固定支架灵活组装在墙面上的垂直绿化类型。

图 2-77 构件绿墙式垂直绿化示意

2. 适用范围

垂直绿化适用于具有一定垂直高度的墙面，包括建筑内墙和外墙；攀爬式垂直绿化适用于结构较为粗糙的墙面，且层高在 5～6 层以下；贴植式和构件绿墙式只要设计得当，没有绿化高度的限制。

3. 技术要点

(1) 技术指标

《绿色建筑评价标准》GB/T 50378—2014 第 4.2.15 条：合理选择绿化方式，科学配置绿化植物，居住建筑绿地配置乔木不少于 3 株/100m²，公共建筑采用垂直绿化、屋顶绿化等方式，得 3 分。

绿化是城市环境建设的重要内容。大面积的草坪不但维护费用昂贵，其生态效益也远小于灌木、乔木。鼓励各种公共建筑进行屋顶绿化和墙面垂直绿化，既能增加绿化面积，又能改善屋顶和墙壁的保温隔热效果，还可有效截留雨水。

(2) 设计要点

1) 绿化设计

垂直绿化以木本植物或多年生草本植物为主，选择抗性强、低养护的植物品种。墙面攀爬植物宜选择 2 年生 3 分枝以上规格。墙面贴植宜选择高度在 150cm 以上、枝条柔韧、耐修剪植物。构建绿墙不宜种植乔木或大灌木，应根据立地条件选择适宜的植物；构件绿墙应全部采用容器苗。

2) 种植工艺

墙面攀爬或墙面贴植应充分利用周边绿地进行栽植。若无适宜的立地条件，可使用种植槽或种植箱，种植槽高度宜为 30～40cm，宽度为 20～30cm；植物箱长度宜为 60～80cm，宽度宜为 20～30cm，高度宜为 40～60cm。

墙面贴植的植物双排种植宜采用“品”字形，栽植间距根据植物品种和规格不同而异，一般宜为 30～40cm。墙面贴植采用种植箱种植时，种植土深度以 35～55cm 为宜。

构件绿墙可根据情况应用插入式、粘贴式、锚固式等工艺类型，不同类型荷载设计应不超过墙面能承载的有效种植荷载，并符合抗风防震要求。

3) 生长基质

生长基质在垂直绿化中起的作用主要是支持固定植物、保持水分根系通气和提供部分营养；要求其必须满足植物生长的条件，如贮水能力、孔隙容积和营养物质；也要有很好的渗透性，防止强降水时淹没表面；同时必须要有一定的空间稳定性，即要有一个长期充分的根生长空间。生长基质是植物存活的基础，生长基质的缺乏或不足都无法满足植物正常生长需求。

常见的基质包括人工轻质土壤、泡沫基质、纤维基质、培养液无土栽培等。

4）灌溉系统

垂直绿化可根据需要设置自动灌溉系统，并设置排水沟或排水管。

灌溉系统多为滴灌系统。

滴灌系统宜由电脑系统自动控制，根据植物生长的不同阶段、不同的气候条件自动循环供给植物生长所需的水分和养分。

5）防排水设计

墙面攀爬或墙面贴植采用塑料种植箱的，塑料种植箱应有蓄水盘，木质种植箱应围铺过滤布。采用种植槽的，应在槽底部预留排水孔（孔径 2～3cm），排水孔应设过滤布。

6）植物配置

应依照环境适宜、品种丰富、形式多样的原则配置植物。应用攀缘植物造景，要考虑其周围的环境进行合理配置，在色彩和空间大小、形式上协调一致，并努力实现品种丰富、形式多样的综合景观效果。应丰富观赏效果（包括叶、花、果、植株形态等），合理搭配。草、木本混合播种。丰富季相变化、远近期结合。开花品种与常绿品种相结合。

垂直绿化植物材料的选择，必须考虑不同习性的攀缘植物对环境条件的不同需要；并根据攀缘植物的观赏效果和功能要求进行设计。应根据不同种类攀缘植物本身特有的习性，选择与创造满足其生长的条件。

缠绕类：适用于栏杆、棚架等。如：紫藤、金银花、菜豆、牵牛等。

攀缘类：适用于篱墙、棚架和垂挂等。如：葡萄、铁线莲、丝瓜、葫芦等。

钩刺类：适用于栏杆、篱墙和棚架等。如：蔷薇、爬蔓月季、木香等。

攀附类：适用于墙面等。如：爬山虎、扶芳藤、常春藤等。

应根据种植地的朝向选择攀缘植物。东南向的墙面或构筑物前应种植以喜阳的攀缘植物为主；北向墙面或构筑物前，应栽植耐荫或半耐荫的攀缘植物；在高大建筑物北面或高大乔木下面，遮阴程度较大的地方种植攀缘植物，也应在耐荫种类中选择。

还应根据墙面或构筑物的高度来选择攀缘植物。

高度在 2m 以上，可种植：爬蔓月季、扶芳藤、铁线莲、常春藤、牵牛、茑萝、菜豆、猕猴桃等。

高度在 5m 左右，可种植：葡萄、杠柳、葫芦、紫藤、丝瓜、瓜篓、金银花、木香等。

高度在 5m 以上，可种植：中国地锦、美国地锦、美国凌霄、山葡萄等。

（3）注意事项

墙面攀爬式垂直绿化对绿化技术要求、成本和养护要求都较低，但容易对建筑物造成破坏，且具有绿化时间长、绿化植物单一、效果差等缺点。

墙面贴植式垂直绿化绿化技术要求、成本和养护要求都不高，但其具有绿化时间长、绿化植物单一、效果差等缺点。

构件绿墙式垂直绿化具有模块化、可快速成型且植物种类丰富、效果好等优点，但其自重大，绿化技术要求、成本及养护要求均较高。

4. 相关标准、规范及图集

(1)《城市绿地设计规范》GB 50420—2007；

(2)《公园设计规范》CJJ 48—92；

(3) 上海市《立体绿化技术规程》DG/T 08-75—2014；

(4) 福建省《城市垂直绿化技术规范》DBJ/T 13-124—2010；

(5)《成都市屋顶绿化及垂直绿化技术导则（试行)》。

5. 参考案例

日本爱知世博会“生命之墙”是一个典型的垂直绿化项目。2005年，在日本爱知县名古屋市的东部丘陵地带（长久手丁，丰田市，濑户市），举办了以“自然的睿智”为主题的世界博览会。这届博览会除了在会场规划和展馆建设上体现了可持续发展的理念外，在支撑会场功能的各项基础设施的设计和建设上，也采用了很多最新、甚至是超前的技术。爱知世博会展示了日本15家公司的企业群在壁面绿化技术方面的最新成果，集中了在植物生长基盘构造、栽培基质、组合、灌溉方式等方面各有特色的壁面绿化技术。

爱知世博会的“生命之墙”位于长久手丁主会场的中心区，“全球之家”和“爱·地球广场”之间，是由三列平行的绿化墙（长150m，高度从4.5～15m不等）和中间的2座绿化塔（高约25m）组成，绿化总面积达3500m^2（图2-78)。在其中两墙之间还设置了一条6m宽、可以散步的通廊。“生命之墙”上与四季相配合共培植和栽种了近200种、20万株植物，由于采用了特殊制成的轻量种植土、埋藏式浇水器及可自由拆装的1.5m×1.5m的单位组合板等20种先进的立体绿化技术，使之成为世界上最大规模的人工绿墙。而且在它的上面设置了水雾发生器，靠汽化热来降低周围的温度，在酷热的盛夏，让参观者在它的附近更有凉爽之感。

“生命之墙”为钢结构，为了不与植物争夺视线，尽量采用细钢材。同时为了便于会后拆除和材料的再利用，尽量减少焊接，取而代之的是采用螺栓固定的连接装置。“生命之墙”上所采用的绿化技术作为维持和改善城市生态环境的新型产业正越来越受到重视，它将是为未来城市提供不同类型的绿化空间的一种尝试。

图2-78 爱知世博会“生命之墙”平面和效果

6. 相关产品

（1）上海海纳尔生态建筑公司：屋面系统（屋顶防水和保温）和建筑绿化系统（屋顶绿化和墙体绿化）的高科技企业，集生产、设计、安装、维护为一体。

（2）南京万荣立体绿化工程有限公司：屋面绿化工程，墙面绿化工程，立体绿化植物材料，屋面绿化蓄排水系统，立体绿化专用基质，建筑绿化防渗水系统，墙体绿化模块，生态植物墙系统等立体绿化相关配套产品的销售与技术咨询服务。

（3）上海源润节水工程有限公司：立体绿化、植物墙、垂直绿化、室内及室外墙体绿化设计及施工、喷灌、喷泉、喷雾等景观工程。

（4）东郁维德绿景观科技（上海）有限公司：屋顶花园、墙面绿化、垂直绿化、植物墙、Vertical Garden设计并安装商用应用和私人住宅的垂直花园、屋顶花园及其相关的自动灌溉、自动水肥系统。

（5）浙江森禾种业股份有限公司：彩叶容器苗木生产，拥有成熟的木本穴盘苗、容器苗生产技术体系，成功实现了苗木生产的现代化（容器化、标准化、专业化、规模化）。

（6）上海景墙绿化有限公司：墙体绿化（绿墙）、景观墙体绿化（绿景墙）和屋面绿化（屋顶花园）的园林景观绿化公司，集设计、施工、养护为一体。

第3章　节能与能源利用

根据《绿色建筑评价标准》GB/T 50378—2014，节能与能源利用主要关注建筑与围护结构、供暖通风与空调、照明与电气、能量综合利用等。本章针对四个板块中的绿色建筑技术进行了详细阐述。

3.1　建筑与围护结构

绿色建筑的核心内容是尽量减少能源、资源消耗，减少对环境的破坏，并尽可能采用有利于提高居住品质的新技术、新材料，以达到降低能源资源消耗的目的。因此建筑设计应突破传统的设计理念，充分考虑气候、资源、能源等的实际情况，合理进行规划设计，并积极采用高性能的围护结构，以实现节能与能源利用的目的。建筑与围护结构板块主要关注建筑方案的优化设计、外墙屋面的保温技术、节能外窗以及外窗（包括透明幕墙）通风技术。

3.1.1　建筑优化设计

1. 技术简介

建筑优化设计可从建筑的规划布局、朝向、体形、窗墙比等方面综合考虑，这些建筑设计因素对通风、日照、采光以及遮阳有明显的影响，同时也会影响建筑的供暖和空调能耗以及室内环境的舒适性。从节能方面考虑，建筑优化设计应遵循被动节能措施优先的原则，充分利用自然采光、自然通风，结合围护结构保温隔热和遮阳措施，降低建筑用能需求；从资源消耗方面，在建筑设计中应充分考虑资源的合理使用和处置，力求使资源可再生利用；从环境生态方面，建筑设计应充分考虑与周边环境的融合性，合理规划建筑布局，创造良好的户外视野，充分利用冬季日照，营造良好室内环境。

本节主要从建筑节能与舒适性方面进行建筑优化设计的论述。

2. 适用范围

各类民用建筑设计、运行评价。

3. 技术要点

（1）技术指标

《绿色建筑评价标准》GB/T 50378—2014 第 5.2.1 条：结合场地自然条件，对建筑的体形、朝向、楼距、窗墙比等进行优化设计，评价分值为 6 分。

建筑朝向选择的原则是冬季能获得足够的日照并避开冬季主导风向，夏季能利用自然通风并减少太阳辐射。建筑的朝向、体形、楼距、窗墙比等建筑总平面设计要考虑多方面的因素，会受到社会历史文化、地形、城市规划、道路、环境等条件的制约，但仍需权衡各因素之间的相互关系，通过多方面分析、优化建筑的规划设计，尽可能提高建筑物在夏季、过渡季节的自然通风效果，保证较理想的夏季防热和冬季保温。

（2）设计要点

从节能和舒适性方面考虑，建筑优化设计应注重建筑体形、朝向、窗墙比、楼距等因素，并综合考虑建筑规划布局。

1）建筑布局

建筑布局应充分考虑建筑朝向与节能的关系，建筑朝向选择的原则是冬季能获得足够的日照并避开冬季主导风向，夏季能利用自然通风并减少太阳辐射。

与本条相关的标准规定具体如下：

① 国家标准《公共建筑节能设计标准》GB 50189—2015：

3.1.3 建筑群的总体规划应考虑减轻热岛效应。建筑的总体规划和总平面设计应有利于自然通风和冬季日照。建筑的主朝向宜选择本地区最佳朝向或适宜朝向，且避开冬季主导风向。

3.1.4 建筑设计应遵循被动节能措施优先的原则，充分利用自然采光、自然通风，结合围护结构保温隔热和遮阳措施，降低建筑的用能需求。

3.2.6 建筑物立面朝向的划分应符合下列规定：

1 北向为北偏西60°至北偏东60°；

2 南向为南偏西30°至南偏东30°；

3 西向至西偏北30°至西偏南60°（包括西偏北30°和西偏南60°）；

4 东向至东偏北30°至东偏南60°（包括东偏北30°和东偏南60°）。

② 行业标准《严寒和寒冷地区居住建筑节能设计标准》JGJ 26—2010：

4.1.1 建筑群的总体布置，单体建筑的平面、立面设计和门窗的设置，应考虑冬季利用日照并避开冬季主导风向。

4.1.2 建筑物宜朝向南北或接近朝向南北。建筑物不宜设有三面外墙的房间，一个房间不宜在不同方向的墙面上设置两个或更多的窗。

③ 行业标准《夏热冬冷地区居住建筑节能设计标准》JGJ 134—2010：

4.0.1 建筑群的总体布置，单体建筑的平面、立面设计和门窗的设置应有利于自然通风。

4.0.2 建筑物宜朝向南北或接近朝向南北。

④ 行业标准《夏热冬暖地区居住建筑节能设计标准》JGJ 75—2012：

4.0.1 建筑群的总体规划应有利于自然通风和减轻热岛效应。建筑的平面、立面设计应有利于自然通风。

4.0.2 居住建筑的朝向宜采用南北向或接近南北向。

⑤ 国家标准《城市居住区规划设计规范》GB50180—93（2002年版）：

5.0.2 住宅间距，应以满足日照要求为基础，综合考虑采光、通风、消防、防灾、管线埋设、视觉卫生等要求确定。

2）建筑体形

建筑体形系数是指建筑外围护面积与其所包围体积之比。对严寒和寒冷地区来说，当其他条件相同时，建筑体形系数越大意味着建筑单位面积对应的外表面积越大，单位面积散热量也越大，对节能越不利。因此设计中应充分考虑建筑体形系数对建筑节能的影响，合理设计建筑形式，简化外立面设计，严格控制建筑体形系数。

① 国家标准《公共建筑节能设计标准》GB 50189—2015 对体形的规定如下：

3.1.5 建筑体形宜规整紧凑，避免过多的凹凸变化。

3.2.1 严寒和寒冷地区公共建筑体形系数应符合表 3.2.1 的规定。

表 3.2.1 严寒和寒冷地区公共建筑体形系数

单栋建筑面积 A	建筑体形系数
$300m^2 < A \leqslant 800m^2$	≤0.50
$A > 800m^2$	≤0.40

② 行业标准《严寒和寒冷地区居住建筑节能设计标准》JGJ 26—2010 的规定：

4.1.3 严寒和寒冷地区居住建筑的体形系数不应大于表 4.1.3 规定的限值。当体形系数大于表 4.1.3 规定的限值时，必须按照本标准第 4.3 节的要求进行围护结构热工性能的权衡判断。

表 4.1.3 严寒和寒冷地区居住建筑的体形系数限值

	建筑层数			
	≤3层	4～8层	9～13层	≥14层
严寒地区	0.50	0.30	0.28	0.25
寒冷地区	0.52	0.33	0.30	0.26

③ 行业标准《夏热冬冷地区居住建筑节能设计标准》JGJ 134—2010 的规定：

4.0.3 夏热冬冷地区居住建筑的体形系数不应大于表 4.0.3 规定的限值。当体形系数大于表 4.0.3 规定的限值时，必须按照本标准第 5 章的要求进行建筑围护结构热工性能的综合判断。

表 4.0.3 夏热冬冷地区居住建筑的体形系数限值

建筑层数	≤3层	4～11层	≥12层
建筑的体形系数	0.55	0.40	0.35

④ 行业标准《夏热冬暖地区居住建筑节能设计标准》JGJ 75—2012 的规定

4.0.3 北区内，单元式、通廊式住宅的体形系数不宜大于 0.35，塔式住宅的体形系数不宜大于 0.40。

3）窗墙比

在建筑节能设计中，一般窗墙比越大，供暖和空调能耗也会越大，因此设计中应严格控制建筑物各个朝向的窗墙比，并应选择节能性能好的外窗。

① 国家标准《公共建筑节能设计标准》GB 50189—2015 的规定：

3.2.2 严寒地区甲类公共建筑各单一立面窗墙面积比（包括透光幕墙）均不宜大于 0.60；其他地区甲类公共建筑各单一立面窗墙面积比（包括透光幕墙）均不宜大于 0.70。

3.2.4 甲类公共建筑单一立面窗墙面积比小于 0.40 时，透光材料的可见光透射比不应小于 0.60；甲类公共建筑单一立面窗墙面积比大于等于 0.40 时，透光材料的可见光透射比不应小于 0.40。

3.2.7 甲类公共建筑的屋顶透光部分面积不应大于屋顶总面积的 20%。

② 行业标准《严寒和寒冷地区居住建筑节能设计标准》JGJ 26—2010的规定：

4.1.4　严寒和寒冷地区居住建筑的窗墙面积比不应大于表4.1.4规定的限值。当窗墙面积比大于表4.1.4规定的限值时，必须按照本标准第4.3节的要求进行围护结构热工性能的权衡判断，并且在进行权衡判断时，各朝向的窗墙面积比最大也只能比表4.1.4中的对应值大0.1。

表4.1.4　严寒和寒冷地区居住建筑的窗墙面积比限值

朝向	窗墙面积比	
	严寒地区	寒冷地区
北	0.25	0.30
东、西	0.30	0.35
南	0.45	0.50

③ 行业标准《夏热冬冷地区居住建筑节能设计标准》JGJ 134—2010对窗墙比和外窗传热系数作出如下规定：

4.0.5　不同朝向外窗（包括阳台门的透明部分）的窗墙面积比不应大于表4.0.5-1规定的限值。不同朝向、不同窗墙面积比的外窗传热系数不应大于表4.0.5-2规定的限值；综合遮阳系数应符合表4.0.5-2的规定。当外窗为凸窗时，凸窗的传热系数限值应比表4.0.5-2规定的限值小10%，计算窗墙比时，凸窗的面积应按洞口面积计算。

表4.0.5-1　不同朝向外窗的窗墙面积比限值

朝向	窗墙面积比
北	0.40
东、西	0.35
南	0.45
每套房间允许一个房间(不分朝向)	0.60

④ 行业标准《夏热冬暖地区居住建筑节能设计标准》JGJ 75—2012的规定：

4.0.4　各朝向的单一朝向窗墙面积比，南、北向不应大于0.40；东、西向不应大于0.30。当设计建筑的外窗不符合上述规定时，其空调采暖年耗电指数（或耗电量）不应超过参照建筑的空调采暖年耗电指数（或耗电量）。

4. 相关标准、规范及图集

(1)《公共建筑节能设计标准》GB 50189—2015；

(2)《严寒和寒冷地区居住建筑节能设计标准》JGJ 26—2010；

(3)《夏热冬冷地区居住建筑节能设计标准》JGJ 134—2010；

(4)《夏热冬暖地区居住建筑节能设计标准》JGJ 75—2012；

(5)《城市居住区规划设计规范》GB 50180—93（2002年版）。

5. 参考案例

扬州某住宅项目，总用地面积11.5万m^2，总建筑面积25.26万m^2左右，建设内容包括低层住宅、多层住宅和高层住宅，共可入住937户，项目规划布局见图3-1。扬州市位于江苏省中部，江淮下游，北纬31°56′～33°25′，东经119°01′～119°54′之间，夏季过渡季多偏东南风，冬季多东北风，该项目建筑朝向设置为南、南偏东9°，充分考虑了扬州市地理位置和主导风向，能够在夏季避免过多日照并在冬季争取较多日照，且地段南部的建筑高度小于北部的建筑高度，北部建筑也能获得良好的日照条件；并且能有效利用夏季自然通风和避免冬季主导风向；多层住宅在满足日照间距系数为 1.35 的条件下，保证了大寒日不低于 2 小时的日照标准，同时适当增加建筑间距，以获得良好的视野。

项目低层住宅为木结构，多层和高层住宅为钢筋混凝土结构，低层住宅体形系数为 0.41，多层住宅为 0.27，高层住宅为 11 层，体形系数为 0.25，建筑体形基本规则，综合考虑建筑采光等要求，将多层住宅设置为坡屋顶，不仅使得建筑体型更加协调，而且一定程度上提高了北侧被遮挡建筑底层的采光时间，低区的户型将露台设置在北侧，能极大地减少对北侧住宅的日照遮挡，对于太阳能、太阳光的利用很有利。

图 3-1 项目规划布局

项目窗墙比设置合理，低层住宅各朝向窗墙比为 0.07～0.14，均小于 0.25，多层住宅各朝向窗墙比为 0.06～0.44，高层住宅各朝向窗墙比为 0.06～0.34，满足相关节能设计标准，且外窗可开启面积大于外窗面积的 30%且不小于房间地板面积的 8%，能有效利用自然通风。同时，该项目户型南北通透，各套型进深不超过 14m，房间进深和层高的比值小于 5，单侧通风房间的比值小于 2.5，使得室内能最大限度地形成穿堂风，同时大开间的房间迎向夏季主导风向，小开间及辅助空间设置在下风向。

该项目经过建筑布局、朝向、楼距、窗墙比等多项优化后，经日照分析，住宅各户均能获得良好的日照，每户至少有一个主要房间满足大寒日日照不小于 2h，建筑自然通风良好，户型设计有利于形成穿堂风，室内通风换气次数均大于 $2h^{-1}$。该项目卧室、起居室、厨房均设有直接采光措施，经模拟计算，卧室、起居室的采光均高于采光等级Ⅳ级采光标准的要求，此外，小区地下室通过采光井及下沉广场引入自然光，可有效改善地下室采光。

3.1.2 外墙保温

外墙是建筑外围护结构的重要组成部分，外墙保温隔热能够减小由于室内外温差引起的热传递损耗，从而减少为维护室内正常的热环境所需要的暖通空调等能耗。

1. 技术简介

外墙保温技术包括外墙外保温（图 3-2）、外墙内保温（图 3-3）、外墙自保温（含夹芯保温）（图 3-4）几种。其中外墙外保温指在外墙的外侧涂抹、喷涂、粘贴或（和）锚固保温材料的墙体保温形式，它包括薄抹灰外保温系统、保温装饰一体化板保温系统及不透明幕墙外保温系统。外墙内保温是指将保温材料置于外墙内侧的墙体保温形式，它包括有机保温板内保温系统、无机保温板内保温系统、保温砂浆内保温系统、喷涂硬泡聚氨酯内保温系统、内保温复合板系统等。外墙自保温是指墙体材料本身具有较好的热工性能或者在墙体材料复合保温材料来提升其热工性能使其满足建筑节能标准要求的墙体保温形式，它主要包括砌块类自保温系统。

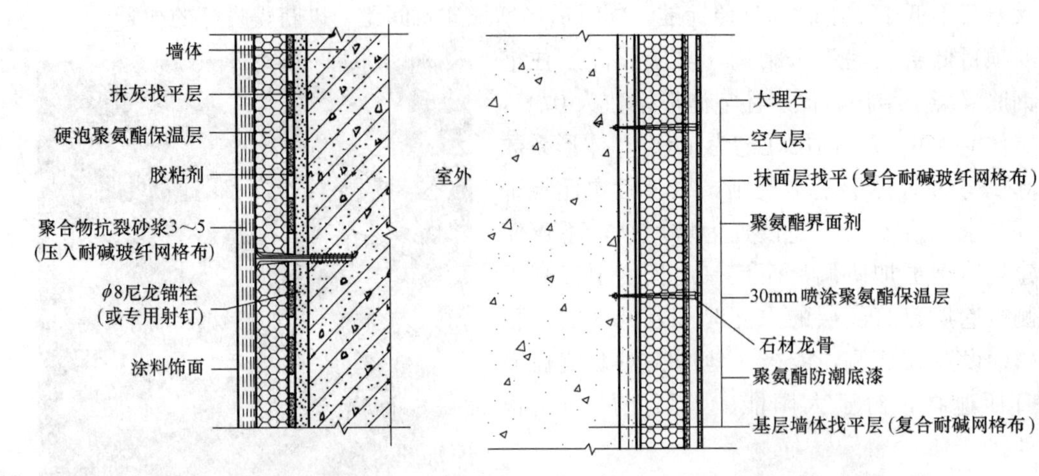

图 3-2　外墙外保温构造示意图　　　　图 3-3　外墙内保温构造示意图

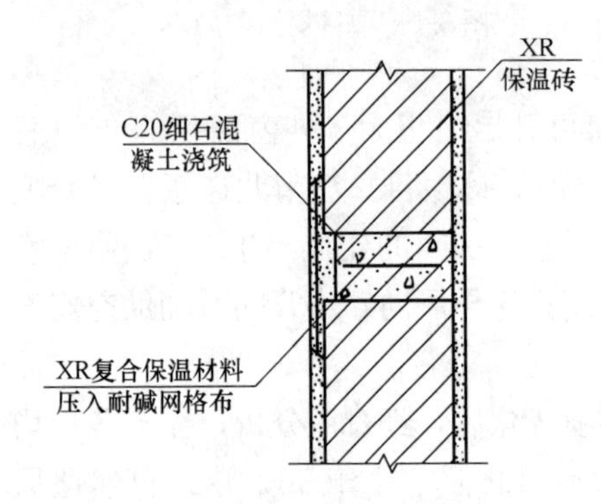

图 3-4　外墙自保温构造示意图

目前建筑外墙保温材料分为有机保温材料、无机保温材料以及有机-无机保温材料，其基本性能如下所述。保温材料选择时，除了要考虑其热工性能，还要考虑防火、抗压以及吸湿性能。

(1) 有机保温材料

有机保温材料主要包括模塑聚苯乙烯泡沫板(EPS)、挤塑聚苯乙烯泡沫板（XPS)、聚氨酯硬泡保温板（PU)、酚醛树脂板（PF）等。有机材料质量轻、保温性能好、价格较低廉，在外墙外保温工程中广为应用。其中 EPS 外保温系统发展时间长，技术最为成熟，应用最广；XPS 板与 EPS 板相似，但成型工艺不同，性能也有所不同；PU 板保温性能优异，属于热固性材料，遇火碳化，离火自熄，近年来相关技术已趋于成熟；PF 板较前几种相比防火性能更好，但尺寸稳定性稍差，易粉化，使用时应慎重。常见的几种有机保温材料的性能参数见表 3-1。

几种常用有机保温材料的性能参数　　表 3-1

材料名称 / 指标项目	模塑聚苯板(EPS)	硬质聚氨酯(PU)	挤塑聚苯板(XPS)	酚醛树脂板(PF)
表观密度(kg/m³)	18～22	25～45	25～35	50～60
压缩强度(MPa)	≥0.10	≥0.15	≥0.15	≥0.10
抗拉强度(MPa)	≥0.10	≥0.20	≥0.25	≥0.10
水蒸气透湿系数[Ng/(Pa·m·s)]	≤4.5	≤5.0	≤3.5	2.0～8.0
尺寸稳定性(%)	≤0.5	≤5(70℃ 48h)	≤0.3	≤1.0
线性收缩率(%)	—	—	—	≤0.3
吸水率(%)(v/v)	≤4.0	≤3.0	≤3.0	≤6.0
软化系数	—	—	—	≥0.80
燃烧性能	B2～B1	B2～B1	B2～B1	B1
导热系数[W/(m·K)]	≤0.041	≤0.024	≤0.030	≤0.035

需要指出的是：常规的 EPS 板、XPS 板、PU 等材料燃烧性能一般为 B2 级。近年来，有机保温材料的外墙外保温系统火灾屡屡发生，给人民群众生命财产安全造成损失。为满足《建筑设计防火规范》GB 50016—2014 等防火要求，要求采用燃烧性能等级更高的（B1 级）经过改性的 EPS 板、XPS 板、PU 板等材料，并严格设置防火隔离带等构造以及限制使用高度等。人流密集、人员活动频繁的重要公共建筑，外墙外保温系统还应采用 A 级不燃的保温材料。

（2）无机保温材料

A 级不燃材料一般为无机保温材料，包括发泡陶瓷保温板［图 3-5（*a*）］、发泡水泥板［图 3-5（*b*）］、岩棉板［图 3-5（*c*）］、无机轻集料保温砂浆、玻璃棉、泡沫玻璃、真空绝热板等保温材料。

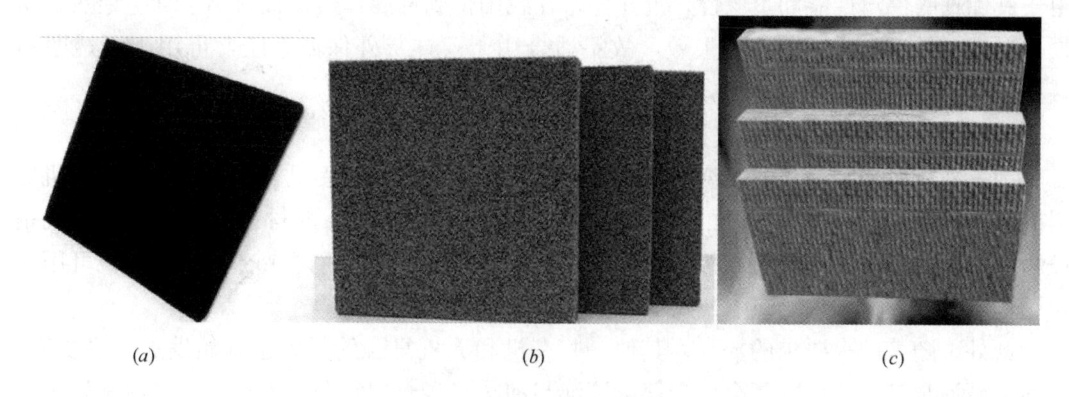

(*a*) (*b*) (*c*)

图 3-5 几种无机保温材料

（*a*）发泡陶瓷保温板；（*b*）发泡水泥板；（*c*）岩棉板

发泡陶瓷保温板是采用陶瓷陶土尾矿、陶瓷碎片、淤泥等作为主要原料经 1100℃左右高温焙烧、自然熔融发泡而成的高气孔率均匀闭孔材料。常温下基本无收缩变形，系统具有防火、抗裂、防渗、与建筑同寿命、施工便捷等优点，基本能消除开裂、渗漏等质量通病，但导热系数在 0.055～0.08W/(m·K) 之间，在保温要求不高的夏热冬冷地区值得推广。

发泡水泥板耐高温、耐候、不燃，价格低，导热系数在 0.06～0.08W/(m·K) 之间，可用于保温要求不高的夏热冬冷地区办公建筑节能改造中。该材料强度较低，易开裂、折断，吸水率较大，使用时应慎重，应保证软化系数不至于过低，系统最外层的防水构造要加强。

岩棉板导热系数一般为 0.04～0.045W/(m·K)，保温性能较好，在国外也应用普遍，但材料结构较松软，吸湿吸水，垂直于板面的抗拉强度较低，用于薄抹灰外保温系统应慎重，应进行合理的设计，加强外抹面层的抗裂和防水，并严格控制施工质量。作为保温材料用于不透明幕墙中是较好的选择，利用幕墙系统良好的防水、防潮和密闭等功能对岩棉进行防护。因此，办公建筑改造中，要优先选择和幕墙系统配套使用。玻璃棉与岩棉板相似，保温性能较好，但其结构更加松软，不适合用于薄抹灰外保温系统，可用于不透明幕墙中。

无机轻集料保温砂浆是指采用具有绝热保温性能的低密度多孔无机颗粒（如玻化微珠等）、粉末或短纤维为轻质集料、合适的胶凝材料及其他多元复合外加剂，按一定比例经相关工艺制成的保温抹面材料，可以直接涂抹于墙体表面。导热系数在 0.07W/(m·K) 左右，吸水率较大，应用时要注意地域性（不适合北方）和防水性，以适合于夏热冬冷和夏热冬暖地区。

泡沫玻璃是采用石英石等作为主要原料高温焙烧、自然熔融发泡而成的高气孔率均匀闭孔材料，其性能与发泡陶瓷保温板相似，但其为玻璃体，呈酸性，易与碱性材料（混凝土、砂浆等）发生化学反应，故不适合用于薄抹灰外保温系统。

真空绝热板是由填充芯材与真空保护表层复合，经抽真空而成的高效绝热材料，它有效地避免空气对流引起的热传递，导热系数极低，最低可达 0.003～0.004W/(m·K)。由于其优越的保温性能和不燃性，近几年来在我国得到发展，但该板材属于真空绝热，易损、易破、易发生漏气致性能失效，故不适合用于薄抹灰外保温系统，可用于不透明幕墙中。

(3) 有机-无机复合保温材料

为提高有机保温材料的燃烧性能，常常将有机保温材料和无机材料复合，利用有机材料的低导热性和无机材料良好的防火性，制成有机-无机复合保温材料。比较典型的就是胶粉聚苯颗粒保温浆料及保温板，材料导热系数在 0.06～0.08W/(m·K) 之间，可用于保温性能要求不太高的夏热冬冷地区。

此外，随着防火要求的提高，其他一些有机和无机复合的材料也开始发展，主要有：聚氨酯硬泡与玻化微珠的复合、聚氨酯硬泡与泡沫混凝土的复合、无机不燃材料和聚苯乙烯的复合等，这种材料充分利用有机保温材料的保温性能和防水性能，以及无机保温材料防火特性和成本低廉的特点，但目前这些复合材料尚处于试用阶段，还未大面积推广。

2. 适用范围

各类保温系统适用情况见表 3-2。

保温系统适用用情况表　　**表 3-2**

保温类型	气候分区	保温材料	备注说明
外墙外保温	严寒和寒冷地区(全部)、大部分夏热冬冷地区、部分夏热冬暖地区与温和地区	模塑聚苯板、挤塑聚苯板、聚氨酯板、岩棉板、泡沫玻璃板、无机保温砂浆、喷涂聚氨酯、发泡水泥板、真空绝热保温板等	北方很多地区规定只允许采用外保温(或内外组合保温)，内保温自保温等保温形式不能使用
外墙内保温	部分夏热冬冷地区、夏热冬暖地区与温和地区	真空绝热保温板、硬泡聚氨酯板、挤塑聚苯板、模塑聚苯板、岩棉板、泡沫玻璃板、发泡水泥板等	在很多保障性住房的设计中，推荐采用内保温设计，如上海沪建交联〔2014〕9 号《上海市保障性住房建筑节能设计指导意见》
外墙自保温	小部分夏热冬冷地区、部分夏热冬暖地区与温和地区	墙体通常采用粉煤灰加气混凝土砌块、砂加气块、淤泥多孔砖等自保温墙体，热桥部位通常采用保温砂浆	自保温通常并非是不采用保温材料了，这点一定要注意，通常自保温理解为墙体采用热工性能优异的砌体材料，热桥部位会进行保温设计以防止结露

3. 技术要点

（1）技术指标

《绿色建筑评价标准》第5.2.3条规定：围护结构热工性能指标优于国家现行相关建筑节能设计标准的规定：①围护结构热工性能比国家现行相关建筑节能设计标准规定的提高幅度达到5%，得5分；达到10%，得10分。②供暖空调全年计算负荷降低幅度达到5%，得5分；达到10%，得10分。

外墙是重要的围护结构构件之一，衡量外墙保温效果的主要技术指标为外墙传热系数和热惰性指标。国家标准《公共建筑节能设计标准》GB 50189—2015和行业标准《严寒和寒冷地区居住建筑节能设计标准》JGJ 26—010、《夏热冬冷地区居住建筑节能设计标准》JGJ 134—2010、《夏热冬暖地区居住建筑节能设计标准》JGJ 75—2012对外墙的传热系数做出了具体规定，详见表3-3～表3-6。

甲类公共建筑外墙（包括非透光幕墙）热工性能参数限值　　表3-3

气候区	传热系数[W/(m²·K)]	
	体形系数≤0.30	0.30<体形系数≤0.50
严寒A、B区	≤0.38	≤0.35
严寒C区	≤0.43	≤0.38
寒冷地区	≤0.50	≤0.45
夏热冬冷地区	热惰性指标 D≤2.5时，≤0.60 热惰性指标 D>2.5时，≤0.80	
夏热冬暖地区	热惰性指标 D≤2.5时，≤0.80 热惰性指标 D>2.5时，≤1.50	
温和地区	热惰性指标 D≤2.5时，≤0.80 热惰性指标 D>2.5时，≤1.50	

乙类公共建筑外墙热工性能限值　　表3-4

气候区	传热系数[W/(m²·K)]
严寒A、B区	≤0.45
严寒C区	≤0.50
寒冷地区	≤0.60
夏热冬冷地区	≤1.0
夏热冬暖地区	≤1.5

严寒和寒冷地区居住建筑外墙热工性能参数限值　　表3-5

气候区	传热系数[W/(m²·K)]		
	≤3层建筑	4～8层的建筑	≥9层建筑
严寒(A)区	0.25	0.40	0.50
严寒(B)区	0.30	0.45	0.55
严寒(C)区	0.35	0.50	0.60
寒冷(A)区	0.45	0.60	0.70
寒冷(B)区	0.45	0.60	0.70

夏热冬冷地区居住建筑外墙热工性能限值 **表 3-6**

气候区		传热系数 K[W/(m²·K)]	
		热惰性指标 $D\leqslant 2.5$	热惰性指标 $D>2.5$
夏热冬冷地区	体形系数≤0.40	1.0	1.5
	体形系数>0.40	0.80	1.0
夏热冬暖地区		$0.4<K\leqslant 0.9$，$D\geqslant 3.0$ 或 $1.5<K\leqslant 2.0$，$D\geqslant 2.8$ 或 $0.7<K\leqslant 1.5$，$D\geqslant 2.5$ $K\leqslant 0.7$	

（2）技术要点

1）保温系统构造

常见外墙外保温系统的构造层次及组成材料见表 3-7。

外墙外保温构造层次与组成材料 **表 3-7**

应用系统	系统构造层次与组成材料				
	粘结层(或界面层)①	保温层②	防护层③	饰面层④	构造示意图
膨胀聚苯板(挤塑聚苯板、矿棉板)薄抹灰系统	粘结胶浆(与辅助机械锚固)	阻燃型膨胀聚苯板(挤塑聚苯板、半硬质矿棉板)	抹面胶浆＋耐碱玻纤网布	面层涂料(＋罩面涂料)	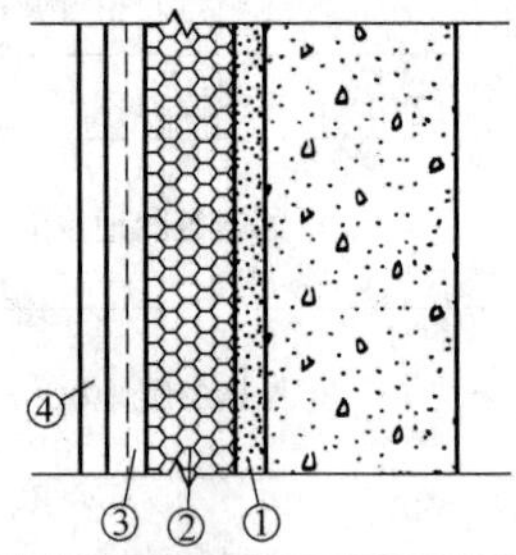 ④ ③ ② ①
胶粉聚苯颗粒保温浆料系统	界面砂浆	胶粉聚苯颗粒保温浆料	聚合物改性水泥抗裂砂浆＋耐碱玻纤网布＋底层涂料	柔性耐水腻子＋面层涂料	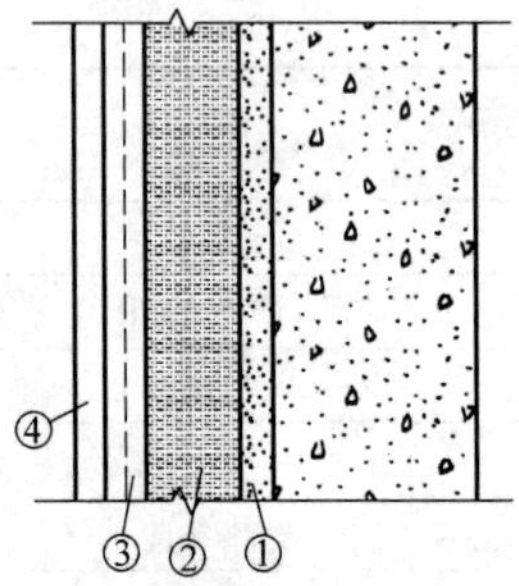 ④ ③ ② ①
砂加气块系统	专用粘结剂	砂加气块(B04级、B05级)	专用抗渗防水剂＋柔性腻子＋耐碱玻纤网布	面层涂料	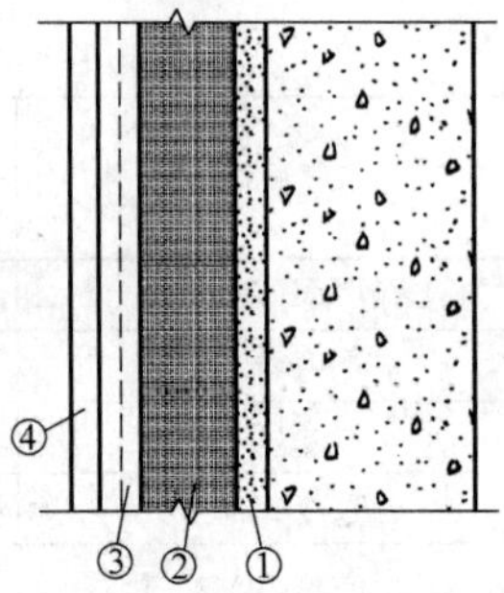 ④ ③ ② ①

续表

应用系统	系统构造层次与组成材料				
	粘结层(或界面层)①	保温层②	防护层③	饰面层④	构造示意图
聚氨酯外墙保温板系统	专用粘结剂	聚氨酯外墙保温板		嵌缝批平扩膏＋面层涂料(包括仿石面层)	④ ③ ② ①

外墙内保温系统的构造见图 3-6～图 3-8。

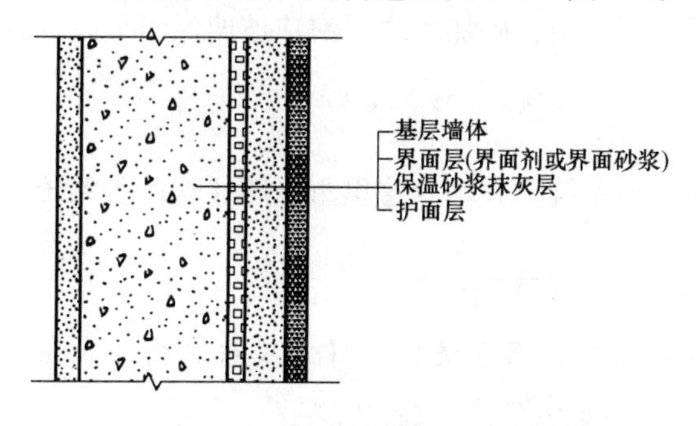

图 3-6 保温砂浆抹灰内保温构造

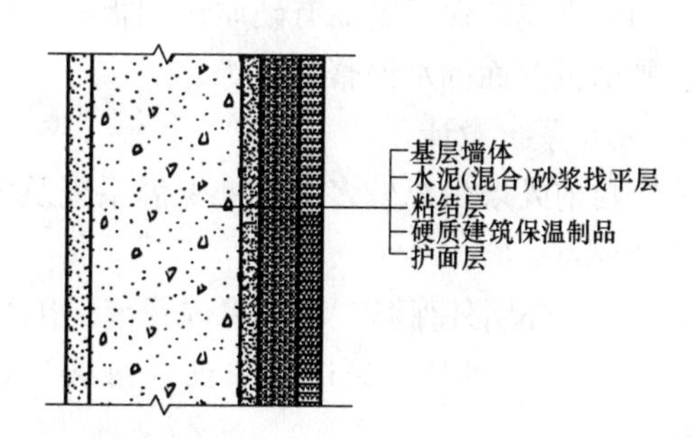

图 3-7 墙体内贴硬质建筑保温制品基本构造

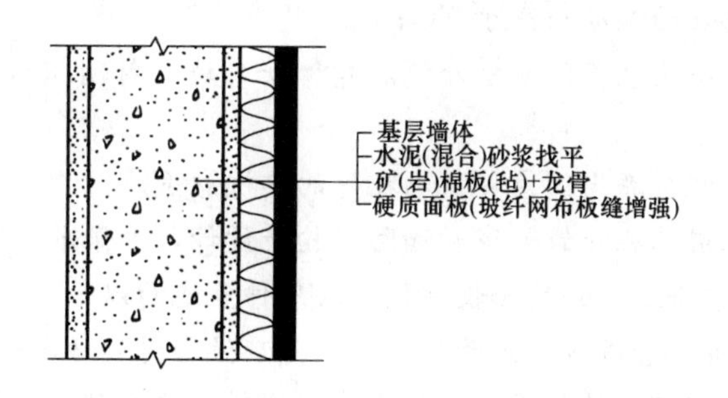

图 3-8 矿（岩）棉板（毡）挂装做法基本构造

2）保温材料

根据不同气候区建筑节能标准限值要求以及保温材料本身的热工性能，保温材料应用厚度有相应的规定要求，例如上海市外墙外保温层材料最小应用厚度见表 3-8。

外墙内保温可采用保温砂浆抹灰、硬质建筑保温制品内贴以及保温层挂装等做法。保温砂浆抹灰可采用的材料有胶粉聚苯颗粒保温浆料、复合硅酸盐保温砂浆以及稀土复合保温砂浆等，保温砂浆抹灰层的最大厚度不应大于 40mm。

外墙外保温层材料最小应用厚度 **表3-8**

分类	基层墙体		保温层材料最小应用厚度 ζ_{min}(mm)						
			膨胀聚苯板	挤塑聚苯板	胶粉聚苯颗粒保温浆料	砂加气块		聚氨酯外墙保温板	半硬质矿棉板
						B04级	B05级		
1	240多孔黏土砖(KP1型)墙		30	25	20	40	40	20	30
2	190型单排孔灌芯型小砌块墙		30	25	25	50	60	20	30
	190双排孔小砌块墙(盲孔)		30	25	40	50	50	25	25
	190三排孔小砌块墙(盲孔)		30	25	35	50	50	25	35
3	混凝土多孔砖墙	240八孔砖	30	25	20	40	50	20	30
		190八孔砖	30	25	35	50	50	25	35
		190六空砖	30	25	30	50	60	25	35
4	钢筋混凝土墙	200厚	30	25	30	60	—	30	30
		250厚	30	25	25	60	—	20	30

对需要补充热阻较多的墙体，宜采用硬质建筑保温制品内保温的形式。可用于外墙内贴的硬质建筑保温制品有硬质矿棉板、石膏玻璃棉板、砂加气块、泡沫玻璃保温板以及有硬质面板覆面的水泥聚苯板等。

3）系统设计

目前外墙保温较多应用外保温系统及内保温系统形式，故这里重点阐述这两种系统的设计要点。

①《外墙外保温工程技术规程范》JGJ 144—2004规定：

5.1.1 外墙外保温工程设计应选用适宜的外保温系统，不得更改系统构造和组成材料。

5.1.2 外墙外保温工程的热工和节能设计应符合下列规定：

1 保温层内表面温度应高于0℃；

2 外保温系统应包覆门窗框外侧洞口、女儿墙、封闭阳台以及出挑构件等热桥部位；

3 外保温系统应考虑固定件、承托件的热桥影响。

5.1.3 外墙外保温工程应做好密封和防水构造设计，确保水不会渗入保温层及基层，重要部位应有详图。水平或倾斜的出挑部位以及延伸至地面以下的部位应做防水处理。在外保温系统安装的设备或管道应固定于基层上，并应做密封和防水设计。

5.1.4 外墙外保温工程的饰面层宜优先采用涂料、饰面砂浆等轻质材料。

5.1.5 外保温系统宜采用不燃保温材料或不具有火焰传播性的难燃保温材料；对于采用可燃材料作保温层的薄抹灰外保温系统和保温装饰板系统，应采用下列防火构造措施：

1 建筑物首层抹面层的厚度应不小于8mm；

2 抹面层增强网应加设金属锚栓与基层墙体固定，且每平方米应不少于2个；

3 抹面层厚度小于5mm时，宜使用不燃材料在窗口上沿设置挡火梁（防火构造）；

4 建筑物高度在24m以上时，首层与二层或二层与三层之间应设置防火隔离带；24m以上宜使用不燃材料在窗口上沿设置挡火梁（防火构造），并每隔2层设置防火隔离带。

②《外墙内保温工程技术规程范》JGJ/T 261—2011规定：

5.1.1 内保温工程应合理选用内保温系统，并应确保系统各项性能满足具体工程的要求。

5.1.2 内保温工程的热工和节能设计应符合下列规定：

1 外墙平均传热系数应符合国家现行建筑节能标准对外墙的要求。

2 外墙热桥部位内表面温度不应低于室内空气在设计文档、湿度条件下的露点温度，必要时应进行保温处理。

3 内保温复合墙体内部有可能出现冷凝时，应进行冷凝受潮验算，必要时应设置隔汽层。

5.1.3 内保温工程砌体外墙或框架填充外墙，在混凝土构件外露时，应在其外侧面加强保温处理。

5.1.4 内保温工程宜在墙体易裂部位及与屋面板、楼板交接部位采取抗裂构造措施。

5.1.5 内保温系统各构造层组成材料的选择，应符合下列规定：

1 保温板及复合板与基层墙体的粘结，可采用胶粘剂或粘结石膏。当用于厨房、卫生间等潮湿环境或饰面层为面砖时，应采用胶粘剂。

2 厨房、卫生间等潮湿环境或饰面层为面砖时不得使用粉刷石膏抹面。

3 无机保温板或保温砂浆的抹面层的增强材料宜采用耐碱玻璃纤维网布。有机保温材料的抹面层为抹面胶浆时，其增强材料可选用涂塑中碱玻璃纤维网布；当抹面层为粉刷石膏时，其增强材料可选用中碱玻璃纤维网布。

4 当内保温工程用于厨房、卫生间等潮湿环境采用腻子时，应选用耐水型腻子；在低收缩性面板上刮涂腻子时，可选普通型腻子；保温层尺寸稳定性差或面层材料收缩值大时，宜选用弹性腻子，不得选用普通型腻子。

5.1.6 设计保温层厚度时，保温材料的导热系数应进行修正。

5.1.7 有机保温材料应采用不燃材料或难燃材料做防护层，且防护层厚度不应小于6mm。

5.1.8 门窗四角和外墙阴阳角等处的内保温工程抹面层中，应设置附加增强网布。门窗洞口内侧面应做保温。

5.1.9 在内保温复合墙体上安装设备、管道或悬挂重物时，其支撑的埋件应固定于基层墙体上，并应做密封设计。

5.1.10 内保温基层墙体应具有防水能力。

4. 相关标准、规范及图集

(1)《公共建筑节能设计标准》GB 50189—2015；

(2)《严寒及寒冷地区居住建筑节能设计标准》JGJ 26—2010；

(3)《夏热冬冷地区居住建筑节能设计标准》JGJ 134—2010；

(4)《夏热冬暖地区居住建筑节能设计标准》JGJ 75—2012；

(5)《外墙外保温工程技术规程范》JGJ 144—2004；

(6)《外墙内保温工程技术规程范》JGJ/T 261—2011；

(7)《膨胀聚苯板薄抹灰外墙外保温系统》JG 149—2003；

(8)《胶粉聚苯颗粒薄抹灰外墙外保温系统》JG/T 158—2013；

(9)《硬泡聚氨酯保温防水工程技术规程》GB 50404—2007；

(10)《外墙外保温建筑构造图集》10J 121；

(11)《外墙内保温建筑构造图集》11J 122；

(12)《外墙自保温构造图集》10ZJ 106。

5. 参考案例

安徽合肥某绿色建筑一星级住宅项目，其围护结构做法如下：

屋面类型（自上而下）：细石混凝土（内配筋）(40.0mm)＋粉煤灰陶粒混凝土1(30.0mm)＋水泥砂浆（20.0mm)＋无机保温板（60.0mm)＋水泥砂浆（20.0mm)＋钢筋混凝土（120.0mm)＋石灰水泥砂浆（20.0mm)，石灰粉刷墙面的太阳辐射吸收系数0.48。经计算，屋面传热系数为0.85W/(m^2·K)。

外墙主体类型（自外至内)：耐碱玻纤网格布抗裂砂浆（6.0mm)＋膨胀玻化微珠保温砂浆Ⅰ型（35.0mm)＋煤矸石烧结多孔砖（200.0mm)＋石灰水泥砂浆（20.0mm)，浅色饰面砖及浅色涂料的太阳辐射吸收系数0.50。经计算，外墙主体传热系数为1.08W/(m^2·K)。

热桥柱（框架柱）构造类型1：耐碱玻纤网格布抗裂砂浆（6.0mm)＋膨胀玻化微珠保温砂浆Ⅰ型（35.0mm)＋钢筋混凝土（200.0mm)＋水泥砂浆（20.0mm)。经计算，传热系数为1.44W/(m^2·K)。

热桥梁（圈梁或框架梁）构造类型1：耐碱玻纤网格布抗裂砂浆（6.0mm)＋膨胀玻化微珠保温砂浆Ⅰ型（35.0mm)＋钢筋混凝土（200.0mm)＋水泥砂浆（20.0mm)。经计算，传热系数为1.44W/(m^2·K)。

热桥楼板（墙内楼板）构造类型1：耐碱玻纤网格布抗裂砂浆（6.0mm)＋膨胀玻化微珠保温砂浆Ⅰ型（35.0mm)＋钢筋混凝土（200.0mm)。经计算，传热系数为1.49W/(m^2·K)。

外墙加权平均传热系数为1.28W/(m^2·K)。

该项目选择的保温材料为无机保温砂浆，具有A级不燃，抗压强度高，传热系数满足《安徽省居住建筑节能设计标准》DB34/1466—2011中对外墙传热系数不大于1.5W/(m^2·K)，屋顶传热系数不大于1.0 W/(m^2·K）的限值要求。

3.1.3　屋面保温

建筑屋面是建筑的重要组成部分，也是建筑围护结构冷热损耗占比较大的部位，因此提升建筑屋面保温性能有利于提升室内热舒适水平，降低空调能耗。

1. 技术简介

屋面分为坡屋面和平屋面两种，屋面保温是指在屋面构造上增加保温层以提升屋面的保温隔热性能。坡屋面必须有保温隔热层。对于以钢筋混凝土为基层（结构层）的坡屋面，保温层应设在基层上侧；以轻钢筋结构为基层的坡屋面，保温层宜分别设置在基层上侧和下侧；采用蒸压加气混凝土屋面板作屋面基层并满足要求厚度者，屋面可不另设保温层。平屋面保温根据屋面的构造形式分为正置屋面保温以及倒置屋面保温，见图 3-9。

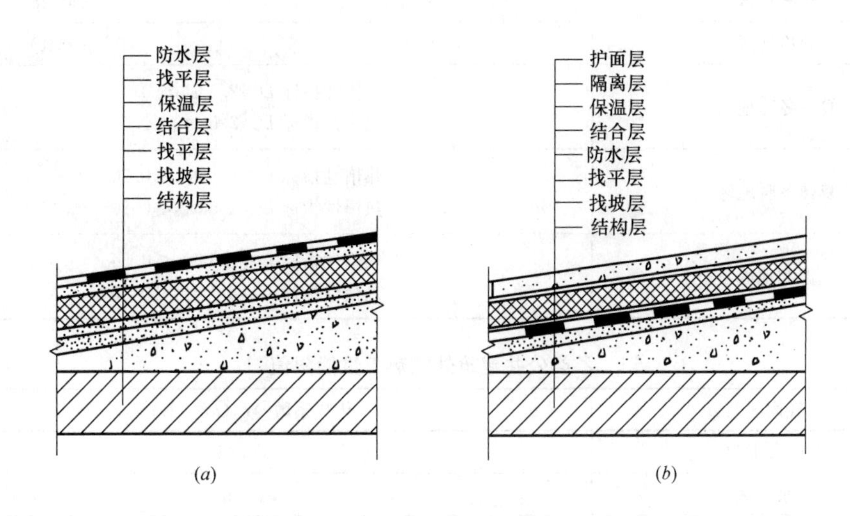

图 3-9　平屋面两种屋面保温构造形式

(*a*) 正置屋面保温构造；(*b*) 倒置屋面保温构造

屋面保温层应根据屋面所需传热系数或热阻选择轻质、高效的保温材料，保温层可以选择板状材料、纤维材料和整体材料，板状材料有聚苯乙烯泡沫塑料、硬质聚氨酯泡沫塑料、膨胀珍珠岩制品、泡沫玻璃保温板、加气混凝土砌块、泡沫混凝土砌块。屋面保温材料的选用与屋面的类型有关，屋面一般分为上人屋面和不上人屋面，两种采用的保温材料基本一样的，其区别主要是上人屋面的保温材料必须具有一定的强度。

2. 适用范围

屋面保温适用于各类民用建筑，其中上人屋面应采用具有一定强度的保温材料，如挤塑聚苯板等。

3. 技术要点

(1) 技术指标

《绿色建筑评价标准》第 5.2.3 条规定：围护结构热工性能指标优于国家现行相关建筑节能设计标准的规定：①围护结构热工性能比国家现行相关建筑节能设计标准规定的提高幅度达到 5%，得 5 分；达到 10%，得 10 分。②供暖空调全年计算负荷降低幅度达到 5%，得 5 分；达到 10%，得 10 分。

屋面也是围护结构重要的部分，衡量其保温效果的主要技术指标为传热系数，国家标准《公共建筑节能设计标准》GB 50189—2015 和行业标准《严寒和寒冷地区居住建筑节能设计标准》JGJ 26—2010、《夏热冬冷地区居住建筑节能设计标准》JGJ 134—2010、《夏热冬暖地区居住建筑节能设计标准》JGJ 75—2012 对屋面的传热系数做出了具体规定，详见表 3-9～表 3-12。

甲类公共建筑屋面热工性能参数限值　表 3-9

气候区	传热系数[W/(m²·K)]	
	体形系数≤0.30	0.30<体形系数≤0.50
严寒 A、B 区	≤0.28	≤0.25
严寒 C 区	≤0.35	≤0.28
寒冷地区	≤0.45	≤0.40
夏热冬冷地区	热惰性指标 D≤2.5 时，≤0.40 热惰性指标 D>2.5 时，≤0.50	
夏热冬暖地区	热惰性指标 D≤2.5 时，≤0.50 热惰性指标 D>2.5 时，≤0.80	
温和地区	热惰性指标 D≤2.5 时，≤0.50 热惰性指标 D>2.5 时，≤0.80	

乙类公共建筑外墙热工性能限值　表 3-10

气候区	传热系数[W/(m²·K)]
严寒 A、B 区	≤0.35
严寒 C 区	≤0.45
寒冷地区	≤0.55
夏热冬冷地区	≤0.70
夏热冬暖地区	≤0.90

严寒和寒冷地区居住建筑屋面热工性能参数限值　表 3-11

气候区	传热系数[W/(m²·K)]		
	≤3 层建筑	4～8 层的建筑	≥9 层建筑
严寒(A)区	0.20	0.25	0.25
严寒(B)区	0.25	0.30	0.30
严寒(C)区	0.30	0.40	0.40
寒冷(A)区	0.35	0.45	0.45
寒冷(B)区	0.35	0.45	0.45

夏热冬冷和夏热冬暖地区居住建筑屋面热工性能限值　表 3-12

气候区		传热系数 K[W/(m²·K)]	
		热惰性指标 D≤2.5	热惰性指标 D>2.5
夏热冬冷地区	体形系数≤0.40	0.8	1.0
	体形系数>0.40	0.5	0.6
夏热冬暖地区		0.4<K≤0.9，D≥2.5 K≤0.4	

（2）设计要点

1）坡屋面

坡屋面分为瓦材钉挂型和瓦材粘铺型以及有无细石混凝土整浇层等四种构造类型，详见图 3-10。四种类型的坡屋面本身的热阻（R）、传热阻（R_o）和 D 值以及为满足节能要求应由保温层补充的热阻（R_b）和热惰性指标值（D_b）可按表 3-13 采用。

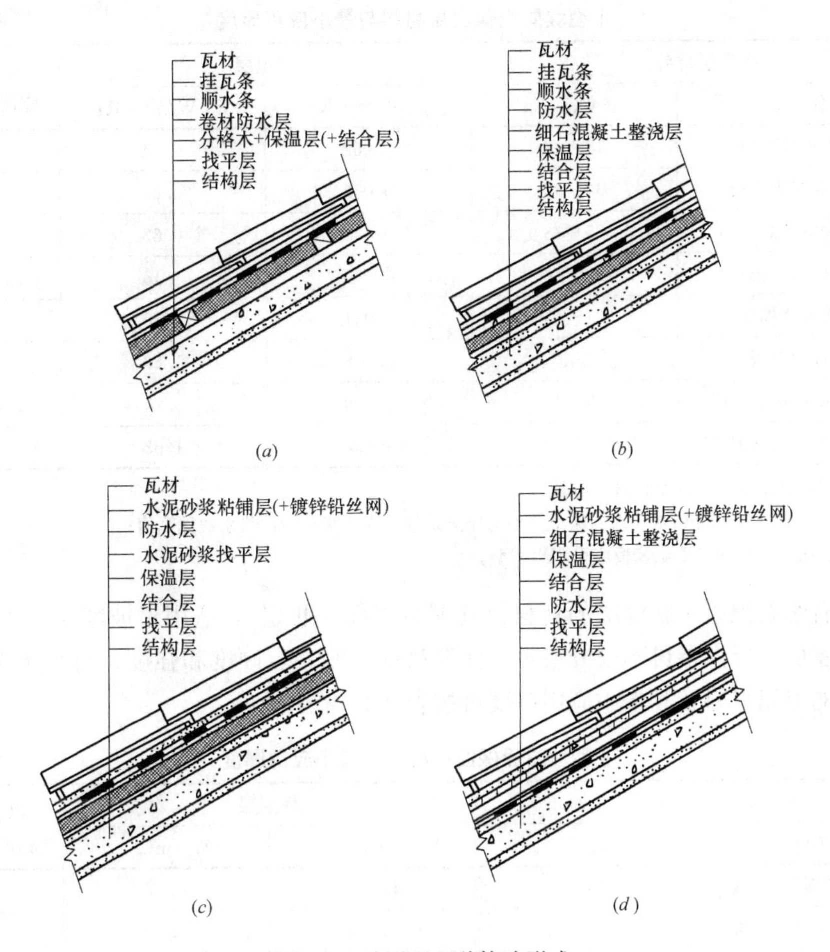

图 3-10 坡屋面四种构造形式

(a) Ⅰ型瓦材钉挂型无细石混凝土整浇层；(b) Ⅱ型瓦材钉挂型有细石混凝土整浇层

(c) Ⅲ型瓦材粘铺型无细石混凝土整浇层；(d) Ⅳ型瓦材粘铺型有细石混凝土整浇层

四种类型坡屋面的 R_b 和 D_b 值 **表 3-13**

坡屋面基本热工性能					$K≤1.0W/(m^2·K)$		$K≤0.8W/(m^2·K)$	
类型	构造	R $(m^2·K/W)$	R_0 $(m^2·K/W)$	D	R_b $(m^2·K/W)$	D_b	R_b $(m^2·K/W)$	D_b
Ⅰ	瓦材钉挂型无细石混凝土	0.10	0.25	1.45	≥0.75	≥1.55	≥1.00	≥1.05
Ⅱ	瓦材钉挂型有细石混凝土	0.12	0.27	1.85	≥0.73	≥1.1.5	≥0.98	≥0.65
Ⅲ	瓦材粘铺型无细石混凝土	0.15	0.30	2.06	≥0.70	≥0.94	≥0.95	≥0.44
Ⅳ	瓦材粘铺型无细石混凝土	0.15	0.30	2.22	≥0.70	≥0.78	≥0.95	≥0.28

注：屋面基本热工性能为无机保温层时的热阻、传热阻和热惰性指标

对于无细石混凝土整浇层的瓦材钉挂型坡屋面（Ⅰ型），保温层应设置在顺水条下面，并采用分格木固定（与挂瓦条平行，宽40，@500），保温材料置于分格木之间。其可选用的保温材料及其最小应用厚度可按表3-14采用。

Ⅰ型坡屋面保温层材料与最小应用厚度　　表3-14

保温层材料		保温层		保温层最小应用厚度(mm)
名称	干密度(kg/m^3)	λ_c(W/m·K)	S_c(W/m^2·K)	
膨胀聚苯板(EPS板)	18～22	0.062	0.74	60
高密度膨胀聚苯板	30～32	0.052	0.68	50
挤塑聚苯板(XPS板)	25～38	0.042	0.63	45
半硬质矿(岩)棉板	100～180	0.065	1.15	50
半硬质玻璃棉板	32～48	0.061	0.80	60
石膏玻璃棉板	350	0.088	1.89	60
硬质聚氨酯泡沫塑料板	55～70	0.039	0.74	40
胶粉聚苯颗粒屋面保温浆料	250	0083	1.53	60

注：1. 其他性能良好的新型材料也可采用；
2. λ_c，S_c为包括分格木在内的保温层平均导热系数计算值和平均蓄热系数计算值；
3. 膨胀聚苯板和挤塑聚苯板应采用阻燃型。

对于有细石混凝土整浇层的瓦材钉挂型坡屋面（Ⅱ型），适用于坡度≤30°的坡屋面。对这类坡屋面，保温层可不设分格木，保温材料应有一定硬度和强度，且吸水率宜较小。其可选用的保温材料及其最小应用厚度可按表3-15采用。

Ⅱ型坡屋面保温层材料与最小应用厚度　　表3-15

保温层材料		保温层		保温层最小应用厚度(mm)
名称	干密度(kg/m^3)	λ_c[W/(m·K)]	S_c[W/(m^2·K)]	
膨胀聚苯板(EPS板)	18～22	0.055	0.47	55
高密度膨胀聚苯板	30～32	0.044	0.40	45
挤塑聚苯板(XPS板)	25～38	0.033	0.35	35
硬质聚氨酯泡沫塑料板	55～70	0.030	0.47	30
石膏玻璃棉板	350	0.084	1.72	60
泡沫玻璃保温板	150～180	0.073	0.89	55
憎水膨胀珍珠岩制品	250	0.108	1.86	80
水泥聚苯板	300	0.135	2.31	100

瓦材粘铺型坡屋面，包括保温层上面有无细石混凝土整浇层（Ⅲ、Ⅳ型），保温层材料的选用及最小应用厚度均与Ⅱ型坡屋面相同（表3-15）。

对于瓦材钉挂型坡屋面（Ⅰ、Ⅱ型），可利用顺水条之间的空间，采用保温隔热膜（一种双面或单面镀铝的新型反射有机薄膜材料）组成封闭的单面铝箔空气间层。保温隔热膜的镀铝面应面向封闭空气层，顺水条厚度不应小于40mm。采用该材料后屋面保温层材料的最小应用厚度符合表3-16的要求。

有保温隔热膜空气间层坡屋面的保温层材料最小应用厚度　　表 3-16

保温层材料		保温层最小应用厚度(mm)	
名称	干密度(kg/m³)	Ⅰ型坡屋面	Ⅱ型坡屋面
膨胀聚苯板	18～22	40	35
高密度膨胀聚苯板	30～32	35	30
挤塑聚苯板	25～38	25	25
硬质聚氨酯泡沫塑料板	55～70	25	20
石膏玻璃棉板	350	40	35
半硬质矿(岩)棉板	100～180	40	—
半硬质玻璃棉板	32～48	40	—
胶粉聚苯颗粒屋面保温浆料	250	45	—
泡沫玻璃保温板	150～180	—	45
憎水膨胀珍珠岩制品	250	—	50
水泥聚苯板	300	—	60

采用轻钢构架作结构层的坡屋面，宜采用瓦材挂型。保温层宜设置在轻钢檩条上侧和下侧。上侧保温层采用分格木（宽 50，@600）固定，下侧保温层由木龙骨（宽 40，间距同轻钢檩条）与保温材料组成，并用硬质面板封底（水泥纤维加压板、纸面石膏板等），构造如图 3-11 所示。保温材料宜采用半硬质矿（岩）棉板或石膏玻璃棉板，其在上、下侧的最小应用厚度不应小于 50mm 和 40mm。

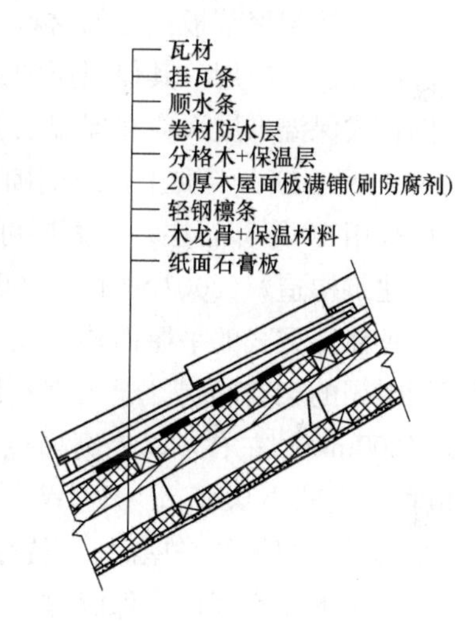

图 3-11　轻钢结构坡屋面保温层构造

以蒸压砂加气混凝土屋面板作结构层的坡屋面，屋面板厚度不应小于 250mm。屋面的构造做法可参照《YTONG 轻质砂加气混凝土板建筑构造图》（2000 沪 J/T-108）。如屋面板厚度小于 250mm，应在屋面板上粘铺砂加气块补足厚度。

2）平屋面保温

平屋面保温层的构造方式有正置式和倒置式两种，两种保温方式的基本构造见图3-7。在可能的条件下应优先采用倒置式保温。

平屋面正置式保温可选用的保温材料有膨胀聚苯板、高密度膨胀聚苯板、挤塑聚苯板、聚氨酯泡沫塑料、石膏玻璃棉板、胶粉聚苯颗粒屋面保温浆料、水泥聚苯板、泡沫玻璃保温板等，其最小应用厚度应满足表 3-17 的要求。

平屋面保温材料最小应用厚度　　表 3-17

保温层材料名称	找坡层平均厚度 80mm		找坡层平均厚度 160mm	
	找坡做法①	找坡做法②	找坡做法①	找坡做法②
膨胀聚苯板	40	30	35	20
高密度膨胀聚苯板	30	25	25	20

续表

保温层材料名称	找坡层平均厚度 80mm		找坡层平均厚度 160mm	
	找坡做法①	找坡做法②	找坡做法①	找坡做法②
挤塑聚苯板	25	20	20	20
聚氨酯泡沫塑料	20	20	20	20
石膏玻璃棉板	55	45	50	30
胶粉聚苯颗粒屋面保温浆料	50	40	45	25
泡沫玻璃保温板	50	40	45	25
水泥聚苯板	90	75	80	45

聚氨酯硬泡体（PURF）材料整体式现场喷涂用于平屋面保温兼防水，外表面应有防辐射涂层或细石混凝土（40厚、双向配筋）保护层。工程的设计与应用应符合聚氨酯硬泡体防水保温工程技术的规定。

倒置式保温平屋面的保温层材料应采用挤塑聚苯板，有关应用性能（如吸水率、压缩强度等）与挤塑聚苯板接近的材料（如泡沫玻璃保温板、硬质聚氨酯保温板等）经工程试用检验认可也可应用。其保温层的最小应用厚度同正置式保温平屋面。

倒置式保温平屋面应在保温层上面设置保护层和隔离层。对上人屋面，保护层可采用40厚双向配筋细石混凝土，或铺砌30～35厚预制混凝土板并下铺粗砂垫层；对不上人屋面，可采用40厚卵石层。隔离层可采用纤维布（一层）。具体做法应符合现行《挤塑板保温屋面建筑构造》（2001沪J/T-206）要求。

两种保温方式的平屋面均可在屋面顶端设置架空通风隔热层或安排屋面绿化，也可设置四周封闭的架空间层。通风架空层宜适当增加屋脊部位（宽度500～1000mm）的架空高度（200mm）左右，以提高通风和隔热效果。如采用封闭的架空间层，屋面保温层的R_b值可相应减小0.15m^2·K/W。

采用结构找坡的平屋面，正置式保温和倒置式保温均可采用，也可在顶端设置通风架空层或封闭的架空间层。保温材料的选用同建筑找坡平屋面，保温层材料的最小厚度应满足表3-18的要求。

结构找坡平屋面保温层最小应用厚度 **表3-18**

保温材料	保温层最小应用厚度(mm)	
	正置式保温	倒置式保温
膨胀聚苯板	55	—
高密度膨胀聚苯板	45	—
挤塑聚苯板	35	35
聚氨酯泡沫塑料	30	30
石膏玻璃棉板	65	—
胶粉聚苯颗粒屋面保温浆料	60	—
泡沫玻璃保温板	75	75
水泥聚苯板	100	—

4. 相关标准、规范及图集

(1)《公共建筑节能设计标准》GB 50189—2015；

(2)《夏热冬冷地区居住建筑节能设计标准》JGJ/T 134—2010；

(3)《夏热冬暖地区居住建筑节能设计标准》JGJ 75—2012；

(4)《严寒及寒冷地区居住建筑节能设计标准》JGJ 26—2010；

(5)《住宅建筑围护结构节能应用技术规程》DG/TJ 08-206—2002；

(6)《倒置式屋面工程技术规程》JGJ 230—2010；

(7)《平屋面建筑构造图集》(倒置式屋面构造做法) 12J201；

(8)《屋面工程技术规范》GB 50345—2012。

5. 参考案例

详见第 3.1.2 节。

3.1.4 节能外窗(含透明玻璃幕墙)

1. 技术简介

窗户是建筑外围护结构的开口部位，除了满足人们对采光、通风、日照、视野等方面的基本要求外，同时还应具备良好的保温、隔热、隔声性能，才能为用户提供安全、舒适的室内环境。采用节能门窗是改善室内热环境质量和提高建筑节能水平的有效途径之一。节能外窗是指采用高性能的玻璃，并辅以保温隔热性能良好的窗框型材的窗户。节能外窗(包括透明幕墙)的热工性能主要与玻璃类型及层数、窗框型材及密封材料有关。

目前常见的高性能玻璃有以下几种：

热反射镀膜玻璃[图 3-12 (*a*)]：又称阳光控制镀膜玻璃，能透过可见光，能将40%～80%的太阳辐射热阻隔在室外，同时可减少眩光和色散，使外观显现不同的色彩。其隔热反射性能一般用遮阳系数来评价，遮阳系数越小，镀膜的性能越好。单片热反射镀膜玻璃会降低玻璃的遮阳系数和可见光透射比，对传热系数基本没多大影响。

中空玻璃：由 2～3 片玻璃与空气间层组合而成，空气间层中充入干燥气体或惰性气体。普通透明中空玻璃的特点是其传热系数比单层玻璃降低一半，保温性能好；隔声量比单玻提高 5dB，隔声性能好；但双层或三层玻璃对遮阳系数的影响较小，对太阳辐射热的隔热反射改善不大。

热反射镀膜中空玻璃：将热反射玻璃与普通透明玻璃合成中空玻璃，集热反射镀膜玻璃与中空玻璃的两种优点于一身，传热系数和遮阳系数都降低，且隔声量高，保温、隔热、隔声综合性能优良。

低辐射(Low-E)镀膜中空玻璃[图 3-12 (*b*)]：Low-E 玻璃是一种含有超薄银层的真空镀膜玻璃，只能中空后使用。具有极低的表面辐射率($E<0.15$)和极高的远红外线(热辐射)反射率，可见光透射比适中(30%～75%)的特性。该类玻璃采用适于夏热冬冷地区及夏热冬暖地区，夏季具有很好的遮阳和阻隔温差热传导效果，冬季亦能保持室内热量改善室内舒适度。Low-E 中空玻璃是目前世界上最理想的窗玻璃材料之一。

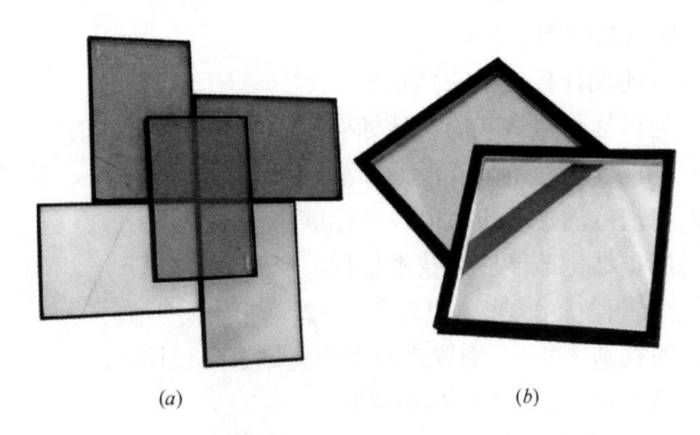

(*a*)　　　　(*b*)

图 3-12　热反射镀膜玻璃和 Low-E 中空玻璃

(*a*) 热反射镀膜玻璃；(*b*) 低辐射镀膜 (Low-E) 中空玻璃

几种常用窗玻璃的性能参数见表 3-19。

几种常用窗玻璃的性能参数　　表 3-19

玻璃类型	空气层厚度 (mm)	传热系数 [W/(m²·K)]	遮阳系数	隔声量(dB)
单层普通玻璃		6.4	0.95	25～30
普通中空玻璃	6	3.4	0.9	30～35
三层中空玻璃	12	2.1	0.81	35～40
热反射中空玻璃	12	2.5	0.31	30～35
低辐射中空玻璃	12	1.6	0.3	30～35

窗框约占外窗洞口面积的 15%～30%，是建筑外窗中能量流失的另一个薄弱环节，因此，窗用型材的选用也是至关重要的。目前节能窗的窗框型材种类很多，有铝合金断热型材、铝木复合型材（图 3-13）、钢塑整体挤出型材以及 UPVC（硬质聚氯乙烯）塑料型材（图 3-14）等。

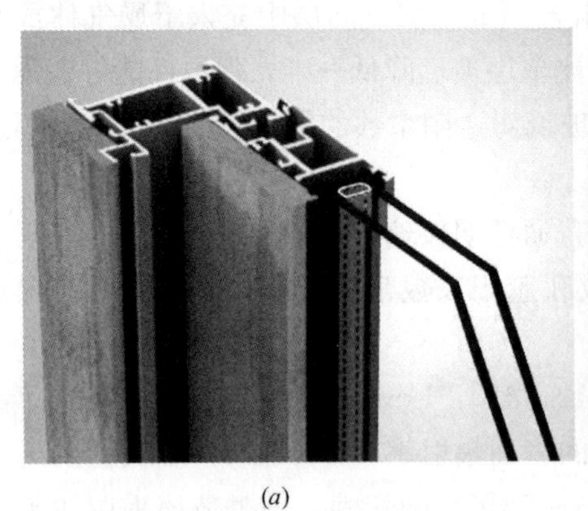

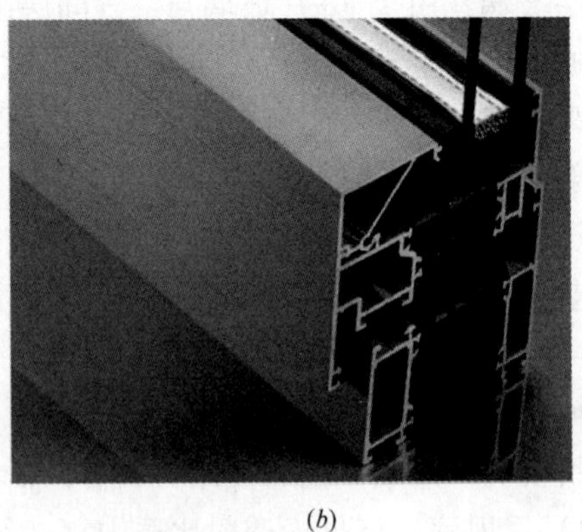

(*a*)　　　　(*b*)

图 3-13　铝木复合型材和铝合金断热型材

(*a*) 铝木复合型材；(*b*) 铝合金断热型材

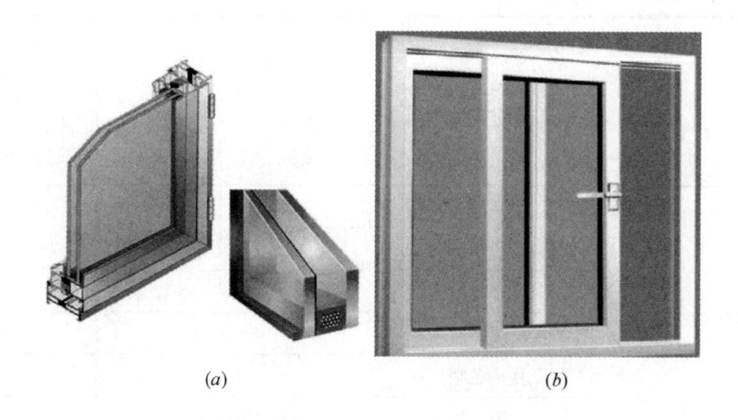

(*a*) (*b*)

图 3-14 钢塑整体挤出型材及 UPVC 型材

（*a*）钢塑整体挤出型材；（*b*）UPVC 型材外窗

2. 适用范围

适用于所有民用建筑的外窗（含透明玻璃幕墙）。

3. 技术要点

（1）技术指标

《绿色建筑评价标准》第 5.2.3 条规定：围护结构热工性能指标优于国家现行相关建筑节能设计标准的规定：①围护结构热工性能比国家现行相关建筑节能设计标准规定的提高幅度达到 5%，得 5 分；达到 10%，得 10 分。②供暖空调全年计算负荷降低幅度达到 5%，得 5 分；达到 10%，得 10 分。

外窗在围护结构形成的负荷中占比较大，衡量外窗（含透明玻璃幕墙）节能性能的主要技术指标有传热系数、遮阳系数、气密性等。国家标准《公共建筑节能设计标准》GB 50189—2015 和行业标准《严寒和寒冷地区居住建筑节能设计标准》JGJ 26—2010、《夏热冬冷地区居住建筑节能设计标准》JGJ 134—2010、《夏热冬暖地区居住建筑节能设计标准》JGJ 75—2012 对外窗的传热系数和遮阳系数均做出了具体规定，详见表 3-20～表 3-24。

甲类公共建筑外窗（包括透光幕墙）热工性能限值 **表 3-20**

外窗（包括透光幕墙）	气候区	传热系数[W/(m²·K)]		太阳得热系数 SHGC（东、南、西向/北向）	
		体形系数≤0.30	0.30<体形系数≤0.50	体形系数≤0.30	0.30<体形系数≤0.50
窗墙面积比≤0.20	严寒 A、B 区	≤2.7	≤2.5	—	—
	严寒 C 区	≤2.9	≤2.7	—	—
	寒冷地区	≤3.0	≤2.8	≤0.52/—	≤0.52/—
	夏热冬冷地区	≤3.5		—	
	夏热冬暖地区	≤5.2		≤0.52/—	
	温和地区	≤5.2		≤0.44/0.48	

续表

外窗(包括透光幕墙)	气候区	传热系数[W/(m²·K)]		太阳得热系数SHGC(东、南、西向/北向)	
		体形系数≤0.30	0.30<体形系数≤0.50	体形系数≤0.30	0.30<体形系数≤0.50
0.20<窗墙面积比≤0.30	严寒A、B区	≤2.5	≤2.3	—	—
	严寒C区	≤2.6	≤2.4	—	—
	寒冷地区	≤2.7	≤2.5	≤0.48/—	≤0.48/—
	夏热冬冷地区	≤3.0		≤0.44/0.48	
	夏热冬暖地区	≤4.0		≤0.44/0.52	
	温和地区	≤4.0		≤0.40/0.44	
0.30<窗墙面积比≤0.40	严寒A、B区	≤2.2	≤2.0	—	—
	严寒C区	≤2.3	≤2.1	—	—
	寒冷地区	≤2.4	≤2.2		
	夏热冬冷地区	≤2.6		≤0.40/0.44	
	夏热冬暖地区	≤3.0		≤0.35/0.44	
	温和地区	≤3.0		≤0.40/0.44	
0.40<窗墙面积比≤0.50	严寒A、B区	≤1.9	≤1.7	—	—
	严寒C区	≤2.0	≤1.7	—	—
	寒冷地区	≤2.2	≤1.9	≤0.43/—	≤0.43/—
	夏热冬冷地区	≤2.4		≤0.35/0.40	
	夏热冬暖地区	≤2.7		≤0.35/0.40	
	温和地区	≤2.7		≤0.35/0.40	
0.50<窗墙面积比≤0.60	严寒A、B区	≤1.6	≤1.4	—	—
	严寒C区	≤1.7	≤1.5	—	—
	寒冷地区	≤2.0	≤1.7	≤0.40/—	≤0.40/—
	夏热冬冷地区	≤2.2		≤0.35/0.40	
	夏热冬暖地区	≤2.5		≤0.26/0.35	
	温和地区	≤2.5		≤0.35/0.40	
0.60<窗墙面积比≤0.70	严寒A、B区	≤1.5	≤1.4	—	—
	严寒C区	≤1.7	≤1.5	—	—
	寒冷地区	≤1.9	≤1.7	≤0.35/0.60	≤0.35/0.60
	夏热冬冷地区	≤2.2		≤0.30/0.35	
	夏热冬暖地区	≤2.5		≤0.24/0.30	
	温和地区	≤2.5		≤0.30/0.35	
0.70<窗墙面积比≤0.80	严寒A、B区	≤1.4	≤1.3	—	—
	严寒C区	≤1.5	≤1.4	—	—
	寒冷地区	≤1.6	≤1.5	≤0.35/0.52	≤0.35/0.52

续表

外窗(包括透光幕墙)	气候区	传热系数[W/(m²·K)]		太阳得热系数 SHGC(东、南、西向/北向)	
		体形系数≤0.30	0.30＜体形系数≤0.50	体形系数≤0.30	0.30＜体形系数≤0.50
0.70＜窗墙面积比≤0.80	夏热冬冷地区	≤2.0		≤0.26/0.35	
	夏热冬暖地区	≤2.5		≤0.22/0.26	
	温和地区	≤2.5		≤0.26/0.35	
窗墙面积比＞0.80	严寒 A、B 区	≤1.3	≤1.2	—	—
	严寒 C 区	≤1.4	≤1.3	—	—
	寒冷地区	≤1.5	≤1.4	≤0.30/0.52	≤0.30/0.52
	夏热冬冷地区	≤1.8		≤0.24/0.30	
	夏热冬暖地区	≤2.0		≤0.18/0.26	
	温和地区	≤2.0		≤0.24/0.30	

乙类公共建筑外窗（包括透光幕墙）热工性能限值　　表 3-21

围护结构部位	传热系数[W/(m²·K)]						太阳得热系数 SHGC	
外窗(包括透光幕墙)	严寒 A、B 区	严寒 C 区	寒冷地区	夏热冬冷地区	夏热冬暖地区	寒冷地区	夏热冬冷地区	夏热冬暖地区
单一立面外窗(包括透光幕墙)	≤2.0	≤2.2	≤2.5	≤3.0	≤4.0	—	≤0.52	≤0.48
屋顶透光部分(屋顶透光部分面积≤20%)	≤2.0	≤2.2	≤2.5	≤3.0	≤4.0	≤0.44	≤0.35	≤0.30

严寒和寒冷地区居住建筑外窗传热系数限值　　表 3-22

气候区	窗墙面积比	传热系数 K		
		≤3 层建筑	4～8 层的建筑	≥9 层建筑
严寒(A)区	窗墙面积比≤0.20	2.0	2.5	2.5
	0.20＜窗墙面积比≤0.30	1.8	2.0	2.2
	0.30＜窗墙面积比≤0.40	1.6	1.8	2.0
	0.40＜窗墙面积比≤0.45	1.5	1.6	1.8
严寒(B)区	窗墙面积比≤0.20	2.0	2.5	2.5
	0.20＜窗墙面积比≤0.30	1.8	2.2	2.2
	0.30＜窗墙面积比≤0.40	1.6	1.9	2.0
	0.40＜窗墙面积比≤0.45	1.5	1.7	1.8
严寒(C)区	窗墙面积比≤0.20	2.0	2.5	2.5
	0.20＜窗墙面积比≤0.30	1.8	2.2	2.2
	0.30＜窗墙面积比≤0.40	1.6	1.9	2.0
	0.40＜窗墙面积比≤0.45	1.5	1.8	1.8

续表

气候区	窗墙面积比	传热系数 K		
		≤3层建筑	4～8层的建筑	≥9层建筑
寒冷(A、B)区	窗墙面积比≤0.20	2.8	3.1	3.1
	0.20＜窗墙面积比≤0.30	2.5	2.8	2.8
	0.30＜窗墙面积比≤0.40	2.0	2.5	2.5
	0.40＜窗墙面积比≤0.45	1.8	2.0	2.3

寒冷（B）区外窗综合遮阳系数限值　　　　**表3-23**

气候区	窗墙面积比	遮阳系数 SC(东、西向/南、北向)		
		≤3层建筑	4～8层的建筑	≥9层建筑
严寒(A)区	窗墙面积比≤0.20	—/—	—/—	—/—
	0.20＜窗墙面积比≤0.30	—/—	—/—	—/—
	0.30＜窗墙面积比≤0.40	0.45/—	0.45/—	0.45/—
	0.40＜窗墙面积比≤0.45	0.35/—	0.35/—	0.35/—

夏热冬冷地区居住建筑外窗传热系数和综合遮阳系数限值　　　　**表3-24**

建筑	窗墙面积比	传热系数 K[W/m^2·K]	外窗综合遮阳系数 SC_w（东、西向/南向）
体形系数≤0.40	窗墙面积比≤0.20	4.7	—/—
	0.20＜窗墙面积比≤0.30	4.0	—/—
	0.30＜窗墙面积比≤0.40	3.2	夏季≤0.40/夏季≤0.45
	0.40＜窗墙面积比≤0.45	2.8	夏季≤0.35/夏季≤0.40
	0.45＜窗墙面积比≤0.60	2.5	东、西、南向设置外遮阳 夏季≤0.25 冬季≥0.60
体形系数＞0.40	窗墙面积比≤0.20	4.0	—/—
	0.20＜窗墙面积比≤0.30	3.2	—/—
	0.30＜窗墙面积比≤0.40	2.8	夏季≤0.40/夏季≤0.45
	0.40＜窗墙面积比≤0.45	2.5	夏季≤0.35/夏季≤0.40
	0.45＜窗墙面积比≤0.60	2.3	东、西、南向设置外遮阳 夏季≤0.25 冬季≥0.60

对于外窗气密性、水密性、抗风压性能，目前国家标准《建筑外窗气密、水密、抗风压性能分级及检测方法》GB/T 7106—2008中的分级要求见表3-25。

建筑外窗气密性能分级表　　　　**表3-25**

分级	1	2	3	4	5	6	7	8
单位缝长分级指标值 q_1 [m^3/(m·h)]	4.0≥q_1＞3.5	3.5≥q_1＞3.0	3.0≥q_1＞2.5	2.5≥q_1＞2.0	2.0≥q_1＞1.5	1.5≥q_1＞1.0	1.0≥q_1＞0.5	q_1≤0.5
单位面积分级指标值 q_2 [m^3/(m^2·h)]	12≥q_2＞10.5	10.5≥q_2＞9.0	9.0≥q_2＞7.5	7.5≥q_2＞6.0	6.0≥q_2＞4.5	4.5≥q_2＞3.0	3.0≥q_2＞1.5	q_2≤1.5

对于外窗气密性，《夏热冬冷地区居住建筑节能设计标准》JGJ 134—2010 第 4.0.9 条有具体要求：建筑物一～六层的外窗及敞开式阳台门的气密性等级，不应低于国家标准《建筑外窗气密、水密、抗风压性能分级及检测方法》GB/T 7106—2008 中规定的 4 级；七层及七层以上的外窗及敞开式阳台门的气密性等级，不应低于该标准规定的 6 级。

（2）设计要点

外窗（包括透明幕墙）的热工性能主要与玻璃类型及层数、窗框型材及密封材料有关。

1）玻璃类型及层数

在寒冷和严寒地区门窗玻璃需要有较高的采光能力，同时要有较好的保温性能，为此玻璃宜采用高透光的无色透明玻璃，通过中空玻璃或真空玻璃来实现；不宜采用镀膜玻璃或玻璃贴膜，而减少光照。着色玻璃可用于夏季空调能耗为主的南方地区，单片热反射镀膜玻璃的保温性与单片透明玻璃相差无几，因此它适用于夏热冬暖和夏热冬冷地区，其隔热性、保温性均优于着色玻璃。夏热冬冷地区建筑门窗应采用中空玻璃、Low-E 中空玻璃、充惰性气体的 Low-E 中空玻璃、两层或多层中空玻璃等。夏热冬暖地区在对强烈的太阳辐射普遍采用有效的室内遮阳隔热措施情况下，采用三个档次的玻璃：普通单片玻璃、中档的中空玻璃、高档普通中空或热反射中空及低辐射中空玻璃。

表 3-26 总结了给出了常用玻璃的传热系数 K 值，供设计时参考。

常用玻璃的传热系数 K 值 **表 3-26**

玻璃品种		传热系数 K[W/(m² · K)]
单片透明玻璃	5mm	5.75
	6mm	5.7
	12mm	5.5
中空透明玻璃	$5+12_{空气}+5$	2.8
	$6+12_{空气}+6$	2.8
	$5+12_{氩气}+5$	2.7
	$6+12_{氩气}+6$	2.6
	$6+12_{氩气}+6$ 暖边(泰诺风)	2.1
	$4+6_{空气}+4+6_{空气}+4$	2.3
	$4+9_{空气}+4+9_{空气}+4$	1.9
	$4+12_{空气}+4+12_{空气}+4$	1.8
	$4+12_{氩气}+4+12_{氩气}+4$	1.7
真空透明玻璃	N4+V+N4+A9+T5	1.8
	N4+V+L4+A9+T5	0.8
	T5+A6+N3+V+L3+A9+T5	0.7

目前常用几种节能外窗有断热铝合金节能窗、铝木复合节能窗、PVC 节能窗（图 3-15）。

2）窗框型材

对寒冷和严寒地区，门窗应选用强度高、导热系数低、耐候性能强的玻璃纤维增强塑

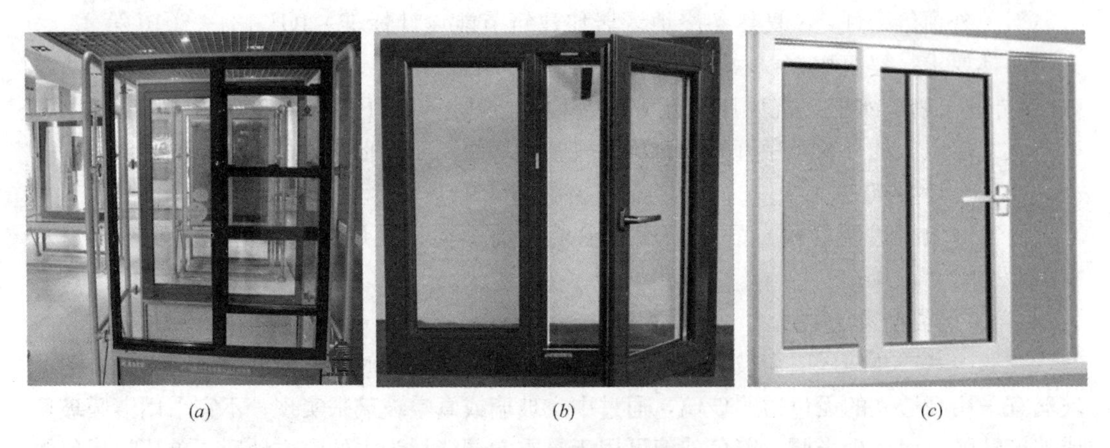

(a)　(b)　(c)

图 3-15 几种常用的节能外窗

(a) 断热铝合金节能窗；(b) 铝木复合节能平开窗；(c) PVC节能窗

料（玻璃钢）型材。玻璃钢型材具有轻质高强的优良性能，其拉伸强度是铝合金的2倍，接近于钢材，比强度是钢或铝的4倍，为此玻璃钢门窗不需增加钢衬就有足够的抗压、抗折、不变形、不弯曲等抗变形强度，保证了门窗性能需要。由于具有如此好的强度，可以抵御因寒冷温差而导致的热胀冷缩变形，弥补了塑钢门窗强度低易变形的缺点。玻璃钢型材从导热系数上比铝合金降低了43%；比PVC塑料降低了30%；比钢材降低了99.3%。玻璃钢型材采用了三腔的保温空腔结构，不用内置钢衬而影响玻璃钢型材的导热系数。

夏热冬冷地区外窗可采用塑料型材、隔热铝合金型材、隔热钢型材、玻璃钢型材等。对夏热冬暖地区来说，由于其高风压、多暴雨、太阳辐射强等特点，抗风压强度和雨水密封性能较低、有日晒老化现象的PVC塑料窗不适宜在该地区应用，尤其是高层建筑。该地区较适合铝合金型材或铝合金断热型材，铝合金型材对紫外线、可见光、红外线有很好的反射能力，其表面的反射能力与表面状态和颜色有关，对热辐射的反射能力最高可达90%。

3）密封材料

外窗密封材料的质量，既影响着房屋的保温节能效果，也关系到墙体的防水性能，应正确选用密封材料。目前钢塑门窗框的四边与墙体之间的空隙，通常使用聚氨酯发泡体进行填充。此类材料不仅有填充作用，而且有很好的密封保温和隔热性能。另外应用较多的密封材料还有硅胶、三元乙丙胶条。其他的密封用密封条，密封条分为毛条和胶条。

4. 相关标准、规范及图集

(1)《建筑门窗洞口尺寸系列》GB/T 5824—2008；

(2)《建筑外门窗气密、水密、抗风压性能分级及检测方法》GB/T 7106—2008；

(3)《门和卷帘的耐火试验方法》GB/T 7633—2008；

(4)《建筑外门窗保温性能分级及检测方法》GB/T 8484—2008；

(5)《建筑门窗空气声隔声性能分级及检测方法》GB/T 8485—2008；

(6)《建筑外窗采光性能分级及检测方法》GB/T 11976—2015；

(7)《门扇湿度影响稳定性检测方法》GB/T 22635—2008；

(8)《门扇尺寸、直角度和平面度检测方法》GB/T 22636—2008;

(9)《铝合金隔热型材复合性能试验方法》GB/T 28289—2012;

(10)《建筑门窗防沙尘性能分级及检测方法》GB/T 29737—2013;

(11)《建筑门窗洞口尺寸协调要求》GB/T 30591—2014;

(12)《建筑外窗气密、水密、抗风压性能现场检测方法》JG/T 211—2007。

5. 参考案例

江苏南通某三星级绿色建筑项目，采用的外窗玻璃类型、窗框型材及相应的热工参数见表 3-27。

项目的外窗玻璃类型、窗框型材及相应的热工参数　　表 3-27

朝向	玻璃类型	型材类型	传热系数 U [W/(m²·K)]	窗自身遮阳系数 SC	建筑外遮阳系数 SD	综合遮阳系数	可见光透射比
东向	6 高透光 Low－E＋9 空气＋6 透明＋百叶＋6 透明(三层玻璃窗,内充惰性气体)	隔热金属型材	2.7	0.31	0.83	0.26	0.4
西向	6 高透光 Low－E＋9 空气＋6 透明＋百叶＋6 透明(三层玻璃窗,内充惰性气体)		2.7	0.31	0.83	0.26	0.4
南向	6 高透光 Low－E＋9 空气＋6 透(面向室外一侧设置与窗面平行的铝合金百叶)		2.7	0.62	0.32	0.20	0.4
北向	6 高透光 Low－E＋9 空气＋6 透明＋百叶＋6 透明(三层玻璃窗,内充惰性气体)		2.7	0.31	0.82	0.25	0.4

从表 3-27 可以看出，该项目所用外窗的传热系数、遮阳系数均满足《江苏省居住建筑热环境和节能设计标准》DGJ32/J 71—2008 的要求，见表 3-28。

各朝向外窗性能达标情况　　表 3-28

朝向	窗墙面积比	传热系数[W/(m²·K)]	遮阳系数 SC	可见光透射比
东向	0.13	≤3.0	≤0.4	—
西向	0.13	≤3.0	≤0.4	—
南向	0.5	≤2.8	≤0.20	—
北向	0.33	≤2.8	≤0.25	—

3.1.5 外窗、幕墙通风器

1. 技术简介

目前，部分建筑特别是公共建筑，如一些高档宾馆、饭店、写字楼的业主和设计单位为追求建筑立面效果，大量使用玻璃幕墙，造成窗户无法开启或开启面积很小，不能满足室内自然通风的要求。此外，一些公共建筑没有安装合理的通风设备和设施，也使得室内空气品质难以达到有关标准和规范的要求。上海市《建筑幕墙工程技术规范》DGJ 08-56-2012 第 11.1.1 条规定：应按建筑设计和通风要求确定幕墙开启窗布置和面积，当开启面积不满足要求时，应设置通风换气装置。超高层建筑不宜设置开启窗。因此，对一些无法实现开窗自然通风的建筑来说，可以采用门窗（幕墙）用通风器来解决建筑的通风换气。

建筑门窗用通风器是指安装于建筑物外围护结构（门窗、幕墙等）上、墙体与门窗之间，在开启（工作）状态下具有一定抗风压、水密、气密、隔声等性能，并能实现室内外空气交换的可控通风装置（图3-16）。建筑门窗用通风器按照有无动力分为自然通风器和动力通风器两种。自然通风器指依靠室内外温差、风压等产生的空气压差实现通风的通风器；动力通风器指可依靠产品自身附加的动力装置实现通风的通风器。

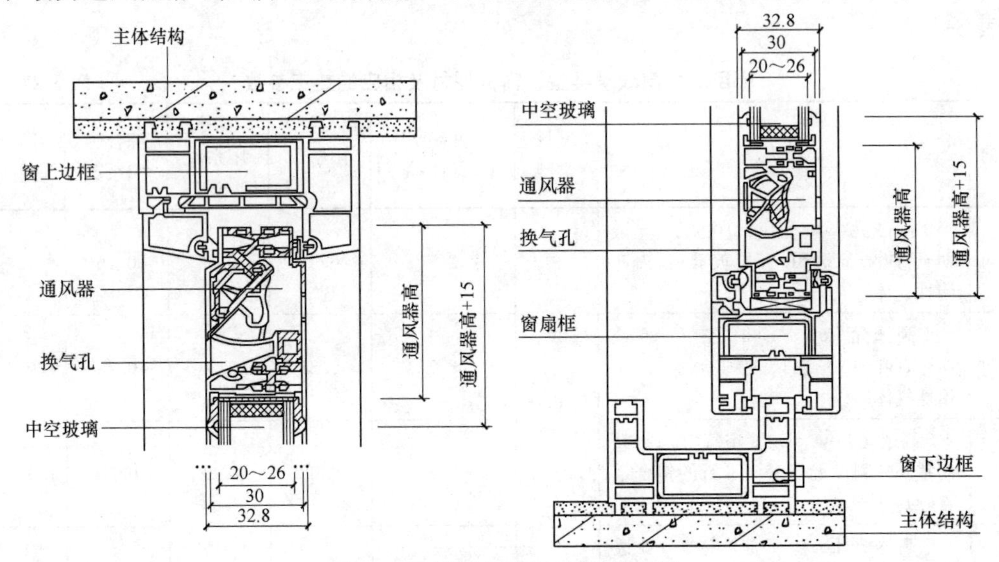

图3-16　建筑外窗用通风器构造图

动力通风器（图3-17）又分为消声型通风器、空气过滤通风器、热回收通风器、温湿度自动控制通风器等。消声型通风器是通过对空气通道的特殊设计以及使用特殊的消声材料来保证通风的同时消除噪声；空气过滤型通风器是在空气通道中加入不同的过滤器以去除空气中的粉尘和有害物质以达到清洁空气的目的；热回收型通风器是在通风器中装入热交换器，冷暖空气分两个通道经过热交换器进行能量交换；温湿度自动控制通风器则是在通风器内装入湿度和温度传感器，如室内湿度、温度没有达到设定值且室内外湿、温度有区别，在一定条件下通风器自动启动，直至湿度温度达到设定值为止。

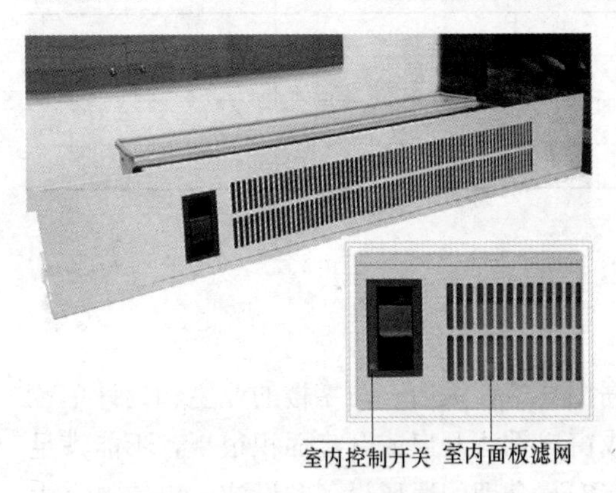

图3-17　动力通风器

门窗幕墙通风器是解决建筑门窗、幕墙既能实现高密封、高节能，同时又能保证通风换气、得到良好空气质量的一项有效的措施，对促进建筑节能、改善室内空气质量具有积极作用。

2. 适用范围

通风器适用于有改善室内的气象参数要求（空气温度、相对湿度和流动速度）且在通风过程中有隔声要求的场所。不同类型通风器的适用场合见表3-29。

不同类型通风器的适用场合　　表 3-29

类型		适用场合
自然通风器	非隔声	适用于地下室、烟尘大的房间、阳光屋的进风口，以及其他隔声要求不高的建筑
	隔声	适用于处于城市交通道路边、需要降低噪声影响的居住建筑、公共建筑
动力通风器	消声	适用于处于城市交通道路边、需要降低噪声影响的居住建筑、公共建筑的中央排风系统的补充通风
	空气过滤	适用于灰尘较多或有清洁空气要求的场所(如医院、实验室、花粉过敏者居住的房间)
	热回收	适用于节能要求较高的公共建筑室内的通风
	温湿度自动控制	适用于厨房、卫生间、浴室、地下室、其他潮湿房间

3. 技术要点

(1) 技术指标

《绿色建筑评价标准》GB/T 50378—2014 第 5.2.2 条规定，外窗、玻璃幕墙的可开启部分能使建筑获得良好的通风。①设玻璃幕墙且不设外窗的建筑，其玻璃幕墙透明部分可开启面积比例达到 5%，得 4 分；达到 10%，得 6 分。②设外窗且不设玻璃幕墙的建筑，外窗可开启面积比例达到 30%，得 4 分；达到 35%，得 6 分。

《绿色建筑评价标准》GB/T 50378—2014 第 8.2.10 条规定，居住建筑通风开口面积与房间地板面积的比例在夏热冬暖地区不低于 10%，在夏热冬冷地区不低于 8%，在其他地区不低于 5%，公共建筑在过渡季典型工况下主要功能房间的自然通风换气次数不小于 $2h^{-1}$。

(2) 设计要点

通风器选择时，所选的型号和安装的数量要满足该房间所需的通风量要求，即满足该房间里的人对新鲜空气量的需求。

1) 型号和数量选择

选择通风器的型号和安装数量，要考虑建筑自身的综合因素。首先，要考虑该建筑所在地的气候条件，如基本风压值和温度条件。不同的风压下，即使同一型号和规格的通风器上所获得的通风量也是不同的，此外，要核实选用的该型号通风器本身的防风雨性能指标可否满足要求。温度方面要考虑是否寒冷地区，即该型号通风器的 K 值和 U 值可否适合使用，在寒冷季节不能结露。

其次，要考虑该建筑所在的周边环境和建筑用途及使用要求。如该建筑周围有其他建筑物遮挡，造成风压减小，需要选用通风量较大的型号或增加安装数量。该建筑是否在高噪声场所（机场、高速公路、铁路）附近，建筑用途是否是医院、学校等需要特殊静音要求。普通型号的降噪声指标可否达到使用要求，是否需要隔声型通风器。

再次，需要参考建筑本身的其他方面因素，如建筑高度、房间的用途和面积及人数、门窗的结构和可安装通风器的长度数量。

2) 设置要求

下面是自然通风器的设置要求❶：

❶ 莫天柱，吕忠，钱渝. 自然通风器在居住建筑中的使用 [J]. 建设科技，2010，18：90-91.

① 当房间只有一面外墙时，上、下部两个通风器宜设在外窗上，上部通风器于窗框上沿设置；下部通风器于窗框下沿设置。

② 当房间有两面外墙时，可采用两种方式布置通风器。方式A：上、下部两个通风器均设在外窗上，上部通风器于窗框上沿设置，下部通风器于窗框下沿设置；方式B：下部通风器设在外窗上，在窗框下沿安装；上部通风器设在另一面外墙上，在顶板梁底安装，平面定位由设计确定，确保不影响房间的结构和使用。

③ 在条件允许的情况下，应尽可能增大上部通风器和下部通风器之间的垂直距离。

④ 选择在外墙上设置自然通风器时，其形式和颜色应与建筑外立面要求相协调。

⑤ 自然通风器不宜靠近空调室外机布置。风口边缘与空调室外机边缘的水平距离宜大于1m，且风口不应布置在安装空调室外机的装饰格栅内。

3）性能指标

门窗、幕墙自然通风器作为门窗、幕墙的一个配套产品，对其结构和材料等方面要求很高，其抗风压、防雨水和隔声降噪、气密及保温性能方面要求与门窗相配，且要达到与门窗同寿命。

通风量：自然通风器在10Pa压差下，动力通风器在0Pa压差下，条形通风器每米（其他形式通风器每件）开启状态下的通风量应符合表3-30的规定。

通风器通风量分级表 **表3-30**

分级	1	2	3	4	5	6	7	8
分级指标值V	$30\leqslant V<40$	$40\leqslant V<50$	$50\leqslant V<60$	$60\leqslant V<70$	$70\leqslant V<80$	$80\leqslant V<90$	$90\leqslant V<100$	$V\geqslant 100$

注：第8级应在分级后注明$V\geqslant 100m^3/h$的具体值。

自噪声量：动力通风器通风量不小于$30m^3/h$状态时，自噪声量A计权声功率级不应大于38dB（A）。

隔声性能：无隔声功能的通风器，关闭状态下，通风器小构件的计权规范化声压级差不应小于25dB；开启状态下，通风器小构件的计权规范化声压级差不应小于20dB。

保温性能：通风器的传热系数K不应大于$4.0W/(m^2\cdot K)$。

气密性能：关闭状态下，通风器的单位缝长空气渗透量（q_1）不应大于$2.5m^3/(m\cdot h)$，或单位面积空气渗透量q_2不应大于$7.5\ m^3/(m^2\cdot h)$。

（3）注意事项

因通风器的主要功能是通风，其次是防雨水、隔声、保温等，所以选择时一定要注重通风量和安装的数量，不能因考虑成本而不按标准安装，以致造成室内通风量不足，达不到良好的通风换气效果。另一方面，通风器的通风面积是有限的，其设计标准是能够满足人对新鲜空气量的需要，达不到以开窗换气来调解室内温度的效果，并不能完全取代开窗。它是门窗的附加产品，增加了门窗的功能，弥补门窗通风的缺陷。

4. 相关标准、规范及图集

（1）《公共建筑节能设计标准》GB 50189—2015；

（2）上海市《建筑幕墙工程技术规范》DGJ 08-56—2012；

（3）《建筑门窗用通风器》JG/T 233—2008；

（4）《民用建筑供暖通风与空气调节设计规范》GB 50376—2012；

（5）《玻璃幕墙工程技术规范》JGJ 102—2013。

5. 参考案例

无。

3.2 供暖、通风与空调

供暖、通风与空调系统主要涉及冷热源机组、输配系统和末端三个方面，本节关注三个方面涉及的绿色建筑技术，主要有高效冷热源设备、高效水泵风机、变频技术、水力平衡、全空气系统可调新风比及相关的系统控制技术。

3.2.1 高效冷热源机组

1. 技术简介

暖通空调系统能耗主要由冷热源设备、输配系统以及末端设备能耗三部分组成，其中冷热源机组能耗约占空调能耗的50%～60%。合理采用高效冷热源机组，对于暖通空调系统能耗的降低起着举足轻重的作用。

高效冷热源机组是指能效等级达到节能等级的冷热源机组。能效等级，全称为“能源效率等级”，是表示产品能源效率高低差别的一种分级方法，依据能效比（或性能系数）的大小确定，依次分成五个等级（冷水机组、单元式空气调节机、多联机、转速可控型房间空调器）或三个等级（房间空调器、供暖炉），能源效率等级最高级为1级。不同冷热源机组的能效等级规定见表3-31～表3-38，其中1级和2级为节能等级。

冷水机组能效等级 **表3-31**

类型	额定制冷量 CC（kW）	能效等级 COP(W/W)				
		1	2	3	4	5
风冷式或蒸发冷却式	$CC \leqslant 50$	3.20	3.00	2.80	2.60	2.40
	$50 < CC$	3.40	3.20	3.00	2.80	2.60
水冷式	$CC \leqslant 528$	5.00	4.70	4.40	4.10	3.80
	$528 < CC \leqslant 1163$	5.50	5.10	4.70	4.30	4.00
	$1163 < CC$	6.10	5.60	5.10	4.60	4.20

注：1、2级为节能等级。

单元式空气调节机能效等级 **表3-32**

类型		能效等级 COP(W/W)				
		1	2	3	4	5
风冷式	不接风管	3.20	3.00	2.80	2.60	2.40
	接风管	2.90	2.70	2.50	2.30	2.10
水冷式	不接风管	3.60	3.40	3.20	3.00	2.80
	接风管	3.30	3.10	2.90	2.70	2.50

注：1、2级为节能等级。

转速可控型房间空气调节器能效等级 **表 3-33**

类型	额定制冷量 CC(W)	能效等级 $SEER$[W·h/(W·h)]				
		1	2	3	4	5
分体式	$CC \leqslant 4500$	5.20	4.50	3.90	3.40	3.00
	$4500 < CC \leqslant 7100$	4.70	4.10	3.60	3.20	2.90
	$7100 < CC \leqslant 14000$	4.20	3.70	3.30	3.00	2.80

注：1、2级为节能等级。

房间空气调节器能效等级 **表 3-34**

类型	额定制冷量 CC(W)	能效等级 EER(W/W)		
		1	2	3
整体式		3.30	3.10	2.90
分体式	$CC \leqslant 4500$	3.60	3.40	3.20
	$4500 < CC \leqslant 7100$	3.70	3.30	3.10
	$7100 < CC \leqslant 14000$	3.40	3.20	3.00

多联式空调（热泵）机组能效等级 **表 3-35**

名义制冷量 CC(kW)	能效等级 COP(W/W)				
	1	2	3	4	5
$CC \leqslant 28$	3.60	3.40	3.20	3.00	2.80
$28 < CC \leqslant 84$	3.55	3.35	3.15	2.95	2.75
$84 < CC$	3.50	3.30	3.10	2.90	2.70

供暖炉的能效等级（部分） **表 3-36**

类型		能效等级		
		1	2	3
供暖炉(单供暖)	最低热效率值 η_1(%)	99	89	86
	最低热效率值 η_2(%)	95	85	82

蒸气型溴化锂吸收式冷水机组能效等级 **表 3-37**

单位冷量蒸汽耗量(kg/kWh) / 能效等级 / 饱和蒸汽压力(MPa)	1	2	3
0.4	1.12	1.19	1.40
0.6	1.05	1.11	1.31
0.8	1.02	1.09	1.28

直燃型溴化锂吸收式冷水机组能效等级 **表 3-38**

性能系数 COP(W/W) / 能效等级 / 机组类型	1	2	3
直燃型溴化锂吸收式冷水机组	1.40	1.30	1.10

2. 适用范围

适用于空调或供暖的各类民用建筑。

3. 技术要点

（1）技术指标

《绿色建筑评价标准》GB/T 50378—2014 第 5.2.4 条规定，供暖空调系统的冷、热源机组能效均优于现行国家标准《公共建筑节能设计标准》GB 50189—2015 的规定以及现行有关国家标准能效限定值的要求。对电机驱动的蒸汽压缩循环冷水（热泵）机组，直燃型和蒸汽型溴化锂吸收式冷（温）水机组，单元式空气调节机，风管送风式和屋顶式空调机组，多联式空调（热泵）机组，燃煤、燃油和燃气锅炉，其能效指标比现行国家标准《公共建筑节能设计标准》GB 50189—2015 规定值提高或降低的幅度满足表 3-39 的要求；对房间空气调节器和家用燃气热水炉，其能效等级满足现行有关国家标准的节能评价值要求。

冷、热源机组能效指标比现行国家标准《公共建筑节能设计标准》提高或降低的幅度

表 3-39

机组类型		能效指标	提高或降低幅度
电机驱动的蒸气压缩循环冷水(热泵)机组		制冷性能系数 *COP*	提高 6%
溴化锂吸收式冷水机组	直燃型	制冷、供热性能系数 *COP*	提高 6%
	蒸汽型	单位制冷量蒸汽耗量	降低 6%
单元式空气调节机、风管送风式和屋顶式空调机组		能效比 *EER*	提高 6%
多联式空调(热泵)机组		制冷综合性能系数 *IPLV*(*C*)	提高 8%
锅炉	燃煤	热效率	提高 3 个百分点
	燃油燃气	热效率	提高 2 个百分点

（2）设计要点

1）合理确定冷热源机组容量

对于空调系统的选型，传统方法是设计人员按照单位面积负荷指标进行估算，这种方法确定冷热源机组的容量不很科学，对于保温性能不同的建筑均按照相同的单位面积冷负荷指标进行估算，不能结合建筑的实际情况进行有效确定，这样就会出现相同的结果，若估算负荷偏大，即会导致装机容量、管道直径、水泵配置、末端设备偏大，进而导致建设费用和能源的浪费。

因此，合理确定机组的容量是非常重要的，《民用建筑供暖通风与空气调节设计规范》GB 50736—2012 第 7.2.1 条对“空调冷负荷必须进行逐时计算”已经列为强制性条文。逐时冷负荷计算可以采用典型日工况计算或者采用模拟软件计算。

2）选择高效冷热源机组

供暖空调系统的冷、热源机组能效均优于现行国家标准《公共建筑节能设计标准》GB 50189-2015 的规定以及现行有关国家标准能效限定值的要求。对电机驱动的蒸气压缩循环冷水（热泵）机组，直燃型和蒸汽型溴化锂吸收式冷（温）水机组，单元式空气调节机、风管送风式和屋顶式空调机组，多联式空调（热泵）机组等，其能效应符合表3-40的规定；房间空调器和家用燃气热水炉，其能效等级应达到表3-33、表3-34、表3-36规定的节能等级；锅炉热效率应满足：燃煤锅炉提高3个百分点，燃油燃气锅炉提高2个百分点。

当同一个项目选用不同类型的冷热源机组时，每种冷热源机组的能效比均要满足上述规定。

不同高效冷源机组的能效比要求　　表3-40

类型			名义制冷量(kW)	严寒A、B	严寒C	温和地区	寒冷地区	夏热冬冷	夏热冬暖
电机驱动的蒸气压缩循环冷水(热泵)机组	水冷	活塞式/涡旋式	≤528	4.35	4.35	4.35	4.35	4.45	4.66
		螺杆式(定频)	≤528	4.88	4.98	4.98	4.98	5.09	5.19
			528～1163	5.30	5.30	5.30	5.41	5.51	5.62
			>1163	5.51	5.62	5.72	5.83	5.94	5.94
		螺杆式(变频)	≤528	4.64	4.73	4.73	4.73	4.84	4.93
			528～1163	5.04	5.04	5.04	5.14	5.23	5.34
			>1163	5.23	5.34	5.43	5.54	5.64	5.64
		离心式(定频)	≤1163	5.30	5.30	5.41	5.51	5.62	5.72
			1163～2110	5.62	5.72	5.72	5.83	5.94	6.04
			>2110	6.04	6.04	6.04	6.15	6.25	6.25
		离心式(变)	≤1163	4.93	4.93	5.03	5.12	5.23	5.32
			1163～2110	5.23	5.32	5.32	5.42	5.52	5.62
			>2110	5.62	5.62	5.62	5.72	5.81	5.81
	风冷或蒸发冷却	活塞式/涡旋式	≤50	2.76	2.76	2.76	2.76	2.86	2.97
			>50	2.97	2.97	2.97	2.97	3.07	3.07
		螺杆式	≤50	2.86	2.86	2.86	2.97	3.07	3.07
			>50	3.07	3.07	3.07	3.18	3.18	3.18
单元式机组	风冷式	不接风管	7.1～14	2.86	2.86	2.86	2.92	2.97	3.02
			>14	2.81	2.81	2.81	2.86	2.92	2.92
		接风管	7.1～14	2.65	2.65	2.65	2.70	2.76	2.76
			>14	2.60	2.60	2.60	2.65	2.70	2.70
	水冷式	不接风管	7.1～14	3.60	3.66	3.66	3.71	3.76	3.76
			>14	3.45	3.50	3.50	3.55	3.60	3.66
		接风管	7.1～14	3.29	3.29	3.34	3.39	3.45	3.45
			>14	3.18	3.18	3,23	3.29	3.34	3.39
多联式空调(热泵)机组IPLV(C)			≤28	3.80	4.10	4.16	4.16	4.21	4.32
			28～84	3.75	4.05	4.10	4.10	4.16	4.27
			>84	3.65	3.94	4.00	4.00	4.05	4.10
直燃型溴化锂吸收式冷水机组			—	1.27					

3）冷热源的运行控制

要保证冷热源系统的高效运行，需要在实际运行中能够合理有效地对其进行管理控制，因此配置空调冷热源的控制系统是非常必要的。冷热源智能控制系统能够根据空调系统末端设备的瞬时负荷采样值、冷冻水的供/回水温度及回水流量、压差等，计算出系统实际所需的负荷，采用负荷逐时跟踪控制策略，自动控制冷水机组的运行台数、水泵的台数以及冷冻水变流量，保证冷水机组和水泵在最佳工作效率点上运行，实现制冷系统的效率（*COP*）始终维持最大值，以达到节能的效果。

在关注冷、热源机组满负荷能效指标的同时，也需关注机组部分负荷下的运行效率。合理选配空调冷、热源机组台数与容量，制定实施根据负荷变化调节制冷（热）量的控制策略。

冷热源机组的价格与能效比基本成正比关系，因此，在满足标准强制要求前提下，需兼顾经济性因素。

4）在实际设计中，需在图纸的设备材料性能表中注明选用冷热源机组的制冷（热）量、耗功率、*COP* 或 *EER* 或 *IPLV* 实际值等，以使实际订购设备满足高效冷热源机组的设计选用要求。

4. 相关标准、规范及图集

(1)《公共建筑节能设计标准》GB 50189—2015；

(2)《民用建筑供暖通风与空气调节设计规范》GB 50736—2012；

(3)《房间空气调节器能效限定值及能源效率等级》GB 12021.3—2010；

(4)《转速可控型房间空气调节器能效限定值及能源效率等级》GB 21455—2008；

(5)《多联式空调（热泵）机组能效限定值及能源效率等级》GB 21424—2008；

(6)《冷水机组能效限定值及能源效率等级》GB 19577—2004；

(7)《单元式空气调节机能效限定值及能源效率等级》GB 19576—2004；

(8)《家用燃气快速热水器和燃气采暖热水炉能效限定值及能效等级》GB 20665—2015；

(9)《溴化锂吸收式冷水机组能效限定值及能源效率等级》GB/T 29540—2013；

(10)《蒸汽和热水型溴化锂吸收式冷水机组》GB/T 18431—2014；

(11)《直燃型溴化锂吸收式冷（温）水机组》GB/T 18362—2008。

5. 参考案例

某商业广场项目，位于夏热冬冷地区，由大商业区、百货商场、地下超市三部分组成，分别设置独立的冷源系统。大商业区采用 1 台制冷量为 1638 kW 的螺杆冷水机组，3 台制冷量为 4571 kW 的离心式冷水机组，其中 1 台在夜间低谷段进行蓄冷；百货商场采用 2 台 2637kW 的离心式冷水机组；地下超市采用 2 台 1438kW 的螺杆式冷水机组。各冷水机组的性能系数见表 3-41，从表中可以看出，该项目的冷源机组未达到高效冷热源机组的能效比要求。

3.2.2 磁悬浮离心机组

1. 技术简介

近十年来，磁悬浮技术一直是中央空调企业的关注点之一，但是受制于其技术含量

项目的冷水机组性能参数　　**表 3-41**

服务区域	类型	制冷量(kW)	台数	机组 *COP*	高效机组要求
大商业	水冷螺杆式冷水机组	1638	1	5.4	5.94
	水冷离心式冷水机组	4571	2	5.7	6.25
	水冷离心式冷水机组兼水蓄冷用	4571	1	5.5	6.25
		4093		—	蓄冷工况
百货	水冷离心式冷水机组	2637	2	5.4	6.25
地下超市	水冷螺杆式冷水机组	1438	2	5.1	5.94

高、市场门槛高和产品价格高三方因素，磁悬浮变频离心式冷水机组在我国市场发展缓慢。自2011年麦克维尔、海尔等企业纷纷加大磁悬浮变频离心式冷水机组的开发力度，该技术的发展明显提速。在国家节能减排“十二五”规划和提倡绿色建筑的背景下，磁悬浮变频离心式冷水机组的前景引人关注。

2012年，国家发展和改革委员会发布了第五批《国家重点节能技术推广目录》，其中将磁悬浮变频离心式中央空调机组作为一项重点节能技术进行推广。磁悬浮变频离心式中央空调机组技术[1]指利用直流变频驱动技术、高效换热器技术、过冷器技术、基于工业微机的智能抗喘振技术，以及磁悬浮无油运转技术等，从根本上提高离心式中央空调的运行效率和性能稳定性的一种技术。

磁悬浮离心式中央空调机组的技术原理：由两个径向轴承和轴向轴承组成的数控磁轴承系统，由永久磁铁和电磁铁组成压缩机的运动部件悬浮在磁衬上进行无摩擦运动，磁轴承上位置传感器为电机转子提供每分高达600万次的实时精准定位。利用直流变频驱动技术、高效换热器技术、过冷器技术以及基于工业微机的智能抗喘振技术，提高离心式中央空调的运行效率和性能稳定性，从而实现节能目的。

磁悬浮压缩机是磁悬浮变频离心式中央空调机组的核心，其主要特征是采用了电磁轴承（图3-18）取代了传统的机械轴承，压缩机内没有了机械摩擦，大大提高了压缩机的效率。另一方面，磁悬浮压缩机带有高度精确的电磁轴承策略和控制系统，且采用直流变频电动机，压缩机将交流电转化为高频的直流电供给直流电机，并通过变频调节，调节压缩机的制冷输出。

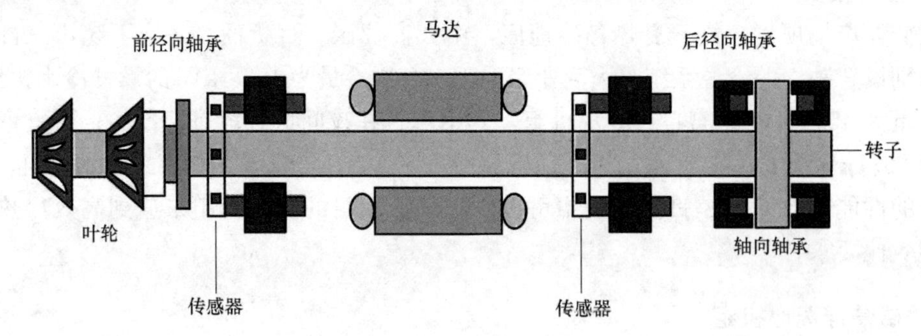

图3-18　磁悬浮轴承

❶ 2012年12月由国家发展和改革委员会（以下简称发改委）下发的《国家重点节能技术推广目录》(第五批)。

图 3-19 是磁悬浮变频离心式中央空调机组的工作流程图。单从满负荷运行工况看，磁悬浮冷水机组与常规的冷水机组相比性能不会差别很大，磁悬浮冷水机组的优势在其部分负荷运行时出色的节能性能。

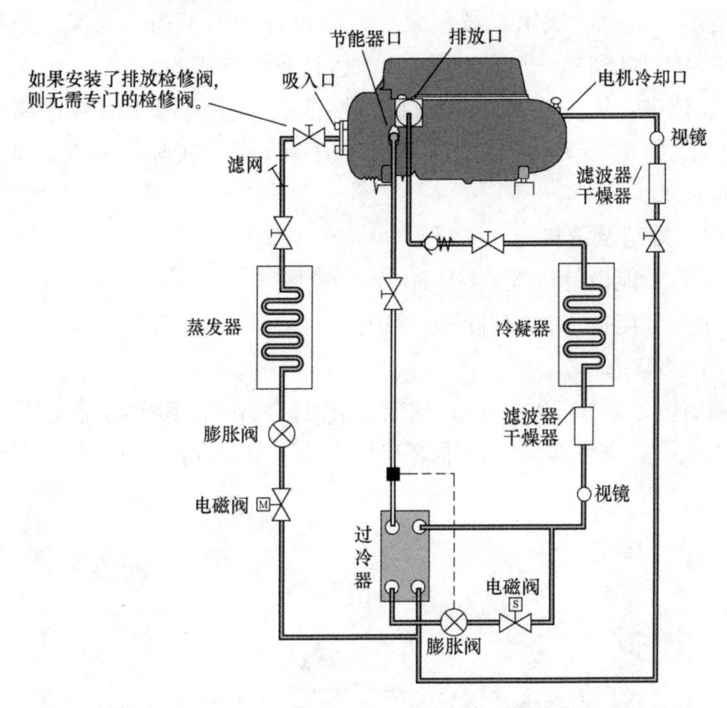

图 3-19 磁悬浮变频离心式中央空调机组工作流程

2. 适用范围

适用于中小型建筑物，特别适用于对噪声有严格要求的星级酒店和医院等新建和改造项目中。此外，适用于机房场地受限，不具备吊装条件的场合。

3. 技术要点

（1）技术指标

《绿色建筑评价标准》GB/T 50378—2014 5.2.4 条规定，供暖空调系统的冷、热源机组能效均优于现行国家标准《公共建筑节能设计标准》GB 50189 的规定以及现行有关国家标准能效限定值的要求。

按照 AHRI 550/590—2011 标准，磁悬浮离心机组的主要技术指标为：满负荷 *COP* 为 6.05，机组的综合能效比 *IPLV* 为 11.1。

（2）设计要点

1）目前市场上成熟的产品主要是中等制冷量的磁悬浮压缩机，因此对于装机容量在 2000RT 以上的建筑来说，建议采用常规离心式冷水机组和磁悬浮冷水机组组合的方式。

2）区别对待磁悬浮冷水机组的设计优化点：市场上有些磁悬浮冷水机组是以最大制冷量为优化点，也有些是以机组的效率为优化点，前者会牺牲一部分机组的效率，但单位制冷量的价格相对较低，后者的机组效率较高，但单位制冷量的价格相对较高，项目设计时应区别对待这两类产品，根据项目需求选择正确的冷水机组。

3）目前磁悬浮离心机压缩机的电压为380V，由于磁悬浮启动电流小，对电网没有冲击，配电设备可以根据额定电流选择。

4）磁悬浮机组可以做变频，所以整个机房多台机组选择时可以同样大小，而不需要大小机组组合使用，从而造成水系统水泵、管路设计的不平衡。为保证系统始终高效工作，建议选择水泵、水塔时，进行变频设计，达到系统节能的效果。

5）在实际设计中，需在图纸的设备材料性能表中注明选用磁悬浮离心机组的制冷（热）量、耗功率、*COP*或*EER*或*IPLV*实际值等，以使实际订购设备满足高效冷热源机组的设计选用要求。

4. 相关标准、规范及图集

(1)《公共建筑节能设计标准》GB 50189—2015；

(2)《国家重点节能技术推广目录》(第五批)，2012。

5. 参考案例

凯芙建国酒店占地面积90000m^2，建筑面积19860m^2，其中客房面积为9440m^2，餐饮商务面积10410m^2，豪华客房、标准客房以及套房172间，2008年6月投入使用（图3-20）。

图3-20 项目实景图

该项目选用了海尔磁悬浮变频离心式冷水机组LSBLX300/R4（BP）×2，冷冻水出水温度为7～18℃可调；使用情况：目前已经稳定运行4年，项目的整体方案比同类建筑节能49.74%，见表3-42；

项目的用能情况 **表3-42**

时间	能耗总量	平均每天能耗
合计	100959	695.9
2009年6月	20866	695.9
2009年7月	22010	710.0
2009年8月	24974	832.5
2009年9月	22513	726.2
2009年10月	10596	341.8
节省能耗	50219	328.2
节电比例	49.74%	49.74%

6. 相关产品

（1）海尔中央空调

海尔有模块化磁悬浮、水冷磁悬浮离心机组、水地源热泵磁悬浮、风冷磁悬浮产品：

1）水冷冷水式（图3-21）

图3-21 海尔水冷磁悬浮离心机组

适用范围：城市综合体、工厂车间、宾馆酒店、办公室、轨道交通等。目前主要用在新建建筑中。

适用面积：3000m^2～。

可选机型：LSBL×100～600/R4（BP）。

标准产品：125～750RT。

非标定制：最大到1500RT。

制冷量：352～2150kW。

机身重量：2320～8900kg。

尺寸（mm×mm×mm）：2409×1125×2191～4803×2260×2191。

2）水地源热泵磁悬浮离心机组（图3-22）

图3-22 海尔水地源热泵磁悬浮离心机组

适用范围：城市综合体、工厂车间、宾馆酒店、办公楼、轨道交通等。

适用面积：5000m^2以上。

可选机型：LSBL×100～600/R4（BP）。

制冷量：352/528/715/915/1100/1240/1630/2150kW。

重量：2320/4510/6700/8900kg

尺寸（mm×mm×mm）：2495×1170×2100/4400×1170×2100/4615×1170×2100/5100×2260×2100

（2）麦克维尔（表3-43）

WMC系列推荐选型表 **表3-43**

型号	制冷量		输入功率（kW）	耗电指标（kW/Tons）	综合部分负荷效率（PLV）	满载电流（A）	蒸发器		冷凝器		运输重量（kg）	运行重量（kg）
	（RT）	（kW）					水流量（l/s）	水压降（kPa）	水流量（l/s）	水压降（kPa）		
WMC145SSC15G/E2209/C2009	140	506.3	90.8	0.649	9.876	143	23.5	28.6	29.4	20.5	2449	2773
WMC250DSC15G/E2609/C2209	250	879.0	157.8	0.631	10.133	259	42.0	51.5	52.5	31.2	3414	3837
WMC290DSC15G/E2612/C2212	287	1009.1	178.1	0.620	11.022	298	48.3	86.5	60.3	51.8	4923	5635

注：1. 表中的制冷量依据下述条件而定：冷冻水进水温度12℃，出水温度7℃；
冷却水进水温度30℃，出水温度35℃。
蒸发器水侧污垢系数0.0172m^2·℃/kW，冷凝器水侧污垢系数0.044m^2·℃/kW。
蒸发器冷凝器均为2流程。
2. 机组采用变频驱动。

3.2.3　高效水泵

1. 技术简介

泵与风机作为建筑中主要的机电设备，其效率高低、是否运行在高效区，都直接影响着建筑的整体能耗。我国在1995年发布了《关于加快风机、水泵节能改造的意见》，来推动高耗能设备的改造工作。进入“十二五”之后，我国又推出了“节能产品惠民工程”，制定了《高效节能清水离心泵推广实施细则》和《高效节能通风机推广实施细则》，对高效水泵和风机在全国范围内进行推广。与此同时，在我国目前正在大力推进的既有建筑节能改造工程中，对高能耗设备（如水泵、风机）的更换已经成为一个必不可少的重要环节。由此可见，在建筑中，尤其是新建建筑中，使用高效水泵、风机是势在必行的。

水泵的技术参数有压力等级、温度等级、扬程、流量、转速、汽蚀余量、功率、效率等，表3-44给出了建筑中常用水泵技术参数和适用范围。[1]

常用水泵性能参数及适用范围　　　　**表3-44**

型号	名称	扬程范围（m）	流量范围（m^3/h）	电机功率（kW）	介质最高温度（℃）	适用范围
BG	管道泵	8～30	6～50	0.37～7.50	4～2m	输送清水或理化性质类似的液体
NG	管道泵	2～15	6～27	0.20～1.3	95～150	
SG	管道泵	10～100	1.8～400	0.50～26	—	有耐腐型、防爆型、热水型
XA	离心式清水泵	25～96	10～340	1.50～100	105	输送清水或理化性质类似的液体
IS	离心式清水泵	5～25	6～400	0.55～110	汽蚀余量2m	
BA	离心式清水泵	8～98	4.5～360	1.5～55	80	
BL	直连式离心泵	8.8～62	4.5～120	1.5～18.5	60	
Sh	双吸离心泵	9～140	126～12500	22～1150	80	
D,DG	多级离心泵	12～1528	12～700	2.2～2500	80	
GC	锅炉给水泵	46～576	6～55	3～185	110	小型锅炉给水

高效水泵是指其效率达到或高于国家现行相关标准要求的节能评价值的水泵。目前我国已经制定的水泵能效规范有《清水离心泵能效限定值及节能评价值》GB 19762—2007，而建筑中清水离心泵也使用较多，因此下文主要就清水离心泵进行说明。

国家认定和推广的高效节能水泵产品有单级单吸清水离心泵（图3-23）、单级双吸清水离心泵（图3-24）、多级清水离心泵（图3-25）。

2. 适用范围

（1）清水离心泵适用于抽送温度低于80℃的清水或物理化学类似于水的其他液体；

（2）单级单吸清水离心泵主要适用于流量和扬程均相对较小的场合；

（3）单级双吸清水离心泵主要适用于大流量的场合；

（4）多级清水离心泵主要适用于小流量、大扬程的场合。

[1] 蔡增基，龙天渝．液体力学泵与风机（第四版）[M]．北京：中国建筑工业出版社，1999.

图 3-23 单级单吸清水离心泵
(a) 卧式单级单吸离心泵；(b) 立式单级单吸离心泵

图 3-24 单级双吸清水离心泵实物图
(a) S型离心泵单级双吸离心泵；(b) 对开式单级双吸离心泵

图 3-25 多级清水离心泵
(a) 卧式多级离心泵；(b) 立式多级离心泵

3. 技术要点

（1）技术指标

《绿色建筑评价标准》GB/T 50378—2014 第 5.2.5 条规定，集中供暖系统热水循环泵的耗电输热比和通风空调系统风机的单位风量耗功率符合现行国家标准《公共建筑节能设计标准》GB 50189 等的有关规定，且空调冷热水系统循环水泵的耗电输冷（热）比比现行国家标准《民用建筑供暖通风与空气调节设计规范》GB 50736 规定值低 20%。

《绿色建筑评价标准》GB/T 50378—2014 第 5.2.12 条规定，合理选用节能型电气设备，其中水泵、风机等设备满足相关现行国家标准的节能评价值要求。

（2）设计要点

1）水泵的选型

在选择水泵时，首先要满足最高运行工况的流量和扬程；其次，泵的流量和扬程应有10%～20%的富余量；最后，在确定水泵的类型后，查阅相关厂家产品手册选择具体的泵。

在选择水泵时，应始终坚持的原则是使水泵的工作状态处于高效范围，即水泵的工作点应落在机器最高效率的±10%的高效区，并在 Q-H 曲线的最高点的右侧下降段上，从而保证水泵工作的稳定性和经济性。

2）水泵效率

水泵的效率应满足相关现行国家标准的节能评价值要求，《清水离心泵能效限定值及节能评价值》GB 19762—2007 中规定了流量在 5～10000m^3/h 范围内的水泵的节能评价值（表 3-45）；当水泵的流量大于 10000m^3/h 时，其节能评价值为 90%。

水泵的节能评价　　　　表 3-45

泵类型	流量 Q (m^3/h)	比转速 n_s	未修正效率值 η(%)	效率修正值 $\Delta\eta$(%)	泵规定点效率值 η_0(%)	泵节能评价值 η_3(%)
单级单吸清水离心泵	≤300	120～210	按表 3-46“基准值”栏查 η	0	$\eta_0=\eta$	$\eta_3=\eta_0+2$
		<120,>210	按表 3-46“基准值”栏查 η	按表 3-48 查 $\Delta\eta$	$\eta_0=\eta-\Delta\eta$	$\eta_3=\eta_0+2$
	>300	120～210	按表 3-46“基准值”栏查 η	0	$\eta_0=\eta$	$\eta_3=\eta_0+1$
		<120,>210	按表 3-46“基准值”栏查 η	按表 3-48 查 $\Delta\eta$	$\eta_0=\eta-\Delta\eta$	$\eta_3=\eta_0+1$
单级双吸清水离心泵	≤600	120～210	按表 3-46“基准值”栏查 η	0	$\eta_0=\eta$	$\eta_3=\eta_0+2$
		<120,>210	按表 3-46“基准值”栏查 η	按表 3-48 查 $\Delta\eta$	$\eta_0=\eta-\Delta\eta$	$\eta_3=\eta_0+2$
	>600	120～210	按表 3-46“基准值”栏查 η	0	$\eta_0=\eta$	$\eta_3=\eta_0+1$
		<120,>210	按表 3-46“基准值”栏查 η	按表 3-48 查 $\Delta\eta$	$\eta_0=\eta-\Delta\eta$	$\eta_3=\eta_0+1$
多级清水离心泵	≤100	120～210	按表 3-47“基准值”栏查 η	0	$\eta_0=\eta$	$\eta_3=\eta_0+2$
		<120,>210	按表 3-47“基准值”栏查 η	按表 3-48 查 $\Delta\eta$	$\eta_0=\eta-\Delta\eta$	$\eta_3=\eta_0+2$
	>100	120～210	按表 3-47“基准值”栏查 η	0	$\eta_0=\eta$	$\eta_3=\eta_0+1$
		<120,>210	按表 3-47“基准值”栏查 η	按表 3-48 查 $\Delta\eta$	$\eta_0=\eta-\Delta\eta$	$\eta_3=\eta_0+1$

注：1. 基准值是当前泵行业较好产品效率平均值，参见表 3-46 和表 3-47；

2. 效率修正值参见表 3-48。

单级清水离心泵效率基准值　　表 3-46

$Q(m^3/h)$	5	10	15	20	25	30	40	50	60	70	80
基准值 η(%)	58.0	64.0	67.2	69.4	70.9	72.0	73.8	74.9	75.8	76.5	77.0
$Q(m^3/h)$	90	100	150	200	300	400	500	600	700	800	900
基准值 η(%)	77.6	78.0	79.8	80.8	82.0	83.0	83.7	84.2	84.7	85.0	85.3
$Q(m^3/h)$	1000	1500	2000	3000	4000	5000	6000	7000	8000	9000	10000
基准值 η/%	85.7	86.6	87.2	88.0	88.6	89.0	89.2	89.5	89.7	89.9	90.0

注：表中单级双吸离心水泵的流量是指全流量值。

多级清水离心泵效率基准值　　表 3-47

$Q(m^3/h)$	5	10	15	20	25	30	40	50	60	70	80	90	100
基准值 η(%)	55.4	59.4	61.8	63.5	64.8	65.9	67.5	68.9	69.9	70.9	71.5	72.3	72.9
$Q(m^3/h)$	150	200	300	400	500	600	700	800	900	1000	1500	2000	3000
基准值 η(%)	75.3	76.9	79.2	80.6	81.5	82.2	82.8	83.1	83.5	83.9	84.8	85.1	85.5

n_s＝20～300 单级、多级清水离心泵效率修正值　　表 3-48

n_s	20	25	30	35	40	45	50	55	60	65
$\Delta\eta$(%)	32	25.5	20.6	17.3	14.7	12.5	10.5	9.0	7.5	6.0
n_s	70	75	80	85	90	95	100	110	120	130
$\Delta\eta$(%)	5.0	4.0	3.2	2.5	2.0	1.5	1.0	0.5	0	0
n_s	140	150	160	170	180	190	200	210	220	230
$\Delta\eta$(%)	0	0	0	0	0	0	0	0	0.3	0.7
n_s	240	250	260	270	280	290	300			
$\Delta\eta$(%)	1.0	1.3	1.7	1.9	2.2	2.7	3.0			

3）水泵的配置

在实际工程中，当流量较大时，宜考虑多台并联运行，并联台数不宜过多，一般不超过 3 台，即工程中常用的“一用一备”，或“两用一备”；多台泵并联运行时，应选择同型号水泵；同时，对于多台并联运行的泵，应考虑部分台数运行时，系统工作状态点变化对水泵工作点的影响，对此应采取相应的措施，使得设备系统管网特性曲线平坦，以提高风机水泵的运行效率。

4）在实际设计中，需在设计计算书中根据《公共建筑节能设计标准》GB 50189—2015 第 4.3.3 条或第 4.3.9 条详细计算供暖或空调系统的冷（热）水系统耗电输冷（热）比 EC（H）R 计算值及限定值，并在图纸的设备材料性能表中注明选用水泵的流量、扬程、功率、工作点效率、系统耗电输冷（热）比 EC（H）R 计算值及限定值等，以使实际订购设备满足高效水泵的设计选用要求。

4. 相关标准、规范及图集

(1)《清水离心泵能效限定值及节能评价值》GB 19762—2007；

(2)《公共建筑节能设计标准》GB50189—2015；

(3) 单级单吸清水离心泵产品执行《轴向吸入离心泵（16bar）标记、性能、和尺寸》

GB5662—2013；

（4）单级双吸清水离心泵产品执行《单级双吸清水离心泵　型式与基本参数》JB/T 1050—2006；

（5）多级清水离心泵产品执行《多级清水离心泵型式与基本参数》JB/T1051—2006；

（6）《实用供热空调设计手册》第二版。

5. 参考案例

无。

3.2.4　高效风机

1. 技术简介

风机的技术参数主要有全压、风量、功率、转速、使用温度等。表3-49给出了建筑中常用风机的技术参数和适用范围，以供参考❶。

常用通风机性能及适用范围表　　表3-49

型号	名称	全压范围（Pa）	风量范围（m^3/h）	功率范围（kW）	介质最高温度（℃）	适用范围
4-68	离心通风机	170～3370	565～79000	0.55～50	80	一般厂房通风换气、空调
4-72-11	塑料离心风机	200～1410	991～55700	1.10～30	60	防腐防爆厂房通风排气
4-72-11	离心通风机	200～3240	991～227500	1.10～210	80	一般厂房通风换气
4-79	离心通风机	180～3400	990～17720	0.75～15	80	一般厂房通风换气
7-40-11	排尘离心通风机	500～3230	1310～20800	1.0～40	—	输送含尘量较大的空气
9-35	锅炉通风机	800～6000	2400～150000	2.8～570	—	锅炉送风助燃
Y4-70-11	锅炉引风机	670～1410	2430～14360	3.0～75	250	用于1～4t/h的蒸汽锅炉
Y9-35	锅炉引风机	550～4540	4430～473000	4.5～1050	200	锅炉烟道排气
G4-73-11	锅炉离心通风机	590～7000	15900～680000	10～1250	80	用于2～6t/h汽锅或一般矿井通风
30K4-11	轴流通风机	26～516	550～49500	0.09～10	45	一般工厂、车间办公室换气

高效风机是指效率达到或高于国家现行标准《通风机能效限定值及能效等级》GB 19761—2009规定的节能等级的风机。高效节能风机的配套电机一般均优先选择能效等级2级及以上的高效节能电机。

2. 适用范围

除需使用特殊结构和特殊用途通风机的场合均适用。

3. 技术要点

（1）技术指标

相关技术指标参见本书第3.2.3节。

（2）设计要点

1）风机的选型

在选择风机时，应根据项目输送气体的性质，计算或换算出风机所输送气体的工况密度，据此计算最高运行工况下的流量和全压。同时，考虑到风管和设备存在漏风情况，因

❶ 蔡增基，龙天渝. 流体力学泵与风机（第四版）[M]. 北京：中国建筑工业出版社，1999.

此风机的风量应在计算值上有所附加。一般用在送排风系统的定转速通风机，风量附加5%～10%，除尘系统风量附加10%～15%，排烟系统风量附加15%～20%。

同样，对于通风机的压力，考虑计算误差及管网漏耗，也应在计算值上进行一定附加。当系统采用定转速通风机时，通风机的压力应附加10%～15%，除尘系统风压附加15%～20%，排烟系统风压附加10%。而对于采用变频调速的风机，通风机的压力仍以系统计算总压力损失作为额定压力，但风机电动机的功率应在计算值上附加15%～20%。

对于风机的效率，选用的风机应使其工作状态始终处于高效范围，即风机的工作点应落在机器最高效率的±10%的高效区，并在 Q-H 曲线的最高点的右侧下降段上，从而保证风机工作的稳定性和经济性。

除此之外，在选用风机时，应核对风机配用的电动机轴功率是否满足使用工况下的功率要求。

2）风机效率

《通风机能效限定值及能效等级》GB 19761—2009给出了一般用途通风机（离心式和轴流式通风机、工业蒸汽锅炉用离心引风机、电站锅炉离心送风机和引风机、电站轴流式通风机、空调离心式通风机等）的能效等级，共分为3级，其中1级能效最高，3级能效最低。效率达到1级和2级为节能等级的风机。

表3-50～表3-52分别给出了离心式通风机、轴流式通风机、采用外转子电动机的空调离心式通风机的能效等级，选用时应优先考虑1级或2级的风机。

离心通风机能效等级 **表3-50**

压力系数 Ψ	比转数 n_s		效率 η_r(%)								
			No. 2<机号<No. 5			No. 5≤机号<No. 10			机号≥No. 10		
			3级	2级	1级	3级	2级	1级	3级	2级	1级
1.4～1.5	$45<n_s\leqslant65$		55	61	64	59	65	68			
1.1～1.3	$35<n_s\leqslant55$		59	65	68	63	69	72			
1.0	$10\leqslant n_s<20$		63	69	72	66	72	75	69	75	78
	$20\leqslant n_s<30$		65	71	74	68	74	77	71	77	80
0.9	$5\leqslant n_s<15$		66	72	75	69	75	78	72	78	81
	$15\leqslant n_s<30$		68	74	77	71	77	80	74	80	83
	$30\leqslant n_s<45$		70	76	79	73	79	82	76	82	85
0.8	$5\leqslant n_s<15$		66	72	75	69	75	78	72	78	81
	$15\leqslant n_s<30$		69	75	78	72	78	81	75	81	84
	$30\leqslant n_s<45$		71	77	80	74	80	83	76	82	85
0.7	$10\leqslant n_s<30$		68	74	77	70	76	79	72	79	83
	$30\leqslant n_s<50$		70	76	79	72	78	81	74	81	84
0.6	$20\leqslant n_s<45$	翼型	72	77	80	74	79	82	76	82	85
		板型	69	74	77	71	76	79	73	79	83
	$30\leqslant n_s<50$	翼型	73	78	81	75	80	83	77	83	86
		板型	70	75	78	72	77	80	74	80	83

续表

<table>
<tr><td rowspan="3">压力系数
Ψ</td><td colspan="2" rowspan="3">比转数 n_s</td><td colspan="12">效率 η_r(%)</td></tr>
<tr><td colspan="6">No. 2<机号<No. 5</td><td colspan="3">No. 5≤机号<No. 10</td><td colspan="3">机号≥No. 10</td></tr>
<tr><td colspan="2">3级</td><td colspan="2">2级</td><td colspan="2">1级</td><td>3级</td><td>2级</td><td>1级</td><td>3级</td><td>2级</td><td>1级</td></tr>
<tr><td rowspan="6">0.5</td><td rowspan="2">10≤n_s<30</td><td>翼型</td><td colspan="2">70</td><td colspan="2">76</td><td colspan="2">79</td><td>72</td><td>78</td><td>71</td><td>74</td><td>81</td><td>84</td></tr>
<tr><td>板型</td><td colspan="2">67</td><td colspan="2">73</td><td colspan="2">76</td><td>69</td><td>75</td><td>78</td><td>71</td><td>78</td><td>81</td></tr>
<tr><td rowspan="2">30≤n_s<50</td><td>翼型</td><td colspan="2">73</td><td colspan="2">79</td><td colspan="2">82</td><td>75</td><td>81</td><td>84</td><td>77</td><td>83</td><td>86</td></tr>
<tr><td>板型</td><td colspan="2">70</td><td colspan="2">76</td><td colspan="2">79</td><td>72</td><td>77</td><td>80</td><td>74</td><td>81</td><td>84</td></tr>
<tr><td rowspan="2">50≤n_s<70</td><td>翼型</td><td colspan="2">75</td><td colspan="2">80</td><td colspan="2">83</td><td>77</td><td>82</td><td>85</td><td>79</td><td>84</td><td>87</td></tr>
<tr><td>板型</td><td colspan="2">72</td><td colspan="2">77</td><td colspan="2">80</td><td>74</td><td>79</td><td>82</td><td>76</td><td>81</td><td>84</td></tr>
<tr><td rowspan="6">0.4</td><td rowspan="2">50≤n_s<65</td><td>翼型</td><td colspan="2">76</td><td colspan="2">81</td><td colspan="2">84</td><td>78</td><td>83</td><td>86</td><td>80</td><td>85</td><td>88</td></tr>
<tr><td>板型</td><td colspan="2">73</td><td colspan="2">78</td><td colspan="2">81</td><td>75</td><td>80</td><td>83</td><td>77</td><td>82</td><td>85</td></tr>
<tr><td rowspan="4">65≤n_s<80</td><td rowspan="2"></td><td colspan="3">机号<No. 3.5</td><td colspan="3">No. 3.5≤机号<No. 5</td><td rowspan="2"></td><td rowspan="2"></td><td rowspan="2"></td><td rowspan="2"></td><td rowspan="2"></td><td rowspan="2"></td></tr>
<tr><td>3级</td><td>2级</td><td>1级</td><td>3级</td><td>2级</td><td>1级</td></tr>
<tr><td>翼型</td><td>70</td><td>75</td><td>78</td><td>75</td><td>80</td><td>83</td><td>78</td><td>84</td><td>87</td><td>81</td><td>86</td><td>89</td></tr>
<tr><td>板型</td><td>67</td><td>72</td><td>75</td><td>72</td><td>77</td><td>80</td><td>75</td><td>81</td><td>84</td><td>78</td><td>83</td><td>86</td></tr>
<tr><td rowspan="2">0.3</td><td rowspan="2">65≤n_s<85</td><td>翼型</td><td colspan="3"></td><td colspan="3"></td><td>76</td><td>81</td><td>84</td><td>78</td><td>83</td><td>86</td></tr>
<tr><td>板型</td><td colspan="3"></td><td colspan="3"></td><td>73</td><td>78</td><td>81</td><td>75</td><td>80</td><td>83</td></tr>
</table>

注：此表也适用于非外转子电动机的空调离心式风机。

轴流通风机能效等级　　　　表 3-51

毂比 γ	效率 η_r(%)								
	No. 2.5≤机号<No. 5			No. 5≤机号<No. 10			机号≥No. 10		
	3级	2级	1级	3级	2级	1级	3级	2级	1级
γ<0.3	60	66	69	63	69	72	66	73	77
0.3≤γ<0.4	62	68	71	65	71	74	68	75	79
0.4≤γ<0.55	65	70	73	68	73	76	71	77	81
0.55≤γ<0.75	67	72	75	70	75	78	73	79	83

注：$\gamma=d/D$，γ—轴流通风机轮毂比；d—叶轮的轮毂外径；D—叶轮的叶片外径。

采用外转子电动机的空调离心式通风机能效等级　　　　表 3-52

压力系数 Ψ	比转数 n_s	机组效率 η_e(%)														
		机号≤No. 2			No. 2<机号≤No. 2.5			No. 2.5<机号≤No. 3.5			No. 3.5<机号≤No. 4.5			机号≥No. 4.5		
		3级	2级	1级	3级	2级	1级	3级	2级	1级	3级	2级	1级	3级	2级	1级
1.0～1.4	40<n_s≤65	38	43	46												
1.1～1.3					44	49	52									
1.0～1.2								46	50	53						
1.3～1.5								44	48	51						
1.2～1.4											51	55	58	55	59	62

3）风机的串并联

风机的并联在暖通工程中应用得非常多，例如当系统要求的流量很大，用一台风机其流量不够时，或需要增开或停开并联台数，以实现大幅度调节流量时。风机并联工作时曲线如图 3-26 所示。

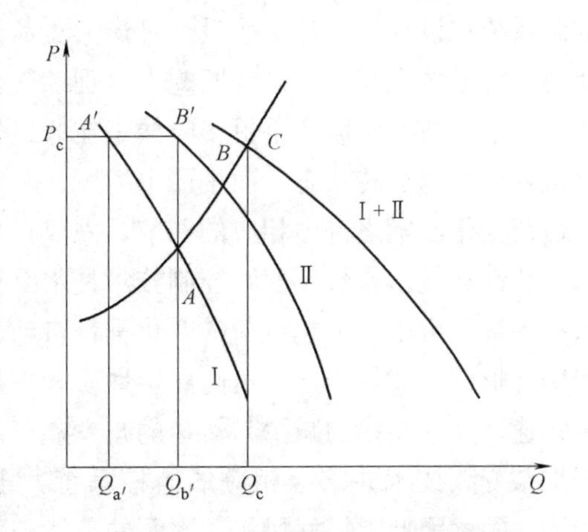

图 3-26　风机并联工作时的性能曲线

曲线Ⅰ＋Ⅱ是风机Ⅰ、Ⅱ联合工作时的性能曲线。由图 3-26 可以看出，并联工作的总流量要比每台风机独立作用于同一管网系统时的各自流量之和要小，且并联后各风机的工况点也不同于单独工作时的工况点，这是在设计选型时值得注意的地方。

从图中还可以看到，两台风机并联工作时，风机Ⅰ的工作点已比较接近自身的喘振点，在此种工况下运行时，管网的压力波动，极易使风机Ⅰ进入喘振状态，进而影响整个系统的正常工作。因此在选用多台风机并联时，建议选择同型号通风机。

风机的串联在暖通工程应用较少，此处对其不做介绍。

4）在实际设计中，需在设计计算书中根据《公共建筑节能设计标准》GB 50189—2015 第 4.3.22 条详细计算各风机的单位风量耗功率，并在图纸的设备材料性能表中注明选用风机的风量、风压、功率、风机效率、单位风量耗功率计算值及限定值等，以使实际订购设备满足高效风机的设计选用要求。

（3）注意事项

1）风机产品样本上所提供的参数均是在某特定标准状态下实测而得的，当实际工况与标准工况不符时，应进行参数换算后再选用设备。

2）选择风机时，应根据管路布置及连接要求确定风机叶轮的旋转方向及出风口位置。对于有噪声要求的通风系统，应尽量选用效率高、叶轮圆周速度低的风机，并根据通风系统产生噪声和振动的传播方式，采取相应的消声和减振措施。

4. 相关标准、规范及图集

（1）《通风机能效限定值及能效等级》GB 19761—2009；

（2）《公共建筑节能设计标准》GB 50189—2015；

（3）《实用供热空调设计手册》第二版。

5. 参考案例

无。

3.2.5　水泵、风机变频技术

1. 技术简介

随着我国工业生产的迅速发展，电力工业虽然有了长足进步，但能源的浪费却是相当惊人的。据有关资料，我国风机、水泵、空气压缩机总量约 4200 万台，装机容量约 1.1 亿 kW。但系统实际运行效率仅为 30％～40％，其损耗的电能占总发电量的 38％以上。

空调系统在设计时，都是按设计日最大负荷计算与设计选型，还有许多企业在进行系统设计时，容量选得较大，系统匹配不合理，往往是“大马拉小车”，而实际运行时冷冻水泵和冷却水泵或热水循环泵更多时候是在非最大负荷状态运行，同时许多风机、水泵的拖动电机处于恒速运转状态，而生产中的风、水流量要求处于变工况运行。若水泵不能根据末端负荷变化而随之得出相应的调节，完成自动控制，会存在大量的能源浪费。根据水泵的固有特性和技术参数，变频控制技术是水泵运行节能的最佳选择。采用变频水泵及相应的监控系统，可根据末端负荷的变化进行自动调节水泵输出功率，降低了能源的浪费和运行费用。根据三相异步电动机电磁矩性质和三相异步电动机调速技术，采用变频后，水泵电机转速下降，功率的减少与转速的减少成三次方关系，故电机的功率损耗会大大降低。采用水泵变频技术并结合相应的监控系统，水泵系统能源节省率非常显著，将在15%～30%之间。因此，搞好风机、水泵的节能工作，对国民经济的发展具有重要意义。

变频技术是指通过改变交流电频的方式实现交流电控制的技术，从而调节负载，起到降低功耗，减小损耗，延长设备使用寿命。目前，变频技术已广泛应用于建筑机电设备（水泵、风机、电梯等）。

变频技术的核心是变频器，即能把工频交流电（或直流电）变换为电压和频率可变的交流电的电气设备。变频器的主要用途是用于交流电动机的调速控制。变频器的电路一般由整流、中间直流环节、逆变和控制4各部分组成，原理图如图3-27所示。

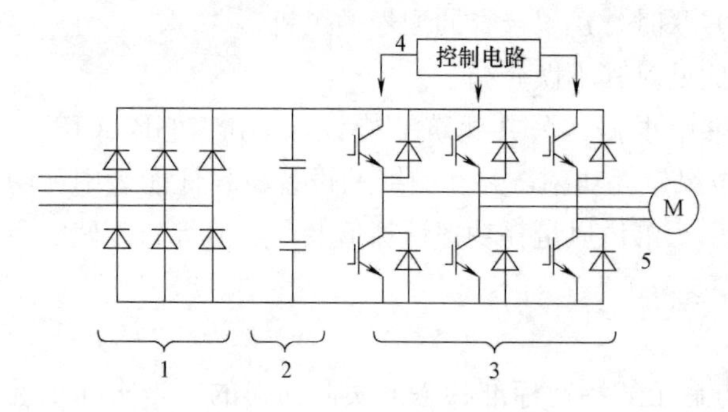

图3-27 变频器电路原理图

1—整流部分；2—滤波部分；3—逆变部分；4—控制部分；5—负载

变频器（如图3-28）的分类方式有多种，按用途可以分为通用变频器和专业变频器。其中通用变频器又可以分为节能型变频器与高性能通用变频器，前者主要用于对调速性能要求不高的场合，如风机、水泵的变频，后者除了可以应用于节能型变频器的所有应用领域之外，还广泛用于电梯、数控机床等调速性能要求较高的场合。应用上变频器后，对机械设备的磨损大大降低，可以很好地保护设备，降低设备维修费用，延长设备的使用年限。变频器内部具备的多种完善的运行监控保护功能，可以更好地保证电机在允许的工况下工作，很好地避免了发生各类因电机及电网原因引起的各类事故的发生，保证了生产安全。同时，真正做到了对电网的零冲击，能够更好地利用电网资源，增大电网的利用率。

2. 适用范围

适用于各类民用建筑中对系统调速性能要求不高的场合

3. 技术要点

（1）技术指标

根据《绿色建筑评价标准》GB/T 50378—2014第5.2.8.3条规定，水系统、风系统采用变频技术，且采取相应的水力平衡措施，得3分。

图 3-28 变频器

《全国民用建筑工程设计技术措施节能专篇 2007-暖通空调动力》第 5.2.3 条规定：下列空调系统的循环水泵宜采用自动变速控制，变频泵的变频范围应能满足系统安全运行要求和系统流量变化要求：

1）一次泵变流量系统的空调冷水循环泵。

2）二次泵系统的二级循环泵。

3）采用水-水或汽-水热交换器间接供冷、供热循环水系统的二次水循环泵。

《民用建筑供暖通风与空气空调设计规范》GB 50376—2012 第 8.5.9 条规定，变流量一级泵系统采用冷水机组变流量方式时，一级泵应采用调速泵。

（2）设计要点

1）变频器的选择

低压通用变频输出电压为 380～650V，输出功率为 0.75～400kW，工作频率为 0～400Hz，它的主电路都采用交-直-交电路。在选用变频器时，只需按照工程负载类型和特性，满足使用要求即可，尽量做到量才适用、经济实惠。

流体类负载通过变频器调速来调节风量、流量，可以大幅度节约电能。通过增加变频器调节风机或水泵的转速改变流量相当于改变风机或水泵的压力与流量的关系但不改变管网的阻抗特性，随着转速的降低，风机或水泵特性曲线下降，流量减少，压力降低，能耗也大大降低，同时通过连续精确的调速可精确地控制风量。

对于风机、水泵这类负载，在选用变频器时，需符合下列要求：

① 变频器的额定容量：对应所适用的电动机功率＞电动机的额定功率；

② 电流匹配：变频器的额定电流≥电机的额定电流；

③ 电压匹配：频器的额定电压≥电机的额定电压。

④ 由于高速时需求功率增长过快，所以不应使这类负载超工频运行。

2）变频器的变频范围

目前，市场上已有的变频器基本都可实现无极变频。但是，在实际工程中，当水泵在额定频率以下运行时，由于负载转矩减小较多，而电动机的有效转矩则减小较少，形成“大马拉小车”的状态，致使泵效率将下降。因此，泵电动机转速调节范围不宜太大，通常最低转速不应小于额定转速的 50%，一般在 70%～100%之间较宜，变频范围应据此而定，风机亦然。

选用变频水泵及风机时，尽可能减少水泵与风机工作点参数的安全系数（裕量），从而扩大水泵与风机实际使用的频率调节范围。

4. 相关标准、规范及图集

(1)《调速电气传动系统 第1部分：一般要求低压直流调速电气传动系统额定值的规定》GB/T 12668.1—2002；

(2)《调速电气传动系统 第2部分：一般要求低压交流变频电气传动系统额定值的规定》GB/T 12668.2—2002；

(3)《调速电气传动系统 第6部分：确定负载工作制类型和相应电流额定值的导则》GB/T 12668.6—2011；

(4)《全国民用建筑工程设计技术措施节能专篇 2007-暖通空调动力》。

5. 参考案例

案例一：以一台IS150-125-400型离心泵为例对使用变频技术的经济型进行分析。该水泵额定流量为200.16m^3/h，扬程为50m；配备Y225M-4型电动机，额定功率为45kW。根据运行要求，水泵连续24h运行，其中每天11h运行在90%负荷，13h运行在50%负荷；全年运行时间在300d。

则每年的节电量为：$W_1=45\times11\times(100\%-69\%)\times300=46035\text{kWh}$

$$W_2=45\times13\times(95\%-20\%)\times300=131625\text{kWh}$$

$$W=W_1+W_2=46035+131625=177660\text{kWh}$$

每度电按0.95元计算，则每年可节约电费16.88万元。

案例二：某工程水泵节能改造项目采用变频调速器前后实测的有关数据见表3-53和表3-54。

采用变频调速前后性能参数对比　　表3-53

参数 状态	电机运行电流(A)	电机运行频率(Hz)	水泵出口压力(MPa)	有功功率(kW)	功率因素	阀门开度(%)
阀门调节	110	50	0.7	64	0.8	60
变频调节	40	30	<0.3	30	0.96	100

采用变频调速前后节能效果对比　　表3-54

参数 时间	硫酸产量(t)	总用电量(kWh)	平均耗电量(kWh/月)	每月节电效率(%)	备注
1996年	33790	721592	60133		采用变频器前
1997年	35960	338588	28215	53	采用变频器后

从表中数据对比结果分析可知：

① 节能效果非常显著，采用变频调速技术后，提高了电机的功率因数，减少了无功功率消耗。月平均节约电能31918kWh，月平均节电率为53%，按目前工业电价0.67元/kWh计，每月可以产生直接经济效益2万余元，具有明显的经济效益。

② 采用变频调速技术后，电机定子电流下降64%，电源频率下降40%，水泵出水压

力降低57%。由于电机水泵的转速普遍下降，电机水泵运行状况明显改善，延长了设备的使用寿命，降低了设备的维修费用。同时，由于变频器启动和调速平稳，减少了对电网的冲击。

③ 采用变频调速技术后，由于水泵出口阀全开，消除了阀门因节流而产生的噪声，改善了工人的工作环境。同时，克服了平常因调节阀故障对生产带来的影响，具有显著的社会效益。

④ 系统采用闭环控制，参数超调波动范围小，偏差能及时进行控制。变频器的加速和减速可根据工艺要求自动调节，控制精度高，能保证生产工艺稳定，提高了产品的质量和产量。

⑤ 由于变频调速器具有十分灵敏的故障检测、诊断、数字显示功能，提高了电机水泵运行的可靠性。

3.2.6 空调系统水力平衡措施

1. 技术简介

在大型建筑的中央空调系统中，冷冻水大多是由闭式循环管路系统输送到末端各个换热设备进行能量交换。由于建筑结构的复杂性和功能的多样性，空调冷冻水系统往往根据空调负荷的特点分成若干个区域，每一个区域有一个供水环路来负责冷热量的传递。在实际运行中各个环路的实际流量与设计要求的流量的不一致性，称为系统的水力失调。相反，在空调冷冻水系统中，若各个环路的实际流量与实际要求的流量相符，则称为水力平衡。

在中央空调运行中，水力失调是最常见的问题。尽管各个区域的水系统环路可以采用同程式系统，但负荷的变化和各个环路之间的阻力存在差异，因此水力不平衡的问题是难免的。在不平衡系统中，最暖房间和最冷房间温度相差4～6℃是很普遍的。

平衡工作包括调整压降，以保证在设计负荷时系统的所有环路达到设计流量值：

(1) 必须平衡系统的热（冷）源环路，使流经锅炉及冷水机组的水流量为设计值，保证任何负荷情况下热（冷）源侧与输配管网侧相协调。

(2) 必须平衡系统的输配侧环路，保证任何负荷情况下全部控制阀及末端装置能够获得设计流量。

(3) 必须平衡控制环路，保证控制阀的良好工作条件，并使一次、二次环路水量协调。

只有实现了上述三方面平衡的系统，控制器才能发挥出它的功能，否则，舒适度要变差，能耗会增高。换句话说，全面平衡是实现控制系统及水力系统完美结合的一种方法，它由以下5个步骤实现：

(1) 保证控制系统与水力系统设计协调一致。

(2) 选择正确的控制阀门特性。

(3) 保证控制阀具有良好的工作条件。

(4) 确保在设计负荷下全部末端装置都获得设计流量。

(5) 实现所有一、二次环路连接处流量协调一致。

实现了以上步骤，就可能在最低的能耗下，稳定且精确地控制室内热环境。

水力平衡一般分为静态水力平衡和动态水力平衡。

（1）静态水力失调与静态水力平衡

由于设计、施工、设备材料等原因导致的系统管道特性阻力数比值与设计要求管道特性阻力数比值不一样，从而导致系统各环路的实际流量与设计要求流量的不一致而引起的水力失调，称为静态水力失调。所谓的静态是指水系统的结构和流量都不变化的状态，即定流量状态。在定流量状态下，如果各支环路的实际流量与设计流量基本相等，即实现了静态水力平衡；如果实际流量与设计流量不相等，即产生了静态水力失调或称静态水力失衡。静态水力失调是稳态的、根本性的，是系统本身所固有的。对于静态水力失衡，可通过水力计算合理配管或在管路中增设相应的静态水力平衡装置（如图 3-29 为节流孔板、图 3-30 为手动平衡阀或静态平衡阀、图 3-31 为动态流量平衡阀）就可以实现静态水力平衡。静态水力平衡解决的是静态平衡和系统能力问题，即保证系统能够均衡地输送足够的水量到各环路的末端设备。

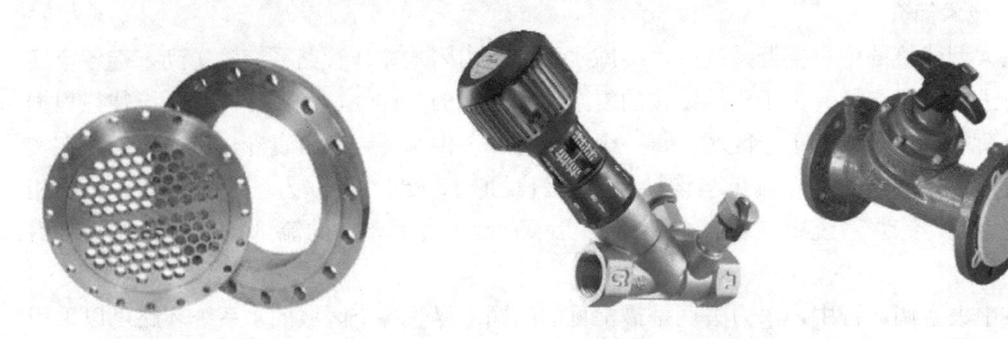

图 3-29　节流孔板　　　　图 3-30　静态平衡阀或手动平衡阀

图 3-31　动态流量平衡阀

（2）动态水力失调和动态水力平衡

系统运行中，当某些末端阀门开度改变而引起冷冻水的流量变化时，系统的压力会产生波动，造成其他末端设备的流量也随之发生改变，偏离了所要求的流量，此时引起的水力失调称为动态水力失调。所谓的动态是指水系统中流量经常变化的状态，即变流量状态。在变流量状态下，各分支环路的实际流量若等于所需流量，即实现了动态水力平衡；

如果实际流量不等于所需流量，即产生了动态水力失调或称动态水力失衡。动态水力失调是随机的、动态的，是在系统运行中产生的。对于动态水力失调，可通过在系统管路中增设动态水力平衡控制装置（如图 3-22 动态压差平衡阀），以实现动态水力平衡，使各个环路的水流量在变流量工况下依然满足设计要求或使用要求。

图 3-32 动态压差平衡阀

中央空调系统能实现准确供冷的基本条件是必须保证各个环路的末端设备可以获得其所需的冷冻水流量。而要满足这个条件就必须实现系统的水力平衡。在系统平衡过程中，静态水力平衡是基础。保证在静态（或定流量）下各个环路的末端设备都能得到与设计值相符的冷冻水流量，使每个环路均能有同等机会获得所需要的冷冻水流量，这是系统水力平衡的基础。只有静态下系统达到平衡的情况下才能进行动态水力平衡的调节。面对目前空调系统在低负荷下运行时间长的现状，只有实现了系统的动态水力平衡才能真正满足中央空调的精确控制和节能要求。

全面水力平衡达到节能主要通过以下三条途径：

（1）能降低供暖时建筑房间的平均室温，提高空调时的平均室温。对于一幢建筑，如果供暖时恒定的过热 1℃，空调时过冷 1℃，那么相应多耗费的供暖能耗可达 10%，空调能耗可达 20%。供暖系统实现平衡后，常常可降低平均室温 1～3℃，而空调系统则可提高 1～2℃。这就是为什么说平衡后能直接降低能耗 5%～30%的原因。

（2）降低水泵能耗。在《水力管网全面平衡技术》❶中有一实例显示通过环路水力平衡后系统耗能减少 7%，平衡及调整水泵叶轮后系统能耗减少 30.9%。

（3）使得控制器能够有效工作。在《水力管网全面平衡技术》❷中有一实例显示三幢建筑设计及结构完全相同的楼因室内热环境不理想，第一幢楼增加了优化型控制器，能耗下降了 8%；第二幢楼在立管处安设了平衡阀，并进行了平衡调试，能耗下降了 20%；第三幢楼的立管进行了平衡工作，同时也安装了优化型控制器，能耗下降达 36%。

2. 适用范围

适用于中央空调及供暖水系统。

---

❶ Robert Petitjean 等著.《水力管网全面平衡技术》[M]. 郎四维，冯铁栓译. 北京：中国建筑工业出版社，1991.

❷ Robert Petitjean 等著.《水力管网全面平衡技术》[M]. 郎四维，冯铁栓译. 北京：中国建筑工业出版社，1991.

3. 技术要点

（1）技术指标

根据《绿色建筑评价标准》GB/T 50378—2014 第5.2.8.3条规定，水系统、风系统采用变频技术，且采取相应的水力平衡措施，得3分。

（2）设计要点

1）水力平衡设计原则

① 首先通过精心设计，采用同程系统，调整系统各环路的风、水管规格，降低系统干管的阻力，增加系统末端的阻力等自然平衡措施，来保证系统有一个良好的平衡基础。不足之处，再采用各类平衡阀来调节。

② 平衡阀自身会增加系统的部分阻力，从而增加了水泵风机的扬程，应尽可能少用。平衡阀应设在有利环路上，不设在最不利环路上。

③ 当系统控制环路的动压头≤10%控制环路阻力时或末端采用双位调控方式时，可忽略动态水力失调的影响。

2）平衡阀安装位置

① 每台锅炉及冷水机组处分别安装一个平衡阀，用以：调整锅炉或冷水机组之间流量分配达到正确值；确认任何锅炉或冷水机组不存在流量过大或过小现象；检查与输配系统的协调性。

② 所有干管、立管及支管的回水或者供水管处分别安装一个平衡阀，用以：调整流量输配均衡；检验输配环路与区域控制环路水量协调性。

③ 所有具有二次泵的区域控制环路中分别安装一个平衡阀。用以：均衡、补偿型号尺寸过大的控制阀、二次泵及盘管；检验输配环路与区域环路水量间的协调性。

④ 分流功能三通阀安装平衡阀，与控制阀串联一个平衡阀，用以调整到设计流量。旁通管上安装一个平衡阀，以保证运行过程中（如随着旁通通道关闭、控制阀通道打开）保持恒定流量。

⑤ 对于安装二通控制阀（例如散热器恒温阀）系统中的每一根立管处，安装一个泄流阀，用以稳定作用于控制阀处的压差。

⑥ 在散热器或者冷却盘管系统中，应对它们分别安装具有预设定值功能的入口阀门或者出口阀门，用以对每一台末端装置单独地调整流量。

3）定流量系统与变流量系统平衡装置安装

① 定流量系统只存在静态水力失调，不存在动态水力失调，因此只需在相应位置安装静态水力平衡设备即可。定流量系统常用的水力平衡设备是节流孔板，手动调节阀和静态平衡阀，动态流量平衡阀等调节元件。当末端设备水量不发生变化时，可在各个环路的回水管上安装节流孔板，手动调节阀和静态平衡阀，动态流量平衡阀。

② 变流量水系统并联环路之间的耦合性强，水力会造成相互影响存在动态水力失调。要实现动态水力平衡，必须满足水系统中各个末端设备的流量达到实际瞬时负荷要求流量的同时，其流量的变化只受设备负荷变化的影响，而不受系统压力波动的干扰。变流量系统的动态水力平衡的目的是保证系统供给和需求水量瞬时一致性（这个功能是由各类调节阀门来实现的），避免了各末端设备流量变化的相互干扰，从而保证系统高效稳定地流量

准确地输送给各个末端设备。

4. 相关标准、规范及图集

(1)《民用建筑供暖通风与空气空调设计规范》GB 50376—2012；

(2)《全国民用建筑工程设计技术措施节能专篇 2007-暖通空调动力》。

5. 参考案例

某项目根据房间使用特点，进行了合理的空调分区：展厅、餐厅、会议室、开放式办公区采用全空气系统；其他小开间办公区采用风机盘管加新风系统。

空调冷源采用 4 台离心式冷水机组（单台额定制冷量 2462kW）与 1 台螺杆式地源热泵机组（单台额定制冷量 1000kW）；除作冷源的 1 台螺杆式地源热泵机组（单台额定制冷量 1000kW，额定制热量 1050kW）外，另设 3 台燃气常压热水锅炉（单台产热量 2800kW）。4 台离心式冷水机组的 *IPLV* 为 9.42，大于 5.42；1 台螺杆式地源热泵机组的 *IPLV* 为 8.45，大于 4.81，均满足要求。

空调水系统分为 5 个环路，其中中庭为 1 个独立的环路，夏季由离心式冷水机组与地源热泵机组联合供冷；在部分负荷时，由地源热泵机组单独供冷；冬季由燃气常压热水锅炉和地源热泵机组供给空调热水。规划展示馆和行政服务中心各两个环路。水系统按变流量设计，并设有水力平衡装置，详见图 3-33。

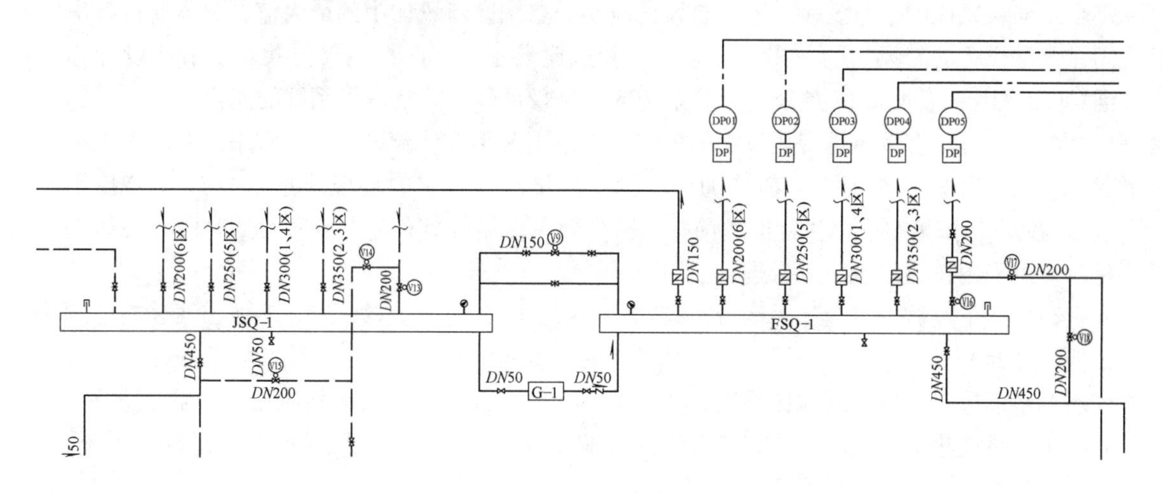

图 3-33 某项目水系统图（局部）

3.2.7 全空气系统可调新风

1. 技术简介

对于全空气系统，可以采用全新风或增大新风比运行，可以有效地改善空调区内空气的品质，大量节省空气处理所需消耗的能量。

《公共建筑节能设计标准》GB 50189—2015 第 4.3.11 条要求，设计定风量全空气空调系统时，宜采取实现全新风运行或可调新风比的措施，并宜设计相应的排风系统。

空调系统设计时不仅要考虑到设计工况，而且应考虑全年运行模式。全空气空调系统易于改变新、回风比例，在过渡季和部分冬季气候条件下，室外空气可以作为供冷需求区域的免费冷源，采取全新风或增大新风比运行不但可以提高室内空气品质，而且可以减少运行能耗，具有很好的节能效果和经济效益，应该大力推广应用。

2. 适用范围

适用于商场、展览厅、报告厅、剧场、候车厅等人员密集的区域或其他采用了全空气系统的场合。不适合于温湿度波动范围或洁净度要求严格的房间。

适用范围：全空气空调系统。

3. 技术要点

《绿色建筑评价标准》GB/T 50378—2014 第 5.2.7 条规定，采取措施降低过渡季节供暖、通风与空调系统能耗，评价分值为 6 分。采用全空气系统可调新风比技术应注意以下要求：

（1）除冬季利用新风作为全年供冷区域的冷源及采用直流式（全新风）空调系统的情况，冬夏季应采用并保证最小新风量的要求，最小新风量需满足《民用建筑供暖通风与空气空调设计规范》GB 50376—2012 第 3.0.6 条和第 7.3.19.2 条的规定。

（2）当一个空气调节系统负担多个使用空间时，若采用新风比最大的房间的新风比作为整个空调系统的新风比，这将导致系统新风比过大，浪费能源。根据《民用建筑供暖通风与空气空调设计规范》GB 50376—2012 第 3.0.6 条，全空气系统的新风量，当服务于多个不同新风比的空调区时，系统新风比应小于空调区新风比中的最大值。为了使得各房间在满足要求的新风量的前提下，系统的新风比最小，因此按照《公共建筑节能设计标准》GB 50189 第 4.3.12 条规定计算系统的新风量可以节约空调风系统的能耗。

（3）人员密度较大且变化较大的房间，在采用最小设计新风量时，宜采用新风需求控制，根据室内 CO_2 浓度检测值增加或减少新风量（参考室内环境质量章节 CO_2 监控小节），在 CO_2 浓度符合卫生标准的前提下减少新风冷热负荷；当人员密度随时段有规律变化时，可采用按时段对新风量进行控制。

（4）除了过渡季节全新风运行，《超高层绿色建筑评价技术细则》、上海市《公共建筑节能设计标准》DGJ08-107—2012 等对于最大总新风比的规定如下：除塔楼部分外的全空气空调系统应具有可变新风比功能，所有全空气空调系统的最大总新风比应不低于 50%。服务于人员密集的大空间和全年具有供冷需求的区域的全空气定风量或变风量空调系统，可达到的最大总新风比宜不低于 70%。

（5）要实现全新风运行，设计时必须认真考虑新风取风口和新风管所需的截面积（按照最大新风量计算风口和风管尺寸），关闭回风路径，妥善安排好排风出路，应并确保室内必须保持的正压值或室内的送排风量平衡。

（6）空调排风系统的风量应与空调新风量变化相适应。采用双风机空调箱时，可通过调节新风、回风和排风阀来改变新风及排风大小。排风机单独设置时，可采用变频、变电机级数、变风机数量等方法，其中变频方式节能效果最优。

（7）人员密集、送风量较大且最小新风比≥50%时，可设置空气-空气能量回收装置（参考本章排风能量回收小节）的直流式空调系统。

（8）在实际设计和运行中，一次回风系统如果关闭或调小回风量，调大新风量，系统就在全新风或变新风工况下运行，在春秋季，当室外新风比焓小于回风比焓时，一次回风系统就应该从变新风工况转变为新风工况。对于冬季需要供冷的系统，当室外新风温度低于送风温度时，就应该从全新风工况转变为变新风工况，通过调节新风比混合达到一定的送风温度。

（9）根据《全国民用建筑工程设计技术措施节能专篇-暖通空调动力 2009》第 11.6.7 条，全空气系统可调新风措施按照不同的气候条件应采用不同的工况判别方法：

地区	气候条件	允许的工况判别方法	禁止的工况判别方法
干燥地区	t_{wb}<21℃或 t_{wb}<21℃且 t_{db}≥38℃	固定温度法、温差法、电子焓法、焓差法	固定焓法
适中地区	21℃≤t_{wb}<23℃，t_{db}<38℃	固定温度法、温差法、电子焓法、焓差法、固定焓法	—
潮湿地区	t_{wb}>23℃	固定温度法、电子焓法、焓差法、固定焓法	温差法

1）h_{wb} 和 h_{db} 分别为夏季空调设计湿球温度和夏季空调设计干球温度。

2）焓差法是比较室外新风焓值 h_w 与回风焓值 h_R 的大小，以 $h_w \leqslant h_R$ 作为新风免费供冷工况的启动条件。

3）固定焓法是比较室外新风焓值 h_w 与某一固定焓值（例如室内设计状态焓值 h_s）的大小，以 $h_w \leqslant h_s$ 作为新风免费供冷工况的启动条件。

4）电子焓法是用等温线与等焓线将焓湿图分成四个区域，新风状态点位于左下角区域，作为新风免费制冷工况的启动条件。

5）温差法是比较室外新风温度 t_w 与 t_R 回风温度的大小，以 $t_w \leqslant t_R$ 作为新风免费供冷工况的启动条件。

6）固定温度是比较室外新风温度 t_w 与某一固定温度 t_s 的大小，以 $t_w \leqslant t_s$ 作为新风免费供冷工况的启动条件。其中 t_s 是根据不同地区的相对湿度对应于 h_s 的干球温度，对于干燥地区、适中地区和潮湿地区，其相对湿度分别为 50%、64%和 86%。

7）焓差法的节能性最好，但需要的传感器多，且湿度传感器误差大、需要经常维护，实施较困难。

8）固定温度法的检测稳定可靠，实施最为简单，可在实际工程中采用。

（10）实际设计中，可调新风比措施对自动控制要求较高，鲜有成功案例。除非采用 VAV Box 作为调节装置，故建议优先采用过渡季节全新风的方式。

4. 相关标准、规范及图集

（1）《公共建筑节能设计标准》GB 50189—2015；

（2）《民用建筑供暖通风与空气空调设计规范》GB 50376—2012；

（3）《全国民用建筑工程设计技术措施节能专篇-暖通空调动力 2009》。

5. 参考案例

某项目四层商业采用全空气定风量系统，空调机房全空气定风量系统机房风管平面布置如图 3-34 所示，其中空气处理机组 AHU-4-5-1 可调节新风比范围为 40%～100%，平时空调工况新风量为 10000m^3/h，过渡季节可根据室内外焓差调节新风比例，最大新风量为 25000m^3/h。

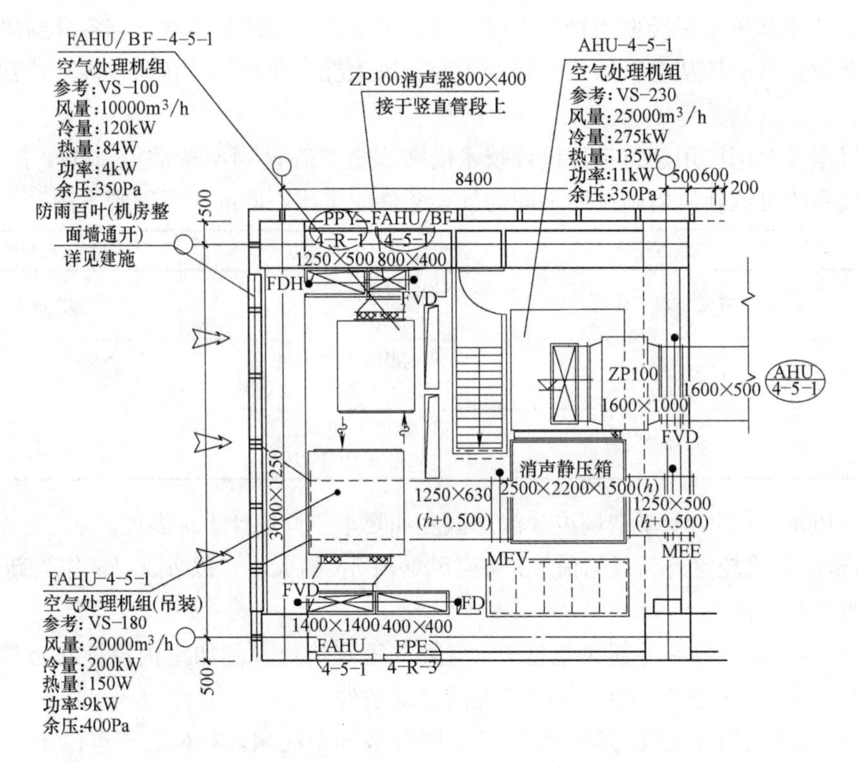

阀门控制要求说明:

1.MEE:平时常开,过渡季节常闭,消防时电动关闭

2.MEV:电动调节(平时风量10000m³/h,过渡季节最大风量25000m³/h),消防时电动关闭

图3-34 某项目全空气定风量系统机房风管平面布置图

3.2.8 冷却塔供冷

1. 技术简介

随着我国城市建设的发展，大型建筑尤其是大型的超市、商场、办公楼的数量迅速增长，这类建筑往往进深较大，内区中有人员、照明设备的散热，并常有电脑和其他具有高显热电气设备（如传真机、复印机等）散热形成冷负荷，因此内区往往全年需要供冷以维持舒适的室内环境温度。对于这类除夏季外仍需供冷的建筑物来说，可以在过渡季节和冬季利用室外的自然冷源来实现对室内的供冷，避免开启制冷机组以节省空调系统的耗电量。《公共建筑节能设计标准》GB 50189—2015 第4.2.20条明确提出，对冬季或过渡季节存在供冷需求的建筑，经技术经济分析合理时，可利用冷却塔提供空气调节冷水。

冷却塔免费供冷技术，就是在常规空调水系统的基础上增设部分管路和设备，当室外湿球温度低到某个值以下时，关闭制冷机组，以流经冷却塔的循环冷却水直接或间接向空调系统供冷，提供建筑空调所需的冷负荷。空调系统中制冷机的能耗占有很高的比例，如用冷却塔来代替制冷机供冷，将节省可观的运行费用。

在我国，适合于冷却塔供冷技术条件的大型超市、商场、办公建筑、具有高显热的大中型计算机房、要求空调系统全年供冷的建筑越来越多。这为冷却塔供冷技术在我国的应用与推广提供了机遇。

冷却塔供冷系统按照冷却水供往末端设备的方式主要可分为直接供冷系统和间接供冷系统；按照冷却水的来源设备形式则主要可以分为制冷剂自然循环流动方式、开式冷却塔加过滤器形式、开式冷却塔加热交换器和封闭式冷却塔形式。这两种分类形式有一定的内在联系，其中直接供冷系统可以包括开式冷却塔加过滤器的形式和封闭式冷却形式，而间接供冷系统一般可以认为等同于开式冷却塔加热交换器的形式。

(1) 开式冷却塔加过滤器（直接供冷系统）[1][2]

如图 3-35 所示，开式冷却塔加过滤器的形式是通过简单的旁通管路将冷却水和冷冻水环路连通，从而使开式冷却塔制得的冷却水直接代替冷冻水送入空调系统末端设备。由于开式冷却塔中的水流与室外空气接触换热，易被污染，进而造成系统中管路腐蚀、结垢和阻塞，通过在冷却塔和管路之间设置过滤装置，以保证水系统的清洁。加过滤器的系统分为 2 种，一种为全过滤系统［图 3-35 (*a*)］，另一种为部分过滤系统［图 3-28 (*b*)］。

(2) 开式冷却塔加热交换器（间接供冷系统）[3][4]

间接供冷系统的布置如图 3-36 所示，加装一个板式换热器与制冷机组并联，从冷却塔来的冷却水通过换热器与闭合环路中的冷却水进行热交换。该系统形式是目前业界使用较多的一种冷却塔供冷形式。

冷却水循环与冷冻水循环是两个相互独立的循环，从而避免了冷冻水管路被污染、腐蚀和堵塞的问题。但是，间接供冷系统的缺点就是对能量的利用效率不如直接供冷系统，存在中间换热损失，该系统的可利用时间比直接式供冷系统可能稍短些。

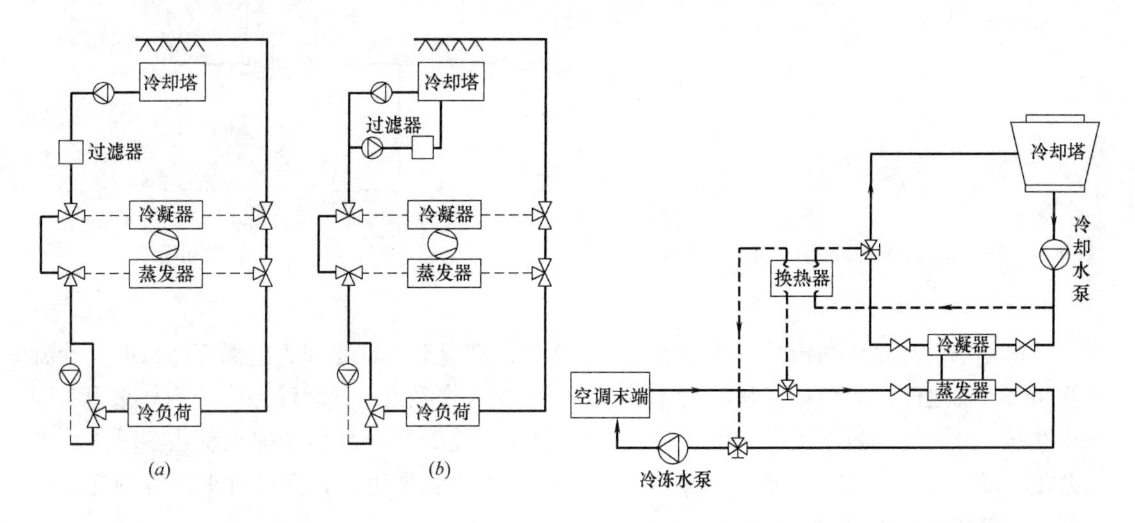

图 3-35　开式冷却塔＋过滤器形式
(*a*) 开式全过滤直接供冷系统；
(*b*) 开式部分过滤直接供冷系统

图 3-36　开式冷却塔加热交换器形式

❶ 郑刚，宋吉. 冷却塔供冷系统设计中应该注意的问题［J］. 制冷与空调，2006，6 (2).

❷ 李竞. 过渡季节冷却水的节能应用研究［D］. 上海：同济大学，2007.

❸ 郑刚，宋吉. 冷却塔供冷系统设计中应该注意的问题［J］. 制冷与空调，2006，6 (2).

❹ 李竞. 过渡季节冷却水的节能应用研究［D］. 上海：同济大学，2007.

(3) 闭式冷却塔供冷[1][2]

闭式冷却塔直接供冷系统(图3-37)与开式直接供冷系统的相似之处在于它也是用从冷却塔供给的冷却水直接进行供冷。

封闭式冷却塔是一种新型冷却设备，流经冷却塔的冷却水始终在冷却盘管内流动，通过盘管壁与外界空气进行换热，不与外界空气接触，与冷却水的主要污染源即外界空气实现了隔离，能保持冷却水水质洁净。

由于封闭式冷却塔是利用间接蒸发冷原理降温，冷却塔的换热效果要受到影响，在同样的冷却水进水温度和室外空气温度下，封闭式冷却塔的出水温度高于开式冷却塔，冷却效率不如开式冷却塔。

此外，封闭式冷却塔通常由国外进口，价格比开式冷却塔高出很多；如果对高层建筑采用此方式，冷却水与冷冻水系统连通后，封闭式冷却塔及其管路的承压可能加大很多，这也会影响系统的初投资。因此该类冷却塔供冷形式较少被采用。

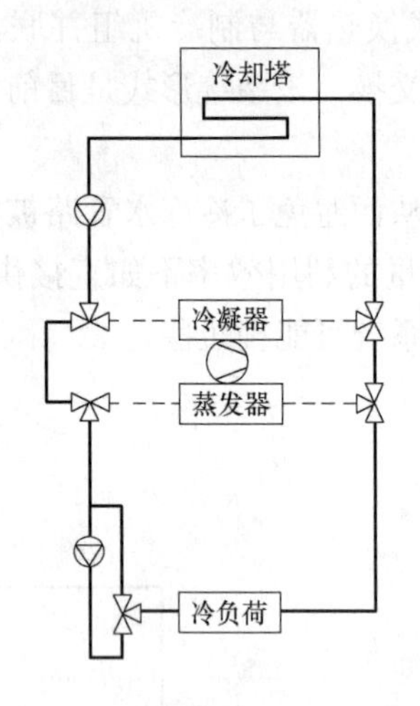

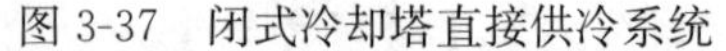

图3-37 闭式冷却塔直接供冷系统

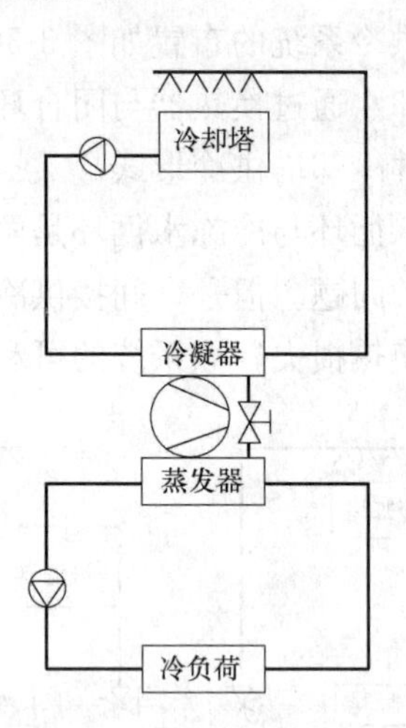

图3-38 制冷剂自然循环系统

(4) 制冷剂的自然循环[3]

在夏季，此系统和传统系统的运行是一样的。在过渡季或冬季大气温度降低时，冷凝器和蒸发器之间的阀门被打开，允许制冷剂蒸汽进入冷凝器，同时液态制冷剂靠重力流到蒸发器，此时压缩机不工作(图3-38)。由于热交换受到制冷剂相变的限制，实际负荷能力往往低于25%，因此只能在一年中很少的时间内才能采用，满负荷对于制冷剂迁移循环式冷却塔是不可能的。

2. 适用范围

冷却塔供冷技术适用于北方或西北地区需全年供冷或是有需要常年供冷内区的建筑。这类建筑通常包括大型办公建筑、大型百货商场、大型超市卖场、具有高显热散热的特殊功能房间，如计算机房、程控交换机房等或是兼具上述这些功能的综合性建筑。

[1] 郑刚，宋吉. 冷却塔供冷系统设计中应该注意的问题[J]. 制冷与空调，2006，6(2).

[2] 李竞. 过渡季节冷却水的节能应用研究[D]. 上海：同济大学，2007.

[3] 郑刚，宋吉. 冷却塔供冷系统设计中应该注意的问题[J]. 制冷与空调，2006，6(2).

3. 技术要点

（1）技术指标

《绿色建筑评价标准》GB/T 50378—2014 第 5.2.7 条规定，采取措施降低过渡季节供暖、通风与空调系统能耗，评价分值为 6 分。

（2）设计要点

在实际的冷却塔供冷系统的设计和运行时，一般都需要先确定过渡季节和冬季时室内需消除的典型冷负荷，进而选取适当的冷却水供水温度，再根据冷却塔的形式及冷却性能确定免费供冷工况下合理的水温降和室外切换温度。

1）冷却塔供冷的室外切换温度[1]和冷幅

对于间接制冷系统来说，可以将切换温度大致取 5～10℃，即当室外大气湿球温度小于或等于 10℃时，冷却塔加板式换热器的供冷形式才有可能实现；对于直接供冷系统，切换温度的取值范围则为 8～13℃。由此可以看出，对于同一地区和同一建筑，由于直接制冷系统的理论切换温度大于间接供冷系统，则前者的理论供冷时数也一定大于后者，从节能的角度来说，直接系统的节能潜力也更大。夏热冬冷地区的切换温度多取为 5℃。

冷幅指冷却塔出水温度和进口处的空气湿球温度的差值，图 3-39 显示了在某特定湿球温度和冷负荷条件下，冷却塔体积与冷幅之间的关系。从图中可以看出，合理选择冷却塔尺寸或者采用串联冷却塔的方法，可以最大限度地增加供冷时数。冷却塔的冷幅一般为 3～10℃。

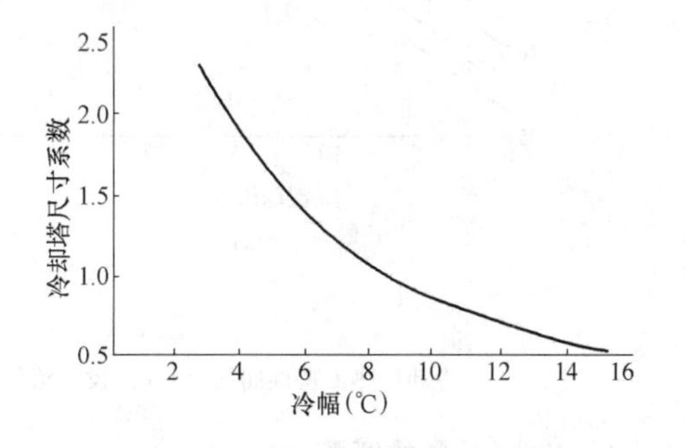

图 3-39　冷幅与冷却塔尺寸的关系

2）冷却水供水温度及温差取值

合理地选择供冷温度，既可以满足室内环境舒适性，又能最大限度地增加冷却塔供冷时间，从而降低运行费用。

冷却塔供冷的设计需要得到冷却塔全年湿球温度范围对应的热工曲线。图 3-40 是 ASHRAE 手册中基于空调工况、中等容量的横流塔 100%、67%设计流量时的热工特性曲线。依据图 3-40 可知[2][3]，取较小的冷却水温差可以在更高的湿球温度下实现冷却塔供冷，即争取更多的免费供冷时间。同时，冷却塔在小于其额定流量时可获得比额定工况更低的冷却水温度或更大的温差。基于以上两点，对于一般的办公、商场建筑而言，冷却水供水温度取 9～15℃是可行的，夏热冬冷地区多取 9℃。冷却水温差取 2～3℃，在较高的湿球温度工况点切换至冷却塔供冷是较经济的。

3）板式换热器[4][5]

[1] 齐更. 冷却塔供冷技术在空调系统节能方面的应用研究［D］. 北京：北京建筑工程学院，2004.

[2] 王翔. 冷却塔供冷系统设计方法. 暖通空调［J］，2009，39（7）：99-104.

[3] 王菊花，方宇. 重庆地区商业建筑内区冷却塔免费供冷性能研究［J］. 发电与空调，2013，2：49-53.

[4] 齐更. 冷却塔供冷技术在空调系统节能方面的应用研究［D］. 北京：北京建筑工程学院，2004.

[5] 林宏. 利用冷却塔供冷技术的初探［J］. 制冷空调与电力机械，2002，3.

因开式水系统易被污染和水泵工作范围波动过大，所以多用换热器将两个环路隔离开，因而也需要考虑换热器的影响，在选择换热器时，要从初投资和运行费用两方面考虑。选择温差大的换热器，虽节省投资费用，但供冷效果（供冷时数）也会显著下降。需通过系统的技术经济比较来确定。有文献[1]指出，对于每天运行时间不超过12h且负荷大小在1000kW左右的冷却塔供冷系统，建议选择温差（冷却水入口端与冷冻水出口端之间的温差）为1.5～2K的板式换热器；对于全天24h运行或负荷大于为1500kW的系统来说，建议选择温差为1K的板式换热器。

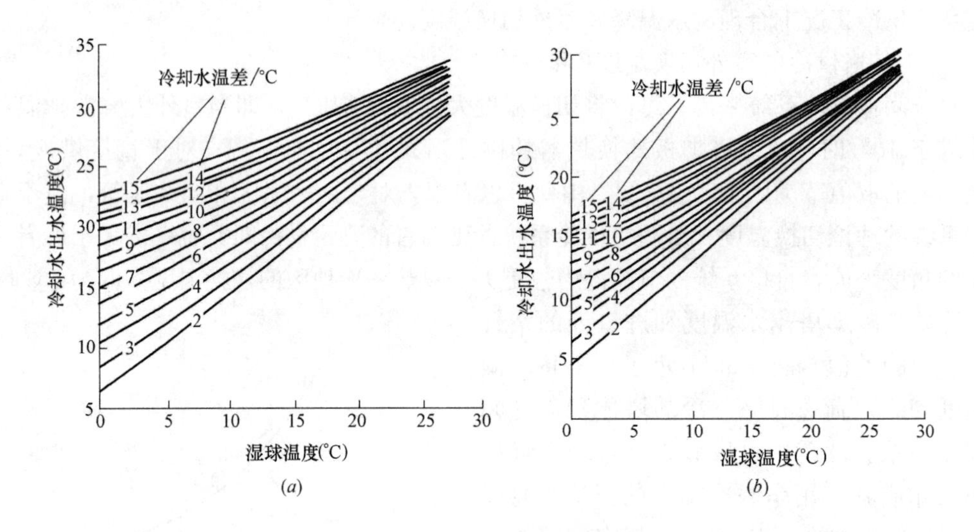

图3-40　冷却塔热工特性曲线

(a) 冷却塔热工特性曲线（100%设计流量）；(b) 冷却塔热工特性曲线（67%设计流量）

4）冷却水泵的匹配

直接供冷系统中，冷水环路中冷水泵应设旁通，当冷却塔供冷时，冷水泵关闭，此时循环水动力由冷却水泵提供。因此，在系统设计时，要考虑转换供冷模式后，冷却水泵的流量及扬程与管路系统的匹配问题。

5）供冷能力校核

系统中冷却塔在按夏季冷负荷及夏季室外计算湿球温度选型后，还应对其在冷却塔供冷模式下的供冷能力进行校核，即设计时应向冷却塔设备生产厂家索取低于16℃湿球温度以下的冷却塔热工数据，以便于校核。

6）冷却水的除菌过滤

在直接供冷系统设计中应重视冷却水的除菌过滤，以防阻塞末端盘管。常用的方法有加设加药装置及在冷却塔及管路之间设置部分旁通过滤设备（部分过滤形式：不断地旁通5%～10%的水量进行过滤）。

7）冷却水的防冻

在寒冷地区，要充分考虑冬季冷却塔防冻问题，电伴热方式较之丁加防冻剂的方式其经济性更佳。另外，冷却塔填料的防冻也应提起足够的重视，必要时在冬季将填料临时

[1] 齐更. 冷却塔供冷技术在空调系统节能方面的应用研究［D］. 北京：北京建筑工程学院，2004.

取出。

(3) 注意事项[1]

1) 系统设计必须经过详细的计算分析，从工程角度适当考虑保险系数确定合理可靠的方案。

2) 确定适宜的技术措施保障供冷系统在热季过渡到冷季和从冷季过渡到热季时，冷水机组供冷和冷却塔供冷两种运行工况间平稳转换，为此应配置适宜的阀门、仪表和可靠的自控系统。

3) 在冷季运行时，随室外气温下降，室外空气供冷能力增加，冷却水温度要下降，但冷却塔供冷的冷却水温度也不能太低，尤其不能使冷冻水的供水温度低于控制场所的露点温度，为使冷冻水系统热力工况维持在稳定状态，冷却塔供冷量必须通过自控系统进行可靠，适时的调节，调节手段包括换热器一次侧水量调节、冷却塔通风量调节等。通常"免费"供冷板换的进水温度需≥5℃。

4) 必须采取可靠的防冻技术措施，包括报警，调控和必要的应急加热防冻措施。

4. 相关标准、规范及图集

(1)《实用供热空调设计手册》(第二版)；

(2)《公共建筑节能设计标准》GB 50189—2015；

(3)《民用建筑供暖通风与空气调节设计规范》GB 50736—2012。

5. 参考案例

某项目位于中关村永丰高新技术产业基地。项目总用地面积为 160501m^2，总建筑面积为 233650m^2，其中地上建筑面积为 208650m^2，地下建筑面积为 25000m^2。

整个基地供热、供冷、供气均设为集中供应，所有站房布置在中心风景区地下区域。整个厂区集中设置制冷站，制冷方式采用电制冷，机组选高效节能型离心机组，机组供应空调及工艺冷水通过厂区冷水管道送至各厂房内。站房位于厂区中心，为全地下形式。

该基地内部分厂房空调系统为洁净空调系统，一年四季均需供冷，另外，工艺所需要的冷却水也需一年四季供应。根据相关专业条件，本站房为洁净空调及工艺冷水的冷源提供 3 台单台制冷量 Q 为 1642kW 的螺杆式水冷冷水机组，供/回水温度 5℃/10℃，配套选择了 3 台闭式冷却塔为机组提供冷却水及在冬季时考虑直接为系统供冷，同时选用系统所需的冷却水泵、冷冻水泵、冷却水箱及其他辅助设备。冷却塔设置在 1 号楼屋面，其余设备均设置在动力站房内。

夏季时按常规空调水系统运行。过渡季节时，由于冷水机组的冷却水进口最低温度不宜低于 15.5℃，因此当冷却水进口温度过低时，开启冷却水供回水管之间的旁通阀，控制旁通水量，调节混合比来控制冷却水进口水温，防止水温过低。必要时可以停开冷却塔风机来满足冷却水进水温度过低的要求。

冬季时，当转入冷却塔供冷时，将制冷机组关闭，通过阀门打开旁通，使冷却水直接进入用户末端，系统原理图如图 3-41 所示。

该项目已运行四年多，运行状况良好。系统共 3 台螺杆冷水机组，电功率 $N=$

[1] 赵广利，王雪. 免费供冷技术的应用与实践 [J]. 中国科技信息，2008，9：29-31.

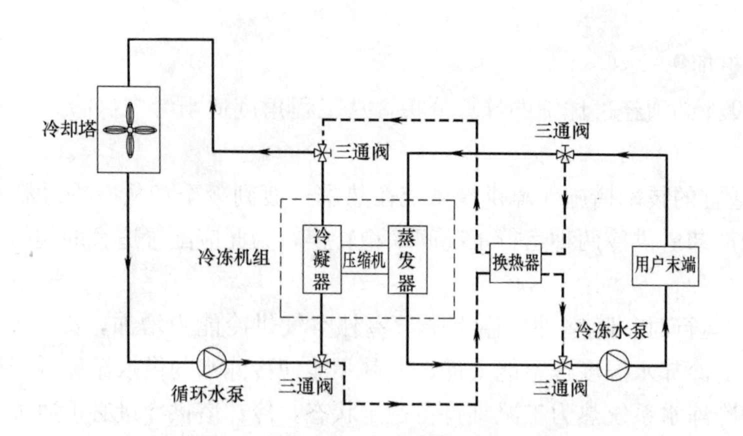

图 3-41 冷却塔直接供冷系统图

305kW，相应的冷冻水泵电功率 $N=45$kW，冬季及过渡季时，冷水机组及冷冻水泵均停止运行，按冬季及过渡季运行 120d，每天运行 8h 来计算，每年节省的费用为：(305＋45)×8×120×3＝1036800 元。由此可见，通过使用冷却塔免费供冷，该项目在冬季及过渡季取得了明显的节能和经济效益。

3.2.9 供暖、通风空调系统控制

1. 技术简介

供暖、通风空调系统控制作为楼宇自控的重要组成部分，主要是指通过使用计算机通信技术、检测技术和控制技术等，实时监测建筑室内外气象参数，完成对暖通空调设备运行状态的监测、调控，从而达到在保证室内空气质量的同时，也使暖通空调设备高效运行的目的。

具体地讲，暖通空调自动控制系统包含以下内涵：

(1) 为了完成自动控制功能而形成的各环节，本身具有相互的逻辑关系或联系，由此形成了系统的概念；

(2) 自动控制系统针对的对象为暖通空调设备、系统、过程和环境；

(3) 自动控制系统实现的目标是使被控对象按照预定的方式运行，或者保持规定的参数；

(4) 自动本身有两个含义，一是无人参与，二是保证时效，即实现实时控制。

目前，暖通空调自动控制系统形式，应用较多的是分布式控制系统（DCS）。这种控制系统一般采用分级控制，通常分现场级和管理级。它是由若干台现场控制计算机（下位机）分散在现场实现分布式控制，由一台中央管理计算机（上位机）实现集中监视管理。上、下位机之间通过控制网络互联，以实现相互之间的信息传递。典型的中央空调监控系统架构如图 3-42 所示。

分布式控制系统现场级指的是现场被控制的设备，包括空调机组、冷水机组、冷冻水泵、冷却水泵等机电设备，也包括电气控制柜（箱）等现场设备，还包括传感器和执行器。

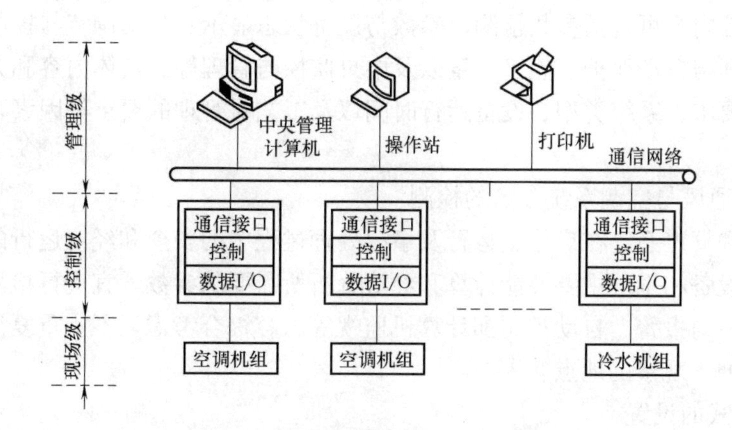

图 3-42 分布式中央空调自动化控制系统结构示意图

分布式控制系统控制级主要指的是现场控制器，通过其可完成监测数据的采集，控制信号的输入输出等功能。

2. 适用范围

供暖、通风空调控制系统广泛适用于各类设置中央空调系统、集中供暖系统的建筑。对于不同的项目，只是包含的系统（如供热控制系统、空调控制系统、通风及防排烟控制系统、燃气输配控制系统中的几个或一个）和系统的控制功能及控制系统复杂程度不同而已。

3. 技术要点

（1）技术指标

在《绿色建筑评价标准》GB/T 50378—2014 第 10.1.5 条规定：供暖、通风、空调、照明等设备的自动监控系统应工作正常，且运行记录完整。

（2）设计要点

1）控制系统的设计

① 控制参数的确定

在设计暖通空调控制系统时，首先应明确控制的参数有哪些。通常，控制参数的确定应从以下两个方面进行：一是作为最终被控对象使用参数，例如房间温湿度、空气清新度等；二是保证最终控制结果所需要的中间过程（设备的联锁、启停等）及其参数（压差、阀门切换、电动机转速等）。前者与设计参数在很大程度上是等同的，后者则需要通过技术分析、人工干预（前馈与补偿控制，串级控制）等来实现。

② 提出自控系统拓扑图（或原理图）

在确定需要控制的参数后，设计人员需给出暖通空调自控系统的网络拓扑图或自控原理图和设计说明，以明确空调系统设计、运行和使用过程中逻辑关系和要求，方便工程人员理解和对整体情况的把握。

对于暖通空调控制系统的设置、系统参数的检测、控制方式的设置等，《民用建筑供暖通风与空气调节设计规范》GB 50736—2012 给出了以下具体规定：

③ 供暖、通风与空调控制系统的设置

检测与监控内容可包括参数检测、参数与设备状态显示、自动调节与控制、工况自动转换、设备联锁与自动保护、能量计量以及中央监控与管理等。具体内容和方式应根据建筑物的功能与要求、系统类型、设备运行时间以及工艺对管理的要求等因素，通过技术经济比较确定。

④ 供暖、通风与空调系统参数的检测

反映设备和管道系统在启停、运行及事故处理过程中的安全和经济运行的参数，应进行检测；用于设备和系统主要性能计算和经济分析所需要的参数，宜进行检测；检测仪表的选择和设置应与报警、自动控制和计算机监视等内容综合考虑，不宜重复设置，就地检测仪表应设在便于观察的地点。

⑤ 控制方式的设置

采用集中监控系统控制的动力设备，应设就地手动控制装置，并通过远程/就地转换开关实现远距离与就地手动控制之间的转换；远程/就地转换开关的状态应为监控系统的检测参数之一。

2）控制系统的功能

《全国民用建筑工程设计技术措施：电气》2009JSCS-5对供暖、通风、空调控制系统的功能给出了详细的规定，具体如下：

13.3.1 冷冻水及冷却水系统的监控

1 冷水机组本身的计算机控制系统应留有通信接口，并应采用开放的通信协议。其系统应直接与建筑设备监控系统交换数据。

2 测量冷冻水及冷却水的供回水温度；冷冻水的流量，显示冷冻水及冷却水的水流状态。

3 在冷冻水供回水总管上设置压差旁通电动阀。

4 根据冷水机组、冷冻水泵及冷却水泵、冷却塔风机的启停要求，进行联锁控制。

5 当冷水机组自身控制条件允许时，宜对冷水机组出水温度进行优化设定。

6 冷水机组的冷水供回水设计温差不应小于5℃。在技术可靠、经济合理的前提下宜加大冷水供回水温差，减少流量，相应调整运行参数和控制参数，可实现节能。

7 通常中小型工程的冷冻水采用一次泵系统，在满足设备的适应性、运行的可靠性以及具有较大节能潜力和经济性的条件下，可采用一次泵变流量系统，如图13.3.1-1；但对于较大的系统，如果系统阻力较高、各环路负荷特性或压力损失相差悬殊时，采用二次泵变流量系统，如图13.3.1-2。在采用变流量系统时，应遵循以下原则：

1）采用空调变流量系统时，变速泵不宜采用流量作为被控参数。

2）当空调变流量系统采用变速泵时，供回水总管上设置压差旁通电动阀用于调节超限值。

3）变流量冷冻水系统的控制，应满足下列规定：

① 在冷水机组采用变速调节控制时，一次泵变流量系统的变速调节控制要与之相适应；

② 一次泵变流量系统末端装置宜采用两通调节阀，二次泵变流量系统应采用两通调节阀；

③ 当冷冻水系统为多个阻力不同的供水环路构成时，可采用动态水力平衡调节装置，使各个环路都能获得各自所需的冷冻水流量，确保各个环路空调效果的均衡；

④ 应设置冷冻水泵的最低频率，最低频率与水泵的堵转频率和冷水机组最小流量有关，一般最低频率≮30Hz；

⑤一台变频器宜控制一台水泵，多台冷冻水泵并联运行时，其频率宜相同。

4）变流量冷却水系统的控制，应满足下列规定：

① 在变负荷工况下，当保证空调系统性能系数（*COP*）为最佳的前提下，可变速调节冷却水的流量和冷却塔风机的风量，同时，要兼顾冷水机组和冷却塔的最小流量的要求；

② 应设置冷却水泵的最低频率（一般≮30Hz），以防止水泵堵转；

③ 一台变频器宜控制一台水泵，多台冷却水泵并联运行时，其频率宜相同；

④ 在工况允许时，可采用一台变频器控制多台冷却塔风机；

⑤ 对冬季或过渡季存在一定量供冷需求的建筑，在室外气候条件允许时，可在冷却塔供回水总管间设置旁通调节阀，并设冷却水温度过低保护。

5）一次泵定流量和变流量系统、二次泵变流量系统冷站常用监控功能见附表13.8.1。设计人员可根据所需进行取舍。

8 水源热泵系统的监控

1）水源热泵系统供水的流量、温度和水质应满足水源热泵机组供冷或供热的要求。

2）根据循环水温度，可通过电动阀自动切换为相应的夏季、过渡季和冬季的工况条件。

3）根据循环水温度。控制循环水泵的转速。并设置最低频率．以防堵转。

4）水源热泵系统常用监控功能见附表13.8.2。

9 其他控制方式

1）中央空调的变流量监控系统

① 采用模糊控制和变频技术，将定流量系统转为变流量系统。系统对冷站的空调设备进行统一监控，构成独立的节能控制系统。它主要是由冷冻水控制、冷却水控制和冷却塔风机控制三个子系统及冷水机组组成，其核心控制主要由变流量控制器完成。

② 对冷站设备进行集中监视和控制，对各种运行过程信息进行采集、记录、统计，实现系统的信息集成。

③ 具有对系统参数进行优化设置，监测系统的运行状态，统一协调各子系统的控制，提供系统运行管理的功能。并预留与建筑设备监控系统网络连接的通信接口。

④ 在冷水机组开放通信协议时，可建立系统与冷水机组控制器之间的通信，实现对冷水机组运行参数的全面监测，见图13.3.1-3。

2）冷水机组的群控群一般具有独立的管理控制模块，可根据系统负荷的变化，自动确定冷水机组的投入台数。在运行期间，以合理的机组运行台数来匹配系统负荷的变化，实现高效节能。这种群控方式具有以下特点：

① 具有平衡各机组的运行时间、显示系统运行状态和主要参数的功能；

② 通过通用控制模块实现对冷冻水泵、冷却水泵和冷却塔等设备的启停控制和相应

联锁控制的功能，并按需要自动启动备用设备；

③ 使机组的运行特性、运行效率更为合理，并预留与建筑设备监控系统网络连接的通信接口；

④ 对冷冻水泵、冷却水泵等设备能实现最佳的节能控制。

3）水泵等设备的独立变速调节控制

对冷冻水泵、冷却水泵等设备设置的独立变速调节控制，是根据温度或压差信号自动调节水泵等设备的转速。建筑设备监控系统可监视其运行状态、故障报警及启停控制，但不参与设备的运行控制。这种调节控制方式具有一定局限性。

13.3.2 蓄冷系统的监控

1 蓄冷系统常用的运行工况有：双工况主机蓄冰、主机单独供冷、蓄冷装置单独供冷和主机与蓄冷装置联合供冷等。通过对电动阀（两通或三通）和水泵的自动控制来实现工况的转换。

1）双工况主机蓄冰：封装式蓄冰装置是根据给定的冷机蒸发温度确定蓄冰工况；开式蓄冰装置根据冰层厚度、蓄冰量确定蓄冰工况。

2）主机单独供冷：根据给定的温度值，对主机进行能量调节。

3）蓄冷装置单独供冷：根据给定的蓄冷装置出口温度，调节乙二醇的流量，控制融冰供冷量。

4）主机与蓄冷装置联合供冷：通过调节进入蓄冷装置的乙二醇的流量，控制融冰供冷量；根据给定的主机与蓄冷装置的混合温度，对主机进行能量调节。

2 蓄冷系统控制策略：

1）蓄冷装置优先、以蓄冷装置融冰供冷为主，当空调负荷大于蓄冰装置的融冰能力时，启动制冷机补充冷量。此方法节省电费较多，但运行控制复杂。

2）主机优先，以主机制冷为主，当空调负荷大于主机容量时，启动蓄冷装置补充冷量。此方法控制简单、运行可靠，但蓄冷装置利用率较低，节省电费不多。

3）根据建筑物逐日负荷的累计，形成相应的数据库，通过每日负荷的逐时预测，确定主机与蓄冷的综合优化控制。此方法应用较多。

3 蓄冷系统的二次冷媒侧换热器应设防冻保护控制。

4 对于蓄冷系统，不同工况和控制策略，其控制原理不尽相同。在具体设计时．应充分考虑空调专业的工艺要求。

5 蓄冷系统的监控子系统的常用监控功能见附表13.8.3。蓄冷系统换热器二次冷冻水和冷却水系统的监控内容参考第13.3.1条。

13.3.3 热交换系统的监控

1 根据二次供水温度调节一次侧电动阀的开度，控制一次热媒的流量和二次热水温度。

2 在供回水总管设置旁通阀时，应根据二次供回水压差信号控制压差旁通阀的开度，维持压差在设定的范围内（末端为二通阀调节）。

3 多台热交换器及热水循环泵并联设置时，在每台热交换器的二次进水处应设置电动蝶阀，根据二次侧供回水温差和流量，调节热交换器的台数。

4 当采用市政热源时，一次侧可采用电动二通阀调节流量。当单独设置锅炉提供热源时，一次侧应采用电动三通阀调节流量。

5 热交换站设备监控子系统的常用监控功能见附表13.8.4。

13.3.4 通风及空气调节系统的监控

1 以排除房间余热为主的通风系统，宜根据房间温度控制通风设备的运行台数或转速。当采用人工冷、热源对建筑物进行预热或预冷时，新风系统应能自动关闭。

2 当采用室外空气进行预冷时，应尽量利用新风系统。

3 在人员密度相对较大且变化较大的房间，宜设置CO_2浓度控制，根据室内CO_2浓度调节风机的转速或风阀的开度，增加或减少新风量，使CO_2浓度始终保持在卫生标准规定的限值内。

4 当排风系统采用转轮式热回收装置时，可根据空调工况及室内外的焓差控制转轮的启停，转轮与风机宜联动控制。

5 在中央管理工作站，根据昼夜室外温湿度参数、事先排定的工作及节假日作息时间表等条件，自动/手动修改最小新风比、送风参数和室内温湿度参数设定值等。

6 送排风设备监控子系统的常用监控功能见附表13.8.5。

7 新风机组的监控

1）根据设定的送风温度自动调节水阀的开度。冬季，根据送风的含湿量自动调节加湿设备。

2）新风机组湿度控制，其湿度传感器设置位置取决于对调节阀的控制方式：

① 采用蒸汽加湿时，一般采用比例控制，湿度传感器设置于送风管上，蒸汽调节阀应具有直线特性；

② 采用湿膜、超声波和电加湿时，一般采用位式控制，湿度传感器设置于某一典型房间（区域），加湿器或调节阀具有开闭特性；

③ 在喷循环水加湿时，如果采用位式控制喷水泵启停，湿度传感器设置于某一典型房间（区域）。

3）寒冷地区应考虑防冻措施：

① 对热水电动阀设置最小开度限制；

② 设置防冻保护：温度过低时，防冻开关报警，风机停止，新风阀关闭，开启热水阀；

③ 机组启动时，热水调节阀先于风机和风阀启动。

4）新风机组设备监控子系统的常用监控功能见附表13.8.6。

8 空调机组的监控

1）在定风量空调系统中，根据回风温度自动调节水阀开度，根据回风含湿量自动调节加湿设备。

2）根据回风CO_2浓度，调节新风、回风和排风阀的开度，在满足卫生标准规定的条件下，确定在最小新风比下运行。

3）在定风量空调系统中，根据室内外焓值的比较，自动调节新风、回风风阀和水阀的开度，实现新风量的控制和工况的转换。

4）在变风量空调系统中，风机应优先采用变速控制方式，并对系统最小风量进行控制。风机变速控制的方法有：

① 总风量控制法，根据所有变风量末端装置实时风量之和，控制风机转速，调节送风量。此方法较容易实现，但它易受干扰。

② 变静压控制法，尽可能使送风管道静压值处于最小状态，调节风量和温度。此方法对技术和软件要求较高，是最节能的方法，只有经过充分的论证和有技术保障时，方可采用。

③ 定静压控制法，根据送风静压值控制风机转速。控制简单、运行稳定，虽节能效果不如前两种方法，但在实际工程中经常采用。

5）风阀控制：如控制新风、回风混合比，则新风、回风或排风的电动风阀均应采用可调式风阀并相互联锁，当机组停止运行时，新风和排风的风阀关闭。如果不控制新风、回风混合比，则可采用位式电动风阀。

6）定风量空调机组的设备监控子系统的常用监控功能见附表13.8.7。

7）变风量空调机组的系统形式很多，控制方式也各不相同，在常用监控功能表13.8.8中采用的是单风道定静压控制法。

13.3.5　空调系统末端装置的监控

1 风机盘管的控制

1）手动控制风机三速开关和风机启停。

2）手动控制风机三速开关和风机启停，电动水阀由室内温控器自动控制。

3）风机启停与电动水阀联锁。

4）冬夏均运行的风机盘管，其温控器应设季节转换方式：

① 温控器设置手动转换开关；

② 对于二管制系统，通过在风机盘管供回水管上设置位式温度开关，实现季节自动转换功能。在条件允许时，也可统一进行季节转换。

5）控制要求较高的场所，宜采用具有通信接口的可联网的风机盘管控制器，可将风机盘管控制纳入到建筑设备监控系统中，实现对风机盘管（二管制或四管制）的三速开关及电动水阀的集中控制，满足房间温度的自动调整和不同温度模式的设定。

6）总风量末端装置（VAV BOX）有多种形式，它与变风量空调机组一起构成变风量空调系统。常用的VAV BOX是单风管压力无关型，它是由温控器、电动风阀、风速传感器、通信接口等部件构成。

7）房间内温控器应设于室内具有代表性的位置，不应靠近热源、灯光及外墙，不宜将温控器设置在床头柜等封闭空间中或集中放置。

4. 相关标准、规范及图集

（1）《民用建筑电气设计规范》JGJ 16—2008；

（2）《智能建筑设计标准》GB 50314—2015；

（3）《智能建筑工程质量验收规范》GB 50339—2013；

（4）《综合布线系统工程验收规范》GB 50312—2007；

（5）《建筑物防雷设计规范》GB 50057—2010；

(6)《信息技术互连国际标准》ISO/IEC ISP 12061-6；

(7)《民用建筑供暖通风与空气调节设计规范》GB 50736—2012；

(8)《全国民用建筑工程设计技术措施：电气》2009JSCS-5。

5. 参考案例

某综合楼项目位于上海市，地下一层为车库（1400 m^2），地上一层～三层为桑拿、洗浴中心（2400m^2，供120人洗浴），四～六层为西餐厅（2400m^2），七～十七层为写字楼（8800m^2），制冷站设置于相邻的一单独机房内。

在机组配置上，该项目选用2台制冷量为988kW的直燃机，来满足项目制冷制热及卫生热水需求。

该项目中央空调系统设置DCS系统，现场设置4套DDC控制柜，中控室设置工控机通过网络交换机与现场DDC进行双向通信，采用TCP/IP网络通信协议，如图3-43所示。

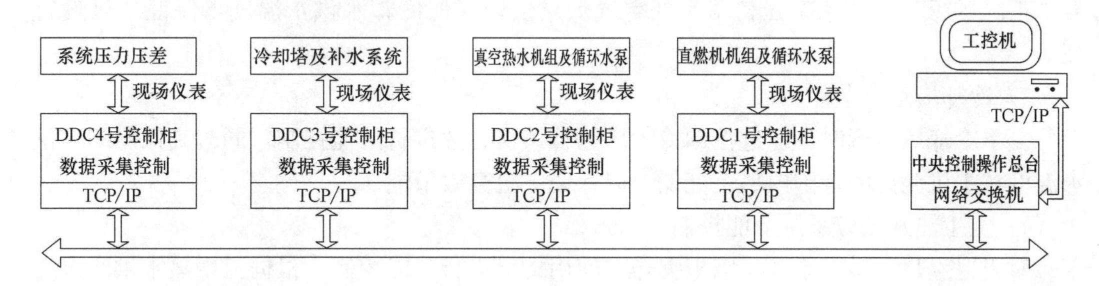

图3-43 监控系统网络拓扑图

该DCS系统可完成以下功能：

(1) 确保系统运行安全

1) 手动/自动转换功能完善

当自控系统发生故障时，能完全实现全手动控制功能，防止转换后进行繁琐的操作。如变频器安装电位器，通过电位器旋钮进行手动模式下的频率设定，而无需使用变频器操作面板进行繁琐的设定。

2) 设备运行安全保证

控制系统投入运行时确保设备运行安全：系统启停具有完善联锁保护，启动时按照冷却水水泵→冷冻水水泵→直燃机机组的顺序，停机时则按照直燃机机组→冷冻水水泵→冷却水水泵的顺序；对于直燃机机组停机时提供两种保护，时间停机和温差停机，即必须保证主机蒸发器进出口温差在一定范围内才允许停止水泵，防止冻结。

对循环水泵变频器进行频率下限的控制，该控制系统对循环水泵变频器的运行频率下限均设置为30Hz，对应的理论循环流量为60%设计额定流量，防止水泵变流量时低于热泵机组最低允许流量。

自控系统采用DCS系统，设置4套现场DDC，每套DDC完成特定的控制功能，能够完全独立运行，并将采集的现场信息上传至中控室的工控机，防止控制系统出现局部故障时影响全局控制；正常操作时完全可由中控机完成，在中控机出现故障时，可由现场DDC配置的人机界面（触摸屏）完成操控，当触摸屏出现故障时则由控制柜的操作按钮完成。

3）完善的报警机制

控制系统具有完善的报警机制，所有DDC控制柜均可将报警上传至中控机，进行声光报警并显示报警信息，所有报警信息均需操作人员进行确认操作。

4）管理权限分级机制

为防止操作人员对控制系统参数误操作，关键控制参数的设置均进行了权限划分。

（2）运行节能保证

1）循环泵变流量控制

所有系统的负载侧循环泵及水侧循环泵均设置变频器，根据实时负荷调整循环泵流量，节省水泵电耗。

2）主机优化运行参数节能

通过循环泵变流量，将热泵机组运行工况进行优化，确保机组高效运行，节省能耗。夏季工况运行时，确保充分利用室外空气低焓值，降低冷却水供水温度，保证主机运行高效。

3）冷却塔运行节能

夏季冷却塔运行时，通过控制冷却塔运行风机台数进行节能控制，同时确保冷却水供水温度在主机允许的范围内尽可能低，以保证主机高效节能。

4）卫生热水供应系统节能控制

对于卫生热水供应系统，则根据热水使用情况进行节能控制：根据卫生热水供水温度控制真空热水的加减机；根据容积换热器温度控制自来水电动蝶阀自动通断。

（3）运行管理方便保证

1）全自动智能运行

除了冬夏季运行进行必要的手自动转换阀门外，所有系统运行控制实现全自动，无需操作人员做过多干预，降低操作人员工作强度。

2）完善的数据存储、记录

所有系统运行的相关数据均进行自动的存储管理，为提高管理水平提供完善的基础运行数据。

3.2.10　冷热量计量

1. 技术简介

热计量是对集中供热系统的热源供热量、热用户的用热量进行的计量。热计量的目的主要是确定生产或消耗的热能数量，从而监督和计算热源设备（锅炉或换热器等）的效率或作为向热用户收取用热费用的依据。热计量对加强供热的科学管理，节约能源，具有十分重要的意义。

一直以来，安装中央空调的建筑中中央空调费用的收取，一般都是按面积均摊方式收取，而冷热计量收费一直没有引起重视；中央空调计量收费是近年来新兴的技术领域，涉及用户使用的多个方面；冷计量是指对使用集中供冷系统的建筑或建筑群，对供冷介质从热源得到的热量或用户消耗的冷量所进行的计量。

2. 适用范围

(1) 热计量适用于各类采用集中供暖系统的建筑。

(2) 冷计量适用于采用集中供冷系统的、具有不同管理单元或对外出租的建筑。

3. 技术要点

(1) 技术指标

数字热量表的选择应符合以下要求：数字热量表误差应不大于5%；数字热量表性能参数应符合《热量表》CJ128—2007的规定；数字热量表应具有累计流量功能和计量数据输出功能；数字热量表的配置应不影响原有热（冷）量流量和流速。

冷量表的选择应符合以下要求：冷量计量表测温分辨率要达到0.01～0.02℃；表内应分别设置供水温度和回水温度误差校正功能，以使在出现误差时，予以校正；瞬时冷量、累计冷量最大基本误差为±0.5%。

(2) 设计要点

1) 热量表的设置要求

关于热量表的设置，国家标准《国家机关办公建筑和大型公共建筑能耗监测系统建设相关技术导则》中规定：

26.1.1 供热采暖空调水系统的冷、热量应采用热量表计量。

26.1.2 供热采暖空调水系统热量表宜设置在分集水器总管道上，对于未设置分集水器或总管不具备安装条件的系统，应在系统主管或各分支管处设置热量表，热量表的设置原则是满足对系统总供冷及供热量进行计量。热量表入口宜配置过滤装置。

26.1.3 供热采暖系统宜设在一次侧。

2) 热量表的选型

国家标准《国家机关办公建筑和大型公共建筑能耗监测系统建设相关技术导则》中规定：

26.2.1 热量表工作温度及压力应满足供热采暖空调水系统温度及压力条件。

26.2.2 应根据工作流量和最小流量合理选择流量计口径。选择流量计口径时，首先应参考管道中的工作流量和最小流量（而不是管道口径）。一般的方式为：使工作流量稍小于流量计的工程流量，并使最小流量大于流量计的最小流量。根据流量选择的流量计口径与管道口径可能不符，往往流量计口径要小，需要安排缩径，也就需要考虑变径带来的管道压损对热网的影响，一般缩径最好不要过大（最大变径不超过两档）。也要考虑流量计的量程比，如果量程比比较大，可以缩径较小或不缩径。

26.2.3 流量计选择时，应考虑系统水质的影响，合理选择流量计类型。电磁式流量计要求水有一定的导电性，超声波式流量计受水中悬浮颗粒影响，而机械式流量计要求水中杂质少，通常需要配套安装过滤器。

26.2.4 温度传感器宜采用铂电阻温度传感器。如果温度传感器和积算仪组成一体，也可采用其他形式的温度传感器。温度传感器应经过测量选择配对，并配对使用。

26.2.5 除压差流量计外，其温度计插孔宜设置于流量计下游规定的位置上，以避免对入口流速分布造成干扰。

26.2.6 热量表应有检测接口或数据通信接口，但所有接口均不得改变热量表计量特性。

26.2.7 热量表必须具有检测接口或数据通信接口，接口形式可为RS 485或无线接口，采用M-BUS协议或符合《户用计量仪表数据传输技术条件》CJ/T 188的规定。

26.2.8 为便于维护维修，选用的仪表品种和规格应尽量少，以提高备品的通用性和互换性。

26.2.9 热量表应具有断电数据保护功能，当电源停止供电时，热量表应能保存所有数据，恢复供电后，能够回复正常计量功能。

26.2.10 热量表应抗电磁干扰，当受到磁体干扰时，不影响其计量特性。

26.2.11 热量表应有可靠封印，在不破坏封印情况下，不能拆卸热量表。

除此之外，热量表的安装及调试应符合以下要求：

热量表应根据公称流量选型，并校核在设计流量下的压降。公称流量可按照设计流量的80%确定。

热量表流量传感器的安装位置应符合仪表安装要求，且以安装在回水管上。热量表的测量点之前宜设置相当于5～10倍管道直径长度的直管段。

热量表安装位置应保证仪表正常工作要求，不应安装在有碍检修、易受机械损伤、有腐蚀和振动的位置。仪表安装前应将管道内部清扫干净。

热量表数据储存宜能够满足当地供暖天数日供热量的储存要求，且宜具备功能扩展的能力及数据远传功能。

热量表调试时，应设置储存参数和周期，内部时钟应校准一致。

3）冷计量方法的选取

目前已在工程中使用的各种冷量计量方法各有优缺点，因此在应用中要结合工程的实际情况选择适合的计量方法和计量装置。表3-55给出了常用冷量计量方法的优缺点。

常用冷量计量方法比较 **表3-55**

序号	方法名称	优 缺 点
1	热量表法、双温流量计量法	准确度高，适用于分户计量或分层计量的系统，如住宅建筑，这些建筑最大的好处是集中空调系统按户分配支管路，有条件安装热量表；但是对于大多数公共建筑而言，空调系统无法按用户分开，热量表计量的方法则无能为力，同时安装复杂，维护困难，应用时受到投资限制。这种计量方法适用于一些新建工程的冷量计量，如果对现有工程的改造而言，加装流量计则对已有水系统管路破坏较大，可行性不高
2	计时法	简单方便，初投资少，在风机盘管空调系统中易于实现；但是由于它直接采用空调末端设备铭牌上的额定制冷量作为用户的实际供冷量，计量准确度较低，误差较大，不利于空调的合理收费
3	谐波反应法计量法	计量精度要高于计时法，而且初投资比双温流量计法低。但是计量必须了解每个单元房间的室内热源情况及围护结构热物性的详细资料，当室内热源变化大或者开关机频率高的情况下可能引起计量较大误差
4	标准工况冷量修正法	虽然简单方便，较易实现，但是不足之处在于：一是风机盘管的制冷量不是只和回风温度有关系；二是本计算方法不能真实反映部分负荷的真实情况
5	风侧冷量计量法	初投资低，监控参数少，不需破坏水系统，工程安装简单，尤其适合现有风机盘管空调系统的冷量计费改造；其不佳之处在于，对于变冷水流量系统，由于没有直接监测盘管时刻变化的水量，势必产生较大的计量误差，并且计量公式和产品的性能有很大关系，不同厂家的产品可能得到的公式会有所差异

4. 相关标准、规范及图集

(1)《温度法热计量分摊装置》JG/T 362—2012；

(2)《通断时间面积法热计量装置技术条件》JG/T 379—2012；

(3)《供热计量技术规程》JGJ 173—2009；

(4)《供热计量系统运行技术规程》CJJ/T 223—2014；

(5)《户用计量仪表数据传输技术条件》CJ/T 188—2004；

(6)《热电偶、热电阻自动测量系统校准规范》JJF1098—2003；

(7)《自动化仪表工程施工及验收规范》GB 50093—2013；

(8)《热量表》CJ 128—2007；

(9)《中华人民共和国计量法实施细则》；

(10)《国家机关办公建筑和大型公共建筑能耗监测系统建设相关技术导则》。

5. 参考案例

鹤壁市某小区家属楼进行热计量改造，小区 5～7 号楼共 90 户，改造面积 11050m²。项目供暖系统为单户循环、散热器供暖的形式。每户加装 DN20 自动温控计量装置，共使用 90 台，热量表流量调节器安装在楼梯间；同时，在楼栋前供水管加装 2 块 DN65 热表。

楼栋热耗主要是由居住面积、取暖时间、户内温度三部分组成，在此基础上，选用时间面积分摊方案进行楼栋热费分摊。表 3-56 为 6 号楼热计量的部分数据。

6 号楼热计量部分数据 **表 3-56**

楼层	门牌号	建筑面积(m²)	剩余时间(h)	系统时间(h)	用热时间(h)
5	6115	80	2641	2880	239
4	6114	80	2664	2880	216
3	6113	80	2751	2880	129
2	6112	80	2743	2880	137
1	6111	80	2430	2880	450
用热费用(元)	基础价费(元)	应交费用合计(元)	实际应交费用(元)	预收费用(元)	退补费用(元)
165	462	627	627	1155	527
150	462	611	611	1155	543
89	462	551	551	1155	603
95	462	557	557	1155	598
312	462	773	773	1155	381

注：基础价费=16.4 元/m²×40%（传统热价）；

由表 3-56 可见，热计量的使用，使热收费更加合理和规范。

3.3 照明与电气

在建筑能耗中，空调能耗和照明能耗高居前两名，而动力设备的能耗也占有相当的比重。因此，绿色建筑达到真正的“绿色”，不仅需要优化前期的建筑设计，而且需要正确合理地选择设备设施。在此基础上，智能化系统和能耗管理系统的运用，则可以进一步对建筑整体运行状况进行监控，从而保证绿色建筑长久健康、高效的运行。照明与电气部分主要关注照明灯具和照明控制系统的选配、电梯和扶梯的设计、变压器和电机的选配、智能化系统和能耗分项计量系统的设计。

3.3.1 高效照明灯具

1. 技术简介

当下，在国家政策的鼓励下和节能灯具自身节能效益双重动力的推动下，节能灯具在我国已得到广泛使用，普及率也越来越高。高效照明灯具，是指满足照明质量的同时，光效高、显色性好、配光合理、安全高效的灯具。

电光源按照其发光物质分类，可分为固体发光光源和气体发光光源，详细分类见表3-57。采用高能效的电光源是照明节能的基础。电光源综合能效是从光效和使用寿命两个维度进行综合评价的，此处给出常用电光源能效指标，如表3-58所示。

光源分类 表3-57

<table>
<tr><td rowspan="12">电光源</td><td rowspan="4">固体发光光源</td><td rowspan="2">热辐射光源</td><td colspan="2">白炽灯</td></tr>
<tr><td colspan="2">卤钨灯</td></tr>
<tr><td rowspan="2">电致发光光源</td><td colspan="2">场致发光灯(EL)</td></tr>
<tr><td colspan="2">半导体发光二极管(LED)</td></tr>
<tr><td rowspan="8">气体放电发光光源</td><td rowspan="2">辉光放电灯</td><td colspan="2">氖灯</td></tr>
<tr><td colspan="2">霓虹灯</td></tr>
<tr><td rowspan="6">弧光放电灯</td><td rowspan="2">低气压灯</td><td>荧光灯</td></tr>
<tr><td>低压钠灯</td></tr>
<tr><td rowspan="4">高气压灯</td><td>高压汞灯</td></tr>
<tr><td>高压钠灯</td></tr>
<tr><td>金属卤化物灯</td></tr>
<tr><td>氙灯</td></tr>
</table>

各种电光源的能效指标 表3-58

光源种类	光效(Lm/W)	光效参考平均值	平均寿命(h)
普通白炽灯	7.3～25	19.8	1000～2000
卤钨灯	14～30	22	1500～2000
荧光高压汞灯	32～55	43.5	5000～10000
紧凑型荧光灯	44～87	65.5	5000～8000
普通直管荧光灯	60～70	65	6000～8000
金属卤化物灯	52～130	91	5000～10000
白光LED灯	70～140	105	10000～50000
三基色荧光灯	93～104	98.5	12000～15000
高压钠灯	64～140	102	12000～24000
高频无极灯	55～70	62.5	40000～80000

在上文介绍的光源中，目前在绿色建筑照明中常用的有LED光源、荧光灯光源、高压气体灯光源。由表3-58可知，这些常用光源综合能效均较高，可以做到良好的节电效果。在这些常用光源中，使用率较高的节能灯具主要有T5荧光灯、T8荧光灯、LED灯、金属卤化物灯。其中，LED灯又包括LED吸顶灯、LED面板灯、LED球泡灯、LED灯带、LED筒灯、LED线条灯等。各种节能灯具形式见图3-44。

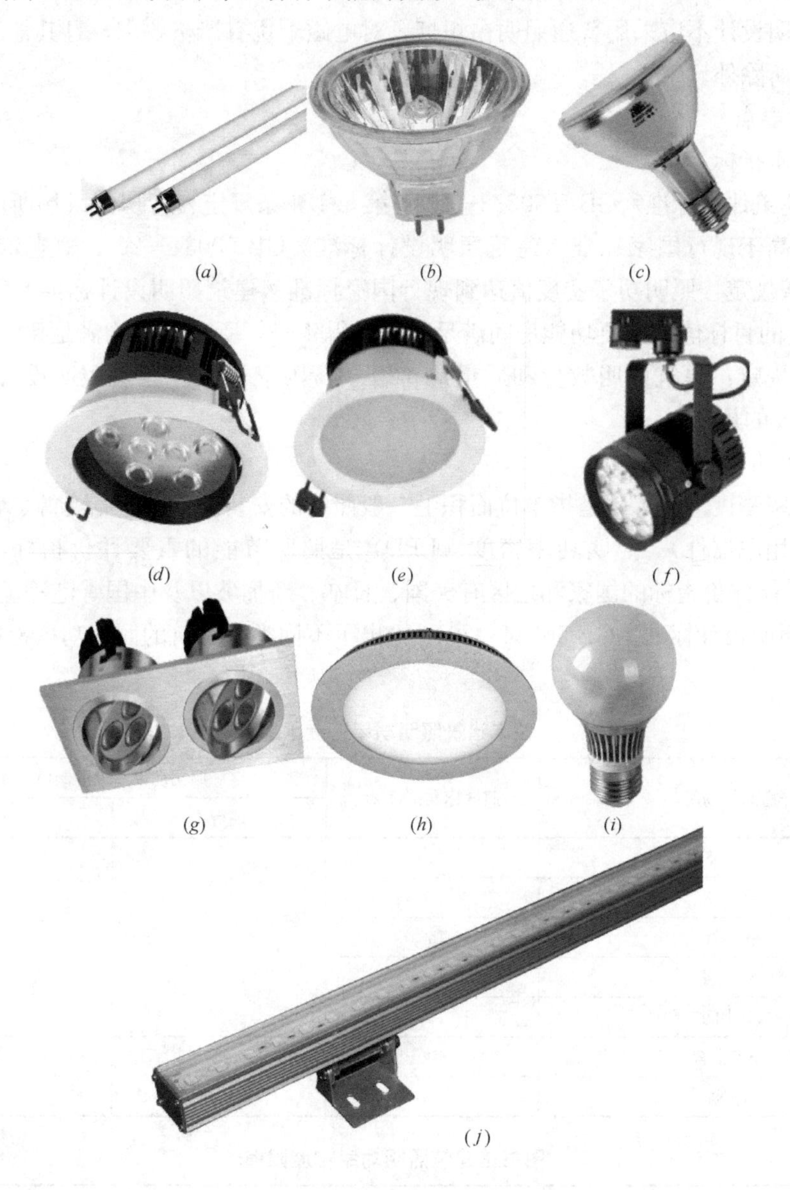

图3-44 节能灯具

(*a*) T5荧光灯；(*b*) 石英卤素灯；(*c*) 金属卤化物筒灯；(*d*) LED天花灯；(*e*) LED筒灯；(*f*) 导轨射灯；(*g*) 格栅射灯；(*h*) LED面板灯；(*i*) LED球泡灯；(*j*) LED线条灯

2. 适用范围

(1) 灯具安装高度较低的房间宜采用细管直管形三基色荧光灯；

(2) 商店营业厅的一般照明宜采用细管直管形三基色荧光灯、小功率陶瓷金属卤化物灯；重点照明宜采用小功率陶瓷金属卤化物灯、发光二极管灯；

(3) 灯具安装高度较高的场所，应按使用要求，采用金属卤化物灯、高压钠灯或高频大功率细管直管荧光灯；

(4) 旅馆建筑的客房宜采用发光二极管灯或紧凑型荧光灯；

(5) 照明设计不应采用普通照明白炽灯，对电磁干扰有严格要求，且其他光源无法满足的特殊场所除外。

3. 技术要点

(1) 技术指标

《绿色建筑评价标准》GB/T50378—2014第5.1.4条规定：各房间或场所的照明功率密度值不应高于现行国家标准《建筑照明设计标准》GB 50034—2013中规定的现行值。第5.2.10条规定：照明功率密度值达到现行国家标准《建筑照明设计标准》GB 50034—2013中规定的目标值，主要功能房间满足要求，得4分；所有区域均满足要求，得8分。第8.1.3条规定：建筑照明数量和质量应符合现行国家标准《建筑照明设计标准》GB 50034—2013的规定。

1) 照明功率密度

照明功率密度（LPD）是指单位面积上一般照明的安装功率（包括光源、镇流器或变压器等附属用电器件）。照明功率密度（LPD）是照明节能的重要评价指标，目前采用LPD作为节能评价指标的国家和地区有美国、日本、新加坡以及中国香港等。

《建筑照明设计标准》GB 50034—2013给出了不同类型建筑的照明功率密度限值，见表3-59～表3-71。

住宅建筑照明功率密度限值　　表3-59

房间或场所	照度标准值(Lx)	照明功率密度限制(W/m²)	
		现行值	目标值
起居室	100	6	5
卧　室	75		
餐　厅	150		
厨　房	100		
卫生间	100		
职工宿舍	100	4.0	3.5
车库	30	2.0	1.8

图书馆建筑照明功率密度限值　　表3-60

房间或场所	照度标准值(Lx)	照明功率密度限制(W/m²)	
		现行值	目标值
一般阅览室、开放式阅览室	300	9.0	8.0
目录厅(室)、出纳室	300	11.0	10.0
多媒体阅览室	300	9.0	8.0
老年阅览室	500	15.0	13.5

3.3 照明与电气

办公建筑照明功率密度限值 表 3-61

房间或场所	照度标准值(Lx)	照明功率密度限制(W/m²)	
		现行值	目标值
普通办公室	300	9.0	8.0
高档办公室、设计室	500	15.0	13.5
会议室	300	9.0	8.0
服务大厅	300	11.0	10.0

商店建筑照明功率密度限值 表 3-62

房间或场所	照度标准值(Lx)	照明功率密度限制(W/m²)	
		现行值	目标值
一般商店营业厅	300	10.0	9.0
高档商店营业厅	500	16.0	14.5
一般超市营业厅	300	11.0	10.0
高档超市营业厅	500	17.0	15.5
专卖店营业厅	300	11.0	10.0
仓储超市	300	11.0	10.0

旅馆建筑照明功率密度限值 表 3-63

房间或场所	照度标准值(Lx)	照明功率密度限制(W/m²)	
		现行值	目标值
客　房	—	7.0	6.0
中餐厅	200	9.0	8.0
西餐厅	150	6.5	5.5
多功能厅	300	13.5	12.0
客房层走廊	50	4.0	3.5
大堂	200	9.0	8.0
会议室	300	9.0	8.0

医疗建筑照明功率密度限值 表 3-64

房间或场所	照度标准值(Lx)	照明功率密度限制(W/m²)	
		现行值	目标值
治疗室、诊室	300	9.0	8.0
化验室	500	15.0	13.5
候诊室、挂号厅	200	6.5	5.5
病　房	100	5.0	4.5
护士站	300	9.0	8.0
药　房	500	15.0	13.5
走廊	100	4.5	4.0

教育建筑照明功率密度限值 表 3-65

房间或场所	照度标准值(Lx)	照明功率密度限制(W/m²)	
		现行值	目标值
教室、阅览室	300	9.0	8.0
实验室	300	9.0	8.0
美术教室	500	15.0	13.5
多媒体教室	300	9.0	8.0
计算机教室、电子阅览室	500	15.0	13.5
学生宿舍	150	5.0	4.5

美术馆建筑照明功率密度限值　　表 3-66

房间或场所	照度标准值(Lx)	照明功率密度限制(W/m²)	
		现行值	目标值
会议报告厅	300	9.0	8.0
美术品售卖区	300	9.0	8.0
公共大厅	200	9.0	8.0
绘画展厅	100	5.0	4.5
雕塑展厅	150	6.5	5.5

科技馆建筑照明功率密度限值　　表 3-67

房间或场所	照度标准值(Lx)	照明功率密度限制(W/m²)	
		现行值	目标值
科普教室	300	9.0	8.0
会议报告厅	300	9.0	8.0
纪念品售卖区	300	9.0	8.0
儿童乐园	300	10.0	8.0
公共大厅	200	9.0	8.0
常设展厅	200	9.0	8.0

博物馆建筑其他场所照明功率密度限值　　表 3-68

房间或场所	照度标准值(Lx)	照明功率密度限制(W/m²)	
		现行值	目标值
会议报告厅	300	9.0	8.0
美术制作室	500	15.0	13.5
编目室	300	9.0	8.0
藏品库房	75	4.0	3.5
藏品提看室	150	5.0	4.5

会展建筑照明功率密度限值　　表 3-69

房间或场所	照度标准值(Lx)	照明功率密度限制(W/m²)	
		现行值	目标值
会议室、洽谈室	300	9.0	8.0
宴会厅、多功能厅	300	13.5	12.0
一般展厅	200	9.0	8.0
高档展厅	300	13.5	12.0

交通建筑照明功率密度限值　　表 3-70

房间或场所		照度标准值(Lx)	照明功率密度限制(W/m²)	
			现行值	目标值
候车(机、船)室	普通	150	7.0	6.0
	高档	200	9.0	8.0
中央大厅、售票大厅		200	9.0	8.0
行李认领、到达大厅、出发大厅		200	9.0	8.0
地铁站厅	普通	100	5.0	4.5
	高档	200	9.0	8.0
地铁进出站门厅	普通	150	6.5	5.5

金融建筑照明功率密度限值 **表 3-71**

房间或场所	照度标准值(Lx)	照明功率密度限制(W/m²)	
		现行值	目标值
营业大厅	200	9.0	8.0
交易大厅	300	13.5	12.0

2）灯具效率

选用的照明光源、镇流器的能效应符合相关能效标准的节能评价值。《建筑照明设计标准》GB 50034—2013 给出了不同灯具的灯具效率要求，见表 3-72～表 3-77。

直管形荧光灯灯具的效率（%） **表 3-72**

灯具出光口形式	开敞式	保护罩(玻璃或塑料)		格栅
		透明	棱镜	
灯具效率	75	70	55	65

紧凑型荧光灯筒灯灯具的效率（%） **表 3-73**

灯具出光口形式	开敞式	保护罩	格栅
灯具效率	55	50	45

小功率金属卤化物灯筒灯灯具的效率（%） **表 3-74**

灯具出光口形式	开敞式	保护罩	格栅
灯具效率	60	55	50

高强度气体放电灯灯具的效率（%） **表 3-75**

灯具出光口形式	表 3-76 开敞式	格栅或透光罩
灯具效率	75	60

发光二极管筒灯灯具的效能（Lm/W） **表 3-76**

色温	2700K		3000K		4000K	
灯具出光口形式	格栅	保护罩	格栅	保护罩	格栅	保护罩
灯具效能	55	60	60	65	65	70

发光二极管平面灯灯具的效能（Lm/W） **表 3-77**

色温	2700K		3000K		4000K	
灯具出光口形式	反射式	直射式	反射式	直射式	反射式	直射式
灯具效能	60	65	65	70	70	75

3）统一眩光值要求

统一眩光值度量是指处于室内视觉环境中的照明装置发出的光对人眼引起不舒适感主观反应的心理参量。因此，在选择灯具时，应考虑对眩光值的限制。

《建筑照明设计标准》GB 50034—2013 指出：对于长期工作或停留的房间或场所，选用的直接型灯具的遮光角不应小于表 3-78 的规定；而对于有视觉显示终端的工作场所，在与灯具中垂线成 65°～90°范围内的灯具平均亮度限值应符合表 3-78 和表 3-79 的规定。

直接型灯具的遮光角 表 3-78

光源平均亮度(kcd/m²)	遮光角(°)	光源平均亮度(kcd/m²)	遮光角(°)
1～20	10	50～500	20
20～50	15	≥500	30

灯具平均亮度限值（cd/m²） 表 3-79

屏幕分类	灯具平均亮度限值	
	屏幕亮度>200cd/m²	屏幕亮度≤200cd/m²
亮背景暗字体或图像	3000	1500
暗背景亮字体或图像	1500	1000

4）显色指数

显色指数是评价光源对物体的显色能力的指标，其数值接近100，显色性最好。

《建筑照明设计标准》GB 50034—2013 中规定：长期工作或停留的房间或场所，照明光源的显色指数（*Ra*）不应小于80。在灯具安装高度大于8m的工业建筑场所，*Ra* 可低于80，但必须能够辨别安全色。目前，市场上已有的节能灯具，其显色指数均超过80，显色性均较好。

5）光源颜色（色温）

对于不同的使用场合，所从事的活动或作业不同，适用的照明光源也颜色不同，因此应根据照明光源色表特征和场所选用相应色温的灯具，《建筑照明设计标准》GB 50034—2013 给出了具体要求，如表3-80所示。

光源色表特征及适用场所 表 3-80

相关色温(K)	色表特征	适用场所
<3300	暖	客房、卧室、病房、酒吧
3300～5300	中间	办公室、教室、阅览室、商场、诊室、检验室、实验室、控制室、机加工车间、仪表装配
>5300	冷	热加工车间、高照度场所

（2）设计要点

1）照明灯具的选择

在选择光源时，应满足显色性、启动时间等要求，并应根据光源、灯具及镇流器等的效率或效能、寿命等在进行综合技术经济分析比较后确定。

《建筑照明设计标准》GB 50034—2013 规定：

3.3.4 灯具选择应符合下列规定：

1 特别潮湿场所，应采用相应防护措施的灯具；

2 有腐蚀性气体或蒸汽场所，应采用相应防腐蚀要求的灯具；

3 高温场所，宜采用散热性能好、耐高温的灯具；

4 多尘埃的场所，应采用防护等级不低于IP5X的灯具；

5 在室外的场所，应采用防护等级不低于IP54的灯具；

6 装有锻锤、大型桥式吊车等震动、摆动较大场所应有防震和防脱落措施；

7 易受机械损伤、光源自行脱落可能造成人员伤害或财物损失场所应有防护措施；

8 有爆炸或火灾危险场所应符合国家现行有关标准的规定；

9 有洁净度要求的场所，应采用不易积尘、易于擦拭的洁净灯具，并应满足洁净场所的相关要求；

10 需防止紫外线照射的场所，应采用隔紫外线灯具或无紫外线光源。

2）灯具配件的选择

优先使用低能耗、性能优的光源用电附件，如电子镇流器、节能型电感镇流器、电子触发器以及电子变压器等。公共场所内的荧光灯宜选用带有无功补偿的灯具，紧凑型荧光灯优先选用电子镇流器，气体放电等宜采用电子触发器。

《建筑照明设计标准》GB 50034—2013 规定：

3.3.6 镇流器的选择应符合下列规定：

1 荧光灯应配用电子镇流器或节能电感镇流器；

2 对频闪效应有限制的场合，应采用高频电子镇流器；

3 镇流器的谐波、电磁兼容应符合现行国家标准《电磁兼容限值谐波电流发射限值（设备每相输入电流≤16 A）》GB 17625.1 和《电气照明和类似设备的无线电骚扰特性的限值和测量方法》GB 17743 的有关规定；

4 高压钠灯、金属卤化物灯应配用节能电感镇流器；在电压偏差较大的场所，宜配用恒功率镇流器；功率较小者可配用电子镇流器。

4. 相关标准、规范及图集

（1）《建筑照明设计标准》GB 50034—2013；

（2）《照明设计手册》（第二版）；

（3）《绿色照明工程实施手册》；

（4）《城市道路照明设计标准》CJJ 45—2015；

（5）《博物馆照明设计规范》GB/T 23863—2009；

（6）《体育场馆照明设计及检测标准》JGJ 153—2007；

（7）《室外作业场地照明设计标准》GB 50582—2010；

（8）《LED 室内照明应用技术要求》GB/T 31831—2015；

（9）《LED 城市道路照明应用技术要求》GB/T 31832—2015；

（10）《建筑室内用发光二极管（LED）照明灯具》JG/T 467—2014；

（11）《嵌入式 LED 灯具性能要求》GB/T 30413—2013；

（12）《普通照明用非定向自镇流 LED 灯能效限定值及能效等级》GB 30255—2013；

（13）《普通照明用非定向自镇流 LED 灯规格分类》GB/T 31112—2014；

（14）《反射型自镇流 LED 灯规格分类》GB/T 31111—2014。

5. 参考案例

合肥某绿色住宅建筑项目，建筑面积 21.43 万 m^2，容积率 4.21，绿地率 44%，建筑密度 19.45%，小区由 5 栋高层住宅和地下车库共同组成。

该住宅项目灯具选择如表 3-81 所示。

某绿色建筑节能灯具 表3-81

位置	灯具类别	光源类型	输出流明	镇流器	照度值	照明功率密度
电梯前室	吸顶灯	节能灯 22W	1250Lm	低损耗电子镇流器3W	55Lx	2.6W/m²
设备用房	双管荧光灯	三基色高效T8 36W	2850Lm	低损耗电子镇流器4W	198Lx	7.1W/m²
车库	单管荧光灯	三基色高效T5 28W	2850Lm	低损耗电子镇流器4W	35Lx	1.9W/m²
走道	吸顶灯	三基色高效节能灯 22W	1250Lm	低损耗电子镇流器3W	55Lx	2.3W/m²
楼梯间	吸顶灯	三基色高效节能灯 22W	1250Lm	低损耗电子镇流器3W	55Lx	1.9W/m²

可见，该项目所选灯具及配件，均符合标准节能要求。同时，灯具形式也与使用场合相适应。

3.3.2 照明控制

1. 技术简介

照明作为办公及商用建筑中继暖通空调系统之后的另一大耗能系统，通过设置照明控制系统和使用节能灯具，可以达到很好的节能效果。

其中，照明控制系统，可以依据外界光照、室内用户要求及用途的变化，通过手动或自动调节，满足以下功能：

(1) 满足功能性需要及空间灵活性；

(2) 节能；

(3) 创造舒适的视觉环境；

(4) 满足法规要求；

(5) 营造动感或剧场环境。

常用的照明控制方式有：分区分组控制、光感应控制、人体感应控制、声光延时控制、智能控制（集中控制）、调光控制等。

2. 适用范围

根据《建筑照明设计标准》GB 50034—2013，此处给出不同类型建筑、不同建筑功能房间的适宜照明控制方式。

(1) 公共建筑和工业建筑的走廊、楼梯间、门厅等公共场所的照明，宜按建筑使用条件和天然采光状况采取分区、分组控制措施。

(2) 公共场所应采用集中控制，并按需要采取调光或降低照度的控制措施。

(3) 旅馆的每间（套）客房应设置节能控制型总开关；楼梯间、走道的照明，除应急疏散照明外，宜采用自动调节照度等节能措施。

(4) 住宅建筑共用部位的照明，应采用延时自动熄灭或自动降低照度等节能措施。当应急疏散照明采用节能自熄开关时，应采取消防时强制点亮的措施。

(5) 除设置单个灯具的房间外，每个房间照明控制开关不宜少于2个。

（6）当房间或场所装设两列或多列灯具时，宜按下列方式分组控制：

1）生产场所宜按车间、工段或工序分组；

2）在有可能分隔的场所，宜按每个有可能分隔的场所分组；

3）电化教室、会议厅、多功能厅、报告厅等场所，宜按靠近或远离讲台分组；

4）除上述场所外，所控灯列可与侧窗平行。

（7）有条件的场所，宜采用下列控制方式：

1）可利用天然采光的场所，宜随天然光照度变化自动调节照度；

2）办公室的工作区域，公共建筑的楼梯间、走道等场所，可按使用需求自动开关灯或调光；

3）地下车库宜按使用需求自动调节照度；

4）门厅、大堂、电梯厅等场所，宜采用夜间定时降低照度的自动控制装置。

3. 技术要点

（1）技术指标

《绿色建筑评价标准》GB/T 50378—2014 第 5.2.9 条规定：走廊、楼梯间、门厅、大堂、大空间、地下停车场等场所的照明系统采取分区、定时、感应等节能控制措施，得 5 分。

（2）设计要点

1）照明控制方案选择要点

照明控制方案应根据建筑物性质、规模、照明环境要求而定。

① 不同建筑物照明的控制

（a）体育场馆比赛场地应按比赛要求分级控制，大型场馆宜做到单灯控制。

（b）候机厅、候车厅、港口等大空间场所应采用集中控制，并按天然采光状况及具体需要采取调光或降低照度的控制措施。

（c）影剧院、多功能厅、报告厅、会议室及展示厅等宜采用调光控制。

（d）博物馆、美术馆等功能性要求较高的场所应采用智能照明集中控制，使照明与环境要求相协调。

（e）宾馆、酒店的每间（套）客房应设置节能控制型总开关。

（f）大开间办公室、图书馆、厂房等宜采用智能照明控制系统，在有自然采光区域宜采用恒照度控制，靠近外窗的灯具随着自然光线的变化，自动点燃或关闭该区域内的灯具，保证室内照明的均匀和稳定。

（g）高级公寓、别墅宜采用智能照明控制系统。

② 走廊、门厅等公共场所的照明控制

（a）公共建筑如学校、办公楼、宾馆、商场、体育场馆、影剧院、候机厅、候车厅和工业建筑的走廊、楼梯间、门厅等公共场所的照明，宜采用集中控制，并按建筑使用条件和天然采光状况采取分区、分组控制措施。

（b）住宅建筑等的楼梯间、走道的照明，宜采用节能自熄开关，节能自熄开关宜采用红外移动探测加光控开关，应急照明应有应急时强制点亮的措施。

（c）旅馆的门厅、电梯大堂和客房层走廊等场所，采用夜间定时降低照度的自动调光装置。

(d) 医院病房走道夜间应采取能关掉部分灯具或降低照度的控制措施。

③ 道路照明和景观照明的控制

(a) 道路照明应根据所在地区的地理位置和季节变化合理确定开关灯时间，并应根据天空亮度变化进行必要修正。宜采用光控和时控相结合的智能控制方式。

(b) 道路照明采用集中遥控系统时，远动终端宜具有在通信中断的情况下自动开关路灯的控制功能，采用光控、时控、程控等智能控制方式，并具备手动控制功能。同一照明系统内的照明设施应分区或分组集中控制。

(c) 道路照明采用双光源时，在“半夜”应能关闭一个光源；采用单光源时，宜采用恒功率及功率转换控制，在“半夜”能转换至低功率运行。

(d) 景观照明应具备平日、一般节日、重大节日开灯控制模式。

④ 根据照明部位的灯光布置形式和环境条件选择合适的照明控制方式

(a) 房间或场所装设有两列或多列灯具时，宜按下列方式分组控制：

a) 所控灯列与侧窗平行；

b) 生产场所按车间、工段或工序分组；

c) 电化教室、会议厅、多功能厅、报告厅等场所，按靠近或远离讲台分组。

(b) 有条件的场所，宜采用下列控制方式：

a) 天然采光良好的场所，按该场所照度自动开关灯或调光；

b) 个人使用的办公室，采用人体感应或动静感应等方式自动开关灯。

(c) 对于小开间房间，可采用面板开关控制，每个照明开关所控光源数不宜太多，每个房间灯的开关数不宜少于2个（只设置1只光源的除外）。

2) 照明控制方式设计要点

在上文提到的常用照明控制方式中，分区分组控制、声光延时控制都是成熟且比较简单的技术，在此处不再赘述。

① 智能控制

照明智能化控制系统主要以区域控制和场景控制的方式进行灯光管理。智能控制系统的设计应符合设计合理、安装便捷、使用灵活、管理方便的原则。

(a) 控制系统的功能

照明智能控制系统的灯光调节功能是根据建筑物内某一区域的使用功能、不同时间、室外光亮度等条件来调整灯光亮度，其预设功能具有将照明亮度转变为一系列程序设置的功能，也称为场景设置，场景设置可由照明控制系统自动调用。照明调光技术（调光控制）可使照明系统按照经济的最佳方式准确有效运作，能够最大限度地节约能源。照明调光控制可将灯光亮度渐调到设定级别，即“软启动”，从而大大延长光源的使用寿命。

《全国民用建筑工程设计技术措施：电气》2009JSCS-5对照明智能控制系统做出如下规定：

2 室内照明控制系统，应根据建筑物某一区域的功能、每天不同的时间、室外光亮度等进行功能设置。

3 室内照明控制应具备场景预设功能，由照明控制器、调光器系统或中央控制系统自动调用。

4 家庭照明控制可采用集中控制的形式，并可带有触屏界面。在靠近进门口的墙壁安装控制面板，作为多房间的主控制点。

5 照明控制系统分为独立式、特定房间式或联网系统，在联网系统中，由传感器、调光器及控制面板组成的外部设备网络来进行操作，即可从多点控制不同的房间及区域。

6 照明控制系统采用红外线传感器、亮度传感器、定时开关、调光器及智能化的运行模式，使整个照明系统按照经济有效的方案可靠运行，降低运行管理费用，最大限度地节约能源。

7 照明控制系统采用软启动、软关断技术，使负载回路在一定时间里缓慢启动、关断，或者间隔时间（通常几十到几百毫秒）启动、关断．避免冲击电压对灯具的损害，延长灯具的使用寿命。

8 当照明控制系统采用集中控制时，宜同时保留可就地手动控制照明的方式。

9 照明控制系统应具有开放性，提供与f3A系统（包括闭路监控、消防报警、安全防范系统）相连接的接口和软件协议，使用智能化照明管理系统。

10 智能照明节电监控系统，通过平滑地调节灯光电路的电压和电流幅值，达到节电的效果。它能减少路线的线损，无功损耗，提高功率因素，减少灯具内耗。采用此类系统时，应选择和调节适当的电感量，减少由于串联或并联谐振产生的热损，延长灯具的寿命。可根据照明区域灯光照度要求和光源电压要求对电压进行调节。

11 荧光灯照明的节能型控制器，荧光灯在启动时需要220 V电压，正常工作后，电压适当降低对照度影响很小。所以控制器采用正常电压启动回路后，自动将电压降低，达到节能的效果。

对荧光灯等进行调光控制时，应采用具有滤波技术的可调光电子镇流器，以降低谐波的含量，提高功率因数，降低无功损耗。

采用数字式荧光灯调光控制时，应选用通信结构可靠、安装方便、操作简单容易的产品。

(b) 控制系统的结构

照明智能化控制系统主要采用分布式集散控制方式，即一个大系统由多个独立的智能模块用适当的通信方式连接起来，每个控制模块均能独立运行。主控系统或通信线路发生故障时，各控制模块可以按设定的模式正常运行，某个控制模块发生故障时，不影响其他控制模块正常运行。

(c) 控制系统的通信方式

对于照明智能控制系统的通信方式，《全国民用建筑工程设计技术措施：电气》2009JSCS-5规定如下：以双绞线、光缆为通信介质的总线型或星形拓扑型通信方式，各系统控制单元由通信线缆连接组成控制网络。每个控制单元所发出的控制信号在控制网络中进行传播，控制单元接收到控制信号后，根据系统通信协议的规定完成相应动作，从而实现照明控制；采用无线数传模块、GPRS通信模块等实现无线通信，进行照明系统控制。系统控制单元发出的控制信号以无线电波的方式进行传播，控制单元接收到控制信号，完成相应动作，从而实现无线网络控制。

② 人体感应控制

人体感应控制原理是通过人体感应技术，将检测到的特定信号发送给后续电路，经过处理输出控制信号，实现负载的自动开关。可见，人体感应控制的关键是人体感应技术，该技术主要通过人体移动或存在感应器来实现。

目前在工程中使用的人体移动或存在感应器有三种，分别是被动红外感应器（PIR）、超声波感应器、微波（高频电磁波）感应器。表3-82给出了三种感应器的特性。另外，被动红外感应器（PIR）、超声波感应器主要用于民用建筑照明领域，而微波（高频电磁波）感应器主要用于ATM机、安防以及感应门等领域。基于此，本节仅介绍前两种感应器。

感应器特性对比表　　表3-82

<table>
<tr><th colspan="2">特性</th><th>微波感应器</th><th>超声波感应器</th><th>红外感应器</th></tr>
<tr><td rowspan="3">环境影响免疫度</td><td>温度</td><td>优秀</td><td>良好</td><td>差</td></tr>
<tr><td>气流</td><td>优秀</td><td>差</td><td>良好</td></tr>
<tr><td>噪声</td><td>优秀</td><td>差</td><td>优秀</td></tr>
<tr><td colspan="2" rowspan="2">感应器探测灵敏度</td><td>良好</td><td>优秀</td><td>差</td></tr>
<tr><td>灵敏度略低于超声波感应器，在室内可以被一些小范围的移动动作触发，感应范围不受安装高度的影响</td><td>三者中灵敏度最高，在室内可以被一些细微的动作，例如打字的动作触发</td><td>三者中灵敏度最低，需较大幅度的人体移动才能触发</td></tr>
<tr><td rowspan="3">感应器探测对建筑材料的穿透性</td><td>玻璃</td><td>80%～90%</td><td>0%</td><td>0%</td></tr>
<tr><td>砖墙</td><td>50%～60%</td><td>0%</td><td>0%</td></tr>
<tr><td>金属</td><td>0%</td><td>0%</td><td>0%</td></tr>
<tr><td colspan="2">障碍物对感应器的影响</td><td>不受障碍物影响，甚至可以探测到室外的人体移动</td><td>可以探测到未封闭的障碍物后的人体移动</td><td>只能探测到在感应器目及范围内的人体移动</td></tr>
<tr><td rowspan="3">人体移动方向与速度的影响</td><td>径向、轴向运动</td><td>径向运动良好
轴向运行良好</td><td>径向运动良好
轴向运行良好</td><td>径向运动良好
轴向运行差</td></tr>
<tr><td>匀速运动</td><td>差</td><td>良好</td><td>良好</td></tr>
<tr><td>变速运动</td><td>良好</td><td>良好</td><td>良好</td></tr>
</table>

（a）人体红外感应控制

红外感应器（PIR）是目前三类感应器中应用最多的，它是一种被动式的红外线探测元件，配合透镜的聚焦及折射处理，探测到红外线（带有热源的移动物体）信号后输出微弱变化的电子信号。后续电路对该信号进行处理，输出控制信号，实现负载的自动开关；通常使用继电器进行负载的开关操作。

对于红外感应器来说，一般有三个参数决定感应器的工作状态：亮度值、探测范围（灵敏度）以及延时时间。普通的红外感应器一般通过旋钮电位器调节这三个参数。

a）亮度值

亮度值的设定直接决定了感应器工作的限定值。一般晴天在有玻璃窗的办公室内，桌面最高照度可达到1400～1600Lux；但通常情况下，实际探测值低于桌面亮度值（图3-45、图3-46）。在实际应用中，感应器的安装高度，办公室窗户尺寸、形状的区别，都会使感应器探测的实际照度有所区别。

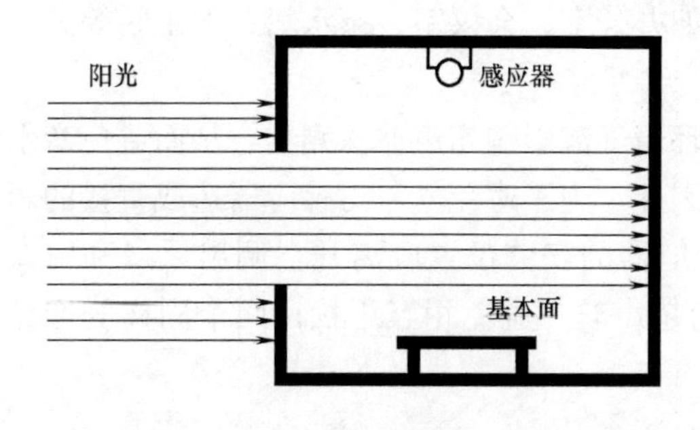

图 3-45 红外感应理想状态示意图图

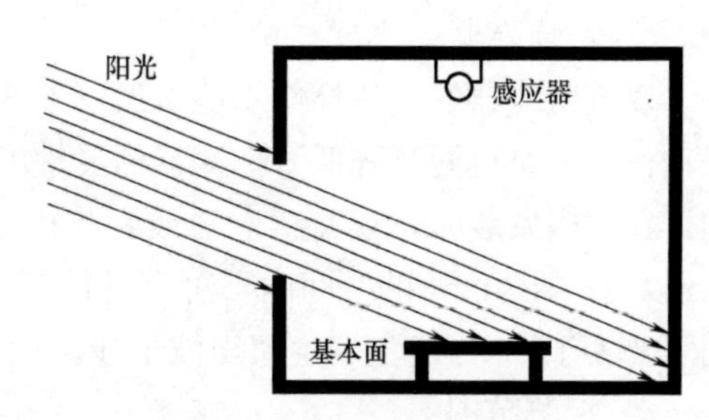

图 3-46 红外感应实际状态示意图

因此，在工程中设计人体红外感应控制系统时，应配以红外遥控器，可通过红外遥控器记录当前亮度值的感应器，并将此值作为今后的触发限值。以解决感应器实际亮度测量低和旋钮电位器定位不准的问题。

b）延时时间

感应器延时时间的设定应以后期人流的情况为依据。走廊、过道人流量较高，探测反应度高，延时时间可略短，以 2～5min 为宜；办公室、会议室的人流量较低，人体活动较少，为了保证区域的照明延续性，延时时间应略长，以 5～15min 为宜。

c）探测范围

红外感应器宜安装在人体移动幅度较大的区域，例如走廊、过道、楼梯区域等。考虑到红外感应器的感应原理，其安装位置应尽量不与人体移动的轨迹处在同一条直线上，应安装在门或入口的侧面（见图 3-47），并避免靠近热源，如加热器、机柜等。

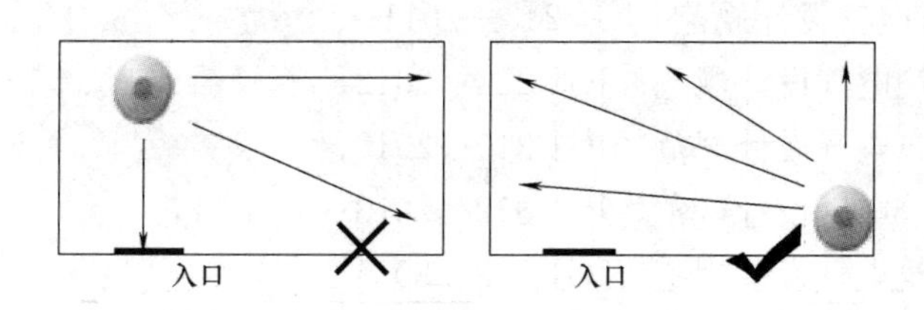

图 3-47 红外感应安装俯视图

（b）人体超声波感应控制

超声波感应器由于探测灵敏度高，较易产生误动作，所以一般很少独立应用。在实际设计时，一般使用双鉴感应器替代超声波感应器。双鉴感应器支持超声波/红外工作状态选择以及气流补偿功能选择。

a）工作模式的选择

双鉴感应器具有单红外、单超声波、“红外＋超声波”以及红外/超声波工作状态，在建筑照明中，可以选择“红外＋超声波”状态，如此可以很好地降低误动作率，只有当红外与超声波探头同时探测到人体移动时才打开负载；而一旦打开负载后，只要红外或者超声波探测器之一探测到人体移动，延时时间将重新计算，从而确保在有人时不会出现因探测精度不足而导致频繁开启/关闭照明等负载的情况。

b）应用场合

双鉴感应器可以安装在多种室内区域，例如办公室、会议室、茶水间、卫生间等。

c）安装要求

双鉴感应器的气流补偿功能虽然可以避免环境气流影响超声波探测器，从而避免产生误动作，但是也同时降低了探测器的灵敏度。因此，为了避免气流对感应器造成直接的影响，在室内安装时，双鉴感应器或者超声波感应器的安装位置应离开空调出风口和窗口2m以上；在40m^{2}的空间内不可有其他频率的超声波，避免相互干扰；两个同样的产品间隔要大于6m，避免发生超声波干涉。

d）探测范围

双鉴感应器超声波及红外探测的探测范围为：超声波人体移动的感应区域为10m×16m、360°的区域；超声波人体微小动作的感应区域为8m×10m、360°的区域；红外主要感应区域为直径8m、360°的区域；红外次要感应区域为直径4m、360°的区域。

4. 相关标准、规范及图集

（1）《民用建筑电气设计规范》JGJ 16—2008；

（2）《建筑照明设计标准》GB 50034—2013；

（3）《城市道路照明设计标准》CJJ 45—2015；

（4）《博物馆照明设计规范》GB/T 23863—2009；

（5）《体育场馆照明设计及检测标准》JGJ 153—2007；

（6）《室外作业场地照明设计标准》GB 50582—2010；

（7）《LED室内照明应用技术要求》GB/T 31831—2015；

（8）《住宅建筑电气设计规范》JGJ 242—2011；

（9）《交通建筑电气设计规范》JGJ 243—2011；

（10）《金融建筑电气设计规范》JGJ 284—2012；

（11）《教育建筑电气设计规范》JGJ 310—2013；

（12）《医疗建筑电气设计规范》JGJ 312—2013；

（13）《会展建筑电气设计规范》JGJ 333—2014；

（14）《智能建筑设计标准》GB 50314—2015；

（15）《智能建筑工程质量验收规范》GB 50339—2013。

5. 参考案例

杭州某绿色展馆类建筑，建筑面积4679m^2，地上4层，地下1层。

该项目一楼展厅等公共区域照明采用计算机集中控制、定时控制或光感控制；一层公共通道如走廊、楼梯间上下班定时开启或关闭，同时移动感应；重要区域如大会议室、多功能厅、领导办公室等场所调光和场景预设。

以上根据不同空间的使用功能和照明重要程度的不同，设置了灵活高效的照明控制系统，达到了减少人力作业和节能的目标。

3.3.3　节能电梯和扶梯

1. 技术简介

通过对绿色建筑用能情况的调研可知，在公共建筑项目中，电梯系统的能耗占到建筑总能耗的17%～25%及以上，用电量相当可观。因此，在建筑中选用节能电梯对于建筑节能意义重大。

节能电梯或电梯节能，是指通过改进机械传动和电力拖动系统、采用电能回馈器将制动电能再生利用、更新电梯轿厢照明系统和采用先进的电梯控制技术等技术措施，从而达到节能的目的。目前，国家并没有对节能电梯给出明确的定义，而《绿色建筑评价标准》GB/T 50378—2014则是暂以是否采取变频调速拖动方式或能量再生回馈技术，作为判定节能电梯和扶梯的依据。

上文提到的变频调速拖动方式指的是：通过改变交流电频的方式实现交流电控制的技术，从而调节负载，起到降低功耗的作用。而能量再生回馈技术则指的是：通过安装能量回馈装置，将运动中负载上的机械能（位能、动能）变换成电能（再生电能）并回送给交流电网，供附近其他用电设备使用，使电机拖动系统在单位时间消耗电网电能下降，从而达到节约电能的目的。

2. 适用范围

适用于各类采用电梯的民用建筑。

3. 技术要点

（1）技术指标

《绿色建筑评价标准》GB/T 50378—2014第5.2.11条规定：合理选用电梯和自动扶梯，并采取电梯群控、扶梯自动启停等节能控制措施，得3分。

1）5min输送能力

电梯主参数和台数的修改对电梯交通流量计算的影响见表3-83。从表中可以看到，提高大楼电梯服务质量的最根本方法是增加电梯数量，但加大了工程在设备上的投入，降低了建筑物的实际使用面积，所以除合理设计电梯的各项参数外，还应充分注重电梯服务方式的设计。

电梯参数与服务质量 **表3-83**

修改方案	修改后结果		
	5min输送能力	平均运行间隔	说明
增大电梯载重量	提高	加长	进出电梯人数增多，运行时间加长
增大电梯速度	提高	增加	改善程度不大，性价比不高
增加电梯数量	提高	增加	总人数及运行时间摊分到每台电梯上

2）平均运行间隔

有关文献❶经过测试得到，乘客心理能够承受的候梯时间随着建筑物性质有所不同，表3-84列出了各种建筑物可行的平均运行间隔时间指标，供参考。

3）电梯能效等级

我国目前尚未出台国家性的电梯能源效率评价标准，而已出台的地方标准有《电梯能源效率评价技术规范》DB33 T 771—2009、《电梯能源效率评价技术规范》DB45/T 1193—2015。

❶ 黄军威．高层建筑中电梯选型配置与设计方法［J］．甘肃科技，2010，26（11）：119-123.

电梯平均运行间隔时间指标 表 3-84

建筑类型		平均运行间隔(s)
办公楼	出租办公楼	40
	一个公司专用	30
住宅楼		60～90
医院住院楼		40
宾馆		40
学校		40

《电梯能源效率评价技术规范》DB33 T 771—2009 中指出：电梯能源效率评价指标(δ)，是指电梯按照规定的运行模式完成每吨千米运输量的平均耗电量。电梯能源效率等级，从高到低分成 1、2、3、4、5 五个等级，如表 3-85 所示。

电梯能源效率等级 表 3-85

δ 值	δ≤1.50	1.50<δ≤2.50	2.50<δ≤3.50	3.50<δ≤4.50	4.50<δ≤6.50
能源效率等级	1	2	3	4	5

在国际上，目前普遍执行《VDI4707 电梯能效》准则。根据建筑物的类型、电梯的使用和使用者的人数，该准则规定了 4 个使用类别，这 4 个使用类别很大程度上是以每天的平均行进时间区分，如表 3-86 所示。

符合 VDI 4707 的电梯的使用类别 表 3-86

使用类别	1	2	3	4
使用强度/频率	低/几乎没有	中/偶尔	高/频繁	非常高/非常频繁
平均行进时间(小时/天)	0.5 (≤1)	1.5 (>1～2)	3 (>2～4.5)	6 (>4.5)
平均待机时间(小时/天)	23.5	22.5	21	18
典型的建筑物和使用类型	住户达 20 户的住宅楼； 2～5 层的小型办公及行政管理建筑； 小旅馆； 低运行量的货梯	住户达 50 户； 楼层达 10 层的中型办公及行政管理建筑； 中型旅馆； 中等运行量的货梯	住户多于 50 户的住宅楼； 高于 10 层的高层办公及行政管理建筑； 大型旅馆； 小型至中型医院； 生产流程中单一移位的货梯	高度大于 100m 的办公及行政管理建筑； 大型医院； 生产流程中发生几个移位的货梯

该准则规定：电梯的能效等级由待机和运行的能量需求值确定。根据待机需能量和行进需能量的时间比例，列出了 4 个使用类别的不同特定需能量值。表 3-87 给出了电梯的待机需能量等级，表 3-88 给出了行进需能量等级，表 3-89 给出了电梯的能效等级，共分为 7 个能量需求和能效等级，由字母 A 到 G 表示。等级 A 代表最低的能量需求，即最好的能效。

待机需能量等级 表 3-87

输出(W)	≤50	≤100	≤200	≤400	≤800	≤1600	≤1600
等级			C	D	E	F	G

行进需能量等级 **表 3-88**

特定的能耗(mWh/m·kg)	≤0.8	≤1.2	≤1.8	≤2.7	≤4.0	≤6.0	≤6.0
等级			C	D	E	F	G

能效等级 **表 3-89**

能效等级	特定需能量[mWh/(kg·m)]			
	使用类型			
	1	2	3	4
A	≤1.45	≤1.01	≤0.90	≤0.84
B	≤2.51	≤1.62	≤1.39	≤1.28
C	≤4.41	≤2.63	≤2.19	≤1.97
D	≤7.92	≤4.37	≤3.48	≤3.04
E	≤14.41	≤7.33	≤5.56	≤4.67
F	≤26.88	≤12.67	≤9.11	≤7.33
G	>26.88	>12.67	>9.11	>7.33

注：表格值是基于标称载荷为1000kg，标称速度为1m/s的电梯，通过将表3-87和表3-88中每种情况下相同等级的能耗值相结合而得来的（如行进等级A+待机等级A=总效率等级A，行进等级D+待机等级D=总效率等级D）。

(2) 设计要点

电梯和扶梯作为建筑物内最主要的交通工具，其设计合理与否关系到建筑物的交通运输是否高效。建筑物内的电梯配置包含电梯设置的台数、载重量、电梯速度、电梯服务方式，这4个参数直接影响平均运行间隔和5min输送能力这两个指标。

1）电梯设计要点

① 电梯台数

从平均运行间隔时间、5min输送能力这两个指标的计算可以得知，电梯台数的选择存在一个最优值，这个值能使乘客的到达率与电梯系统的运载量相匹配，既能最大限度地发挥电梯的运行效率，同时也能节约能源和运行成本。因此，在确定电梯台数时，应对建筑物实际用途和内部人员的流动量进行交通设计。《全国民用建筑工程设计技术措施-电气》2009JSCS-5给出了不同类型建筑电梯台数配置要求，如表3-90所示。

不同建筑类型电梯台数配置 **表 3-90**

建筑类型		经济	常用	舒适	豪华
住宅		90～100户/台	60～90户/台	30～60户/台	<30户/台
旅馆		120～140户/台	100～120户/台	70～100户/台	<70户/台
办公	按建筑面积(m^2/台)	6000	5000	4000	<4000
	按有效面积(m^2/台)	3000	2500	2000	<2000
	按人数(m^2/台)	350	300	250	<200

② 电梯额定载重量

建筑内电梯载重量设计除了须符合国家相关标准的要求外，电梯设计的轿厢越大，载重量越大，其输送能力也越大，相应电梯的投资也越大。但同时由于进入电梯的人数可能增多，乘客出入电梯的时间会延长，电梯的运行间隔时间也相应增加；反之，选择轿厢额定乘客人数如果太小，会造成输送能力不足，电梯满载通过的次数过多而引起系统的效率低下。为此，不应盲目加大电梯的载重量，而应同时考虑是否有必要增加电梯台数或提高电梯速度。目前，对于公共建筑，均分为客梯和货梯，其中办公楼、旅馆等客梯载重量一般在 10～15 人之间，商场和城市综合体等人员密集的地方载重量一般在 18～21 人之间。

③ 电梯额定速度

电梯运行速度越高，一周运行时间变得越小，平均运行间隔时间也会变得更理想。但是，速度高的电梯造价也高，这也是显而易见的。一般情况下，设定 15 层以上的大楼电梯从基站直驶到最高服务层站所需的时间，最理想的应控制在 30s 内，根据目前我国的情况，建议该时间控制在 45s 内，图 3-48 为电梯速度选择的基准尺度。

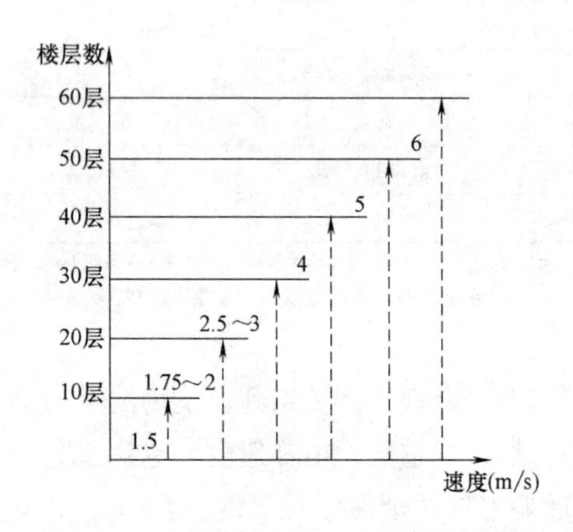

图 3-48　电梯速度的选择

④ 电梯服务方式

在大楼内电梯数量已确定时，如何合理选择电梯的控制方式显得特别重要。从逻辑控制角度看，这种合理调配电梯运行的方法可以按其调配功能的强弱分为并联控制和群控两大类。

并联控制就是两台电梯共享厅外召唤信号，并能够按照预先设定的调配原则自动地调配某台电梯去应答厅外召唤信号。群控就是电梯群（组）除了共享厅外召唤外，还能够根据厅外召唤信号的多少和电梯每次运行的负载情况而自动合理地调配各个电梯，使电梯群（组）处于最佳的服务状态，从而减少乘客的等待和乘梯时间，特别是减少乘客在高峰时期的等待时间，减少电梯的盲跑，降低电梯的能耗。其调度原则的复杂程度要远远高于双梯并联。

目前，实际工程项目中使用较多的是群控方式，这也是相关标准所鼓励的。因此，此处重点介绍群控系统。

群控系统的主要控制目标是：

(a) 乘客的平均候梯时间要尽量短；

(b) 尽量减少乘客的长候梯率；

(c) 电梯运送乘客的时间要尽量短；

(d) 合理分配电梯应答，防止聚堆和忙闲不均；

(e) 选择能源消耗最省的方式。

以上反映了群控系统的多目标的特性。除此之外，群控系统还具有不确定性、非线性、扰动性和不完备性[1]。对于群控系统的特性，此处不展开说明，仅就群控系统的客流交通模式进行分析。

不同用途的建筑，客流交通各有其特点，对各类建筑的客流交通特点的分析是进行电梯合理配置、研究控制方法和策略的基础。电梯交通是由大楼内乘客数、乘客出现周期及

[1] 李彦华. 智能电梯群控系统的研究与设计［D］，厦门：大学，2008.

各楼层乘客分布三部分来描述的。大楼的交通模式一般可分为上行高峰交通模式、下行高峰交通模式、随机层间交通模式和空闲交通模式。

(a) 上行高峰交通模式

当主要的或者全部的客流是上行方向，即全部或者大多数乘客在建筑物的门厅进入电梯且上行，然后分散到大楼的各个楼层，这种情况被定义为上行高峰交通模式。

上行高峰交通模式一般发生在早晨上班时刻，此时乘客进入电梯上行到大楼的上部上班，上行高峰的形成是由于要求所有的员工在某一固定的时刻之前到达办公地点。早晨上行高峰乘客到达率曲线可以用图 3-49 所示，曲线形状在规定的上班时间之前渐渐上升，而在上班时间之后迅速降低。

(b) 下行高峰交通模式

当主要的或者全部的客流是下行的，以及全部或者大多数乘客是从大楼的各层站乘电梯下行到门厅并离开电梯，这种状况被定义为下行高峰交通模式。

下行高峰交通模式通常发生在下班时刻，下行高峰比早晨的上行高峰更为强烈，此时的下行高峰强度比上行高峰要强 50%，持续的时间长达 10min 之久。下行高峰状态乘客离开率曲线如图 3-50 所示。

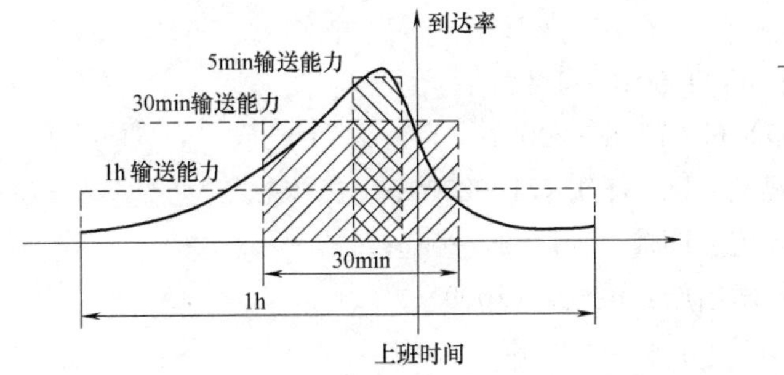

图 3-49 上行高峰乘客到达率曲线

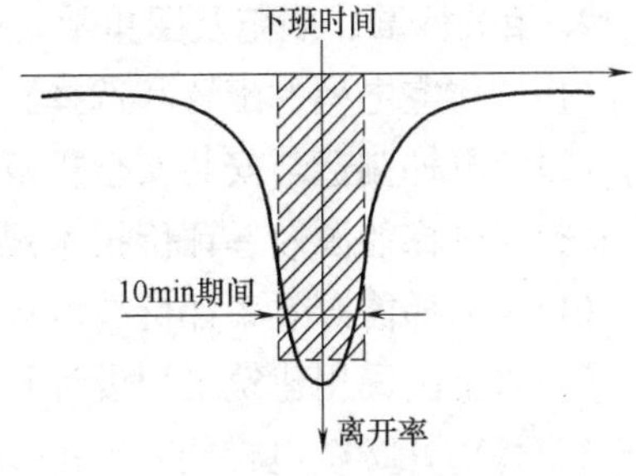

图 3-50 下行高峰乘客离开率曲线

(c) 随机层间交通模式

上行和下行的乘客数量大致相同，并且各层之间的交通需求基本均衡的交通模式被称为随机层间交通模式。

随机层间交通模式是一种基本的交通状况，存在于一天中的大部分时间，它是由人们在大楼中的正常活动而产生的。

(d) 空闲交通模式

大楼里的客流量很小，乘客的乘梯时间间隔很长的交通状况被称为空闲交通模式。

空闲交通模式通常发生在晚上下班后到第二天早上上班前这段时间，以及中午休息的时间段。在休息日，全天中也会有程度不同的空闲交通模式存在。

在实际工程中，应根据项目的实际情况，分析电梯的交通模式，从而“量身定制”最适宜的群控策略。

2) 节能扶梯设计要点

自动扶梯属于负载率很低的设备，轻载或空载的时间占绝大多数，而满载运行的时间相对来说是很少的，因此在设计自动扶梯时，采取适当的节能措施，可以取得相当可观的节能效果。

① 自动扶梯节能运行模式

在空载时不允许停梯的场合，最好的节能措施是采用变频器驱动。空载时电机降压降频“蠕动”运行；而在轻载时变频器只变压不变频的运行模式，来保证服务质量，又不会造成自动扶梯运行速度的明显降低。

在空载时允许停梯的场合，节能运行模式可以采用“自动重新启动”和“Δ-Y”切换运行，分别在空载和轻载工况下运行。

② 设计指标

(a) 使用者到达梳齿与踏面相交线时应以不小于0.2倍的名义速度运行，然后以小于0.5m/s^2 加速。

(b) 感应扶梯的运行方向，应预先设定，并明显标识、清晰可见。

(c) 使用者从预定运行方向相反的方向进入时，感应自动扶梯仍应按照预先设定的方向运行并符合第 (a) 条的要求，运行时间应不少于10s。

(d) 控制系统应能使感应自动扶梯在使用者进入后，经过一段足够的时间（至少为预期输送使用者的时间再加上10s）才能自动停止。

4. 相关标准、规范及图集

(1)《住宅电梯的配置和选择》JG/T 5010—1992；

(2)《电梯制造与安装安全规范》GB 7588—2003；

(3)《电梯能源效率评价技术规范》DB 33 T 771—2009；

(4)《电梯能源效率评价技术规范》DB45/T 1193—2015；

(5)《全国民用建筑工程设计技术措施：电气》(2009)；

(6)《VDI4707电梯能效》准则

(7)《自动扶梯和自动人行道安装安全规范》GB 16899—2011。

5. 参考案例

江苏南通市某绿色居住小区项目建筑面积23.3万m^2，地上建筑面积14.4万m^2，小区由两排9幢32层总高100m的高层及1幢多层邻里中心组成。9幢高层住宅共采用35台通力小机房永磁同步无齿轮电梯，该电梯采用高效节能的KONE EcoDisc™碟式马达，轿厢照明采用LED节能照明，电梯整体节能性达到欧洲A级电梯能源认证标准，节能率达到28%以上。同时，该项目电梯系统采用群控的方式，方便了小区住户的出行。

3.3.4 节能型变压器

1. 技术简介

据估计，我国变压器的总损耗占系统发电量的10%左右，如损耗每降低1%，每年可节约上百亿度电，因此降低变压器损耗是势在必行的节能措施。节能型变压器与传统变压器相比，在相同效率下，具有更低的空载损耗和负载损耗，目前已成为绿色建筑电气专业的一项重要节能措施。

在国家层面，国家认定和推广的高效节能配电变压器产品包括：三相10kV电压等级、无励磁调压、额定容量 30 ～1600kVA 的油浸式配电变压器和额定容量 30～2500kVA 的干式配电变压器。对于变压器来说，减少变压器上的电能损耗，首先是要选择空载损耗低、节能型的变压器，可以选用 S9、SL9、SC8 型油浸变压器或干式变压器，这些变压器采用优质冷轧取向硅钢片，钢片的磁畴方向一致加上 45°全斜接缝结构，能够有效减少铁芯的涡流损耗以及漏磁损耗。对于高层建筑、地下建筑、化学工业厂等场所及对消防要求较高场所，宜采用低损耗节能型干式电力变压器（SG10、SG11、SC6 等系列）。如果电网电压波动较大，宜采用有载调压电力变压器。

配电变压器能效等级分为 3 级，其中 1 级损耗最低。各级油浸式配电变压器的空载损耗和负载损耗值均应不高于表 3-91 的规定，各级干式配电变压器的空载损耗和负载损耗值均应不高于表 3-92 的规定。

2. 适用范围

适用于各类民用建筑

3. 技术要点

（1）技术指标

《绿色建筑评价标准》GB/T 50378—2014 第 5.2.12 条规定：合理选用节能型电气设备。其中，当三相配电变压器满足现行国家标准《三相配电变压器能效限定值及节能评价值》GB 20052 的节能评价值要求时，得 3 分。

配电变压器技术参数和技术要求应符合 GB 1094.1、GB/T 6451，油浸式非晶合金铁心变压器还应符合 GB/T 25446，立体卷铁心配电变压器还应符合 GB / T25438。干式配电变压器技术参数和技术要求应符合 GB 1094.11、GB / T 10228，干式非晶合金铁心变压器还应符合 GB/ T 22072。油浸式配电变压器的空载损耗和负载损耗值均应不高于表 3-91中 2 级的规定。干式配电变压器的空载损耗和负载损耗值均应不高于表 3-92 中 2 级的规定。

油浸式配电变压器能效等级 **表 3-91**

额定容量(kVA)	2级				1级					
	空载损耗(W)		负载损耗(W)		电工钢带			非晶合金		
					空载损耗(W)	负载损耗(W)		空载损耗(W)	负载损耗(W)	
	电工钢带	非晶合金	Dyn11/Yzn11	Yyn0		Dyn11/Yzn11	Yyn0		Dyn11/Yzn11	Yyn0
30	80	33	630	600	80	505	480	33	565	540
50	100	43	910	870	100	730	695	43	820	785
63	110	50	1090	1040	110	870	830	50	980	935
80	130	60	1310	1250	130	1050	1000	60	1180	1125
100	150	75	1580	1500	150	1265	1200	75	1420	1350
125	170	85	1890	1800	170	1510	1440	85	1700	1620
160	200	100	2310	2200	200	1850	1760	100	2080	1980
200	240	120	2730	2600	240	2185	2080	120	2455	2340
250	290	140	3200	3050	290	2560	2440	140	2880	2745
315	340	170	3830	3650	340	3065	2920	170	3445	3285

续表

额定容量(kVA)	2级				1级					
	空载损耗(W)		负载损耗(W)		电工钢带			非晶合金		
					空载损耗(W)	负载损耗(W)		空载损耗(W)	负载损耗(W)	
	电工钢带	非晶合金	Dyn11/Yzn11	Yyn0		Dyn11/Yzn11	Yyn0		Dyn11/Yzn11	Yyn0
400	410	200	4520	4300	410	3615	3440	200	4070	3870
500	480	240	5410	5150	480	4330	4120	240	4870	4635
630	570	320	6200		570	4960		320	5580	
800	700	380	7500		700	6000		380	6750	
1000	830	450	10300		830	8240		450	9270	
1250	970	530	12000		970	9600		530	10800	
1600	1170	630	14500		1170	11600		630	13050	

干式配电变压器能效等级 **表3-92**

额定容量(kVA)	2级					1级							
	空载损耗(W)		负载损耗(W)			电工钢带				非晶合金			
						空载损耗(W)	负载损耗(W)			空载损耗(W)	负载损耗(W)		
	电工钢带	非晶合金	B(100℃)	F(120℃)	H(145℃)		B(100℃)	F 120℃	H(145℃)		B(100℃)	F 120℃	H(145℃)
30	150	70	670	710	760	135	605	640	685	70	635	675	720
50	215	90	940	1000	1070	195	845	900	965	90	895	950	1015
80	295	120	1290	1380	1480	265	1160	1240	1330	120	1225	1310	1405
100	320	130	1480	1570	1690	290	1330	1415	1520	130	1405	1490	1605
125	375	150	1740	1850	1980	340	1565	1665	1780	150	1655	1760	1880
160	430	170	2000	2130	2280	385	1800	1915	2050	170	1900	2025	2165
200	495	200	2370	2530	2710	445	2135	2275	2440	200	2250	2405	2575
250	575	230	2590	2760	2960	515	2330	2485	2665	230	2460	2620	2810
315	705	280	3270	3470	3730	635	2945	3125	3355	280	3105	3295	3545
400	785	310	3750	3990	4280	705	3375	3590	3850	310	3560	3790	4065
500	930	360	4590	4880	5230	835	4130	4390	4705	360	4360	4635	4970
630	1070	420	5530	5880	6290	965	4975	5290	5660	420	5255	5585	5975
630	1040	410	5610	5960	6400	935	5050	5365	5760	410	5330	5660	
800	1215	480	6550	6960	7460	1095	5895	6265	6715	480	6220	6610	7085
1000	1415	550	7650	8130	8760	1275	6885	7315	7885	550	7265	7725	8320
1250	1670	650	9100	9690	10370	1505	8190	8720	9335	650	8645	9205	9850
1600	1960	760	11050	11730	12580	1765	9945	10555	11320	760	10495	11145	11950
2000	2440	1000	13600	14450	15560	2195	12240	13005	14005	1000	12920	13725	14780
2500	2880	1200	16150	17170	18450	2590	14535	15455	16605	1200	15340	16310	17525

(2) 设计要点

1) 变压器的选择原则

① 按变压器效率最高时的负荷率 β_m 选择变压器容量，负荷率越大，变压器容量越

小，一次投资越经济。

$$\beta=\left(\frac{P_0 T_b}{P_{k\tau}}\right)^{\frac{1}{2}}=\left(\frac{T_b}{\tau}\right)^{\frac{1}{2}}\times\beta_m$$

$$Se=\frac{P_{js}}{\beta\times\cos\varphi}$$

式中 R——变压器损耗比

P_0——变压器的空载损耗，即铁损，包括磁滞损耗和涡流损耗，W；

$P_{k\tau}$——变压器的额定负荷损耗，即铜损或称为短路损耗，表示负荷电流通过变压器绕组是在电阻上的损耗，铜损与负荷电流的平方成正比，W；

P_{js}——建筑物的计算有功功率，kW；

$\cos\varphi$——补偿后的平均功率因数，一般不小于 0.9；

β——变压器的负荷率；

Se——变压器额定容量，kVA。

一般地，变压器效率最高时的负荷率在 0.5～0.6 之间。

② 按年有功电能损耗率最小时的节能负荷率计算容量

$$\beta_j=\left(\frac{P_0 T_b}{P_{k\tau}}\right)^{\frac{1}{2}}=\left(\frac{T_b}{\tau}\right)^{\frac{1}{2}}\times\beta_m$$

式中 T_b——变压器年投运时间，取 7000～7500h；

τ——年最大负荷损耗时间，民用建筑的值可取 2300～4500h；

将数据代入式中，β_j＝（1.3～1.8），β_m＝0.65～0.9

结论：变压器负荷率为 65％～90％时，变压器有功电能损耗率最小，建议取值范围 70％～80％。

此方法适用于不同企业性质和生产班制及负荷曲线的场所，是一种较节能的选择方法。

按照变压器年电能损耗最小和运行费用最低，并综合考虑变压器装设的投资来确定变压器安装容量，才是经济合理的。

③ 利用计算负荷法估算

先求出变压器所要供电的总计算负荷，然后按照下式估算：

变压器容量＝总计算负荷＋考虑将来的增容裕量

2）变压器的位置设置

在工程中，线路损耗与电网输电线路长度、电网的电流、输电网导线单位长度电阻值有关，即：

$$P=I^2R$$

$$R=R_0L$$

式中 P——输电网功率损耗，W

I——输电网电流，A；

R——输电网导线电阻，Ω；

R_0——输电网单位长度电阻值，Ω；

L——输电网导线长度，km。

由以上公式可见，供电半径越大，输电导线越长，线路损耗越大。因此建筑物的电源尽量要放在负荷中心。

(3) 注意事项

重视变压器工作温度的影响，变压器的短路损耗受温度影响较大，工作温度越高，损耗越大。

4. 相关标准、规范及图集

(1)《节能技术改造及合同能源管理项目节能量审核与计算方法第12部分配电变压器》DB31/T 668.12—2013；

(2)《节能型三相油浸式配电变压器技术条件》DB35/T 968—2009；

(3)《油浸式电力变压器技术参数和要求》GB/T 6451—2008；

(4)《干式电力变压器技术参数和要求》GB/T 10228—2008；

(5)《干式非晶合金铁心配电变压器技术参数和要求》GB/T 22072—2008；

(6)《油浸式非晶合金铁心配电变压器技术参数和要求》GB/T 25446—2010；

(7)《三相油浸式立体卷铁心配电变压器技术参数和要求》GB/T 25438—2010；

(8)《三相配电变压器能效限定值及能效等级》GB 20052—2013；

(9)《电力变压器第11部分：干式变压器》GB 1094.11—2007；

(10)《电力变压器第1部分：总则》GB 1094.1—2013。

5. 参考案例

某绿色居住建筑，位于宁波市海曙区鄞奉片区，建筑面积7.16万m^2，地上建筑面积4.96万m^2，绿地率为37.00%。

该项目选用两台SC10-630KVA户内干式变压器，接线为D，Yn11，Uk=6%，达到《三相配电变压器能效限定值及能效等级》GB 20052—2013中的2级能效，满足节能评价值要求。同时，每台变压器负荷率约为79.4%，如此的负荷率使得变压器有功电能损耗率小，运行于高效区，达到了节能的目的。

3.3.5 高效电机

1. 技术简介

高效电机是指通用标准型电动机具有高效率的电机，且效率值达到国家现行标准《中小型三相异步电动机能效限定值及能效等级》GB 18613二级能效及以上。高效节能电机采用新型电机设计、新工艺及新材料，通过降低电磁能、热能和机械能的损耗，提高输出效率。与标准电机相比，使用高效电机的节能效果非常明显，损耗平均下降20%，效率可平均提高4%。

2. 适用范围

适用于建筑中各类机电设备，如水泵、风机、电梯、冷水机组、冷却塔等。

3. 技术要点

(1) 技术指标

《绿色建筑评价标准》GB/T 50378—2014第5.2.12条规定：合理选用节能型电气设备。其中，水泵、风机等设备，及其他电气装置满足相关现行国家标准的节能评价值要求，得2分。

各等级电动机在额定输出功率下的实测效率应达到表3-93规定的2级或1级的要求，其容差应符合GB 755—2008第12章的规定。

电动机能效等级　　表3-93

额定功率(kW)	效率(%)					
	1级			2级		
	2极	4极	6极	2极	4极	6极
0.78	84.9	85.5	83.1	80.7	82.5	78.9
1.1.	86.7	87.4	84.1	82.7	84.1	81.0
1.5	87.5	88.1	80.2	84.2	85.3	82.5
2.2	89.1	89.7	87.1	85.9	86.7	84.3
3	89.7	90.3	88.7	87.1	87.7	85.6
4	90.3	90.9	89.7	88.1	88.6	86.8
5.5	91.5	92.1	89.5	89.2	89.6	88.0
7.5	92.1	92.6	90.2	90.1	90.4	89.1
11	93.0	93.6	91.5	91.2	91.4	90.3
15	93.4	94.0	92.5	91.9	92.1	91.2
18.5	93.8	94.3	93.1	92.4	92.6	91.7
22	94.4	94.7	93.9	92.7	93.0	92.2
30	94.5	95.0	94.3	93.3	93.6	92.9
37	94.8	95.3	94.6	93.7	93.9	93.3
45	95.1	95.6	94.9	94.0	94.2	93.7
55	95.4	95.8	95.2	94.3	94.6	94.1
75	95.6	96.0	95.4	94.7	95.0	94.6
90	95.8	96.2	95.6	95.0	95.2	94.9
110	96.0	96.4	95.6	95.2	95.4	95.1
132	96.0	96.5	95.8	95.4	95.6	95.4
160	96.2	96.5	96.0	95.6	95.8	95.6
200	96.3	96.6	96.1	95.8	96.0	95.8
250	96.4	96.7	96.1	95.8	96.0	95.8
315	96.5	96.8	96.1	95.8	96.0	95.8
355～375	96.6	96.8	96.1	95.8	96.0	95.8

《节能产品惠民工程高效电机推广实施细则》中给出：高压三相异步电机效率保证值不低于规定指标，如表3-94和表3-95所示。

高效高压三相异步电机（额定电压6000V）效率保证值　　表3-94

功率(kW)	2极	4极	6极	8极	10极	12极	16极
355	94.8	95.0	95.1	94.7	94.2	94.3	—
400	95.2	95.1	95.1	94.9	94.6	94.6	—
450	95.4	95.3	95.4	95.0	94.6	94.6	—
500	95.6	95.4	95.6	95.4	94.8	94.9	—

续表

功率(kW)	2极	4极	6极	8极	10极	12极	16极
560	95.7	95.6	95.7	95.5	94.9	95.0	—
630	95.8	95.8	95.8	95.6	95.0	95.1	—
710	95.9	96.0	96.0	95.6	95.1	95.1	—
800	96.1	96.0	96.0	95.7	95.3	95.3	94.6
900	96.2	96.1	96.1	95.8	95.4	95.4	94.7
1000	96.3	96.2	96.2	95.9	95.5	95.5	94.8
1120	96.4	96.3	96.3	96.0	95.6	95.5	94.9
1250	96.5	96.4	96.4	96.0	95.8	95.6	95.0
1400	96.6	96.4	96.4	96.1	95.9	95.7	95.1
1600	96.7	96.5	96.5	96.2	95.9	95.7	95.1
1800	96.7	96.6	96.6	96.2	96.0	95.8	95.2
2000	96.8	96.7	96.7	96.3	96.1	95.9	95.3
2240	96.9	96.8	96.7	96.4	96.2	96.0	95.4
2500	96.9	96.9	96.8	96.5	96.3	96.1	95.5
2800	97.0	96.9	96.9	96.6	96.4	96.2	95.6
3150	97.0	97.0	96.9	96.6	96.4	96.3	95.6
3550	—	97.0	96.9	96.7	96.5	96.4	95.7
4000	—	97.1	97.0	96.8	96.6	96.4	95.8
4500	—	97.1	97.0	96.9	96.6	96.4	—
5000	—	97.2	97.1	96.9	96.7	96.5	—
5600	—	97.2	97.1	96.9	96.7	96.5	—
6300	—	97.3	97.2	97.0	96.8	—	—
7100	—	97.3	97.3	97.1	96.8	—	—
8000	—	97.4	97.3	97.2	96.9	—	—
9000	—	97.5	97.4	97.3	—	—	—
10000	—	97.6	97.5	97.3	—	—	—
11200	—	97.7	97.6	97.4	—	—	—
12500	—	97.7	97.7	97.5	—	—	—
14000	—	97.8	97.7	97.6	—	—	—
16000	—	97.9	97.8	97.7	—	—	—
18000	—	98.0	97.9	—	—	—	—
20000	—	98.0	98.0	—	—	—	—
22400	—	98.0	—	—	—	—	—
25000	—	98.0	—	—	—	—	—

高效高压三相异步电机（额定电压10000V）效率保证值　　表3-95

功率(kW)	2极	4极	6极	8极	10极	12极	16极
355	95.0	94.6	94.4	94.4	94.2	93.9	—
400	95.2	94.7	94.6	94.5	94.3	94.1	—

续表

功率(kW)	2极	4极	6极	8极	10极	12极	16极
450	95.4	95.1	94.7	94.6	94.5	94.2	—
500	95.5	95.1	95.1	95.0	94.6	94.5	—
560	95.6	95.3	95.2	95.1	94.7	94.7	—
630	95.6	95.5	95.5	95.5	94.9	94.9	—
710	95.7	96.0	95.6	95.6	95.1	95.1	94.6
800	95.8	96.0	95.7	95.7	95.4	95.3	94.6
900	95.9	96.1	95.9	95.8	95.6	95.3	94.7
1000	96.0	96.2	96.0	96.0	95.6	95.3	94.8
1120	96.1	96.3	96.2	96.1	95.7	95.3	94.9
1250	96.3	96.4	96.3	96.2	95.7	95.3	95.0
1400	96.4	96.5	96.5	96.2	95.7	95.4	95.1
1600	96.4	96.6	96.6	96.2	95.7	95.5	95.1
1800	96.5	96.7	96.6	96.2	95.8	95.6	95.2
2000	96.6	96.8	96.6	96.2	95.9	95.6	95.3
2240	96.8	96.9	96.6	96.2	96.0	95.7	95.4
2500	—	96.9	96.6	96.3	96.0	95.8	95.5
2800	—	96.9	96.7	96.4	96.1	95.9	95.6
3150	—	96.9	96.7	96.4	96.2	96.0	95.6
3550	—	96.9	96.8	96.5	96.3	96.0	95.6
4000	—	96.9	96.9	96.6	96.4	96.1	—
4500	—	96.9	96.9	96.7	96.4	96.2	—
5000	—	97.0	96.9	96.8	96.5	96.3	—
5600	—	97.0	96.9	96.9	96.6	—	—
6300	—	97.1	97.0	96.9	96.7	—	—
7100	—	97.2	97.1	97.0	96.8	—	—
8000	—	97.3	97.2	97.1	—	—	—
9000	—	97.3	97.3	97.2	—	—	—
10000	—	97.4	97.3	97.3	—	—	—
11200	—	97.5	97.4	97.3	—	—	—
12500	—	97.6	97.5	97.4	—	—	—
14000	—	97.7	97.6	97.5	—	—	—
16000	—	97.7	97.7	—	—	—	—
18000	—	97.8	97.7	—	—	—	—
20000	—	97.9	—	—	—	—	—
22400	—	98.0	—	—	—	—	—

（2）设计要点

1）电动机的选择

在选择电动机时，应优先选用高效能电动机，考察其能效。能效限定值是基本要求，也是强制性要求，必须满足。YX系列电动机属于节能型电动机，与Y系列三相异步电动机相比，YX系列电动机效率更高，节能约13%。另外，一般情况下，相同容量的电动机，鼠笼式电动机的效率、功率因数比绕线式电动机高；转速高的电动机其效率、功率因数比转速低的电动机高；同类型的电动机容量大的其效率、功率因数比容量小的电动机高。

具体设计时，电动机的选用应遵循以下原则：

① 应该选择满足生产机械工作过程中的各种要求，选择具有与适用场所的环境相适应的防护方式及冷却方式的电动机；

② 在结构上要能适合电动机所处的环境条件；

③ 应使设备需求的容量与被选电动机的容量差值最小，使电动机的功率被充分利用；

④ 择可靠性高、便于维护的电动机；

⑤ 尽量选择标准电动机，以便互换；

⑥ 要综合考虑电机的技术及电压等级。

2）电动机的负载率

图3-51给出了Y系列电机负载率β与电机效率η、电机功率因数$\cos\varphi$之间的关系曲线。从图中可以看出：

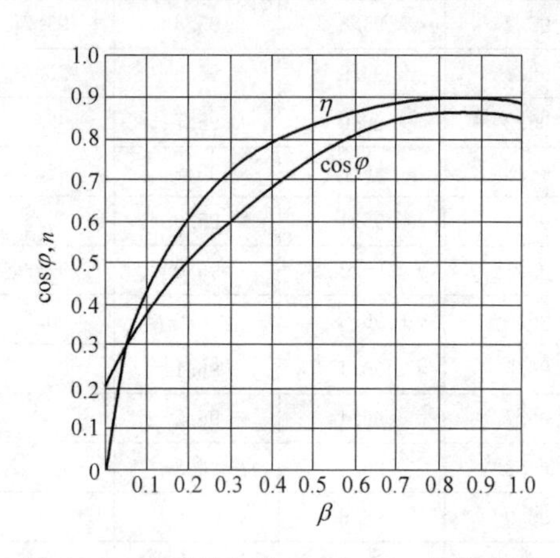

图3-51　Y系列电机β-$\cos\varphi$、β-η特性曲线

① 电动机的效率曲线具有较宽的高效率区域，只有当负载率低于40%时，效率才迅速降低。因此，为保证电动机具有较高的效率，在设计选用电机时，确保电机运行时负载率不小于40%。

② 电动机达到最高运行效率时，其对应的负载率一般在0.6～0.8之间。

③ 电动机空载时功率因数很低，一般在0.1～0.2之间，因此应尽量避免电动机在轻载状态下运行。

4. 相关标准、规范及图集

(1)《公共建筑节能设计标准》GB 50189—2015；

(2)《实用供热空调设计手册》(第二版)；

(3)《中小型三相异步电动机能效限定值及能效等级》GB 18613—2012；

(4)《旋转电机定额和性能》GB 755—2008；

(5)《三相异步电动机试验方法》GB/T 1032—2012。

5. 参考案例

无

3.3.6 智能化系统

1. 技术简介

智能化系统为绿色建筑提供各种运行信息，影响着绿色建筑运行管理的整体功效，是绿色建筑的技术保障。一方面，绿色建筑需要采用高效运转的智能系统来保证建设目标的实现，另一方面，智能化系统具备故障诊断和分析工具，能帮助维护人员迅速判断故障原因，以便及时准确排除故障。

《智能建筑设计标准》GB 50314—2015 中对智能建筑的定义如下：以建筑物为平台，兼备信息设施系统、信息化应用系统、建筑设备管理系统、公共安全系统等，集结构、系统、服务、管理及其优化组合为一体，向人们提供安全、高效、便捷、节能、环保、健康的建筑环境。因此可以了解到建筑智能化的目的，就是为了实现建筑物的安全、高效、便捷、节能、环保、健康等属性。

对于居住建筑，智能化系统包括：安全防范子系统、管理与监控子系统、信息网络子系统三大系统，各系统的具体内容详见图 3-52。公共建筑智能化系统包括：智能化集成系统、信息设施系统、信息化应用系统、建筑设备管理系统、公共安全系统、机房安全系统、机房工程、建筑环境等设计要素。

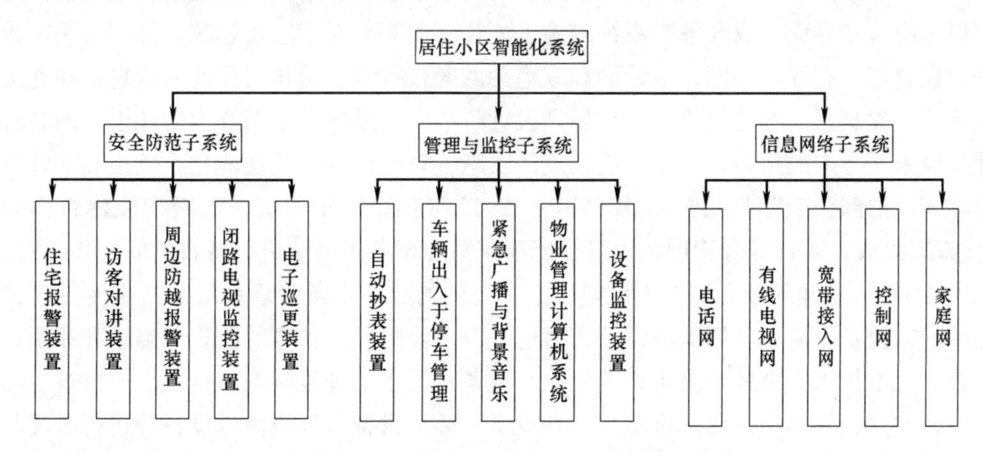

图 3-52　居住小区智能化系统总框图

2. 适用范围

适用于各类民用建筑，特别是大型公共建筑以及智能化小区

3. 技术要点

(1) 技术指标

《绿色建筑评价标准》GB/T 50378—2014 第 10.2.8 条规定：智能化系统的运行效果满足建筑运行与管理的需要，评价总分值为 12 分。居住建筑的智能化系统满足现行行业标准《居住区智能化系统配置与技术要求》CJ/T 174 的基本配置要求，公共建筑的智能化系统满足现行国家标准《智能建筑设计标准》GB 50314 的基础配置要求，得 6 分；智能化系统工作正常，符合设计要求，得 6 分。

(2) 设计要点

在《智能建筑设计标准》GB 50314—2015 和《居住区智能化系统配置与技术要求》CJ/T 174—2003 中，已分别对各类公共建筑和居住建筑的智能化系统配置要求做出了规定，此处对此不再赘述，仅就一些设计要点进行说明，并重点介绍智能化系统中的 BA 系统。

智能化系统的硬件包括网络产品、布线系统、计算机、智能控制箱、公共设备、计量仪表和电子器材等，应优先选择先进、适用、成熟的产品和技术。避免短期内因技术陈旧造成整个系统性能不高而过早淘汰。硬件产品应具有兼容性，便于系统产品更新与维护。硬件产品应具有可扩充性，便于系统升级与扩展。

系统软件功能好坏直接关系到整个系统的水平。系统软件包括：操作系统、应用软件及实时监控软件等。系统软件应具有较好的可靠性、扩充性和安全性。系统软件应操作方便，采用中文图形界面，采用多媒体技术，使系统具有处理声音及图像的能力。系统软件应支持硬件产品的更新。

系统集成有利于智能化系统更好地发挥各子系统的功能，提供工作效率，降低运行成本。据统计，成功的综合系统可以节约人员20%～30%，节省维护费10%～30%，提高工作效率20%～30%，节约培训费用20%～30%[1]。智能化系统集成需要考虑各类子系统设备之间的接口和界面。其中包括硬件之间的通信接口、系统平台之间、应用软件之间的接口、协议和界面，以及各类系统的施工配合界面等。对于居住建筑，提倡采用宽带接入网、控制网、有线电视网、电话网和家庭网的融合技术，简化居住区内信息传输通道的布线系统，提高系统性能价格比。在规划设计阶段各子系统及子系统内功能模块的各种信息交接应采用标准的接口，便于系统集成的实施。对于公共建筑智能化系统集成，针对我国实际，《智能建筑设计标准》GB 50314—2015提出，对于甲级、乙级智能建筑强调按BMS方式集成，实行综合管理。丙级智能建筑只强调各子系统进行各自的联网集成管理。

BA系统，即建筑设备监控系统，同上文提到的建筑设备管理系统，其主要是对建筑物的变配电设备、应急备用电源设备、蓄电池、不停电源设备等的监视、测量和照明设备的监控；对给排水系统的给排水设备、饮水设备及污水处理设备等运行工况的监视、测量与控制；对空调系统的次热源设备、空调设备、通风设备及环境监测设备等运行工况的监视、测量与控制；对热力系统的热源设备等运行工况的监视；以及对电梯、自动扶梯设备运行工况的监视，从而确保建筑物内所有设备处于高效、节能、合理的运行状态。

1）系统构成

BA系统通常由监控计算机、现场控制器、仪表和通信网络四个主要部分组成。在大型建筑中也可将火灾自动报警系统、安全技术防范系统等集成为建筑设备管理系统。

对于BA系统的结构，《全国民用建筑工程设计技术措施：电气》2009JSCS—5给出了详细的规定，具体如下：

13.2.2 监控计算机

1. 监控计算机的硬件要求

监控计算机包括服务器与工作站，服务器与工作站之间宜采用客户刁机/服务器或浏览器/服务器的体系结构，当需要远程监控时，客户机和服务器的体系结构应支持Web服务器。服务器与工作站软件通常安装在多台计算机上，当系统规模较小时，也可以安装在一台计算机上。监控计算机一般采用与系统处理性能相适应的工业型或办公用微机，并带有能满足系统通信要求的网络接口。

[1] 王曦. 智能化系统集成简介［J］. 精密制造与自动化，2011，04.

主机外围设备包括打印机、控制台等，打印机用于报表和图形打印。

2. 监控计算机的软件要求

监控计算机软件应支持客户机和服务器的体系结构、包括系统软件、图形显示组态软件和应用软件。系统软件应采用通用、稳定、可靠的操作系统及数据库软件。图形显示组态软件应支持整个系统的硬件设备，具备中文界面，并易于组态编程操作。应用软件是针对具体项目由组态软件生成的，其功能应能满足整个系统的自动检测、控制和管理要求，且为用户留有后续维护管理的手段。

3. 监控计算机的功能要求

监控计算机是建筑设备监控系统的核心，其主要功能为：通过现场控制器，自动控制系统内的设备和参数在合理优化的状态下工作，自动监视系统中每台设备的运行状态和系统的运行参数，自动记录、存储和查询历史运行数据，对设备故障和异常参数及时报警和自动记录等。

13.2.3 现场控制器

1. 现场控制器的功能要求

现场控制器是安装于现场监控对象附近的小型专用计算机控制设备，其主要功能为：对现场仪表信号作数据转换和采集，进行基本控制运算，输出控制信号至现场执行机构，与监控计算机及其他现场控制器进行数据通信。

2. 现场控制器的信号及精度要求

现场控制器的信号分为模拟量输入（AI）、模拟量输出（AO），开关量输入（DI）、开关量输出（DO）四种。

现场控制器的信号应与现场仪表的信号相匹配。

现场控制器的信号测量和数据转换精度，应满足系统的测量和控制要求。

3. 现场控制器的结构要求

现场控制器按结构可分为模块化的通用控制器和嵌入式的专用控制器，通用控制器的输入/输出点数比较多，专用控制器的输入/输出点数一般较少。现场控制器的结构应根据被监控设备的特点选择，测控点较少且功能要求比较固定的末端设备监控，可选用输入输出点数相对固定的专用控制器。测控点较多且工艺流程变化较多的设备监控，可选用输入输出点数可灵活组合的通用控制器。

4. 现场控制器的安装要求

现场控制器应安装在被监控设备较集中的场所，以尽量减少管线敷设，一般设置在电控箱或电控柜附近，其内部设备布置应整齐美观。

5. 现场控制器的通信速率要求

现场控制器的通信速率应满足整个监控系统的响应速度。

现场控制器之间应可通过通信实现现场信息与数据共享。

13.2.4 仪表的性能要求

1. 仪表的分类及主要功能

建筑设备监控系统中常用的仪表分为检测仪表和执行仪表两大类。

建筑设备监控系统中常用的检测仪表包括：温度、湿度、压力、压差、流量、水位、一氧化碳、二氧化碳、照度、电量等测量仪表。执行仪表包括电动调节阀、电动蝶阀、电磁阀、电动风阀执行机构等。

检测仪表分为处理模拟量信号的传感器类仪表和处理开关量的控制器类仪表，检测仪表的主要功能是将被检测的参数稳定准确可靠地转换成现场控制器可接受的电信号。

执行仪表分为对被调量可进行连续调节的调节阀类仪表和对被调量进行通断两种状态控制的控制阀类仪表，执行仪表的主要功能是接收现场控制器的信号，对系统参数进行自动或远程调节。

2. 检测仪表的选择原则

检测仪表的选择包括仪表的适用范围、量程、输出信号、测量精度、外形尺寸、防护等级、安装方式等。

检测仪表的选择原则：在满足仪表测量精度和安装场所要求的前提下，应尽量选择结构简单、稳定可靠、价格低廉、通用性强的检测仪表。

3. 检测仪表的量程选择

检测仪表的量程应符合工业自动化仪表的系统设计规定，并符合现场的实际需求。对于温度测量仪表，量程应为测点温度的1.2～1.5倍；对于压力和压差测量仪表，量程应为测点压力（压差）的1.2～1.3倍；对于流量测量仪表，量程应为系统最大流量的1.2～1.3倍；同时应注意：在满足仪表测量范围情况下应使仪表量程最小，以减少仪表测量的绝对误差。

仪表量程应尽量采用标准测量范围的圆整值并尽量选择生产厂家的标准产品，如整数或以1、1.6、2.5、4.6乘以10的N次方。

4. 检测仪表类别

1）温度检测仪表：根据不同安装场所使用风管、水管、室内、室外温度传感器；

2）湿度检测仪表；

3）温湿度检测仪表；

4）压力检测仪表；

5）压差检测仪表；

6）流量检测仪表；

7）水位检测仪表；

8）气体检测仪表：二氧化碳检测仪表，一氧化碳检测仪表；

9）电量检测仪表。

5. 仪表的输出（输入）信号要求

仪表的输出（输入）信号应与现场控制器要求的输入（输出）信号相匹配。

仪表的输出（输入）信号应具备一定通用性。以便日常维护和备件供应。

6. 仪表的测量精度要求

仪表的测量精度应满足被测参数的测量和自动控制的精度要求。

7. 仪表的结构选择

应根据现场的安装条件，选择水管、风管、室内、室外等结构形式的仪表，并应符合工作场所的插入深度、耐压等级、固定方式等安装要求。

8. 仪表的安装要求

就地安装的仪表，如取测点结构形式、外部管路连接方式、维修阀门的设置等，应符合工业自动化仪表安装规范。

9. 电动阀门和电动执行机构的选择

在需要对被控对象进行通断两种状态的控制时，应采用电动控制阀。在需要对被控对象进行连续调节时，应采用电动调节阀，两种阀门不可代替使用。

建筑设备监控系统中常用的电动控制阀有：电动蝶阀、闸阀、电磁阀等。电动蝶阀多用于大口径水管路中的流量控制，电磁阀一般用于小管径且正常工作时线圈不带电的工作条件下。重要场所或安装位置就地操作困难的大口径电动控制阀，应在就地或便于操作的地点设置阀门的电控操作箱，便于紧急情况或调试阶段的手动控制。

建筑设备监控系统中常用的电动调节阀有：二通阀、三通阀、单座柱塞阀、双座柱塞阀、套筒阀、蝶阀等。应根据现场被控设备的技术条件进行选择，选择要求的输入控制信号与现场控制器的输出信号相匹配，重要场所的阀门应将位置反馈信号送至现场控制器，且技术规格应满足安装场所的工作压力、温度和最大允许差压值需求。口径较大和对自动调节参数要求较高的电动调节阀的流通能力及口径应通过计算进行确定。具体计算方法见《工厂自控系统设计手册》及《化工自动化设计手册》等。

电动风阀执行机构在建筑设备监控系统中用于风阀的控制，应使其输出连接方式和转矩与风阀的机械结构相匹配，并使其输出扭矩可满足风阀的动作要求。

13.2.5　通信网络的性能要求

建筑设备监控系统的通信网络通常为多层次的网络结构。在连接监控计算机的网络层次上宜选用以太网，在连接现场控制器的网络层次上宜选用控制总线或现场总线，两个网络层次之间以通信接口连接。

系统通信网络和通信设备的设置，应满足系统响应时间要求、通信子网的数量限制要求、系统总点数限制要求。

每个通信子网设置，应使监控计算机数量、现场控制器台数、监控点数、通信网络的线路长度、通信网络的线路规格等符合生产厂商的网络通信要求。

由于每个建筑设备监控系统的通信方式具有独特性，对于冷冻机组、变配电、电梯等设备管理子系统，如其具备自身监控系统，应选择能与设备监控计算机系统兼容的路由器或网关，使其能够与设备监控计算机进行数据通信，保证系统间的信息通畅与数据共享。

当建筑物需要设置建筑设备管理系统时，应在设备招标时统一选择网络设备，注意与火灾自动报警系统、安全技术防范系统等的相关产品兼容并进行数据交换，保证系统间的信息通畅与数据共享。

2）系统功能

BA系统的主要功能是实现各机电设备的经济合理、优化运行，满足智能化集成系统的要求。在《全国民用建筑工程设计技术措施：电气》2009JSCS-5中，对BA系统的功能做出如下规定（对于供暖、通风及空调控制系统的功能前文已经给出，此处不再赘述）。

13.3.6　给排水系统的监控

1. 给水系统的监控

1）给水系统通常为自带控制柜，单独构成一个独立的闭环控制系统，建筑设备监控系统对此只监视不控制，自带控制柜应预留相应的监视信号接点。

2）高位水箱及生活水池的给水设备监控子系统常用监控功能见附表13.8.9。

3）恒压变频给水设备监控子系统常用监控功能见附表13.8.9。

当多台水泵并联供水时，可采用调速泵、定速泵混合供水。调速泵及定速泵应有轮换控制功能。

4）中水恒压变频供水系统监控的要求与恒压变频给水系统基本相同，但应增加根据中水水箱的液位控制自来水补水电磁阀的功能。

2. 排水系统的监控

1）集水坑（池）排水系统一般是单独构成一个独立的闭环控制系统，自带控制箱。建筑设备监控系统对此只监视不控制，自带控制箱应预留相应的监视信号接点。并宜增设独立的液位变送器进行水位监测。

2）集水坑（池）排水设备监控子系统常用监控功能见附表13.8.9 0

3. 其他控制方式

给排水系统的各种水泵的控制也可根据物业管理的具体要求采用定时、定水位的控制方式。

13.3.7　供配电系统的监测

1　建筑设备监控系统，通常对供配电系统只监测不控制。

2　容量较大、控制复杂的供配电系统宜采用自成体系的独立监控系统，并预留与建筑设备监控系统网络连接的通信接口。

3　供配电系统中的监测及故障报警：

1）10（6）/0.4kV开关状况监视及故障报警；

2）10（6）进线及配出回路电流、电压、功率因数和频率测量记录；

3）0.4kV进线及重要的配出回路电流、电压、功率因数和频率测量记录；

4）10（6）/0.4kV电能计量；

5）变压器温度监测和超温报警。

4　发电机组的监测：

1）功率因数测量；

2）频率测量；

3）日用油箱油位检测；

4）蓄电池组电压异常报警。

5　如果柴油发电机组自带计算机控制系统，应预留与建筑设备监控系统网络连接的通信接口。

6　变配电及发电机组监控子系统常用监控功能见附表13.8.10。

13.3.8　照明系统的监控

1　一般通过在配电箱内设置接触器和手/自动转换开关等控制电器实现对照明回路的控制。

2　按照防盗及防火分区要求进行照明分区控制时，宜实现安防与消防信号的联锁控制。

3 对于控制回路较多、场景控制复杂或有调光要求的照明控制系统宜采用自成体系的独立监控系统，并预留与建筑设备监控系统网络连接的通信接口。

4 照明监控子系统常用监控功能见附表13.8.11。

13.3.9 电梯系统的监视

1 电梯（自动扶梯）运行状态监视。

2 故障检测与报警。

3 在多台电梯集中排列时，应具有按规定程序集中调度和控制的群控功能。

4 如果电梯（自动扶梯）自带计算机控制系统，预留与建筑设备监控系统网络连接的通信接口。

5 电梯运行监控子系统常用监控功能见附表13.8.12。

13.3.10 在建筑智能化集成系统中，对于变配电系统、电梯运行系统、火灾自动报警系统、安全技术防范系统的状态显示与故障报警，应按照国家相关部门的有关规定设置管理权限，如：只监不控、分层管理等。

3）系统设计

在《全国民用建筑工程设计技术措施：电气》2009JSCS-5中，对BA系统的设计做出如下规定：

13.4.1 建筑设备监控系统设计应与建筑主体的设计同时进行，与建筑、结构、给排水、暖通、电气等各专业通过互提资料，确定系统功能，完成设计协调和配合。

13.4.2 建筑设备监控系统设计，应由具备专业知识的技术人员完成，其设计内容，不仅仅是提出各个机电设备子系统的监控要求，而是要确定实现建筑设备监控要求的具体技术措施、选定建筑设备监控系统的各类设备、满足建筑设备监控系统现场施工的各种安装和施工的要求。

13.4.3 建筑设备监控系统设计图纸中采用的图例、文字符号等，应符合国家工业自动化仪表和建筑电气设计有关规定。

13.4.4 建筑设备监控系统设计时。如监控系统和设备尚未选定，设计时可按照各个设备子系统的监控要求进行系统设计，不受具体系统的通信网络、现场控制器的点数等限制。

13.4.5 现场控制器的设置原则：按工艺设备的系统进行设置，即同一工艺系统的测量控制点宜接入同一台现场控制器中，以增加系统可靠性，便于系统调试。

13.4.6 现场控制器的输入输出点应留有适当余量，以备系统调整和今后扩展，一般预留量应大于10%。

13.4.7 设计阶段各专业互提资料的主要要求

建筑与结构专业提给电气专业或自控专业资料：建筑平面图，机房位置等。

电气专业或自控专业提给建筑与结构专业资料：控制室和竖井的面积与位置、土建装修条件，电缆桥架、管线穿墙和楼板的预留孔洞。

暖通空调与给排水专业提给电气专业或自控专业资料：有关工艺流程图与测量控制要求，现场仪表安装处的工作参数和工艺条件，如管径、工作温度、湿度、压力、流量等，工艺系统所带来的控制设备，如电动阀门的技术资料，设备的平面位置。

电气专业强电提给弱电或自控专业资料：设备的电气控制原理图，变配电、照明电气原理图和测量控制要求，动力和照明配电箱的平面位置。

弱电或自控专业提给电气专业强电资料：建筑设备监控系统所需的电源容量和数量，系统接地要求。

13.4.8 竖井设置

建筑设备监控系统现场管线垂直走线时可单独设置竖井或与强弱电系统的竖井合用，当合用竖井时应单独设置电缆桥架或垂直管道。

13.4.9 建筑设备管理系统和智能化集成系统

建筑设备管理系统和智能化集成系统应有明确的集成目的和具体的功能要求，具备可操作的验收标准和方法。

建筑物如单独设置集成系统主机，则建筑设备监控系统作为其中一个子系统，应具备相应的数据通信接口。

如将建筑设备监控系统监控计算机作为集成系统主机，则应使监控计算机具备相应的数据处理能力、系统和应用软件，以及与各个子系统的数据通信接口。

4）控制机房

在《全国民用建筑工程设计技术措施：电气》2009JSCS-5中，对BA系统控制机房做出如下规定：

13.5.1 控制机房可单独设置，也可与其他弱电系统的控制机房，如消防、安防监控系统等集中设置。

13.5.2 控制机房如单独设置，应远离潮湿、灰尘、震动、电磁干扰等场所，避免与建筑物的变配电室相邻及阳光直射。

如集中设置，除上述要求外，还必须满足消防控制室的设计规范要求。

13.5.3 控制机房面积，除满足日常运行操作需要外，还应考虑系统电源设置、技术资料整理存放及更衣等面积要求。

13.5.4 控制机房内如采用模拟屏，屏上安装的仪表和信号灯，可由现场直接获取信号，也可由单独设置的模拟屏控制器上通过数据通信方式获取信号。

13.5.5 建筑设备监控系统控制机房应参照计算机机房设计标准进行设计和装修，室内宜安装高度不低于200mm的抗静电活动地板。

13.5.6 控制机房应根据工作人员设置电源和信息插座，电源插座应考虑检修与安装工作的需要，监控计算机的电源插座应采用统一设置的UPS电源。

13.5.7 监控计算机通常设置在控制机房内，即在该控制机房内设置服务器和至少一台客户机（操作站）。如管理需要，建筑物内其他场所也可设置分控机房，再由系统控制室内的监控计算机对建筑物内各设备实施综合管理。

4. 相关标准、规范及图集

（1）《智能建筑设计标准》GB 50314—2015；

（2）《智能建筑工程质量验收规范》GB 50339—2013；

（3）《居住区智能化系统配置与技术要求》CJ/T 174—2003；

（4）《民用建筑电气设计规范》JGJ 16—2008；

(5)《全国民用建筑工程设计技术措施：电气》2009JSCS—5；

(6)《建筑智能化系统集成设计图集》03X801—1；

(7)《建筑设备设计施工图集·电气工程（上下册）》（中国建材工业出版社，2005 年 1 月版）。

5. 参考案例

南通某绿色居住建筑项目，总建筑面积 23.30 万 m^2，容积率 4.6，绿地率 45%，建筑密度 33.80 %，小区由 9 栋高层住宅和地下车库共同组成。

该小区智能化系统相当完善，按使用功能分为基础工程、安全防范、智能应用、环保节能、智能家居 5 大类 34 个子系统，包括管理监控平台，管理监控平台连接有一卡通管理系统，车位引导系统和楼宇设备控制系统，一卡通管理系统包括读卡器，读卡器分别连接有电梯、信报箱、门禁控制装置，门禁控制装置还连接有摄像系统；车位引导系统包括中央处理器，中央处理器连接有节点控制器，节点控制器分别连接有引导屏和车位探测器；楼宇设备控制系统包括控制器，控制器分别连接有水处理设备、照明系统、景观设备、给排水系统和通风设备，其中一卡通为非接触式 IC 智能卡，门禁控制装置分别设置在单元门、单元消防通道门、地下室电梯前室、机电设备间、地下室人行通道、会所、监控管理中心门上，车位探测器为激光检测器、超声波检测器、磁场检测器、视频检测器中的一种或多种的组合，管理监控平台包括由 40 块 46 寸液晶显示屏幕拼接而成的显示屏。小区智能化系统架构如图 3-53 所示，图 3-54 为小区部分智能化设施。

目前该小区已运行 2 年多，智能化系统处于良好的运行状态，运行记录齐备。物业管理人员据此智能化系统可使小区处于高效智能的运行状态。

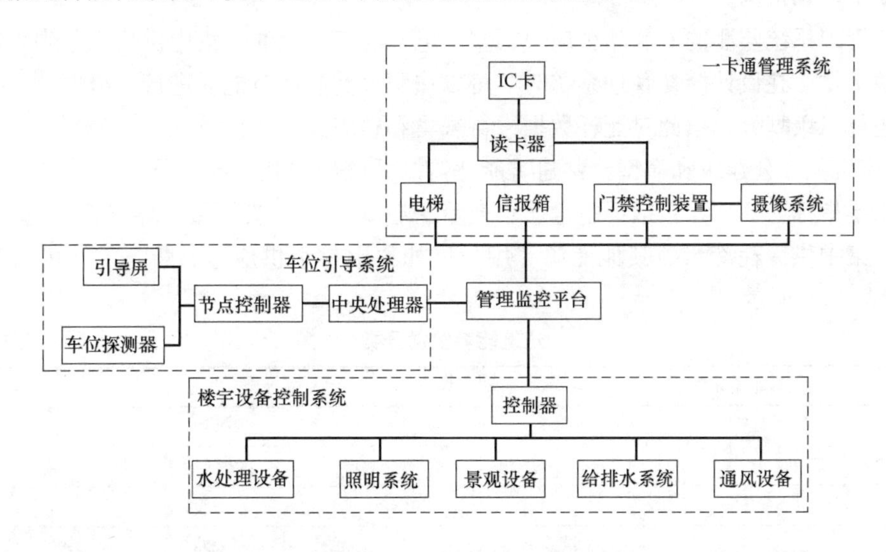

图 3-53 南通某绿色居住建筑智能化系统图

3.3.7 综合能耗管理系统

1. 技术简介

能耗管理系统是通过在建筑物、建筑群内安装分类和分项计量装置，实时采集能耗数

图 3-54　南通某绿色建筑小区部分智能化设施实景图

据，并具有在线监测与动态分析功能的软件和硬件系统。能耗管理系统一般由数据采集子系统、传输子系统和处理子系统组成。能耗管理系统有助于分析建筑各项能耗水平和能耗结构是否合理，发现问题并提出改进措施，从而有效地实施建筑节能，是判断建筑节能效果的重要手段和依据。

能耗管理系统监测的能源品种应包括水、电、燃气、燃油、集中供热、集中供冷和可再生能源 7 类。在设计能耗管理系统时，可以按照分类能耗对能耗进行一级划分，按照分项能耗进行二级划分，据此对能耗数据进行采集和整理。

《国家机关办公建筑和大型公共建筑能耗监测系统建设相关技术导则》中指出分类能耗数据采集指标为 6 项，包括：电量、水耗量、燃气量（天然气量或煤气量）、集中供热耗热量、集中供冷耗冷量、其他能源应用量（如集中热水供应量、煤、油、可再生能源等），如表 3-96 所示。

建筑能耗数据分类　　表 3-96

能耗分类	一级子类
水	饮用水
	生活用水
电	无
燃气	天然气
	人工煤气
	液化气
燃油	汽油
	煤油
	柴油
	燃料油

续表

能耗分类	一级子类
集中供热	无
集中供冷	无
可再生能源	太阳能系统
	地源热泵系统
	风力发电系统
	其他可再生能源系统

该导则同时对分项能耗进行了划分和界定，具体如下。

在分类能耗中，电量分为4项分项，包括照明插座用电、空调用电、动力用电和特殊用电。电量的这4项分项是必分项，各分项可根据建筑用能系统的实际情况灵活细分为一级子项和二级子项，是选分项。其他分类能耗不应分项。

(1) 照明插座用电

照明插座用电是指建筑物主要功能区域的照明、插座等室内设备用电的总称。照明插座用电包括照明和插座用电、走廊和应急照明用电、室外景观照明用电，共3个子项。

照明和插座是指建筑物主要功能区域的照明灯具和从插座取电的室内设备，如计算机等办公设备；若空调系统末端用电不可单独计量，空调系统末端用电应计算在照明和插座子项中，包括全空气机组、新风机组、空调区域的排风机组、风机盘管和分体式空调器等。

走廊和应急照明是指建筑物的公共区域灯具，如走廊等的公共照明设备。

室外景观照明是指建筑物外立面用于装饰用的灯具及用于室外园林景观照明的灯具。

(2) 空调用电

空调用电是为建筑物提供空调、供暖服务的设备用电的统称。空调用电包括冷热站用电、空调末端用电，共2个子项。

冷热站是空调系统中制备、输配冷量的设备总称。常见的系统主要包括冷水机组、冷冻泵（一次冷冻泵、二次冷冻泵、冷冻水加压泵等）、冷却泵、冷却塔风机等和冬季有供暖循环泵（供暖系统中输配热量的水泵；对于采用外部热源、通过板换供热的建筑，仅包括板换二次泵；对于采用自备锅炉的，包括一、二次泵）。

空调末端是指可单独测量的所有空调系统末端，包括全空气机组、新风机组、空调区域的排风机组、风机盘管和分体式空调器等。

(3) 动力用电

动力用电是集中提供各种动力服务（包括电梯、非空调区域通风、生活热水、自来水加压、排污等）的设备（不包括空调供暖系统设备）用电的统称。动力用电包括电梯用电、水泵用电、通风机用电，共3个子项。

电梯是指建筑物中所有电梯（包括货梯、客梯、消防梯、扶梯等）及其附属的机房专用空调等设备。

水泵是指除空调供暖系统和消防系统以外的所有水泵，包括自来水加压泵、生活热水泵、排污泵、中水泵等。

通风机是指除空调供暖系统和消防系统以外的所有风机，如车库通风机，厕所排风机等。

（4）特殊用电

特殊区域用电是指不属于建筑物常规功能的用电设备的耗电量，特殊用电的特点是能耗密度高、占总电耗比重大的用电区域及设备。特殊用电包括信息中心、洗衣房、厨房餐厅、游泳池、健身房或其他特殊用电。

2. 适用范围

适用于各类民用建筑。

3. 技术要点

（1）技术指标

《绿色建筑评价标准》GB/T 50378—2014 第 5.1.3 条规定：冷热源、输配系统和照明等各部分能耗应进行独立分项计量。

（2）设计要点

能耗管理系统的设计包括能耗计量装置选型与配置、传输系统的设计、中央控制室的设计、软件功能的设计及数据上传通信的设计。

1）能耗计量装置选型与配置

与本条相关的标准规定具体如下：

国家标准《国家机关办公建筑和大型公共建筑能耗监测系统建设相关技术导则》规定：

1.1　电能表的精确度等级应不低于 1.0 级。

1.2　配用电流互感器的精确度等级应不低于 0.5 级。

1.3　数据采集器设置数量应满足分项计量系统数据采集和传输的要求。

上海市地方标准《公共建筑用能监测系统工程技术规范》DGJ08-2068—2012 规定：

5.2.1　数字水表选型应符合以下规定：

1　数字水表精度等级应不低于 2.5 级。

2　数字水表性能参数应符合《冷水水表》（GB/T 778）的规定。

3　数字水表应具有累计流量和计量数据输出功能。

4　数字水表及其接口管径应不影响原系统供水流速。

5.2.2　电子式电能计量装置的选型应符合以下规定；

1　电子式电能计量装置精度等级应不低于 1.0 级。

2　电流互感器精度等级应不低于 0.5 级。

3　电流互感器性能参数应符合《电流互感器》（GB 1208）规定的技术要求。

4　电子式电能计量装置应具有计量数据输出功能。

5　建筑物（群）各台供电变压器出线侧配置的电子式电能计量装置宜选用三相电力分析仪表，用以获取电压、电流、功率、电度等各项电力参数和谐波分量、波峰系数、谐波畸变率等电能质量参数。

5.2.3　数字燃气表的选型应符合以下规定：

1　数字燃气表精度等级应不低于 2.0 级。

2 数字燃气表应根据使用燃气类别、安装条件、工作压力和用户要求等因素选择。

3 数字燃气表应具有累计流量功能和计量数据输出功能。

5.2.4 数字热量表选型应符合以下规定：

1 数字热量表误差应不大于5%。

2 数字热量表性能参数应符合《热量表》(CJ128) 的规定。

5.2.5 可再生能源系统计量装置的选型应符合以下规定：

1 可再生能源系统计量装置性能参数应符合表5.2.5的规定。

可再生能源系统计量装置性能参数要求 表5.2.5

序号	计量设备类型	性能参数要求
1	室外温度计量设备	测量范围：−40～80℃ 测量准确度：≤±0.5℃ 测量分辨率：≤±0.1℃
2	表面温度计量设备	测量范围：−20～100℃ 测量准确度：≤±1.0℃ 测量分辨率：≤±0.1℃
3	水温度计量设备	测量范围：0～100℃ 测量准确度：≤±0.2℃ 测量分辨率：≤±0.1℃
4	太阳总辐射计量设备	光谱范围：280～3000nm 测量范围：0～2000W/m² 测量准确度：≤5% 测量分辨率：≤1 W/m² 灵敏度：≤(7～14)μV/(W/m²)
5	流量计量设备	测量范围：依据测量设备或者系统循环流量确定，不得小于测量设备或者系统循环流量的1.5倍 测量准确度：≤2% 测量分辨率：≤0.1m³/h 工作环境：电源为单相交流220V，50Hz；环境温度0～50℃，相对湿度20%～80%

2 可再生能源系统计量装置的配置应符合本规范4.3.3的规定。

5.2.6 用能监测系统的计量装置在同一建筑内宜采用相同的通信接口，并应优先选用RS-485标准串口通信接口的计量装置。

5.2.7 公共建筑建筑以下回路应配置能耗计量装置：

1 新建建筑市政给水管网引入总管及厨房餐厅的供水管配置数字水表。

2 新建、既有建筑低压配电站内各台供电变压器出线侧、空调、照明插座、动力、特殊场所用能的干线回路配置电子式电能计量装置。

3 新建建筑采用区域性热源和冷源时在每栋单体建筑的热（冷）源入口总管处配置数字热量表。

5.2.8 新建建筑以下回路宜配置能耗计量装置：

1 饮用水供水管，租赁使用场所及独立经济核算单元的供水管，盥洗、洗衣房、游泳、空调用水供水管，绿化浇灌供水管配置数字水表。

2 单台功率50 kW以上的设备供电回路，空调系统的冷水机组、冷冻水泵、冷却塔、冷却水泵、热水循环泵、电锅炉主要设备的配电回路，每个楼层总电耗，租赁使用场所及独立经济核算的单元配置电子式电能计量装置。

3 市政供气管网引入管及厨房餐厅用气管配置数字燃气表。

4 租赁使用场所以及独立经济核算单元的热（冷）源管网配置数字热量表。

5.2.9 既有建筑以下回路宜配置能耗计量装置：

1 市政给水管网引入总管及厨房餐厅的供水管，饮用水供水管，租赁使用场所及独立经济核算单元的供水管，盥洗、洗衣房、游泳、空调用水供水管，绿化浇灌供水管配置数字水表。

2 单台功率50 kW以上的设备供电回路，空调系统的冷水机组、冷冻水泵、冷却塔、冷却水泵、热水循环泵、电锅炉主要设备的配电回路，每个楼层总电耗，租赁使用场所及独立经济核算的单元配置电子式电能计量装置。

3 市政供气管网引入管及厨房餐厅用气管配置数字燃气表。

4 采用区域性热源和冷源时在每栋单体建筑的热（冷）源入口总管，租赁使用场所以及独立经济核算单元的热（冷）源管网配置数字热量表。

2）传输系统的设计

与本条相关的标准规定具体如下：

上海市地方标准《公共建筑用能监测系统工程技术规范》DGJ08-2068—2012规定：

5.3.1 用能监测系统传输方式的确定应取决于前端计量装置数量、分布、传输距离、环境条件、信息容量及传输设备技术要求等因素，应采用有线为主、无线为辅的传输方式。根据传输设备技术性能要求采用总线制传输方式、以太网传输方式，或两者混合应用的方式。布线困难时，可采用无线传输方式。

5.3.2 采用总线制传输方式的能耗计量装置传输系统性能和技术指标应符合以下规定：

1 能耗计量装置的数据传输速率不应低于1200bps。

2 能耗计量装置的误码率不宜高于10～(－6)。

5.3.3 用能监测系统的线缆选型应符合以下规定：

1 系统使用的铜质线缆与其他信息系统缆线合用线管、线槽敷设时，宜采用屏蔽型线缆。

2 电线电缆敷设采用金属管或金属密封线槽时，可选用普通型缆线。在开放式桥架（或吊挂环）敷设时，应选用阻燃型线缆。

3 室外敷设的缆线应采用防水型。

5.3.4 传输系统中配置的信息转换、信号放大等设备应设置在建筑物弱电井（间）内，宜以专用箱体防护。

3）中央控制室的设计

与本条相关的标准规定具体如下：

上海市地方标准《公共建筑用能监测系统工程技术规范》DGJ08-2068—2012规定：

5.4.1 用能监测系统的中央控制室可单独设置，也可与智能化系统设备机房合用。

5.4.2 用能监测系统中央控制室的配置应符合《电子信息系统机房设计规范》GB 50174的基本配置需求，在场地设施正常运行情况下，应保证用能监测系统运行不中断。

5.4.3 用能监测系统主机应根据实际需要，配置信息网络安全管理系统，确保通信网络正常运行和信息安全。

4）软件功能的设计

与本条相关的标准规定具体如下：

上海市地方标准《公共建筑用能监测系统工程技术规范》DGJ08-2068—2012 规定：

5.5.1 用能监测系统应配置专用管理服务器和用能监测管理软件。

5.5.2 用能分项计量数据应采取相应的冗余和备份措施。系统采集的能耗原始数据应保存1年以上，统计和汇总数据应永久保存。

5.5.3 需要由建筑设备管理系统、电力管理系统获得能耗数据的，应配置相应的数据共享设备和接口。

5.5.4 能耗数据采集子系统应具有下列功能：

1 提供各计量装置静态信息人工录入功能，能按各计量装置、各分类、分项能耗的关系进行设置。

2 能灵活设置各计量装置通信协议、通信通道以及计量装置名称、配置位置等基本属性。

3 能在线监测系统内各计量装置和传输设备的通信状态，具有故障报警提示功能。

4 能灵活设置系统内各采集设备数据采集周期。每次采集时间间隔不宜大于15min。

5.5.5 能耗数据处理子系统应具有下列功能：

1 除水耗量外，能将各分类使用能耗折算成标准煤量，并得出建筑总能耗和单位面积总能耗。

2 具有查看仪表参数的实时和历史数据功能，能实时监测以自动方式采集的各分类、分项总能耗运行参数，并自动保存到相应数据库。

3 对需要人工采集的能耗数据提供人工录入功能。

4 对自动方式采集的各分类、分项的总能耗和单位面积能耗应具有逐时、逐日、逐月、逐年汇总和统计的功能，可以以曲线、柱状图、饼图等图形和报表等形式显示、查询和打印，人工采集的数据最小统计时段应按月统计。

5 能对各分类分项能耗和单位面积能耗进行按月、按年同比或环比分析。

6 能预置、显示、查询、打印常用建筑能耗统计报表。

5.5.6 系统软件应具有的其他功能：

1 具有符合用户应用需要的后续开发功能，能在基本分析功能的基础上，为用户提供个性化报表与分析模板。

2 可负责报警及事件的传送、报警确认处理以及报警记录存档，报警信息可通过不同方式传送至用户。

3 提供用户权限管理、系统日志、系统错误信息、系统操作记录、系统词典解释以及系统参数设置等功能。

4 自动对应用数据库进行备份。

5）数据上传通信的设计

与本条相关的标准规定具体如下：

上海市地方标准《公共建筑用能监测系统工程技术规范》DGJ08-2068—2012 规定：

5.6.1　系统应配置向本市建筑能耗监管信息系统的数据上传功能模块。

5.6.2　通过公共通信网络上传建筑能耗监管信息的，应配置防火墙和防病毒系统。

5.6.3　通信方式和传输内容应符合以下规定：

1　数据上传功能模块使用基于IP协议承载的有线或者无线方式，实现与本市建筑能耗监管信息系统的连接。

2　本市建筑能耗监管信息系统具有固定IP地址或者网络域名，方便数据上传功能模块接入。

3　数据上传功能模块应将采集到的能耗数据进行定时远传，能耗数据每1小时（整点）上传1次，心跳信息每20分钟上传一次。

4　能耗上传数据应包括各类能耗总量瞬时累计值、各分项能耗瞬时累计值和各计量装置瞬时累计值。

5　在远传前数据上传功能模块应对能耗数据包进行加密处理。

6　如因传输网络故障等原因未能将数据定时远传，数据上传功能模块应将数据暂存本地，一旦传输网络恢复正常后应将存储的数据进行上传。

5.6.4　数据传输过程和通信协议应符合以下规定：

1　数据远传使用基于IP协议的数据网络，本市建筑能耗监管信息系统提供两种通信协议：TCP和Web Service。

2　TCP协议定义如下，具体通信协议见附录D：

1）数据远传时，能耗监管信息系统建立TCP监听，数据上传功能模块发起对能耗监管信息系统的连接，TCP建立后发送验证信息，能耗监管信息系统对数据上传模块进行身份认证，通过身份验证后数据上传模块发送加密后的能耗数据，发送完毕即断开连接；

2）数据上传功能模块定时发送心跳数据（不加密），心跳数据不需要进行身份验证。

3　Web Service协议定义如下，具体通信协议见附录E：

1）数据上传模块定时调用信息系统提供的Web Service服务上传能耗数据（加密）和心跳数据（不加密）；

2）上传能耗数据和心跳数据分别调用Web Service服务的不同方法。

4　数据上传功能模块与本市建筑能耗监管信息系统之间传输的能耗数据，应采用AES算法进行加密。AES应采用CBC算法模式、PKCS7/PKCS 5填充模式、加密向量和密钥相同、密钥长度128位。

5　能耗监管信息系统通过心跳数据对数据传输模块进行授时，数据传输模块根据授时时间调整本地时间。

6　当网络发生故障时，数据上传模块应存储未能正常实时上报的数据，待网络连接恢复正常后进行断点续传。

7　应用层数据包应使用XML格式，加密后远传，所有数据上传功能模块和能耗监管信息系统的交互数据包中均包含对应的楼栋编码和数据上传模块编码，具体格式见附录F。

8　字符串（string）和字节（byte）之间的转换均应采用UTF-8编码。

（3）节点图

图 3-55 是电能计量装置常用典型接线图。

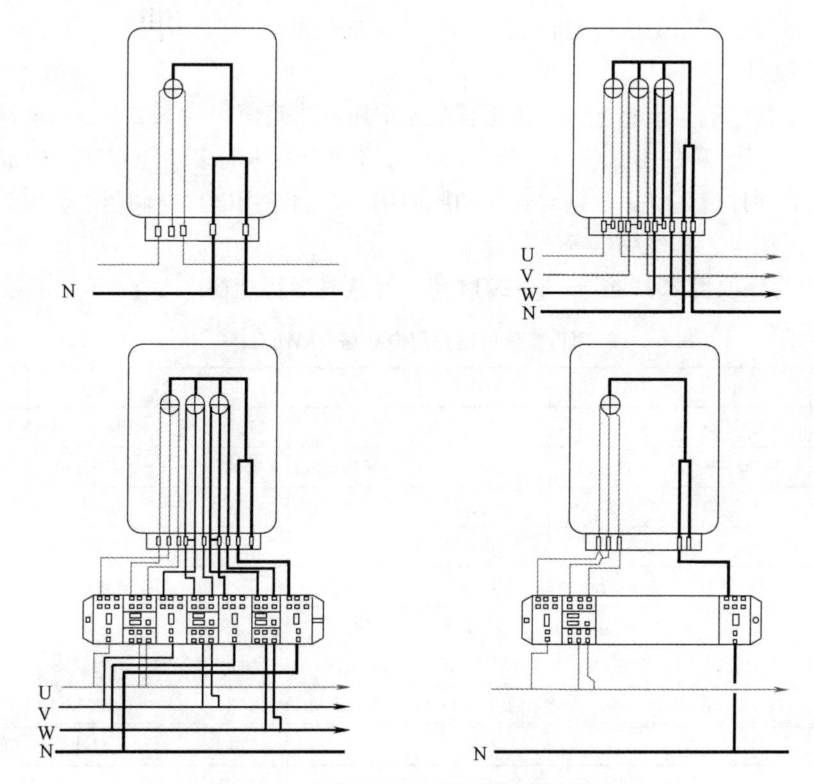

图 3-55 电能计量装置常用典型接线图

4. 相关标准、规范及图集

(1)《公共建筑能耗监测系统技术规程》DB34/T 1922—2013；

(2)《公共机构节能管理规范》DB32/T 1645—2010；

(3)《国家机关办公建筑和大型公共建筑能耗监测系统楼宇分项计量设计安装技术导则》；

(4)《国家机关办公建筑和大型公共建筑能耗监测系统分项能耗数据采集技术导则》；

(5)《用能单位能源计量器具配备和管理通则》GB 17167—2006；

(6)《多功能电能表通信规约》DL/T 645—2007；

(7)《多功能电能表》DL/T 614—2010；

(8)《电能计量装置技术管理规程》DL/T 448—2000；

(9)《电测量及电能计量装置设计技术规程》DL/T 5137—2001；

(10)《电能计量装置安装接线规则》DL/T 825—2002；

(11)《户用计量仪表数据传输技术条件》CJ/T 188—2004；

(12)《自动化仪表工程施工及验收规范》GB 50093—2013；

(13)《低压配电设计规范》GB 50054—2011；

(14)《民用建筑电气设计规范》JGJ 16—2008；

(15)《电能计量柜基本试验方法》DL/T 549—1994；

(16)《电能计量柜》GB/T 16934—2013。

(17)《电气装置安装工程电缆线路施工及验收规范》GB 50168—2006；

(18)《建筑电气施工质量验收规范》GB 50303—2002。

5. 参考案例

某绿色公共建筑，毗邻上海虹桥综合交通枢纽，建筑面积为 68233.04 m^2，地上建筑面积 41138.02m^2。项目由 2 栋集办公、研发与培训为一体的多功能楼建筑组成。该项目设置了能耗分项计量系统，分别对建筑的照明用电、插座用电、空调用电、厨房用电、物业用电、电梯用电、其他用电等进行计量。

表 3-97 为该项目 2013 年 5 月～2014 年 4 月逐月运行能耗。

项目各分项逐月用电数据（kWh/m） 表 3-97

用电分项	5月	6月	7月	8月	9月	10月	11月
照明用电	163238.88	148017.34	163815.44	142432.04	170785.79	153900.61	158544.90
插座用电	18384.13	15119.66	17169.93	14608.72	16615.36	14795.56	18063.75
空调用电	426561.53	438580.56	528925.15	467473.77	445332.92	390709.52	286117.18
厨房用电	29490.00	25137.00	26149.00	24134.00	28242.00	26581.00	28507.00
物业用电	43037	41825	37845	33665	39850	36509	35039
电梯用电	5946	5332	7101	6411	6636	5554	5723
其他用电	41352.18	41329.14	47879.53	44005.49	46087.97	39215.52	35952.36
合计	731334.68	718860.93	832797.17	736376.38	757302.22	670277.11	570771.22
用电分项	12月	1月	2月	3月	4月	总计	单位面积用电量
照明用电	165722.10	163769.24	133907.04	159136.81	151610.44	1874880.62	27.36
插座用电	20620.08	19727.48	16273.97	19304.2	17229.69	207912.53	3.03
空调用电	270497.66	275895.60	261591.94	262920.35	294927.60	4349533.76	63.48
厨房用电	28882.00	28024.00	23565.00	29366.00	27130.00	325207	6.26
物业用电	38566	39733	35151	39740	38000	458960	6.70
电梯用电	5831	5512	4559	5761	5743	70109	1.02
其他用电	34727.41	29992.73	22665.03	33195.81	35090.76	451493.93	6.59
合计	567448.71	564937.75	499360.81	551702.93	572253.4	7738096.87	114.46

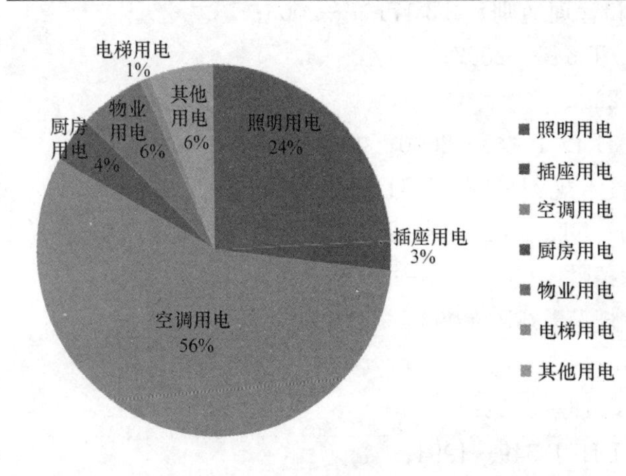

图 3-56 项目全年各分项耗电量所占比例

从图 3-56 中可以看到，空调用电、照明用电这两项耗电量占据了绝大部分，分别为 56%和 24%；其次是其他用电（其他用电主要指的工艺设备间、培训车间、潜水泵、实验室等用电，由于用电量较少，因此将其合并成其他用电项）、物业用电和厨房用电，分别占了 6%、6%和 4%；最后还有插座用电及电梯用电，分别占据 3%和 1%。

从该项目一年的能耗数据来看，

建筑耗电量主要集中在空调用电及照明用电上，而空调系统耗电量主要集中在夏季制冷和冬季供暖，因此夏季室内应多注重自然通风，降低房间温度，从而降低空调方面的能耗。同时，照明用电也占了较大比例的用电量，可以通过采取节能型灯具替换非节能灯具，在一些非长时间停留的公共区域（如电楼梯间等）安装声控灯等策略，来减低照明带来的能耗。

在建筑能耗中，照明能耗和空调能耗高居前两名，而动力设备的能耗也占有相当的比重。因此，绿色建筑达到真正的“绿色”，不仅需要优化前期的建筑设计，而且需要正确合理地选择设备设施。在此基础上，智能化系统和能耗管理系统的运用，则可以进一步对建筑整体运行状况进行监控，从而保证绿色建筑长久健康、高效地运行。照明与电气部分主要关注照明灯具和照明控制系统的选配、电梯和扶梯的设计、变压器和电机的选配、智能化系统和能耗分项计量系统的设计。

3.4 能量综合利用

3.4.1 排风能量回收

1. 技术简介

空气-空气能量回收指回收排风中的显热或（和）潜热来预冷预热新风，以降低新风能耗的一种节能技术。排风能量回收装置主要有能量回收通风装置和热交换器两种。能量回收通风装置指带有独立的风机、空气过滤器，可以单独完成通风换气、能量回收功能，也可以与空气输送系统结合完成通风换气、能量回收功能的装置，习惯称能量回收机组或热回收机组；热交换器是将排风中的热（冷）量传递给送风的热转移设备，习惯称热回收器。

空调系统中处理新风所需的冷热负荷占建筑物总冷热负荷的比例很大，为有效地降低新风冷热负荷，采用空气-空气能量热回收器，让新风与排风在装置中进行热交换，可以从排风中回收50%以上的热量和冷量，用来预热或预冷新风，有较大的节能效果，因此应该提倡。

按照被回收能量的类型，能量回收装置可以分为显热回收装置和全热回收装置。能量回收装置的形式多样，主要有板式（板翅式）、转轮式、液体循环式、热管式、溶液吸收式等。各种装置可回收的能量类型不同、适用场合不同、自身消耗能量也不同（例如热回收芯、增加的空气过滤器与风管的空气流动阻力，转轮装置、液体循环泵、热泵的驱动能耗等），在工程应用中必须重视这一点。《实用供热空调设计手册》对比了各种能量回收装置的优缺点，见表3-98。

各种能量回收装置的参数对比 **表3-98**

类型	转轮式	液体循环式	板式	热管式	板翅式	溶液吸收式
能量形式	显热或全热	显热	显热	显热	全热	全热
热回收效率(%)	50～85	55～65	50～80	45～65	50～70	50～85
压力损失(Pa)	100～300	150～500	100～1000	150～500	100～500	150～370

续表

类型	转轮式	液体循环式	板式	热管式	板翅式	溶液吸收式
排风泄漏量(%)	0.5～10	0	0～5	0～1	0～5	0
初投资	中	低	中	高	较低	较高
适用风量	较大	中等	较小	中等	较小	中等
维护保养	较难	容易	较难	容易	困难	适中
对气体含尘的要求	较高	中	较高	中	高	低
对气体的其他要求	温度及腐蚀性	一般	腐蚀性	一般	温度	溶解和化学反应
适用对象	风量较大且允许排风与新风间有适量渗漏的系统	新风与排风热回收点较多且比较分散的系统	仅有显热可以回收的一般通风系统	含有轻微灰尘或温度较高的通风系统	需要回收全热且气体较清洁的系统	需回收全热并对气体有除尘和净化作用的系统

根据《实用供热空调设计手册》第32.4节的规定，能量回收装置性能的优劣一般以其处理风量、静压损失、出口静压、输入功率、热回收效率、有效换气率、内/外部漏风率等性能指标来评价，其中最主要的指标是热回收效率。热回收效率是指新风从排风中回收能量的百分比。一般常用的是温度效率（也称显热回收效率）和焓效率（也称全热回收效率），分别反映显热回收和全热回收的效率。

（1）当新风、排风风量相等时，热回收效率按下式计算：

温度效率 η_t：

$$\eta_t=\frac{t_1-t_2}{t_1-t_3}\times 100\%$$

焓效率 η_e：

$$\eta_e=\frac{h_1-h_2}{h_1-h_3}\times 100\%$$

式中，t_1、t_2、t_3——新风进、出及排风进口干球温度，℃

h_1、h_2、h_3——新风进、出及排风进口空气焓值，kJ/kg（干）

（2）当新风、排风风量不相等时，热回收效率按下式计算：

温度效率 η_t：

$$\eta_t=\frac{G_s(t_1-t_2)}{G_{min}(t_1-t_3)}\times 100\%$$

焓效率 η_e：

$$\eta_e=\frac{G_s(h_1-h_2)}{G_{min}(h_1-h_3)}\times 100\%$$

式中　G_s——新风质量流量，kg/s；

G_{min}——新风和排风中质量流量较小的一个，kg/s

《空调系统热回收装置选用与安装》06K301-2对排风热回收装置的选用提出了以下原则：

1）当建筑物内设有集中排风系统，并且符合下列条件之一时，宜设置排风热回收装置，但选用的热回收装置的额定显热效率原则上不应低于60%、全热效率不应低于50%：送风量大于或等于3000m³/h的直流式空调系统，且新风与排风之间的温差大于8℃时；

设计新风量大于或等于 4000m^3/h 的全空气空调系统，且新风与排风之间的温差大于 8℃时；设有独立新风和排风的系统。

2）有人员长期停留但未设置集中新风、排风系统的空调区域或房间，宜安装热回收换气装置。

3）当居住建筑设置全年性空调、供暖，并对室内空气品质要求较高时，宜在通风、空调系统中设置全热或显热热回收装置。

2. 适用范围

排风能量回收适用于严寒、寒冷及夏热冬冷地区，空调通风计算温度与排风温度之差大于 15℃，且有独立新风系统的场所。

3. 技术要点

（1）技术指标

《绿色建筑评价标准》GB/T 50378—2014 第 5.2.13 条规定：排风能量回收系统设计合理并运行可靠，评价分值为 3 分。《公共建筑节能设计标准》GB 50189—2015 第 4.3.25 条规定：设有集中排风的空调系统经技术经济比较合理时，宜设置空气-空气能量回收装置。第 4.3.26 条规定：有人员长期停留且不设置集中新风、排风系统的空气调节区（房间），宜在各空气调节区（房间）分别安装带热回收功能的双向换气装置。

《空气-空气能量回收装置》GB/T 21087—2007 规定的效率最低值见表 3-99，热交换效率的测试条件见表 3-100。

空气-空气能量回收装置交换效率要求　　表 3-99

类型	热交换效率	
	制冷(%)	制热(%)
焓效率	＞50	＞55
温度效率	＞60	＞65

备注：效率计算条件：表 3-100 规定工况，且新风、排风量相等。

热交换效率测试条件　　表 3-100

	排风进风		新风进风	
	干球温度(℃)	湿球温度(℃)	干球温度(℃)	湿球温度(℃)
热交换效率(制冷工况)	27	19.5	35	28
热交换效率(制热工况)	21	13	5	2

美国 ASHRAE90.1-2007 中 G3.1.2.10 规定，设计送风量不低于 8400m^3/h，且最小新风量不低于设计风量大 70%应设置能量回收装置，额定焓效率不应低于 50%。

（2）设计要点

当设计排风能量回收装置时，应注意：

1）在进行空气能量回收系统的技术经济比较时，应充分考虑当地的气象条件、能量回收系统的使用时间等因素。在满足节能标准的前提下，如果系统的回收期过长，则不宜采用能量回收系统。

2）在室内外温差较大、含湿量差较小的地区或冬季需要除湿的空调系统或根据卫生安全要求新风排风不可直接接触的系统，宜选用显热型能量回收装置，在其他情况下，宜选用全热型能量回收装置。

3）空气热回收装置的空气积灰对热回收效率的影响较大，设计中应予以重视，并考虑热回收装置的过滤器设置问题。热回收装置的进、排风入口过滤器应便于清洗。

4）设置排风能量回收装置时，还需考虑空调使用场所保持微正压的需求。

5）风机停止使用时，新风进口、排风出口设置的密闭风阀应同时关闭，以保证管道气密性。

6）严寒地区采用时，应对能量回收装置的排风侧是否出现结霜或结露现象进行核算。当出现结霜或结露时，应采取预热等保温防冻措施。

7）将空调区域的排风作为变配电室、电梯机房等场所的补风，从而使上述场所减少甚至不用空调设备，也是良好的排风能量回收措施。

针对不同类型的排风能量回收装置，目前应用较多的是板翅式和转轮式热回收装置。住宅和小型公共建筑中适合采用板式热回收装置，而大型公共建筑中常采用转轮式热回收机组。《空气-空气能量回收装置》GB/T 21087 中规定了空气热回收装置的内部漏风率和外部漏风率指标，由于热回收原理和结构特点的小同，空气热回收装置的处理风量和排风泄漏量存在较大的差异。当排风中污染物浓度较大或污染物种类对人体有害，在不能保证污染物不泄漏到新风送风中时，空气热回收装置不应采用转轮式空气热回收装置，同时也不宜采用板式或板翅式空气热同收装置。下面分别介绍不同能量回收装置的技术要点[❶]：

1）转轮式热回收

转轮式热回收装置的核心部件是转轮，它以特殊复合纤维或铝合金箔作载体，覆以蓄热吸湿材料而构成，并加工成波纹状和平板状形式，然后按一层平板、一层波纹板相间卷绕成一个圆柱形的蓄热芯体。转轮固定在箱体的中心部位，通过减速传动机构传动，以10r/min的低转速不断地旋转，在旋转过程中让以相逆方向流过转轮的排风与新风，相互间进行传热、传质，完成能力的交换过程。

设计要点：

① 转轮的空气入口处，宜设计空气过滤器，如排风中含有非常粗糙的粒子、尘状黏性和油污的污染颗粒时，应在转轮排风测的上游设置空气过滤器；

② 若排风量大于新风量20%以上时，宜采用旁通风管调节；过渡季节热回收装置不运行的系统，应设置旁通风管；

③ 新风机和排风机的位置建议放在出风侧，这样可使进入热回收装置的气流分布十分均匀，可确保新、排风直接的正确的压差，泄漏风量最少；

④ 为了确保双清洁扇面的正常运行，要求保持新风入口处压力和排风出口处压力之差不得小于200Pa，但也不宜过大。

2）板式热回收

板式热回收装置进、排风之间以隔板分隔为三角形、U形等不同断面形状的空气通道，进、排风通过板面进行显热交换，是一种典型的显热回收装置。板式显热回收器设备体积偏大，占用建筑面积和空间较多，但结构简单，设备初投资少，运行安全可靠。

---

❶ 陆耀庆主编. 实用供热空调设计手册（第二版）. 北京：中国建筑工业出版，2008.

设计要点：

① 新风温度一般不宜低于－10℃，如果低于－10℃，新风在进入换热器之前，应进行预热。

② 新风在进入换热器之前，必须先进行净化处理。一般情况下，排风也应该进行过滤处理，但当排风比较干净时，则可以不必再进行处理。

3）板翅式全热回收

与板式基本相同，区别仅在于作为进、排风直接分隔与热交换用的材质不同，板式热回收装置一般采用仅能进行显热交换的铝箔，而板翅式通常采用经特殊加工的纸或膜。

设计要点：

① 板翅式全热回收器适用于一般通风空调工程，若回风中含有有毒、有异味等有害气体时，不应采用。

② 过渡季节不运行的系统，应设置旁通风管。

③ 当新风量不等时，热回收效率应进行修正。

4）液体循环式热回收

液体循环式热回收系统指由装设在排风管和新风管内的两组“水-空气”热交换器（空气冷却/加热器）通过管道的连接而组成的系统，管理中必须配置循环水泵。热回收效率较低，一般不高于60%，但该系统新风、排风互不接触，不会产生任何交叉污染，供热侧与得热侧之间通过管道连接，对位置无严格要求，且占用空间少，寿命长，运行成本低。

设计要点：

① 循环液体一般可采用水，如需考虑防冻，则宜采用乙二醇水溶液，溶液的质量百分比通常可按乙二醇水溶液的凝固点低于当地冬季最低室外空气干球温度4～6℃确定。

② 换热器的排数宜采用6～8排。

③ 必须配置循环水泵和液体膨胀箱。

5）热管式热回收

热管式热回收是利用热管元件，通过其不断地蒸发—冷凝过程，将排风中的能量传递给进风，实现不断的显热交换。

设计要点：

① 应保持新风入口与排风出口在同一侧，即保持冷、热气流为逆流流向。

② 换热器可垂直安装，也可水平安装，水平安装时，必须有5°～7°的斜度，并保持向蒸发段倾斜。

③ 在热回收器的新风和排风入口处，必须设置空气过滤器。

④ 冬夏季均使用的热回收器，应配置可转动支架，同时，在热回收器与风管之间必须设置长度不少于500mm的柔性过渡接头，以保证换热器可以转动。

⑤ 当新风出口温度低于露点温度或热气流的含湿量较大时，应考虑设计安装凝水排除装置。

4. 相关标准、规范及图集

（1）《公共建筑节能设计标准》GB 50189—2015；

(2)《民用建筑供暖通风与空气调节设计规范》GB 50736—2012；

(3)《实用供热空调设计手册》(第二版)；

(4)《空气-空气能量回收装置选用与安装（新风换气机部分)》06K301-1；

(5)《空调系统热回收装置选用与安装》06K301-2。

5. 参考案例

上海某办公中心的改扩建设计，总建筑面积 23710m²，包括 4 栋办公楼、2 栋餐饮会议楼、生态中庭、连接廊道等。

本项目位于上海，各项参数如下：

室内设计参数：夏季：温度 26℃，湿度 60%，焓 55.24kJ/kg；

冬季：温度 20℃，湿度 40%，焓 40.41kJ/kg

室外设计参数：夏季：温度 34℃/28.2℃；

冬季：温度−4℃，湿度 75%

运行时间：夏季 5 月 15 日～9 月 30 日，冬季 12 月 1 日～3 月 15 日，节假日休息，日运行时间：8：00～18：00

夏季新风与排风的温差为 8℃，冬季新风与排风的温差为 24℃。根据以上参数，该项目冬季的热回收效果较好，具备采用能量回收装置的气候条件，而且推荐全热型能量回收装置。该项目设计采用 VRV 系统，考虑到系统的特点，采用全热交换新风机组是一种比较理想的选择。

该项目设计方案：每层设一台全热交换，新风机组，新风与排风热交换后送至室内。全热交换装置的热交换效率为 70%。图 3-57 是该项目暖通设备材料表中对全热交换新风机组各个参数的体现，图 3-58 和图 3-59 是全热交换新风机组在通风空调平面图中的具体体现。

新风换气机性能表

序号	设备编号	参考型号	类型	台数	服务区域	安装位置及方式	制冷温度变换效率	制热温度交换效率	制冷焓交换率	制热焓交换率	送风机风量
							(%)	(%)	(%)	(%)	(m³/h)
1	EX-6-B1-1		新排风全热交换	1	地下一层空调区域新排风	空调机房内落地安装	60	65	50	55	12000

排风风机风量	机外静压	送风机额定功率	排风机额定功率	使用电源	过海要求	参考外形尺寸	本机最大噪声	参考运行重量	减振方式	备注
(m²/h)	(Pa)	(kW)	(kW)	V-Ø-Hz		直径×长/长×宽×高(mm)	dB(A)	kg		
9000	260	5.5	4	380-3-50	粗效 G4＋中效 F7	3400×1850×2500	59	59	橡胶减振合座	

图 3-57 能量回收装置设备性能表

以一层为例来分析全热回收新风机组的经济效益：

夏季工况：

(1) 逐时计算夏季的可回收冷量 E_r

可回收的冷量按照下式计算（以 6 月 22 日 14 时为例)：

$$Q=L\rho(h_w-h_n)\eta_q=4000\times1.2(h_w-55.624)\times\frac{0.7}{3600}=17.2kW$$

(2) 全热回收新风机组的运行能耗 E_{rs}

一层的全热回收新风机组功率为 3.3kW。

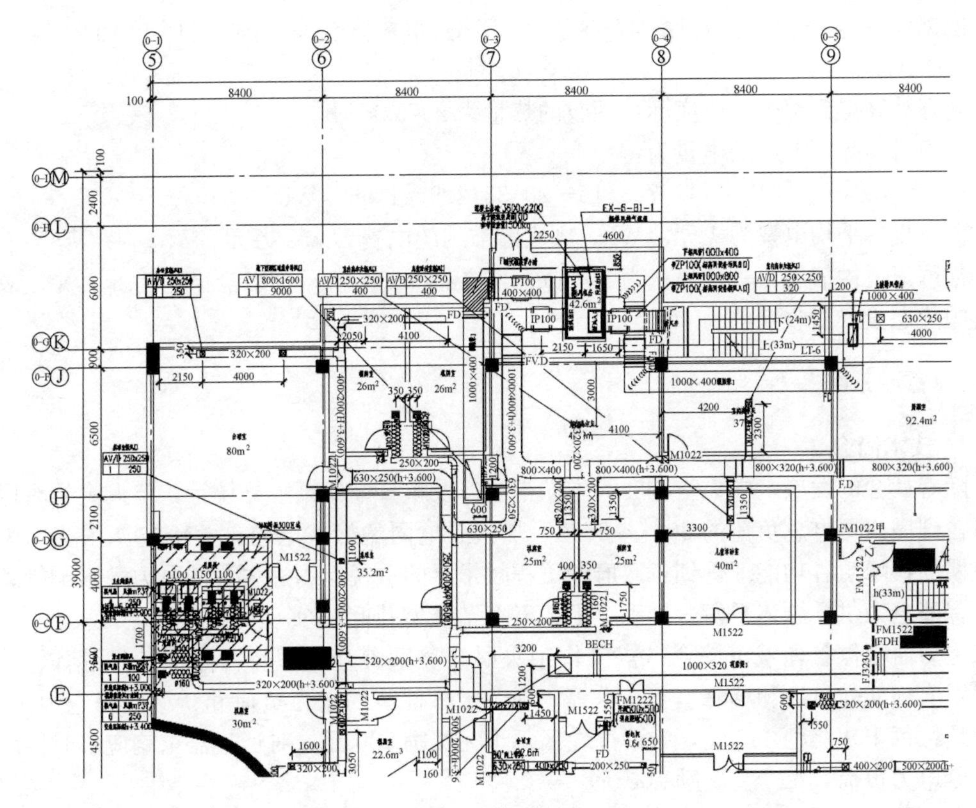

图 3-58 空调风管平面图（局部）

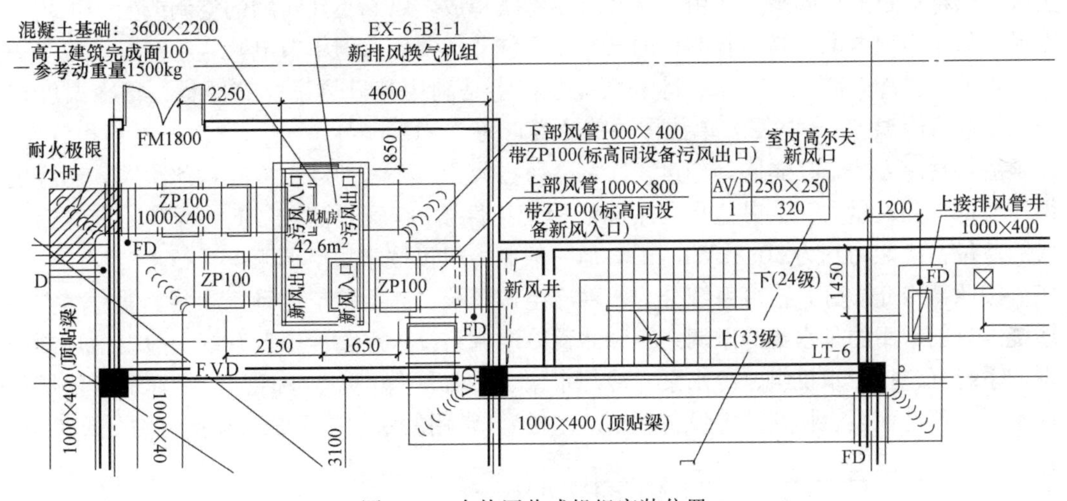

图 3-59 全热回收式机组安装位置

（3）计算不同工况下的 COP_r

$$COP_r = \frac{E_r}{E_{rs}} = \frac{17.2}{3.3} = 5.2$$

该项目 VRV 室外机的夏季 COP_s 为 3.15，$COP_r > COP_s$，故该时刻采用热回收是节能的。

（4）全年夏季实际可回收能量

依据 $COP_r > COP_s$ 的原则，通过计算得到了整个夏季的实际可回收的冷量为14357kWh。

同理计算得到整个冬季实际可回收的热量为20735kWh。

该项目实际可节约的电量为：

$$14357/3.15+20735/2.8=11963\text{kWh}$$

上海夏季平均电费为1元/kWh，则实际节约的电费为1.2万元。

据厂家提供信息，一台风量为4000m³/h的全热交换新风机组价格约为2万元，故该装置的静态投资回收期约为20个月。

3.4.2 蓄冷系统

1. 技术简介

随着社会的发展，中央空调在大中城市的普及率日渐增高。据统计，空调高峰时段用电量占到城市用电总负荷的30%～35%，加大了电网的峰谷电差。蓄冷空调系统因为其对电网的移峰填谷功能，得到了政府和工程技术界的重视。为加强我国电力需求侧管理工作，保障电力供需总体平衡，推动“十二五”节能减排目标实现，财政部于2012年印发了《电力需求侧管理城市综合试点工作中央财政奖励资金管理暂行办法》。根据该办法，对通过实施能效电厂和移峰填谷技术等实现的永久性节约电力负荷和转移高峰电力负荷，东部地区每千瓦奖励440元，中西部地区每千瓦奖励550元；对通过需求响应临时性减少的高峰电力负荷，每千瓦奖励100元。

蓄冷技术主要是指在电力负荷低谷时段，采用电动制冷机组制冷，利用蓄冷介质的潜热或显热将冷量贮存起来，在用电高峰时段将其释放，以满足建筑物的空调或生产工艺需冷量，从而实现电网移峰填谷的目的（蓄冷系统节省费用，但不节电）。

目前，蓄冷介质主要有水、冰和共晶盐。水是利用其显热来存储冷量，蓄冷温度在4～7℃，蓄冷温差6～10℃，单位体积蓄冷容量为7～11.6kWh/m³，蓄冷所占容积较大。冰是潜热蓄冷方式，存储同等冷量，冰蓄冷所占容积较小，但冰蓄冷在蓄冰阶段，制冷机组性能低，耗电量大。共晶盐是利用固液相变特性蓄冷，相变温度约5～7℃，该蓄冷方式的单位蓄冷能力约为20.8kWh/m³，但一般制冷机可按常规空调工况运行。

按照蓄冷介质分，蓄冷系统分为水蓄冷空调系统、冰蓄冷空调系统和共晶盐蓄冷空调系统。目前常用的是水蓄冷空调系统和冰蓄冷空调系统。水蓄冷空调系统一般由常规制冷空调系统（包括冷水机组、冷水泵、冷却水泵、冷却塔等设备）和蓄/释冷系统（包括蓄冷水泵、释冷水泵、换热器等设备和蓄冷水槽），常用的水蓄冷系统及连接见图3-60。

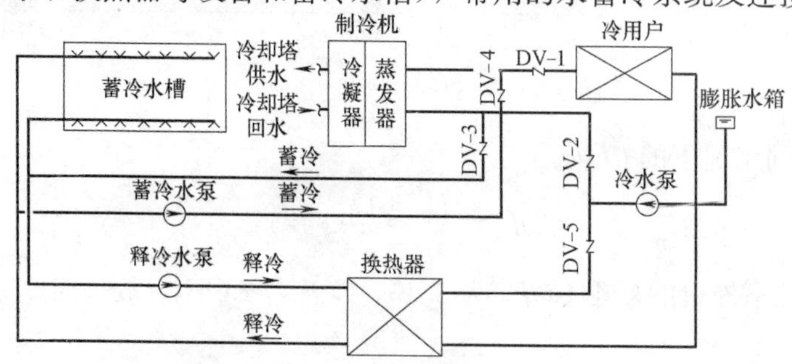

图3-60 水蓄冷空调系统及连接图

冰蓄冷空调系统一般由常规制冷空调系统（包括双工况冷水机组、冷水泵、冷却水泵、冷却塔等设备）和蓄/释冷系统（包括双工况冷水主机、蓄冷（释冷）水泵、乙二醇/水换热器等设备，同时包括蓄冰槽与载冷剂系统），常用的冰蓄冷系统见图 3-61。

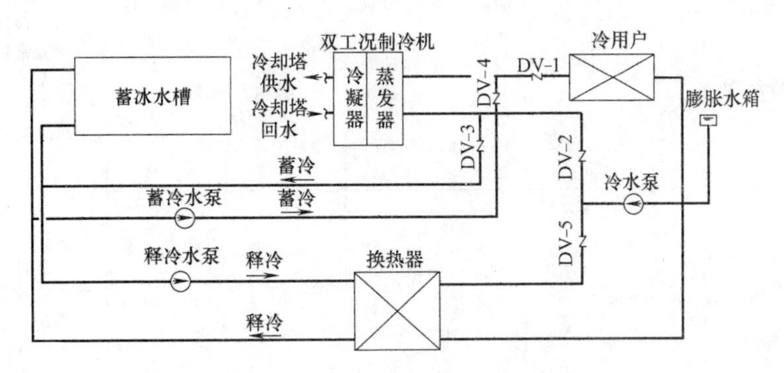

图 3-61 冰蓄冷空调系统及连接图

常用的蓄冰装置有冰盘管型（内融冰和外融冰）、封装式、片冰滑落式、冰晶式四种，这几种装置的技术特点见表 3-101。

常用蓄水装置的技术特点 表 3-101

名称	系统特点	制冷机	制冰方式	优点	缺点
冰盘管蓄冰	外融冰采用直接蒸发式制冷，开式蓄冷槽	采用压缩机制冷配蒸发冷凝器	盘管换热器浸入水槽。管内通制冷剂，管外结冰最大厚度一般为 36mm	•直接蒸发式系统可采用 R22 或氨作为制冷剂； •供应冷水温度低至 0～1℃； •瞬时释冷速率高； •组合式制冷效率高	•制冰蒸发温度低 •耗电量较高； •系统制冷剂量大，对管路的密封性要求高； •空调供冷系统通常为开式或需利用中间换热形式闭式
冰盘管蓄冰	外融冰采用乙二醇冰溶液作为载冷剂，开式蓄冷槽	活塞式、螺杆式、离心式（串联或多级）	盘管换热器浸入水槽，管内通低温乙二醇水溶液作为载冷剂，管外结冰最大厚度一般为 36mm	•常用采乙二醇水溶液作为载冷剂； •供应冷水温度可低至 1～2℃左右； •瞬时释冷速率高； •塑性盘管耐腐蚀性较好	•制冰蒸发温度低； •耗电量高； •系统制冷剂充量少，但需充载冷剂量； •空调供冷系统通常为开式或需采用中间换热形成闭式
冰盘管蓄冰	内融冰采有乙二醇水溶液作为载冷剂，多数为开式蓄冷槽	活塞式、涡旋式、螺杆式、离心式（串联或多级）	钢或塑料材料的盘管换热器浸入水槽、管内通低温乙二醇水溶液，管外结冰厚度 10～23mm，或采用完全结冰	•常采用乙二醇水溶液作为载冷剂； •供应冷水温度可低至 2～4℃； •塑料盘管耐腐蚀性较好	•制冰蒸发温度稍低； •多一个热交换环节； •系统充制冷剂量少，充载冷剂量较大
封装式蓄冰	冰球、蕊心冰球、冰板、容器内充有去离子水，采用乙二醇水溶液作为载冷剂，开式或闭式蓄冷槽	活塞式、螺杆式、多级离心式	容器浸沉在充满乙二醇水溶液的贮槽（罐）内，容器内的去离子水随乙二醇水溶液的温度变化结冰或融冰	•维修费低； •故障少； •供应冷水温度开始可低至 3℃； •耐腐蚀； •槽（罐）形状设置灵活	•蒸发温度稍低； •载冷剂（乙二醇溶液）需要量大； •蓄冷容器可为承压或非承压型，空调供冷系统可采用开式或闭式； •释冷后期通常供冷温度>3℃

续表

名称	系统特点	制冷机	制冰方式	优点	缺点
动态制冰	片冰滑落式采用直接蒸发，蒸发板内通制冷剂，蒸发板外淋冷水，结冰后，冰块贮于槽内	螺杆式	制冷剂在蒸发时吸收蒸发板外水的热量而在蒸发板外结冰，冰厚至5～9mm时，用热气式除霜使冰层剥落后再继续制冰	•占地面积小，但高度一般要求≥4.5m空间； •供冷温度为1～2℃； •瞬时释冷速率高； •贮冰箱在冬季也可作为蓄热水槽用	•冷量损失大； •通常用于规模较小的蓄冷系统； •系统维护、保养技术要求较高
共晶盐	间接蒸发式	往复式、螺杆式、离心式	利用无机盐或有机物质提高冷水冰点，使盐水在较高温度时结冰	•蒸发温度与性能系统较高，耗电量较少； •更利于原有空调制冷机的改造利用	•使用寿命短，一般相变次数≤2500次； •长时间使用通常相变性能会逐渐衰减，且产生结晶； •设计与管理的技术要求较高

按照运行策略分，蓄冷系统分为全负荷蓄冷和部分负荷蓄冷两种模式[1]。全负荷蓄冷：蓄冷装置承担设计周期内全部空调冷负荷，制冷机组夜间非用电高峰期启动进行蓄冷，当蓄冷量达到周期内所需的全部冷负荷量时，关闭制冷机；在白天用电高峰期，制冷机不允许，由蓄冷系统将蓄存的冷量释放出来供给空调系统使用。此方式可以最大限度地转移高峰电力用电负荷，运行费用最省，但蓄冷设备的容量较大，初投资较高。该模式一般适用于白天供冷时间较短或要求完全备用冷量以及峰、谷电价差特别大的情况。部分负荷蓄冷：蓄冷装置只承担设计周期内部分空调冷负荷，制冷机组在夜间非用电高峰期开启运行，并储存周期内空调冷负荷中所需要释冷部分的冷负荷量。在白天空调冷负荷一部分由蓄冷装置承担，另一部分则由制冷机组承担。

对于冰蓄冷系统的部分蓄冷模式，有两种控制策略，即制冷机优先运行（简称冷机优先）和蓄冷装置优先运行（简称释冷优先），为了降低蓄冷系统的初投资和最大限度地减少系统运行费用，设计中通常采用蓄冷空调系统设计工况下的冷机优先控制策略和非设计工况下的释冷优先控制策略。

2. 适用范围

蓄冷空调系统适用于以下场合：

（1）执行分时电价、峰谷电价差较大的地区，或有其他用电鼓励政策时；

（2）空调冷、热负荷峰值的发生时刻与电力峰值的发生时刻接近且电网低谷时段的冷、热负荷较小时；

（3）建筑物的冷负荷具有显著的不均匀性，或逐时空调冷负荷的峰谷差悬殊，按照峰值负荷进行设计装机容量的设备经常处于部分负荷下运行，利用闲置设备进行制冷能够取得较好的经济效益时；

（4）电能的峰值供应量受到限制，以致不采用蓄冷系统能源供应不能满足建筑空气调节的正常使用要求时。

（5）在区域供能系统中，蓄冷技术多与三联供配合使用。

[1] 陆耀庆主编．实用供热空调设计手册［M］（第二版）．北京：中国建筑工业出版社，2008.

(6) 工艺用水有较低温度要求时，(3℃以内) 可采用外融冰系统。

3. 技术要点

(1) 技术指标

《绿色建筑评价标准》GB/T 50378—2014 中第 5.2.14 条规定：合理采用蓄冷蓄热系统，评价分值为 3 分。一般情况下，具体指标为：用于蓄冷的电驱动蓄能设备提供的设计日的冷量达到 30%；最大限度地利用谷电，谷电时段蓄冷设备全负荷运行的 80%应能全部蓄存并充分利用。

(2) 设计要点

1) 系统设计

① 国家标准《民用建筑供暖通风与空气调节设计规范》GB 50736—2012 中规定：

8.7.2 蓄冷空调系统设计应符合下列规定：

1 应计算一个蓄冷—释冷周期的逐时空调冷负荷，且应考虑间歇运行的冷负荷附加；

2 应根据蓄冷—释冷周期内冷负荷曲线、电网峰谷时段以及电价、建筑物能够提供的设置蓄冷设备的空间等因素，经综合比较后确定采用全负荷蓄冷或部分负荷蓄冷。

8.7.3 冰蓄冷装置和制冷机组的容量，应保证在设计蓄冷时段内完成全部预定的冷量蓄存，并宜按照附录 J 的规定确定。冰蓄冷装置的蓄冷和释冷特性应满足蓄冷空调系统的需求。

8.7.4 冰蓄冷系统，当设计蓄冷时段仍需供冷，且符合下列情况之一时，宜配置基载机组：

1 基载冷负荷超过制冷主机单台空调工况制冷量的 20%时；

2 基载冷负荷超过 350kW 时；

3 基载负荷下的空调总冷量 (kWh) 超过设计蓄冰冷量 (kWh) 的 10%时。

8.7.5 冰蓄冷系统载冷剂选择及管路设计应符合现行行业标准《蓄冷空调工程技术规程》JGJ 158 的有关规定。

8.7.6 采用冰蓄冷系统时，应适当加大空调冷水的供回水温差，并应符合下列规定：

1 当空调冷水直接进入建筑内各空调末端时，若采用冰盘管内融冰方式，空调系统的冷水供回水温差不应小于 6℃，供水温度不宜高于 6℃；若采用冰盘管外融冰方式，空调系统的冷水供回水温差不应小于 8℃，供水温度不宜高于 5℃；

2 建筑空调水系统由于分区而存在二次冷水的需求时，若采用冰盘管内融冰方式，空调系统的一次冷水供回水温差不应小于 5℃，供水温度不宜高于 6℃；若采用冰盘管外融冰方式，空调系统的一次冷水供回水温差不应小于 6℃，供水温度不宜高于 5℃；

3 当空调系统采用低温送风方式时，其冷水供回水温度，应经经济技术比较后确定，供水温度不高于 5℃；

4 采用区域供冷时，温差要求应符合第 8.8.2 条的要求。

8.7.7 水蓄冷 (热) 系统设计应符合下列规定：

1 蓄冷水温不宜低于 4℃，蓄冷水池的蓄水深度不宜低于 2m；

2 当空调水系统最高点高于蓄冷 (或蓄热) 水池设计水面时，宜采用板式换热器间接供冷 (热)；当高差大于 10m 时，应采用板式换热器间接供冷 (热)；如果采用直接供冷 (热) 方式，水路设计应采用防止水倒灌的措施；

3 蓄冷水池与消防水池合用时，其技术方案应经过当地消防部门的审批，并应采取切实可靠的措施保证消防供水的要求。

② 实时、准确地测量和显示蓄冷系统的瞬时蓄冷量、瞬时累计蓄冷量、瞬时放冷量、瞬时累计放冷量是通过管理将蓄冷系统减少运行费用，降低投资回报年限目标的重要举措，应高度重视。

2）水蓄冷空调系统

水蓄冷空调系统的设计步骤：

① 设计者需掌握基本资料：当地电价政策、建筑物的类型及使用功能、可利用的空间（设置蓄水装置）等；

② 确定建筑物的设计日的空调逐时冷负荷；

③ 根据建筑物的条件，确定蓄冷水槽或水罐的形状与大小；

④ 确定蓄冷系统形式、运行模式和控制策略；

⑤ 确定冷水机组和蓄冷设备的容量；

⑥ 选择其他配套设备；

⑦ 进行技术经济分析，计算出水蓄冷系统的投资回收期。

水蓄冷空调系统的设计要点：

① 蓄冷水槽的进、出水温差应尽量选取较大值，根据槽内水的自然分层、热力特性和蓄、释冷时水的流态要求，通常情况下应设置布水器，保证蓄冷、释冷效果，蓄冷水的温度以4℃最合适。

② 对于一般民用建筑以及降温为目的的工业建筑，蓄冷温差可取10℃或10℃以上。如果蓄冷温差为10℃，则蓄冷水槽的进、出水温度分别为14℃和4℃。

③ 蓄冷水槽应进行绝热设计，以保证蓄冷水槽在比周围环境温度与相对湿度条件更加恶劣的条件下不结露。

④ 为了减少蓄冷工况的电耗，冷水机组可串联连接，每一级降温5℃，第一级的出水温度取9℃，其蒸发温度高于空调工况；第二级的出水温度为4℃，其蒸发温度低于空调工况。

3）冰蓄冷空调系统

常用冰蓄冷空调系统的设计步骤：计算空调冷负荷→初定蓄冷方式→确定系统运行策略和系统流程→计算制冷机、蓄冰装置容量→计算其他辅助设备容量→设计并计算管路系统→复核制冷机容量和蓄冰装置“蓄冷/释冷”特性以及容量→绘制系统运行的冷负荷分配表。

冰蓄冷空调系统的设计要点：

① 电价结构在冰蓄冷空调系统的技术经济分析中十分重要，一般认为，当峰谷时段的电价差较大（最小峰谷电价比不低于3：1或峰谷电价差值0.7元/kWh以上），回收投资差额的期限不超过5年较为合理可行。

② 优化冰蓄冷空调系统的技术方案，综合应用先进的空调技术（如大温差供水，低温送风、三联供、地源热泵等），在建设制冷设备的基础上，进一步减少泵、风机、系统管路、保温材料的规格、尺寸，同时也减少相应的变、配电设备和电力增容费，充分利用

建筑筏式箱形基础的空间、室外绿地、停车场等地下空间布置蓄冷罐、槽，尽量少占建筑有效面积和空间。

③ 蓄冷系统的管路和设备的保温材料和厚度，应根据经济厚度法核算确定，保温材料宜采用闭孔橡塑制品，在工程现场制作的钢制或混凝土蓄冰槽，宜采用聚氨酯现场发泡方式保温。对于露天布置的蓄冰槽，在保温层外需覆盖隔汽、防潮层及防护层，为了减少太阳辐射的影响，外部应设反射效果强的护壳或涂层。蓄冰槽可采用内防水和外防水，但均应达到"零渗漏"。

④ 蓄冰空调系统可提供较低温度的冷水（最低可达1℃），应优先考虑采用大温差低温送风的空调系统（送风温度≤10℃）。

⑤ 蓄冰空调系统与空气调节末端设备的连接方式：冷负荷大于1800kW时，采用中间设板式换热器进行间接供冷；冷负荷小于700kW时，采用载冷剂直接供冷；冷负荷介于二者之间时，根据项目情况确定。

⑥ 中间设置板式换热器进行间接供冷时，载冷剂侧应设置关闭或旁通阀，设置自控环节，当载冷剂侧水温<2℃时，自动开启冷水侧的循环泵。

⑦ 并联系统适用于冷冻水温差≤6℃的系统，串联系统在适用于冷冻水温差≤6℃的系统的同时适用于冷冻水大温差系统，尤其是温差≥8℃的系统。

⑧ 系统制冰蓄冷时，如有连续且较大的空调负荷时，宜另设基载主机独立供冷，以获取较高的制冷效率，降低能耗。

⑨ 外融冰适宜大型区域供冷和低温送风工程，内融冰适宜单体建筑的常温及低温送风工程。

⑩ 在进行运行策略分析时，应注意不同结构的蓄冰装置其融冰速率不同，例如，蛇形盘管内融冰系统，其最大融冰速率约15%，外融冰系统最大融冰速率约30%（具体需咨询设备厂家）。

4. 相关标准、规范及图集

(1)《民用建筑供暖通风与空气调节设计规范》GB 50736—2012；

(2)《实用供热空调设计手册》(第二版)；

(3)《冰蓄冷系统设计与施工图集》06K610—2006；

(4)《公共建筑节能设计标准》GB 50189—2015；

(5)《蓄冷空调工程技术规程》JGJ 158—2008；

(6)《蓄冷空调系统的测试和评价方法》GB/T 19412。

5. 参考案例

北京某综合业务楼项目，主楼为长方形，南北走向，总建筑面积50391.9m²，其中地上38046.2m²，地下8669.2m²，建筑主体高度113.45m，制高点123.45m，地上27层，裙房6层，地下3层。办公部分空调使用时间7：30～17：30，17：30到次日7：30部分楼层有人使用，如信息中心、电网调度层及中心管理控制室等。

北京的尖峰电价为1.30元/kWh，高峰电价为1.19元/kWh，平段电价为0.75元/kWh，谷段电价为0.34元/kWh，故高峰与谷段电价之比达到3.5，具备采用蓄冷的条件。此外，经计算，该项目设计日峰值冷负荷为6216kW，夜间峰值冷负荷为1118kW，属于空调负荷峰谷悬殊且在电力低谷时段负荷较小的连续空调工程，经技术经济分析建议该项目采用冰蓄冷系统。

根据建筑专业提供的设计图纸以及房间的不同使用功能，计算得到空调负荷如下：

设计日峰值冷负荷 6216kW；

夜间峰值冷负荷 1118kW；

设计日总冷负荷 73132kWh；

设计日连续空调总冷负荷 30659kWh；

设计日总蓄冰冷负荷 42476kWh。

（1）系统设计：

该项目采用部分负荷蓄冰系统，制冷主机和蓄冰设备为串联方式，主机位于蓄冰设备上游，同时考虑连续空调负荷的比例设置一台基载主机，并联运行，直接供应 7℃冷冻水。另外，冷水机组与冷冻水泵（乙二醇泵）、冷却水泵、换热器与冷冻水泵一对一匹配设置，所有水泵备用一台，自动（或手动）投入运行。

该项目机组选型：

1）选用一台螺杆式冷水机组作为基载主机，制冷量 1512kW，冷冻水温度为 7℃/12℃，流量为 263m^3/h，冷却水温度为 32/37℃，流量为 307m^3/h；

2）两台双工况螺杆机组，制冷工况制冷量为 1477kW，制冰工况制冷量为 978kW，乙二醇流量为 320m^3/h，冷却水流量为 298m^3/h，温度见表 3-102。

乙二醇、冷却水温度　　　　**表 3-102**

项目	乙二醇温度(℃)	冷却水温度(℃)
制冷工况	6.6/10.8	32/37
制冰工况	－5.6/－2.8	32/37

3）蓄冰设备：选用 20 台美国 BAC 公司 TSU-238M 型冰盘管，安装在混凝土蓄冰水槽中，总潜热蓄冰冷负荷为 16736kWh，最大融冰供冷量为 2637kW。

4）板式换热器：选用 3 台 SWEP 公司板式换热器，单台换热量 1570kW，一次水温 3.6℃/10.8℃，二次水温 7℃/12℃。

5）乙二醇泵：选用 3 台 NT200-315 型水泵，其中一台备用，单台流量为 350m^3/h，扬程为 36mH_2O。

6）冷冻水泵：选用 5 台 NT200-400 型水泵，其中一台备用，单台流量为 300m^3/h，扬程为 45mH_2O。

7）冷却水泵：选用 4 台 NT200-315 型水泵，其中一台备用，单台流量为 310m^3/h，扬程为 37mH_2O。

图 3-62 为项目的制冷系统图，图 3-63 为制冷控制原理图。

（2）设计日蓄冰系统运行工况

基载主机供冷量（全天）32382kWh；

双工况主机供冷量（7：30～17：30）：27087kWh；

蓄冰槽融冰供冷量（7：30～17：30）：13663kWh；

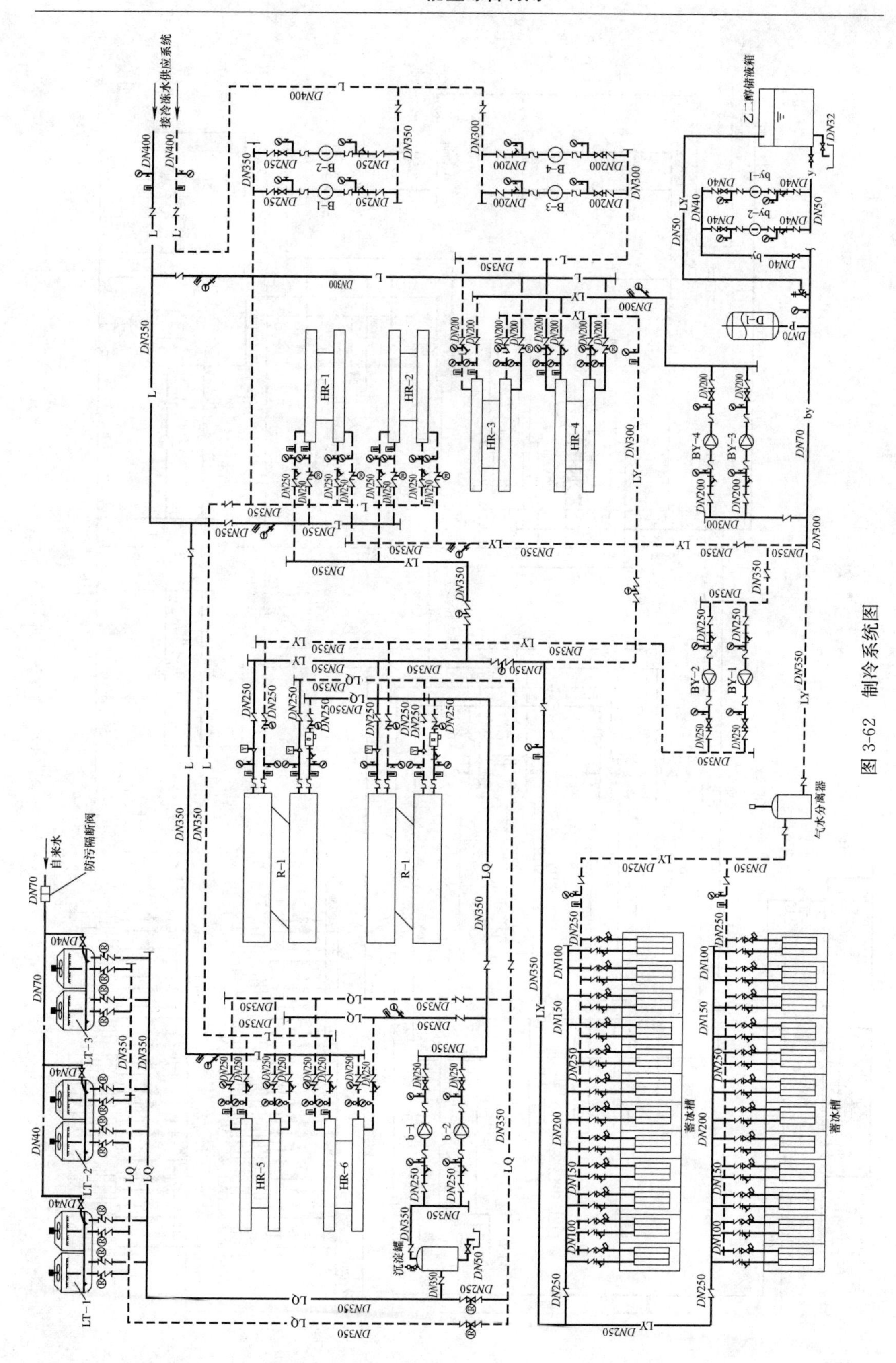
接冷冻水供应系统
乙二醇储液箱
气水分离器
蓄冰槽
蓄冰槽
沉淀罐
自来水
防污隔断阀
HR-1
HR-2
HR-3
HR-4
HR-5
HR-6
R-1
R-1
B-1
B-2
B-3
B-4
BY-1
BY-2
BY-3
BY-4
b-1
b-2
by-1
by-2
D-1
LT-1
LT-2
LT-3

图 3-62 制冷系统图

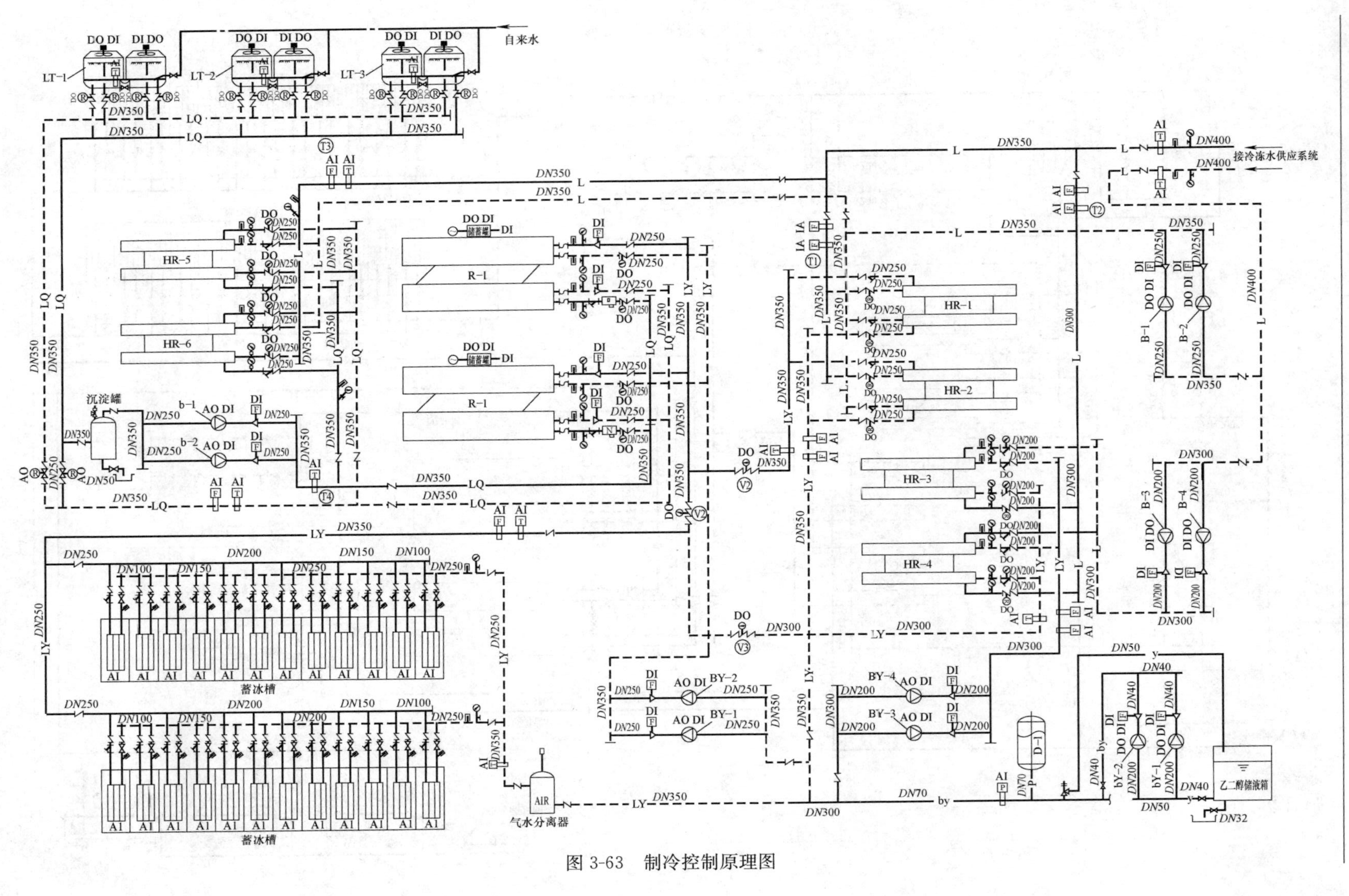

图 3-63　制冷控制原理图

双工况主机制冰量（23：00～6：00）：13831kWh。

典型设计日系统运行策略见表 3-103。

项目设计日系统运行策略 **表 3-103**

时间	总冷负荷(RT)	制冷机制冷量(RT)			蓄冰槽		取冷率(%)
		基载主机	制冰工况	制冷工况	储冰量(RT·h)	取冰量(RT)	
0：00	348	348	595		2046		
1：00	343	343	581		2625		
2：00	341	341	571		3194		
3：00	339	339	564		3756		
4：00	337	337	534		4288		
5：00	336	336	256		4542		
6：00	339	339	220		4760		
7：00	347	347			4758		
8：00	1168	430		387	4405	351	7.37
9：00	1454	430		803	4182	221	4.65
10：00	1505	430		805	3910	270	5.68
11：00	1533	430		805	3609	298	6.27
12：00	1581	430		807	3263	344	7.23
13：00	1653	430		812	2850	411	8.63
14：00	1721	430		818	2376	473	9.93
15：00	1764	430		822	1862	512	10.75
16：00	1768	430		823	1345	515	10.81
17：00	1744	430		822	852	492	10.33
18：00	381	381			850		
19：00	373	373			848		
20：00	364	364			846		
21：00	358	358			844		
22：00	354	354			842		
23：00	350	350	613		1453		
合计	20801	9210	3934	7704		3886	81.65

经计算，该项目用于蓄冷的电驱动蓄能设备提供的设计日的冷量达到 18.7%。作为绿色建筑评选，该项目在蓄冷技术中未达到规范要求的“用于蓄冷的电驱动蓄能设备提供的设计日的冷量达到 30%”，故该条不得分。

3.4.3 蓄热系统

1. 技术简介

蓄热技术是指在电网低谷时段运行电加热设备，对存放在蓄热罐中的蓄热介质进行加热，将电能转换成热能储存起来，在用电高峰期将其释放，以满足建筑物供暖或生活热水需热量，来实现电网移峰填谷的目的。蓄冷蓄热系统通过移峰填谷，从总体上提高了发电能源的利用率及发电输电设备的使用效率（蓄热系统节省费用，但不节电）。

依据蓄热热源，蓄热系统分为电能蓄热系统、太阳能蓄热系统、工业余热或废热蓄热系统；按照蓄热介质，蓄热系统分为水蓄热、相变材料蓄热和蒸汽蓄热；按照用热系统，蓄热系统分为供暖系统、空调系统和生活热水系统。本节主要阐述用于空调系统的电能蓄热系统，即电蓄热空调供暖系统。

电蓄热供暖空调系统按照温度分为高温蓄热和常温蓄热。高温蓄热的蓄热温度一般为120～140℃，其适用于供暖系统和空调系统。常温蓄热的蓄热温度一般为90～95℃，仅适用于空调系统。

按照蓄热装置与电锅炉的连接关系，电蓄热供暖空调系统分为并联和串联两种形式，见图3-64、图3-65。

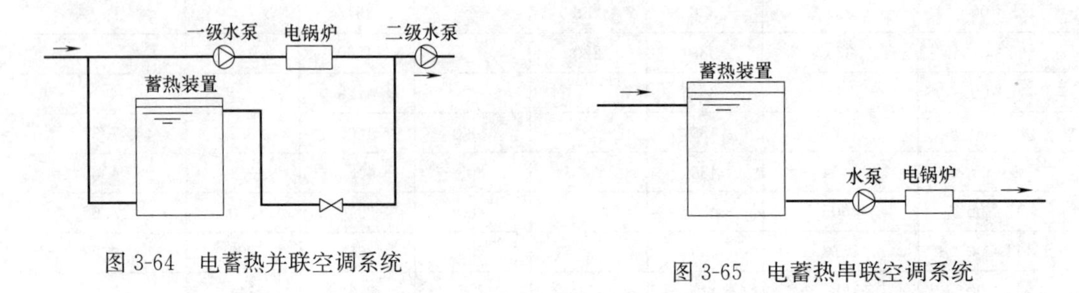

图3-64 电蓄热并联空调系统

图3-65 电蓄热串联空调系统

按照运行策略，电蓄热供暖空调系统分为全负荷蓄热和部分负荷蓄热两种类型，全负荷蓄热指利用夜间低谷电进行蓄热，日间用电高峰和平段时间不启用电锅炉，建筑物所需负荷全部由蓄热装置提供，适用于全天热负荷较小的建筑和峰谷电价差较大的地区。部分负荷蓄热是利用低谷电进行蓄热，日间的空调负荷由蓄热装置和电热锅炉共同承担。

2. 适用范围

蓄热空调系统适用于以下场合：

（1）执行分时电价、峰谷电价差较大的地区，或有其他用电鼓励政策时；

（2）空调热负荷峰值的发生时刻与电力峰值的发生时刻接近且电网低谷时段的热负荷较小时；

（3）建筑物的热负荷具有显著的不均匀性，或逐时空调热负荷的峰谷差悬殊，按照峰值负荷进行设计装机容量的设备经常处于部分负荷下运行，利用闲置设备进行供热能够取得较好的经济效益时；

（4）电能的峰值供应量受到限制，以至于不采用蓄热系统能源供应不能满足建筑空气调节的正常使用要求时；

（5）以供冷为主、供暖负荷小，无法利用热泵或其他方式提供供暖热源，但可以利用谷电进行蓄热，且电锅炉不在用电高峰和平段时间启用的空调系统。

当符合以上条件时，可通过经济技术比较确定是否采用蓄热空调，但同时注意符合《公共建筑节能设计标准》GB 50189—2015第4.2.2条关于不得采用电直接加热设备作为供暖热源的规定。

3. 技术要点

（1）技术指标

《绿色建筑评价标准》GB/T 50378—2014 第 5.2.14 条规定：合理采用蓄冷蓄热系统，评价分值为 3 分。该条要求参考现行国家标准《公共建筑节能设计标准》GB 50189—2015，电加热装置的蓄能设备能保证高峰时段不用电。

(2) 设计要点

1) 电蓄热供暖和空调系统的设计，一般可按下列步骤进行：

① 计算逐时热负荷：一般来说，应采用相关的负荷计算软件求出设计日的日总负荷以及负荷时间分布曲线，在方案设计和初步设计阶段，也可以按单位面积指标进行估算。

② 选热蓄热模式：考虑设备的初投资和电容量等综合因素，如果允许，一般宜采用分量蓄热模式；如当地难以保证白天的供热用电时，应采用全量蓄热模式。

③ 确定各组成部分的容量与规格：确定电热锅炉、蓄热装置、换热器、循环水泵的容量。

2) 优先采用国家推广的节能环保新产品，电锅炉平均运行热效率宜不低于 94%。

3) 一般蓄热系统的蓄热温度为 90℃，采用板式换热器与末端隔开时，一次供/回水温度 90℃/95℃，二次供/回水温度 60℃/50℃，蓄热温差为 35℃。当运行在蓄热工况时，其一次侧可采用一次循环加热方式，也可以采用多次循环加热方式；当运行在释热工况时，其一次侧可采用一次循环释热方式，也可以采用多次循环释热方式。

4) 开式蓄热装置的设计应考虑热温水混合、死水空间和储存效率等问题，可采用并联流程，箱体内水量按多次混水流、小温差计算，则可提高蓄热装置的能源利用率。

5) 一般将蓄热系统与用热系统通过热交换器进行隔离，常采用板式换热器以提高系统的效率。

6) 蓄热循环水泵选用应注意水泵的工作温度，应采用热水专用泵。电蓄热系统应采用水泵变频技术。

7) 利用风冷热泵谷时蓄热，作为水源 VAV、水环热泵、水源热泵、水源热泵日常使用的低位热源也是一种不错的蓄热系统。

(3) 注意事项

1) 蓄热温度高于沸点温度的高温蓄热装置应符合《压力容器安全技术监察规程》，系统应有多重保护措施。

2) 蓄热装置不应与消防水池合用。

3) 蓄热装置一般宜采用钢制，形式可以因地制宜采用矩形或圆形、卧式或立式，一般要求蓄热装置有一定的高度有利于温度分层。

4) 开式系统的蓄热温度应低于 95℃，以免发生气化。

4. 相关标准、规范及图集

(1)《民用建筑供暖通风与空气调节设计规范》GB 50736—2012；

(2)《公共建筑节能设计标准》GB 50189—2015

(3)《蓄热式电锅炉房工程设计施工图集》03R102；

(4)《全国民用建筑工程设计技术措施节能专篇暖通空调·动力 2007》；

(5)《实用供热空调设计手册》(第二版)。

5. 参考案例

上海某6层研发营销综合楼，主要功能为办公（使用时间为8：00～17：00）。空调热源采用电热水锅炉加水蓄热的供热方式满足全部空调用热负荷，热源为2台蓄热容量为210kW，的电热水锅炉，利用夜间谷时电价开启电热水锅炉，供/回水温度90℃/45℃，配置1座蓄热有效容积为60m³ 的蓄热水箱，夜间通过蓄热水箱进行蓄热，白天再将蓄热池热水经一台300kW（258000kcal/h）的板式水一水热交换器转换成空调热水。空调热水的供/回水温度为50℃/40℃。另外配备热水循环水泵及蓄热、放热水泵等，设备均设置在地下机房内。图3-66为蓄热装置计算选用过程及机房水管布置图。

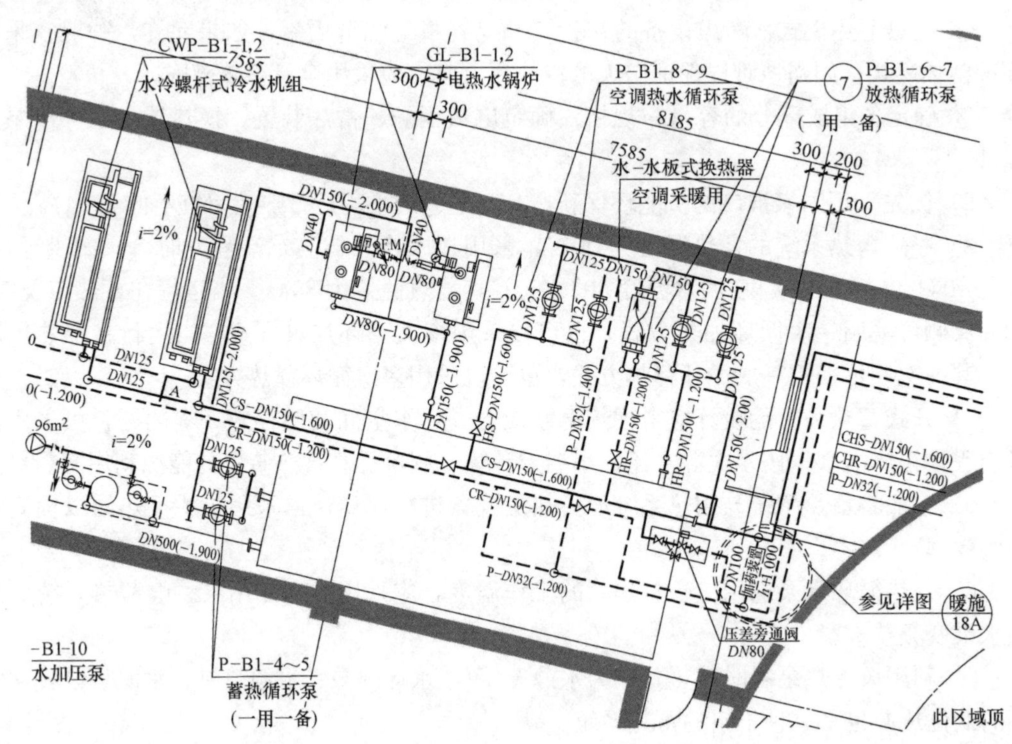

图3-66 蓄热机房水管布置平面图

（1）设计负荷（表3-104）

大楼设计日逐时热负荷 表3-104

时间	8:00	9:00	10:00	11:00	12:00	13:00	14:00	15:00	16:00	17:00
冬季总热负荷(W)	280816	288930	296439	290333	285167	281880	279532	278593	280001	250892

根据计算可知，大楼最大小时热负荷为300kW，最高日耗热时所需蓄热量Q=3000kWh。

（2）蓄热装置有效容积V

选取蓄热温度为90℃，蓄热温差采用45℃。

$$V=\frac{860Q}{1000\Delta t}=\frac{860\times3000}{1000\times45}=57\text{m}^3$$

取蓄热水池规格为：8.5m×3.5m×3m 高。

(3) 电锅炉功率（全量蓄热模式）N

$$N = TH \cdot k/(IH \cdot \eta) = 3000 \times 1.08/(8 \times 0.97) = 418\text{kW}$$

式中 TH——蓄热时间，h；

k——热损失附加率；

η——锅炉热效率。

即：选功率为 210kW 的电锅炉 2 台。

3.4.4 烟气热回收装置

1. 技术简介

锅炉的排烟温度一般在 120～130℃左右，燃用高硫燃料的锅炉，排烟温度在150℃左右，加装暖风器的锅炉，排烟温度可达 160～180℃，如此高的排烟温度既浪费了大量能源，又造成严重的环境热污染。此外，排烟热损失还是影响锅炉热效率的一个重要因素。因此采取措施进行烟气余热的回收、降低排烟温度，既能提供热能利用效率，又能减轻高温烟气造成的热污染。

烟气余热利用指在燃料锅炉或直燃机等尾部加装烟气冷凝热能回收装置，回收排烟显热和烟气中水蒸气凝结潜热，用于空调供暖或生产生活热水等。锅炉烟气余热回收系统在结构上可分为整体式和分离式两种。整体式烟气余热回收系统锅炉即为一般所说的整体型冷凝锅炉，结构上配备预热空气及烟气余热回收的装置，炉体采用高耐腐蚀的换热面材料；分离式余热回收装置主要是在常规锅炉上增设烟气余热回收装置。目前，烟气余热回收利用通常采用的装置有焊接板式换热器、GGH 换热器、热管换热器、热媒式换热器和低压省煤器等。

烟气余热回收装置不仅具有投资少、见效快、回收期短、使用寿命长、节能效益大等优势，而且适用性极其广泛，可以灵活配置于工业锅炉、热电联产锅炉、电站锅炉等各类锅炉，节能效果明显，前景非常广阔。

2. 适用范围

适用于项目周边有较高温度、较长时间持续的排烟废气的场所。

3. 技术要点

(1) 技术指标

《绿色建筑评价标准》GB/T 50378—2014 第 5.2.15 条规定，合理利用余热废热解决建筑的蒸汽、供暖或生活热水需求。一般情况下，具体指标为：余热或废热提供的能量不少于建筑所需蒸汽设计日总量的 40%、供暖设计日总量的 30%、生活热水设计日总量的 60%。

(2) 设计要点

烟气余热回收装置安装于锅炉尾部烟道上，换热器可布置在空气预热器到脱硫吸收塔之间，换热器的进水口与除盐水箱出口母管相连，出水口与除氧器相连，换热器的进水口与出水口之间设置再循环泵，通过再循环泵将换热器出口的 90℃左右的热水部分返送到换热器进口并与进入换热器前的常温除盐水混合，通过再循环流量的调节可控制装置的冷端进水温度从而保证装置的冷端温度比烟气中水蒸气的露点温度高，避免了冷端元件的腐蚀。

1）为保证锅炉、直燃机等设备正常高效经济运行，排烟或废气余热利用时，烟气余热回收装置的设置，应满足耐腐蚀、高效能、小阻力、安全可靠、技术经济合理的要求。

2）烟气余热回收装置的选择，可根据锅炉供热系统类型与寿命要求、燃料组分及耗量、燃烧方式、烟气温度和压力、被加热水温度和流量、设备换热能力、设备两侧流动阻力、设备体积与安装维修工程应用条件等，应保证锅炉系统在原动力下安全高效经济运行，如果增加风机水泵，需要全面技术经济分析可行。

3）烟气余热回收装置安装应靠近锅炉、直燃机等尾部出烟口处，并设排气、泄水、试压装置，应防止烟气冷凝水进入锅炉造成腐蚀。烟气冷凝热回收装置可单台安装，也可多台合并安装。多台合并安装时，需考虑不运行锅炉因其他锅炉烟气进入造成的防腐问题。

4）安装烟气余热回收装置后的节能量和节能率，应根据锅炉负荷率、燃气耗量、燃气热值，过剩空气系数、烟气冷凝热回收装置加热量（被加热介质进出口焓差）、锅炉供热量，计量烟气冷凝热回收装置回收的热量、安装烟气冷凝热回收装置后的锅炉总热效率，并与安装前比较。如果增加有风机水泵，节能率需扣除相应能耗，并需考虑能值系数。

5）烟气余热回收装置的节能评价应给出锅炉设备的容量、负荷率、运行条件、流动阻力、是否增加水泵风机等外力、烟气余热回收装置回收的热量、安装烟气余热回收装置前后锅炉总效率。

6）分离式锅炉烟气余热回收系统，还需解决回收热能如何利用以及热能应用时间与锅炉使用时间匹配问题。

4. 相关标准、规范及图集

(1)《民用建筑供暖通风与空气调节设计规范》GB 50736—2012；

(2)《公共建筑节能设计标准》GB 50189—2015；

(3)《全国民用建筑工程设计技术措施节能专篇暖通空调·动力 2007》；

(4)《实用供热空调设计手册》(第二版)。

5. 参考案例

某项目对其2.1MW天然气热水锅炉进行了改造，在其尾部烟道安装了烟气冷凝热能回收装置。安装后，分别测试了3个工况下锅炉的热效率，见表3-105。

在40～45℃的锅炉给水温度条件下，采用烟气冷凝热能装置可以提高锅炉热效率平均5%左右，在相同供热功率条件下，节约天然气5%，即每蒸吨锅炉每小时节省4.7m³，节能效果显著。

烟气冷凝热能回收装置的另一作用是降低NOx的排放。锅炉热效率的提高，减少了燃料的消耗，降低了总排放量。冷凝液对NOx的吸收，进一步减少了排放，总效果是相同供热功率下，减少NOx达10%以上。

3.4.5　空调冷凝热回收

1. 技术简介

空调冷凝热的回收利用，目前主要是指利用冷凝热来加热生活用热水。由空调的运行

锅炉热效率测试　　表 3-105

锅炉回水温度		安装前	安装后	热效率提高
40℃	热效率	90.05%	95.81%	5.76%
	烟气温度	131	74	
	冷凝液		108kg/h	
45℃	热效率	89.14%	92.75%	3.43%
	烟气温度	141	83	
	冷凝液		60kg/h	
50℃	热效率	88.57%	90.69	2.12%
	烟气温度	147	84	
	冷凝液		30kg/h	

原理可知，制冷机组在空调工况下运行时向大气环境排放大量的冷凝热，根据不同系统的工作效率，排放热量可达制冷量的1.15～1.3倍，造成了巨大的能量浪费和环境热污染。另一方面又需要燃烧燃料来加热生活用热水，因此利用冷凝热加热生活热水是一个一举两得、变废为宝的措施。用空调冷凝热加热热水的设想是Healy和Wetherington在1965年提出的，近年来我国对此研究也越来越多，项目实践也日益增多。

根据《空调冷凝热回收设备》JG/T 390—2012，冷凝热回收是利用冷凝热来加热或预热空调热水、卫生（生活）热水、生产工艺用热水或满足其他热用途的工作方式。按照冷凝热热回收利用程度，冷凝热回收可分为部分冷凝热回收和全部冷凝热回收；按照空调冷凝热利用方法，冷凝热回收可分为直接式冷凝热回收、间接式冷凝热回收和复合冷凝热回收；按照空调冷凝热回收器与冷凝器的组合方式可分为单冷冷凝器热回收和双冷凝器热回收。

部分冷凝热回收（简称部分热回收）是指热回收过程中回收压缩机排气口至膨胀阀（节流装置）之间的部分冷凝热，且在设备运行时仍需常规冷凝装置排热的热回收方式，见图3-67。

全部冷凝热回收（简称全部热回收）是指热回收过程中设备运行时无需常规冷凝装置排热的热回收方式，见图3-68。

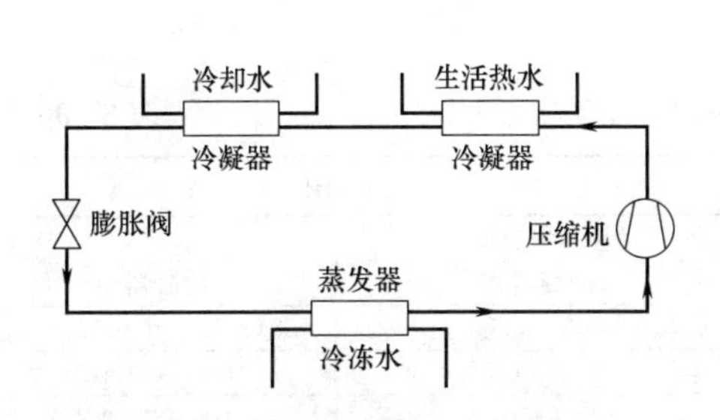

图3-67　空调部分冷凝热回收

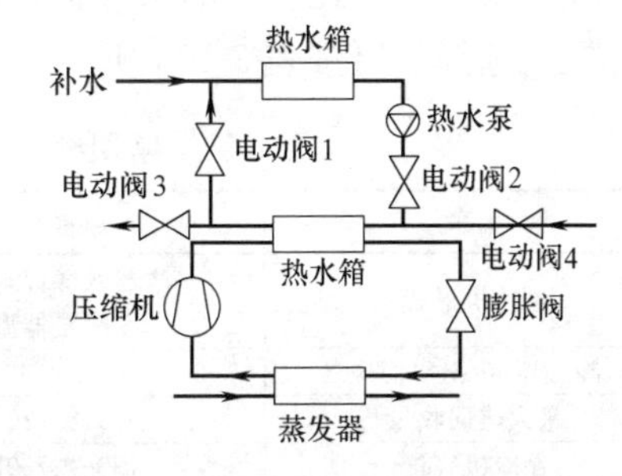

图3-68　空调全部冷凝热回收

复合冷凝热回收是指制冷或热泵装置采用两个具有冷凝功能的装置联合工作以完成冷凝过程的工作方式，即水冷＋水冷或风冷＋水冷同步工作，或风冷＋水冷但风冷与水冷可交替工作，在满足设备冷凝热释放的同时可回收冷凝热的回收方式，见图3-69。

直接式冷凝热回收是指热水直接在压缩机排气口至膨胀阀（节流装置）之间与制冷工质进行热交换的冷凝热回收；间接式冷凝热回收是指热水不直接与制冷工质进行换热，而是通过中间换热介质换热的冷凝热回收。

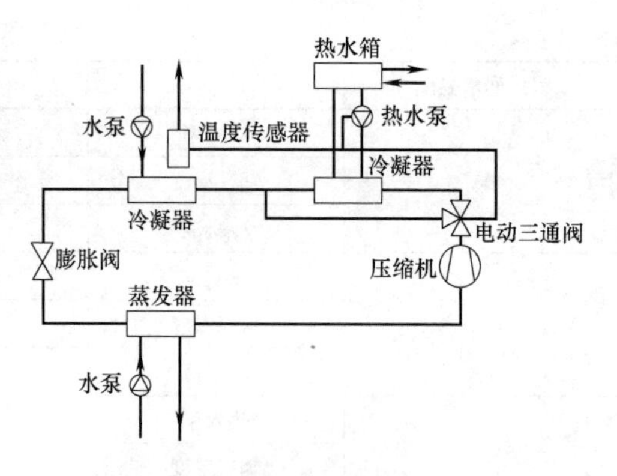

图 3-69 空调复合式冷凝热回收

根据《实用供热空调设计手册》（第二版），单冷凝器热回收是通过在冷却水出水管路中加装一个换热器来实现的冷凝热回收形式；双冷凝器热回收是指在冷凝器中增加热回收管束和在排气管上增加换热器的方法来实现的冷凝热回收形式。

《公共建筑节能设计标准》深圳市实施细则 SZJG29—2009 规定，采用集中空调系统，有稳定热水需求，建筑面积在 10000m² 以上的公共建筑，应当安装空调废热回收装置。

2. 适用范围

适用于酒店、会所、医院等采用集中空调系统，且有稳定热水需求的建筑。

3. 技术要点

（1）技术指标

《标准》第 5.2.15 条规定：合理利用余热废热解决建筑的蒸汽、供暖或生活热水需求。一般情况下，具体指标为：余热或废热提供的生活热水的比例不应小于设计日总量的 60%。

（2）设计要点

1）经济比较

空调冷凝热回收与生活热水需求难以达到完全匹配，例如冬季冷水机组已经停止运行，而生活热水需求达到顶峰。因此选择回收装置的形式、确定最佳设计容量、设置蓄热水箱、延长匹配运行时间都应围绕“投资回报”这个重点展开。

2）系统选择

在技术经济对比合理的条件下，确定制冷剂和热回收装置的形式。冷凝热回收装置中制冷机的选择，可按表 3-106 所列的内容确定。

常用冷凝热回收制冷机的性能和特点❶ **表 3-106**

用途	热水预热	热水加热	
制冷机形式	活塞或螺杆式辅助冷凝器型	活塞或螺杆式双冷凝器型	离心式双冷凝器型
冷凝器进/出水温度	30℃/55℃或 40℃/45℃	40℃/45℃	30℃/41℃或 40℃/41℃
最大热回收量	15%～20%	115%～125%	115%～120%
制冷机容量	130～2760kW	130～810kW	420～3730kW
制冷 COP_L	4.2～5.0	3.3～3.6	3.9～5.0
热回收 COP_h	0.6～1.0	3.8～4.5	4.5～6.0

注：以上“最大热回收量”是指制冷机在标准工况下产生的制冷量为基数，所回收的最大限度的冷凝热。

❶ 中国建筑西北设计研究院. 空调系统热回收装置选用与安装 06K301-2 [M]. 北京，中国计划出版社：2006.

3）机组容量设计

空调冷凝热回收热泵机组设计容量的确定是一个核心问题。容量太大，不仅设备费用高，而且当空调实时冷负荷太小时，机组无法正常启动，系统运行时间缩短，影响冷凝热回收效率；而如果选择机组容量太小，回收的冷凝热不能满足大多数时间生活热水需求，需要经常性借助燃料热源供热，也会影响冷凝热回收效率。影响热泵机组设计容量的另一个重要因素是空调运行时间与生活热水使用不同步性，因此存在一个最佳设计容量值，既可以使机组满足生活热水供应的需求，又能最大限度地利用机组的冷凝热。首先该值能使日空调负荷总量不小于生活热水供应总量，以满足生活热水供应的需求。其次，保证空调系统在较低的部分负荷率的情况下，机组仍能以较高的效率运行。

4）蓄热水箱容量计算

空调负荷与生活热水负荷具有不同步性，为了解决负荷不平衡问题，将蓄热水箱引入到空调和生活热水供应系统设计中，以延长空调冷凝热的利用时间，从而达到最佳的节能效果。蓄热水箱的容积应满足下式[1]：

$$V_e \geqslant \sum \frac{(q_k - q_{rh})\tau}{c\rho(t_r - t_L)}$$

式中 V_e——蓄热水箱计算容积，m^3；

q_k——空调逐时负荷，kW；

q_{rh}——生活热水逐时负荷，kW；

τ——持续时间，1h；

t_r——热水温度，℃；

t_L——冷水温度，℃。

5）控制方式

冷凝热回收装置通常采用的控制方式是依据热用户的需求，合理调节热回收装置的回收量、冷凝器回收温度及辅助加热量，使三者达到合理的效果。为使热回收利用更经济，控制主要采用由热用户循环回水温度控制冷却塔系统旁通阀的开度；由生活热水蓄热罐的水温控制热水循环系统的启停和辅助热源的加热量。热水供水温度的控制可以应用于螺杆式、涡旋式、活塞式冷水机组的热回收系统，不宜应用于离心式冷水机组的热回收系统。热水回收温度控制可应用于螺杆式、涡旋式、活塞式、离心式冷水机组的热回收系统。

（3）注意事项

1）最大热回收量

在理论上，热回收量是制冷量和压缩机做功之和，某些离心式冷水机组最大热收量可达到总冷量的100%。但是，在部分负荷下运行时，其热回收量随冷水机组制冷量的减少而减少。

2）最高热水温度

由于热回收机组的主要任务是制冷，通过热回收仅是其制冷过程中的副产品，热水温

[1] 黄璞洁. 集中空调冷凝热回收技术在生活热水供应系统中的应用 [J]. 暖通空调，2011，41（8）：54-57.

度过高将影响冷水机组的效率，甚至造成冷水机组运行不稳定，一般应通过辅助热源进一步提高热水或热风的温度，故要求回收侧温度不宜高于45℃。

4. 相关标准、规范及图集：

（1）《全国民用建筑工程设计技术措施节能专篇 暖通空调．动力 2007》；

（2）《空调冷凝热回收设备》JG/T 390—2012；

（3）《空调系统热回收装置选用与安装》06K301-2；

（4）《实用供热空调设计手册》（第二版）。

5. 参考案例

深圳某医院项目，总用地面积29803.9m^2，总建筑面积99179.14m^2，项目包括门急诊、医技、住院楼、行政后勤等建筑，其中门诊楼和行政楼地上层数分别均为4层，住院楼和医技楼分别为22层和5层，地下室一层用作设备用房和车库，总床数为600床，日门诊量为3000人·次/日。

该项目空调制冷系统分别设置两套设备，其中一套为水冷冷水机组，选用两台3164kW的离心式冷水机组和一台1392kW的螺杆式冷水机组；另一套为风冷系统，选用3台制冷量为802kW带热回收功能的风冷热泵机组。选用两台蒸发量为1.5t/h的天然气蒸汽锅炉，其额定蒸汽量为1.0MPa，提供冬季净化空调，恒温恒湿空调加湿用蒸汽。风冷热泵机组热回收量1019kW，冬季制热量822kW，夏季制冷时回收风冷热泵机组的冷凝热，用于生活热水的预热及净化空调、恒温恒湿空调调温热源；过渡季节、冬季制热用于生活热水的预热及空调热水。

对该项目进行经济性分析，得出与常规采用蒸汽制取卫生热水系统相比，该系统年可节约的运行费用为241万元，预计投资回收期为0.75年。

3.4.6 太阳能生活热水系统

1. 技术简介

以化石能源为主的能源经济已经无法可持续发展，人们必须进行能源结构的转型，发展太阳能、风能、水能等各种可再生能源，太阳能热水器正是在这种背景下发展壮大起来。国外在20世纪80年代，太阳能热水系统在建筑中的应用开始出现在人们的眼前，我国太阳能热水系统在建筑中应用是从20世纪70年代开始着手的。太阳能热水系统的发展得到了政府的大力推广，出台了相关的引导政策和奖励措施，江苏、安徽、山东、浙江、宁夏、海南、湖北、深圳等省市全面强制推广太阳能热水系统，在科研成果的技术支持下，太阳能热水技术在住宅建筑尤其是高层住宅建筑中得以推广。并逐步扩展至公共建筑和工业建筑。在国内部分地区，太阳能热水系统的建设成本已等于甚至低于电或煤气热水系统的成本，在经济上完全可以不需要政策补贴，实现市场化运作。

根据《民用建筑太阳能热水系统应用技术规范》GB/T 50364—2005，太阳能热水系统指将太阳能转换成热能以加热水的热水系统，包括太阳能集热器、贮水箱、泵、连接管道、支架、控制系统和必要时配合使用的辅助热源。太阳能热水系统按供应热水范围可分为集中供热水系统、集中-分散供热水系统和分散供热水系统。按照贮水箱水被加热的方式分为直接系统和间接系统。按照系统传热工质流动的方式分为直接循环系统、强制循环系统和直流式系统。按照辅助能源设备安装的位置可以分为内置加热系统和外置加热系统。按照辅助能源启动的方式可分为全日自动启动系统、定时自动启动系统和按需手动启动系统。目前常用的太阳能集热器包括真空管型太阳能集热器和平板型太阳能集热器。

太阳能集中供热水系统是指采用集中的太阳能集热器和集中的贮水箱供给一幢或几幢建筑物所需热水系统，见图 3-70。

太阳能集中-分散供热水系统是指采用集中的太阳能热水器和分散的贮水箱供给一幢建筑物所需热水的系统，见图 3-71。

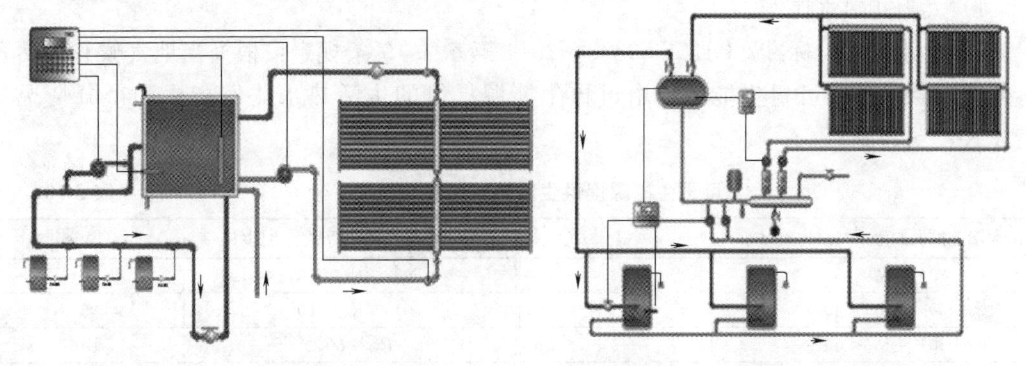

图 3-70 太阳能集中供热水系统

图 3-71 太阳能集中-分散供热水系统

太阳能分散供热水系统是指采用分散的太阳能集热器和分散的贮水箱供给各个用户所需热水的小型系统，见图 3-72。

真空管集热器是指采用透明管（通常为玻璃管）并在管壁与吸热体之间有真空空间的太阳能集热器，见图 3-73（*a*）。

平板型集热器是指吸热体表面基本为平板形状的非聚光型太阳能集热器，见图 3-73（*b*）。

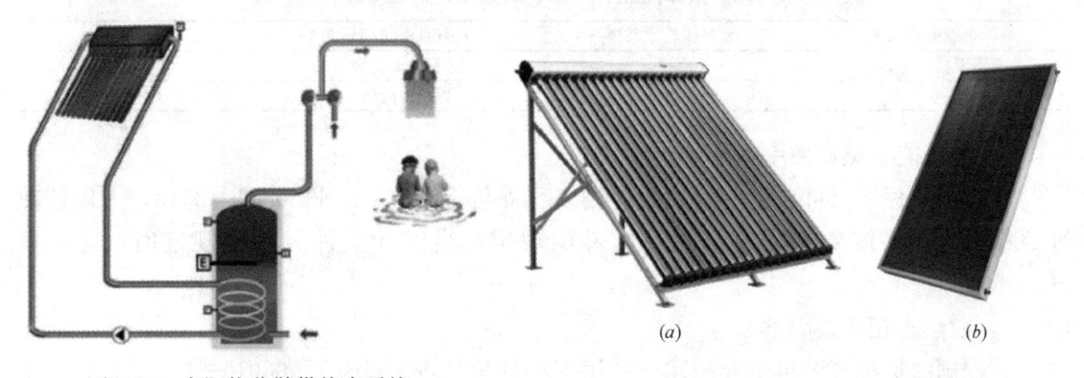

图 3-72 太阳能分散供热水系统

(*a*) (*b*)

图 3-73 太阳能集热器类型

（*a*）真空管集热器；（*b*）平板型集热器

太阳能直接系统是指在太阳能集热器中直接加热水给用户的太阳能热水系统；太阳能间接系统是指在太阳能集热器中加热某种传热工质，再使该传热工质通过换热器加热水给用户的太阳能热水系统。

自然循环系统是指仅利用传热工质内部密度变化来实现集热器与贮水箱之间或集热器

与换热器之间进行循环的太阳能热水系统。强制循环系统是指利用泵迫使传热工质通过集热器（或换热器）进行循环的太阳能热水系统。直流式系统是指传热工质一次流过集热器加热后，进入贮水箱或用热水处的非循环太阳能热水系统。

2. 适用范围

适用于旅馆、餐饮、医院、洗浴等生活热水耗量较大且稳定的场所以及12层以下的居住建筑。

3. 技术要点

（1）技术指标

1）太阳能热水比例

《绿色建筑评价标准》GB/T 50378—2014第5.2.16条规定：根据当地气候和自然资料条件，合理利用可再生能源。由可再生能源提供的生活热水比例指标和得分情况见表3-107。

可再生能源提供生活热水比例及对应得分　　表3-107

由太阳能提供的生活热水比例(R_{hw})	得分	由太阳能提供的生活热水比例(R_{hw})	得分
$20\% \leqslant R_{hw} < 30\%$	4	$60\% \leqslant R_{hw} < 70\%$	8
$30\% \leqslant R_{hw} < 40\%$	5	$70\% \leqslant R_{hw} < 80\%$	9
$40\% \leqslant R_{hw} < 50\%$	6	$R_{hw} \geqslant 80\%$	10
$50\% \leqslant R_{hw} < 60\%$	7		

2）太阳能保证率

根据国家标准《可再生能源建筑应用工程评价标准》GB/T 50801—2013，太阳能热水系统的太阳能保证率应符合设计文件的规定，当设计无明确规定试，应符合表3-108的规定。

不同地区太阳能热利用系统的太阳能保证率 f（%）　　表3-108

太阳能资源区划	太阳能热水系统	太阳能资源区划	太阳能热水系统
资源极丰富区	$f \geqslant 60$	资源较丰富区	$f \geqslant 40$
资源丰富区	$f \geqslant 50$	资源一般区	$f \geqslant 30$

3）太阳能集热器效率

根据国家标准《可再生能源建筑应用工程评价标准》GB/T 50801—2013，太阳能热水系统的集热系统效率应符合设计文件的规定，当设计文件无明确规定时，应不低于42%。

4）贮热水箱热损因素

根据国家标准《可再生能源建筑应用工程评价标准》GB/T 50801—2013，太阳能集热系统的贮热水箱热损因数不应大于30W/($m^3 \cdot K$)。

5）热水供应温度

根据国家标准《可再生能源建筑应用工程评价标准》GB/T 50801—2013，太阳能热水系统的供热水温度应符合设计文件的规定，当设计文件无明确规定时，应大或等于45℃且小于或等于60℃。

6）投资回收期

根据国家标准《可再生能源建筑应用工程评价标准》GB/T 50801—2013，太阳能热水系统静态投资回收期不应大于5年。

(2) 设计要点

1) 太阳能热水系统设计

与本条相关的标准规定具体如下：

国家标准《民用建筑太阳能热水系统应用技术规范》GB/T 50364—2005规定：

4.1.1 太阳能热水系统设计应纳入建筑给排水设计，并应符合国家现行有关标准的要求。

4.2.6 太阳能热水系统的类型应根据建筑的类型及使用要求按表4.2.6进行选择。

太阳能热水系统设计选用表 **表4.2.6**

系统类型 \ 建筑类型		居住建筑			公共建筑		
		低层	多层	高层	宾馆医院	游泳馆	公共浴室
集热与供热水范围	集中供热水系统	●	●	●	●	●	●
	集中-分散供热水系统	●	●	—	—	—	—
	分散供热水系统	●	—	—	—	—	—
系统运行方式	自然循环系统	●	●	—	●	●	●
	强制循环系统	●	●	●	●	●	●
	直流式系统	—	●	●	●	●	●
集热器内传热工质	直接系统	●	●	●	●	—	●
	间接系统	●	●	●	●	●	●
辅助能源安装位置	内置加热系统	●	●	—	—	—	—
	外置加热系统	—	—	●	●	●	●
辅助能源启动方式	全日自动启动系统	●	●	●	●	—	—
	定时自动启动系统	●	●	●	—	●	●
	按需手动启动系统	●	—	—	—	●	●

注：●为可选用项。

4.3.1 太阳能热水系统的热性能应满足相关太阳能产品的国家现行标准和设计要求，系统中集热器、贮水箱、支架等主要使用部件的寿命不得低于10年。

4.3.4 系统供水水温、水压和水质应符合现行国家标准《建筑给水排水设计规范》GB 50015的有关规定。

4.3.5 太阳能热水系统应符合下列要求：

1 集中供热水系统宜设置热水回水管道，热水供应系统应保证干管和立管中的热水循环；

2 集中-分散供热水系统应设置热水回水管道，热水供应系统应保证干管、立管和支管中的热水循环；

3 分散供热水系统可根据用户的具体要求设置热水回水管道。

4.4.3 集热器的倾角应与当地纬度一致；如系统侧重在夏季使用，其倾角宜为当地纬度减10°；如系统侧重在冬季使用，其倾角宜为当地纬度加10°；全玻璃真空管东西向水平放置的集热器倾角可适当减少。

4.4.7 太阳能集热器设置在平屋面上，应符合下列要求：

1 对朝向为正南、南偏东或南偏西不大于30°的建筑，集热器可朝南设置，或与建筑同向设置。

2 对朝向南偏东或南偏西大于30°的建筑，集热器宜朝南设置或南偏东、南偏西小于30°设置。

3 对于受条件限制，集热器不能朝南设置的建筑，集热器朝南偏东、南偏西或朝东、朝西设置。

4 水平放置的集热器可不受朝向限制。

4.4.13 安装在建筑上或直接构成建筑围护结构的太阳能集热器，应有防止热水渗漏的安全保障设施。

4.4.18 系统控制应符合下列要求：

1 强制循环系统宜采用温差控制；

2 直流式系统宜采用定温控制；

3 直流式的温控器应有水满自锁功能；

4 集热器用传感器应能承受集热器的最高空晒温度，精度±2℃；贮水箱用传感器应能承受100℃，精度±2℃。

2）规划和建筑设计

与本条相关的标准规定具体如下：

国家标准《民用建筑太阳能热水系统应用技术规范》GB/T 50364—2005规定：

5.1.5 太阳能热水系统的管线不得穿越其他用户的室内空间。

5.3.2 建筑的体形和空间组合应避免安装太阳能集热器部位受建筑自身及周围设施和绿化树木的遮挡，并应满足太阳能集热器有不少于4h日照时数的要求。

5.3.3 在安装太阳能集热器的建筑部位，应设置防止太阳能集热器损坏后部件坠落伤人的安全防护设施。

5.3.6 设置太阳能集热器的平屋面应符合下列要求：

1 太阳能集热器支架应与屋面预埋件固定牢固，并应在地脚螺栓周围做密封处理；

2 在屋面防水层上放置集热器时，屋面防水层应包到基座上部，并在基座下部加设附加防水层；

3 集热器周围屋面、检修通道、屋面出人口和集热器之间的人行通道上部应铺设保护层；

4 太阳能集热器与贮水箱相连的管线需穿屋面时，应在屋面预埋防水套管，并对其与屋面相接处进行防水密封处理。防水套管应在屋面防水层施工前埋设完毕。

5.3.7 设置太阳能集热器的坡屋面应符合下列要求：

1 屋面的坡度宜结合太阳能集热器接收阳光的最佳倾角即当地纬度±10°来确定；

2 坡屋面上的集热器宜采用顺坡镶嵌设置或顺坡架空设置；

3 设置在坡屋面的太阳能集热器的支架应与埋设在屋面板上的预埋件牢固连接，并采取防水构造措施；

4 太阳能集热器与坡屋面结合处雨水的排放应通畅；

5 顺坡镶嵌在坡屋面上的太阳能集热器与周围屋面材料连接部位应做好防水构造处理；

6 太阳能集热器顺坡镶嵌在坡屋面上，不得降低屋面整体的保温、隔热、防水等功能；

7 顺坡架空在坡屋面上的太阳能集热器与屋面间空隙不宜大于100mm；

8 坡屋面上太阳能集热器与贮水箱相连的管线需穿过坡屋面时，应预埋相应的防水套管，并在屋面防水层施工前埋设完毕。

太阳能集热器安装面积应当满足太阳能热水的需求，单块集热器（板）尺寸一般为2m×1m，安装面积宜为$2m^2$的整数倍。单位面积集热器的质量应在20～50kg/m^2之间，设在坡屋顶建筑上的集热器（板），应顺沿坡屋面安装，且不得跨越屋脊线。

3）结构设计

与本条相关的标准规定具体如下：

国家标准《民用建筑太阳能热水系统应用技术规范》GB/T 50364—2005 规定：

5.4.1 建筑的主体结构或结构构件，应能够承受太阳能热水系统传递的荷载和作用。

5.4.2 太阳能热水系统的结构设计应为太阳能热水系统安装埋设预埋件或其他连接件。连接件与主体结构的锚固承载力设计值应大于连接件本身的承载力设计值。

5.4.4 轻质填充墙不应作为太阳能集热器的支承结构。

4）给水排水设计

与本条相关的标准规定具体如下：

国家标准《民用建筑太阳能热水系统应用技术规范》GB/T 50364—2005 规定：

5.5.1 太阳能热水系统的给水排水设计应符合现行国家标准《建筑给水排水设计规范》GB 50015 的规定。

5.5.3 太阳能热水系统的给水应对超过有关标准的原水做水质软化处理。

5.5.4 当使用生活饮用水箱作为给集热器的一次水补水时，生活饮用水水箱的位置应满足集热器一次水补水所需水压的要求。

5.6.1 太阳能热水系统的电气设计应满足太阳能热水系统用电负荷和运行安全要求。

5.6.2 太阳能热水系统中所使用的电器设备应有剩余电流保护、接地和断电等安全措施。

5.6.3 系统应设专用供电回路，内置加热系统回路应设置剩余电流动作保护装置，保护动作电流值不得超过30mA。

5.6.4 太阳能热水系统电器控制线路应穿管暗敷，或在管道井中敷设。

(3) 注意事项[1][2]

1）系统防冻

---

[1] 赛娜，刘振印，崔雅楠．太阳能热水系统设计要点分析与方法优化［C］．第十届国际绿色建筑与建筑节能大会论文集：1～7.

[2] 张昕宇，何涛，李忠．太阳能热水系统在高层住宅中应用设计要点［C］．第七届国际绿色建筑与建筑节能大会论文集：374～377.

如果系统安装在室外温度低于零度以下的地区，应采取防冻措施：

① 对于集中供热水系统，集热水箱、供热水箱间应设供暖设施，保证室温不低于 5℃；

② 集热系统宜采用集热循环水泵逆循环保温防冻，间接系统也可采用添加防冻液防冻；

③ 采用排空、排回系统，达到防冻执行温度后，排空集热器和管路中的水；

④ 对于分散式热水系统，分户的集热水罐应设置在供暖房间或封闭阳台内。

2）系统防过热

由于热水负荷的特点，有可能系统长时间没有热水消耗，应避免出现系统过热（过热指的是长时间没有热水消耗，导致集热系统的温度升高），如果集热系统长时间处于过热状态，太阳能集热器热性能衰减非常厉害，为了保护太阳能集热器，应避免系统出现过热。对于集中系统，由于一个系统服务很多热用户，由于用水习惯不同，可能会总有热水负荷，但是也应采取防过热措施。可以在集热器环路中采用增加冷却系统的方式解决过热，也可以采取放掉部分热水的方式解决过热，但应注意排放安全，对于集中太阳能热水系统，也可以采用开式系统。

3）避免大量无效冷水

当住宅户内的供热水管长度超过 12m 时，应设置热水循环泵，可由住户在使用热水前手动开启进行循环，减少无效冷水浪费。对于分散供热水系统，可将贮水箱设置在卫生间、厨房等离用水点较近的位置，缩短出热水时间，此时集热系统应采用强制循环。

4）辅助热源和温度传感器安装位置

如果辅助热源设置在蓄热水箱中，辅助热源和温度传感器安装位置，在设计过程中，应引起特别注意，一般情况下，辅助热源设置在水箱的上部，控制辅助热源工作的温度传感器通常也应设置在上部，具体位置应根据热水负荷的特点进行设计。

4. 相关标准、规范及图集

(1)《民用建筑太阳能热水系统应用技术规范》GB/T 50364—2005；

(2)《民用建筑太阳能热水系统工程技术手册》；

(3)《民用建筑太阳能热水系统评价标准》GB/T 50604—2010；

(4)《太阳能集热器性能试验方法》GB/T 4271—2007；

(5)《太阳能热水系统设计、安装及工程验收技术规范》GB/T 18713—2002；

(6)《平板型太阳能集热器》GB/T 6424—2007；

(7)《全玻璃真空太阳集热管》GB/T 17049—2005；

(8)《玻璃金属封接式热管真空管太阳集热管》GB/T 19775—2005；

(9)《真空管型太阳能集热器》GB/T 17581—2007；

(10)《平板型太阳能热水系统建筑工程技术指南》；

(11)《平板太阳能热水系统与建筑一体化技术规程》CECS 348：2013；

(12)《太阳能异聚态热水系统应用技术规程》；

(13)《空气源热泵辅助的太阳能热水系统（储水箱容积大于 0.6m^3）技术规范》GB/T 26973—2011；

(14)《家用太阳能热水系统能效限定值及能效等级》GB 26969—2011；

(15)《家用太阳能热水系统控制器》国家标准应用指南 GB/T 23888—2009；

(16)《家用太阳能热水主要部件选材通用技术条件》GB/T 25969—2010；

(17)《家用太阳热水系统热性能试验方法》GB/T 18708—2002；

(18)《太阳能集中热水系统选用与安装（建筑标准图集)—给水排水专业》06SS128；

(19)《太阳能热水器选用与安装（建筑标准图集)—建筑专业》06J908-6；

(20)《平板型太阳能热水系统建筑设计图集》；

(21)《住宅太阳能热水系统选用及安装（国家建筑标准设计参考图)—建筑专业》11CJ32；

(22)《太阳能异聚态热水系统设计图集》。

5. 参考案例

苏州某小区内包括15栋住宅以及3栋配套商业建筑。其中9栋住宅建筑地上部分为18层，6栋住宅建筑地上部分为11层，首层部分架空，总建筑面积180399.65m^2，各建筑的朝向基本为南向或者在南偏西8°范围内。

该住宅项目采用了太阳能热水系统，项目真空管集中式太阳能热水系统，燃气锅炉作为辅助热源，屋面设计17组/单元，集热面积127.5m^2/单元，集热效率0.5，初始设计温度为5℃，终止温度为60℃，各热水水箱容积为9m^3，其中集热部分有效容积为6.5m^3，蓄热部分有效容积为1.3m^3，真空管尺寸为ϕ500×500mm，系统分为2个供水分区，一～三层为一区，由屋顶太阳能热水泵支管减压后供水，四层以上为二区，由屋顶太阳能热水供热泵供水。

通过对太阳能热水系统全年运行数据的分析，全年太阳能集热器产生热水量714.38m^3，燃气产生热水量317.12m^3，太阳能产生的热水量占总热水量的78%。

3.4.7 地埋管地源热泵

1. 技术简介

根据《地源热泵系统工程技术规范》GB 50366—2009，地源热泵系统以岩土体、地下水或地表水为低温热源，由水源热泵机组、地热能交换系统、建筑物内系统组成的供热空调系统。地埋管换热系统是指传热介质通过竖直或水平埋管换热器与岩土进行热交换的地热能交换系统，又称土壤热交换系统，见图3-74。根据管路埋置方式的不同，分为竖直地埋管换热器和水平地埋管换热器。

水平地埋管换热器是指换热管路埋置在水平钻孔内的地埋管换热器，又称水平土壤热交换器，见图3-75。

竖直地埋管换热器是指换热管路埋置在竖直钻孔内的地埋管换热器，又称竖直土壤热交换器，见图3-75。竖直埋管通常有单U形管、双U形管、小直径螺旋管、大直径螺旋管、立柱状、蜘蛛状和套管式等7种形式。由于U形管换热器占地少、施工简单、换热性能好、管路露头少、不易渗漏等原因，所以目前使用最多的是单U形管和双U形管。

2. 适用范围

地埋管地源热泵系统适用于建筑物周围有可供埋设地下换热器的较大面积的绿地或其

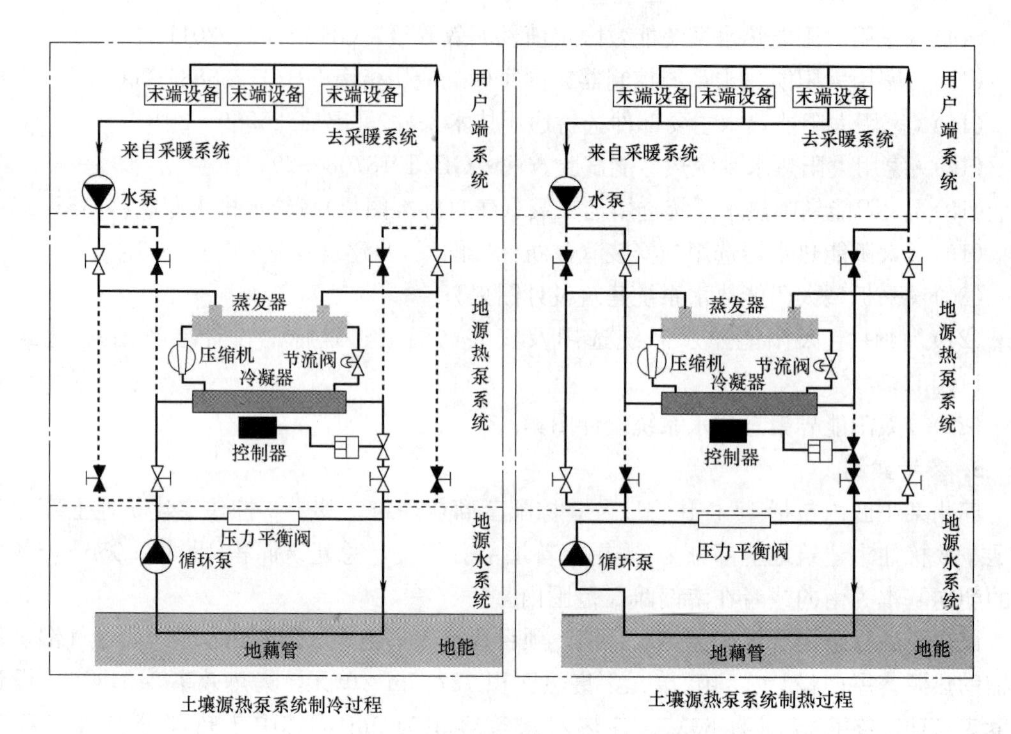

图3-74　地埋管地源热泵系统制冷和制热工程

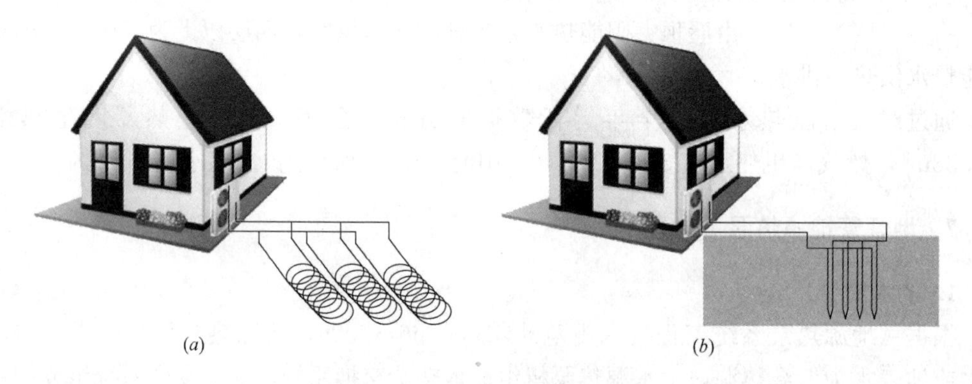

图3-75　土壤源热泵系统形式

(a) 水平式土壤源热泵系统；(b) 竖直式土壤源热泵系统

他空地；建筑物全年有供冷和供热需求，且冬、夏季的负荷相差不大；如建筑物冷热负荷相差较大，应有其他辅助补热或排热措施，保证地下平衡。

水平埋管地源热泵系统适用于单季使用情况（对冬夏冷暖联供系统使用很少），且场地比较充足的项目；垂直埋管适合场地面积较紧张的项目。

3. 技术要点

(1) 技术指标

1) 提供的空调冷量和热量比例

《绿色建筑评价标准》GB/T 50378—2014第5.2.16条规定：根据当地气候和自然资料条件，合理利用可再生能源。由可再生能源提供的空调用冷量和用热量比例指标和得分情况见表 3-107。

2）提供的空调冷量和热量比例

根据国家标准《可再生能源建筑应用工程评价标准》GB/T 50801—2013，地埋管地源热泵系统制冷能效比、制热性能系数应符合设计文件规定，当设计文件无明确规定时，系统制冷能效比不低于 3.0，系统制热性能系数不低于 2.6。

（2）设计要点

1）地埋管管件和管材

地埋管管件和管材应符合下列规定：

① 地埋管应采用化学稳定性好、耐腐蚀、导热系数大、流动阻力小的塑料管材及管件，宜采用聚乙烯管或聚丁烯管，不宜采用聚氯乙烯管。管件与管材应为相同材料。

② 地埋管质量应符合国家现行标准中的各项规定。管材的公称压力及使用温度应满足设计要求，且管材的公称压力不应小于 1.0MPa。

2）负荷计算

地埋管地源热泵系统设计前应进行全年动态负荷计算，最小计算周期为 1 年。计算周期内，地源热泵系统总释放热量与其吸热量平衡。

最大释热量和最大吸热量相差不大（最大释热量和最大吸热量的比值在 0.8～1.25 范围内）的工程，地埋管换热器的设计负荷应分别按供冷与供热工况进行地埋管换热器的长度计算，并取其较大者确定地埋管换热器；当两者相差较大时，宜进行技术经济比较，通过增加辅助热源或增加冷却塔辅助散热的措施来解决。

3）系统设计

地埋管换热器设计计算宜根据现场实测岩土体积回填料的热物性参数、测试井的吸放热特性参数，采用专用软件进行。地埋管换热器计算时，环路集管不应包括在地面管换热器长度内。

钻孔间距十分重要，钻孔间距过大须要占用很大的地表面积，这在实际工程中往往行不通；而钻孔间距过小会影响地源热泵系统的高效、安全运行。《地源热泵系统工程技术规范》GB 50366—2005（2009 版）规定钻孔间距宜为 3.0～6.0m；美国 ASHRAE《地源热泵工程技术指南》推荐的最小间距为 4.572m。实际工程多采用经验值，国内工程3.0～6.0m 间距都有采用，但以小于或等于 5.0m 居多，国外工程 4.0～25.0m 都有采用。模拟结果表明❶，钻孔间距的增大，能明显减缓管群区域热效率的衰减，但是钻孔间距增大带来的管群热效率增大的幅度也逐渐减小，实际工程中因为地表面积有限，不会无限增大钻孔间距。另外，对于钻孔数量和钻孔间距相同的管群区域，在可接受的热效率下降范围内，叉排布置更能节省地表面积。如果管群布置区域内钻孔数量和占地表面积均相同，叉排布置时热效率优于顺排布置。

一些大规模采用地埋管地源热泵的失败工程案例表明，地埋管地源热泵系统不仅要考虑全年的热平衡问题，还应考虑地埋管瞬时的热平衡问题。即：地埋管管群区域的热量被取走后，其周边的土壤需及时传递补充热量给管群区域，否则管群区域土壤的温度就会下

❶ 余斌等. 钻孔间距和布置形式对地埋管管群传热影响的研究［J］. 制冷与空调，2010，5.

降，同时热响应能力也下降，当地源热泵机组的出水温度低于5℃时，机组为了自我保护进行卸载，空调就无法正常使用了。地埋管管群越集中，钻孔间距越小，瞬时热平衡能力越差，反之管群散开分组布置，埋管间距放大，瞬时热平衡能力越好。由于岩土热响应试验没有考虑瞬时热平衡问题，建议在岩土热响应试验值的基础上再乘以一个群集系数(0.6～1.0)。项目的规模越大，埋管布置越集中，埋管间距越小，集群系数取值也越小。

地埋管换热器宜以机房为中心或靠近机房设置，其埋管敷设位置应远离水井，水渠及室外排水设置。

当地埋管热源热泵系统的应用面积在5000m^{2}以上，或实施了岩土热响应试验的项目，应利用岩土热响应试验结果进行地埋管换热器的设计，且宜符合下列要求：

① 夏季运行期间，地面管换热器出口最高温度宜低于33℃；

② 冬季运行期间，不添加防冻剂的地埋管换热器进口最低温度宜高于4℃。

竖直地埋管环路两端应分别与水平供、回水环路集管相连接，且宜同程布置，为平衡各环路的水流量和降低其压力损失，每对水平供、回水环路集管连接的竖直地埋管环路数宜相等。水平供、回水环路集管的间距不宜小于0.6m。

竖直地埋管环路也可采取分、集水器连接的方式，一定数量的地埋管环路供、回水管分别接入相应的分、集水器，分、集水器宜有平衡和调节各地埋管环路流量的措施。

(3) 注意事项

地埋管换热器的传热介质一般为水，在有可能冻结的地区，应在水中添加防冻剂。地埋管换热系统设计时应根据实际选用的传热介质的水力特性进行水力计算。

地埋管换热系统宜采用变流量设计，以充分降低系统运行能耗。

4. 相关标准、规范及图集

(1)《地源热泵系统工程技术规范》GB 50366—2009；

(2)《地源热泵系统地埋管换热器施工技术规程》CECS344：2013；

(3)《水（地）源热泵机组》GB/T 19409—2013；

(4)《户式三用一体机地源热泵系统应用技术指南》；

(5)《地源热泵冷热源机房设计与施工（建筑标准图集）—动力专业》06R115。

5. 参考案例

上海某商场项目，建筑面积126524m^2，地上3层（局部有夹层），地下2层，建筑物总高度约23m，主要功能为经营家具和居家用品，地源热泵示范面积4.16万m^2。

该工程空调系统冷负荷为5000kW，热负荷为2670kW，采用2台制冷量为1337kW、为制热量为2670kW的地源热泵机组，制冷量为2630kW的离心式冷水机组1台。制冷机组夏季提供7℃冷冻水，冷冻回水温度为12℃，冬季地源热泵提供45℃热水，回水温度40℃。相应配置用冷冻水泵5台，冷却水泵5台，主要设备参数见表3-109。

主要设备参数表 **表3-109**

序号	名称	数量	型号规格	制冷量(kW)	功率(kW)	*COP*
1	螺杆式水-水热泵机组	2台	30HXC400AH-HP1	1337	226	5.92
2	离心式冷水机组	1台	19XR6565456DHS52	2630	468	5.62

系统还配置了3台冷却塔，其中两台为保证地源侧的热平衡，另外一台供离心式冷水机组用。地源热泵机组的制冷量占整个系统制冷量的50.41%，制热量占100%。该项目土壤源热泵地源侧采用单U地埋管形式，埋深80m，埋管间距4m，共计810口井。该商场地源热泵系统的开机策略：夏季以室内温度是否超过26℃为开机基准，冬季早7点半开机、晚10点关机；且在空调季均优先开地源热泵机组，冬季开1台地源热泵机组即可，2台地源热泵机组以1周为周期轮流开启，夏季在地源热泵机组供冷量不足的情况下，再开启离心式冷水机组。

该项目地源热泵机组 *COP* 为5.92，地源热泵机组系统 *COP* 为3.45，常规空调系统能效比按2.29考虑，以全年运行，每天运行12h来估算，则每年可节电约172万度，每年可节约标准煤533.1t，每年可减少二氧化碳排放量约1316.8t，取得了很好的节能效益和经济效益。

3.4.8 地表水源热泵

1. 技术简介

地表水换热系统是指与地表水进行热交换的地热能交换系统，分为开式地表水换热系统和闭式地表水换热系统，见图3-76。

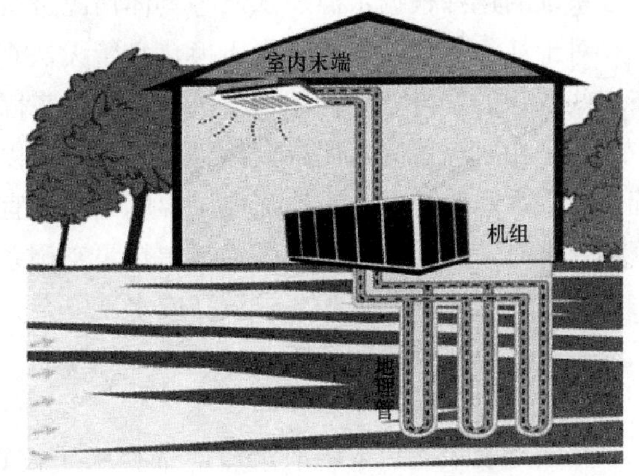

图3-76 地表水源热泵系统

开式地表水换热系统是指地表水在循环泵的驱动下，经处理直接流经水源热泵机组或通过中间换热器进行热交换的系统，见图3-77。

闭式地表水换热系统是指将封闭的换热盘管按照待定的排列方法放入具有一定深度的地表水体中、传热介质通过换热管壁与地表水进行热交换的系统，见图3-77。

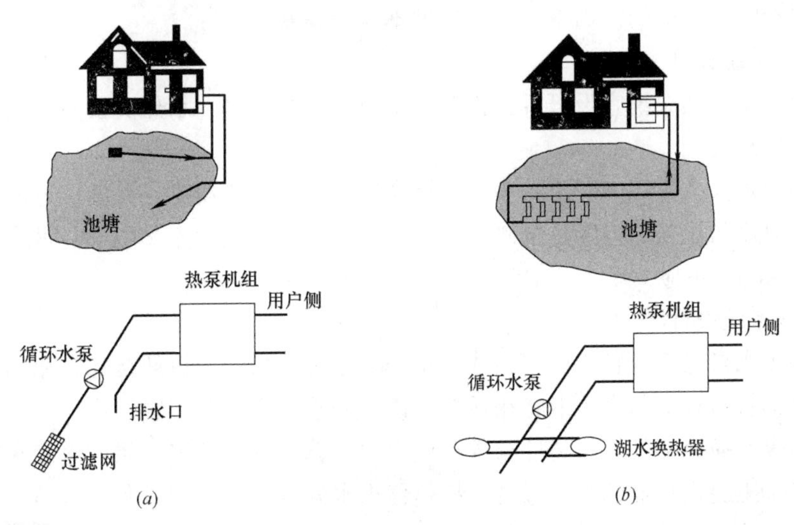

图3-77 地表水换热系统形式

(*a*) 开式系统；(*b*) 闭式系统

2. 适用范围

适用于夏季炎热、冬季不太冷又需供暖的地区；适用于建筑规模较大，建筑物周边有江、河、湖等地表水源且冬季水源不会结冰的公共建筑。

3. 技术要点

（1）技术指标

《绿色建筑评价标准》GB/T 50378—2014 第5.2.16条规定，根据当地气候和自然资料条件，合理利用可再生能源。由可再生能源提供的空调用冷量和用热量比例指标和得分情况见表3-107。

（2）设计要点

1）系统选择

系统的选择根据水温、水质等具体情况进行确定。

对于江河等流动水体，由于换热盘管无法在水体中固定，应采用开式系统进行设计。在一些特殊的场合，如利用水下沉箱等装置来固定换热盘管，也可以采用闭式系统。

对于相对滞留的水库或湖体等水体，既可以采用闭式地表水系统，也可以采用开式系统。地表水水质较好或水体深度、温度等不适宜采用闭式地表水换热系统，并经环境评估符合要求时，宜采用开式地表水地源热泵空调系统。

地表水水体环境保护要求较高或水质复杂，水体面积、水深与水温合适时，宜采用闭式地表水地源热泵空调系统。

2）水质要求

开式地表水换热系统取水口应选择水质较好的位置，且于回水口的上游、远离回水口，应避免取水与回水短路。取水口（或取水口附近一定范围）应设置污物初步过滤装置。取水口水流速度不宜大于 lm/s。

开式地表水换热系统地表水侧应有过滤、灭藻、防腐等可靠的水处理措施，同时做水质分析，选用适应水质条件的材质制造的冷剂—水热交换器或中间水—水热交换器，并在热交换器选择时取合适的污垢系数。水处理不应污染水体。

3）开式系统设计

开式地表水换热系统宜设可拆式板式热交换器作中间水—水热交换器，热交换器地表水侧宜设反冲洗装置。

开式地表水换热系统中间水—水热交换器选用板式换热器时，设计接近温度（进换热器的地表水温度与出换热器的热泵侧循环水温度之差）不应大于2℃。中间热交换器阻力宜为70～80kPa，不应大于100kPa。

4）闭式系统设计

闭式地表水换热系统宜为同程系统。每个环路集管内的换热环路数宜相同，且宜并联连接；环路集管布置应与水体形状相适应，供、回水管应分开布置。

闭式地表水换热器的换热特性与规格应通过计算或试验确定。闭式地表水换热器选择计算时，夏季工况换热器的接近温度（换热器出水温度与水体温差值）为5%～10%，一般南方地区换热器夏季设计进水温度可取31～36℃，北方地区可取18～20℃。冬季工况换热器接近温度为2～6℃，一般南方地区换热器冬季设计进水温度可取4～8℃，北方地区可取0～3℃。

闭式地表水换热盘管应可靠地固定在水体底部，换热盘管的底部与水体底部的距离不应小于0.2m；换热盘管的顶部与地表水最低水位距离不应小于1.5m；换热单元间应保持一定的距离。

闭式地表水换热系统地表水换热器单元的阻力不应大于100kPa，各组换热器单元（组）的环路集管应采用同程布置形式。环路集管比摩阻不宜大于100～150Pa/m，流速不宜大于1.5m/s。系统供回水管比摩阻不宜大于200Pa/m，流速不大于3.0m/s。

（3）注意事项

1）地表水换热系统水下部分管道应采用化学稳定性好、耐腐蚀、比摩阻小、强度满足具体工程要求的非金属管材与管件。所选用管材应符合相关国家标准或行业标准。管材的公称压力与使用温度应满足工程要求。

2）地表水换热系统于室外裸露部分的管道及其他可能出现冻结部分的管道及其管件应有保温措施。室外部分管道宜采用直埋敷设方式，管道的直埋深度等应符合有关技术规定，直埋部分的管道可以不保温。

3）当地表水换热系统有低于0℃的可能性时，应采用防冻措施，包括采用20%酒精溶液、20%乙烯乙二醇溶液、20%丙烯乙二醇溶液等作为换热器循环工质。

4. 相关标准、规范及图集

(1)《水（地）源热泵机组》GB/T 19409—2013；

(2)《地源热泵系统工程技术规范》GB 50366—2005（2009年版）；

(3)《可再生能源建筑应用工程评价标准》GB/T 50801—2013；

(4)《水源热泵设计图集》。

5. 参考案例

该项目是一栋超高层综合楼，其中地上40层、地下3层（人防兼汽车库），建筑（消防）高度180.0m。总建筑面积为130773.81m²，其中地上建筑面积为79479.21 m²，地下建筑面积51294.6m²。主要功能包括：集中商业、商务会议、商务办公、公寓式办公、配套餐饮等功能。

1）负荷计算

该项目空调冷负荷为11762kW，冷指标为148W/m²；空调热负荷为5106kW，热指标为64W/m²，日生活热水耗热量为17459.8MJ。

2）系统冷热源设计

系统冷热源采用6台水源热泵机组，适应空调负荷全年变化情况，满足季节及部分负荷要求。其中3台为中温型水源热泵机组，夏季制冷冬季制热；1台为中温型水源热泵机组（热回收型），夏季制冷（同时制备生活热水）冬季制热；1台为高温型水源热泵机组（热回收型），夏季制冷（同时制备生活热水）冬季制备生活热水；1台为高温型水源热泵机组，夏季制冷冬季制备生活热水。水源热泵机组冷媒采用R134a环保冷媒。水源热泵机组制冷工况：冷冻水进/出水温度6℃/12℃，机组制热工况：空调热水进/出水温度40℃/45℃，生活热水供水温度60℃。江水进机组夏季供水温度不高于28℃，冬季供水温度不低于10℃。空调冷热源机房集中设在地下三层，见表3-110。

3）取水设计

设计小时取水量为2427.68m^3/h，选用普通钢管，采用DN600给水管作为取水及回水的输水管。采用直接在岸边取江水的方式。为不影响航运，把岸边局部挖空构建取水室（宽度大约为3m），取水室内表面采用钢筋混凝土建造。

4）水处理

所取水源除每年的7～8月份为汛期外，其他月份水质较好。其他月份的浑浊度均低于10度，满足水源热泵机组对浑浊度的要求（水源热泵机组对浑浊度的要求为小于20度即可），汛期时的水质比较差，浑浊度可达201度，需设处理措施。

平时江水经四级处理后进入主机：一级处理为经过滤网、旋流除砂器滤出江水中硬性物质、水草类、纤维类等物质；二级处理经过全程综合水处理器对水质综合优化处理，防垢、防腐、杀菌、灭藻超净过滤；三级处理采用板式换热器（洪水期用），由于洪水期江水浊度较高且含沙量较大，若江水直接进入主机会影响主机运行效果，采用板式换热器可起到保护主机的作用。同时在板换水源侧进出水管上安装电动蝶阀，预防板换进出水口堵塞，用电动蝶阀实现自动控制。使板换进出水口水流反方向流动，起到反冲洗作用，对主机运行无任何影响；四级处理采用在线自动清洗装置，可有效缓解污垢沉积，提高机组效率，延长冷凝器铜管寿命，克服由于污垢的产生而引起冷水主机制冷效率下降，从而降低能耗，节省能源。

5）空气调节系统形式

商场、商务会议中心等大空间采用全空气低速空调系统，气流组织采用上送上回或侧送上回方式；办公用房、小会议室、风情餐厅等采用风机盘管加新风空调系统，气流组织采用侧送上回方式。空调冷（热）水系统竖向分区，结合避难层的设置，分为高、低2个区。其中一～十四层为低区，十六～四十层为高区。低区采用水源热泵机组直接供冷，高区通过在十五层（避难层）设置的水-水板式换热器及冷热水循环泵分别提供冷（热）量，夏季一次水、二次水供/回水温度分别为6℃/12℃、7℃/13℃；冬季一次水、二次水供/回水温度分别为40℃/45℃、39℃/44℃。低区空调冷（热）水系统采用冷源侧定流量、负荷侧变流量的一次泵、两管制水系统。高区空调冷（热）水系统采用冷源侧定流量、负荷侧变流量的二次泵、两管制水系统；根据高区二次侧水系统最不利点环路的压差变化，控制二次侧冷热水循环泵变频运行，从而满足负荷侧流量变化的需求；一次侧水系统根据末端负荷变化，控制水源热泵机组、冷热水循环泵的运行台数。水系统定压采用高位膨胀水箱或密闭式膨胀罐定压。

6）热水系统供应方式

地下室水源热泵系统制备的热水抽升至十五层及二十九层（避难层）的中间热水箱，十六～二十九层为一区，由十五层（避难层）中间热水箱及变频给水设备供水；三十层～四十层为二区，由二十九（避难层）中间生活水箱及变频给水设备供水。各分区压力按不大于0.35MPa设计，当局部超过时设可调试减压阀减压。

7）效果预测

预计水源热泵系统年节约的运行费用为89.45万元，节约标准煤459.61t，预计投资回收期为3.62年。

主要设备表　　表 3-110

序号	名称	型号参数	数量	单位
1	水源热泵机组	制冷/制热量:2910/3000kW 功率:530/666kW	1	台
2	水源热泵机组	制冷/制热量:1900/1960kW 功率:377/488kW	2	台
3	全热回收高温水源热泵机组	制冷/制热量:1900/1960kW 功率:377/488kW	1	台
4	全热回收高温水源热泵机组	制冷/制热量:1900/1960kW 功率:377/488kW	1	台
5	全热回收高温水源热泵机组	制冷/制热量:730/760kW 功率:137/170kW	1	台
6	低区冷冻循环水泵	流量:450m³/h 扬程:32m,功率:55kW	3用1备	台
7	高区冷冻循环水泵	流量:300m³/h 扬程:32m,功率:35kW	3用1备	台
8	潜水泵	流量:550m³/h 扬程:30m,功率 55kW	4用1备	台
9	自动反冲洗过滤器	DN600	1	台
10	板式换热器		4	台

3.4.9 污水源热泵

1. 技术简介

近年来，我国污水排放量逐年增长，如何有效地利用和处理这些污水成为我国工业发展的一大难题。利用热泵系统将污水回收利用，不但可以减少污水向环境中的排放，也可以充分利用污水中的低温热能，缓解我国能源短缺的现状。

城市污水❶从热能利用的角度可分为原生污水、一级污水和二级污水。原生污水就是未经任何物理手段处理的污水，原生污水不受地理位置的限制，能真正意义上为整个城市的供暖服务。然而，原生污水的污染较严重，对管道、阀门、换热设备的影响比较大。一级污水指原生污水经过汇集输运到污水处理厂后，经过格栅过滤或沉砂池沉淀后没有经过任何生化处理的污水，对应于污水处理的一级处理。一级污水避免了大尺度污杂物对阀门和换热设备的堵塞问题，缓解了污水结垢后对换热器表面的污染程度，但是在缓解污水对金属材料的腐蚀方面改善不明显，且其存在空间局限性的问题（污水处理厂位置一般较偏远）。二级污水指经过物理处理之后的一级污水再经过活性污泥法或生物膜法等生化方法处理或深度处理的污水，对应于污水处理的二级、三级或深度处理程度。经过深度处理的污水进行热能利用时基本上可以利用清水的所有设计理念。

城市污水是一种良好的热泵热源，处理后排放的污水冬季水温往往在 15℃以上，供应比较稳定，蕴含的能量大，可以通过污水处理厂或城市排水干渠进行统一便捷的采集，便于回收利用。利用热泵可以将污水中的热能提取出来，为用户提供冷热源。

《污水源热泵系统工程技术规范》（草拟稿）中规定，污水源热泵系统指以污水源为低

❶ 张承虎，孙德兴，吴荣华等. 关于城市污水热能资源化相关概念和分类的探讨 [J]. 暖通空调，2006，36 (3)：10-16.

温热源，由污水换热系统、污水源热泵机组、建筑物内系统组成的供热空调系统。目前，工程上普遍采用的污水源热泵系统主要有污水系统、中介水系统、热泵机组、末端水系统 4 个子系统，这 4 个子系统由污水换热器、蒸发器、冷凝器串联成一个整体，共有 4 种不同的热介质在其内流动，输运热量，即污水、中介水、制冷剂、末端水。

根据污水换热方式不同，可分为开式污水换热系统和闭式污水换热系统。开式污水换热系统指污水在循环泵的驱动下，经处理后直接流经污水源热泵机组或通过中间换热器进行热交换的系统。闭式污水换热系统将封闭的换热盘管按照特定的排列方法放入具有一定深度的污水体中，传热介质通过换热管管壁与污水进行热交换的系统❶（图 3-78）。相比直接式污水源热泵，间接利用污水系统的运行条件要好，机组一般不会有堵塞、腐蚀的可能，但由于增加了中间换热器，系统比较复杂，设备较多，因而能源利用效率一般（见图 3-79）。在供热能力相同的条件下，直接式污水系统要比间接式系统节约能量大概 7% 左右❷。

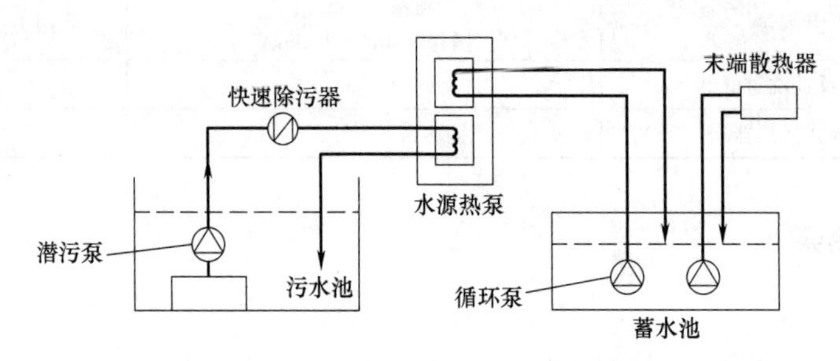

图 3-78　直接污水源热泵系统流程图

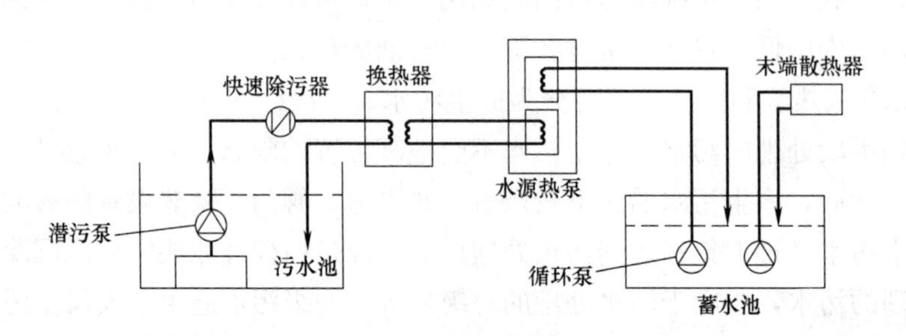

图 3-79　间接污水源热泵系统流程图

按照污水侧换热器形式的不同，换热系统可分为浸泡式、淋激式、管壳式❸三类，目前换热系统常见的板式换热不可用（除非大流道板式）。浸泡式适用于开式及闭式污水换热系统，热泵机组装机容量较小，以不超过 600kW 为宜；淋激式适用于所有水源条件，适用于开式污水换热系统，热泵机组装机容量较大，可达 2000kW 以上。目前国内没有应用案例。管壳式适用于开式和闭式，热泵机组装机容量可大可小，可在 100～4000kW 之间。

❶ 杨佳璐，徐向荣．城市原生污水源热泵系统的工程应用及可行性分析 [J]．建筑节能，2012，9：25-28.

❷ 杨卓．污水源热泵系统的热力分析及性能评价 [D]．大连：大连理工大学，2013.

❸ 吴荣华，刘志斌，吴磊等．污水及地表水地源热泵系统规范化设计研究 [J]．暖通空调，2006，36（12）：63-69.

2. 适用范围

适用于宾馆、饭店、写字楼、工厂等建筑空调以及工艺冷却、加热和制取卫生热水等。

3. 技术要点

(1) 技术指标

《绿色建筑评价标准》第5.2.15条规定，合理利用余热废热解决建筑的蒸汽、供暖或生活热水需求。一般情况下，具体指标为：余热或废热提供的能量不少于供暖设计日总量的30%、生活热水设计日总量的60%。

《污水源热泵系统工程技术规范》(草拟稿)中规定，污水源热泵系统能效比不应低于3.5。

(2) 设计要点

1) 工程勘察

污水源热泵系统方案设计前，应进行工程场地状况调查，并应对污水热能资源进行勘察。勘察应包括下列内容：

① 污水源来源、流动走向、管径及其污水管网分布；

② 不同时段的污水水温、水深动态变化；

③ 污水流速和流量动态变化；

④ 污水中含有的杂质和水质成分及其动态变化；

⑤ 污水利用现状；

⑥ 未来10年该地区污水管网规划；

⑦ 污水取水和回水的适宜地点及路线。

2) 污水换热系统

① 污水换热系统可采用开式或闭式两种形式，应根据污水水质确定采用开式还是闭式水系统，为使系统能效达到最高，一般宜采用开式污水换热系统，且为污水直接进热泵机组系统。

② 污水换热系统如采用市政污水管道内污水或者经污水处理厂处理后的二级污水，取用前应获得污水管理部门的许可。

③ 污水换热系统设计方案应根据污水源来源、流动走向，污水深度、污水水质、水位、水温和周边建筑情况综合确定。

④ 污水流量大小应使得污水换热器的换热量应满足污水源热泵系统最大吸热量或释热量的需要。

⑤ 开式污水换热系统取水口应远离回水口，并宜位于回水口上游。取水口应设置污物过滤装置，并能够进行定期清洗。

⑥ 开式污水换热系统，污水在进入设备之前，应根据水质情况进行处理。污水流量应以平均污水流量依据。

⑦ 开式污水换热系统，污水取水管内污水流速不宜低于1.5m/s。

⑧ 开式污水换热系统，污水取水口和设备之间的管段，如采用重力流设计，则需设

计坡度宜为0.00015。

⑨ 开式污水换热系统的污水处理设备应具备长期自动过滤、反冲洗、清理的功能，避免设备堵塞、需要频繁清理的现象发生。且污水处理设备不宜过繁琐，耗电不宜过大，以免影响系统的能效。

⑩ 开式污水换热系统中，与污水连通的所有设备、部件及管道应具有过滤、清理的功能。

⑪ 闭式污水换热系统宜为同程系统。每个环路集管内的换热环路数宜相同，且宜并联连接；环路集管布置应与水体形状相适应，供、回水管应分开布置，间距不应小于0.6m。

⑫ 闭式污水换热系统中，污水换热盘管应牢固安装在水体底部，如污水水体表面和大气直接接触，则污水的最低水位与换热盘管距离不应小于1m。换热盘管设置处水体的静压应在换热盘管的承压范围内。

⑬ 在进行闭式污水换热器的设计时，应考虑污垢热阻。

⑭ 闭式污水换热系统应设置自动充液及泄露报警系统。

⑮ 闭式污水换热系统设计时应根据实际选用的传热介质的水力特性进行水力计算，且宜采用变流量设计。

⑯ 闭式污水换热系统宜设置反冲洗系统，冲洗流量宜为工作流量的2倍。

3）污水盘管管材和换热介质

① 换热盘管应采用化学稳定性好、耐腐蚀、导热系数大、流动阻力小的塑料管材及管件，宜采用聚乙烯管（PE80或PE100）或聚丁烯管（PB），不宜采用聚氯乙烯（PVC）管。管件与管材应为相同材料。管材的公称压力及使用温度应满足设计要求，且管材的公称压力不应小于1.0MPa。

② 传热介质应以水为首选。在冬季温度较低的地区，从露天污水中取热的闭式污水换热盘管内，传热介质应添加防冻剂。

③ 传热介质进出水温度：夏季运行工况下，污水换热器侧出水温度宜低于35℃；冬季运行工况下，添加防冻剂的污水换热器侧进水温度宜高于－2℃；不添加防冻剂的污水换热器侧进水温度宜不低于4℃。

4）室内末端空调系统及污水源热泵机组

① 建筑物内系统应根据建筑的特点及使用功能确定污水源热泵机组的设置方式及末端空调系统形式。

② 建筑物内系统设计时，应通过技术经济比较后，增设辅助热源、蓄热（冷）装置或其他节能设施。对以冷负荷为主的大型商用或公共建筑地源热泵系统，基于污水流量限制，可运用辅助散热设备。污水换热器则根据最大供热工况设计，辅助散热设备负担供冷工况下超过换热器能力的那部分散热量。

③ 污水源热泵机组性能应符合现行国家标准《水源热泵机组》GB/T 19409的相关规定，且应满足污水源热泵系统运行参数的要求，直接污水源热泵机组应具备防堵塞、防腐蚀，易清理的功能。

④ 污水源热泵机组应具备能量调节功能，且蒸发器出口应设防冻保护装置。

⑤ 当建筑物内有余热可以回收时，热泵机组应具备余热回收功能。污水源热泵制冷同时利用余热回收提供生活热水的冷热联供工况下设计系统综合能效比应大于6。

⑥ 在污水源热泵机组外进行冷、热转换的污水源热泵系统应在水系统上设冬、夏季节的功能转换阀门，并在转换阀门上做出明确标识。直接污水源热泵机组的系统应在水系统上预留机组清洗用旁通管。

⑦ 污水源热泵系统在具备供热、供冷功能的同时，宜先采用污水源热泵系统提供（或预热）生活热水，不足部分由其他方式解决。污水源热泵系统提供生活热水时，应采用换热设备间接供给。

（3）注意事项

污水温降以4～6℃为宜，温升以5～7℃为宜。当水量不足时，可大温差运行，二次载热循环水温差可较污水温差小1～1.5℃，以提高机组运行性能系数。

当污水量充足时，可按3.5℃污水温降确定所需污水量；当污水量不充足时，则加大污水的温降，例如取污水温降为4℃、6℃、8℃，或按一定的流量比例提取污水凝固潜热。

采用污水源热泵系统前，还需对处理水质的日常管理运行费用进行评估，若水质处理费用大于节能费用需慎重选用。

4. 相关标准、规范及图集

《污水源热泵系统工程技术规范》（草拟稿）。

5. 参考案例

呼和浩特市某可再生能源示范工程项目，为集酒店客房、办公及公寓为一体的新建公共建筑，建筑面积为3.53万m^2。该示范工程采用城市原生污水源热泵示范技术进行冬季供热，夏季供冷。供暖面积为3.53万m^2，制冷面积为1.9万m^2。初步设计污水源热泵提供全部的空调负荷，其中供热总热负荷为1800kW，空调总冷负荷为1140kW。

该项目污水源取自乌兰察布东路市政污水主干管中的原生污水，污水自东向西流动，主干管直径为1m。长期监测数据显示，该干管污水水量充足稳定，满足冬季所需最大流量240t/h；冬季污水水温为12～14℃，高出气温大约23℃；夏季污水温度为20～25℃，比气温低大约10℃。该项目具有非常好的污水源热泵系统应用条件。

采用开式换热污水源热泵系统，将污水中低位能量转化为高位能量，供给末端采暖使用；公寓侧一层、五～十六层末端采用地板辐射供暖，地板辐射供暖面积1.45万m^2；酒店侧及公寓侧办公区为中央空调供热，空调末端为风机盘管+新风系统，空调面积1.9万m^2。冬季设计污水温度11℃，设计污水温差5.5℃，冬季所需污水最大流量为240t/h。夏季制冷与冬季制热使用同一套设备，只是将蒸发器与冷凝器的制冷剂段进行了切换，原蒸发器改为冷凝器，冷凝器改为蒸发器；夏季设计污水温度：24℃，设计污水温差6℃，夏季所需污水最大流量为160t/h。过渡季节对污水源热泵系统进行检修，保证系统的良好运行。供热供冷系统设计方案见图3-80。

该项目采用的污水源热泵机组及其他主要设备的参数见表3-111和表3-112。

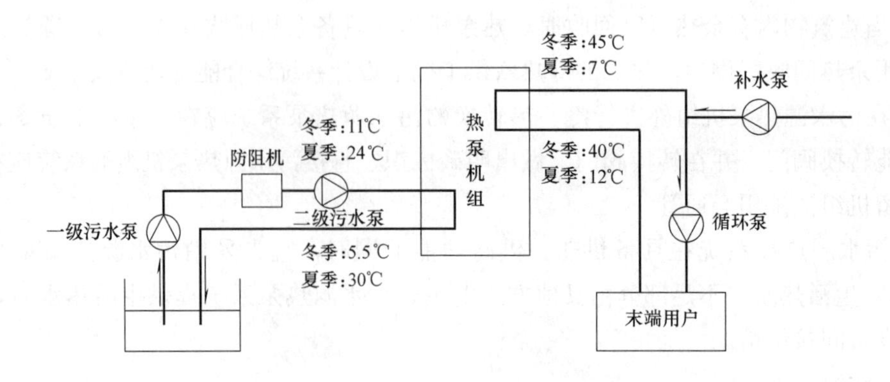

图3-80 项目冬季供冷方案与夏季制热方案

污水源热泵机组性能参数 **表3-111**

	制热量 kW	输入功率 (kW)	*COP*	空调侧水流量(m^3/h)	空调侧水压降(kPa)	污水侧水流量(m^3/h)	污水侧水压降(kPa)
制热工况	679	136	4.99	117	85	78	72
制冷工况	617	102	6.05	77	69	106	85

其他主要设备及参数 **表3-112**

编号	设备名称	规格型号	数量(台)	性能参数
1	智能污水防阻机	RBL-ZNWFJ-100	3	额定流量:100t/h,功率1.5kW
2	末端循环泵	1RG-125-160A	4	流量:124t/h,扬程32mH_2O
3	二级污水泵	KQL 150/315-30/4	4	流量:96t/h,扬程15mH_2O
4	一级污水泵	WQ100-13-7.5	4	流量:96t/h,扬程15mH_2O

通过分析可知，污水源热泵系统年节约3012tce，CO_2减排量7439t；与常规城市热网+冷水机组相比，运行费用年节约52万元，环保与经济效益方面均效果显著。

3.4.10 太阳能光伏发电

1. 技术简介

根据《民用建筑太阳能光伏系统应用技术规范》JGJ 203—2010，太阳能光伏系统是指利用太阳能电池的光伏效应将太阳辐射能直接转换成电能的发电系统，简称光伏系统。按照接入公共电网的方式可分为并网光伏系统和独立光伏系统；按照负荷形式可分为直流系统、交流系统和交直流混合系统。

并网光伏系统是指与公共电网联结的光伏系统，见图3-81。

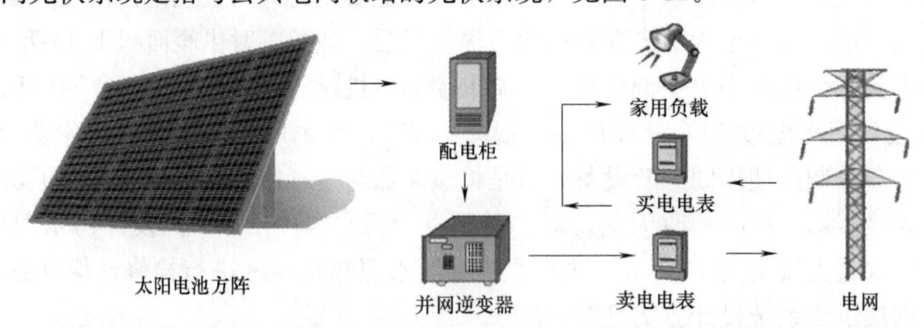

图3-81 并网光伏发电系统

独立光伏系统是指不与公共电网联结的光伏系统，见图 3-82。

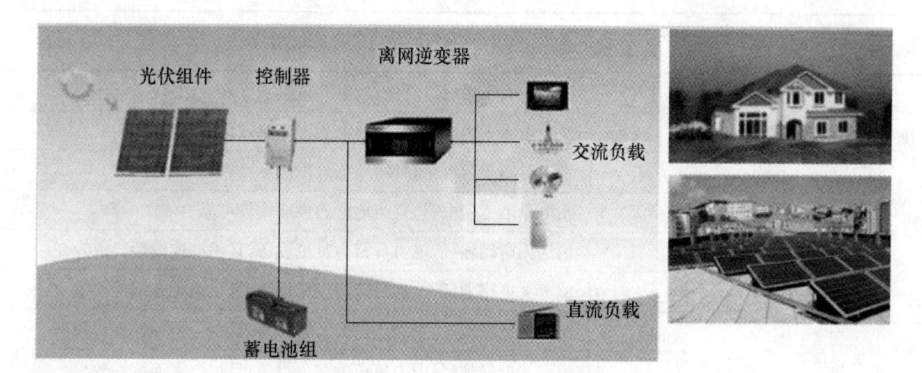

图 3-82 独立光伏发电系统

2. 适用范围

适用于有较大的屋顶或地面空间且不受遮挡的公共建筑。

3. 技术要点

（1）技术指标

《绿色建筑评价标准》GB/T 50378—2014 第 5.2.16 条规定，根据当地气候和自然资料条件，合理利用可再生能源。由可再生能源提供的电量比例指标和得分情况见表 3-113。

可再生能源提供的电量比例及对应得分 **表 3-113**

由可再生能源太阳能提供的电量比例 R_e	得分	由可再生能源太阳能提供的电量比例 R_e	得分
$1.0\% \leqslant R_e < 1.5\%$	4	$3.0\% \leqslant R_e < 3.5\%$	8
$1.5\% \leqslant R_e < 2.0\%$	5	$3.5\% \leqslant R_e < 4.0\%$	9
$2.0\% \leqslant R_e < 2.5\%$	6	$R_e \geqslant 4.0\%$	10
$2.5\% \leqslant R_e < 3.0\%$	7		

（2）设计要点

1）系统设计

与本条相关的标准规定具体如下：

行业标准《民用建筑太阳能光伏系统应用技术规范》JGJ 203—2010 规定：

3.3.2 光伏系统设计应符合下列规定：

1 光伏系统设计应根据用电要求按表 3.3.2 进行选择；

2 并网光伏系统应由光伏方阵、光伏接线箱、并网逆变器、蓄电池及其充电控制装置（限于带有储能装置系统）、电能表、显示电能相关参数的仪表组成。

2）规划设计

4.2.1 规划设计应根据建设地点的地理位置、气候特征及太阳能源资源条件，确定建筑的布局、朝向、间距、群体组合和空间环境。安装光伏系统的建筑主朝向宜为南向或接近南向。

4.2.2 安装光伏系统的建筑不应降低相邻建筑或建筑本身的建筑日照标准。

光伏系统设计选用表 表 3.3.2

系统类型	电流类型	是否逆流	有无储能装置	适用范围
并网光伏系统	交流系统	是	有	发电量大于用电量，且当地电力供应不可靠
			无	发电量大于用电量，且当地电力供应比较可靠
		否	有	发电量小于用电量，且当地电力供应不可靠
			无	发电量小于用电量，且当地电力供应比较可靠
独立光伏系统	直流系统	否	有	偏远无电网地区，电力负荷为直流设备，且供电连续性要求较高
			无	偏远无电网地区，电力负荷为直流设备，且供电无连续性要求
	交流系统		有	偏远无电网地区，电力负荷为交流设备，且供电连续性要求较高
			无	偏远无电网地区，电力负荷为交流设备，且供电无连续性要求

4.2.3 对光伏组件可能引起建筑群体间的二次辐射应进行预测，对可能造成的光污染应采取相应的措施。

(3) 建筑设计

与本条相关的标准规定具体如下：

行业标准《民用建筑太阳能光伏系统应用技术规范》JGJ 203—2010 规定：

4.3.2 建筑体形及空间组合应为光伏组件接收更多的太阳能创造条件。宜满足光伏组件冬至日全体有3h以上建筑日照时数的要求。

4.3.8 在平屋顶上安装光伏组件应符合下列要求：

1 光伏组件安装宜根据最佳倾角进行设计；当光伏组件安装倾角小于10°时，应设置维修、人工清洗的设施与通道；

2 光伏组件安装支架宜采用自动跟踪型或手动调节型的可调节支架；

3 采用支架安装的光伏方阵中光伏组件的间距应满足冬至日投影到光伏组件上的阳光不受遮挡的要求；

4 在建筑平面上安装光伏组件，应选择不影响屋面排水功能的基座形式和安装方式；

5 光伏组件基座与结构层相连时，防水层应铺设到支座和金属埋件的上部，并应在地脚螺栓周围做密封处理；

6 在平屋面防水层上安装光伏组件时，其支架基座下部应增设附加防水层；

7 对直接构成建筑屋面面层的建材型光伏组件，除应保障屋面排水通常外，安装基层还应具有一定的刚度；在空气质量较差的地区，还应设置清洗光伏组件表面的设施；

8 光伏组件周围屋面、检修通道、屋面出入口和光伏方阵之间的人行通道上部应铺设保护层；

9 光伏组件的引线穿过平屋面处应预埋防水套管，并应做防水密封处理，防水套管应在平面防水层施工前埋设完毕。

4.3.9 在坡屋面上安装光伏组件应符合下列规定：

1 坡屋面坡度宜根据光伏组件全年获得电能最多的倾角设计；

2 光伏组件宜采用顺坡镶嵌或顺坡架空安装方式；

3 建材型光伏构件与周围屋面材料连接部位应做好建筑构造处理，并应满足屋面整体的保温、防水等功能要求；

4 顺坡支架安装的光伏组件与屋面之间的垂直距离应满足安装和通风散热间隙的要求。

（4）结构设计

与本条相关的标准规定具体如下：

行业标准《民用建筑太阳能光伏系统应用技术规范》JGJ 203—2010 规定：

4.4.2 在新建建筑上安装光伏系统，应考虑其传统的荷载效应。

4.4.3 在既有建筑上增设光伏系统，应对既有的结构设计、结构材料、耐久性、安装部位的构造及强度等进行复核验算，并应满足建筑结构及其他相应的安全性能要求。

4.4.10 连接件与基座的锚固承载力设计值应大于连接件本身的承载力设计值。

4.4.16 地面安装光伏系统时，光伏组件最低点距硬质地面不小于 300mm，距一般地面不宜小于 1000mm，并应对地基承载力、基础的强度和稳定性进行验算。

4. 相关标准、规范及图集

(1)《民用建筑太阳能光伏系统应用技术规范》JGJ 203—2010；

(2)《可再生能源建筑应用工程评价标准》GB/T 50801—2013；

(3)《太阳能光伏水泵系统》NB/T 32017—2013；

(4)《太阳能光伏照明手册》；

(5)《光伏发电站太阳能资源实时监测技术规范》NB/T 32012—2013；

(6)《节水灌溉太阳能无线智能控制系统技术规范》SL 674—2013；

(7)《太阳能草坪灯》NB/T 32002—2012；

(8)《太阳能光伏滴灌系统》NB/T 32021—2014；

(9)《便携式太阳能光伏电源》NB/T 32020—2014；

(10)《太阳能用玻璃第 2 部分：透明导电氧化物膜玻璃》GB/T 30984.2—2014；

(11)《10J908-5 建筑太阳能光伏系统设计与安装-建筑专业》。

5. 参考案例

某科技馆项目位于杭州能源与环境产业园内，占地面积为 1348m^2，总建筑面积 4679m^2，其中地上 4 层，地下 1 层，地下设半层地下室。室内设有绿色建筑技术展览、科研办公、试验及配套等功能空间。

该项目有两种太阳能发电系统：钛锌板屋顶安装了单晶体硅光伏组件，容量 39.9kWp；采光屋顶安装透光率为 30%的非晶硅薄膜幕墙组件，容量 2.6kWp，总装机容量 42.5kWp，发的电并网供产业园区内的建筑用电。

（1）主要部件说明

该项目中太阳能并网发电系统的主要部件包括太阳能电池板、并网逆变器，均采用了先进而又成熟的技术，这些技术已通过十多年的成功运行的考验。

光伏系统的组件技术参数见表 3-114 和表 3-115。

光伏组件技术参数 表3-114

分类＼名称	CHSM-175M	分类＼名称	CHSM-175M
组件类型	单晶组件	功率温度系数	－(0.5±0.05)％/K
额定开路电压	44.2V	额定工作温度	48℃±2℃
额定短路电流	5.14A	使用温度范围	－40～85℃
峰值工作电压	35.2V	接线盒特性说明	BOX07接线盒
峰值工作电流	4.95A	组件尺寸	1580mm×808mm×35mm
峰值功率输出	175Wp	组件重量	15.5kg
最大系统电压	1000V	连接线特性说明	LAPPTHREM SOLAR plus(有CE标记)
抗风压强	2400Pa	快速接头说明	MC接插头：PV-KST4/6Ⅱ&PV-KBT4/6Ⅱ
电流温度系数	0.06±0.01(％/K)	认证说明	ISO9000、CE、TUV、UL
电压温度系数	－(155±10)mV/K		

光伏并网逆变器技术参数 表3-115

型　号	SG5K-B	SG30K3
隔离方式	隔离变压器	隔离变压器
推荐最大太阳电池阵列功率	5.5kWp	33kWp
最大阵列开路电压	780	450V
太阳电池最大功率点跟踪(MPPT)范围	300～650V	220～380V
最大阵列输入电流	20A	150A
额定交流输出功率	5kW	30kW
总电流波形畸变率	＜3％(额定功率时)	
功率因数	＞0.99	
最大效率	94％	95.5％
欧洲效率	93％	94.5％
允许电网电压范围	180～260V	330～450V
允许电网频率范围	50/60Hz	
夜间自耗电	0W	
通信接口	RS 485/以太网	
防护等级	IP65	IP20
噪声	＜40dB	
冷却	强制风冷	
尺寸mm(宽×高×深)	410×580×282mm	820×1964×646mm
重量	63kg	400kg

(2) 方阵排布图

1号～8号区域安装晶体硅组件，安装228件CHSM-175M型单晶硅组件，光伏组件采用标准的铝合金支架和专用的夹具来安装；9号～12号区域（采光顶部分）安装40件透光率30％非晶薄膜幕墙组件，见图3-83。

根据2011年8月～2012年7月的运行数据，该项目年发电量为33011.8kWh，项目年总能耗为173843kWh，光伏发电量约占大楼总用电量的19％。

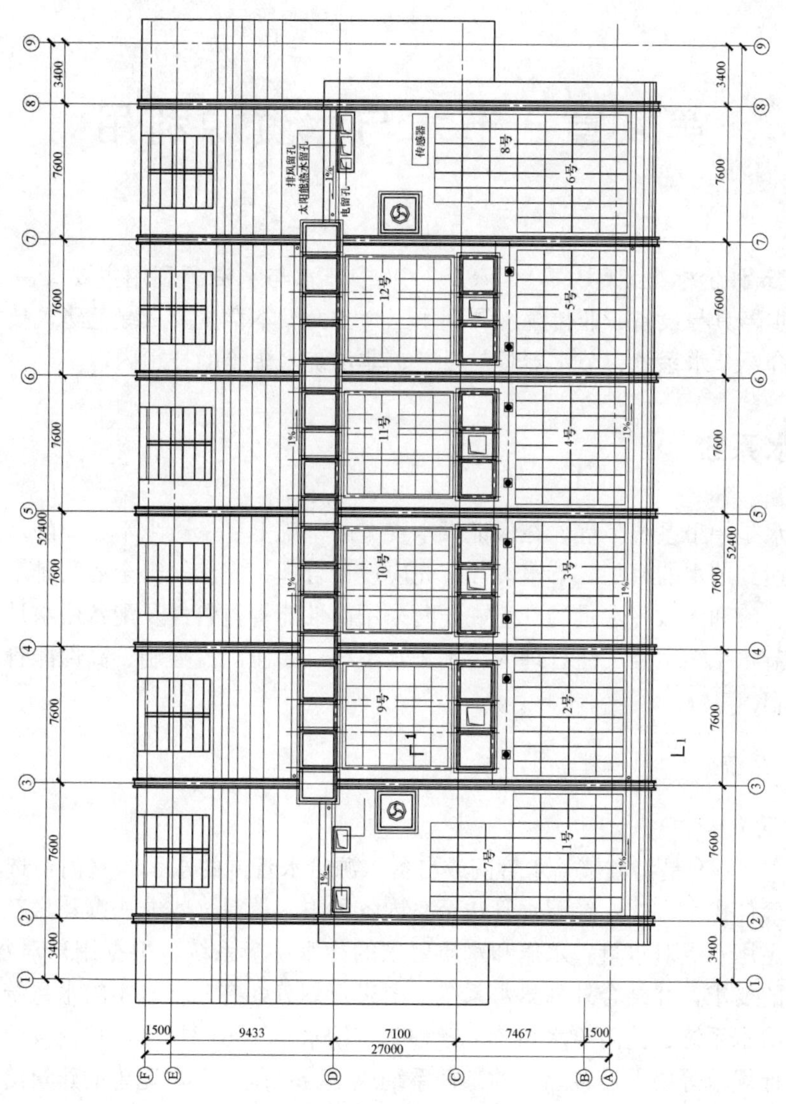

图 3-83 太阳能方阵排布图

第 4 章　节水与水资源利用

《绿色建筑评价标准》GB/T 50378—2014 中节水与水资源利用主要关注给水排水系统节水、节水器具与设备、非传统水源利用三个方面。本章主要从绿色建筑技术的角度来阐述，重点介绍节水系统、节水器具与设备、非传统水源等的技术内容。

4.1　节水系统

建筑节水是一个系统工程，在保证供水安全的基础上尽量减少不必要的水量浪费以及单耗，从而达到节水的目的。节水设计首先应设计合理、完善、安全的给排水系统，其次是限制超压出流和无效冷水量的产生，同时采用高性能管材管件及配备用水计量设施。因此，本节的节水系统主要关注合理的给水排水系统、超压出流控制、高性能管材管件、用水计量等内容。

4.1.1　给水系统

1. 技术简介

建筑给水系统❶是将城镇给水管网或自备水源给水管网的水引入室内，选用适用、经济、合理的最佳供水方式，经配水管送至室内各种卫生器具、水龙头嘴、生产装置和消防设备，并满足用水点对水量、水压和水质要求的冷水供应系统。根据用户对水质、水压、水量、水温的要求，并结合外部给水系统情况进行划分，有三种基本给水系统：生活给水系统、生产给水系统、消防给水系统。三种基本给水系统可根据具体情况及建筑物的用途和性质、设计规范等要求设置独立的某种系统或组合系统。一个完善的建筑给水系统由引入管、水表节点、给水管路、贮水增压设备、给水附件、配水设施等组成❷。

室内给水方式指建筑内部给水系统的供水方式，一般根据建筑物的性质、高度、配水点的布置情况以及室内所需压力、室外管网水压和配水量等因素，通过综合评判法确定给水系统的布置形式。给水方式的基本形式有：①依靠外网压力的给水方式：直接给水方式，设水箱的给水方式；②依靠水泵升压的给水方式：设水泵的给水方式，设水泵水箱的给水方式，气压给水方式，分区给水方式。选用何种给水方式对整个给水系统的初始投资、运行维护和管理费用以及系统可靠性都有重大的影响。选用合理的给水方式，能够有效地节水节能，满足绿色建筑设计的要求。

2. 适用范围

住宅小区里多层、高层建筑的低区生活用水应充分利用市政给水管网的水压，采用直

---

❶ 王增长. 建筑给水排水工程（第六版）[M]. 北京：中国建筑工业出版社，2010.

❷ 关跃华. 高层建筑给水系统节水节能技术研究 [D]. 天津：天津大学，2007.

接给水方式；高层建筑的中、高区生活用水采用增压给水方式，如水箱加泵、叠压供水、变频调速供水等。

3. 技术要点

（1）技术指标

《绿色建筑评价标准》GB/T 50378—2014 第 6.1.2 条规定：给排水系统应合理、完善、安全。

（2）设计要点

1）分区给水设计

目前我国城市市政管网的供水压力只要求满足层数小于或等于 6 层的建筑的用水压力要求，因此，对于高层建筑，一般都需要采用二次加压给水方式。若整栋高层建筑采用同一给水系统供水，则垂直方向管线过长，下层管道静水压力会很大，从而需要采用耐高压的配水器具、附件和管材，增加系统设备材料费。另一方面，低层水压过高，导致启闭水龙头、阀门时易产生水锤现象，对管道和附件造成损坏，缩短其使用寿命并造成漏水。此外，由于用水器具前水压过大，出口处水流速度增大，导致管网的水头损失增大，使管网实际工况与设计工况不符，将直接影响高层区域供水的可靠性。因此，采用同一给水系统会造成大量的能量浪费。

为解决高层建筑使用同一给水系统给建筑低层供水管网带来静水压力过大的问题，保证高层建筑给水的安全可靠性，高层建筑给水系统应采取分区供水方式，即将建筑物按楼层分为若干个供水区域，各供水区域有相对独立的给水系统。

① 给水系统分区[1]

高层建筑生活给水系统的竖向分区，应根据建筑层数、设备和材料性能、维护管理条件、室外市政给水管网水压等综合考虑确定。如果分区压力过小，则分区数较多，给水设备、管道系统以及相应的土建投资将增加，维护管理也不方便；如果分区压力过大，则噪声大，用水设备、给水附件及管道容易损坏，造成漏水。目前高层建筑的分区层数国内外尚无统一的规定，但通常都以各分区最低卫生器具配水点处的静水压不大于其工作压力为依据进行分区[2]。

《建筑给水排水设计规范》GB 50015—2003（2009 年版）规定，卫生器具给水配件承受的最大工作压力，不得大于 0.60MPa；高层建筑生活给水系统应竖向分区，竖向分区各分区最低卫生器具配水点处的静水压力不宜大于 0.45MPa，静水压大于 0.35MPa 的入户管（或配水横管），宜设减压或调压设施，各分区最不利配水点的水压，应满足用水水压要求；居住建筑入户管给水压力不应大于 0.35MPa。《住宅建筑设计规范》GB 50096—1999 规定，入户管的供水压力不应大于 0.35MPa。《民用建筑节水设计标准》GB 50555—2010 规定，各分区最低卫生器具配水点处的静水压不宜大于 0.45MPa，且分区内低层部分应设减压设施保证各用水点处供水压力不大于 0.2MPa。

---

[1] 王生太. 高层建筑给水系统分区设计探讨［J］. 给水排水，2012，38（8）：126-127.

[2] 许晓帆，刘建军. 浅谈高层建筑给水系统分区设计［J］. 低温建筑技术，2013，175（1）：22-24.

② 分区形式[1]

根据各分区之间的相互关系，高层建筑给水方式可分为水泵串联分区给水方式、水泵并联给水方式和减压分区给水方式。设计时应根据工程的实际情况，按照供水安全可靠、技术先进、经济合理的原则确定给水方式。《建筑给水排水设计规范》GB 50015—2003（2009 年版）规定，建筑高度不超过 100m 的生活给水系统，宜采用垂直分区并联供水或分区减压的供水方式；建筑高度超过 100m 的建筑，宜采用垂直串联供水方式。

串联给水方式（图 4-1）：各分区均设有水泵和水箱，上区的水泵从下区的水箱中抽水。这种方式适用于允许分区设置水箱和水泵的各类高层建筑，建筑高度超过 100m 的建筑宜采用这种给水方式。

并联给水方式（图 4-2）：各分区独立设置水箱和水泵，水泵集中布置在建筑底层或地下室，各区水泵独立向各区的水箱供水。由于这种方式优点较显著，因而在允许分区设置水箱的各类高度不超过 100m 的高层建筑中被广泛采用。采用这种给水方式供水，水泵宜采用相同型号、不同级数的多级水泵，并应尽可能利用外网水压直接向下层供水。对于分区不多的高层建筑，当电价较低时，也可以采用单管并联给水方式。并联给水方式也可采用气压给水设备或变频调速给水设备并联工作。

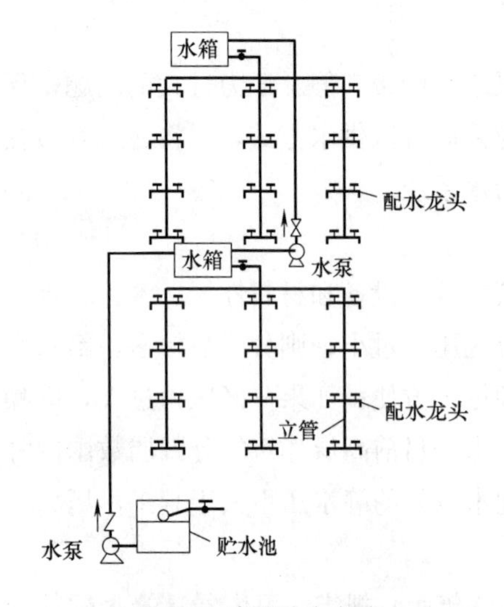

图 4-1　串联给水方式

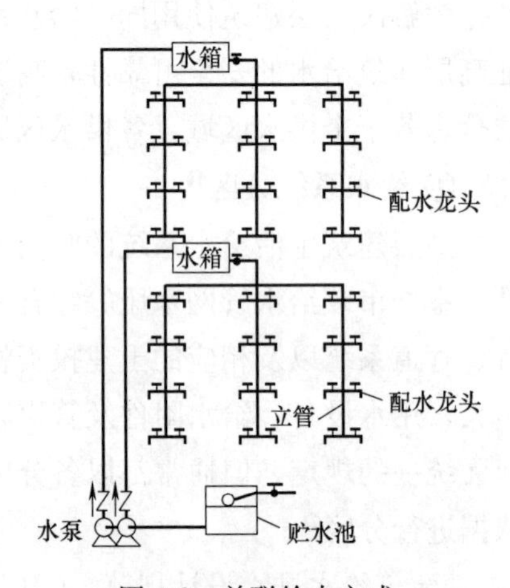

图 4-2　并联给水方式

减压给水方式。减压给水方式分为减压水箱给水方式和减压阀给水方式，如图 4-3 所示。这两种方式的共同点是建筑物的用水由设置在底层的水泵一次提升至屋顶总水箱，再由此水箱依次向下区减压供水。减压水箱给水方式是通过各区减压水箱实现减压供水。这种方式适用于允许分区设置水箱，电力供应充足，电价较低的各类高层建筑。采用这种给水方式供水，中间水箱进水管上最好安装减压阀，以防浮球阀损坏并起到减缓水锤的作用。减压阀给水方式是利用减压阀替代减压水箱，这种方式与减压水箱给水方式相比，最大优点是节省了建筑的使用面积。

[1] 张嘉. 建筑给水系统的给水方式 [J]. 山西建筑，2011，37 (21)：105-106.

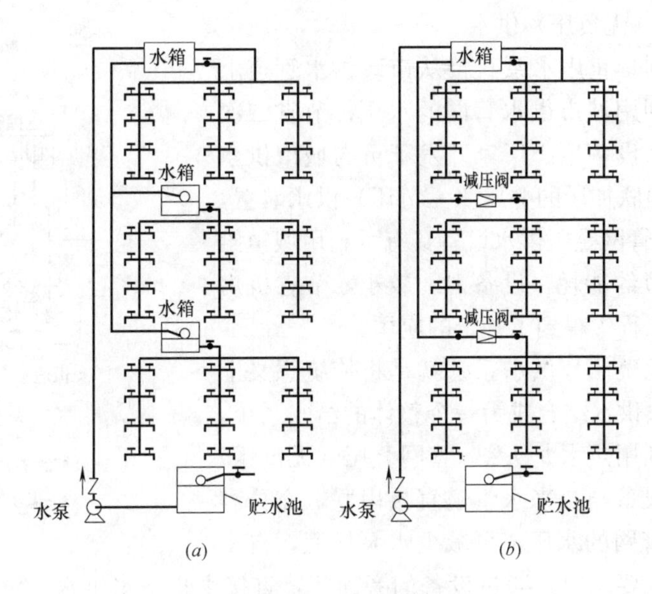

图 4-3 减压分区给水方式

(*a*) 水箱减压方式；(*b*) 减压阀减压方式

2) 变频调速供水

变频调速水泵供水方式是根据给水系统中用水量情况自动改变水泵转速，使水泵仍经常处于较高效率下工作，并达到流量调节的目的。近年来，国内外不少高层建筑采用无水箱的变频调速泵给水方式。其优点：①省去高位水箱，节省占地面积，减少了二次污染的机会；②供水压力稳定，水质好；③比单纯使用恒速泵节能，适用于不允许设水箱而建筑用水不均匀的情况。其缺点：①投资较大；②对供电要求高；③维护复杂，设备费用较高；④变频调速供水存在相当范围的"流量失调区"和低效运行区域。在"流量失调区"内水泵将反复启停，耗能严重，而且在较大的流量范围内低效运行。在不带气压罐的情况下水泵将在夜间不停运行❶。

变频调速给水方式（图 4-4）根据压力控制点的不同分为变频恒压和变频变压两种给水方式。变频恒压给水系统是指压力控制点设在水泵出口处，保证水泵出口处的压力恒定，也可以把安装在水泵出口处，但其压力设定值不止一个，进行全日变压，各时段恒压控制。变频变压给水系统是指压力控制点设在最不利处。变频调速给水方式的原理是通过设在控制点的压力传感器测出的压力与设定值相比较，控制器控制变频器，改变水泵转速，使系统水压随流量的改变而改变，进而使泵的实际流量、扬程能够在高效区范围内，实现降低能耗的目的。当给水系统中流量发生变化时，扬程也随之发生变化，压力传感器不断向微机控制器输入水泵出水管压力的信号，当测得的压力值大于设计给水量对应的压力值时，则微机控制器向变频调速器发出降低电流频率的信号，从而使水泵转速降低，水泵出水量减少，水泵出水管压力下降，反之亦然❷。

❶ 冷艳峰. 住宅小区给水方式优化研究 [D]. 重庆：重庆大学，2004.

❷ 张嘉. 建筑给水系统的给水方式 [J]，山西建筑，2011，37 (21)：105-106.

3）管网叠压（无负压）供水

城市供水条例禁止用水泵直接从市政供水管道上抽水，为了充分利用城市供水管网的水压、节省二次供水的能耗，给水设备生产厂家开发了可与城市供水管网直接连接、串联加压的叠压（无负压）供水装置，如图4-5所示❶。管网叠压供水设备具有可利用城镇给水管网的水压而节约能耗，设备占地较小，节省机房面积等优点，在工程中得到了一定的应用。

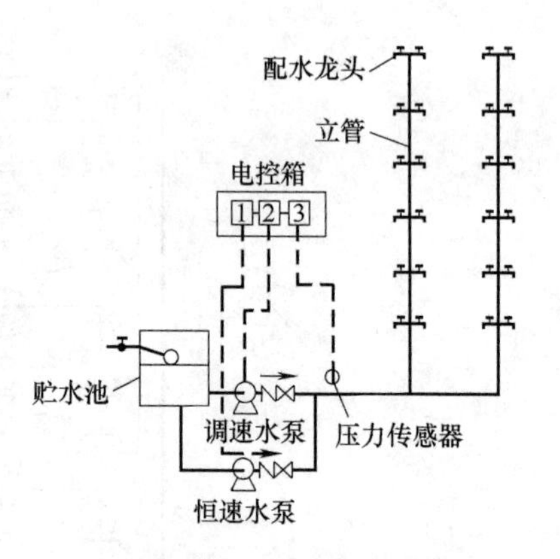

图4-4　变频调速给水方式
1—恒速泵控制器；2—变频调速器；3—微机控制器

管网叠压（无负压）供水系统就是将传统意义上的一次供水和二次供水结合成为一个整体的给水系统，把从给水厂送水到用户水龙头❷。管网叠压（无负压）供水系统的增压设备与自来水管道直接串联，充分利用室外市政给水管网的水压，可减少水泵扬程，自来水压力能满足供水要求时，通过设备的旁通管，直接由自来水供水，设备停止工作。同时，传统的二次加压供水方式，存在建筑内停电即停水的缺点，而管网叠压（无负压）给水设备停电时可通过旁通管，直接利用自来水压力部分供水。除基本形式外，还有两种形式：①不设稳流罐，直接采用变频调速供水设备增压。②与稳流罐并联一个水箱以解决在短时间内水量（或水压）不足时，保证供水❸。

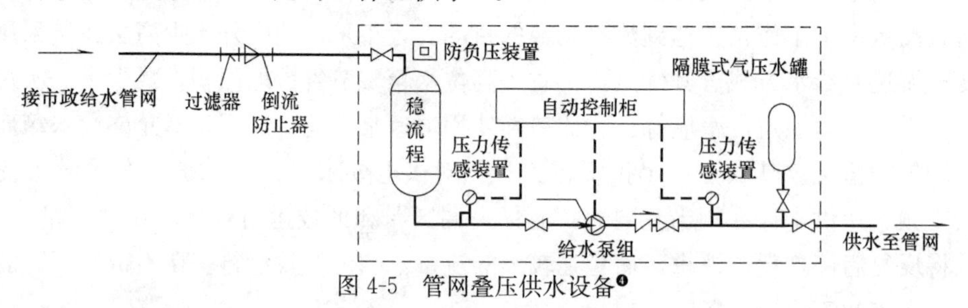

图4-5　管网叠压供水设备❹

管网叠压供水设备与变频调速供水设备的不同之处是采用稳流罐与市政给水干管连通，不设调节水箱（池），可充分利用市政给水管网的水压，因此，该设备必须具有下列功能：①设备进口应有限压控制功能。它利用微机自动检测稳流罐内水压，通过控制防负压装置来稳定罐内压力，使进水不产生负压；确保市政管网正常供水。②市政管网供水中断时设备自动停机，来水时设备自动开机，并在停电后能自行恢复正常运行。③设备向管网供水时，应采用变频调速泵组恒压运行❺。

值得注意的是，管网叠压（无负压）供水设备需经当地供水部门同意方可安装使用。中国工程建设协会标准《叠压供水技术规程》（CECS221：2012）第3.0.7条对此也作了

---

❶ 郑启萍．高层建筑给水方案的选择与优化［D］．合肥：合肥工业大学，2014．

❷ 许晓帆，刘建军．浅谈高层建筑给水系统分区设计［J］．低温建筑技术，2013，175（1）：22-24．

❸ 曹蓉．浅析住宅小区给水方式的选择［J］．工程与建设，2009，23（4）：513-514．

❹ 张嘉．建筑给水系统的给水方式［J］．山西建筑，2011，37（21）：105-106．

❺ 许晓帆，刘建军．浅谈高层建筑给水系统分区设计［J］．低温建筑技术，2013，175（1）：22-24．

明确的规定。叠压供水技术不得用于以下区域：①叠压供水技术不得用于供水管网定时供水的区域；②供水管网可利用的水头过低的区域；③供水管网供水压力波动过大的区域；④现有供水管网供水总量不能满足用水需求，使用叠压供水设备后，对周边现有（或规划）用户用水会造成影响的区域；⑤供水管网管径偏小的区域；⑥供水部门认为不得使用供水设备的区域。叠压供水技术不得用于下列用户：①用水时间过于集中，瞬间用水量过大且无有效技术措施的用户；②供水保证率要求高，不允许停水的用户；③研究、制造、加工、贮存有毒物质、药品等危险化学物质的场所。

4. 相关标准、规范及图集

(1)《建筑给水排水设计规范》GB 50015—2003（2009 年版）；

(2)《民用建筑节水设计标准》GB 50555—2010；

(3)《叠压供水技术规程》CECS 221—2012。

5. 参考案例❶

安徽省合肥市某住宅小区，有一个 28 层的住宅楼，层高均为 2.8m。地下一层为停车场，地上均为标准层，每层楼 4 户住户，共有住户 112 户，约有 420 人。根据《建筑给水排水设计规范》GB 50015—2003（2009 年版）的规定，该高层住宅楼符合普通 II 类住宅标准。

该住宅可采用以下几种给水方式：水泵水箱串联供水、水泵水箱并联供水、水箱减压供水、减压阀减压供水和变频泵调速泵并联供水。由于水泵水箱串联供水、水泵水箱并联供水、水箱减压供水三种给水方式的水箱需要占用较大的建筑面积，尤其在住宅楼中将占用一定的居住面积，所以目前在实际工程中应用较少，一般高层住宅楼给水多采用减压阀减压供水方式和变频泵调速泵并联供水方式。

调查得知，该小区周围市政管网水压为 0.29MPa，可满足建筑内一～六层的水压要求，所以该住宅楼一～六层可采用市政管网直接供水。《建筑给水排水设计规范》GB 50015—2003（2009 年版）规定，高层建筑生活给水系统竖向分区后各分区最低卫生器具配水点处的静水压不宜大于 0.45MPa。对于该住宅楼七～二十八层，可分为七～十七层和十八～二十八层两个给水分区，由于楼层层高为 2.8m，各分区供水高度为 30.8m，粗略估算各分区所需水压为 0.4MPa，各分区最低卫生器具配水点处的静水压力满足相关规定。因此，可将该住宅楼给水系统分为 3 个区，一～六层为低区，七～十七层为中区，十八～二十八层为高区，低区采用市政管网直接供水，中区和高区采用二次加压供水。由于一～六层采用市政管网直接供水，所以在下面的给水方案的能耗及设备费用计算中只考虑高区和中区供水系统。

该建筑中、高区二次供水可采用的给水方式如图 4-6 所示。

各方案的设备选型和水泵日耗电量计算结果见表 4-1。

高层建筑给水方案的选择需要综合考虑设备投资费用和系统运行费用。在同等条件下，不考虑泵房、管网等的投资费用，只考虑管网的年运行费用和设备的费用。机电设备的平均使用寿命为 15 年，合肥市居民用电价格为 0.5653 元/度。各方案的运行和投资年费用静态比较如表 4-2 所示。

---

❶ 郑启萍，高层建筑给水方案的选择与优化［D］. 合肥：合肥工业大学，2014.

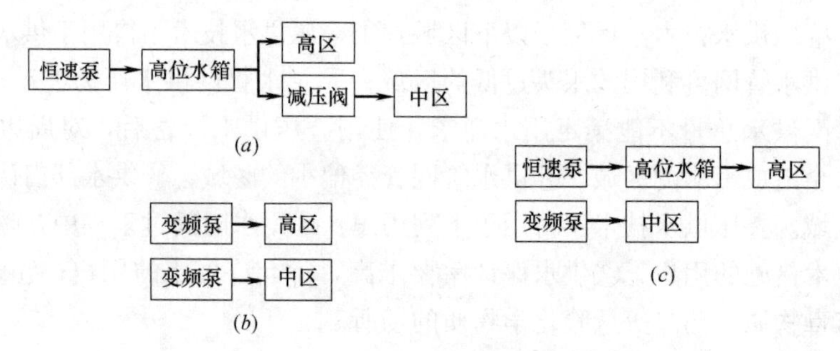

图4-6 中、高区二次供水给水方式

(a) 给水方案Ⅰ；(b) 给水方案Ⅱ；(c) 给水方案Ⅲ

各方案的设备选型和水泵日耗电量计算表 **表4-1**

方案	分区	设计参数	水泵型号	主要参数			日耗电量(kWh)
				Q(L/s)	H(m)	N(kW)	
Ⅰ	高、中区	$Q_b=6.4m^3/h$ $H=95m$	50DL12.5-12.5×8 (恒速一用一备)	12.5	100	7.5	79.7
Ⅱ	高区	$Q_b=12.6m^3/h$ $H=95m$	50DL12.5-12.5×8 (调速一用一备)	12.5	100	7.5	
			40DL6-12×5 (恒速)	6	60	4	
	中区	$Q_b=5.8m^3/h$ $H=58m$	50DL12.5-12.5×5 (调速一用一备)	12.5	62.5	5.5	
			40DL6-12×5 (恒速)	6	60	4	
Ⅲ	高区	$Q_b=3.2m^3/h$ $H=95m$	40DL6-12×8 (恒速一用一备)	6	96	5.5	
	中区	$Q_b=5.8m^3/h$ $H=58m$	50DL12.5-12.5×5 (调速一用一备)	12.5	62.5	5.5	
			40DL6-12×5 (恒速)	6	60	4	

各给水方案的综合费用计算表 **表4-2**

方 案	年设备费用(元)	年运行费用(元)	年总费用(元)
Ⅰ	768.7	16444.9	17213.6
Ⅱ	1696	24223.7	25919.7
Ⅲ	1437.3	22304.8	23742.1

高层住宅类建筑生活给水设计应根据其用水特点，合理选择用水定额和小时变化系数，可在源头上避免水、电资源的浪费，降低管网、设备等的投资。在进行给水方案选择时，可在满足建筑的需要和用水安全可靠性的基础上选择几种可行方案，并对各方案的运行费用和设备投资费用进行分析，选择年总费用最低的方案作为相对较优方案。对于该建筑，选用方案Ⅰ，即高区选用水泵水箱联合供水方式、中区采用变频泵供水方式、低区采用市政管网直接供水为相对较优的给水方案。

4.1.2 热水供应系统

1. 技术简介[1]

热水供应系统按热水供应范围，可分为局部热水供应系统、集中热水供应系统和区域热水供应系统。

热水供应系统的组成因建筑类型和规模、热源情况、用水要求、加热和贮存设备的情况、建筑对美观和安静的要求等不同情况而异。典型的集中热水供应系统（图4-7），主要由热媒系统（第一循环系统）、热水供水系统（第二循环系统）、附件三部分组成。热媒系统由热源、水加热器和热媒管网组成；热水供水系统由热水配水管网和回水管网组成；附件包括蒸汽、热水的控制附件及管道的连接附件，如温度自动调节器、疏水器、减压阀、安全阀、自动排气阀、膨胀罐、管道伸缩器、闸阀、水嘴等。

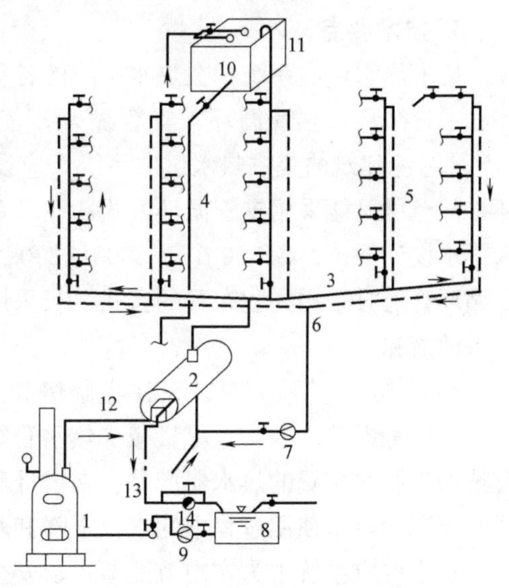

图4-7 热媒为蒸汽的集中热水系统

1—锅炉；2—水加热器；3—配水干管；4—配水立管；5—回水立管；6—回水干管；7—循环泵；8—凝结水池；9—冷凝水泵；10—给水水箱；11—透气管；12—热媒蒸汽管；13—凝水管；14—疏水器

热水供水方式按热水加热方式的不同，有直接加热和间接加热之分；按热力管网的压力工况，可分为开式和闭式两类。

按热水管网设置循环管网的方式不同，有全循环、半循环、无循环热水供水方式之分；热水系统的循环方式有全循环、半循环、无循环热水供水方式。全循环供水方式，是指热水干管、热水立管和热水支管都设置相应的循环管道，保持热水循环，可随时提供符合设计水温要求的热水。半循环供水方式，有立管循环、干管循环、支管循环。立管循环是指热水干管和热水立管均设置循环管道，保持热水循环，打开配水嘴时只需放掉热水支管中少量的存水，就能获得规定水温的热水。干管循环方式是指仅热水干管设置循环管道，保持热水循环，在热水供应前，先用循环泵把干管中已冷却的存水循环加热，当打开配水嘴时只需放掉立管和支管内的冷水就可以流出符合要求的热水。无循环供水方式，是指在热水管网中不设任何循环管道[2]。

按热水管网运行方式不同，可分为全天循环方式和定时循环方式；按热水管网采用的循环动力不同，可分为自然循环方式和机械循环方式；按热水配水管网水平干管的位置不同，可分为下行上给供水方式和上行下给供水方式。

据调查，无论何种热水供应系统，大多存在着严重的水量浪费现象，主要表现在开启热水配水装置后，不能及时获得满足使用温度的热水，往往要放掉不少冷水后才能正常使用。这部分流失的冷水，未产生使用效益，可称为无效冷水，即浪费的水量。无效冷水的

[1] 王增长. 建筑给水排水工程（第六版）[M]. 北京：中国建筑工业出版社，2010.

[2] 王增长. 建筑给水排水工程（第六版）[M]. 北京：中国建筑工业出版社，2010.

产生主要有集中热水供应系统的循环方式选择不当、局部热水供应系统管线过长、热水管网设计不合理、施工质量差、温控装置和配水装置的性能不理想、管理水平低等原因❶。因此，在绿色建筑节水设计中，应采取有效的技术措施降低建筑热水供应系统中的无效冷水的水量。

2. 适用范围

适用于有热水需求的民用建筑。

3. 技术要点

集中热水供应系统：在热水系统的各种循环方式中，无效冷水量从大到小依次为无循环、干管循环、立管循环、支管循环，依此顺序，各循环系统的节水效果则是从差到好❷。绿色建筑的集中热水供应系统，应设置热水循环管道，保证干管和立管中的热水循环，甚至尽可能采用支管循环方式。循环系统应设循环泵，并应采用机械循环。《建筑给水排水设计规范》GB 50015—2003（2009年版）规定，建筑物内集中热水供应系统的热水循环管道宜采用同程布置的方式，当采用同程布置困难时，应采取保证干管和立管循环效果的措施。

局部热水供应系统❸：在住宅厨房和卫生间的设计中，除考虑建筑功能和建筑布局外，还应考虑节水因素，尽量减少热水管线长度。局部热水供应系统宜设热水回水装置，宜选用带回水装置的热水器产品。在设计和施工中，对连接家用热水器的热水管道进行保温，以减少热水使用过程中的水温下降和水量浪费，规范家用热水管道的安装。

热水供应系统中为实现节能节水、安全供水，在水加热设备的热媒管道上应装设自动温度调节装置来控制出水温度。为减少调温造成的水量浪费，公共浴室应采用单管热水系统，温控装置是控制其水温的关键部件，应采用性能稳定、灵敏的单管水温控制设备。

我国建筑双管热水系统冷热水的混合方式大多采用混合龙头式和双阀门调节式，每次开启配水装置时，为获得适宜温度的水，都需反复调节。因此可采用带恒温装置的冷热水混合龙头，减少由于调温时间过长造成的水量浪费❹。

4. 相关标准、规范及图集

(1)《民用建筑节水设计标准》GB 50555—2010；

(2)《建筑给水排水设计规范》GB 50015—2003（2009年版）。

5. 参考案例❺

(1) 项目概况

某学校新校区学生宿舍楼建设中，经过详细考察论证，决定采用太阳能热水系统及其配套系统相结合的节能方案。整个工程共包括本科生楼3个单元（18幢）、本科生楼2个单元（10幢）、硕士生楼（3幢）和学生食堂（1幢）四类建筑。配水要求学生宿舍楼人均每天配60℃热水55L，食堂要求满足两个浴室每天3h连续用热水。

---

❶ 付婉霞．建筑热水系统节水的技术措施［J］．节能环保技术，2004（3）：32-35.

❷ 陈园，减少集中热水系统供应无效冷水的产生探析［J］．安徽建筑，2006（5）：168-172.

❸ 郑启萍，高层建筑给水方案的选择与优化［D］．合肥：合肥工业大学，2014.

❹ 付婉霞．建筑节水的技术对策分析［J］．给水排水，2003，29（2）：47-53.

❺ 余克志．高校学生生活区太阳能热水系统设计［J］．节能技术，2011，29（3）：226-271.

(2) 热水需求及集热器面积

热水需求及集热器面积计算如表 4-3 所示。

太阳能热水工程概况 **表 4-3**

建筑类型	人数	配水量(kg)	集热器面积(m^2)	栋数	集热器面积小计(m^2)
本科生楼三单元	526	28930	234	18	4212
本科生楼两单元	360	19800	150	10	1500
硕士生楼	288	15840	168	3	504
学生食堂	300	60000	256	1	256
总计					6472

(3) 设备选型

太阳能集热器：选用铜铝复合太阳能集热器作为集热部件，该集热器的核心部件——铜铝复合阳极化板芯，由北京太阳能研究所研发，见图 4-8，其技术参数如表 4-4 所示。

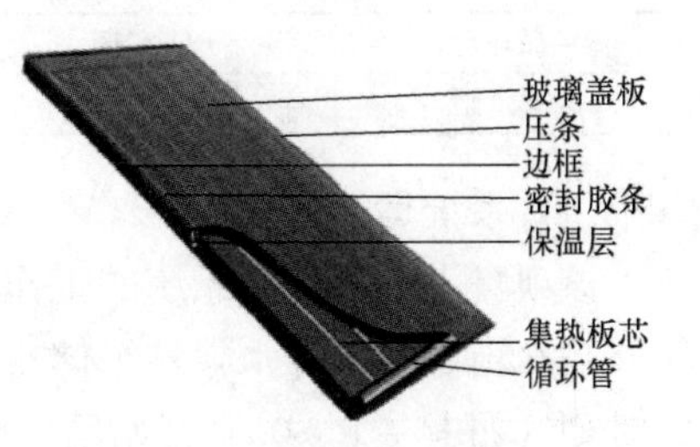

图 4-8 铜铝复合太阳能集热器

辅助加热设备：宿舍楼每栋单体分别配备一台每小时产热量为 0.35MW 的常压燃气热水锅炉作为辅助加热设备，食堂配备两台 0.35MW 的常压燃气热水锅炉作为辅助加热设备，充分保证供热水需求，其技术参数如表 4-5 和表 4-6 所示。

铜铝复合太阳能集热器技术参数 **表 4-4**

项目	参数或材质
型号	2000mm×1000mm×75mm
板芯	铜管铝翼
边框	古铜色铝合金边框
盖板	强化玻璃
循环方式	温差式强制循环
光效率(%)	72
热效率(%)	>55
采光面积(m^2)	2
重量(kg)	40
占地面积(m^2)	1.73
晴天日产热水量(60℃)(kg)	80

0.35MW 常压燃气锅炉参数 **表 4-5**

项目	型号及规格、参数
型号	CW NS0.35-95/70-YC
额定热功率(kW)	350
额定工作压力	常压
热效率(%)	90
适用燃料	柴油、天然气、城市煤气
燃料耗量(天然气)(m^3/h)	39.29
水容量(kg)	662
循环水量(t/h)	12
外形尺寸(mm)	2497×1076×1350
电源	220V/380V,50Hz

燃烧器参数 **表 4-6**

项目	型号及规格、参数	项目	型号及规格、参数
型号	RS38/1	电气保护等级	44
输出功率(kW)	0.50	电机电功率(kW)	0.42
燃料耗量(天然气)(m^3/h)	G20 燃气 0.49 G25 燃气 0.5 LPG 燃气 0.5	电机电流(A)	2.9
		电机启动电流(A)	11
风机型号	离心反向叶片	电机保护等级	54
助燃空气温度(℃)	MAX60	运行方式	间歇(每 24h 需停机一次)
控制电源,PH/Hz/V	1/50/230~(±10%)	标准	EN676
控制电功率(kW)	0.60	认证	CE63AP6680

储热水箱：3 个单元本科生公寓，每幢配备两只 15m³ 太阳能循环水箱，单体两侧一边安放一只。2 个单元本科生公寓，每幢配备两只 10m³ 太阳能循环水箱，单体两侧一边安放一只。硕士生公寓多层，每幢配备一只 15m³ 太阳能循环水箱，放置在单体东侧。食堂配备两只 30m³ 太阳能循环水箱，独立放置在楼面适当位置。

水泵：水泵分温差循环水泵和供热水泵，选用德国“威乐”系列水泵，性能稳定；先进的结构设计，效率高；采用高效叶轮，噪声更小；采用高级密封件，不漏水，寿命长；水量充足，其技术参数如 4-7 所示。

水泵技术参数　　**表 4-7**

	型号	最大扬程(m)	功率(kW)	最大流量(m^3/h)
温差循环水泵	PH-251E	7.5	0.25	13.8
供热水泵	PH-401Q	19.5	0.4	17.4

（4）系统运行原理

该项目太阳能热水系统的工作原理如图 4-9 所示：首先在夜间通过水池给水 9 给太阳能储热水箱 1 加满冷水，整个储热水箱的容积根据终端用户的用水量确定。其次在某一固定时刻（如上午 9：00）开始给太阳能储热水箱 1 里的冷水加热。其加热控制方法是：在集热器阵 4 和太阳能储热水箱 1 中各设置一个感温器，当集热器阵 4 的温度高于太阳能储热水箱 1 时即开启太阳能循环泵 6，使太阳能储热水箱 1 的水不断被加热，否则即关闭太阳能循环泵 6。最后当终端用户 11 开始用水前 30min，判断太阳能储热水箱 1 的水温是否达到某一设定值（如 60℃），如未达到设定值，即开启循环加热泵 13，通过辅助加热设备 14 给热水加热到设定值，供给终端用户 11。

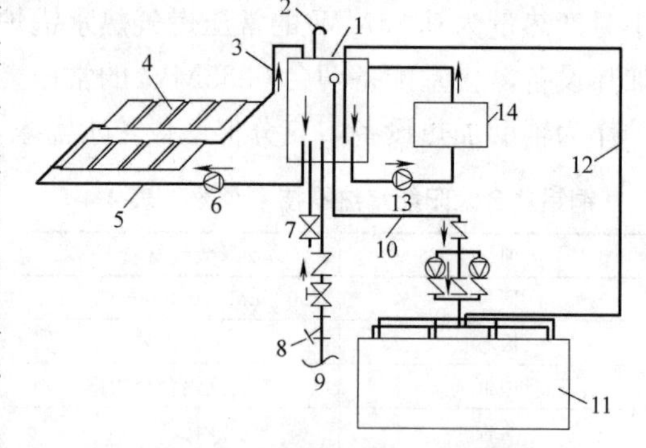

图 4-9　太阳能热水系统的工作原理图

1—太阳能储热水箱；2—水箱通大气管；3—集热器上循环管；4—集热器阵；5—集热器下循环管；6—太阳能循环泵；7—水箱排污阀；8—进水过滤器；9—水池给水；10—供热水管；11—终端用户；12—供热回水管；13—循环加热泵；14—辅助加热设备

（5）控制系统设计

控制系统设计有：定时补水装置，太阳能温差循环控制，抗冻排空装置（保证冬天系统安全），太阳能集热器、水箱温度传感装置，定时定温辅助加热控制，防干烧及锅炉保护装置（保证锅炉安全），变频定时供热水装置（保证供水稳定），定时定温回水控制。

该项目从 2008 年 12 月中旬到 2009 年 6 月初，持续跟踪记录了 2 幢本科生三单元（526 人），1 幢本科生二单元（360 人）的太阳能热水使用情况，实际记录数据 108d，数据表明太阳能热水系统节能 40％～56％。

4.1.3　超压出流控制

1. 技术简介

超压出流是指给水配件阀前压力大于流出水头，给水配件在单位时间内的出水量超过额定流量的现象。该流量与额定流量的差值，为超压出流量。

给水配件超压出流，有以下危害：①由于水压过大，水龙头开启时水成射流喷溅，影响人们使用；②超压出流破坏了给水流量的正常分配；③易产生噪声、水击及管道振动，使阀门和给水龙头等使用寿命缩短，并可能引起管道连接处松动、漏水甚至损坏，加剧了水的浪费。

超压出流现象出现于各类型建筑的给水系统中，尤其是高层及超高层的民用建筑。因此，给水系统设计时应采取措施控制超压出流现象，合理进行压力分区，并适当地采取减压措施，避免造成浪费。

目前常用的减压装置有减压阀、减压孔板、节流塞三种。减压阀（图 4-10）通过压力的变化或增强局部水头损失来达到减压的目的，既减动压又减静压。减压孔板相对于减压阀来说，系统比较简单，投资较少，管理方便，但只能减动压，不能减静压，且下游的压力随上游压力和流量而变，不够稳定。另外，供水水质不好时，减压孔板容易堵塞。节流塞的作用及优缺点与减压孔板基本相同，可用于消除水龙头前的剩余水头。从目前的研究应用现状来看，减压阀已经广泛应用于给水系统，在消防给水系统中减压孔板的应用也已经标准化。

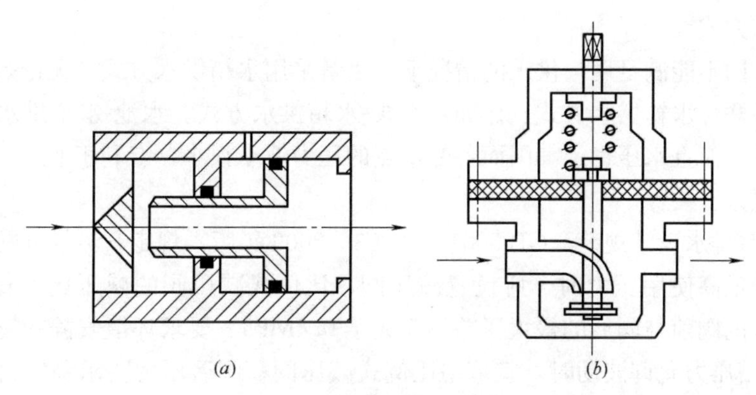

图 4-10　减压阀结构示意图

(*a*) 比例式；(*b*) 可调式

2. 适用范围

减压阀适用于给水系统的立管和支管中减压，以及消防给水系统；减压孔板适用于消防给水系统的末端，也可适用于水质较好和供水压力较稳定的给水系统；节流塞适于在小管径及其配件中安装使用。

3. 技术要点

（1）技术指标

《绿色建筑评价标准》GB/T 50378—2014 第 6.2.3 条规定：给水系统无超压出流现象，评价总分值为 8 分。用水点供水压力不大于 0.30MPa，得 3 分；不大于 0.20MPa，且不小于用水器具要求的最低工作压力，得 8 分。

《建筑给水排水设计规范》GB 50015—2003（2009 年版）第 3.3.4 条规定：卫生器具给水配件承受的最大工作压力不得大于 0.6MPa。第 3.3.5 条规定：高层建筑生活给水系统应竖向分区，竖向分区应符合：①各分区最低卫生器具配水点处的静水压不宜大于

0.45MPa，特殊情况下不宜大于0.55MPa。②水压大于0.35MPa的入户管（或配水横管），宜设减压或调压设施。③各分区最不利配水点的水压，应满足用水水压要求。

（2）设计要点

要解决超压出流问题，首先应在设计中确定恰当的给水压力范围，其次是如何减少管路的剩余水头，使水量合理分配、均衡供水，是节约用水的根本问题之一。在此基础上可采用各种措施实现合理的压力控制❶。

（1）合理分区❷

高层建筑生活给水系统的竖向分区，应根据使用要求、材料设备性能、维修管理、建筑物层数等条件，结合利用室外给水管网的水压合理确定。分区最低卫生器具配水点处的静水压，住宅、宾馆、医院宜为300～350kPa；办公楼宜为350～450kPa。对于一个具体工程来说，最佳给水分区压力值可以通过优化设计确定，必须考虑建筑物的层数、层高，水泵的性能，室外管网的压力。

市政管网供水压力不能满足供水要求的多层、高层建筑的给水、中水、热水系统应竖向分区，各分区最低卫生器具配水点处的静水压不宜大于0.45MPa，且分区内底层部分应设减压措施保证各用水点处供水压力不大于0.2MPa。

（2）供水方式❸

在市政管网不能满足用户供水的情况下，尽量采用水箱供水方式。无论是水箱独立供水，还是各种联合水箱供水方式，比如：水泵-水箱供水方式、水池-水泵供水方式等，它不但供水可靠，而且水压稳定，因而各配水点的压力波动很小，有利于节水。

（3）设置减压装置

《建筑给水排水设计规范》GB 50015—2003（2009年版）规定，给水管网的压力高于配水点允许的最高使用压力时，应设置减压阀，比例式减压阀的减压比不宜大于3∶1，可调式减压阀的阀前与阀后的最大压差不应大于0.4MPa，要求环境安静的场所不应大于0.3MPa。阀后压力允许波动时，宜采用比例式减压阀；阀后压力要求稳定时，宜采用可调式减压阀。

对于新建建筑，在设计中对入户管（或公共建筑配水横支管）的压力有了限制性要求后，就要在系统设计的同时考虑减压措施。对于既有建筑，按照节水要求，也应在水压超标处配置减压装置❹。

一般减压安装形式有总管减压、支管减压和串联减压三种。总管减压是根据分区压力要求对全部低（中）区系统进行减压，使整个系统用水点都达到规定压力；支管减压是通过在支管上安装减压阀，可以采用比较小口径的减压阀，在某一阀发生故障后，仅影响局部范围；串联减压指当供水点调压要求较高时，可在总管上设置减压阀（宜采用两个，并联设置，一用一备），然后在支管上根据不同供水点水压要求选用小口径的减压阀减压，这种系统运行安全，即使其中有减压阀损坏也不致损坏设备。实际使用过程证明，减压阀

❶ 黄龙强，张雅辉，彭磊．既有建筑防止超压出流技术研究［J］．企业导报，2012（22）：286．

❷ 孙玉瑾．既有建筑物防止超压出流的技术措施研究［J］．科技视界，2012（12）：183-184．

❸ 张艳娣．既有建筑物给水系统的超压出流问题及其减压措施探究［J］．科技视界，2013（21）：93，139．

❹ 付婉霞，刘剑琼，王玉明．建筑给水系统超压出流现状及防治对策［J］．给水排水，2002，28（10）：48-51．

一经安装就位，经调试正常运行后可不必经常调整和维护。一般采用定期清洗检查的方法进行维护。同时，根据减压阀前后压力表的读数，了解减压阀的堵塞情况，及时清洗隔滤器和调换减压阀零件[1]。

（4）注意事项

掌握用水点的供水水压、水量等要求；明确用水器具、设备的水压、水量要求；设计控制超压出流的技术措施，如管网压力分区、减压阀、减压孔板等的设置。

4. 相关标准、规范及图集

（1）《民用建筑节水设计标准》GB 50555—2010；

（2）《建筑给水排水设计规范》GB 50015—2003（2009年版）；

（3）《住宅建筑规范》GB 50368；

（4）《生活饮用水卫生标准》GB 5749；

（5）《二次供水设施卫生规范》GB 17051。

5. 参考案例

某高层住宅建筑，地下1层，地上25层。市政供水压力0.2MPa，建筑供水分区共分4个区，生活给水地下一层～三层为市政直供区，四～十一层为Ⅰ区，十二～十八层为Ⅱ区，十九～二十五层为Ⅲ区。由地下汽车库内地下泵房智能化箱式泵站供给，选择最不利管路，进行生活给水水力计算，确定给水系统所需压力，根据计算结果，设置减压阀（图4-11），每个二次加压分区的3层以下设置减压阀，阀后压力0.20MPa，同时保证不小于用水器具要求的最低工作压力。

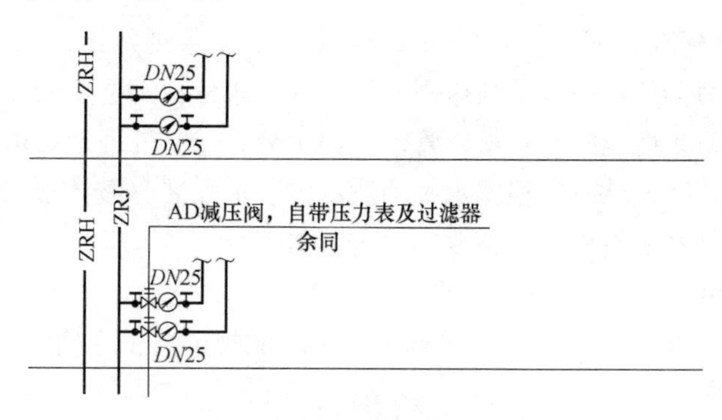

图4-11 项目的减压阀设置

4.1.4 管网漏损控制

1. 技术简介

城市供水管网是工业社会的重要基础设施之一，对保证国民经济发展和人们正常生活起着举足轻重的作用，然而许多城镇的供水和配水管网却由于腐蚀、老化和变形等各种原因而不断地发生漏损。我国供水管网漏损尤其严重，根据《2008年城市供水统计年鉴》，我国666个城市的平均漏损率为17.61%，666个城市的单位管长漏失量平均为2.02m^3/(km·h)。2008年全国城市供水漏失总量为59.55亿m^3，相当于近16座供水量100万

[1] 潘德琦，孙建华. 高层建筑中采用给水减压阀的设计和安装［J］. 化工给排水设计，1993（4）：28-32.

m^3/d的特大型水厂的一年的供水总量。在发达国家，漏损率一般低于10%，因此，降低我国城市供水管网的漏耗、进行漏损控制已刻不容缓。

管网漏损的原因主要有：①管材原因：在相同条件下，主要管材发生漏损事故的可能性由大到小的排列顺序大致为：钢管（镀锌钢管）＞铸铁管＞石棉水泥管、钢筋混凝土管＞塑料管（PE、PVC等）＞球墨铸铁管。我国供水管网早期采用的管材以灰口铸铁，小口径多为镀锌管石棉管为主。据统计，我国80%以上的管道是灰口铸铁管，随着管网的运行，人们逐渐发现灰口铸铁的漏损成为管道漏损发生的主要组成部分。目前我国已禁止在新建项目中使用灰口铸铁管、镀锌钢管和石棉水泥管。②管道接口问题：供水管网中管道接口众多，漏水的概率较大。石棉水泥接口、膨胀水泥接口等刚性强，气温降低时，容易引起水管受收缩拉力而断裂，或在管道不均匀沉降时弯矩过大而径向裂开钢管焊接或法兰接口牢固，水密性强，但柔性不够，发生受力（荷载和温度变化）时易有口漏或爆管发生。③温度变化影响；④地势沉降和内外荷载；⑤管道腐蚀；⑥水锤破坏；⑦水压过高；⑧施工质量不良等。

管网漏损控制是一个系统工程，要有效地控制给水系统的漏损，必须从设计、施工、运行和维护管理等方面进行综合考虑。

2. 适用范围

适用于市政和小区内的供水管网。

3. 技术要点

（1）技术指标

《绿色建筑评价标准》GB/T 50378—2014第6.2.2条规定：采取有效措施避免管网漏损，评价总分值为7分，并按下列规则分别评分并累计：①选用密闭性能好的阀门、设备，使用耐腐蚀、耐久性能好的管材、管件，得1分；②室外埋地管道采取有效措施避免管网漏损，得1分；③设计阶段根据水平衡测试的要求安装分级计量水表，运行阶段提供用水量计量情况和管网漏损检测、整改的报告，得5分。

《城市供水管网漏损控制及评定标准》CJJ 92—2002规定：城市供水企业管网基本漏损率不应大于12%，实际漏损率结合该标准6.2节的规定修正后确定。

（2）设计要点❶

1）合理设计供水压力

合理的工作压力可以节约能耗、减少管道强度要求、减少漏损几率。一般工作压力不宜选得过高，当供水距离较长或地面起伏较大，拟采用较高工作压力时，宜与分区供水方案进行技术经济比较，并检查所选用流速（或水力坡降）是否经济合理。通过调整泵的运行和设置减压阀，在满足水量、水压、水质的前提条件下，使供水管网运行压力趋于合理。

2）合理选用管材

合理选择管材应当说是降低管网漏损的第一步，选择合适的管材应考虑到管径、输水压力、管道的接口形式、管道所承受的外部压力以及管道内外壁可能受到的各种腐蚀等因素。

❶ 曹蓉．浅析住宅小区给水方式的选择［J］．工程与建设，2009，23（4）：513-514.

在管道材质的选用上应尽量采用强度较高且质量达标的材质。同时，还需考虑到经济费用的影响，综合各方面的因素应选取安全可靠性高、管道寿命长、造价相对较低的管材。从我国国情出发，不同管径管材的选用的推荐性意见表4-8❶❷。

不同管径管材选用建议　　表4-8

管径(mm)	推荐意见
$DN \geqslant 1800$	钢管、夹砂玻璃钢管、三阶段预应力管
$1200 \leqslant DN < 1800$	钢管、三阶段预应力管、夹砂玻璃钢管
$600 \leqslant DN < 1200$	球墨铸铁管、三阶段预应力管、钢管
$300 \leqslant DN < 600$	球墨铸铁管、高密度聚氯乙烯管
$100 \leqslant DN < 300$	道路上采用球墨铸铁管、高密度聚氯乙烯管，小区内采用柔性接口高密度聚乙烯管(PE100)、聚氯乙烯管、孔网钢带塑料管
$DN < 100$	薄壁不锈钢管、高密度聚乙烯管、聚氯乙烯管、孔网钢带塑料

3）管道防腐

管道敷设前，要根据运行环境和土质情况做出慎重选择，确定合适的防腐方法和技术。球墨铸铁管的外防护可以用沥青或环氧煤沥青涂料，钢管的腐蚀比铸铁管和球墨铸铁管更严重，一般采用三油二布或四油三布（油是指环氧煤沥青、布是指玻璃纤维布等）；管道的内防腐同样重要，比较合适的内防护为内衬水泥砂浆，国外也有在内壁涂聚乙烯和在降低成本的前提下喷涂塑料的做法。

4）采用柔性接口

在管道的接口采用橡胶圈式的柔性接口，这种胶圈接口可以消除因温差、不均匀沉降和土荷载及动荷载等不利因素产生的各种应力破坏，提高供水的安全性和可靠性，将漏损的可能性降到最低。另外，连续焊接的钢管，每隔一定距离也要设置可伸缩接口，以适应温度变化的需要，否则在薄弱环节（如闸门法兰）处也会被拉坏。

5）高性能阀门

阀门的使用寿命和质量决定着管网的正常运行，应选用性能高的阀门、零泄漏阀门等。建筑内部经常开启关闭的给水排水管道系统，宜选用铜或不锈钢材质的闸阀、截止阀。消防给水管道不经常开启，宜选用球墨铸铁闸阀或蝶阀，蝶阀要有锁定装置。在建筑物内部用水设备及器具前的小型阀门，使用频率高，宜选用耐蚀性能好的铜、不锈钢材质的截止阀。建筑给水系统阀门宜选用维修方便的柔性密封，如硅橡胶、丁橡胶、柔性石墨、聚苯、聚四氟乙烯等。密封以双密封结构、O形圈、内部油润滑为佳❸。

6）管道埋深

管道的埋深也是造成管道破裂漏损的重要因素之一。埋深过深，管道无法承受覆土的重量容易破裂，埋深过浅，在机动车道下无法承重荷载容易破裂。《水工业工程设计手册》规定，在非机动车道或者绿化带下，金属管道覆土厚度应不小于0.3m，机动车道下，金属管道覆土厚度应不小于0.7m，非金属管道覆土厚度应不小于1～1.2m。

❶ 傅玉芬. 城市供水管网漏损控制［D］. 天津：天津大学，2004.

❷ 连鹏. 城市供水管网漏损控制的研究［D］. 天津：天津大学，2004.

❸ 杨世兴. 浅议建筑给水系统阀门的选用［J］. 给水排水，2006（32）：95-97.

4. 相关标准、规范及图集

(1)《建筑给水排水设计规范》GB 50015—2003（2009年版）；

(2)《室外给水设计规范》GB 50013—2014；

(3)《室外排水设计规范》GB 50014—2006（2014年版）；

(4)《水工业工程设计手册——建筑和小区给水排水》；

(5)《城市供水管网漏损控制及评定标准》CJJ 92—2002；

(6)《企业水平衡测试通则》GB/T 12452—2008；

(7)《建筑给水排水及采暖工程施工质量验收规范》GB 50242—2002；

(8)《管道直饮水系统技术规程》CJJ 110—2006；

(9)《建筑给水钢塑复合管管道工程技术规程》CECS125：2001；

(10)《建筑给水薄壁不锈钢管管道工程技术规程》CECS153：2003；

(11)《建筑给水铜管管道工程技术规程》CECS171：2004。

5. 参考案例

无。

4.1.5　用水计量

1. 技术简介

水资源短缺是当前我国大部分地区的基本情况，因此节水工作日益受到人们的关注，然而在节水工作中，用水计量和用水统计制度尚未受到足够的重视。用水计量是水资源管理的重要内容和手段，建立和加强用水计量是水资源管理形式的要求，是进行水资源及相关规划的基础。

用水分级是指根据水平衡测试标准要求设计水表对给水系统进行计量，用水分项计量是指设置水表对不同使用用途的用水进行计量。用水计量表计有传统的手工抄表，也有远传水表系统，后者可节省大量的人力物力，给供水行业带来了显著的经济效益和社会效益。

目前在市场上的远传水表系统从传感原理区分主要有两大类[1][2]：脉冲式远传水表和直读式远传水表。脉冲式主要有光电转换、霍尔元件、干簧管三类，脉冲式结构简单，价格较低，但需不断电工作。目前光电转换和霍尔元件脉冲式已较少使用。直读式主要有光电式、触点式、摄像式、计数式，直读式远传水表结构较复杂，价格较高。计数式直读式远传水表应用前景较好。

2. 适用范围

适用于各类民用建筑的给水系统。

3. 技术要点

(1) 技术指标

《绿色建筑评价标准》GB/T 50378—2014 第6.2.4规定：设置用水计量装置，评分总分值为6分，并按下列规则分别评分并累计：①按照使用用途，对厨房、卫生间、空调系统、游泳池、绿化、景观等用水分别设置用水计量装置，统计用水量，得2分；②按付

[1] 黄晓君，周志斌. 浅谈远传水表系统［J］. 科技信息，2008（16）：255-257.

[2] 潘柯. 谈远传水表的技术现状与发展方向［J］. 智能建筑与城市信息，2004（10）：79-80.

费或管理单元，分别设置用水计量装置，统计用水量，得 4 分。

（2）设计要点

1）分级计量

为保证计量收费和水量平衡测试及合理用水分析工作的正常开展，应在如下位置安装水表[1]：

① 入户支管（或公共建筑内需计量收费的水管）起端、多层建筑（每个楼门）引入管、住宅小区（或公共建筑）给水系统引入管。

② 高层建筑如下位置：直接由外网供水的低区引入管上；高区二次供水的集水池前引入管上；供水方式为水池—水泵—水箱的高层建筑，有条件时应在水箱出水管上设置水表；高区给水系统每根给水立管上设置分水表。

③ 满足水量平衡测试及合理用水分析要求的管道其他部位，如公共建筑内需单独计量收费的单元计量。

2）分项计量

按照使用用途，对厨房、卫生间、空调系统、游泳池、景观、室外绿化、道路冲洗、地下车库冲洗等用水分别设置用水计量装置。这里的厨房是指餐饮厨房，不包括居住建筑户内厨房；卫生间是指所有民用建筑中的公用卫生间，不包括居住建筑户内卫生间、旅馆建筑客房卫生间。

对于隶属同一管理单元，但用水功能多且用水点分散、分项计量困难的项目，可只针对其主要用水部门进行分项计量，例如餐饮、办公、娱乐、商业、景观、室外绿化等，但应保证满足水平衡要求，即相邻两级水表的计量范围必须一致。

3）水表

在分级和分项计量中，应合理选择水表的型号及精度等级。《建筑给水排水设计规范》GB 50015—2003（2009 年版）规定，用水量均匀的生活给水系统的水表应以给水设计流量选定水表的常用流量，用水量不均匀的生活给水系统的水表应以设计流量选定水表的过载流量。设计时，应按照《建筑给水排水设计规范》GB 50015—2003（2009 年版）的要求选择水表型号，避免过大或过小。

此外，水表计量的准确性十分关键。目前，建筑给水系统一般采用 2 级水表，根据《冷水水表》JJG 162—2009，2 级水表的精度应满足如下要求：在水温 0.1～30℃范围内，水表的最大允许误差在高区（$Q_2 \leqslant Q \leqslant Q_4$）为±2%，低区（$Q_1 \leqslant Q \leqslant Q_2$）为±5%。水温超过 30℃时，水表在高区的最大允许误差为±3%，低区（$Q_1 \leqslant Q \leqslant Q_2$）仍为±5%。实际使用时，水表最大允许误差为上述要求的 2 倍。

有条件的项目，鼓励采用远传水表系统。应结合项目实际情况选择合适的远传水表形式。

（3）注意事项

1）管网水质会影响计量的精度，水表前应设过滤器。

2）水表使用期限：口径 15～20mm 的水表建议不超过 6 年，口径 25～50mm 的水表不超过 4 年。

[1] 付婉霞，曾雪华. 建筑节水的技术对策分析 [J]. 给水排水，2002，29 (2)：47-53.

4. 相关标准、规范及图集

(1)《建筑给水排水设计规范》GB 50015—2003 (2009 年版);

(2)《企业水平衡测试通则》GB/T 12452—2008;

(3)《冷水水表》JJG 162—2007;

(4)《用能单位能源计量器具配备和管理通则》GB 17167—2006;

(5)《绿色建筑评价技术细则 2015》。

5. 参考案例

广州市天河区金融城某绿色建筑项目，位于黄埔大道与春融路交叉口的东南角，项目用地面积 14564.11m²，地下 4 层，地上 40 层，建筑面积 156109.8m²，建筑主体高度 180.0m。

该项目从综合管沟引入一根 *DN*200 的给水管，接入用地红线，分设 *DN*200 商业水表 1 个，*DN*100 消防总水表 1 个，供地块消防、商业办公。从综合管沟引入 *DN*200 的中水管供商业办公冲厕、道路绿化冲洗用水。

地下室与首层沿街商铺采用市政自来水压直接供给；二～十一层通过变频泵组供水系统；二十层以上通过设置转输泵泵至三十一层避难层、三十一层设置生活水箱，十二～二十七层通过三十一层避难层水箱重力流供水；二十八至顶层设置变频泵组供水。

给水室外设置消防、商业总水表，计算总用水量；中水按统一计量收费；水表设置情况如图 4-12 所示。从图中可见，该项目通过安装三级水表，实现了对场地内供水管网的全面监控。

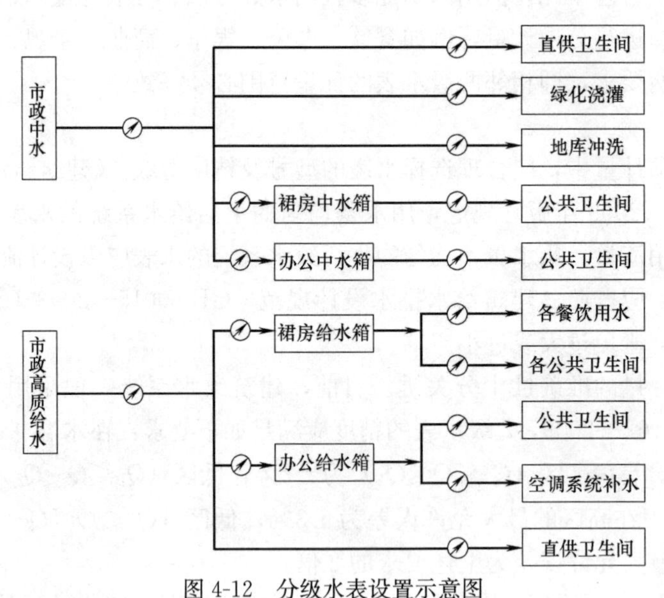

图 4-12　分级水表设置示意图

4.2　节水器具与设备

配水装置和卫生设备是水的最终使用单元，它们节水性能的好坏，直接影响着建筑节水工作的成效，因而大力推广使用节水器具和设备是实现建筑节水的重要手段和途径。本节主要关注节水器具、节水灌溉、节水冷却等技术。

4.2.1 节水器具

1. 技术简介

建筑使用的生活用水器具的节水性能直接影响建筑的节水效果，《节水型生活用水器具标准》CJ 164—2014 中规定，节水型生活用水器具是指比同类常规产品能减少流量或用水量，提高用水效率、体现节水技术的器件、用具的器具。

目前常用的生活用水器具有水龙头、坐便器、小便器、淋浴器等，下面逐一对各类生活用水器具进行介绍：

建筑中应用范围最广、数量最多的用水器具是水龙头。节水型龙头是指在动态压力(0.1±0.01) MPa，流量不大于 0.125L/s 的龙头。目前常用的水龙头[1]有陶瓷阀芯水龙头、感应式水龙头、铜质节水龙头、充气水龙头等。感应式水龙头（图 4-13）又分为延时自闭式水龙头、光电控制式水龙头、无活塞延时阀芯水龙头三种。充气水龙头（图 4-14）是在出水部分加了起泡器，可以增加水中的气泡含量，起到节水、柔和防溅的效用。此外，陶瓷阀芯水龙头还可装雾化器形成喷雾型节水龙头（图 4-15）。

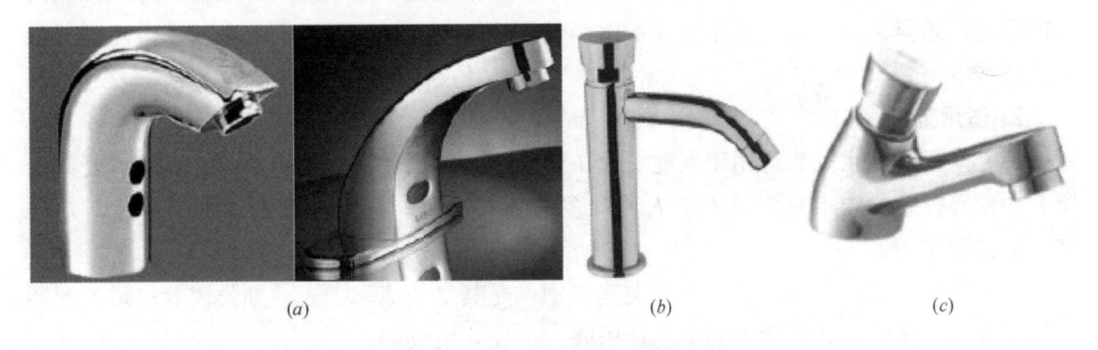

(*a*)　　(*b*)　　(*c*)

图 4-13　感应式水龙头（光电控制式）

(*a*) 光电控制式；(*b*) 按压延时自闭式

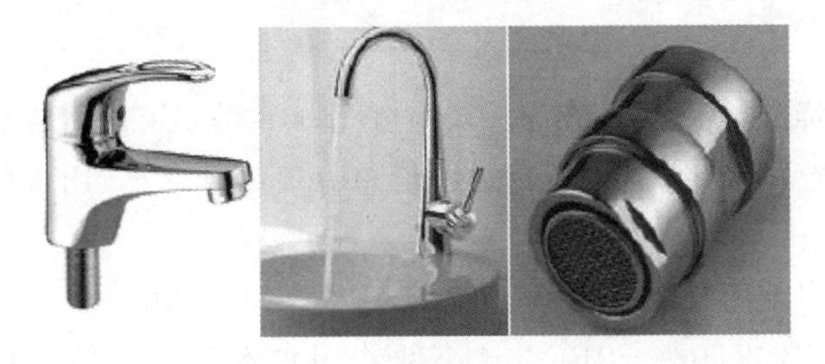

图 4-14　充气节水龙头

建筑中应用较多的器具还有便器，便器有坐便器、蹲便器、小便器。坐便器按结构分类可分为有水箱坐便器与无水箱坐便器两种，有水箱坐便器按下水方式又可分为冲落式和虹吸式，虹吸式分为虹吸冲落式、虹吸喷射式和虹吸漩涡式三种。冲落式坐便器用时噪声比较大；虹吸式坐便器采用流体力学中虹吸原理，在启动冲水装置后，排污管道瞬间产生强大负压，从而抽走污物。依照水箱与底座的连接方式，分为连体和分体两种；依照排水

[1] 张旭．建筑小区节水关键技术及给水系统优化研究［D］．山东：山东建筑大学，2013.

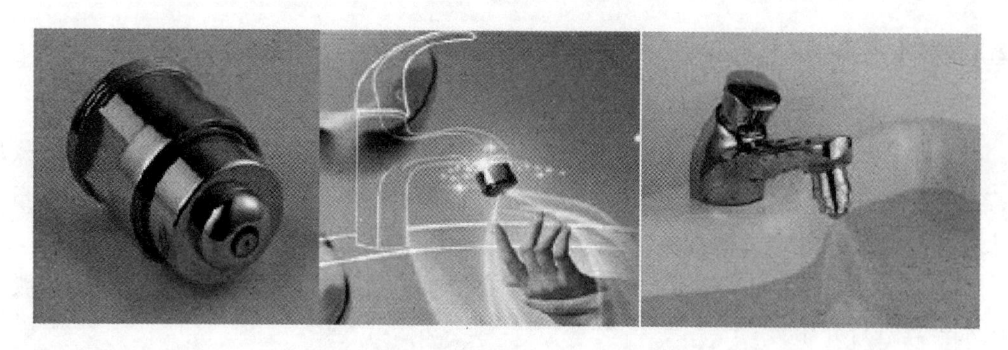

图4-15 喷雾型节水龙头

方式，分为横排（墙排）式和底排（下排）式。

节水型便器是在保证卫生要求、使用功能和管道输送能力的条件下，不泄漏，用水效率等级达到2级（坐便器一次冲洗水量不大于5L，小便器不大于3L，蹲便器不大于6L）的便器。目前常用的节水型便器有两档式节水便器、直排节水型便器等。

此外还有，器具中淋浴器等器具，节水型淋浴器是指采用接触或非接触的方式控制阀门的启闭，兼具调控水温和流量功能的淋浴器，主要有机械式淋浴器、电磁式淋浴器、红外线感应淋浴器。

2. 适用范围

（1）陶瓷阀芯水龙头适用于新建、改扩建建筑，包括住宅、星级酒店、宾馆、公共场所、医院等；感应式水龙头适用于人流众多的公共场所；充气水龙头适用于一般新建住宅、公共建筑中。

（2）两档式节水坐便器适用于各类建筑中，尤其是住宅、酒店、办公楼等；蹲式便器适用于人流众多的公共场所，如商场、医院、学校、机场等；

（3）具有调控水温和流量功能的淋浴器适用于公用浴室。

3. 技术要点

（1）技术指标

《绿色建筑评价标准》GB/T 50378—2014第6.1.3条要求采用节水器具，第6.2.6规定，使用较高用水效率等级的卫生器具，评价总分值为10分。用水效率等级达到3级，得5分；达到2级，得10分。

《水嘴用水效率限定值及用水效率等级》GB 25501—2010、《坐便器用水效率限定值及用水效率等级》GB 25502—2010、《小便器用水效率限定值及用水效率等级》GB 28377—2012、《淋浴器用水效率限定值及用水效率等级》GB 28378—2012、《便器冲洗阀用水效率限定值及用水效率等级》GB 28379—2012等标准分别规定了水嘴、坐便器、小便器、淋浴器、大小便器冲洗阀的用水效率等级，表4-9～表4-14给出了在（0.10±0.01）MPa动压下不同器具的用水效率等级。卫生器具的节水评价值为用水效率等级的2级。

水嘴用水效率等级指标 **表4-9**

用水效率等级	1级	2级	3级
流量(L/s)	0.100	0.125	0.150

坐便器用水效率等级指标 表 4-10

用水效率等级			1级	2级	3级	4级	5级
用水量(L)	单挡	平均值	4.0	5.0	6.5	7.5	9.0
	双挡	大挡	4.5	5.0	6.5	7.5	9.0
		小挡	3.0	3.5	4.2	4.9	6.3
		平均值	3.5	4.0	5.0	5.8	7.2

小便器用水效率等级指标 表 4-11

用水效率等级	1级	2级	3级
冲洗水量(L)	2.0	3.0	4.0

淋浴器用水效率等级指标 表 4-12

用水效率等级	1级	2级	3级
流量(L/s)	0.08	0.12	0.15

大便器冲洗阀用水效率等级指标 表 4-13

用水效率等级	1级	2级	3级	4级	5级
冲洗水量(L)	4.0	5.0	6.0	7.0	8.0

小便器冲洗阀用水效率等级指标 表 4-14

用水效率等级	1级	2级	3级
冲洗水量(L)	2.0	3.0	4.0

(2) 设计要点

1) 合理选择器具形式

对于生活用器具的形式选择，应结合项目的建筑类型、功能需求、投资预算等综合确定。

2) 生活用水器具用水效率

结合项目的实际情况，选择用水效率等级2级或1级的器具，见表4-15。采用的生活用水器具还应满足现行标准《节水型生活用水器具》CJ/T 164—2014的要求。

生活用水器具节水等级指标 表 4-15

用水效率等级			1级	2级
水嘴流量(L/s)			0.100	0.125
坐便器用水量(L)	单挡	平均值	4.0	5.0
	双挡	大挡	4.5	5.0
		小挡	3.0	3.5
		平均值	3.5	4.0
小便器冲洗水量(L)			2.0	3.0
淋浴器流量(L/s)			0.08	0.12
大便器冲洗阀冲洗水量(L)			4.0	5.0
小便器冲洗阀冲洗水量(L)			2.0	3.0

土建和装修一体化设计的项目应在设计文件中注明对卫生器具的用水效率要求和相应的参数。

4. 相关标准、规范及图集

(1)《节水型生活用水器具》CJ/T 164—2014；

(2)《节水型产品技术条件与管理通则》GB/T 18870；

(3)《水嘴用水效率限定值及用水效率等级》GB 25501—2010；

(4)《坐便器用水效率限定值及用水效率等级》GB 25502—2010；

(5)《小便器用水效率限定值及用水效率等级》GB 28377—2012；

(6)《淋浴器用水效率限定值及用水效率等级》GB 28378—2012；

(7)《便器冲洗阀用水效率限定值及用水效率等级》GB 28379—2012。

5. 参考案例

某办公建筑，地下1层，地上23层，总建筑面积约9万m^2。项目设计选用用水效率等级达到2级的节水产品，见表4-16。

项目选用的节水器具　　表4-16

洁　具	用水量标准	洁　具	用水量标准
两档节水坐便器	3/4.5L/次	厨房清洗水枪	8.33L/min
小便器	0.5或1L/次	浴室花洒喷头	0.10L/s
公共区域水龙头	0.11L/s		

4.2.2　节水灌溉

1. 技术简介

城市绿化状况、绿地的多少从侧面反映了城市的进步与发展。伴随着城市绿化建设的迅速发展，绿地面积的增加，绿化灌溉所需水量也越来越多。多数城市园林和绿地采用自来水灌溉，而城市用水已是日趋紧张，这更加剧了自来水的供需矛盾。因此，绿化节水灌溉已是当务之急，以缓解城市供用水矛盾。

节水灌溉是指根据植物需水规律和当地供水条件，高效利用降水和灌溉水，以取得最佳经济效益、社会效益、生态效益的综合灌溉措施。

节水灌溉的主要方式有喷灌、微灌（图4-16）。喷灌是指利用喷头等专用设备把有压水（流量$q>250L/h$）喷洒到空中，形成细小水滴滴落到地面和作物表面的灌水方法。喷

图4-16　喷灌实景图

灌设备由进水管、抽水机、输水管、配水管和头（或喷嘴）等部分组成，可以是固定的或移动的。喷灌具有省水、省工、省地、保土保肥等优点，便于实现灌溉机械化和自动化等。

微灌是按照植物需求，通过管道系统与安装在末级管道上的灌水器，将水和作物生长所需的养分以较小的流量，均匀、准确地直接输送到植物根部附近土壤的一种灌水方法。与传统的全面积湿润的地面灌和喷灌相比，微灌只以较小的流量湿润作物根区附近的部分土壤，因此，又称为局部灌溉技术。微灌包括滴灌、微喷灌、涌泉灌❶、小管出流灌❷等，比地面漫灌省水 50%～70%，比喷灌省水 15%～20%。其中微喷灌射程较近，一般在 5m 以内，喷水量为 200～400L/h。

滴灌（图 4-17）是利用专门灌溉设备以间断或连续的水滴或细流的形式缓慢地将水灌到部分土壤表面和作物根区的灌水方式。

图 4-17 滴灌实景图

微喷灌（图 4-18）是利用折射、旋转或辐射式微型喷头将水均匀地喷洒到作物枝叶等区域的灌水形式，隶属于微灌范畴。微喷灌也叫雾灌，通过低压管道将水送到作物植株附近并用专门的小喷头向作物根部土壤或作物枝叶喷洒细小水滴的一种灌水方法。它兼具喷灌和滴灌的优点，又克服了两者的主要缺点。微喷头出流孔口和流速均大于滴灌的滴头流速和流量，从而大大减小了灌水器的堵塞。

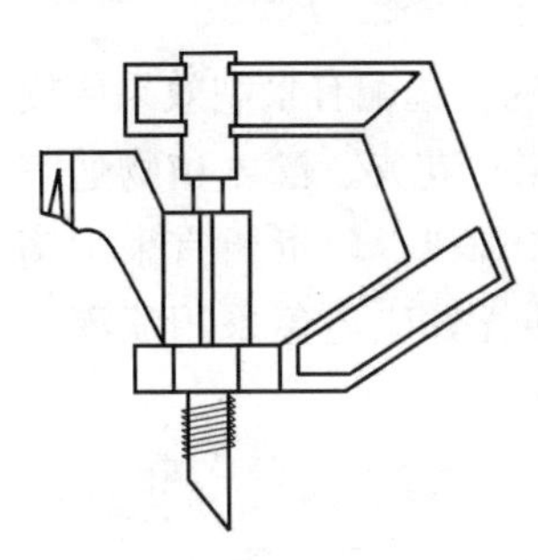

图 4-18 微喷灌实景图

自动节水灌溉系统（图 4-19）是指采用传感器采集土壤信息、气象信息等，通过无线或有线网络对农田/园林灌溉用水量实时远程监控，按照作物的需求实施灌水等操作，保证适时适量地满足作物生长所需要的水分，从而达到节水灌溉及节水灌溉自动化的目的。节水灌溉自动化系统可分为传感器与电磁阀、采集控制、数据传输及控制中心四部分。传感器与电磁阀是数据的采集者与系统自动化功能的执行者。传感器是能感受规定的被测量并按照一定的规律转换成可用输出信号的器件或装置，一般有测量土壤水分的土壤

❶ 涌泉灌指利用涌水头等设备，以多股水流的形式，湿润绿地突然的灌水方法。

❷ 小管出流灌指利用小管出流器等设备，以细流的形式，湿润绿地土壤的灌水方法。

水分传感器，测量气象要素的雨量传感器，空气温湿度传感器等；电磁阀是系统中自动化的执行设备，可与水泵设备等相连。采集控制设备是指掌控数据采集设备和执行设备工作的数据采集控制模块，主要作用为通过作物决策灌溉软件的设置，掌控数据采集设备的运行状态；根据作物决策灌溉软件发出的指令，掌控执行电磁阀的开启/关闭。数据传输通常采用无线传输模块，无线传输模块能够通过 GPRS 无线网络将与之相连的用户设备的数据传输到 Internet 中一台主机上，可实现数据远程的透明传输。控制中心主要由计算机和作物决策灌溉决策软件组成。

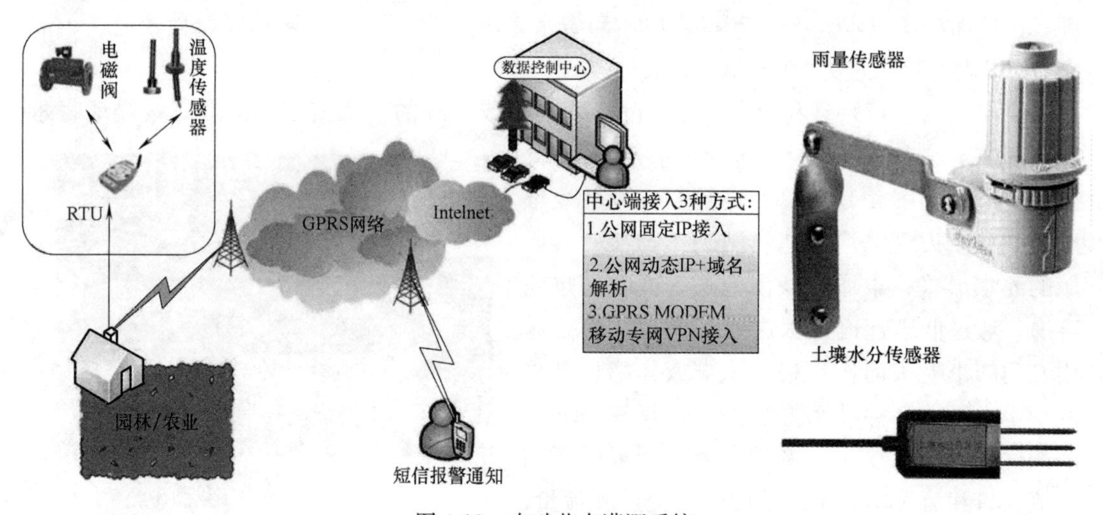

图 4-19　自动节水灌溉系统

2. 适用范围

草坪适宜采用喷灌，散射、旋转喷头有机结合（选配多种喷嘴，选配有景观效果的旋转喷头），以满足植物需水为主，同时可以达到特殊的水景观效果；花卉、灌木植物适宜采用滴灌（滴灌带或滴灌管）或微喷；绿篱、人行道隔离带、景观树、珍贵树宜采用滴灌、涌泉灌。采用再生水灌溉时，因水中微生物在空气中极易传播，应避免采用喷灌方式，改为采用微喷灌。

3. 技术要点

（1）技术指标

《绿色建筑评价标准》GB/T 50378—2014 第 6.2.7 条规定：绿化灌溉采用节水灌溉方式，评价总分值为 10 分，并按下列规则评分：①采用节水灌溉系统，得 7 分；在此基础上设置土壤湿度感应器、雨水关闭装置等节水控制措施，再得 3 分。②种植无需永久灌溉植物，得 10 分。

（2）设计要点

1）水源及水质

河流、湖泊、水库、池塘、井泉、市政管网水、再生水和雨水可作为园林绿地的灌溉水源，其中雨水和再生水应优先利用。由市政管网取水的系统，不应影响市政管网对用水户的正常供水，并应保证水源不受污染。

利用再生水作为绿地灌溉水源时，水质应符合《城市污水再生利用　景观环境用水水质》GB/T 18921—2002 的规定。使用再生水作为灌溉水源的绿地，应设明显标志。灌溉用水定额应以《民用建筑节水设计标准》GB 50555—2010 为取值依据。

对含固体悬浮杂质的水源，应根据悬浮物的特点采取相应的净化措施，防止杂草、藻类、鱼虫、大粒径泥沙等进入灌溉系统。

2）灌溉用水定额及灌溉周期

灌水定额根据树种、品种、生命周期、物候期以及气候、土壤等因素，进行调整，酌情增减，以符合实际需要。绿地的灌溉周期常为 6～7 日，草坪，特别是高尔夫草坪灌溉周期为 1d。

3）灌溉系统形式

绿地灌溉系统形式应根据水源、地形、土壤、植物、绿地功能、管理水平、经济条件，因地制宜选择，并通过环境效益、节水、节能与投资、灌溉成本比较确定。绿地灌溉系统形式应与周围景观相协调，并宜利用已有灌溉设施，节约投资。

4）灌溉系统布置

灌溉系统布置应综合分析水源与绿地的相对位置、地形、地质、植物、建筑物等因素，以安全、经济和管理方便为原则，通过技术经济比较确定。

灌溉系统可由首部枢纽、输配水管网、灌水器、电气与控制设备等组成。微灌输配水管网可包括干管、支管和毛管三级管道，以及各种控制、调节阀门和安全装置。喷灌系统输配水管网可由干、支两级管道，以及各种控制、调节阀门和安全装置组成。对于面积大、地形复杂的灌区也可增设主干管、分干管和分支管。

首部枢纽位置宜选在水源地取水方便、基础稳固处。管道布置应力求管线平顺，少穿越障碍物，避开重要建筑物、古树和珍奇植物。微灌支管宜垂直于植物行向布置，毛管宜顺植物种植行布置。

微灌灌水器的布置形式、位置和间距应根据灌水器的水力特点，有利于植物对水分吸收，满足土壤湿润比的要求确定。微灌的灌水器孔径很小，易堵塞。微灌的用水一般都应进行净化处理，先经过沉淀除去大颗粒泥沙，再进行过滤，除去细小颗粒的杂质等，特殊情况下还需进行化学处理。

喷头布置形式、位置和间距应根据喷头水力特点、风向、风速和地形坡度，采用三角形或正方形的布置形式，满足喷灌强度和喷灌均匀度的要求。喷头工作时不应影响人的通行、不应损害花木和绿地附属设施。

5）灌溉管道管材

现代灌溉系统常用的塑料管有聚氯乙烯管（PVC-U）、高密度聚乙烯管（HDPE）等，其承压力随管壁厚度和管径不同而异，一般为 0.4～0.6MPa（40～60m 水头），地埋喷灌供水管的内水压力常达 0.8MPa 级或 1.25MPa 级。当地形变化较大时，宜优先选用高密度聚乙烯管，当地形变化较小时，宜优先选用聚氯乙烯管❶。

6）设备配套

面积大、坡度明显、地形起伏或长度大的长条形绿地微灌系统宜选用具有压力补偿功

❶ 朱英连．节水型园林绿化灌溉设计的几点措施［J］．中国建设信息，2009，16．

能的灌水器；草坪喷灌系统宜选用地埋式喷头；有明显高差的绿地喷灌系统，在高程较低的区域应选用具有止溢功能的喷头。

在河流、池塘等露天水源取水的灌溉系统的取水口应安装能防止树叶、杂草、鱼类等漂浮物进入灌溉系统的拦污栅；在多沙水流的河道取水时，灌溉系统取水口前宜修建沉沙池。

自池塘等易滋生菌类的水源取水时，灌溉系统首部宜安装砂过滤器，并配以筛网式过滤器或叠片式过滤器。

自市政管网取水的灌溉系统取水干管进口端应配备止回阀和控制闸阀。

7）自动控制

自动控制设备，与手动控制相比，可以降低运行费用，节约用水，宜采用湿度传感器或根据气候变化的调节控制器等感应设备与自控系统进行绿化灌溉（约可节水>20%）。

土壤湿度感应器可以有效测量土壤容积含水量，使灌溉系统能够根据植物的需要启动或关闭，防止过旱或过涝情况的出现。雨天关闭装置可以使灌溉系统在雨天自动关闭。

（3）注意事项

在浇灌时一般应避免在热天或多风的天气浇水。灌溉设备适宜、灌溉次数和水量合适，就不会浪费水。

4. 相关标准、规范及图集

（1）《室外给水设计规范》GB 50013—2006；

（2）《室外排水设计规范》GB 50014—2006（2014版）；

（3）《园林绿地灌溉工程技术规程》CECS243：2008；

（4）《喷灌工程技术规范》GB 50085—2007；

（5）《节水灌溉工程技术规范》GB/T 50363—2006；

（6）《喷灌与微灌工程技术管理规程》SL 236—1999。

5. 相关案例

无。

4.2.3 冷却水节水

1. 技术简介

制冷工艺过程中产生的废热，一般要用冷却水来导走。冷却塔的作用是将挟带废热的冷却水在塔内与空气进行热交换，使废热传输给空气并散入大气中。

冷却水在循环过程中的水量损失主要有：蒸发损失、风吹损失、排污损失和渗漏损失。

循环冷却水节水技术以发展和推广用水重复利用技术，提高水的重复利用率为首要途径。以发展高效循环冷却水处理技术为目的，在保证系统安全、节能的前提下，提高循环冷却水的浓缩倍数，选择技术先进、能耗低、自用水耗少的水处理设备。

2. 适用范围

主要应用于空调冷却系统。

3. 技术要点

（1）技术指标

《绿色建筑评价标准》GB/T 50378—2014 第 6.2.8 条规定：空调设备或系统采用节水冷却技术，评价总分值为 10 分，并按下列规则评分：①循环冷却水系统设置水处理措施；采取加大集水盘、设置平衡管或平衡水箱的方式，避免冷却水泵停泵时冷却水溢出，得 6 分；②运行时，冷却塔的蒸发耗水量占冷却水补水量的比例不低于 80%，得 10 分；③采用无蒸发耗水量的冷却技术，得 10 分。

（2）设计要点

1）循环冷却水系统应根据冷却方式、水量平衡、水源水量及水质等因素经技术经济比较后确定，当采用地表水或地下水为补充水的水源时，经技术经济比较后选择适当的水处理方式，确保补水水质满足安全、节能、节水的要求。

2）设计过程中主要注意为循环冷却水系统设置水处理措施。开式循环冷却水系统或闭式冷却塔的喷淋水系统，仅通过排污和补水改善水质，耗水量大，不符合节水原则。应优先采用物理和化学手段，设置水处理装置（例如化学加药装置），改善水质，减少排污耗水量。

3）冷却塔宜采用减少飞溅等节水技术，采取加大集水盘、设置平衡管或平衡水箱等防渗措施，避免冷却水泵停泵时冷却水溢出。

4）实际运行时，在蒸发传热占主导的季节中，开式冷却水系统或闭式冷却塔的喷淋水系统的实际补水量大于蒸发耗水量的部分，主要由冷却塔飘水、排污和溢水等因素造成。蒸发耗水量所占的比例越高，不必要的耗水量越低，系统也就越节水。在接触传热占主导的季节中，由于较大一部分排热实际上是由接触传热作用实现的，通过不耗水的接触传热排出冷凝热也可达到节水的目的。

5）以再生水回用作为补水的循环冷却水系统，其再生水应占总补水量的 50%以上，再生水的水质应符合相关要求，需进行水质稳定处理，并加强杀菌处理，对于含有铜材设备的需考虑氨氮的影响。

6）选用旁滤设备时宜采用反洗水量小、运行稳定的旁滤设备。当采用无阀滤池作为旁滤处理设备时，应防止流速过低，运行后期无法形成虹吸而造成水的流失。旁滤设备反洗后，应适当减少排污，控制循环水的浓缩倍数并且反洗水应充分利用。

7）如采用分体空调、风冷式多联机、风冷式冷水机组、地源热泵、干式运行的闭式冷却塔等无需冷却水的空调系统，属于采用无蒸发耗水量的冷却技术。

4. 相关标准、规范及图集

（1）《机械通风冷却塔工艺设计规范》GB/T 50392—2006；

（2）《循环冷却水节水技术规范》GB/T 31329—2014。

5. 相关案例

无。

4.2.4 其他节水技术

1. 技术简介

除卫生器具、绿化灌溉和冷却塔外的其他用水采用的节水技术或措施，主要有节水淋浴器、节水高压水枪、节水型洗衣机、循环洗车台、给水深度处理采用自用水量较少的处理设备和措施，集中空调加湿系统采用用水效率高的设备和措施等。

1）节水高压水枪

节水高压水枪（图 4-20）是高压柱塞泵产生高压水来冲洗物体表面，水的冲击力大于污垢与物体表面附着力，高压水就会将污垢剥离，冲走，达到清洗物体表面的一种清洗设备。使用高压水柱清理污垢，方便人们针对需要冲洗的地方重点冲洗，从而节约用水。

图 4-20　节水高压水枪

2）太阳能混水恒温龙头（图 4-21）

专为太阳能热水淋浴温控系统研制的配套产品，外形美观，能够精准地达到节水节能、舒适恒温的效果，更独特地解决了太阳能单管上水问题。恒温龙头无需外接任何电源，感知混合水温变化并与预先设定的温度进行比较，自动分析根据冷热水温度及压力的数据变化，智能化调节冷热水供水进水混合比例，使混合出水始终控制在设定温度值范围以内，可随心调节冷热水混水出水温度，所需温度可以迅速达到并且稳定下来，保证出水温度恒定，且不受水温、流量、水压变化的影响，解决使用热水时水温忽冷忽热的问题，冷水一旦中断，热水自动停止；热水一旦中断，冷水也会自动关闭，从而节水、节能。

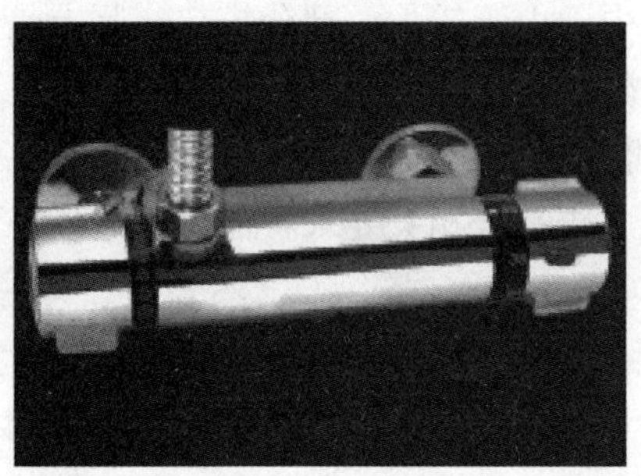

图 4-21　太阳能混水恒温龙头

3）循环洗车台

洗车池用水为闭式循环系统，初次使用在蓄水池内充满水后，开启单台或两台水泵运行，洗车池内喷头开始冲洗，冲洗水流入洗车池一次沉淀，经池壁排水口排入沉淀池，水经过二次沉淀后，流入蓄水池，经过三次沉淀过滤后，供给水泵用水，如此反复，见图 4-22。由于水资源损失不可避免，所以洗车池系统需要补水，在蓄水池壁设溢水管至市政管网，降水排水管略高于溢水管，可以保证蓄水池内的水位充足；蓄水池内设有最低液位停泵保护装置，水面低于最低液位，泵自动停止。为防止液面过高，沉淀池设排水管道至市政集水井，由闸阀控制排水；冬期长期不用时，开启闸阀在供水管道最低点泄水。

4）IC 卡式节水淋浴器（图 4-23）

放卡即可开阀用水并可查看持卡人用水信息，取卡即可停水。余额不足控制器自动关

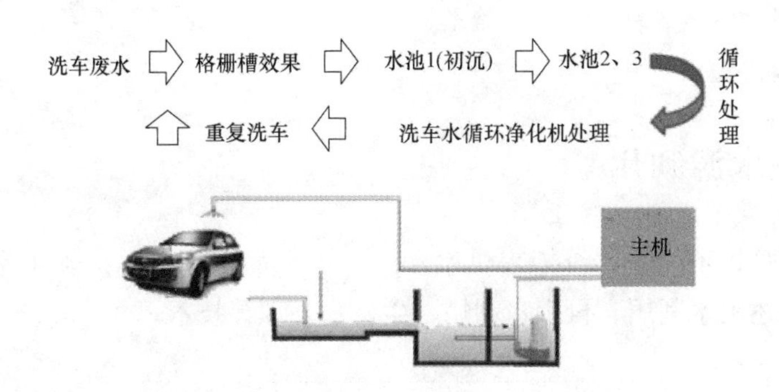

图 4-22 循环洗车台的工作流程

阀提示，余额用完水表关阀停水；具有节水、提高用水舒适度、节能、平均分配流量、恒温、改善电磁阀性能、提高 IC 卡节水控制器计费精度等功能。节水率可达 40%以上。人机分组管理，持卡人只能在本组消费，将管理区域细分，方便管理；全防水设计，底盖和面壳接缝处采用硅胶密封件防水，不锈钢螺丝固定底盖和面壳，可进行水浸测试，保证产品具有更高的稳定性、耐用性；控水器与开关阀门均为 12V（以下）电压，充分保证使用者安全。分联网型与脱机型。联网型：全电脑自动控制，自动收发数据，统计详细的消费数据；脱机型：可以查到消费总额并能实现脱机挂失。

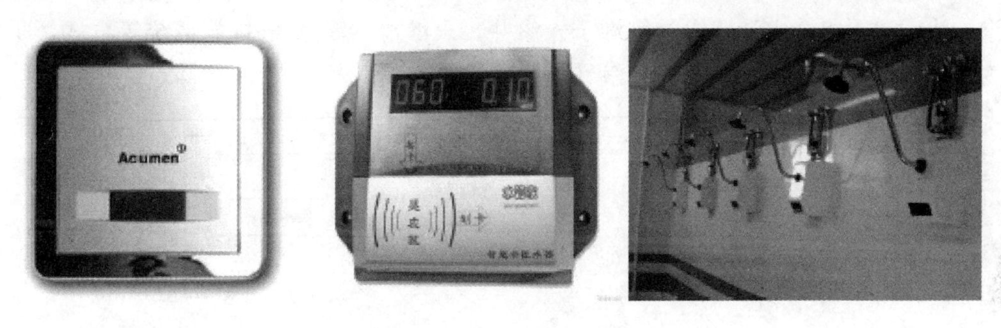

图 4-23 IC 卡式节水淋浴器

2. 适用范围

节水洗衣机适用于居住建筑、宾馆建筑；公共浴室节水技术（恒温混水阀、刷卡消费）适用于学校等有公共浴室的公共建筑；节水高压水枪、循环洗车台适用于有洗车需求的场所；直饮水处理设备适用于公共建筑。

3. 技术要点

《绿色建筑评价标准》GB/T 50378—2014 第 6.2.9 条规定：除卫生器具、绿化灌溉和冷却塔外的其他用水采用节水技术或措施，评价总分值为 5 分。其他用水中采用了节水技术或措施的比例高于 50%，得 3 分；达到 80%，得 5 分。

4. 相关标准、规范及图集

（1）《民用建筑节水设计标准》GB 50555—2010；

（2）《节水型生活用水器具标准》CJ 164—2002；

（3）《家用和类似用途电动洗衣机》GB/T 4288—2008。

5. 相关案例

无。

4.3　非传统水源利用

非传统水源是指不同于传统地表供水和地下供水的水源，包括再生水、雨水、海水等。本节主要阐述雨水利用、再生水利用、生态水处理等技术。

4.3.1　雨水利用

1. 技术简介

雨水利用工程是水综合利用中的一种新的系统工程。在水资源短缺的地区，对雨水进行收集、利用具有很高的经济意义和社会意义。

广义的雨水利用[1]包括：①直接利用，即雨水用作生活杂用水、市政杂用水、建筑工地用水、冷却循环、消防等补充用水。雨水的直接利用可以设计为单体建筑的雨水回用，也可设计为小区雨水利用系统。②间接利用，即雨水渗透，主要是为了增加土壤含水量，补充涵养地下水资源，改善生态环境。③直接利用和间接利用相结合的利用形式。

雨水的间接利用表现为雨水渗透，可采用绿地入渗、透水铺装地面入渗、浅沟与洼地入渗、浅沟渗渠组合入渗、渗透管沟、入渗井、入渗池、渗透管-排放系统等方式，主要分为埋地入渗（图4-24）和地表入渗（图4-25）两种。

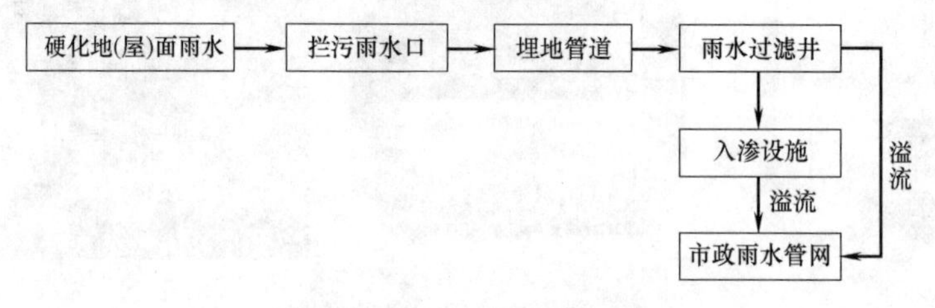

图4-24　埋地入渗系统示意图

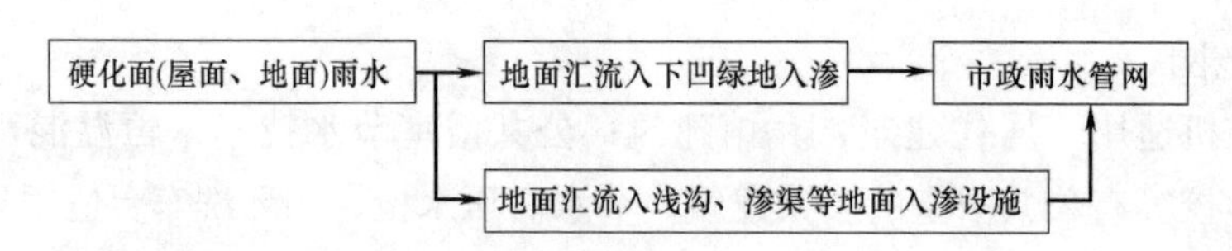

图4-25　地表入渗系统示意图

本书第2.4节阐述了下凹式绿地、透水铺装等雨水入渗技术措施，这里不再阐述，本节重点关注雨水直接利用系统（也叫雨水收集回用系统），即将雨水收集、截污、储存、调节和净化后，替代自来水进行绿化浇灌、浇洒路面或景观补水的系统，流程见图4-26。雨水收集回用系统一般包括收集、弃流、雨水储存、水质处理和雨水回用。当雨水较为洁净时，也可不设置初期雨水弃流。另外，经初期弃流的屋面雨水也可不用设置水处理设备。

[1] 王增长主编．建筑给水排水工程（第六版）［M］．北京：中国建筑工业出版社，2010.

目前常用的雨水收集回用系统有景观水体雨水收集利用系统和生活杂用水或空调冷却塔补水的雨水收集回用系统。

景观水体雨水收集利用系统见图4-26，其中汇集雨水可为屋面雨水，也可为屋面和路面混合的雨水。水体储存的雨水可用于景观水体补充、浇灌绿地等杂用。

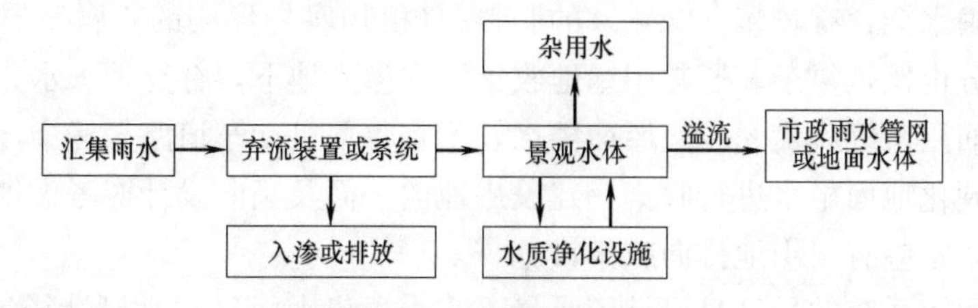

图4-26 景观水体雨水收集回用系统

生活杂用水或空调冷却塔补水的雨水收集回用系统的典型构成见图4-27。图中的用水管网的用户包括绿化用水、循环冷却系统补水、汽车冲洗用水、路面地面冲洗用水、冲厕用水、消防用水等。

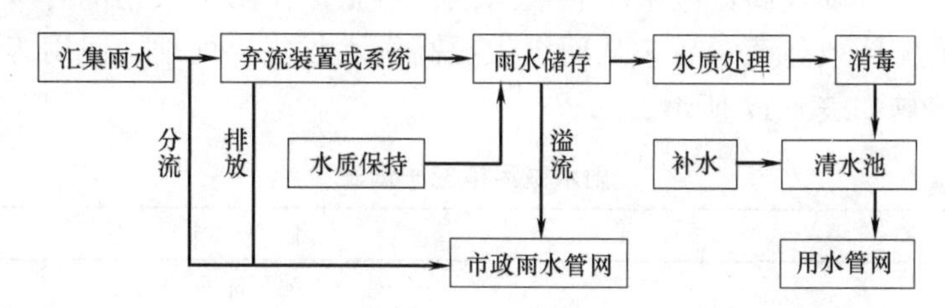

图4-27 杂用水雨水收集回用系统

采用雨水收集回用系统不仅可以节约市政自来水的用量，还可起到雨水调蓄排放、削减城市洪峰流量的作用，具有十分重要的意义。

2. 适用范围

适用于年均降雨量大于800mm地区的各类民用建筑。

3. 技术要点

（1）技术指标

《绿色建筑评价标准》GB/T 50378—2014第6.2.10条规定：合理使用非传统水源，评价总分值为15分。

（2）设计要点

1）雨水汇集区

雨水收集汇集区主要有：屋面区域、路面及其公共区域、绿地区域。

屋顶所汇集的雨水：将屋顶作为集水面，通过收集、输水、净化、储存的渠道利用雨水，屋顶绿化有利于雨水的净化集蓄。屋面的雨水收集一般占城区雨水资源量65%左右[1]，屋顶雨水在三种雨水中水质相对较好，主要含一些固体颗粒（降尘造成），且屋顶雨水汇水面较集中，较易收集，可以作为雨水收集利用的主要内容。

路面及其公共区域汇集的雨水：降落在地面上的雨水，一部分被植物和地面的洼地截

[1] 梁文逵. 城市雨水收集利用研究现状与进展[J]. 工业用水与废水，2014，45（3）：6-9.

留，一部分渗入土壤，不同土地的地表具有不同的潜在径流。路面上所汇集的雨水污染多、污染程度大、汇水面较分散、初期雨水水质差、雨水相对较脏、回收利用难度较大。主要应用于景观用水和绿化用水，或者把雨水回灌地下水。

绿化区域汇集的雨水：绿化区域汇集的雨水，经过绿化的表面沉积、渗滤，泥砂含量少，但是这种雨水会含有较多（绿化）的肥料、（植物腐烂形成的）腐殖质和其他可溶性物质，雨水成分也比较复杂。通常用绿地收集雨水渗入地下，补充地下水，较少回用。

雨水收集回用系统应优先收集屋面雨水，不宜收集机动车道路等污染严重的下垫面上的雨水。若对硬化地面雨水进行收集，建设用地内平面及竖向设计应考虑地面雨水收集要求，硬化地面雨水应有组织地排向收集设施。

雨水收集回用系统的最高日设计用水量不宜小于集水面日雨水设计径流总量的40%。雨水量足以满足需用量的地区或项目，集水面最高月雨水设计径流总量不宜小于回用管网该月用水量。雨水可回用量宜按雨水设计径流总量的90%计。

2）雨水弃流[1]

初降雨水污染程度较高，应采取有效的截污措施，在雨水收集的各种面源、线源位置，应建造源头截污或弃流装置，从而大大提高雨水收集、处理、回用等设施的使用效率，雨水截污措施如表4-17所示。

雨水截污措施一览表　　　　**表4-17**

<table>
<tr><th>分　类</th><th colspan="2">细　分　类</th></tr>
<tr><td rowspan="8">屋面雨水截污措施</td><td colspan="2">截污滤网</td></tr>
<tr><td rowspan="4">初期屋面雨水弃流装置</td><td>弃流池（在线或旁通方式）</td></tr>
<tr><td>雨落管弃流装置</td></tr>
<tr><td>切换式弃流井</td></tr>
<tr><td>小管弃流井</td></tr>
<tr><td colspan="2">花坛渗滤净化装置</td></tr>
<tr><td colspan="2">屋顶绿化</td></tr>
<tr><td rowspan="6">路面雨水截污措施</td><td colspan="2">截污挂篮</td></tr>
<tr><td colspan="2">初期路面雨水弃流装置</td></tr>
<tr><td colspan="2">雨水沉淀积泥井、隔油井、悬浮物隔离井</td></tr>
<tr><td rowspan="3">自然处理构筑物</td><td>植物浅沟</td></tr>
<tr><td>湿式滞留地</td></tr>
<tr><td>湿地</td></tr>
<tr><td rowspan="2">绿地雨水截污措施</td><td colspan="2">植物截污作用</td></tr>
<tr><td colspan="2">截污挂篮、滤网、格栅、溢流台坎</td></tr>
</table>

除种植屋面外，雨水收集回用系统均应设置弃流设施。屋面雨水收集系统的弃流装置宜设于室外，当设在室内时，应为密闭形式。虹吸式屋面雨水收集系统宜采用自动控制弃流装置，其他屋面雨水收集系统宜采用渗透弃流装置。

雨水收集宜采用具有拦污截污功能的成品雨水口；雨水口宜设在汇水面的低洼处，顶

[1] 《建筑与小区雨水利用工程技术规范》GB 50400—2006.［S］. 北京：中国建筑工业出版社，2006.

面标高宜低于地面 10～20mm；雨水口担负的汇水面积不应超过其集水能力，且最大间距不宜超过 40m。地面雨水收集系统设置雨水弃流设施时，可集中设置，也可分散设置。地面雨水收集系统宜采用渗透弃流井或弃流池。

3）雨水储存设施

雨水收集回用系统应设置雨水储存设施，常见的雨水调蓄池如表 4-18 所示。雨水储存有土建水池、成品容器、塑料模块拼装池等多种类型。储存池的超量来水很难控制，因此水池一般设于室外或设在地下室与室内空间隔离。

常见的雨水调蓄池❶　　表 4-18

<table>
<tr><th colspan="2">雨水调蓄池</th><th>特　点</th><th>常见做法</th><th>适用条件</th></tr>
<tr><td rowspan="3">按建造位置不同</td><td>地下封闭式</td><td>占地小，雨水管渠易接入，有时溢流困难</td><td>钢筋混凝土、或砖砌、或玻璃钢结构</td><td>小区或建筑群</td></tr>
<tr><td>地上封闭式</td><td>占地略大，雨水管渠易接入。管理方便</td><td>玻璃钢，或金属，或塑料结构</td><td>单体建筑</td></tr>
<tr><td>地上开敞式（地表水体）</td><td>可充分利用自然条件，可与景观、净化相结合，生态效果好</td><td>天然低洼地、池塘、湿地、河湖等</td><td>公园、新建小区</td></tr>
</table>

当建筑区设有景观水体时，景观水体宜作为雨水储存设施。雨水蓄水池、蓄水罐宜设置在室外地下；蓄水池宜采用耐腐蚀、易清洁的环保材料；雨水储存设施应设有溢流排水措施，溢流排水措施宜采用重力溢流。

雨水储存设施的有效储水容积不宜小于集水面重现期 1～2 年的日雨水设计径流总量扣除设计初期径流弃流量。当资料具备时，储存设施的有效容积也可根据逐日降雨量和逐日用水量经模拟计算确定。

当雨水回用系统设有清水池时，其有效容积应根据产水曲线、供水曲线确定，并应满足消毒的接触时间要求。在缺乏上述资料的情况下，可按雨水回用系统最高日设计用水量的 25%～35%计算。

4）雨水处理工艺

雨水处理工艺流程应根据收集雨水的水量、水质以及雨水回用的水质要求等因素，经技术经济比较厚确定。常见雨水净化方法见表 4-19 所示。

常见的雨水净化方法❷　　表 4-19

类　别	处理工艺
常规物理方法	沉淀、过滤、物理消毒
常规化学方法	液氯消毒、臭氧消毒、二氧化氯消毒
自然处理法	植被浅沟、植物缓冲带、生物滞留区、土壤渗滤池、人工湿地、生态塘
深度处理工艺	活性炭技术、微滤技术

雨水净化工艺流程可从如下流程中进行选择：

雨水—截污—贮存待用；

❶ 王增长. 建筑给水排水工程（第六版）[M]. 北京：中国建筑工业出版社，2010.

❷ 王增长. 建筑给水排水工程（第六版）[M]. 北京：中国建筑工业出版社，2010.

雨水—截污—湿地—景观水体；

雨水—截污—生态塘—景观水体；

雨水—截污—过滤池—雨水清水池；

雨水—截污弃流—景观水体；

雨水—截污—沉砂槽—消毒池—雨水清水池；

雨水—截污弃流—沉淀池—过滤池—雨水清水池；

雨水—截污弃流—沉淀池—过滤池—消毒池—雨水清水池；

雨水—截污—沉砂槽—沉淀槽—慢滤装置—消毒池—雨水清水池；

雨水—截污弃流—沉淀池—活性炭技术（膜技术）—雨水清水池。

其中，屋面雨水水质处理根据原水水质可选择下列工艺流程：

屋面雨水—初期径流弃流—景观水体；

屋面雨水—初期径流弃流—雨水蓄水池沉淀—消毒—雨水清水池；

屋面雨水—初期径流弃流—雨水蓄水池沉淀—过滤—消毒—雨水清水池。

回用雨水宜消毒。一般采用加氯消毒法，当雨水利用规模很小时，也可采用紫外线消毒。雨水处理规模不大于100m^3/d时，可采用氯片作为消毒剂；雨水处理规模大于100m^3/d时，可采用次氯酸钠或者其他氯消毒剂消毒。

当雨水用户对水质要求非常高时，可在过滤处理后增加深度处理。雨水污染物的可生化性很低，不宜采用生化处理设备。

当雨水回用部位仅为绿地浇灌和地面冲洗时，可省略消毒工艺；若雨水原水水质较好（比如多雨城市的清洁屋面雨水），水质处理工艺、用水调节单位都可省略，用水直接从雨水储存池抽取，但应确保从水位的上部取水，不扰动底部的沉积层。

设有冷却塔的建设项目，雨水收集回用系统的雨水用户宜包括冷却塔补水。由于空调冷却塔补水的水质要求较高，水质处理工艺应至少采用絮凝过滤，当雨水水质较差时应采用深度处理。

5）雨水水质

处理后的雨水水质根据用途确定，COD_{Cr}和SS指标应满足表4-20的规定，其余指标应符合国家现行有关标准的规定。当处理后的雨水同时用于多种用途时，其水质应按最高水质标准确定。

雨水处理后COD_{Cr}和SS指标 表4-20

指标	循环冷却系统补水	观赏性水景	娱乐性水景	绿化	车辆冲洗	道路浇洒	冲厕
COD_{Cr}(mg/L)≤	30	30	2-	30	30	30	30
SS(mg/L)≤	5	10	5	10	5	10	10

（3）注意事项

应通过技术经济比较，合理确定雨水调蓄、处理及回用方案。对于大于10hm^2的场地必须进行雨水专项规划设计，综合考虑各类因素的影响，对径流减排、污染控制、雨水收集回用进行全面统筹规划设计。

使用雨水时，应采取用水安全保障措施，严禁对人体健康与周围环境产生不良影响。

建筑或小区中同时设有雨水回用和中水的合用系统时，原水不宜混合，出水可在清水池混合。

4. 相关标准、规范及图集

(1)《建筑与小区雨水利用工程技术规范》GB 50400—2006；

(2)《民用建筑节水设计标准》GB 50555—2010；

(3)《雨水综合利用》10SS705。

5. 参考案例

深圳南沙某建筑屋面雨水回收利用系统，室外设置两套雨水管道：一套为雨水收集回用管道；另一套为雨水收集排放管道。屋面雨水经雨水管道收集后，排向室外雨水收集回用管道，经室外初期雨水弃流井完成初期雨水弃流后，进入雨水收集模块池储存并回用。雨水收集回用系统弃流的初期雨水、超过雨水收集系统能力的溢流雨水均由室外雨水收集排放管道收集；雨水收集排放管道收集的雨水，最终排入市政雨水管道。该项目收集屋面的雨水，汇水面积约 4300m^2。

初期径流弃流量应按照下垫面实测收集雨水的 COD、SS、色度等污染物浓度确定。当无资料时，屋面弃流可采用 2～3mm 径流厚度，地面弃流可采用 3～5mm 径流厚度；雨水储存设施的有效储水容积不宜小于集水面重现期 1～2 年的日雨水设计径流总量，扣除设计初期弃流流量。参照周边城市（深圳）规定，雨水收集利用量采用 50mm 的设计日降雨量；集水面设计日雨水收集利用量为 200m^3。

该项目采用装配式 pp 雨水模块作雨水收集池，雨水模块材质为聚丙烯塑料，模块外部包裹防渗不透水土工布保水。雨水模块储水相对钢筋混凝土水池，更便于安装，施工周期大大缩短，pp 储水模块还可回收使用。

4.3.2 再生水利用

1. 技术简介

再生水又称“中水”，中水一词起源于日本，是指污水（各种排水）经适当处理后，达到一定的水质标准，满足某种使用要求，可以进行有益使用的水，一般以水质作为区分标志。其水质介于污水和自来水之间，是城市污水、废水经处理后达到国家相关标准，能在一定范围内使用的非饮用水。再生水在世界各国得到了广泛利用，主要包括城市河湖景观环境、市政杂用、地下水源补给、农业灌溉、工业以及居民日常生活用水等方面。再生水具有水源稳定、水质达标、生产成本低等优势，能有效缓解缺水地区的水危机。在减少污水、废水等污染物排放的同时，再生水对改善水生态环境、实现水生态系统良性循环起到了积极作用，已经成为一种可靠的替代水源，100t 污水最多可有 80t 被回用，已经被国际社会公认为“城市第二水源”[1]。

再生水系统分为市政再生水系统、建筑再生水系统。在绿色建筑设计中，可根据规划区域实际情况考虑再生水利用。区域内有市政再生水系统，且建筑具有利用条件的，优先选用市政再生水；区域内无市政再生水系统的，可自行建设建筑中水系统。

[1] 杨茂钢. 国内外再生水利用进展综述 [J]. 海河水利，2013 (4)：30-33.

本书所述的再生水利用，是指建筑中水利用，即建筑各种排水经物理处理、物理化学处理或生物处理，达到规定的水质标准，可在生活、市政、环境等范围内杂用的非饮用水。选作用中水水源而未经处理的水叫中水原水，由中水原水的收集、贮存、处理和中水供给等一系列工程设施组成的有机结合体称为建筑中水系统，根据排水收集和中水供应的范围大小，建筑中水系统又分为建筑物中水系统和小区中水系统。建筑物中水系统是指在一栋或几栋建筑物内建立的中水系统。建筑小区中水系统是指在商住区、办公区、居住小区等集中建筑区内建立的中水系统。

建筑中水系统[1]由中水原水收集系统、中水处理系统和中水供水系统三部分组成。

中水原水收集系统，是指收集、输送中水原水到中水处理设施的管道系统和一些附属构筑物，如室内排水管道、室外排水管道及相应的集流配套设施。根据中水原水水质，中水原水集水系统分为合流集水系统和分流集水系统两类。合流集水系统将生活污水和废水用一套管道排出，即通常的排水系统。合流集水系统具有管道布置设计简单、水量充足稳定等优点，但由于将生活污废水合并为综合污水，因此原水水质差、中水处理工艺复杂、用户对中水接受程度低、处理站容易对周围环境造成污染。分流集水系统将生活污水和废水根据其水质情况的不同分别排出的系统，即污、废分流系统，将水质较好的废水作为中水原水，水质较差的污水经城市排水管网进入城市污水处理厂处理后排放。分流集水系统具有中水原水水质好、处理工艺简单、处理设施造价低、中水水质保障好、用户易接受、对周围环境影响小等优点，但原水水量受限制，且需要增设一套分流管道，增加了管道系统的费用。

中水处理系统由前处理、主要处理和后处理三部分组成。前处理除了截留大的漂浮物、悬浮物和杂物外，主要是调节水量和水质。主要处理是去除水中的有机物、无机物等。后处理是对中水供水水质要求很高时进行的深度处理。

中水供水系统由中水配水管网（包括干管、立管、横管）、中水贮水池、中水高位水箱、控制和配水附件、计量设备等组成。其任务是把经过处理的符合杂用水水质标准的中水输送至各个中水用水点。

再生水处理工艺主要包括物化技术和生化技术两大类，其中物化技术包括混凝、过滤、膜分离［包括微滤（MF）、超滤（UF）、纳滤（NF）和反渗透（RO）］、活性炭吸附、臭氧氧化、多种消毒技术等；生化处理技术主要有曝气生物滤池（BAF）、膜生物反应器（MBR）等。

北京市目前广泛使用的主要有四种工艺[2][3]：

（1）混凝、沉淀和过滤：二级出水→混凝→臭氧脱色→机械加速澄清池→V形滤池→紫外线消毒→出水。

（2）MBR工艺：污水→曝气沉砂池→MBR→臭氧脱色→二氧化氯消毒→出水。

（3）MBR＋RO工艺：污水→曝气沉砂池→MBR→RO→二氧化氯消毒→出水。

（4）二级RO工艺：：二级出水→过滤器→紫外线消毒→微滤→一级RO→pH调节→

[1] 王增长. 建筑给水排水工程（第六版）[M]. 北京：中国建筑工业出版社，2010.

[2] 冯运玲，戴前进，李艺等. 几种典型再生水处理工艺出水水质对比分析［J］. 给水排水，2011，37（2）：37-39.

[3] 王佳，李学，潘涛等. 北京市再生水回用策略分析［J］. 给水排水，2013，39增刊：208-213.

二级 RO→加氯消毒→出水。

四种工艺的处理效能见表 4-21，从表中可以看出，MBR 工艺流程简单，可直接处理污水，并获得高品质出水；对于膜过滤和混凝沉淀两种工艺更适用于二级出水的深度处理。

四种工艺的处理效能 表 4-21

工艺类型	进水出水	COD(mg/L)	BOD_5(mg/L)	NH_3～N(mg/L)	TN(mg/L)	TP(mg/L)	SS(mg/L)	浊度(NTU)
①	进水	230～650	60～250	40～55	60～70	6～7	240～280	
	出水	12～22	<2	<1	8～15	<0.5		0.7～1.5
②	进水	230～650	60～250	40～55	60～70	6～7	240～280	
	出水	<10	<2	0.025	1	0.025		<0.6
③	进水	≤100	≤10	≤5	≤15	≤1	≤40	
	出水	<10	<3	<2.5	<5	<0.5	<1	<0.1
④	进水	60	20	15	—	2.5	20	
	出水	<50	<10	<5		1.0	<5	5

建筑中水系统由于在“开源”的同时具备“节流”和“治污”功能而日益受到人们的重视。建筑中水系统的建设不仅将减少对新水的需求量，缓解所在城市和地区的缺水问题，减少缺水造成的经济损失与因缺水引起的各种环境问题和社会问题；而且可发挥降污作用，提高所在城市和地区的污水处理率，改善所在城市和地区的水环境质量，减少水污染造成的经济损失与因水污染引起的各种环境问题和社会问题[1]。

2. 适用范围

项目周边有市政再生水利用条件时，优先使用市政再生水。当项目周边无市政再生水利用条件，且建筑可回用水量（指建筑的优质杂排水和杂排水水量）不小于 $100m^3/d$ 时，则建议设置建筑再生水系统。

3. 技术要点

（1）技术指标

《绿色建筑评价标准》GB/T 50378—2014 第 6.2.10 条规定：合理使用非传统水源，评价总分值为 15 分。

（2）设计要点

1）建筑中水系统的选择

在绿色建筑设计中，应根据小区的建筑布局和环境条件，确定几个可行的中水系统方案（即可选择的几种水源、可回用的几种场所、可考虑的几种管路布置方案、可采用的几种处理工艺流程），进行技术分析和经济概算，综合比较，确定最合理的建筑中水系统。

2）中水水源的选择

建筑物中水水源：一般可取自建筑物内部的生活污水、生活废水、冷却水和其他可利用的水源，建筑屋面水可作为中水水源的补充。按污染程度的轻重，选取顺序为：沐浴排水（卫生间、公共浴室的盆浴和淋浴等的排水）、盥洗排水（洗脸盆、洗手盆和盥洗槽排放的废水）、空调循环冷却系统排污水、冷凝水、游泳池排污水、洗衣排水、厨房排水、冲厕排水。前六项称为优质杂排水，前七项称为杂排水。

[1] 盛玉钊. 居住区中水系统规划研究［D］. 上海：同济大学，2006.

小区中水水源：按污染程度的轻重，选取顺序为：小区内建筑物杂排水、小区或城市污水处理厂出水、相对洁净的工业排水、小区内的雨水（可作为补充水源）、小区生活污水。

绿色建筑的中水水源选择是中水系统运行成败的关键因素。中水水源通常应根据排水的水质、水量、排水状况和中水回用的水质、水量，依据水量平衡和技术经济比较确定，并应优先选择水量充裕稳定、污染物浓度低、水质处理难度小、安全且居民易接受的中水水源。常规绿色建筑中水系统设计，原水应首选污染浓度低、水量稳定的优质杂排水，如盥洗、沐浴排水等，应严格避免采用厨房排水和冲厕排水作为中水原水❶。

3）调节池（箱）和贮存池（箱）

中水系统应设调节池（箱），调节池（箱）的调节容积应按中水原水量级处理量的逐时变化曲线求算，缺少相关资料时，可按下述方法计算：连续运行时，调节池（箱）的调节容积可按日处理水量的 35%～50%计算；间歇运行时，调节池（箱）的调节容积可按处理工艺运行周期计算。

中水处理设施后应设中水贮存池（箱），中水贮存池（箱）的调节容积应按处理量及中水用量的逐时变化曲线求算，缺少资料时，可按下述方法计算：连续运行时，贮存池（箱）的调节容积可按日用水量的 25%～35%计算；间歇运行时，贮存池（箱）的调节容积可按处理设备运行周期计算；当中水供水系统设置供水箱采用水泵—水箱联合供水时，其供水箱的调节容积不得小于中水系统最大小时用水量的 50%。

中水贮存池或中水供水箱上应设自来水补水管，其管径按中水最大时供水量计算确定，自来水补水管上应安装水表。

4）中水处理工艺的选取❷

中水处理工艺流程应根据中水原水的水质、水量和中水的水质、水量及使用要求等因素，经技术经济比较后确定。绿色建筑项目的中水回用设计，应尽量选用优质杂排水，特别是盥洗废水、沐浴废水。

当以优质杂排水作为中水原水时，可采用以物化处理为主的工艺流程（图 4-28）。当以杂排水作为中水原水时，可采用生物处理和物化处理相结合的工艺流程（图 4-29 和图 4-30）。

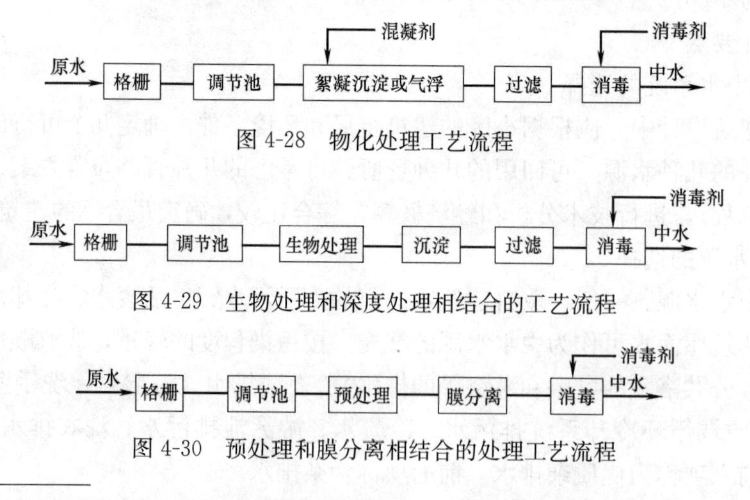

图 4-28　物化处理工艺流程

图 4-29　生物处理和深度处理相结合的工艺流程

图 4-30　预处理和膜分离相结合的处理工艺流程

❶　杨峰峰．绿色建筑设计中非传统水源回用技术关键问题分析［J］．中国给水排水，2015，31（4）：37～41.

❷　GB 50336—2002．建筑中水设计规范［S］．北京：中国计划出版社，2002.

当以含有粪便污水的排水作为中水原水时，宜采用二段生物处理和物化处理相结合的工艺流程，见图 4-31～图 4-34。

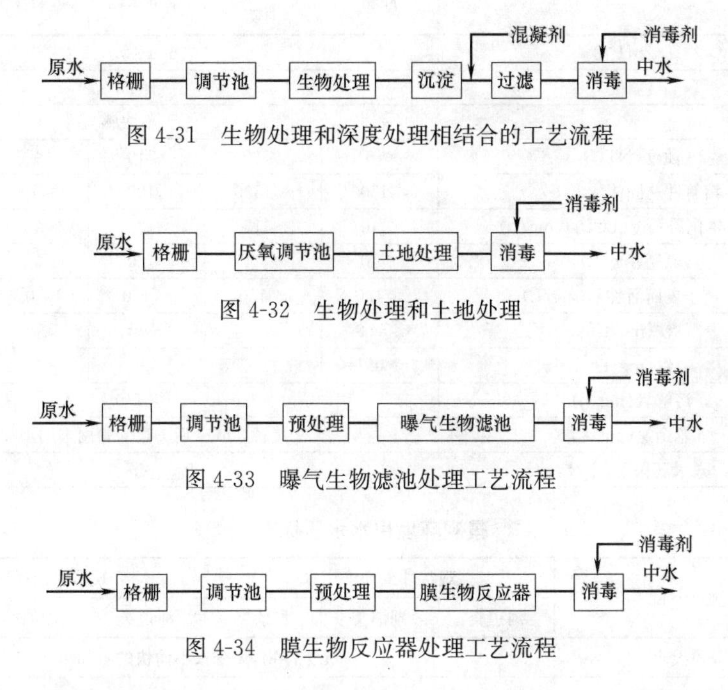

图 4-31　生物处理和深度处理相结合的工艺流程

图 4-32　生物处理和土地处理

图 4-33　曝气生物滤池处理工艺流程

图 4-34　膜生物反应器处理工艺流程

5）中水回用对象及回用水质要求

中水的回用对象一般包括：建筑冲厕、城市杂用水（如厕所便器冲洗、道路清扫、消防、城市绿化、车辆冲洗、建筑施工杂用水）、绿地灌溉用水、景观环境用水、冷却水补水等。

从目前绿色建筑项目实践看，建筑中水用于冲厕，虽然中水来水和冲厕用水在时间上具有较好的吻合性，但是在中水冲厕执行实践过程中，较难被接纳和推广。考虑到用户对中水冲厕的接受程度较低，宜在市政公厕或适宜的公共场所采用中水冲厕，可收集公厕内的盥洗废水处理回用于公厕内的便器冲洗，且宜采用蹲式便器具，从而减少接触隐患。

中水用于节水灌溉时，不宜采用喷灌的方式，由于中水所含气溶胶可能随着喷射飘浮在空气中而进入人体呼吸道，可能变为病菌传播的载体，因此应避免采用喷射半径较大的喷灌，可采用微喷灌或滴灌等。同时，应控制产水 SS＜30mg/L，以防喷头堵塞。

中水必须达到相应用途的规定水质标准后，才能使用。中水用于建筑杂用水时，如冲厕、道路冲洗、消防、绿化浇灌、车辆冲洗等，其水质应符合国家标准《城市污水再生利用　城市杂用水水质》GBT 18920—2002 的规定，见表 4-22 所示。中水用于绿地灌溉时，水质还应满足国家标准《城市污水再生利用绿地灌溉水质》GB/T 25499—2010 的规定。中水用于景观环境用水时，出水水质应符合国家标准《城市污水再生利用　景观环境用水水质》GBT18921—2002 的规定，见表 4-23。当中水用于循环冷却水补水时，其水质应符合行业标准《循环冷却水用再生水水质标准》HG/T 3923—2007，见表 4-24。当中水同时满足多种用途时，其水质应按最高水质标准确定。

城市杂用水水质标准　　　　表4-22

序号	项　目	冲厕	道路清扫、消防	城市绿化	车辆冲洗	建筑施工
1	pH	6.0～9.0				
2	色/度	≤30				
3	嗅	无不快感				
4	浊度(NTU)	≤5	≤10	≤10	≤5	≤20
5	溶解性总固体(mg/L)	≤1500	≤1500	≤1000	≤1000	—
6	五日生化需氧量(BOD_5)(mg/L)	≤10	≤15	≤20	≤10	≤15
7	氨氮(mg/L)	≤10	≤10	≤20	≤10	≤20
8	阴离子表面活性剂(mg/L)	≤1.0	≤1.0	≤1.0	≤0.5	≤1.0
9	铁(mg/L)	≤0.3	—	—	≤0.3	—
10	锰(mg/L)	≤0.1	—	—	≤0.1	—
11	溶解氧(mg/L)	≥1.0				
12	总余氯(mg/L)	接触30min后≥1.0,管网末端≥0.2				
13	总大肠菌群(个/L)	≤3				

景观环境用水水质标准　　　　表4-23

序号	项　目	观赏性景环境用水			娱乐性景观环境用水		
		河道类	湖泊类	水景类	河道类	湖泊类	水景类
1	基本要求	无漂浮物,无令人不愉快的嗅和味					
2	pH(无量纲)	6～9					
3	五日生化需氧量(BOD_5)(mg/L)	≤10	≤6		≤6		
4	悬浮物(SS)(mg/L)	≤20	≤10		—		
5	浊度(NTU)	—			≤5.0		
6	溶解氧(mg/L)	≥1.5			≥2.0		
7	总磷(以P计)(mg/L)	≤1.0	≤0.5		≤1.0	≤0.5	
8	总氮(mg/L)	≤15					
9	氨氮(以N计)	≤5					
10	粪便大肠菌群(个/L)	≤10000		≤2000	≤500		不得检出
11	余氯(mg/L)	≥0.05					
12	色度(度)	≤30					
13	石油类(mg/L)	≤1.0					
14	阴离子表面活性剂(mg/L)	≤0.5					

循环冷却水用再生水水质标准　　　　表4-24

序号	项　目	要求	序号	项　目	要求
1	pH	6.0～9.0	8	氨态氮(mg/L)	≤15
2	悬浮固体(mg/L)	≤20	9	硫化物(mg/L)	≤0.1
3	总铁(以Fe^{2+}计)(mg/L)	≤0.3	10	油含量(mg/L)	≤0.5
4	COD_{Cr}(mg/L)	≤80	11	总磷(以PO_4^{3-}计)(mg/L)	≤5
5	BOD_5(mg/L)	≤5	12	氯化物(mg/L)	≤500
6	浊度(NTU)	≤10	13	总溶固(mg/L)	≤1000
7	总碱度＋总硬度(以$CaCO_3$计)(mg/L)	≤700	14	细菌总数(mg/L)	≤10000

6）安全防护和相关控制

中水管道严禁与生活饮用水给水管道连接。除卫生间外，中水管道不宜暗装于墙体内。中水池（箱）内的自来水补水管应采取自来水防污染措施，补水管出水口应高于中水贮存池（箱）内溢流水位，其间距不得小于2.5倍管径。严禁采用淹没式浮球阀补水。

中水管道与生活饮用水给水管道、排水管道平行埋设时，其水平净距不得小于0.5m；交叉埋设时，中水管道应位于生活饮用水给水管道下面，排水管道的上面，其净距均不得小于0.15m。中水贮存池（箱）设置的溢流管、泄水管，均应采用间接排水方式排出。溢流管应设隔网。

中水管道应采取下列防止误接、误用、误饮的措施：中水管道外壁应按有关标准的规定涂色和标志；水池（箱）、阀门、水表及给水栓、取水口均应有明显的“中水”标志；公共场所及绿化的中水取水口应设带锁装置；工程验收时应逐段进行检查，防止误接。

中水处理系统应对使用对象要求的主要水质指标定期检测，对常用控制指标（水量、主要水位、pH值、浊度、余氯等）实现现场监测，有条件的可实现在线监测。

中水系统的自来水补水宜在中水池或供水箱处，采取最低报警水位控制的自动补给。

4. 相关标准、规范及图集

(1)《建筑中水设计规范》GB 50336—2002；

(2)《民用建筑节水设计标准》GB 50555—2010；

(3)《污水再生利用工程设计规范》GB/T 50335—2002；

(4)《城市污水再生利用城市杂用水水质》GB/T 18920—2002；

(5)《城市污水再生利用景观环境用水水质》G/BT 18921—2002；

(6)《城市污水再生利用绿地灌溉水质》GB/T 25499—2010；

(7)《循环冷却水用再生水水质标准》HG/T 3923—2007；

(8)《中水再生利用装置》GB/T 29153—2012；

(9)《建筑中水处理工程（一）》03SS703-1；

(10)《建筑中水处理工程（二）》08SS703-2。

5. 参考案例

某项目自建中水处理系统，收集建筑内的优质杂排水（盥洗排水、空调冷凝水），不足时收集屋面的雨水用于补充水源，汇集于中水处理系统中，多余溢流，经过毛发过滤器后由提升泵进入混凝反应槽和絮凝反应槽，在斜板沉淀槽中沉淀，污泥排出，进入中间水箱后输送至精密滤罐再经活性炭滤罐处理、消毒后，进入清水箱，最后由供水泵和隔膜恒压罐供给冲厕用水。中水供水系统采用变频供水泵组方式，分区同给水系统分区。进水处理机房的原水系统设计计量水表，各分区供水系统设置总表计量。

中水在储存、输配等过程中保证水质、水量安全，并且不会对人体健康和周围环境产生影响，并采取有效措施对管材和设备进行防腐处理。

用水安全：室内冲厕管道不与自来水管网相连接。中水回用系统管道作相应颜色标识以区别自来水系统管道与雨水管道，水池（箱）、阀门、水表及给水栓等均有明显的“中水”标识、禁止饮用，以防止人员误饮误用，中水验收时应逐段检查，防止误接。中水处理设施设置反冲洗泵，可定期对中水处理设备进行冲洗。供水系统同时预留自来水作为备用水源。

水质要求：该工程中水处理系统净化处理后其水质达到国家标准《城市污水再生利用 城市杂用水水质》GB/T 18920—2002。

经济分析：每吨中水的处理费用为0.64元，当地工商业用水水价为5.02元，则每吨水可节约4.38元，全年预计整个系统处理中水量6698.93m^3，全年节约29341.31元。初投资为487940元，则中水系统投资回收期为16.63年。

4.3.3　生态水处理技术

1. 技术简介

在绿色建筑设计中，生态水处理技术常用于中水处理或雨水处理。另外，近年来，随着生活水平的不断提高，人们在改善居住条件的同时，也对住宅自然环境越来越讲究，因此大量的房地产项目中都增加了园林绿化和景观水体的设计。但是目前许多项目的水景都位于地下车库顶板上，为了防漏水而采用钢筋混凝土结构，水体多为静止或流动性差的封闭缓流水体，普遍深度不高，昼夜水温变化大，水体自净能力基本丧失，故水生态极易失衡，尤其在炎热的夏季，水质发绿甚至发臭，严重影响居民的生活品质[1]。在绿色建筑的景观水体设计时，不仅应考虑水景的外在表现，更应重视水景内在的水质。在景观水处理领域，物理技术没有办法解决蓝绿藻的爆发问题，不能单独应用；化学技术操作简单，一次性成本低，但会对水环境造成二次污染、对水生态系统有较大的负面影响，一般不能单独用于景观水处理，只能作为临时措施在特殊时期使用。而生态水处理技术具有运行成本低、生态效果好、改善小环境气候等优点[2]。因此，景观水体设计时提前考虑与应用先进适宜的生态水处理技术，已经成为目前园林设计师的共识。

生态水处理技术就是指生物水处理技术或以生物技术为主的水处理组合技术，主要原理是在水中种植水生植物，水生植物通过吸收太阳能，进行光合作用，将水体中的碳、氮、磷等营养元素合成固定在自身体内，并向食物链高级生物体内迁移，完成营养物质的转移，最终达到水质净化的目的。生态水处理技术具有运行成本低、生态效果好、改善小环境气候等优点[3]。目前绿色建筑领域常用的生态水处理技术主要有人工湿地技术、生物浮岛＋曝气技术等。本书重点介绍人工湿地技术。

2. 适用范围

适用于有景观水体或非传统水源利用的新建、改扩建的建筑项目。

3. 技术要点

(1) 技术指标

《绿色建筑评价标准》GB/T 50378—2014第6.2.10条规定：合理使用非传统水源，评价总分值为15分。

《绿色建筑评价标准》GB/T 50378—2014第6.2.12条规定：结合雨水利用设施进行

[1] 童宁军，潘军标等. 常用园林生态水处理技术的研究［J］. 中国园林，2011：21-24.
[2] 卢书妮. 生态水处理技术在城市园林景观中的应用［J］. 中国高新技术企业，2013（28）：90～91.
[3] 胡光华. 小区人工湖生态水处理探讨［J］. 四川建材，2009，35（6）：55-57.

景观水体设计，景观水体利用雨水的补水量大于其水体蒸发量的60%，且采用生态水处理技术保障水体水质，评价总分值为7分，并按下列规则分别评分并累计：①对进入景观水体的雨水采取控制面源污染的措施，得4分；②利用水生动、植物进行水体净化，得3分。

（2）技术要点❶❷

人工湿地是指用人工筑成水池或沟槽，底面铺设防渗漏隔水层，充填一定深度的基质层，种植水生植物，利用基质、植物、微生物的物理、化学、生物三重协同作用使污水得到净化。按照污水流动方式，分为表面流人工湿地（图4-35）、水平潜流人工湿地（图4-36）和垂直潜流人工湿地（图4-37）。表面流人工湿地指污水在基质层表面以上，从池体进水端水平流向出水端的人工湿地。水平潜流人工湿地指污水在基质层表面以下，从池体进水端水平流向出水端的人工湿地。垂直潜流人工湿地指污水垂直通过池体中基质层的人工湿地。

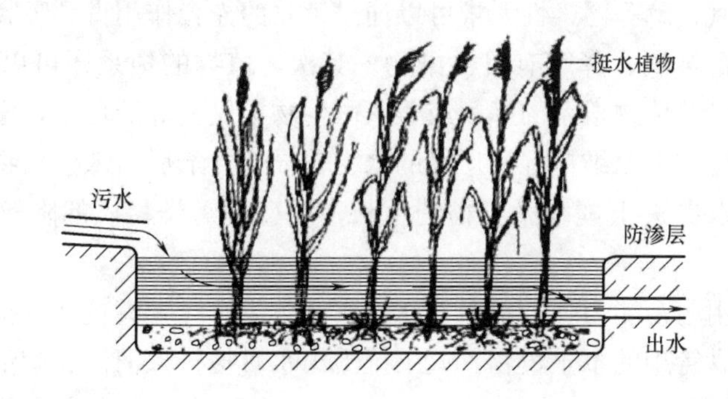

图4-35 表面流人工湿地

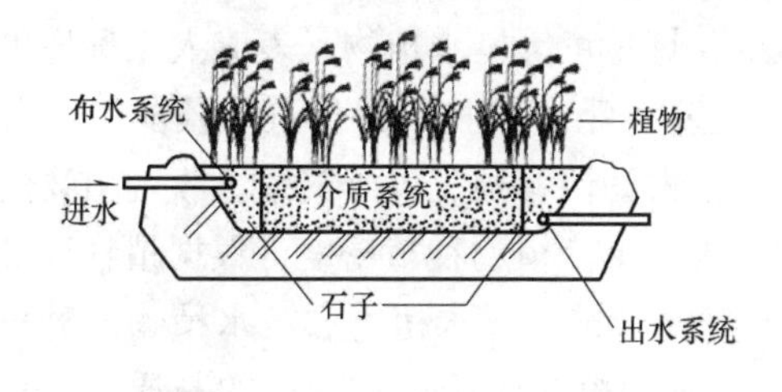

图4-36 水平流人工湿地

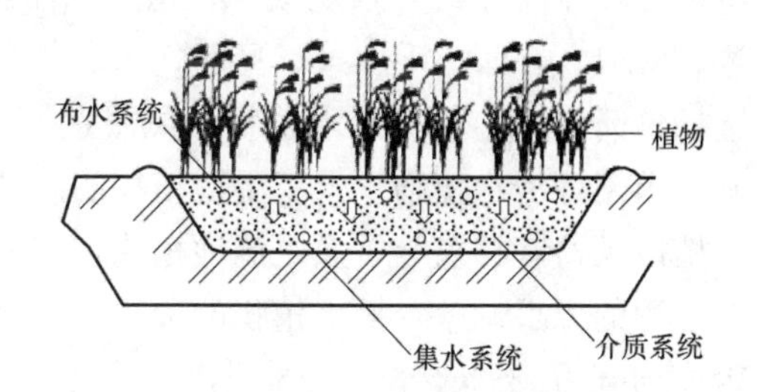

图4-37 垂直流人工湿地

1）基本组成

人工湿地系统可由一个或多个人工湿地单元组成，人工湿地单元包括配水装置、集水装置、基质（土壤、砂、砾石等具有透水性的基质）、防渗层、水生植物（香蒲、黄花鸢尾等适于在饱和水和厌氧基质中生长的植物）及通气装置等。人工湿地水处理的核心部分是基质层，其中湿地植物和微生物种群是最重要的组成部分。

2）基质的选择

土壤、砂石、砂等一些常见的物质常常被用作人工湿地的填料基质。人工湿地的处理

❶ HJ 2005—2010. 人工湿地污水处理工程技术规范［S］. 北京：中国环境科学出版社，2010.

❷ 李园芳. 人工湿地对景观水处理效果研究［D］. 天津：天津大学，2011.

效果往往受到基质性能的影响。因为，基质首先是微生物生存与生长稳定附着的表面，其次也为各种复杂离子、化合物反应提供相应的界面；另一方面基质为植物的生长提供载体和营养物质。基质层中栖息着数量众多的好氧或厌氧微生物种群，当待处理的水流过湿地床时，基质可以通过一些物理、化学的作用把水中污染物质吸附截留下来，从而便于微生物的分解与利用，达到净化水体的效果。

基质的选择应根据基质的机械强度、比表面积、稳定性、孔隙率及表面粗糙度等因素确定。基质选择应本着就近取材的原则，并且所选基质应达到设计要求的粒径范围。对出水的氮、磷浓度有较高要求时，提倡使用功能性基质，提高氮、磷处理效率。潜流人工湿地基质层的初始孔隙率宜控制在35%～40%。潜流人工湿地基质层的厚度应大于植物根系所能达到的最深处。

3）湿地植物选择与种植

湿地中的水生植物作为系统重要的一部分在水的净化过程中发挥着多重的作用。首先，待处理水中的氮、磷等污染性元素可以通过植物的光合作用得到吸收，有些种类的水生植物还可以吸收重金属、降解有机污染物。其次，植物的根系还可以向湿地中输送氧气，为附着于填料以及植物根系的好氧或兼氧微生物提供良好的环境，增强微生物的硝化作用。再次，水生植物可以维持湿地良好的水力输导性。最后，水生植物根系的分泌物和根系特殊的环境可以促进土壤中微生物的生长，加速对污染物质的降解，延长湿地运行寿命。

人工湿地宜选用耐污能力强、根系发达、去污效果好、具有抗冻及抗病虫害能力、有一定经济价值、容易管理的本土植物。人工湿地出水直接排入河流、湖泊时，应谨慎选择“凤眼莲”等外来入侵物种。人工湿地可选择一种或多种植物作为优势种搭配栽种，增加植物的多样性并具有景观效果。潜流人工湿地可选择芦苇、蒲草、荸荠、莲、水芹、水葱、茭白、香蒲、千屈菜、菖蒲、水麦冬、风车草、灯芯草等挺水植物。表流人工湿地可选择菖蒲、灯芯草等挺水植物；凤眼莲、浮萍、睡莲等浮水植物；伊乐藻、茨藻、金鱼藻、黑藻等沉水植物。人工湿地植物的栽种移植包括根幼苗移植、种子繁殖、收割植物的移植以及盆栽移植等。人工湿地植物种植的时间宜为春季。植物种植密度可根据植物种类与工程的要求调整，挺水植物的种植密度宜为9～25株/m^2，浮水植物和沉水植物的种植密度均宜为3～9株/m^2。垂直潜流人工湿地的植物宜种植在渗透系数较高的基质上。水平潜流人工湿地的植物应种植在土壤上。应优先采用当地的表层种植土，如当地原土不适宜人工湿地植物生长时，则需进行置换。种植土壤的质地宜为松软黏土～壤土，土壤厚度宜为20～40cm，渗透系数宜为0.025～0.35cm/h。

4）防堵塞措施[1][2]

人工湿地系统作为一种有效的水处理技术，如果运行时间过长、设计或管理不善，很容易造成堵塞问题，堵塞是影响其应用和推广的主要因素之一。人工湿地堵塞后，目前还没有很好的恢复对策。针对影响构建湿地填料堵塞的因素，可在湿地的设计与运行中加以考虑以预防堵塞，具体措施包括：

---

[1] 赵文喜，陶磊等. 人工湿地堵塞机理及防堵措施浅析及研究［J］. 环境科学与管理，2013，38（8）：8-16.

[2] 朱洁，陈洪斌. 人工湿地堵塞问题的探讨［J］. 中国给水排水，2009，25（6）：24-33.

① 预处理。预处理可以降低湿地进水中的悬浮物和有机负荷，有效预防人工湿地堵塞的发生。常见的预处理工艺有格栅、厌氧沉淀、混凝沉淀等。

② 改善填料空隙率。在满足湿地的处理要求前提下，采用较粗粒径的填料或采用多层滤料，以此提高填料的穿透深度，增加整个填料层的含污能力。

③ 水力调节设计。为了防止人工湿地基质堵塞，可采取多种水力调节措施，如采用上升式垂直布水方式，使得大部分脱落的生物膜沉积在填料层底部，便于冲洗；进水管口采用尼龙网防堵以及采用排空管系统等设计。而且，潜流湿地进水系统的设计应尽量保证配水的均匀性。通常为：铺设在地面和地下的多头导管、与水流方向垂直的敞开沟渠以及简单的单点溢流装置。系统的进水流量可通过阀或闸板调节，过多的流量或紧急变化时应有溢流、分流措施；人工湿地如采用穿孔管进水，穿孔管的最大孔间距不应超过湿地宽度的10%。

④ 更换湿地表层基质。对于堵塞较严重的潜流湿地，可以采用更换部分湿地基质的方法。通过更换湿地表层基质可以有效恢复人工湿地的功能，其缺点是对大规模的湿地而言工程量较大、更换困难、更换时人工湿地需要停床且更换所花时间长。

⑤ 停床休作与轮休。停床休作指的是人工湿地堵塞后，停止其运行进行休息来恢复基质的孔隙率。轮休是指运行时平行的湿地间轮流运行和轮流休息。轮休措施被认为是预防人工湿地堵塞的有效措施。轮休运行有利于垂直流人工湿地基质的通风和基质床体内有机物的快速降解。保持基质的好氧条件可有效预防垂直流人工湿地基质的堵塞。国外通常将堵塞后的人工湿地进行停床休作来恢复基质的部分渗透性能。但这类措施需要建造多个平行湿地，会大幅度增加湿地系统的投资费用。

⑥ 间歇运行。湿地系统采用间歇式运行，但间歇时间不能无限延长，应考虑湿地处理效率和处理负荷。对于复合人工湿地系统来说，短暂、经常的投配水方式可有效避免填料堵塞。

4. 相关标准、规范及图集

(1)《人工湿地污水处理工程技术规范》HJ 2005—2010；

(2)《上海市人工湿地污水处理技术规程》DG/TJ 08-2100—2012；

(3)《江苏省人工湿地污水处理技术规程》DGJ32/TJ 112—2010。

5. 参考案例[1]

某房地产公司深圳总部大楼就是绿色建筑的一个样板工程，其采用了大量的绿色建筑技术。该大楼设置了较完善的给排水系统，对优质杂排水与生活污水实行了分质排水，并根据再生水源的水质特点和回用要求，建设了两处不同的垂直流人工湿地组合工艺系统。该大楼各层的沐浴排水、盥洗排水等优质杂排水量为12m^3/d，经单独收集后通过优质杂排水人工湿地系统处理后回用作景观水池补换水和绿化灌溉（优质杂排水处理工艺流程见图4-38）；各层冲厕污水量为15m^3/d，经生活污水垂直流人工湿地系统处理后用作绿化灌溉和冲厕用水，作为冲厕用水时再通过砂滤罐进入地下水中水箱，经变频给水装置加压供给一～三层冲厕（生活污水处理工艺流程见图4-39）。

[1] 王小江，何艺. 垂直流人工湿地组合工艺在绿色建筑中的应用［J］. 中国给水排水，2013，29（16）：40-43.

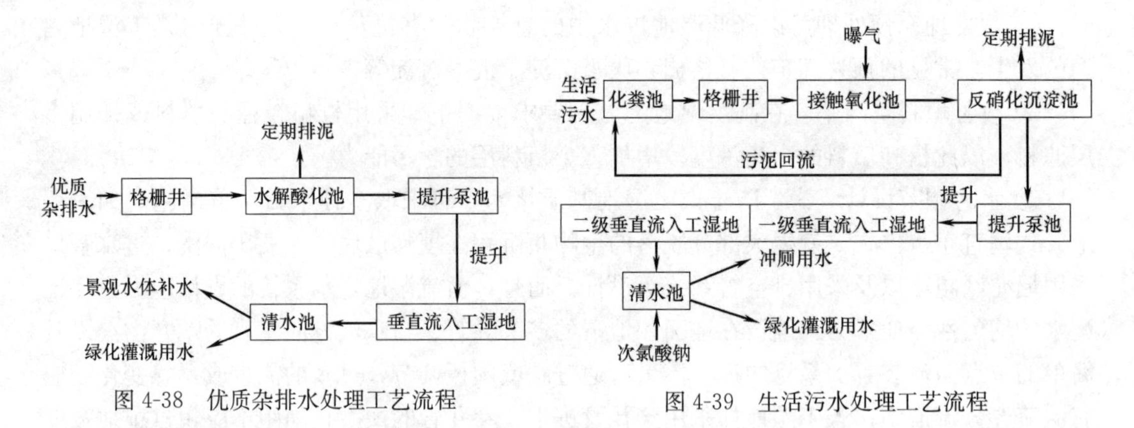

图 4-38　优质杂排水处理工艺流程

图 4-39　生活污水处理工艺流程

（1）优质杂排水处理系统

处理优质杂排水的垂直流人工湿地占地面积为 $25m^2$，水力负荷为 $0.48m^3/(m^2 \cdot d)$，填料层厚为 1.2m，由砂石填料和活性生物填料组成，砂石填料级配在 4～32mm 之间，分层填充。湿地种植适合深圳气候且除污能力强、景观效果好的湿地植物：风车草、美人蕉、再力花等。人工湿地出水通过底端穿孔收集管收集后排入清水池。湿地完全利用绿化地的面积，而前处理采用埋地的形式位于湿地下方，不占用其他用地，景观效果好，且由于垂直流人工湿地布水管由碎石覆盖，水流从上而下处理后被收集管收集，湿地不会淹水，因而无蚊虫的滋扰。

（2）生活污水处理系统

垂直流人工湿地总占地面积为 $75m^2$，共分两级湿地，串联运行，其中一级垂直流人工湿地面积为 $50m^2$，水力负荷为 $0.3m^3/(m^2 \cdot d)$，填料层厚为 1.3m，由砂石填料和活性生物填料组成，砂石填料级配在 4～32mm 之间，分层填充；二级垂直流人工湿地面积为 $25m^2$，水力负荷为 $0.6m^3/(m^2 \cdot d)$，填料层厚为 1.0m。湿地植物选用风车草、美人蕉、再力花等。前处理构筑物埋于湿地下方。

第5章 节材与材料资源利用

5.1 节材设计

5.1.1 结构优化技术

1. 技术简介

建筑结构优化设计是指在满足各种规范或某些特定要求的条件下，使建筑结构的某种指标（如造价、重量、刚度等，主要是造价）达到最佳的设计方法。优化设计就是要在所有可用的方案和做法中，按某一目标选出最优的方法。

结构优化设计指的是结构综合分析，其过程大致可归纳为：假定—分析—搜索—最优设计。其中搜索过程即为修改并优化的过程。它首先判断设计方案是否达到最优（包括满足各种给定的条件），若不是，则按某种规则进行修改，以求逐步达到预定的最优指标。结构优化设计从本质上讲，是在很多个甚至无限多个可用方案和做法中找出最优方案，即材料最省、造价最低或某些指标最佳的方案和做法。这样的工程结构设计便由“分析与校核”发展为“综合与优选”，这对提高工程结构的经济效益和功能方面具有重大的实际意义。

建筑结构的优化设计主要体现在建筑工程的决策阶段、设计阶段、建设阶段。在建筑工程的决策阶段，确定结构优化设计所要达到的总体目标，满足本体功能，最大限度保障安全性，缩减投资成本；在设计阶段，确定每一个子系统及整体结构的优化布局；在建设阶段，以结构优化设计为建设原则，组织建设好每一个子系统，从而实现整体结构优化布局。决策阶段结构优化选择是关键，设计阶段结构优化设计是核心，建设阶段结构优化建设是基础，三个阶段互相验证、互为补充、缺一不可。

2. 适用范围

适用于各类民用建筑。

3. 设计要点

（1）技术指标

《绿色建筑评价标准》GB/T 50378—2014 第7.2.2条规定：对地基基础、结构体系、结构构件进行优化设计，达到节材效果，评价分值为5分。

（2）设计要点

在建筑结构抗震设计的优化中，可尽可能设置多道抗震防线，有意识地建立一系列分布的屈服区，主要耗能构件应有较高的延性和适当的刚度，以使结构能吸收和耗散大量的地震能量，提高结构的抗震性能，避免大震时倒塌。适当处理结构构件的强弱关系，同一楼层内宜使主要耗能构件屈服后，其他抗侧力构件仍处于弹性阶段，使“有效屈服”保持较长时间，保证结构的延性和抗倒塌能力。应根据实际需要和可能，有针对性地选择整个结构、结构的局部部位或关键部位、重要构件、次要构件以及建筑构件和机电设备支座作为性能优化设计目标进行性能化设计的优化。

在建筑结构平面的优化中，为尽量使作用在楼层上的水平荷载均匀分布，减轻结构的扭转振动效应，建筑平面应尽可能采用简单的平面形式，如方形、矩形、圆形或正多边形等。当由于某些原因无法保证全部采用简单的平面形式时，应使建筑平面的不规则程度控制在规范允许的范围内。

建筑结构优化设计中的构件布置主要涉及梁、柱子、剪力墙的布置与设计。目前，高层建筑的结构设计大多采用框架—剪力墙结构体系（高层住宅大多采用剪力墙结构体系），具有灵活组成使用空间的优点，比较容易满足建筑物的使用要求，框架—剪力墙结构兼具框架结构和剪力墙结构的优点，有两道抗侧防线，在地震作用下具有较好的耗能能力和延性，且侧移也可得到有效控制。梁的选用与布置：常规梁经济性最好，但严重影响建筑层高，宽扁梁能减少梁的截面高度，增加建筑物的净高。在建筑物总高度限制的情况下，可以增加层数，以获得更多的建筑面积。在跨度进一步加大的情况下，也可采用预应力梁，以满足建筑物的特殊要求，但费用较高。此外，高层建筑框架柱截面大小主要由轴压比控制，在上部轴力一定的情况下，可以通过加大柱截面、提高混凝土等级、加强箍筋配置、采用型钢混凝土柱等不同方法来控制柱轴压比，最大限度保证功能性与安全性。

建筑结构静力分析方法的优化，可以按以下原则考虑：建筑结构的变形和内力可按弹性方法计算，框架梁及连梁等构件可考虑塑性变形引起的内力重分布。建筑结构分析，一般情况下选用的是平面结构空间协同、空间杆系、空间杆—薄壁杆系、空间杆—墙板元等计算模型进行整体计算。对于一些不符合杆系特征的构件，在设计中采用有限元法来进行辅助分析。同时，由于计算模型无法对一些复杂构件的节点进行真实的模拟，也可采用有限元法来进行节点的分析。

4. 相关标准、规范及图集

(1)《工程建设标准强制性条文（房屋建筑部分）》2013版；

(2)《工程结构可靠性设计统一标准》GB 50153—2008；

(3)《建筑结构可靠度设计统一标准》GB 50068—2001；

(4)《建筑抗震设防分类标准》GB 50223—2008；

(5)《建筑结构荷载规范》GB 50009—2012；

(6)《混凝土结构设计规范》GB 50010—2010；

(7)《建筑抗震设计规范》GB 50011—2010；

(8)《建筑地基基础设计规范》GB 50007—2011；

(9)《建筑桩基技术规范》JGJ 94—2008。

5. 参考案例

某宿舍楼为一栋6层框架结构建筑，该项目针对地基基础、结构主体、结构构件三部分分别进行方案比选与优化。

设计时采用了当地工程施工经验较为丰富的PHC-AB400（95)-12 10预应力混凝土管桩。基础形式为桩基承台加防水板，防水板为满足混凝土自防水要求取最小厚度250mm。

阳台板有三种方案比选，经过对阳台的优化及比选之后，U形阳台采用钢结构构件，一形阳台和C形阳台采用预制混凝土构件。

屋顶餐厅，经过方案优化设计，有效减少了柱总数，有效减少项目混凝土及钢筋用量。屋顶餐厅此部分钢材用量减少10%。

该项目对地基基础、结构主体、结构构件三部分进行了方案对比与优化，其中地基由于项目所在场地及成熟设计经验等因素影响，基础形式为桩基承台加防水板；结构主体和构件分别对屋顶餐厅及阳台形式进行了优化，阳台耗材量及钢结构用量分别得到较大幅度的降低。

5.1.2 灵活隔断

1. 技术简介

灵活隔断是指根据建筑需要把大空间分割成小空间或把小空间连成大空间、具有一般墙体功能的隔断。对于大开间的公共建筑，如办公楼、商场等采用灵活隔断进行室内装修较为常见，其可变换功能的室内空间采用可重复使用的隔断（墙），有利于减少空间重新布置时重复装修对建筑构件的破坏、节约建筑材料，便于二次装修使用。对于公共建筑，一般除走廊、楼梯、电梯井、卫生间、设备机房、公共管井以外的地上室内空间均应视为“可变换功能的室内空间”，不包括有特殊隔声、防护及特殊工艺需求的空间。此外，作为商业、办公用途的地下空间也应视为“可变换功能的室内空间”，其他用途的地下空间可不计入。

目前可用作灵活隔断的建筑材料有玻璃、预制隔断（墙）、轻钢龙骨水泥板、石膏板、木板、钢板等，其选用应根据建筑功能与装饰需要，不应破坏室内工作环境效果，所选材料也不应对室内空气产生污染。

灵活隔断不同于以往传统的隔墙，具有灵活多变，使用方便等特点，选用时应根据建筑功能及特点灵活选用。如办公室隔断，其主要目的是合理利用办公环境，提高工作效率，较常用的有玻璃隔断、轻钢龙骨石膏板等，见图5-1。

大型商场中的灵活隔断（图5-2）应根据商场实际经营性质合理区分，最优配置，同

(*a*)

(*b*)

(*c*)

图5-1 办公灵活隔断

(*a*) 玻璃隔断；(*b*) 轻钢龙骨石膏板隔断；(*c*) 低隔断

图 5-2　商业灵活隔断

时应考虑使用安全和长期维护的问题。

多功能厅、宴会厅、展览馆等大型开敞式建筑空间使用灵活隔断（图 5-3）有助于建筑空间的有效利用，本格活动隔断、移动隔墙等可以轻松顺利的移动和操作，较适宜用于这类空间。

(*a*)

(*b*)

(*c*)

图 5-3　其他建筑灵活隔断形式

(*a*) 展馆；(*b*) 酒店；(*c*) 宴会厅

2. 适用范围

适用于有变换空间功能需求的办公、商店建筑。

3. 技术要点

(1) 技术指标

《绿色建筑评价标准》GB/T 50378—2014 第 7.2.4 条规定：公共建筑中可变换功能的室内空间采用可重复使用的隔断（墙），可重复使用隔断（墙）比例达到 30%，得 3 分，达到 50%，得 4 分，达到 80%，得 5 分。

(2) 设计要点

1) 常用的隔断构造[1]

① 轻钢龙骨石膏板

墙体轻钢龙骨是以纸面石膏板等轻质板材作罩面的室内隔断金属骨架，按使用功能分为横龙骨、竖龙骨和通贯龙骨等，可用于现装石膏板隔断，也可用于水泥刨花板、稻草板等各种轻质墙板隔断。轻钢龙骨石膏板隔断的构造组成，可以是单排龙骨单层纸面石膏板（图 5-4），也可以是双排龙骨单层纸面石膏板（图 5-5），还可以是单排或双排龙骨双层纸面石膏板，取决于不同的材料系列、隔断墙体厚度要求及使用功能等因素。

[1] 杨天佑，孟建芝，高梅. 建筑装饰工程实用技术 [M]. 广州：广东科技出版社，2000.

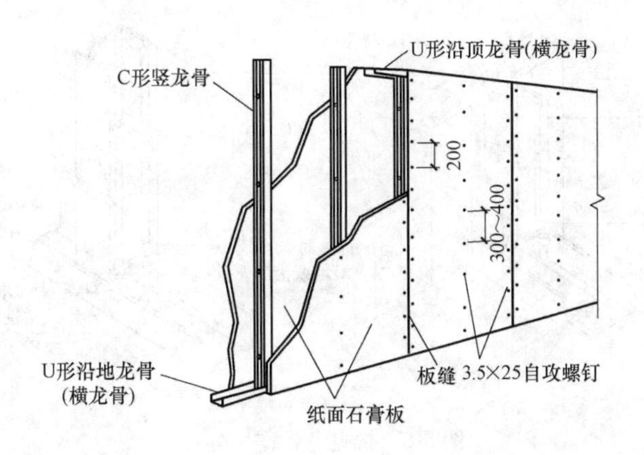

图 5-4　轻钢龙骨纸面石膏板构造

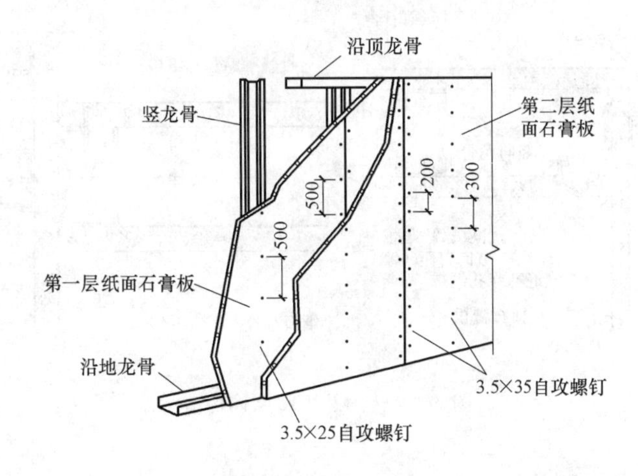

图 5-5　双层纸面石膏板隔断的安装

当隔断墙体高度较高且设置有门窗洞口时，应采用水平方向的横龙骨及通贯龙骨，重要部位需采用加强龙骨，以确保墙体稳定和使用安全。沿地横龙骨与楼地面、踢脚台、混凝土楼板底、主体结构墙或柱的连接固定，根据建筑主体结构情况，可采用射钉、金属胀铆螺栓或预埋木砖用木螺钉等措施连接固定，见图 5-6（*a*）；竖龙骨与沿顶沿地横龙骨的连接固定，可采用自攻螺钉或抽芯铆钉，并用支撑卡锁紧竖龙骨与横龙骨的相交部位，见图 5-6（*b*）。转角及丁字墙、曲面墙体构造做法见图 5-7 和图 5-8。

② 石膏制品板材

石膏制品板材式隔断是指采用不同品种的石膏类条形板、石膏复合墙板，在无需龙骨骨架支撑的情况下单独以板材装设的室内轻质隔断轻体。

常见的石膏条板有一次成型的石膏空心条板、由石膏骨架和石膏棉板组合的盒子式空心条板、由几层石膏平板粘结起来的多层板等。石膏板面层的复合墙板，是指两层纸面石膏板或纤维增强石膏板与一定断面的石膏龙骨、木龙骨或轻钢龙骨，经粘结固定复合而成的板材，该类隔断墙体不宜设置电开关插座及穿墙管线等，如有设置应采取相应的隔声构造。石膏板复合墙板墙体的隔声、防火和限制高度的规定见表 5-1。

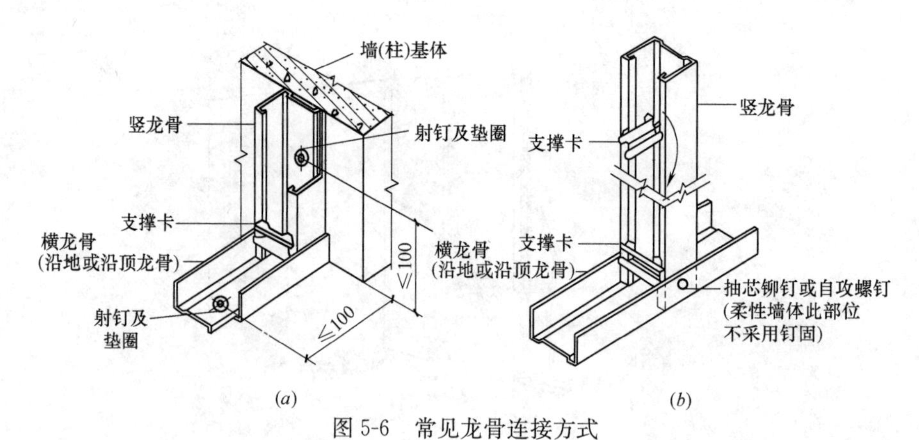

图 5-6　常见龙骨连接方式

(a) 沿地横龙骨及沿墙竖龙骨；(b) 竖龙骨与沿地、沿顶龙骨

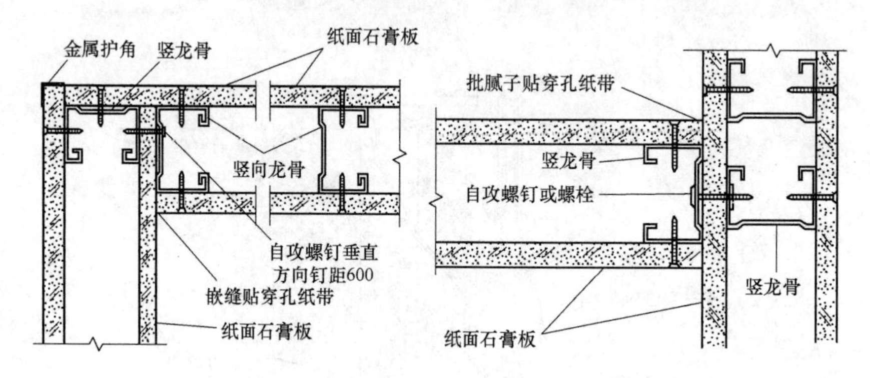

图 5-7　转角及丁字墙体构造示意

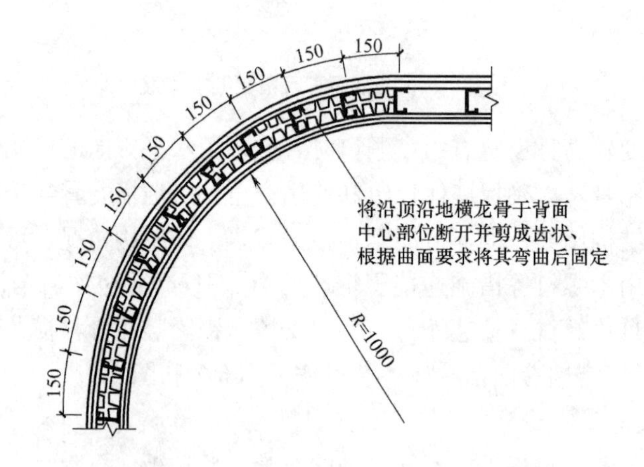

图 5-8　曲面墙体轻钢龙骨构造做法

石膏板复合板墙体的隔声、防火和限制高度　　　　**表 5-1**

类别	墙厚（mm）	构造	质量（kg/m²）	隔声指数（dB）	耐火极限（h）	墙体限制高度（mm）
非隔声墙	50		26.6			
	92		27～30	35	0.25	3000

续表

类别	墙厚（mm）	构造	质量（kg/m²）	隔音指数（dB）	耐火极限（h）	墙体限制高度（mm）
隔声墙	150		53～60	42	1.5	3000
	150	30厚棉毡	54～61	49	>1.5	3000

石膏板复合墙板（图 5-9）的一般规格：长度 2600～3000mm，宽度 900～1200mm，厚度 50～200mm。

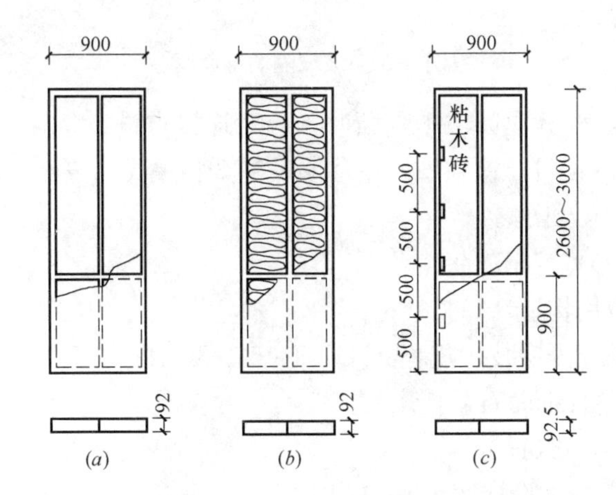

图 5-9 石膏板复合墙板

（a）普通板；（b）填芯板；（c）固定门框用带木砖板

③ 玻璃隔断

玻璃隔断（图 5-10）最主要的特征是能透过光线，并能起到阻声的效果，对视觉的影响又由具体使用的不同种类的玻璃决定，是现代隔断中较为常用的一种材料，以其美观而独特的视觉感，受到人们的喜爱。

玻璃隔断框架可采用木龙骨、金属框架等，木龙骨多采用硬松木加工，规格 60mm×120mm，金属框架多选用铝合金型材或不锈钢型材。玻璃应采用安全玻璃，常用规格厚度为 8mm、10mm、12mm、15mm，玻璃中气泡、砂粒、麻点、划伤、玻筋等缺陷含量在标准允许范围内。相关做法请参照相关图集。

2）设计要求[1]

在办公、商店等公共建筑室内空间尽量多地采用可重复使用的灵活隔断，或者尽量多地布置无隔墙或只有矮隔断的大开间敞开式办公空间；应尽量减少对建筑构件的破坏，节约材料，且应考虑使用期间构配件的替换和将来拆除时构配件的再利用，如当需要采用轻

[1] 田文华. 灵活隔断大开间 [J]. 重庆建筑大学学报（社科版），2001，3（2）3.

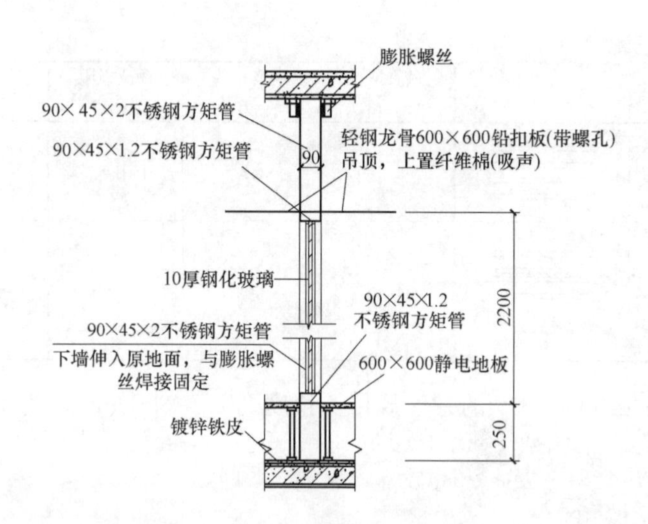

图5-10 玻璃隔墙剖面图

钢龙骨水泥压力板、石膏板隔断或木隔断时，应对连接点进行特殊设计，以便分段拆除；对于粗装销售或出租的项目，应在图纸中注明、注全相关灵活隔断要求。

4. 相关标准、规范及图集

(1)《隔断墙（一）》07SJ504-1；

(2)《建筑玻璃应用构造》11J508；

(3)《建筑轻质条板隔墙技术规程》JGJ/T 157—2014；

(4)《墙身-轻钢龙骨纸面石膏板》88J2-5；

(5)《隔断西南》11J514；

(6)《12系列建筑标准设计图集》12YJ3-4；

(7)《建筑用轻钢龙骨》GB/T 11981—2008。

5. 参考案例

苏州某设计院办公楼项目，总用地面积14137.95m^2，总建筑面积74897.96m^2，地下3层，地上办公塔楼21层，裙房5层，其大空间设计室、办公室采用玻璃隔断设计（图5-11和图5-12），可变换功能室内空间采用灵活隔断的比例为35.64%，隔断材料主要为玻璃，设计大空间采用办公用低隔断，有效节约建筑材料，减少重复装修。

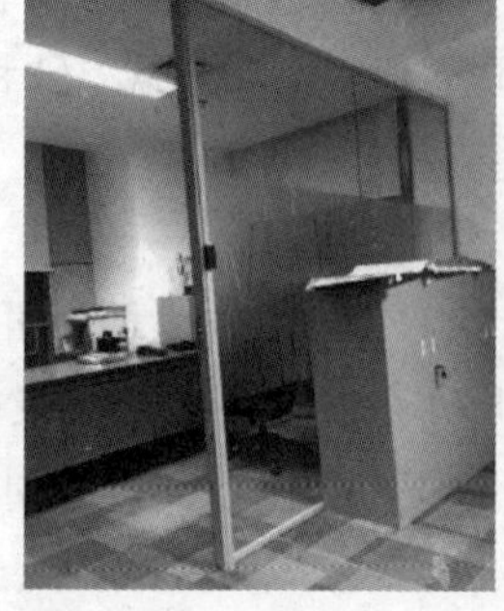

图5-11 会议室、办公隔间效果图

图5-12 大开间设计室效果图

5.1.3 预制装配式技术

1. 技术简介

预制装配式技术是一个新型技术，它可以实现建筑部件化、建筑工业化和产业化。具有节省建筑材料，缩短施工周期、优化施工环境等优点，对于加快现代化工业进程具有极其重要的意义。预制装配式技术，是指建筑的部分或全部构件在工厂生产完成，然后运到施工现场，通过安装机械将构件组装起来。预制装配式技术主要是用于建筑的发展之上，预制装配式建筑主要分为两大块：预制钢筋混凝土结构和装配式钢结构。预制装配式混凝土结构建筑是以预制混凝土构件为主要构件，经装配、连接、结合部分现浇而形成的混凝土结构建筑。装配式钢结构建筑是指建筑结构体系为钢结构，同时以工厂生产的经济钢型材构件作为承重骨架，以新型轻质、保温、隔热、高强的墙体材料作为围护结构而构造的建筑。

预制装配式技术起源于19世纪的欧洲，但20世纪50年代才兴起工业化住宅（为解决第二次世界大战后住房紧张问题），随后工业化建筑的发展遍及欧洲各国，并发展到加拿大、美国、日本等发达国家，据美国工业化住宅协会统计，到2001年，美国的工业化住宅已经达到了1000万套，占美国住宅总量的7%，为2200万的美国人解决了居住问题。

我国建筑工业化应用始于1950年初，借鉴苏联的经验，在全国建筑生产企业推行标准化、工厂化和机械化，发展预制构件和预制装配建筑。预制装配式技术经历了研究、快速发展、使用、发展停滞等阶段，现如今又开始了新一轮的工业化热潮。国家和地方纷纷出台了鼓励工业化建造方式的政策法规以及相关的技术规范。2014年1月1日，《绿色建筑行动方案》［国办发（2013）1号］要求推广适合工业化生产的预制装配式混凝土、钢结构等建筑体系，加快发展建设工程的预制和装配技术，提高建筑工业化技术集成水平。

2. 适用范围

适用于采用混凝土结构及钢结构的各类民用建筑。

3. 技术要点

（1）技术指标

《绿色建筑评价标准》GB/T 50378—2014第7.2.5条规定：采用工业化生产的预制构件，评价总分值为5分，根据预制构件用量比例按表5-2的规则评分。

预制构件用量比例 **表5-2**

预制构件用量比例 R_{PC}	得分
$15\% \leqslant R_{PC} < 30\%$	3
$30\% \leqslant R_{PC} < 50\%$	4
$R_{PC} \geqslant 50\%$	5

对于钢结构和木结构建筑，本条直接得5分；对于砌体结构建筑，本条不参评；当项目所在地运输距离100km范围内无预制构件企业时，本条也可不参评，但需要提供情况说明。

鉴于对钢结构建筑，本条可直接得5分，因此在此主要是对预制钢筋混凝土结构进行说明。本条的预制构件是指在工厂或现场采用工业化方式生产制造的各种结构构件和非结构构件，如预制梁、预制柱、预制墙板、预制楼面板、预制阳台板、预制楼梯、雨篷、栏杆等，如图5-13所示。预制构件的比例 R_{PC} =（各类预制构件重量之和/建筑地上部分重量）×100%。

图5-13 预制构件示意图

（2）设计要点

1）预制混凝土结构的基本要求：

① 根据《装配式混凝土结构技术规程》JGJ 1—2014的要求，在装配式建筑设计阶段，应协调建设、设计、制作、施工各方之间的关系，并应加强建筑、结构、设备、装修等专业的配合，同时应遵循少规格、多组合的原则。

② 装配式结构的设计应符合现行国家标准《混凝土结构设计规范》GB 50010—2010的基本要求，并应符合以下规定：应采取有效措施加强结构的整体性；装配式结构宜采用高强混凝土、高强钢筋，预制构件的混凝土强度等级不宜低于C30，预应力混凝土预制构件的混凝土强度等级不宜低于C40，且不应低于C30；装配式结构的节点和接缝应受力明确、构造可靠，并应满足承载力、延性和耐久性等要求，同时接缝的受剪承载力应符合《装配式混凝土结构技术规程》JGJ 1—2014第6.5.1条的要求；应根据连接节点和接缝的构造方式和性能，确定结构的整体计算模型。

③ 预制构件制作单位应具备相应的生产工艺设施，并应有完善的质量管理体系和

必要的试验检测手段。预制构件对其外观质量和外形尺寸要求都很高，因此在生产过程中要求构件模板在保证一定刚度和强度的基础上，既要有较强的整体稳定性，又要有很好的表面平整性。应通过协调、提高模数的通用性，互换性、使规格化、通用化的部件适用于各类常规建筑。大量规格化、定型化部件的生产可促进市场的竞争和提高部件生产水平。

④ 装饰性构件的项目用地距预制构件厂运输距离不超过 150km，具有合理的运输半径，用地周边具备完善的市政道路条件，构件进出场地条件便利。

2）预制构件的连接要求

预制构件的连接是预制装配式建筑中非常重要的一环，需要特别注意。目前国内主要还是采用底部竖向钢筋套筒灌浆或浆锚搭接连接，边缘构件现浇的技术处理。钢筋套筒灌浆连接接头采用的套筒应符合现行行业标准《钢筋连接用灌浆套筒》JG/T 398—2012 的规定；接头采用的灌浆料应符合现行行业标准《钢筋连接用套筒灌浆料》JG/T 408—2013 的规定；钢筋浆锚搭接连接接头应采用水泥基灌浆料，灌浆料的性能应满足表 5-3 的要求：

钢筋浆锚搭接连接接头用灌浆料性能要求表　　表 5-3

<table>
<tr><th colspan="2">项目</th><th>性能指标</th><th>实验方法标准</th></tr>
<tr><td colspan="2">泌水率(%)</td><td>0</td><td>《普通混凝土拌合物性能试验方法标准》GB/T 50080—2011</td></tr>
<tr><td rowspan="2">流动度(mm)</td><td>初始值</td><td>≥200</td><td rowspan="7">《水泥基灌浆材料应用技术规范》GB/T 50448—2015</td></tr>
<tr><td>30min 保留值</td><td>≥150</td></tr>
<tr><td rowspan="2">竖向膨胀率(%)</td><td>3h</td><td>≥0.012</td></tr>
<tr><td>24h 与 3h 的膨胀率之差</td><td>0.02～0.5</td></tr>
<tr><td rowspan="3">抗压强度(MPa)</td><td>1d</td><td>≥35</td></tr>
<tr><td>3d</td><td>≥55</td></tr>
<tr><td>28d</td><td>≥80</td></tr>
<tr><td colspan="2">氯离子含量(%)</td><td>≤0.06</td><td>《混凝土外加剂匀质性试验方法》GB/T 8077—2012</td></tr>
</table>

3）预制装配式建筑的结构设计要求

预制装配式结构主要结构形式有：装配整体式框架结构、装配整体式剪力墙结构、装配整体式框架-现浇剪力墙结构、装配整体式部分框支剪力墙结构等，各装配式结构的房屋最大适用高度应满足表 5-4 要求。

装配整体式结构房屋的最大适用高度（m）　　表 5-4

结构类型	非抗震设计	抗震设防烈度			
		6 度	7 度	8 度(0.2g)	8 度(0.3g)
装配整体式框架结构	70	60	50	40	30
装配整体式框架-现浇剪力墙结构	150	130	120	100	80
装配整体式剪力墙结构	140(130)	130(120)	110(100)	90(80)	70(60)
装配整体式部分框支剪力墙结构	120(110)	110(100)	90(80)	70(60)	40(30)

注：房屋高度是指室外地面到主要屋面的高度，不包括局部突出部分的屋面。

高层装配整体式结构的高宽比不宜超过表 5-5 的数值。

<table>
<caption>高层装配整体式结构适用的最大高宽比　　表 5-5</caption>
<tr><th rowspan="2">结构类型</th><th rowspan="2">非抗震设计</th><th colspan="2">抗震设防烈度</th></tr>
<tr><th>6 度、7 度</th><th>8 度</th></tr>
<tr><td>装配整体式框架结构</td><td>5</td><td>4</td><td>3</td></tr>
<tr><td>装配整体式框架-现浇剪力墙结构</td><td>6</td><td>6</td><td>5</td></tr>
<tr><td>装配整体式剪力墙结构</td><td>6</td><td>6</td><td>5</td></tr>
</table>

装配整体式结构构件的抗震设计，应根据设防类别、烈度、结构类型和房屋高度采用不同的抗震等级，并应符合相应的计算和构造措施要求。对于丙类装配整体式结构的抗震等级应按表 5-6 确定。乙类装配整体式结构应按本地抗震设防烈度提高一度的要求加强其抗震措施；当本地区抗震设防烈度为 8 度且抗震等级为一级时，应采用比一级更高的抗震措施；当建筑场地为 I 类时，仍可按本地区抗震设防烈度的要求采取抗震构造措施。

<table>
<caption>丙类装配整体式结构的抗震等级　　表 5-6</caption>
<tr><th colspan="2" rowspan="2">结构类型</th><th colspan="10">抗震设防烈度</th></tr>
<tr><th colspan="2">6 度</th><th colspan="4">7 度</th><th colspan="4">8 度</th></tr>
<tr><td rowspan="3">装配整体式框架结构</td><td>高度(m)</td><td>≤24</td><td>>24</td><td colspan="2">≤24</td><td colspan="2">>24</td><td colspan="2">≤24</td><td colspan="2">>24</td></tr>
<tr><td>框架</td><td>四</td><td>三</td><td colspan="2">三</td><td colspan="2">二</td><td colspan="2">二</td><td colspan="2">一</td></tr>
<tr><td>大跨度框架</td><td colspan="2">三</td><td colspan="4">二</td><td colspan="4">一</td></tr>
<tr><td rowspan="3">装配整体式框架-现浇剪力墙结构</td><td>高度(m)</td><td>≤60</td><td>>60</td><td>≤24</td><td colspan="2">>24 且≤60</td><td>>60</td><td>≤24</td><td colspan="2">>24 且≤60</td><td>>60</td></tr>
<tr><td>框架</td><td>四</td><td>三</td><td>四</td><td colspan="2">三</td><td>二</td><td>三</td><td colspan="2">二</td><td>一</td></tr>
<tr><td>剪力墙</td><td>三</td><td>三</td><td>二</td><td colspan="2">二</td><td>二</td><td>一</td><td colspan="2">一</td><td></td></tr>
<tr><td rowspan="2">装配整体式剪力墙结构</td><td>高度(m)</td><td>≤70</td><td>>70</td><td>≤24</td><td colspan="2">>24 且≤70</td><td>>70</td><td>≤24</td><td colspan="2">>24 且≤70</td><td>>70</td></tr>
<tr><td>剪力墙</td><td>四</td><td>三</td><td>四</td><td colspan="2">三</td><td>二</td><td>三</td><td colspan="2">二</td><td>一</td></tr>
<tr><td rowspan="4">装配整体式部分框支剪力墙结构</td><td>高度(m)</td><td>≤70</td><td>>70</td><td>≤24</td><td colspan="2">>24 且≤70</td><td>>70</td><td>≤24</td><td colspan="2">>24 且≤70</td><td rowspan="4">无</td></tr>
<tr><td>现浇支框架</td><td>二</td><td>二</td><td>二</td><td colspan="2">二</td><td>一</td><td>一</td><td colspan="2">一</td></tr>
<tr><td>底部加强部位剪力墙</td><td>三</td><td>二</td><td>三</td><td colspan="2">二</td><td>一</td><td>二</td><td colspan="2">一</td></tr>
<tr><td>其他区域剪力墙</td><td>四</td><td>三</td><td>四</td><td colspan="2">三</td><td>二</td><td>三</td><td colspan="2">二</td></tr>
</table>

装配式结构的平面布置宜符合下列规定：①平面形状宜简单、规则、对称、质量、刚度分布宜均匀；不应采用严重不规则的平面布置。②平面长度不宜过长（图 5-14），长宽比（L/B）宜按表 5-7 采用；③平面突出部分的长度 l 不宜过大，宽度 b 不宜过小，l/B_{max}、l/b 宜按表 5-7 采用；平面不宜采用脚部重叠或细腰形平面布置。

平面尺寸及突出部位尺寸的比值限值　　表 5-7

抗震设防烈度	L/B	l/B_{max}	l/b
6、7 度	≤6.0	≤0.35	≤2.0
8 度	≤5.0	≤0.30	≤1.5

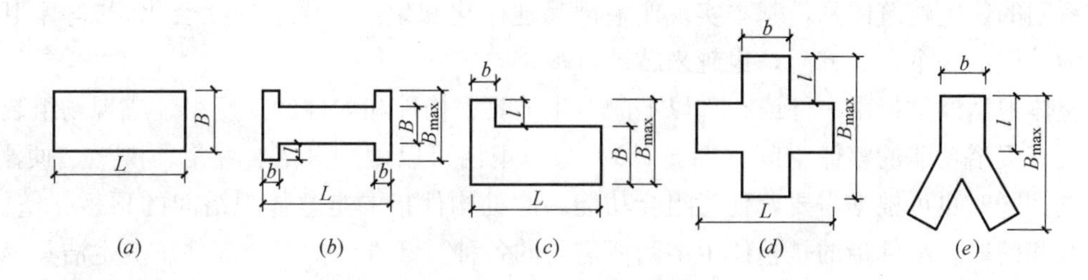

图 5-14 建筑平面示例

4. 相关标准、规范及图集

（1）上海市《装配整体式混凝土结构施工及质量验收规范》DGJ08-2117—2012；

（2）北京市《装配式混凝土结构工程施工与质量验收规程》DB11/T 1030—2013；

（3）《装配式混凝土结构技术规程》JGJ 1—2014；

（4）《装配式混凝土结构住宅建筑设计示例（剪力墙结构）》15J939-1；

（5）《装配式混凝土结构表示方法及示例（剪力墙结构）》15G107-1；

（6）《预制混凝土剪力墙外墙板》15G365-1；

（7）《预制混凝土剪力墙内墙板》15G365-2；

（8）《装配式混凝土连接节点构造》2015G310-1～2；

（9）《装配式混凝土结构技术规程》JGJ1—2014。

5. 参考案例

上海青浦新城某大型社区住宅项目，用地面积 60824.8m^2，总建筑面积 164902.76m^2。建设内容包括 8 栋 18 层住宅（其中 3 栋含 1 层的商业裙房）、8 栋 8 层住宅，共可入住 1363 户，建筑结构为钢筋混凝土剪力墙结构。该项目外墙、内剪力墙、楼层板、梁、楼梯、空调板均采用预制装配式混凝土体系；这 16 栋楼总的混凝土用量为 21279.25m^3，其中预制混凝土构件体积为 11505.71m^3，现浇混凝土体积为 9773.54m^3，整体装配率达到 54.07％，具体如表 5-8 所示。

项目预制混凝土构件统计列表 **表 5-8**

楼号	预制混凝土构件体积(m^3)	现浇混凝土体积(m^3)	住宅单体预制装配率(％)	说明
1 号(2、6～9 号)	1170.38	1000.26	53.92	楼梯间及电梯井等公共部位现浇，一、二层及屋面层现浇
3 号	1287.13	987.66	56.58	
11 号(12～18 号)	254.46	221.68	53.44	
10 号	1160.62	1010.88	53.45	
合计	11505.71	9773.54	54.07	

5.1.4 整体卫浴间

1. 技术简介

自 20 世纪 90 年代开始，我国推行了住宅产业化，1999 年原建设部等八部委下发《关于推进住宅产业现代化提高住宅质量的若干意见》，文件中明确建立住宅部品体系的具体工作目标："到 2005 年初步建立住宅及材料、部品的工业化生产体系；到 2010 年初步形成系列的住宅建筑体系，基本实现住宅部品通用化和生产、供应的社会化。”整体卫生间作为其中的一个发展方向，也越来越被重视。

整体卫浴间是指由一件或一件以上的卫生洁具、构件和配件经工厂组装或现场组装而成的具有卫浴功能的整体空间（图5-15），整体卫浴可以做到淋浴、盆浴、洗漱、便溺4大功能，同时也可根据需要，任意组合功能。此处构件指的是整体卫浴间的顶板、壁板、防水盘和门等，配件指的是整体卫浴间所需要的各种零部件（如五金配件、卫生洁具等）。

图5-15　整体卫浴间示例

根据《住宅整体卫浴间》JG/T 183—2011，整体卫生间按功能可分为多种，具体见表5-9。

整体卫生间功能分情况表　　表5-9

形式	整体卫浴间的类型	代号	功能
单一功能	便溺类型	01	供排便用
	盥洗类型	02	供盥洗用
	淋浴类型	03	供淋浴用
	盆浴类型	04	供盆浴用
双功能组合式	便溺、盥洗类型	05	供排便、盥洗用
	便溺、淋浴类型	06	供排便、淋浴用
	便溺、盆浴类型	07	供排便、盆浴用
	盆浴、盥洗类型	08	供盆浴，盥洗用
	淋浴、盥洗类型	09	供淋浴、盥洗用
多功能组合式	便溺、盆浴、盥洗类型	10	供排便、盥洗、盆浴用
	便溺、盥洗、淋浴类型	11	供排便、盥洗、淋浴用
	便溺、盥洗、盆浴、淋浴类型	12	供排便、盥洗、盆浴、淋浴用

整体卫浴产品的优势：采用具有高防水、高绝缘、抗腐蚀、抗老化等性能的高强度复合材料底盘，不用做防水，不抹水泥，彻底消除传统卫生间的渗漏隐患；工厂化生产，杜绝现场人为因素对施工质量的影响，质量可靠；干法施工，现场组装，效率提高，简便快捷，两个工人仅需一天安装完一套，有效缩短施工周期；采用高级别环保材料，在生产、组装过程中不污染环境，无建筑垃圾产生，环保安全；具有良好的保温性能，卫生间内可不做地暖等供暖措施，节省卫浴的供暖能耗；在不增加造价的基础上做到同层排水，减少

卫浴间噪声，提供一个良好的室内声环境。

2. 适用范围

适用于全装修住宅及旅馆建筑。

3. 技术要点

（1）技术指标

《绿色建筑评价标准》GB/T 50378—2014 第 7.2.6 条规定：采用整体化定型设计的卫浴间，得 3 分。对于卫浴间，顶棚、墙面、地面以及各类卫浴器具均进行了整体集成并可一次性安装到位时，可视为满足整体化定性设计要求。

（2）设计要点

1）整体卫浴间尺寸

根据《住宅整体卫浴间》JG/T 183—2011，整体卫浴间常见的尺寸系列如表 5-10 所示。

整体卫浴间尺寸 **表 5-10**

方向		尺寸系列(净尺寸)(mm)
水平	长边	900、1200、1300、1400、1500、1600、1700、1800、2000、2100、2400、2700、3000
	短边	800、900、1000、1100、1200、1300、1400、1500、1600、1700、1800、2000、2100、2400
垂直	高度	2100、2200、2300

单设坐便器的便溺类型的面积不应小于 1.1m²；设坐便器、洗面器的便溺、盥洗类型的面积不应小于 1.80m²；设坐便器、洗浴器的便溺、淋浴（或盆浴）类型的面积不应小于 2.00m²；设洗面器、洗浴器的盥洗、淋浴（或盆浴）类型的面积不应小于 2.00m²；设坐便器、洗面器、淋浴（或盆浴）的便溺、盥洗、淋浴（或盆浴）类型的面积不应小于 2.5m²。

整体卫浴间的安装尺寸及管道位置如图 5-16 所示。

底部支撑尺寸 h 不大于 200mm；安装管道的整体卫浴间外壁面与住宅相邻墙面之间的净距离 a 可由设计确定；卫生间地面低于同层地面时，则下沉高度不大于 200mm；卫生间地面与同层地面相同时，则整体卫浴间地面与同层地面高度差不大于 200mm。

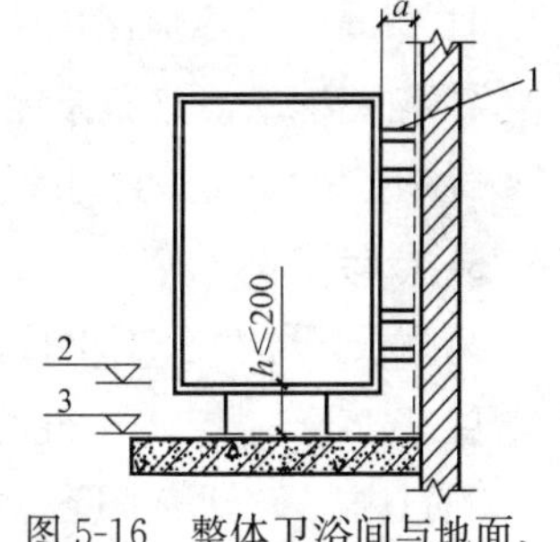

图 5-16 整体卫浴间与地面、墙面关系示意图

整体卫浴间管道、管线及风道位置应符合图 5-17 的规定。

2）整体卫浴间设计要求

① 整体卫浴间设计应方便使用、维修和安装。

② 整体卫浴间内空间尺寸偏差允许为±5mm。

③ 壁板、顶板、防水底盘材质的氧指数不应低于 32。

④ 壁板、顶板的平整度和垂直度公差应符合图样及技术文件的规定。

⑤ 门用铝型材等复合材料或其他防水材质制作。

⑥ 洗浴可供冷水和热水，并有淋浴器。

⑦ 所有节水器具及配件应该用节水器具，满足《节水型产品通用技术条件》GB/T

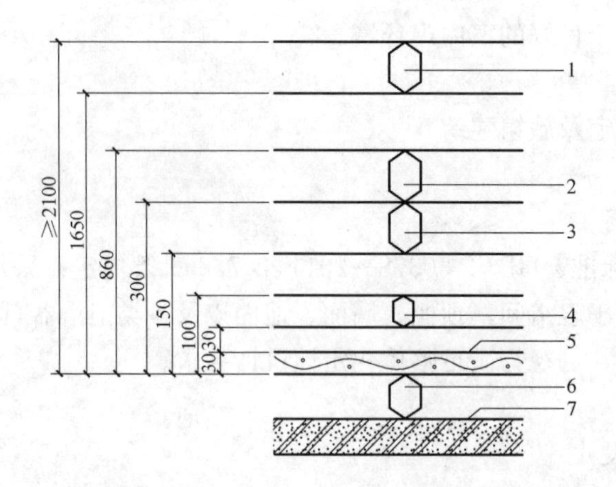

图 5-17 整体卫浴间管道、关系及风道位置示意图

1—排气口、灯、电线位置；2—给水管位置；

3、4、6—排水管位置；5—整体卫浴间底面；7—室内地面。

18870—2011）及《节水型生活用水器具》CJ 164—2014 的相关要求。

⑧ 洗面器可供冷水和热水，并备有镜子。

⑨ 整体卫浴间应能通风换气。

⑩ 整体卫浴间应有在应急时可从外面开启的门。

⑪ 坐便器及洗面器应排水通畅，不渗漏，产品应自带存水弯或配有专用存水弯，水封深度至少为 50mm。

⑫ 整体卫浴间应便于清洗，清洗后地面不积水。

⑬ 严寒、寒冷地区应考虑供暖设施，冬冷夏热地区宜考虑供暖设施。

4. 相关标准、规范及图集

《住宅整体卫浴间》JG/T 183—2011。

5. 参考案例

某高教区学生公寓项目，建筑面积 10 万 m^2。该项目共有 6 栋 15 层的公寓，1 层架空，层高 4.5m，二～十五层为标准层，层高 3m，均为单间公寓，面积约 $36m^2$。

项目内部设计有阳台、整体卫浴 1 套、可供单人、双人及 4 人居住，整体卫浴共 2140 套。项目的整体浴室采用 BU1416 型，底盘、墙板、顶棚均采用 SMC 高分子材料，冷热进水采用 PPR 管材，马桶、拖把池、龙头和花洒采用节水型品牌产品，采用 PVC 排水管同层排水。

5.1.5 整体厨房

1. 技术简介

整体厨房是指按照人体工程学、炊事操作工序、模数协调及管线组合原则，采用整体设计方法而建成的标准化、多样化完成炊事、餐饮、起居等多种功能的活动空间。整体厨房的出现解决了目前传统厨房所带来的各种弊端，为人们带来了舒适度更高的厨房空间。住宅整体厨房按使用功能不同分为操作厨房（K 型）、餐室厨房（DK 型）和起居餐室厨房（LDK 型），按照不同使用者可分为普通厨房和无障碍厨房，相关示例如图 5-18 所示。

整体厨房的优势：整体厨房在设计阶段就根据厨房的具体情况进行了平面布置优化设计，合理利用有限的厨房空间；整体厨房高度整合化处理，结合人体工程学、工程材料学和室内设计的原理优化橱柜、电器、墙面、顶棚和地面，同时细化厨房内的部品接口、设备接口；整体厨房能够有效缩短施工期，减少施工质量问题。

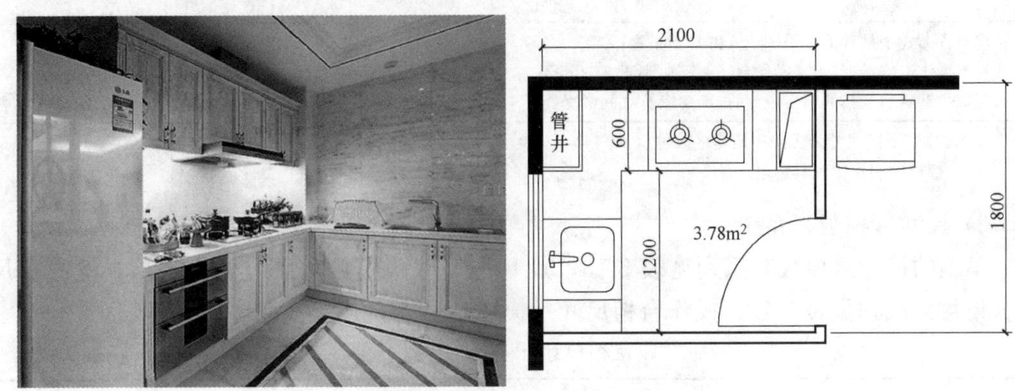

图 5-18　整体厨房平面布置图

2. 适用范围

适用于全装修的住宅建筑。

3. 技术要点

（1）技术指标

《绿色建筑评价标准》GB/T 50378—2014 第 7.2.6 条规定，采用整体化定型设计的厨房，得 3 分。对于厨房，在考虑建筑功能及使用对象的前提下，对各类炊具设备进行整体集成，并顶棚、墙面、地面等进行模数化设计或整体集成，可视为满足整体化定性设计要求。

（2）设计要点

1）厨房面积及布置形式

常见厨房的净面积系列如表 5-11 所示，厨房的布置形式分为Ⅰ型（单排型）、Ⅱ型（双排型）、L 型、U 型、壁柜型，其长度和宽度的最小净尺寸应符合表 5-12 的规定。

厨房的净面积系列表　　**表 5-11**

宽度（净尺寸/mm）	长度（净尺寸/mm）							
	2100	2400	2700	3000	3300	3600	3900	4200
1500	—	3.60	4.05	4.50	—	—	—	—
1800	3.78*	4.32	4.86	5.40	5.94	6.48	—	—
2100	—	5.04	5.67	6.30	6.93	7.56	—	—
2400	—	—	6.48	7.20	7.92	8.64	9.36	10.08
2700	—	—	—	8.10	8.91	9.72	10.53	11.34
3000	—	—	—	—	9.90	10.80	11.70	12.60
3300	—	—	—	—	—	11.88	12.87	13.86
3600	—	—	—	—	—	—	14.04	15.12
3900	—	—	—	—	—	—	—	16.38

注：1. 净尺寸指厨房装修后的净尺寸。
2. 推荐使用黑线范围内的厨房面积系列。
3. “—”表示不应彩的厨房面积。
* 只适用于小面积套型的厨房面积。

厨房长度、宽度最小净尺寸　表5-12

布置形式	长度最小净尺寸(mm)	宽度最小净尺寸(mm)
Ⅰ型(单排型)	2700/2700	1500/2100
Ⅱ型(双排型)	2700/2700	2100/2700
L型	2100/2700	1500/2100
U型	2700/2700	1800/2400
壁柜型	2100/—	700/—
厨房布置形式中推荐Ⅰ型(单排型)和L型布置； 按炊事操作流程排列,厨房操作台净长不应小于2100mm； 布置双排型厨房家具的厨房中,两排厨房家具之间的净距不应小于900mm。		

注：1. “/” 下的尺寸为无障碍厨房的尺寸。
2. 壁柜型厨房中灶具为电气灶。

2）尺寸（模数）系统

吊柜的尺寸（模数）系列见表5-13，灶具柜尺寸（模数）系统见表5-14，洗涤柜尺寸（模数）系列见表5-15，操作台柜尺寸（模数）见表5-16。

吊柜尺寸（模数）系列　表5-13

项目	尺寸(模数)系统
深度 W	3M、3.5M、4M、6M、7M、7.5M、8M、9M
深度 D	3.2M、3.5M、4M
高度 H	5M、6M、7M、8M
吸油烟机吊柜的尺寸推荐宽度9M。吊柜的深度推荐尺寸3.5M。	

注：M是国际通用的建筑模数符号，1M=100mm。

灶具柜尺寸（模数）系列　表5-14

项目	尺寸(模数)系统
深度 W	6M、(7.5M)、8M、9M、10、12M
深度 D	5.5M、6M、6.5M、7M
高度 H	7.5M*、8M、8.5M、9M
深度尺寸推荐6M,高度尺寸推荐8.5M。	

注：1. 括号内的尺寸（模数）不推荐使用。
2. 深度尺寸（模数）指操作台面深度。
*适用于无障碍厨房的灶具柜高度。

洗涤柜尺寸（模数）系列　表5-15

项目	尺寸(模数)系统
深度 W	6M、8M、9M、10M、12M
深度 D	5.5M、6M、6.5M、7M
高度 H	7.5M*、8M、8.5M、9M

注：深度尺寸（模数）指操作台面的深度。
*适用于无障碍厨房的洗涤柜高度。

操作台柜尺寸（模数）系列　表5-16

项目	尺寸(模数)系统
深度 W	1M、2M、3M、4M、4.5M、5M、6M、7.5M、8M、9M、10M、12M
深度 D	5.5M、6M、6.5M、7M
高度 H	7.5M*、8M、8.5M、9M
深度尺寸推荐6M,高度尺寸推荐8.5M。	

注：深度尺寸（模数）操作台面的深度。
*适用于无障碍厨房的操作台高度。

高柜尺寸（模数）系列如下所示［（深度 D 尺寸推荐 600（6M）］：

$$W \times D \times Hi = (60 \sim 1200\text{mm}) \times (550 \sim 700\text{mm}) \times (1000 \sim 2200\text{mm})$$

厨房家具和厨房设备的尺寸应互相协调，其整体组合应与厨房建筑空间尺寸相协调；高柜、吊柜的顶部高度 H_4 不宜大于 2200mm；灶具的表面与安装在灶具上方的顶吸式油烟机最低部位的距离宜为 650～750mm；地柜背部水平管线区高度宜至操作台底面，深度 D_4 宜为 80～100mm；操作台面后挡水的高度不应小于 30mm；地柜底座高度 H_1 不宜小于 100mm，底座深度 D_3 不宜小于 50mm；操作台面外悬尺寸 D_5 不应大于 30mm；灶具与洗涤池的相邻边缘的距离不应小于 400mm；灶具两侧边缘与墙面的距离不应小于 200mm，具体组合如图 5-19 所示。

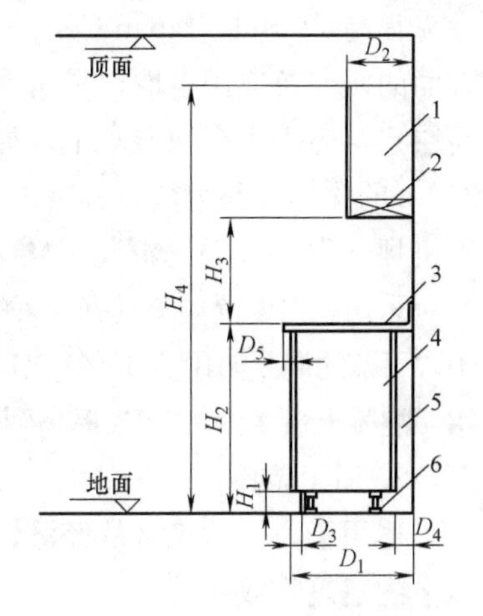

图 5-19 厨房家具组合示意图

3）材料要求

整体厨房使用的人造材料应符合相应标准的规定，人造石符合《人造石》JC/T 908—2013 的规定，木质材料符合《木家具通用技术条件》GB/T 3324—2008 第 5.3 条的规定。

4. 相关标准、规范及图集

《住宅整体厨房》JG/T 184—2011。

5. 相关案例

无。

5.2 材料选用

材料是构成建筑形体最基本的元素，材料选用是否合理也从根本上决定了建筑能否做到绿色。合理的材料选择可在原料采集、生产制造、材料使用、废弃再生的全寿命周期过程中减少对地球资源、能源的消耗，降低环境的负荷。目前我国绿色建筑的材料选用主要包括高强度钢、高性能混凝土，耐久性材料以及可再利用材料等。其中，高性能钢和混凝土主要用于建筑的主体结构，建筑外立面、室内地面、墙面、顶棚等部位主要采用耐久性好和易维护的装饰材料。

5.2.1 高性能混凝土

1. 技术简介

根据《高强混凝土结构技术规程》CECS 104：99，高强度混凝土是指强度较高的混凝土。但究竟混凝土强度到多高才算高强，目前尚无明确的标准。美国混凝土学会 ACI 提出以设计强度等于 6000psi（每平方英寸 6000bar，即 41MPa）以上的混凝土为高强混凝土。我国《绿色建筑评价标准》GB/T 50378—2014 中将强度等级不小于 50MPa 的混凝土定义为高强混凝土，这和西方国家标准大体是一致的。

目前在实验室已可配置1000MPa以上的混凝土。在工程实践中混凝土的强度也可以达到C100以上。如美国芝加哥71层、高295m的South Wacher大厦，底层采用了C95的混凝土；马来西亚吉隆坡市的双塔大厦高450m，底层采用了C80高强混凝土；德国法兰克福高115m的Japan Center用了C110的高强混凝土。我国在高强度及高性能混凝土方面的研究及应用也取得了可喜的成绩。近年来国内至少有50余座高度超过100m的超高层建筑应用了高强混凝土，如高322m的广州中天大厦，高238m的青岛中银大厦，高218m的深圳鸿昌大厦，高420m的上海金茂大厦，高200m的广州国际大厦屋顶直升机停机坪（用C60泵送混凝土）[1]。

采用高强度混凝土具有显著的经济意义。用60MPa的高强度混凝土代替30～40MPa混凝土，可节约混凝土用量40%，节约钢材39%左右，降低钢材造价20%～35%。另，有资料介绍，混凝土强度由40MPa提高到80MPa，由于结构截面减小，可使混凝土体积缩小1/3。

2. 适用范围

适用于高层建筑（从经济性方面考虑，一般大于6层）、大跨屋盖建筑、处于侵蚀环境下的建筑物或构筑物。

3. 技术要点

（1）技术指标

《绿色建筑评价标准》GB/T 50378—2014等7.2.10条规定：对于混凝土结构建筑，混凝土竖向承重结构采用强度等级不小于C50混凝土用量占竖向承重结构中混凝土总量的比例达到50%，得10分。

（2）设计要点

1）高强度混凝土标准值

根据《高强混凝土结构技术规程》CECS104：99，对高强度混凝土标准值要求如表5-17所示。

高强混凝土强度标准值（N/mm²） **表5-17**

强度种类	符号	强度等级						
		C50	C55	C60	C65	C70	C75	C80
轴心抗压	f_{ck}	32.0	35.0	38.0	41.0	44.0	47.0	50.0
抗拉	f_{tk}	2.65	2.75	2.85	2.90	3.00	3.05	3.10

2）高强度混凝土原料

配制高强混凝土宜选用强度等级不低于525号的硅酸盐水泥和普通硅酸盐水泥。对于C50混凝土，必要时也可采用425号硅酸盐水泥和普通硅酸盐水泥（图5-20）。

3）高强度混凝土配合比设计

高强混凝土的配合比，应根据施工工艺要求的拌合物工作性和结构设计要求的强度，充分考虑施工运输和环境温度等条件进行设计，通过试配并经现场试验确认满足要求后方可正式使用。

高强混凝土的配合比应有利于减少温度收缩、干燥收缩、自生收缩引起的体积变形，

[1]裘炽昌，高强混凝土与高性能混凝土. 浙江建筑，2000，1：31-33。

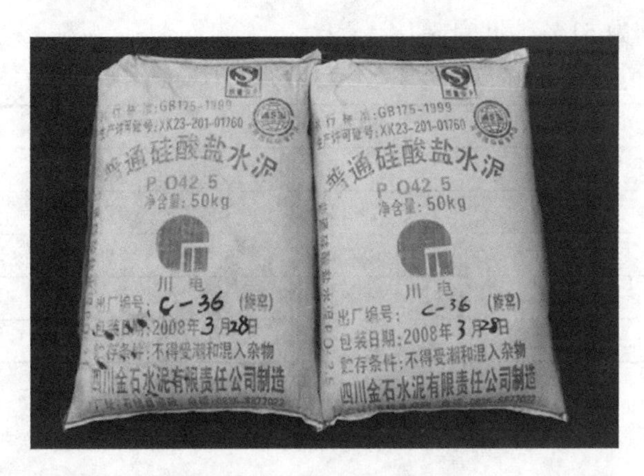

图 5-20 普通硅酸盐水泥

避免早期开裂。对处于有侵蚀性作用介质环境的结构物，所用高强混凝土的配合比应考虑耐久性的要求。

混凝土的配制强度必须大于设计要求的强度标准值，以满足强度保证率的要求。超出的数值应根据混凝土强度标准差确定。当缺乏可靠的强度统计数据时，C50 和 C60 混凝土的配制强度应不低于强度等级值的 1.15 倍；C70 和 C80 混凝土的配制强度应不低于强度等级值的 1.12 倍。

4）高强度混凝土泵送

泵送的高强混凝土宜采用集中预拌混凝土，也可在现场设搅拌站供应，不得采用手工搅拌。高强混凝土泵送施工时，应根据施工进度，加强组织计划和现场联络调度，确保连续均匀供料（图 5-21）。

图 5-21 高强度混凝土泵送示意图

4. 相关标准、规范及图集

（1）《高强混凝土应用技术规程》JGJ/T 281—2012；

（2）《高强混凝土结构技术规程》CECS 104—1999；

（3）《混凝土质量控制标准》GB 50164—2011；

（4）《混凝土强度检验评定标准》GB/T 50107—2010；

（5）《预拌混凝土》GB/T 14902—2012；

（6）《混凝土结构工程施工质量验收规范》GB 50204—2015；

（7）《普通混凝土配合比设计规程》JGJ 55—2011；

（8）《普通混凝土力学性能试验标准方法》GB/T 50081—2002。

5. 参考案例

上海某超高层公共建筑项目，在建设过程中大量使用了高性能混凝土。该项目中强度等级为 C50（或以上）混凝土用量为 158973.09t，占竖向承重结构中混凝土总量

(382939.3t) 的比例为 61%，见表 5-18。

高性能混凝土使用量统计计算表 表 5-18

位置	建筑面积	混凝土总重(t)	C50及以上(t)	C50以下(t)
地下室	32012	106325.3	66028	40297
1号楼	19145	128052	76959	51093
2号楼	160302	148562	90771	57791
合计		382939.3	233759	149181
C50以上混凝土占比			61%	

5.2.2 高强度钢

1. 技术简介

目前我国建筑结构形式主要为钢筋混凝土结构。钢筋混凝土结构中的钢筋和混凝土的性能直接决定建筑耗材的水平。我国建筑用钢筋长期以来主要采用 HRB335，而美国、英国、日本、德国、俄国以及东南亚国家已很少使用 HRB335 钢筋，即使应用也只是作配筋，主筋均采用 400MPa、500MPa 级钢筋，甚至 700MPa 级钢筋也有较多应用，有的国家甚至早已淘汰了 HRB335 钢筋。相比于 HRB335 钢筋，以 HRB400 为代表的高强钢筋具有强度高、韧性好和焊接性能优良等特点，应用于建筑结构中具有明显的技术经济性能优势。

绿色建筑中高强度钢是从两个方面提出要求：高强度钢筋；高强度钢材。高强度钢筋指 400MPa 级及以上钢筋，包括 HRB400（热轧带肋钢筋、三级螺纹钢，屈服强度标准值 400MP）、HRB500、HRBF400、HRBF500 等钢筋。高强度钢材指 Q345 及以上钢材，即屈服强度大于 345MPa 的钢材。

相对于普通钢材，钢结构采用高强度钢材具有以下优势：能够减小构件尺寸和结构重量，相应地减少焊接工作量和焊接材料用量，减少各种涂层（防锈、防火等）的用量及其施工工作量，使得运输安装更加容易，降低钢结构的加工制作、运输和安装成本；在建筑物使用方面，减小构件尺寸能够创造更大的使用净空间；特别是，能够减小所需板的厚度，从而相应减小焊缝厚度，改善焊缝质量，提高结构疲劳使用寿命。采用高强度钢材，有利于可持续发展战略和保护环境基本国策的实施。高强度钢材能够降低钢材用量，从而大大减少铁矿石资源的消耗；焊接材料和各种涂层（防锈、防火等）用量的减少，也能够大大减少不可再生资源的消耗，同时能够减少因资源开采对环境的破坏，这对于我国实施可持续发展战略、改变“高资源消耗”的传统工业化发展模式、充分利用技术进步建立“效益优先型”、“资源节约型”和“环境友好型”国民经济体系都有极大的促进作用。

2. 适用范围

适用于所有钢结构、混凝土结构及混合结构建筑，特别适用于大跨度公共建筑、体育场馆、高层建筑、塔桅结构、桥梁等工程。

3. 技术要点

（1）技术指标

《绿色建筑评价标准》GB/T 50378—2014 第 7.1.2 系规定：混凝土结构中梁、柱纵向受力普通钢筋应采用不低于 400MPa 级的热轧带肋钢筋。

对于混凝土结构建筑，《绿色建筑评价标准》GB/T 50378—2014 第 7.2.10 规定：根据 400MPa 级及以上受力普通钢筋的比例，进行评分，最高得 10 分。具体的，400MPa 级及以上受力普通钢筋比例 R_{sb}大于或等于 30%，小于 50%，得 4 分；400MPa 级及以上受力普通钢筋比例 R_{sb}大于或等于 50%，小于 70%，得 6 分；400MPa 级及以上受力普通钢筋比例 R_{sb}大于或等于 70%，小于 85%，得 8 分；400MPa 级及以上受力普通钢筋比例 Rsb 大于或等于 85%，得 10 分；

对于钢结构建筑，《绿色建筑评价标准》GB/T 50378—2014 第 7.2.10 规定：Q345 及以上高强钢材用量占钢材总量的比例达到 50%，得 8 分；达到 70%，得 10 分；

对于混合结构，对其混凝土结构部分和钢结构部分，分别按混凝土结构和钢结构进行评价，得分取两项得分的平均值。

（2）设计要点

1）钢筋强度要求。钢筋的强度标准值应具有不小于 95% 的保证率。普通钢筋的屈服强度标准值 f_{yk}、极限强度标准值 f_{stk}应按表 5-19 采用❶。

普通钢筋强度标准值　　表 5-19

牌号	符号	公称直径 d(mm)	屈服强度标准值 f_{yk}(N/mm^2)	极限强度标准值 f_{stk}(N/mm^2)
HPB300	φ	6～22	300	420
HRB335	φ	6～50	335	455
HRBF335	φF			
HRB400	φ	6～50	400	540
HRBF400	φF			
RRB400	φR			
HRB500	φ	6～50	500	630
HRBF500	φF			

2）钢材强度要求。钢材的力学性能应满足《低合金高强度结构钢》GB/T 1591—2008 中表的相关要求。

3）钢结构建筑设计要点

① 钢结构选型与布置

由于结构选型涉及广泛，做结构选型及布置应该具体工程具体分析。应根据工程的条件和特点，综合考虑建筑的使用功能、荷载性能、制作安装、材料供应等因素，择优选择抗震性能良好而又经济合理的结构体系和结构形式，对高烈度设防的高层钢结构，宜选用钢框架—支撑、钢框架—核心筒或钢—筒中筒等钢结构体系。

② 估算构件截面

结构布置结束后，需对构件截面作初步估算。主要是梁柱和支撑等的断面形状与尺寸的假定。钢梁可选择槽钢、轧制或焊接 H 型钢截面等。估算构件截面的工作内容包括：设定梁柱与支撑断面的大小和形状；根据需求选择钢梁；估算支座与载荷的情况，确定截面的高度；确定翼缘宽度；根据截面高度和翼缘宽度估算板件的厚度。

❶ GB 0010—2010. 混凝土结构设计规范. 北京：中国建筑工业出版社，2011.

③ 构件的设计

构件设计中首先要做的是选择材料。从管理角度上看，主结构选择单一的钢种有利于管理工作的实施，而从经济的角度看，不同强度的钢材也可以完成截面的组合。在实际的设计工作中，一般使用专门的软件对截面进行验算。

④ 节点设计

节点设计是钢结构设计中的重要问题之一。按照传力特点节点分为刚接、铰接与半刚接三种。不同的连接方式对于结构的影响是不同的。节点的设计主要包括以下方面：(a)焊接。焊接的焊缝形式与尺寸都有严格的规定，在焊接过程中必须遵守。另外，焊条应该与金属连接材料匹配。(b) 栓接。高层建筑钢结构连接传力螺栓通常使用高强螺栓，适合选择 10.9s 强度等级。选择螺栓的类型可以是扭剪类型，连接型全部使用摩擦类型。(c) 梁腹板。对栓孔位置的腹板抗剪净截面实施验算，连接高强承压型螺栓还要对局部孔壁的承压能力进行验算。(d) 连接板。将梁腹板加厚 4mm，不过需要进行抗剪净截面验算。节点设计还需要考虑的是考虑螺栓的安装、现场焊接等工作空间与吊装构件的具体顺序等。

4. 相关标准、规范及图集

(1)《钢筋混凝土用钢第2部分：热轧带肋钢筋》GB 1499.2—2007；

(2)《低合金高强度结构钢》GB/T 1591—2008；

(3)《碳素结构钢和低合金结构钢热轧厚钢板和钢带》GB/T 3274—2007；

(4)《钢结构设计规范》GB 50017—2003；

(5)《建筑结构用钢板》GB/T 19879—2005；

(6)《钢筋混凝土用余热处理钢筋》GB 13014—2013；

(7)《建筑抗震设计规范》GB 50011—2010；

(8)《高层建筑混凝土结构技术规程》JGJ 3—2010；

(9)《混凝土结构设计规范》GB 50010—2010；

5. 参考案例

德国柏林索尼中心大楼（Sony Center）（图 5-22）为了保护已有的一个砌体结构建物，将大楼的一部分楼层悬挂在屋顶桁架上。屋顶桁架跨度 60m，高 12m，其杆件用 600mm×100mm 矩形实心截面，采用了 S460 和 S690 钢材（强度标准值 460MPa 和 690MPa），以尽可能减小构件截面。

5.2.3 高耐久性材料

1. 技术简介

建筑材料的耐久性是指用于建筑物的材料，在环境的多种因素作用下不变质、不破坏，长久地保持其使用性能的能力。耐久性是材料的一种综合性质，诸如抗冻性、抗风化性、抗老化性、耐化学腐蚀性等均属耐久性的范围。

高耐久性建筑材料一般包括高耐久性混凝土、耐候钢、耐候性防腐涂料等。

高耐久性混凝土是指满足设计要求下，性能不低于行业标准《混凝土耐久性检验评定标准》JGJ/T 193—2009 中抗硫酸盐侵蚀等级 KS90，抗氯离子渗透性能、抗碳化性能及早期抗裂性能Ⅲ级的混凝土。其各项性能的检测与试验方法应符合《普通混凝土长期性能和耐久性能试验方法标准》GB/T 50082—2009的规定。耐候结构钢须符合现行国家标准《耐候结构钢》GB/T 4171—2008的要求。耐候型防腐涂料须符合行业标准《建筑用钢结构防腐涂料》JG/T 224—2007中Ⅱ型面漆和长效型底漆的要求。

图5-22 柏林索尼中心大楼

2. 适用范围

适用于沿海地区、寒冷地区、水下建筑及有特殊耐久性需要的建筑工程等。

3. 技术要点

(1) 技术指标

《绿色建筑评价标准》GB/T 50378—2014第7.2.11条规定：合理采用高耐久性建筑结构材料，评价分值为5分。对混凝土结构，其中高耐久性混凝土用量占混凝土总量的比例达到50%；对钢结构，采用耐候结构钢或耐候型防腐涂料。

(2) 设计要点

1) 高耐久性混凝土

行业标准《混凝土耐久性检验评定标准》JGJ/T 193—2009中规定了高耐久性混凝土的相关性能指标：

① 混凝土抗冻性、抗水渗透性能和抗硫酸盐侵蚀性能的等级划分应符合表5-20的要求。

高耐久性混凝土等级划分　　表5-20

抗冻等级(快冻法)		抗冻标号(快冻法)	抗渗等级	抗冻硫酸盐等级
F50	F250	D50	P4	KS30
F100	F300	D100	P6	KS60
F150	F350	D150	P8	KS90
F200	F400	D200	P10	KS120
>F400		>D200	P12	KS150
			>P12	>KS150

② 混凝土抗氯离子渗透性能的等级划分应符合下列规定：

当采用氯离子迁移系数（RCM法）划分混凝土抗氯离子渗透性能等级时，应符合表5-21的规定，且混凝土测试龄期应为84d。

混凝土抗氯离子渗透性能的等级划分（RCM法）　　表5-21

等级	RCM-Ⅰ	RCM-Ⅱ	RCM-Ⅲ	RCM-Ⅳ	RCM-V
氯离子迁移系数 D_{RCM}(RCM法)($\times10^{-12}m^2/s$)	$D_{RCM}\geqslant4.5$	$3.5\leqslant D_{RCM}<4.5$	$2.5\leqslant D_{RCM}<3.5$	$1.5\leqslant D_{RCM}<2.5$	$D_{RCM}<1.5$

当采用电通量划分混凝土抗氯离子渗透性能等级时，应符合表5-22的规定，且混凝土测试龄期宜为28d。当混凝土中水泥混合材与矿物掺合料之和超过胶凝材料用量50%

时，测试龄期可为57d。

混凝土抗氯离子渗透性能的等级划分（电通量法）　　　　表5-22

等级	Q-Ⅰ	Q-Ⅱ	Q-Ⅲ	Q-Ⅳ	Q-Ⅴ
电通量 Q_S(C)	$Q_S \geqslant 4000$	$2000 \leqslant Q_S < 4000$	$1000 \leqslant Q_S < 2000$	$500 \leqslant Q_S < 1000$	$Q_S < 500$

③ 混凝土抗碳化性能的等级划分应符合表5-23的规定。

混凝土抗碳化性能的等级划分　　　　表5-23

等级	T-Ⅰ	T-Ⅱ	T-Ⅲ	T-Ⅳ	T-Ⅴ
碳化尝试 d(mm)	$d \geqslant 30$	$20 \leqslant d < 30$	$10 \leqslant d < 20$	$0.1 \leqslant d < 10$	$d < 0.1$

④ 混凝土早期抗裂性能的等级划分应符合表5-24的规定。

混凝土早期抗裂性能的等级划分　　　　表5-24

等级	L-Ⅰ	L-Ⅱ	L-Ⅲ	L-Ⅳ	L-Ⅴ
单位面积上的总开裂面积 c(mm²/m²)	$c \geqslant 1000$	$700 \leqslant c < 1000$	$400 \leqslant c < 700$	$100 \leqslant c < 400$	$c < 100$

2）耐候结构钢和防腐涂料

① 耐候结构钢须符合现行国家标准《耐候结构钢》GB/T 4171—2008的要求。对于其力学性能，应满足表5-25的要求。

钢材的力学性能和工艺性能　　　　表5-25

牌号	拉伸试验①									180°弯曲试验弯心直径		
	下屈服强度 R_{el}(N/mm²)				抗拉强度 R_m(N/mm²)	断后伸长率A(%)不小于						
	≤16	>16～40	>40～60	>60		≤16	>16～40	>40～60	>60	≤16	>16～40	>40～60
Q235NH	235	225	215	215	360～510	25	25	24	23	a	a	$2a$
Q295NH	295	285	275	255	430～560	24	24	23	22	a	$2a$	$3a$
Q295GNH	295	285	—	—	430～560	24	24	—	—	a	$2a$	$3a$
Q355NH	355	345	335	325	490～630	22	22	21	20	a	$2a$	$3a$
Q2355NH	355	345	—	—	490～630	22	22	—	—	a	$2a$	$3a$
Q415NH	415	405	395	—	520～680	22	22	20	—	a	$2a$	$3a$
Q460NH	460	450	440	—	570～730	20	20	19	—	a	$2a$	$3a$
Q500NH	500	490	480	—	600～760	18	16	15	—	a	$2a$	$3a$
Q550NH	550	540	530	—	620～780	16	16	15	—	a	$2a$	$3a$
Q265GNH	265	—	—	—	≥410	27	—	—	—	a	$2a$	$3a$
Q310GNH	310	—	—	—	≥450	26	—	—	—	a	—	—

① 当屈服现象不明显时，可以采用 $R_p0.2$。

注：a 为钢材厚度。

钢材的冲击性能应符合表5-26的规定。

钢材的冲击性能　表 5-26

质量等级	V形缺口冲击试验①		
	试样方向	温度(/℃)	冲击吸收能力(KV_2/J)
A	纵向	—	—
B		+20	≥47
C		0	≥34
D		−20	≥34
E		−40	≥27②

① 冲击式样尺寸为 10mm×10mm×55mm。
② 经供需双方协商，平均冲击功值可以≥60J。

② 耐候型防腐涂料须符合现行行业标准《建筑用钢结构防腐涂料》JG/T 224—2007 中Ⅱ型面漆和长效型底漆的要求。

4. 相关标准、规范及图集

(1)《民用建筑绿色设计规范》JGJ/T 229—2010；
(2)《混凝土结构耐久性设计规范》GB/T 50476—2008；
(3)《混凝土耐久性检验评定标准》JGJ/T 193—2009；
(4)《混凝土结构耐久性修复与防护技术规程》JGJ/T 259—2012；
(5)《普通混凝土长期性能和耐久性能试验方法标准》GB/T 50082—2009；
(6)《耐候结构钢》GB/T 4171—2008；
(7)《建筑用钢结构防腐涂料》JG/T 224—2007。

5. 参考案例

杭州湾跨海大桥（图 5-23），该大桥全长 36km，设计使用年限 100 年，主体结构除南、北航道桥为钢箱梁外，其余均为混凝土结构，全桥混凝土用量近 250 万 m^3。工程所处的杭州湾是世界三大强潮海湾之一，风浪大，潮差高，海流急。海水虽受长江、钱塘江等冲淡影响，但实测氯离子含量仍在 5.54～15.91g/L 之间，为 pH 值大于 8 的弱碱性 Cl-Na 型咸水。受潮汐和地形影响，海潮流速较大，平均最大流速在 3m/s 以上。海水含砂量较大，实测含砂量为 0.041～9.605kg/m^3。

杭州湾地区在役混凝土结构腐蚀状况的调查结果显示，混凝土中性化、碱骨料反应、硫酸盐侵蚀、海洋生物及海流冲刷等并不是混凝土结构劣化的主要原因，该地区冬季月平均气温较高，基本不存在冻融破坏。影响该工程混凝土结构耐久性的主导因素是 Cl^- 的侵蚀。例如，离该工程不远的浙东某港 10 万吨级码头，建成时是全优工程，仅 11 年后混凝土结构就因 Cl^- 侵蚀而导致钢筋锈蚀，混凝土保护层剥落。因此，对处于海洋环境中的杭州湾跨海大桥来说，制定科学、合理、经济、区别不

图 5-23　杭州湾跨海大桥

同腐蚀环境的混凝土结构耐久性方案具有十分重要的意义。

为解决耐久性问题，该工程采用了以海工耐久性混凝土、外加保护层的钢筋为主要材料，并辅助采取了塑料波纹管与真空辅助压降、环氧涂层钢筋、钢筋阻锈剂、渗透性控制模板、混凝土表面涂层的方式，可有效控制恶劣环境的腐蚀问题，以确保其设计使用年限。

5.2.4　可再利用和可再循环建材

1. 技术简介

可再利用建筑材料是指基本不改变旧建筑材料或制品的原貌，仅对其进行适当清洁或修整等简单工序后经过性能检测合格，直接回用于建筑工程的建筑材料。可再利用建筑材料一般是指制品、部品或型材形式的建筑材料。合理使用可再利用建筑材料，可延长仍具有使用价值的建筑材料的使用周期，减少新建材的使用量。

可再循环建筑材料是指已经无法进行再利用的产品通过改变其物质形态，生产成为另一种材料，使其加入物质的多次循环利用过程中的材料。如果原貌形态的建筑材料或制品不能直接回用在建筑工程中，但可经过破碎、回炉等专门工艺加工形成再生原材料，用于替代传统形式的原生原材料生产出新的建筑材料，此类建材可视为可再循环建筑材料，例如钢筋、钢材、铜、铝合金型材、玻璃等。充分使用可再利用和可再循环的建筑材料可以减少生产加工新材料带来的资源、能源消耗和环境污染，充分发挥建筑材料的循环利用价值，对于建筑的可持续性具有非常重要的意义，具有良好的经济和社会效益。

2. 适用范围

适用于各类民用建筑（可再循环材料在使用前需通过材料性能的检测，应达到新建筑对建筑材料性能指标要求）。

3. 技术要点

（1）技术指标

《绿色建筑评价标准》GB/T 50378—2014 第 7.2.12 规定：对于住宅建筑，建筑中的可再利用材料和可再循环材料用量的比例达到 6%，得 8 分；达到 10%，得 10 分。对于公共建筑，建筑中的可再利用材料和可再循环材料用量的比例达到 10%，得 8 分；达到 15%，得 10 分。

（2）设计要点

1）常见建筑材料分类。在建筑工程中所用到的建材可分为不可循环材料和可再循环材料，如表 5-27 所示。

常见建筑材料分类　　　　**表 5-27**

序号	不可循环材料	可再循环材料
1	混凝土	钢材
2	建筑砂浆	铜
3	水泥	木材
4	乳胶漆	铝合金型材
5	屋面卷材	石膏制品
6	石材	门窗玻璃
7	砌块	玻璃幕墙

2）设计选型。设计过程中应尽量选用可再循环的建筑材料和含有可再循环材料的建材制品，如：利用包装材料、聚苯乙烯（PS）再循环制造的HB（环保）复合板，可用来代替传统木材使用，或采用碎玻璃为主要原料生产出的玻晶砖，代替传统的石材或陶瓷面砖。

此外，在材料的选择和使用时，需注意可再循环材料的安全和环境污染问题。

4. 相关标准、规范及图集

无

5. 参考案例

某住宅项目的材料使用清单见表5-28，其中使用钢材、铝合金、玻璃等可再循环材料共计2126.3t，工程建筑材料总重量为17009.31t，可再循环材料用量比例达到12.5%。

可再循环材料使用清单 **表5-28**

建材种类		建材重量(t)	使用位置
不可循环材料	混凝土	11365.68	墙体、地基、屋顶、楼板
	建筑砂浆	1161.62	墙体、地基、屋顶、楼板
	水泥	396.60	墙体、屋顶
	真石漆	65.22	墙面
	石材	446.45	地面
	砌块	1447.44	墙体
可循环材料	钢材	825.89	墙体、屋顶、地下车库基底
	木材	707.27	基板、门
	断热铝合金型材	550.57	窗(透明幕墙)框、门框、卷帘
	玻璃	42.57	门、窗
	总重(t)	17009.31	

5.2.5 以废弃物为原料生产的建材

1. 技术简介

废弃物是指在生产建设、日常生活和其他社会活动中产生的，在一定时间和空间范围内基本或者完全失去原有使用功能，无法直接回收和利用的排放物。

废弃物主要包括建筑废弃物、工业废弃物和生活废弃物，可作为原材料用于生产建材产品。在满足使用性能的前提下，鼓励使用和利用建筑废弃物再生骨料制作的混凝土砌块、水泥制品和配制再生混凝土；鼓励使用和利用工业废弃物、农作物秸秆、建筑垃圾、淤泥为原料制作的水泥、混凝土、墙体材料、保温材料等建筑材料。例如，建筑中使用石膏砌块作内隔墙材料，其中以石膏（脱硫石膏、磷石膏等）制作的石膏砌块。鼓励使用生活废弃物经处理后制成满足相应的国家和行业标准要求的建筑材料。工业废弃物在水泥中作为调凝剂应用。经脱水处理的脱硫石膏、磷石膏等替代天然石膏生产水泥。粒化高炉矿渣、粉煤灰、火山灰质混合材料，以及固硫灰渣、油母页岩灰渣等固体废弃物活性高，可作为水泥的混合材料。

2. 适用范围

适用于各类民用建筑。

3. 技术要点

（1）技术指标

《绿色建筑评价标准》GB/T 50378—2014第7.2.13条规定：采用一种以废弃物为原料生产的建筑材料，其占同类建材的用量比例达到30%，得3分；达到50%，得5分；采用两种及以上以废弃物为原料生产的建筑材料，每一种用量比例均达到30%，得5分。

（2）技术要点

建筑工程中使用以废弃物为原料生产的建筑材料，其废弃物掺量（重量比）应不低于生产该建筑材料全部原材料重量的30%。为保证废弃物使用量达到一定要求，要求以废弃物为原料生产的建筑材料用量占同类建筑材料的比例不小于30%，并应满足相应的国家和行业标准的要求方能使用。

4. 相关标准、规范及图集

（1）《民用建筑绿色设计规范》JGJ/T 229—2010；

（2）《再生骨料应用技术规程》JGJ/T 240—2011；

（3）《混凝土用再生粗骨料》GB/T 25177—2010；

（4）《混凝土和砂浆用再生细骨料》GB/T 25176—2010；

（5）《再生骨料地面砖和透水砖》CJ/T 400—2012；

（6）《工程施工废弃物再生利用技术规范》GB/T 50743—2012。

5. 参考案例

张江集电港总部办公中心改造装修项目以废弃物为原料的建筑材料使用情况见图5-24，其粉煤灰混凝土空心砌块均采用了粉煤灰作为原料，废弃物掺量36.5%，占同类建材比例43%。

5.2.6　清水混凝土

1. 技术简介

清水混凝土又称装饰混凝土，因其极具装饰效果而得名。它属于一次浇注成型，不做任何外装饰，直接采用现浇混凝土的自然表面效果作为饰面，因此不同于普通混凝土，其表面平整光滑、色泽均匀、棱角分明、无碰损和污染。清水混凝土可分为普通清水混凝土、饰面清水混凝土和装饰清水混凝土。

清水混凝土产生于20世纪20年代，随着混凝土广泛应用于建筑施工领域，建筑师们逐渐把目光从混凝土作为一种结构材料转移到材料本身所拥有的质感上，开始用混凝土与生俱来的装饰性特征来表达建筑传递出的情感。最为著名的是路易·康（Louis Kahn）设计的耶鲁大学英国艺术馆，美国设计师埃罗·沙里宁（Eero Searinen）设计的纽约肯尼迪国际机场环球航空大楼、华盛顿达拉斯国际机场候机大楼等。

在亚洲，日本最先走到了建筑前列。第二次世界大战以后，日本部分混凝土建筑省掉了抹灰、装饰的工序而直接使用，演绎到今天，日本的清水混凝土技术已经得到了很大的发展。

在我国，清水混凝土是随着混凝土结构的发展不断发展的。20世纪70年代，在内浇外挂体系的施工中，清水混凝土主要应用在预制混凝土外墙板反打施工中，取得了进展。后来，由于人们将外装饰的目光都投诸面砖和玻璃幕墙中，清水混凝土的应用和实践几乎

张江集电港总部办公中心改造装修项目

以废弃物为原料的建筑材料使用率

以废弃物为原料生产的建材		以其为原料生产的建材的量，吨	其中废弃物掺量	同类建材总量，吨	比例
材料名称	废弃物				
粉煤灰硅酸盐墙板	粉煤灰	16	5%以下	110	14.5%
粉煤灰混凝土空心砌块	粉煤灰	58	大于30%	135	43%
			%		%
			%		%
注：在满足使用性能的前提下，鼓励使用利用建筑废弃物再生骨料制作的混凝土砌块、水泥制品和配制再生混凝土；提倡使用利用工业废弃物、农作物秸秆、建筑垃圾、淤泥为原料制作的水泥、混凝土、墙体材料、保温材料等建筑材料；提倡使用生活废弃物经处理后制成的建筑材料。要求废弃物掺量大于20%。					

施工方（盖章）：

甲方（盖章）：

图 5-24 以废弃物为原料的建筑材料使用率

处于停滞状态。直至1997年，北京市设立了“结构长城杯工程”奖，推广清水混凝土施工，使清水混凝土重获发展。近些年来，少量高档建筑工程，如海南三亚机场、首都机场、上海浦东国际机场航站楼、东方明珠的大型斜筒体等都采用了清水混凝土。

清水混凝土是名副其实的绿色混凝土：混凝土结构不需要装饰，舍去了涂料、饰面等化工产品；有利于环保：清水混凝土结构一次成型，不剔凿修补、不抹灰，减少了大量建筑垃圾，有利于保护环境；消除了诸多质量通病：清水装饰混凝土避免了抹灰开裂、空鼓甚至脱落的质量隐患，减轻了结构施工的漏浆、楼板裂缝等质量通病；促使工程建设的质量管理进一步提升：清水混凝土的施工，不可能有剔凿修补的空间，每一道工序都至关重要，迫使施工单位加强施工过程的控制，使结构施工的质量管理工作得到全面提升；降低工程总造价：清水混凝土的施工需要投入大量的人力物力，势必会延长工期，但因其最终不用抹灰、吊顶、装饰面层，从而减少了维保费用，最终降低了工程总造价。

2. 适用范围

适用于博物馆、艺术场所、商业场所、办公场所、娱乐场所、体育场所及家庭、学校、展厅等空间。

3. 技术要点

（1）技术指标

《绿色建筑评价标准》GB/T 50378—2014 第7.2.14条规定：合理采用耐久性好、易维护的装饰装修材料，评价总分值为5分。合理采用清水混凝土，得2分。

（2）设计要点

1）处于潮湿环境和干湿交替环境的混凝土，应选用非碱活性骨料。

2）对于饰面清水混凝土和装饰清水混凝土，应绘制构件详图，并应明确明缝、蝉缝、对拉螺栓孔、装饰图案和装饰片等的形状、位置和尺寸。

3）清水混凝土的强度等级应符合下列规定：

① 普通钢筋混凝土结构采用的清水混凝土强度等级不宜低于C25。

② 当钢筋混凝土伸缩缝的间距不符合现行国家标准《混凝土结构设计规范》GB 50010—2010的规定时，清水混凝土强度等级不宜高于C40。

③ 相邻清水混凝土结构的混凝土强度等级宜一致。

④ 无筋和少筋混凝土结构采用清水混凝土时，可由设计确定。

4）对于处于露天环境的清水混凝土结构，其纵向受力钢筋的混凝土保护层厚度最小厚度应符合表5-29的规定。

纵向受力钢筋的混凝土保护层最小厚度　　表5-29

部位	保护层最小厚度(mm)
板、墙、壳	25
梁	35
柱	35

5）设计结构钢筋时，应根据清水混凝土饰面效果对螺栓孔位的要求确定。

6）对于伸缩缝间距不符合现行国家标准《混凝土结构设计规范》GB 50010—2010的规定的楼（屋）盖和墙体，设计应符合下列规定：

① 水平方向（长向）的钢筋宜采用带肋钢筋，钢筋适当减小，配筋率宜增加；

② 可根据工程的具体情况，采用设置后浇带或跳仓施工等措施；

③ 当采用后浇带分段浇筑混凝土时，后浇带施工缝宜设在明缝处，且后浇带宽度宜为相邻两条明缝的间距。

（3）施工要点

1）饰面清水混凝土原材料除应符合现行国家标准《混凝土结构工程施工质量验收规范》GB 50204等的规定外，尚应符合下列规定：

① 应有足够的存储量，原材料的颜色和技术参数宜一致。

② 宜选用强度等级不低于42.5级的硅酸盐水泥、普通硅酸盐水泥。同一工程的水泥宜为同一厂家、同一品种、同中强度等级。

③ 粗骨料应采用连续料级，颜色应均匀，表面应洁净，并应符合表5-30的规定。

④ 细骨料宜采用中砂，并应符合表5-31的规定。

粗骨料质量要求　　表5-30

混凝土强度等级	≥C50	<C50
含泥量(按质量计,%)	≤0.5	≤1.0
泥块含量(按质量计,%)	≤0.2	≤0.5
针、片状颗粒含量(按质量计,%)	≤8	≤15

细骨料质量要求　　　　表 5-31

混凝土强度等级	≥C50	<C50
含泥量(按质量计,%)	≤2.0	≤3.0
泥块含量(按质量计,%)	≤0.5	≤1.0

⑤ 同一工程所用的掺合料应来自同一厂家、同一规格型号。宜选用Ⅰ级粉煤灰。

2）涂料应选用对混凝土表面具有保护作用的透明涂料，且应有防污染、憎水性、防水性。

3）混凝土配合比设计和原材料质量控制。每块混凝土所用的水泥配合比要严格一致。

4）新拌混凝土须具有极好的工作性和粘聚性，绝对不允许出现分层离析的现象。

5）清水混凝土施工用的模板要求十分严格，需要根据建筑物进行设计定做，且所用模板多数为一次性的，成本较高，转角、梁与柱接头等重要部位最好使用进口模板。

6）模板必须具有足够的刚度，在混凝土侧压力作用下不允许有一点变形，以保证结构物的几何尺寸均匀、断面的一致，防止浆体流失；对模板的材料也有很高的要求，表面要平整光洁，强度高、耐腐蚀，并具有一定的吸水性；对模板的接缝和固定模板的螺栓等，则要求接缝严密，要加密封条防止跑浆。

7）固定模板的拉杆也需要用带金属帽或塑料扣，以便拆模时方便，减少对混凝土表面的破损等。

4. 相关标准、规范及图集

(1)《清水混凝土应用技术规程》JGJ169—2009；

(2)《混凝土结构工程施工质量验收规范》GB 50204—2015；

(3)《建筑工程施工质量验收统一标准》GB 50300—2013；

(4)《建筑装饰装修工程质量验收规范》GB 50210—2001；

(5)《混凝土结构设计规范》GB 50010—2010；

(6)《混凝土强度检验评定标准》GB/T 50107—2010。

5. 参考案例

联想北京研发基地工程是2002年、2003年北京市60大重点工程之一（图5-25），由联想集团（北京）公司投资兴建，中建三局总承建，北京市建筑设计研究院设计，北京华城监理有限责任公司实施监理。工程位于北京中关村上地信息产业基地，占地面积54609m²，总建筑面积96156m²，包括南楼、北楼、西楼3个部分，地上4～8层，地下1层，建筑高度20～35m，为框架剪力墙结构。

图5-25　联想北京研发基地工程

该工程结构形式复杂，多为弧形和圆形结构形式，墙体截面由140mm到600mm不等，尤其是北楼薄梁只有100mm宽；结构施工期只有7个月，其中北楼二层以上均处在冬期施工阶段，施工难度大。建筑设计外露的墙、柱、梁以及楼梯间、中筒等部位均为清水饰面混凝土，外刷透明无色涂料，以明缝作线条，以禅缝作分块，成型后表面不作任何修饰，以混凝土自然状态为饰面，强调混凝土的自然表现机理。该工程清水饰面混凝土面积达到 23000m²，是国内首例大面积清水饰面混凝土工程，其清水饰面混凝土施工具有很强的代表性。通过实测，该工程清水饰面混凝土的颜色、平整度、光洁度、明缝和禅缝等指标达到了和超过了预期效果，合格率均达到 95%以上。

该项目于 2003 年 12 月 18 日顺利通过中建总公司科技推广示范工程验收，其推广应用新技术的整体水平达到国内领先水平。"加大清水混凝土建筑的推广应用"并被评为 2003 年北京市经济技术创新工程优秀成果。

5.2.7　耐久装饰装修材料

1. 技术简介

为了保持建筑物的风格、视觉效果和人居环境，装饰装修材料在一定使用年限后需进行更新替换。如果使用易沾污、难维护及耐久性差的装饰装修材料，会在一定程度上增加建筑物的维护成本，且装修施工也会带来有毒有害物质的排放、粉尘及噪声等问题。建筑装饰装修材料的环保性能须符合国家标准《民用建筑工程室内环境污染控制规范》GB 50325—2010（2013 年版）和相应产品标准的规定，耐久性须符合现行有关标准的规定。

2. 适用范围

适用于各类民用建筑。

3. 技术要点

（1）技术指标

《绿色建筑评价标准》GB/T 50378—2014 第 7.2.14 条规定：合理采用耐久性好、易维护的装饰装修建筑材料，评价分值为 5 分。

（2）技术要点

常用外立面材料的耐久性要求参见表 5-32。

常用外立面材料耐久性要求　　　　**表 5-32**

<table>
<tr><th colspan="2">分类</th><th>参考标准</th><th>指标要求</th></tr>
<tr><td colspan="2">外墙涂料</td><td>《合成树脂乳液外墙涂料》GB/T 9755—2014；
《建筑用水性氟涂料》HG/T 4104—2009</td><td>经 1000h 人工老化、湿热和盐雾试验后不起泡、不剥落、无裂纹，粉化≤1 级，变色≤2 级</td></tr>
<tr><td rowspan="3">建筑幕墙</td><td>玻璃幕墙</td><td>《建筑用硅酮结构密封胶》GB 16776—2005</td><td>硅酮结构密封胶通过相容性试验，水-紫外线光照后拉伸粘接强度≥0.45MPa，热老化后失重≤10%，无龟裂粉化</td></tr>
<tr><td>金属板幕墙</td><td>《建筑装饰用铝单板》GB/T 23443—2009；
《建筑幕墙用铝塑复合板》GB/T 17748—2008</td><td>经 4000h 人工老化、湿热和盐雾试验后不起泡、不剥落、无裂纹，光泽保持率≥70%，粉化不次于 0 级，ΔE≤3</td></tr>
<tr><td>瓷板及石材幕墙</td><td>《建筑幕墙用瓷板》JG/T217—2007；
《金属与石材幕墙工程技术规范》GB/T 21086—2013</td><td>冻融循环 50 次</td></tr>
</table>

常用室内装饰装修材料的耐久性要求参见表 5-33。

常用室内装饰装修材料耐久性要求　　表 5-33

分类		参考标准	指标要求
内墙涂料		《合成树脂乳液内墙涂料》GB/T 9756—2009	耐洗刷 5000 次
厨卫金属吊顶		《金属及金属复合材料吊顶板》GB/T 23444—2009	经 1000h 湿热试验后不起泡、不剥落、无裂纹，无明显变色(适用于居住)
地面	实木(复合)地板	《实木地板第一部分：技术要求》GB/T 15036.1—2009； 《实木复合地板》GB/T 18103—2013	耐磨性≤0.08，且漆膜未磨透
	强化木地板	《浸渍纸层压木质地板》GB/T 18102—2007	公共建筑≥9000 转； 居住建筑≥6000 转
	竹地板	《竹地板》GB/T 20240—2006	任一胶层的累计剥离长度不低于 25mm； 耐磨性不低于 100 转且磨耗值不大于 0.08g
	陶瓷砖	《陶瓷砖》GB/T 4100—2015	破坏强度≥400N，耐污性 2 级

4. 相关标准、规范及图集

(1)《合成树脂乳液外墙涂料》GB/T 9755—2014；

(2)《建筑用水性氟涂料》HG/T 4104—2009；

(3)《建筑用硅酮结构密封胶》GB 16776—2005；

(4)《建筑装饰用铝单板》GB/T 23443—2009；

(5)《建筑幕墙用铝塑复合板》GB/T 17748—2008；

(6)《建筑幕墙用瓷板》JG/T 217—2007；

(7)《建筑幕墙》GB/T 21086—2007；

(8)《合成树脂乳液内墙涂料》GB/T 9756—2009；

(9)《金属及金属复合材料吊顶板》GB/T 23444—2009；

(10)《实木地板第一部分：技术要求》GB/T 15036.1—2009；

(11)《实木复合地板》GB/T 18103—2013；

(12)《浸渍纸层压木质地板》GB/T 18102—2007；

(13)《竹地板》GB/T 20240—2006；

(14)《陶瓷砖》GB/T 4100—2015。

5. 参考案例

无。

第6章　室内环境质量

《绿色建筑评价标准》GB/T 50378—2014中室内环境质量主要关注室内的声环境质量、光环境质量、热湿环境质量及室内空气质量，本章按此四个板块展开阐述改善环境质量的绿色建筑技术。

6.1　室内声环境

室内声环境对人的工作效率、身心健康和生活质量都有直接影响。提升室内声环境质量可以从合理的建筑布局、应用隔声材料和吸声材料、对室内设备进行隔声降噪等方面来入手，本节就以上几个几方面对相关的绿色建筑技术进行详细阐述。

6.1.1　建筑布局隔声

1. 技术简介

在我国，城市道路噪声是城市环境噪声的主要来源，绝大部分城市未处理好沿街建筑的防噪问题，20%以上的城市居民受交通噪声的干扰，睡觉不得安眠。当前我国城镇建设方兴未艾，不断涌现出新的建筑或小区，对这些项目说，从设计之初便应贯彻防噪布局的原则，内部处理好各种噪声源。建筑布局隔声是指合理布局地块内不同功能的建筑，利用场地地形、隔离带或建筑物降低噪声源对敏感建筑物的影响。

2. 适用范围

适用于敏感建筑或者有隔声降噪要求的建筑。

3. 技术要点

（1）技术指标

《绿色建筑评价标准》GB/T 50378—2014第4.2.5条：场地内环境噪声符合现行国家标准《声环境质量标准》GB 3096的有关规定，评价分值为4分。不同功能区对环境噪声的要求见表6-1。

不同功能区环境噪声限值　　**表6-1**

声环境功能区类别	时段	
	昼间	夜间
0类	50	40
1类	55	45
2类	60	50
3类	65	55

续表

声环境功能区类别		时段	
		昼间	夜间
4类	4a类	70	55
	4b类	70	60

注：声环境功能区分类：

0类：指康复疗养区等特别需要安静的区域；

1类：指以居民住宅、医疗卫生、文化教育、科研设计、行政办公为主要功能，需要保持安静的区域；

2类：指以商业金融、集市贸易为主要功能，或者居住、商业、工业混杂，需要维护住宅安静的区域；

3类：指以工业生产、仓储物流为主要功能，需要防止工业噪声对周围环境产生严重影响的区域；

4a类：高速公路、一级公路、二级公路、城市快速路、城市主干路、城市次干路、城市轨道交通（地面段）、内河航道两侧区域；

4b类：铁路干线两侧区域。

《绿色建筑评价标准》GB/T 50378—2014 第8.1.1条、第8.2.1条分别要求主要功能房间的室内噪声级应满足现行国家标准《民用建筑隔声设计规范》GB 50118 的低限要求、高要求标准限值。

（2）设计要点

《民用建筑隔声设计规范》GB 50118—2010 对项目的总平面防噪设计提出了具体规定：

1）在城市规划中，从功能区的划分、交通道路网的分布、绿化与隔离带的设置、有利地形和建筑物屏蔽的利用，均应符合防噪设计要求。住宅、学校、医院等建筑，应远离机场、铁路、编组站、车站、港口、码头等存在显著噪声影响的设施。

2）新建居住小区临交通干线、铁路线时，宜将对噪声不敏感的建筑物作为建筑声屏障，排列在小区外围。交通干线、铁路线旁边，噪声敏感建筑物的声环境达不到现行国家标准《声环境质量标准》GB 3096 的规定时，可在噪声源于噪声敏感建筑物之间采用设置声屏障等隔声措施。交通干线不应贯穿小区。

3）产生噪声的建筑服务设备等噪声源的设置位置、防噪设计，应按下列规定进行布置：

①锅炉房、水泵房、变压器室、制冷机房宜单独设置在噪声敏感建筑之外。住宅、学校、医院、旅馆、办公等建筑所在区域内有噪声源的建筑附属设施，其设置位置应避免对噪声敏感建筑物产生噪声干扰，必要时作防噪处理。区内不得设置未经有效处理的噪声源。

②确需在噪声敏感建筑物内设置锅炉房、水泵房、变压器室、制冷机房时，若条件许可，宜将噪声源设置在地下，但不宜毗邻主体建筑或设在主体建筑下。并且应采取有效的隔振、隔声措施。

③冷却塔、热泵机组宜设置在对噪声敏感建筑物噪声干扰较小的位置。当冷却塔、热泵机组的噪声在周围环境超过现行国家标准《声环境质量标准》GB 3096 的规定时，应对冷却塔、热泵机组采取有效降低或隔离噪声的措施。冷却塔、热泵机组设置在楼顶或裙房屋顶上时，还应采取有效的隔振措施。

4）在进行建筑设计前，应对环境及建筑物内外的噪声源作详细的调查与测定，并应对建筑物的防噪间距、朝向选择及平面布置等作综合考虑，仍不能达到室内安静要求时，应采取建筑构造上的防噪措施。

5）安静要求较高的民用建筑，宜设置与本区域主要噪声源夏季主导风向的上风侧。

对住宅建筑，建筑布局隔声优化设计要点如下：

1）与住宅建筑配套而建的停车场、儿童游戏场或健身活动场地的位置选择，应避免对住宅产生噪声干扰。

2）当住宅建筑位于交通干线两侧或其他高噪声环境区域时，应根据室外环境噪声状况及室内允许噪声级，确定住宅防噪措施和设计具有相应隔声性能的建筑围护结构。

3）在选择住宅建筑的体形、朝向和平面布置时，应充分考虑噪声控制的要求，并应符合下列规定：

① 在住宅平面设计时，应使分户墙两侧的房间和分户楼板上下的房间属于同一类型；

② 宜使卧室、起居室（厅）布置在背噪声源的一侧；

③ 对进深有较大变化的平面布置形式，应避免相邻的窗口直接产生噪声干扰。

4）电梯不得紧邻卧室布置，也不宜紧邻起居室（厅）布置。

5）商住楼内不得设置高噪声级的文化娱乐场所，也不应设置其他高噪声级的商业用房。

对学校建筑，建筑布局隔声优化设计要点如下：

1）位于交通干线旁的学校建筑，宜将运动场沿干道布置，作为噪声带。产生噪声的固定设施与教学楼之间，应设足够距离的噪声隔离带。当教室有门窗面对运动场时，教室外墙至运动场的距离不应小于25m。

2）产生噪声的房间（音乐教室、舞蹈教室、琴房、健身房）与其他教学用房设于同一教学楼内时，应分区布置。

对医院建筑，建筑布局隔声优化设计要点如下：

1）医院建筑的总平面设计，应符合下列规定：

① 综合医院的总平面布置，应利用建筑物的隔声作用。门诊楼可沿交通干线布置，但与干线的距离应考虑防噪要求。病房楼应设在内院。若病房楼接近交通干线，室内噪声级不符合标准规定时，病房不应设于临街一侧，否则应临街布置公共走廊等措施隔声降噪。

② 综合医院的医用气体站、冷冻机房、柴油发电机房等设备用房如设在病房大楼内时，应自成一区。

2）体外震波碎石室、核磁共振检查室不得与要求安静的房间毗邻。

3）病房、医护人员休息室等要求安静房间的邻室及其上、下层楼板或屋面，不应设置噪声、振动较大的设备。

4）医生休息室应布置于医生专用区，避免护士站、公共走廊等公共空间人员活动噪声对医生休息室的干扰。

对旅馆建筑，建筑布局隔声优化设计要点如下：

1）旅馆建筑的总平面布置应根据噪声状况进行分区。

2）产生噪声或振动的设施应远离客房及其他要求安静的房间，并应采取隔声、隔振措施。

3）旅馆建筑中的餐厅不应与客房等对噪声敏感的房间在同一区域内。

4）可能产生强噪声和振动的附属娱乐设施不应与客房和其他要求安静的房间设置在同一主体结构内，并应远离客房等需要安静的房间。

5）可能产生较大噪声并可能在夜间营业的附属娱乐设施应远离客房和其他有安静要求的房间。

6）可能在夜间产生干扰噪声的附属娱乐房间，不应与客房和其他有安静要求的房间设置在同一走廊内。

7）客房尽量避免沿交通干道或停车场布置。

8）电梯井道不应毗邻客房和其他有安静要求的房间。

4. 相关标准、规范和图集

《民用建筑隔声设计规范》GB 50118—2010。

5. 相关案例

安徽合肥某一星级绿色建筑项目，项目地块内有5栋住宅和相关的配套商业，平面布置见图6-1。在实际的设计过程中，充分考虑建筑布局隔声来降低噪声源对室内环境的影响，其中1号、2号、3号、11号、12号楼均布置在地块的内侧，相关的配套商业布置在外侧。同时，本项目中所有的水泵房，风机房，雨水机房等均布置在地下一层机房中，尽量降低设备噪声对居民生活的影响。

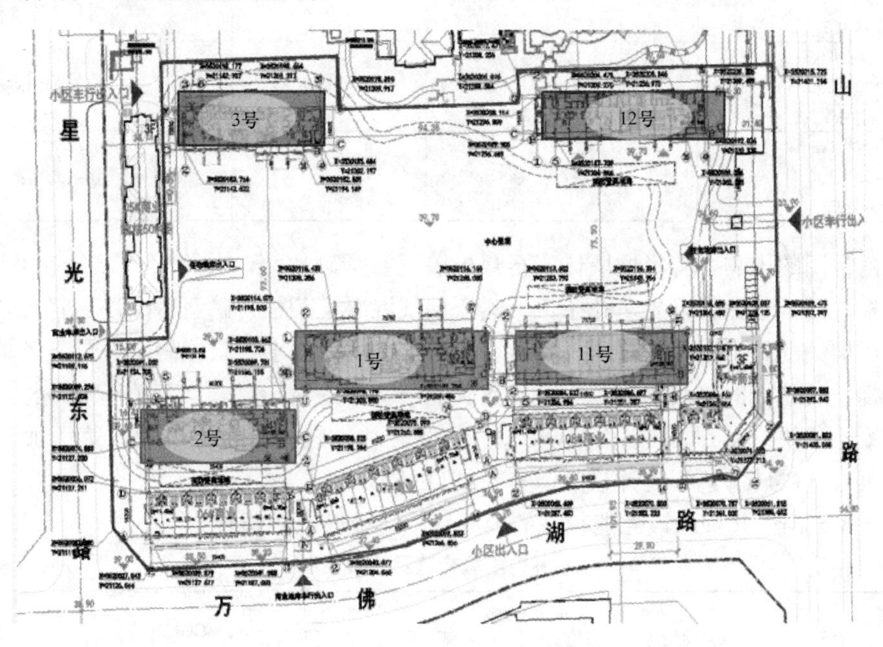

图6-1 本项目平面布置图

6.1.2 隔声墙体

1. 技术简介

隔声墙体是指利用墙体构造对声能的阻隔或吸收作用，降低室外干扰噪声（包括空气声和固体声）对室内环境的影响，保证室内具有适宜的声环境，一般指计权隔声量 R_w 达到 50dB 的墙体。目前常用的外墙有钢筋混凝土、蒸压加气混凝土砌块、轻集料空心砌块、陶粒空心砌块等，其构造及隔声性能见表 6-2。从表中可以看出，150mm 以上的钢筋混凝土外墙可以称得上隔声墙体，其他外墙可以满足《民用建筑隔声设计规范》GB 50118—2010 中对于墙体隔声性能的要求，但达不到隔声墙体的要求。

几种外墙构造及隔声性能　表 6-2

构造	墙厚(mm)	面密度(kg/m²)	计权隔声量 R_w(dB)	频谱修正量		R_w+C(dB)	R_w+C_{tr}(dB)	附注
				C(dB)	C_{tr}(dB)			
钢筋混凝土	120	276	49	−2	−5	47	44	需增加抹灰层方可满足外墙隔声要求
钢筋混凝土	150	360	52	−1	−5	51	47	满足外墙隔声要求
钢筋混凝土	200	480	57	−2	−5	55	52	满足外墙隔声要求
蒸压加气混凝土砌块(mm) 390×190×190 双面抹灰	230	284	49	−1	−3	48	46	满足外墙隔声要求
蒸压加气混凝土砌块(mm) 390×190×190 双面抹灰	220	259	47	0	−2	47	45	满足外墙隔声要求
轻集料空心砌块(mm) 390×190×190 双面抹灰	210	240	46	−1	−2	45	44	需增加抹灰层方可满足外墙隔声要求
轻集料空心砌块(mm) 390×190×290 双面抹灰	330	284	49	−1	−3	48	46	满足外墙隔声要求
陶粒空心砌块(mm) 390×190×190 双面抹灰	220	332	47	0	−2	47	45	满足外墙隔声要求

目前常用的内隔墙有轻型墙体、石膏板墙、石膏砌块墙，其中轻型墙体有 GRC 轻质多孔条板、石膏珍珠岩轻质多孔条板、蒸压加气混凝土条板、磷石膏砌块、轻集料空心砌块、蒸压加气混凝土砌块、页岩空心砖。一般来说，采用多孔板或轻钢龙骨石膏板，中间填充岩棉、玻璃棉的隔墙构造基本可以达到隔声墙体的指标要求。不填充隔声材料的蒸压加气混凝土条块（150 厚，双面抹灰）、磷石膏砌块、轻集料空心砌块、蒸压加气混凝土砌块、页岩空心砖等达不到计权隔声量 50dB 的隔声要求。

表 6-3 给出了几种隔声性能较好的内隔墙构造及其隔声指标。

几种内隔墙构造及隔声性能　表 6-3

构造	墙厚(mm)	面密度(kg/m²)	计权隔声量 R_w(dB)	频谱修正量		R_w+C(dB)	R_w+C_{tr}(dB)	附注
				C(dB)	C_{tr}(dB)			
GRC 轻质多孔条板 60mm 厚 9 孔＋50mm 厚岩棉＋60mm 厚 9 孔双面抹灰	190	110	51	−2	−6	49	45	满足有较高安静要求房间的隔声
GRC 轻质多孔条板 60mm 厚 9 孔＋50mm 厚岩棉＋60mm 厚 7 孔双面抹灰	190	116	51	−1	−4	50	47	

续表

构造	墙厚（mm）	面密度（kg/m^2）	计权隔声量 R_w（dB）	频谱修正量		R_w+C（dB）	R_w+C_{tr}（dB）	附注
				C（dB）	C_{tr}（dB）			
石膏珍珠岩轻质多孔条板60mm厚9孔+50mm厚岩棉+60mm厚9孔双面抹灰	190	168	51	−1	−5	50	46	
75系列轻钢龙骨双面双层12mm厚防火纸面石膏板墙内填50mm厚玻璃棉	123		51	−4	−11	47	40	
75系列轻钢龙骨双面三层12mm厚标准纸面石膏板	147		52	−4	−10	48	42	
100系列轻钢龙骨双面双层12mm厚标准纸面石膏板墙内填50mm厚玻璃棉	148		53	−6	−12	47	41	
100系列轻钢龙骨双面三层12mm厚标准纸面石膏板	172		51	−6	−12	45	39	
75系列轻钢龙骨双层+单层12mm厚标准纸面石膏板墙内填50mm厚玻璃棉	111		50	−3	−9	47	41	
100系列轻钢龙骨双面双层12mm厚防火纸面石膏板墙内填50mm厚玻璃棉	148		51	−2	−8	49	43	
双排50系列轻钢龙骨双面双层12mm厚标准纸面石膏板	168		51	−3	−9	48	42	
100系列轻钢龙骨双面双层12mm厚防火纸面石膏板墙内填75mm厚玻璃棉	148		52	−3	−8	49	44	
75系列轻钢龙骨双面三层12mm厚防火纸面石膏板	147		54	−4	−10	50	44	
75系列轻钢龙骨双面三层12mm厚标准纸面石膏板墙内填50mm厚玻璃棉	147		56	−2	−8	54	58	
100系列轻钢龙骨双面三层12mm厚标准纸面石膏板墙内填50mm厚玻璃棉	172		57	−3	−9	54	48	
双排50系列轻钢龙骨双面双层12mm厚标准纸面石膏板墙内填50mm厚玻璃棉	168		54	−4	−10	50	44	

此外，还有一种减振隔声墙体，即在轻质墙板中夹有一层减振材料，在板振动时起到很好的阻尼作用，提高了板的隔声能力。如120mm厚轻质砖墙外增设20mm厚空气层和17mm厚减振隔声板，墙体的计权隔声量可以从40dB提升到52dB。

2. 适用范围

适用于有隔声要求的民用建筑。

3. 技术要点

(1) 技术指标

《绿色建筑评价标准》GB/T 50378—2014 第 8.1.2 规定，主要功能房间的外墙、隔墙、楼板和门窗的隔声性能应满足现行国家标准《民用建筑隔声设计规范》GB 50118 中的低限要求；第 8.2.2 条规定，构件及相邻房间之间的空气隔声性能达到现行国家标准《民用建筑隔声设计规范》GB 50118 中低限标准限值和高要求标准限值的平均值，得 3 分，达到高要求标准限值，得 5 分。

《民用建筑隔声设计规范》GB 50118—2010 对于墙体隔声性能的要求见表 6-4。

不同建筑类型的外墙及隔墙的隔声性能（学住：dB）　　**表 6-4**

<table>
<tr><th>建筑类型</th><th>构件类型</th><th>隔声性能指标</th><th>低限要求</th><th>高要求</th></tr>
<tr><td rowspan="2">住宅建筑</td><td>外墙</td><td>计权隔声量+交通噪声频谱修正量</td><td colspan="2">≥45</td></tr>
<tr><td>分户墙、分户楼板</td><td>计权隔声量+粉红噪声频谱修正量</td><td>>45</td><td>>50</td></tr>
<tr><td rowspan="5">学校建筑</td><td>外墙</td><td>计权隔声量+交通噪声频谱修正量</td><td colspan="2">≥45</td></tr>
<tr><td>语言教室、阅览室的隔墙与楼板</td><td>计权隔声量+粉红噪声频谱修正量</td><td colspan="2">>50</td></tr>
<tr><td>普通教室与各种产生噪声的房间之间的隔墙与楼板</td><td>计权隔声量+粉红噪声频谱修正量</td><td colspan="2">>50</td></tr>
<tr><td>普通教室之间的隔墙与楼板</td><td>计权隔声量+粉红噪声频谱修正量</td><td colspan="2">>45</td></tr>
<tr><td>音乐教室、琴房之间的隔墙与楼板</td><td>计权隔声量+粉红噪声频谱修正量</td><td colspan="2">>45</td></tr>
<tr><td rowspan="7">医院建筑</td><td>外墙</td><td>计权隔声量+交通噪声频谱修正量</td><td colspan="2">≥45</td></tr>
<tr><td>病房与产生噪声的房间之间的隔墙、楼板</td><td>计权隔声量+交通噪声频谱修正量</td><td>>50</td><td>>55</td></tr>
<tr><td>手术室与产生噪声的房间之间的隔墙、楼板</td><td>计权隔声量+交通噪声频谱修正量</td><td>>45</td><td>>50</td></tr>
<tr><td>病房之间及病房、手术室与普通房间之间的隔墙、楼板</td><td>计权隔声量+粉红噪声频谱修正量</td><td>>45</td><td>>50</td></tr>
<tr><td>诊室之间的隔墙、楼板</td><td>计权隔声量+粉红噪声频谱修正量</td><td>>40</td><td>>45</td></tr>
<tr><td>听力测听室的隔墙、楼板</td><td>计权隔声量+粉红噪声频谱修正量</td><td>>50</td><td>—</td></tr>
<tr><td>体外震波碎石室、核磁共振室的隔墙、楼板</td><td>计权隔声量+交通噪声频谱修正量</td><td>>50</td><td>—</td></tr>
<tr><td rowspan="3">旅馆建筑</td><td>客房之间的隔墙、楼板</td><td>计权隔声量+粉红噪声频谱修正量</td><td>>40</td><td>>45</td></tr>
<tr><td>客房与走廊之间的隔墙</td><td>计权隔声量+粉红噪声频谱修正量</td><td>>40</td><td>>45</td></tr>
<tr><td>客房外墙(含窗)</td><td>计权隔声量+交通噪声频谱修正量</td><td>>30</td><td>>35</td></tr>
<tr><td rowspan="3">办公建筑</td><td>外墙</td><td>计权隔声量+交通噪声频谱修正量</td><td colspan="2">≥45</td></tr>
<tr><td>办公室、会议室与产生噪声的房间之间的隔墙、楼板</td><td>计权隔声量+交通噪声频谱修正量</td><td>>45</td><td>>50</td></tr>
<tr><td>办公室、会议室与普通房间之间的隔墙、楼板</td><td>计权隔声量+粉红噪声频谱修正量</td><td>>45</td><td>>50</td></tr>
</table>

(2) 设计要点

图 6-2 和图 6-3 分别为轻钢龙骨石膏板隔墙、减振条龙骨石膏板的构造节点图（不包括轻钢龙骨的构造）。

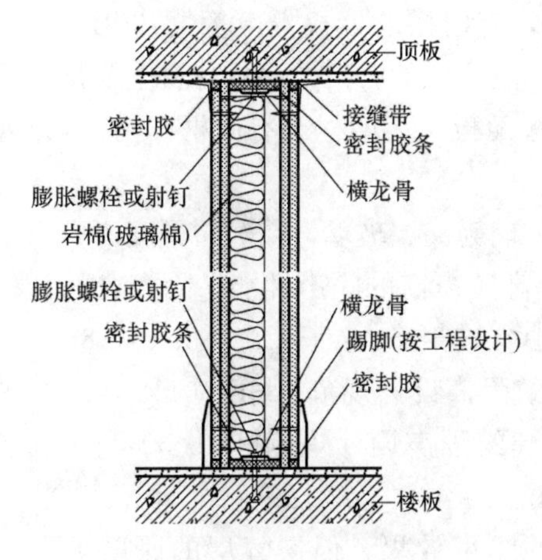

图 6-2 石膏板隔声构造

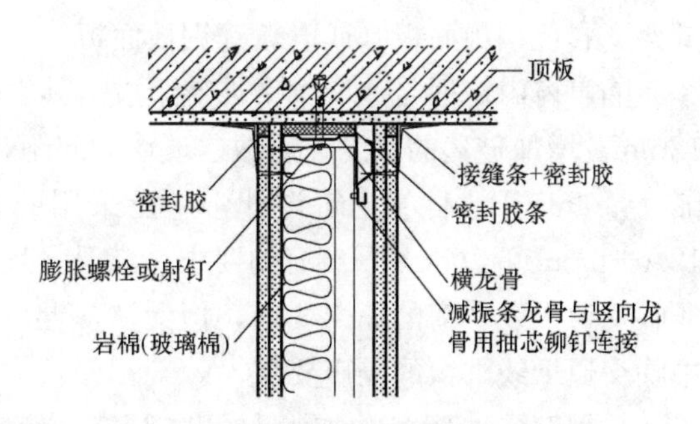

图 6-3 减振条龙骨石膏板隔声构造

(3) 注意事项

影响墙体隔声量大小的因素主要有墙体面密度、墙体构造、墙体开孔率等，为了确保墙体隔声效果，设计时应注意以下几方面：

1) 对于单面墙，应选用面密度较大、刚度较低的材料，同时还应尽量降低墙体开孔率。根据理论计算，如果在隔声量为 40dB、面积为 10m^2 的墙体上留出面积为 0.1m^2 的孔洞（即占墙板面积的 1%）而不作特殊的声学处理，墙体的隔声量就减少到 20dB。

2) 对于双面墙，应选用面密度较大，刚度较低的材料；两片墙体的材料或厚度不同，两片墙之间的空气层厚度不小于 100mm，并且适当填充多孔材料；两片墙体之间用弹性连接的构造；

4. 相关标准、规范和图集

(1)《民用建筑隔声设计规范》GB 50118—2010；

(2)《建筑隔声与吸声构造》08J931。

5. 相关案例

上海某二星级绿色建筑住宅项目，该项目中外墙构造为：水泥砂浆（6mm）+发泡水泥板（40mm）+水泥砂浆（15mm）+钢筋混凝土（200mm）+水泥砂浆（20mm）；分户墙构造：水泥砂浆（20mm）+钢筋混凝土（200mm）+水泥砂浆（20mm）。通过计算得到外墙的空气声计权隔声量为 54.62dB，分户墙的空气声计权隔声量为 54.42dB。分别达到了《民用建筑隔声设计规范》GB 50118—2010 中关于外墙和分户墙隔声高限值的要求。

6.1.3 隔声门窗

1. 技术简介

对建筑来说，门窗部位往往是隔声的薄弱环节，一方面因为门窗需要经常开启，另一方面门窗的缝隙对隔声效果影响也较大。隔声门窗是指通过特殊的声结构处理，使其隔声性能较高的门窗。

隔声门由门扇和门框及填充在门扇内玻璃棉纤维或岩棉制品等吸声材料组成。隔声门可以分为木质隔声门和钢质隔声门，可通过填充物的材质及厚度的改变而提高门的隔声量。隔声门的隔声量：无门槛的计权隔声量≤30dB，有门槛的计权隔声量≤40dB。一般门扇内填充用玻璃布包中级玻璃棉纤维或岩棉制品，隔声门的骨架及面板材料主要是木质骨架、木面板或皮革软包面板，型钢骨架、冷轧钢板面板（无门框或有门框），轻钢龙骨骨架、彩色钢板面板（或电镀锌钢板面板）。

隔声窗由窗框与夹层中空玻璃组成，其中外片玻璃为夹层玻璃，空气层厚度不应小于12mm。增加玻璃的厚度、层数、玻璃的间距，可提高隔声窗的隔声性能。隔声窗的计权隔声量≥35dB。目前建筑设计中广泛采用的普通中空玻璃 6mm＋12A＋6mm、8mm＋12A＋6mm 可以达到隔声窗的要求，满足《民用建筑隔声设计规范》GB 50118—2010 中非临交通干线外窗的隔声要求，但无法满足《民用建筑隔声设计规范》GB 50118—2010 中临交通干线外窗的隔声要求。

采用双层玻璃窗并加大空气层厚度具有较好的隔声效果，但空气层的厚度须大于100mm 为好，一般说可取 80～200mm。双层玻璃窗 6＋100＋6 平均隔声量可为 38～41dB，而 6＋200＋6 时则可达 42.5dB。图 6-4 为双层隔声窗，其构造为 5＋6，中间至少100mm 的空气层；图 6-5 为三层隔声窗，其构造为 6＋8＋6，空气层 180～230mm。

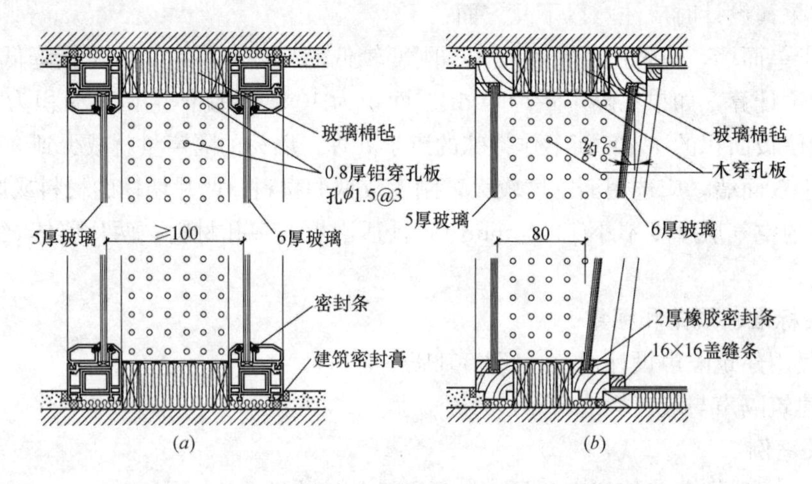

图 6-4　隔声窗（双层）

(*a*) 双层固定塑料窗（隔声量 45dB）；(*b*) 双层固定木窗（隔声量 49dB）

通风隔声窗是一款依靠自然通风的隔声窗，主要用于环境噪声比较恶劣的地区，双窗关闭有很好的隔声效果，计权隔声量能达到 52dB，打开窗户时计权隔声量也能达到 42dB，通风量达到 $23m^3/h$。

2. 适用范围

适用于有隔声要求的所有民用建筑。

3. 技术要点

（1）技术指标

《绿色建筑评价标准》GB/T 50378—2014 第 8.1.2 条规定，主要功能房间的外墙、隔墙、楼板和门窗的隔声性能应满足现行国家标准《民用建筑隔声设计规范》GB 50118 中的低限要求；第 8.2.2 条规定，构件及相邻房间之间的空气隔声性能达到现行国家标准《民用建筑隔声设计规范》GB 50118 中低限标准限值和高要求标准限值的平均值，得 3

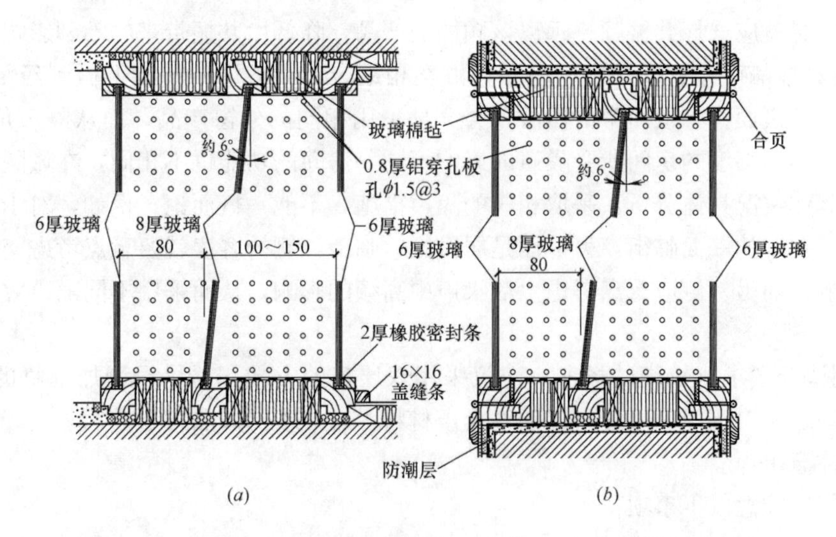

图 6-5 隔声窗（三层）

(a) 三层固定木窗（隔声量 50～60dB）；(b) 三层可开启木窗（隔声量 50～60dB）

分，达到高要求标准限值，得 5 分。

《民用建筑隔声设计规范》GB 50118—2010 中对于外窗隔声性能的要求见表 6-5。

不同建筑类型外窗的隔声性能（单位：dB） 表 6-5

建筑类型	门窗构件名称	隔声性能指标		
			低限要求	高要求
住宅建筑	交通干线两侧卧室、起居室（厅）的外窗	计权隔声量＋交通噪声频谱修正量	≥30	
	其他外窗	计权隔声量＋交通噪声频谱修正量	≥25	
	户门	计权隔声量＋粉红噪声频谱修正量	≥25	
学校建筑	临交通干线的外窗	计权隔声量＋交通噪声频谱修正量	≥45	
	其他外窗	计权隔声量＋交通噪声频谱修正量	≥25	
	产生噪声房间的门	计权隔声量＋粉红噪声频谱修正量	≥25	
	其他门	计权隔声量＋粉红噪声频谱修正量	≥20	
医院建筑	临街一侧病房的外窗	计权隔声量＋交通噪声频谱修正量	≥30	
	其他外窗	计权隔声量＋交通噪声频谱修正量	≥25	
	听力测听室的门	计权隔声量＋粉红噪声频谱修正量	≥30	
	其他门	计权隔声量＋粉红噪声频谱修正量	≥20	
旅馆建筑	客房外窗	计权隔声量＋交通噪声频谱修正量	≥25	≥30
	客房门	计权隔声量＋粉红噪声频谱修正量	≥20	≥25
办公建筑	临交通干线的外窗	计权隔声量＋交通噪声频谱修正量	≥30	
	其他外窗	计权隔声量＋粉红噪声频谱修正量	≥25	
	门	计权隔声量＋粉红噪声频谱修正量	≥20	

(2) 设计要点

1) 隔声设计应注意与噪声特点、建筑性质和房间使用功能相结合，要有针对性。如果一个房间的噪声污染来源于一家工厂，而工厂的噪声频率集中在某一频段，那么在外窗的隔声设计时就应选择共振频率远离该频段的产品，降低由共振带来的不利影响。

2）在具体隔声方案设计中，应多种方案相结合，在适用的基础上做到经济、合理。对于同一座建筑而言，按惯常的做法，会全部采用相同的外窗产品，而从隔声角度考虑，不同方向、不同高度的房间所受噪声的影响不同，房间的功能也不相同，在做隔声设计中也应根据具体情况具体分析，采取相应的隔声措施，不能一概而论。例如，对于一栋用于宾馆的建筑走廊的一面临街，另一面是居民区，临街一侧的客房就要重点考虑交通噪声中低频的影响，而另一侧应重点考虑生活噪声中高频的影响，从而采用不同隔声效果的外窗产品。

3）对隔声要求比较高的场所，建议采用双层窗的方式，并尽量增加框材的面密度。两层窗之间的洞口侧面周边还可以铺设吸声材料，进一步提高隔声量。

（3）注意事项

隔声门应注意以下事项：

1）隔声门应有足够的隔声量，保证门的开启灵活方便。

2）隔声门建议做成双层轻便门，并在两层间加吸声处理，采用多层复合结构。

3）需保证门扇与门框之间的密封性。

隔声窗应注意以下事项：

1）隔声窗宜采用双层和多层玻璃，需确保窗与窗框之间、窗框和墙壁之间的密封性。

2）多层窗应选用厚度不同的玻璃板以消除调频吻合效应。

3）多层窗的玻璃板之间应有较大的空气层，并应在窗框周边内表面作吸声处理。

4）多层窗玻璃板之间应有一定的倾斜度，朝声源一面的玻璃做成倾斜，以消除驻波。

5）玻璃窗的密封要严，应在边缘用橡胶条或毛毡条压紧。

6）两层玻璃间不能有刚性连接，以防止“声桥”。

4. 相关标准、规范和图集

（1）《民用建筑隔声设计规范》GB 50118—2010；

（2）《建筑外门窗隔声性能分级及检测方法》GB/T 8485—2008；

（3）《建筑隔声与吸声构造》08J931。

5. 相关案例

江苏扬州某绿色建筑三星级项目，外窗采用铝型材单框断热桥中空玻璃窗（5+19A+5），采用毛条密封，其计权空气声隔声量达到了33dB，满足《民用建筑隔声设计规范》GB 50118—2010中对于外窗隔声性能的要求，但未达到隔声窗的要求。

6.1.4 隔声减振楼板

1. 技术简介

楼板隔声性能主要指其隔绝撞击声的性能，这是因为在楼板上，人们的行走、拖动家具、物体碰撞等引起固体振动所辐射的噪声，对楼下房间的干扰较为严重，同时由于楼板与四周墙体的刚性连接，将振动能量沿着建筑围护结构传播，导致结构的其他部件也辐射声能，因此隔绝撞击声的矛盾显得更为突出。楼板隔声主要指通过对楼板结构和材料作特殊处理，以提高其隔声性能。

目前大多数民用建筑的楼板采用钢筋混凝土上铺各类面层，其撞击声隔声量一般均大于75dB，达不到《民用建筑隔声设计规范》GB 50118—2010的要求。隔声减振楼板一般指计权标准化撞击声压级不大于65dB的楼板。改善楼板撞击声性能的主要措施有：

（1）在承重楼板中铺放弹性面层，如铺设地毯或采用木地板（图6-6）等，可有效改善楼板的撞击声性能。

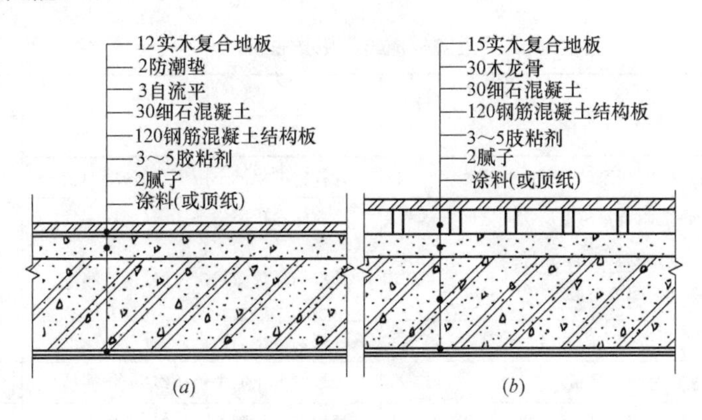

图6-6 实木复合地板构造

（a）实木复合地板；（b）龙骨实木复合地板

（2）采用浮筑楼面，在楼板承重层与面层之间设置弹性垫层（如增设减振垫板或玻璃棉等），以减弱结构层的振动。弹性垫层使楼板与面层完全隔离，具有较好的隔声效果，浮筑楼板如图6-7所示。为避免引起墙体振动，在面层和墙体的交接处也应脱开，以避免产生“声桥”。

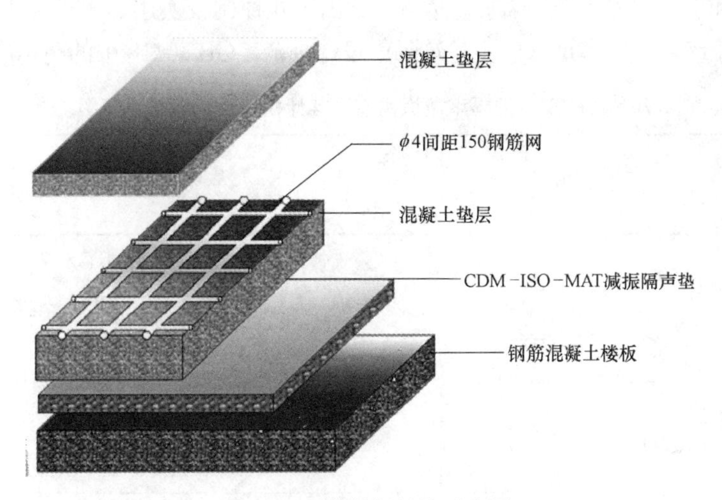

图6-7 浮筑楼板结构示意图

2. 适用范围

适用于有隔声需求的民用建筑。

3. 技术要点

（1）技术指标

《绿色建筑评价标准》GB/T 50378—2014第8.1.2条规定，主要功能房间的外墙、隔墙、楼板和门窗的隔声性能应满足现行国家标准《民用建筑隔声设计规范》GB 50118 中的低限要求；第 8.2.2 条规定，楼板的撞击声隔声性能达到现行国家标准《民用建筑隔声设计规范》GB 50118 中低限标准限值和高要求标准限值的平均值，得 3 分，达到高要求标准限值，得 4 分。

《民用建筑隔声设计规范》GB 50118—2010 中对于楼板撞击声隔声性能的要求见表 6-6。

不同建筑类型楼板撞击声隔声性能（单位：dB）　　**表 6-6**

建筑类型	构件类型	隔声性能指标	低限要求	高要求
住宅建筑	卧室、起居室(厅)的分户楼板	计权标准化撞击声压级(现场测量)	≤75	≤65
学校建筑	语言教室、阅览室与上层房间之间的楼板	计权标准化撞击声压级(现场测量)	≤65	
	普通教室、实验室、计算机房与上层产生噪声的房间之间的楼板	计权标准化撞击声压级(现场测量)	≤65	
	琴房、音乐教室之间的楼板	计权标准化撞击声压级(现场测量)	≤65	
	普通教室之间的楼板	计权标准化撞击声压级(现场测量)	≤75	
医院建筑	病房、手术室与上层房间之间的楼板	计权标准化撞击声压级(现场测量)	≤75	≤65
	听力测听室与上层房间之间的楼板	计权标准化撞击声压级(现场测量)	≤60	—
旅馆建筑	客房与上层房间之间的楼板	计权标准化撞击声压级(现场测量)	≤75	≤65
办公建筑	办公室、会议室顶部的楼板	计权隔声量＋交通噪声频谱修正量	≤75	≤65

（2）设计要点

对目前的大多数项目来说，可以采用实木复合地板或浮筑楼板来降低楼板撞击声压级，满足人们工作和生活的隔声降振需要。表 6-7 给出了几种比较实用的隔声楼板构造及其计权标准化撞击声压级，均能满足《民用建筑隔声设计规范》GB 50118 中的高标准要求。

几种比较实用的隔声楼板构造及其计权标准化撞击声压级　　**表 6-7**

名称	编号	厚度(mm)	简图	计权标准化撞击声压级 L_{npw}(dB)	构造做法	附注
地砖楼面	楼 1	54～59	踢脚；铺地砖；50～55；细石混凝土 双向φ4@150；5厚减振垫板	63～65	1. 5～10mm 厚铺地砖，稀水泥浆(或彩色水泥浆)擦缝； 2. 4mm 厚建筑胶水泥砂浆粘结层； 3. 素水泥浆一道(内掺建筑胶)； 4. 40mm 厚 C20 细石混凝土随打随抹平，配筋：双向 φ4mm，中距 150mm； 5. 5mm 厚减振垫板； 6. 钢筋混凝土楼板，板面随浇随抹平	面密度 125kg/m²
石材面楼面	楼 2	70	踢脚；花岗石板；70；细石混凝土 双向φ4@150；5厚减振垫板	63～65	1. 铺 20mm 厚花岗石板(正、背面及四周边满涂防污剂)，灌稀水泥浆(或彩色水泥浆)擦缝； 2. 5mm 厚高粘结性能胶泥粘贴； 3. 40mm 厚 C20 细石混凝土随打随抹平，配筋：双向 φ4mm，中距 150mm； 4. 5mm 厚减振垫板； 5. 钢筋混凝土楼板，板面随浇随抹平	面密度 165kg/m²

续表

名称	编号	厚度(mm)	简　图	计权标准化撞击声压级 L_{npw}(dB)	构造做法	附　注
企口强化复合地板楼面	楼3	60	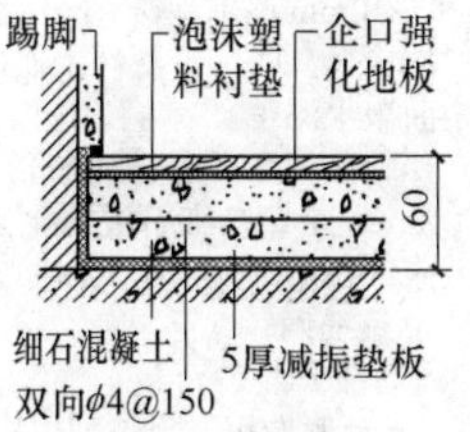 踢脚 泡沫塑料衬垫 企口强化地板 60 细石混凝土双向ϕ4@150 5厚减振垫板	≤60	1. 8mm厚企口强化复合地板； 2. 3mm厚泡沫塑料衬垫； 3. 44mm厚C20细石混凝土垫层随打随抹平，配筋：双向ϕ4mm，中距150mm； 4. 5mm厚减振垫板； 5. 钢筋混凝土楼板，板面随浇随抹平	面密度 146kg/m²
细石混凝土保温楼面	楼4	90	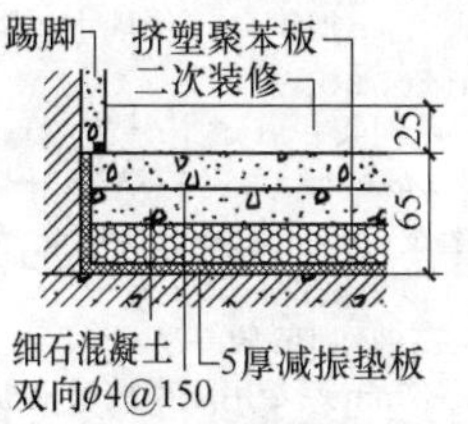 踢脚 挤塑聚苯板 二次装修 25 65 细石混凝土双向ϕ4@150 5厚减振垫板	60～62	1. 预留25mm厚（或按工程设计）做二次装修； 2. 40mm厚C20细石混凝土上随打随抹，上撒1∶1水泥砂子压实赶光，配筋：双向ϕ4mm，中距150mm； 3. 20mm厚挤塑聚苯板保温层； 4. 5mm厚减振垫板； 5. 钢筋混凝土楼板，板面随浇随抹平	面密度 103kg/m² 传热系数 1.07W/(m²·K)
石材面保温楼面	楼5	90	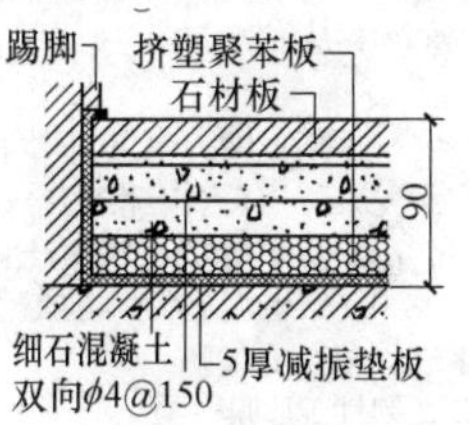 踢脚 挤塑聚苯板 石材板 90 细石混凝土双向ϕ4@150 5厚减振垫板	60～62	1. 铺20mm厚石板（正、背面及四周边满涂防污剂），灌稀水泥浆（或彩色水泥浆）擦缝； 2. 5mm厚高粘结性能胶泥粘贴； 3. 40mm厚C20细石混凝土随打随抹平，配筋：双向ϕ4mm，中距150mm； 4. 20mm厚挤塑聚苯板保温层； 5. 5mm厚减振垫板； 6. 钢筋混凝土楼板，板面随浇随抹平	面密度 169kg/m² 传热系数 0.99W/(m²·K)
企口强化复合地板保温楼面	楼6	90	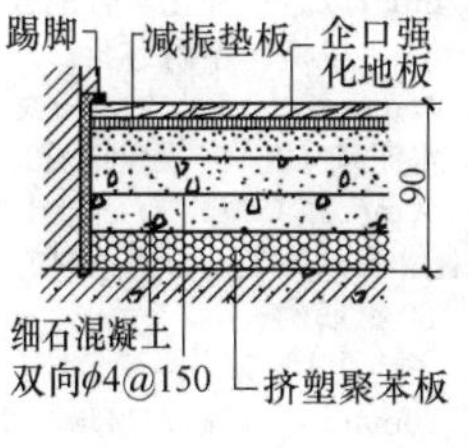 踢脚 减振垫板 企口强化地板 90 细石混凝土双向ϕ4@150 挤塑聚苯板	≤60	1. 8mm厚企口强化复合地板； 2. 5mm厚减振垫板； 3. 17mm厚1∶3水泥砂浆抹平； 4. 40mm厚C20细石混凝土垫层，配筋：双向ϕ4mm，中距150mm； 5. 20mm厚挤塑聚苯板保温层； 6. 钢筋混凝土楼板，板面随浇随抹平	面密度 146kg/m² 传热系数 0.91W/(m²·K)
水泥砂浆浮筑楼面	楼7	75	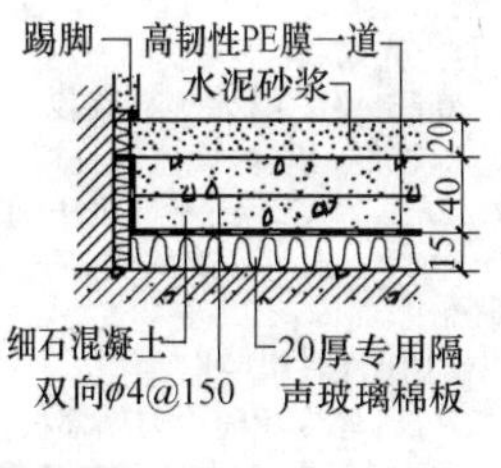 踢脚 高韧性PE膜一道 水泥砂浆 20 40 15 细石混凝土双向ϕ4@150 20厚专用隔声玻璃棉板	≤65	1. 20mm厚1∶2.5水泥砂浆压实赶光； 2. 素水泥浆一道（内掺建筑胶）； 3. 40mm厚C25细石混凝土随打随抹平，上撒1∶1水泥砂浆压实赶光，配双向ϕ4@150钢筋网； 4. 高韧性PE膜一层； 5. 20mm厚专用隔声玻璃棉板； 6. 钢筋混凝土楼板，板面随浇随抹平	面密度 137kg/m²

续表

名称	编号	厚度(mm)	简图	计权标准化撞击声压级 L_{npw}(dB)	构造做法	附注
铺地砖浮筑楼面	楼 8	83～85	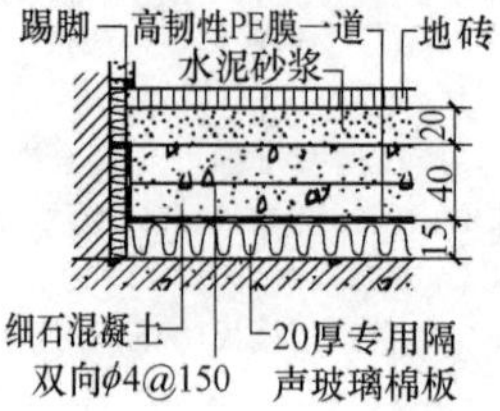 踢脚 高韧性PE膜一道 地砖 水泥砂浆 20 40 15 细石混凝土 双向ϕ4@150 20厚专用隔声玻璃棉板	≤65	1. 8～10mm 厚铺地砖，干水泥擦缝； 2. 20mm 厚 1∶3 干硬性水泥砂浆结合层，表面撒水泥粉； 3. 水泥浆一道(内掺建筑胶)； 4. 40mm 厚 C25 细石混凝土随打随抹平，上撒 1∶1 水泥砂浆压实赶光，配双向 ϕ4@150 钢筋网； 5. 高韧性 PE 膜一层； 6. 20mm 厚专用隔声玻璃棉板； 7. 钢筋混凝土楼板，板面随浇随抹平	面密度 154kg/m^2
大理石浮筑楼面	楼 9	105	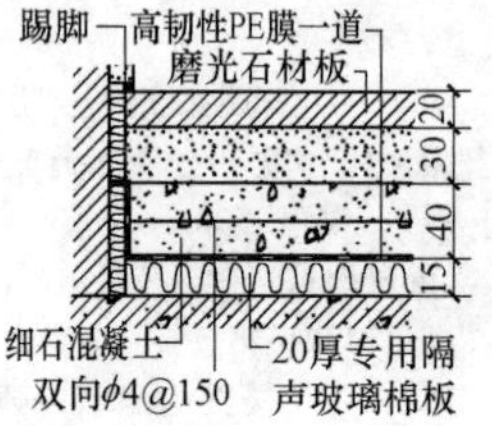 踢脚 高韧性PE膜一道 磨光石材板 20 30 40 15 细石混凝土 双向ϕ4@150 20厚专用隔声玻璃棉板	≤65	1. 20mm 厚磨光石材板，水泥浆擦缝； 2. 30mm 厚 1∶3 干硬性水泥浆结合层，表面撒水泥粉； 3. 水泥浆一道(内掺建筑胶)； 4. 40mm 厚 C25 细石混凝土随打随抹平，上撒 1∶1 水泥砂浆压实赶光，配双向 ϕ4@150 钢筋网； 5. 高韧性 PE 膜一层； 6. 20mm 厚专用隔声玻璃棉板； 7. 钢筋混凝土楼板，板面随浇随抹平	面密度 182kg/m^2
硬实木复合地板浮筑楼面	楼 10	83～90	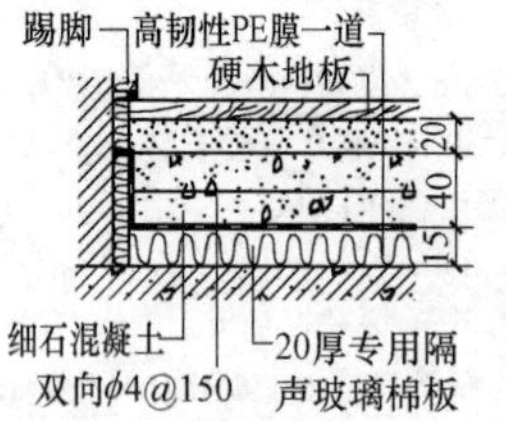 踢脚 高韧性PE膜一道 硬木地板 20 40 15 细石混凝土 双向ϕ4@150 20厚专用隔声玻璃棉板	≤65	1. 200μm 厚聚酯漆或聚氨酯漆； 2. 8～15mm 厚硬木地板，用专用胶粘贴； 3. 20mm 厚 1∶2.5 水泥砂浆找平； 4. 水泥浆一道(内掺建筑胶)； 5. 40mm 厚 C25 细石混凝土随打随抹平，上撒 1∶1 水泥砂浆压实赶光，配筋：双向 ϕ4，中距 150； 6. 高韧性 PE 膜一层； 7. 20mm 厚专用隔声玻璃棉板； 8. 钢筋混凝土楼板，板面随浇随抹平	面密度 146kg/m^2
企口强化复合地板浮筑楼面	楼 11	85	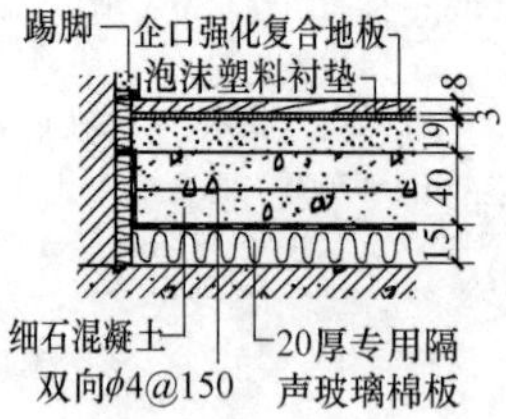 踢脚 企口强化复合地板 泡沫塑料衬垫 8 3 19 40 15 细石混凝土 双向ϕ4@150 20厚专用隔声玻璃棉板	≤65	1. 8mm 厚企口强化复合地板； 2. 3mm 厚泡沫塑料衬套； 3. 19mm 厚 1∶3 水泥砂浆找平； 4. 水泥浆一道(内掺建筑胶)； 5. 40mm 厚 C20 细石混凝土随打随抹平，上撒 1∶1 水泥砂子压实赶光，配双向 ϕ4@150 钢筋网； 6. 高韧性 PE 膜一层； 7. 20mm 厚专用隔声玻璃棉板； 8. 钢筋混凝土楼板，板面随浇随抹平	面密度 142kg/m^2
彩色石英板面层浮筑楼面	楼 12	80	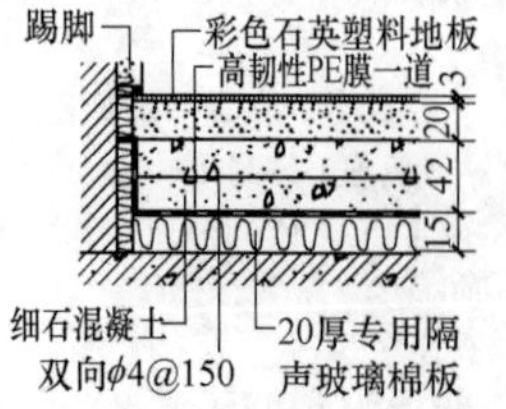 踢脚 彩色石英塑料地板 高韧性PE膜一道 3 20 42 15 细石混凝土 双向ϕ4@150 20厚专用隔声玻璃棉板	≤65	1. 3mm 厚彩色石英塑料地板，地板胶粘结剂粘铺(基层面与地板背面同时胶涂)，打上光蜡； 2. 20mm 厚 1∶3 水泥砂浆找平层； 3. 水泥浆一道(内掺建筑胶)； 4. 42mm 厚 C25 细石混凝土随打随抹平，上撒 1∶1 水泥砂浆压实赶光，配双向 ϕ4@150 钢筋网； 5. 高韧性 PE 膜一层； 6. 20mm 厚专用隔声玻璃棉板； 7. 钢筋混凝土楼板，板面随浇随抹平	面密度 138kg/m^2

(3) 注意事项

1) 为了保护隔声垫层，需要在垫层上再做30～40mm钢筋混凝图或细石混凝土（或采用65mm陶粒混凝土作为保护层），隔声层构造的厚度一般达到60mm，会降低住宅的有效层高，因此设计时应有所考虑，适当增加层高❶。

2) 结构设计时，应充分考虑隔声垫层及其保护层的荷载。

3) 采用浮筑楼板构造的房间与未采用浮筑楼板构造的房间之间，应做浮筑过渡过渡区域，在未做浮筑楼板处采用相同高度的细石混凝土填平。

4) 应将全部水电管线预埋到位，防止业主入住后因装修开凿楼板而破坏隔声层。

5) 对于浮筑楼板，为使垫层材料起到隔振效果，需考虑其弹性在承受面层及以上的荷载时仍处在弹性变形范围之内❷。为不减弱弹性垫层材料的隔振能力，施工时应注意不能在面层板与基层板之间或面层与其四周墙面之间有刚性连接，尤其应注意湿作业对弹性垫层材料弹性产生的影响，以免形成刚性连接，较大地降低浮筑楼板的撞击声隔声能力❸。

4. 相关标准、规范和图集

(1)《民用建筑隔声设计规范》GB 50118—2010；

(2)《建筑隔声与吸声构造》08J931。

5. 相关案例

江苏泰州某绿色建筑二星级项目，楼板构造为木地板＋水泥砂浆（20mm）＋水泥基复合保温砂浆（W型）(15mm)＋钢筋混凝土（120mm）＋水泥基复合保温砂浆（W型）(15mm)＋水泥砂浆（20mm）（楼板节点见图6-8)，经计算得到其撞击声声压级小于63dB，满足《民用建筑隔声设计规范》GB 50118—2010中高要求标准的规定。

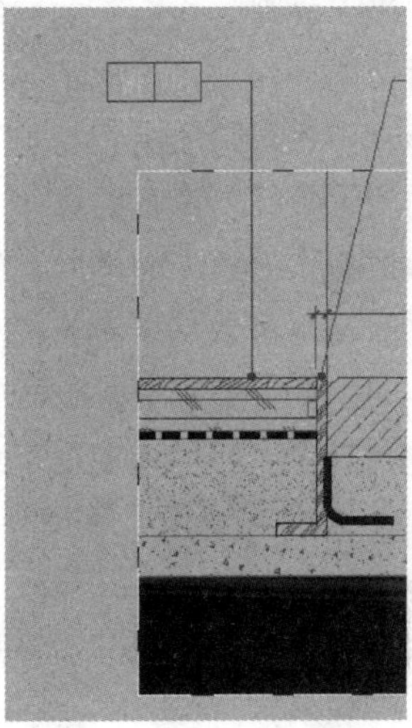

图6-8 楼板节点图

6.1.5 吸声材料

1. 技术简介

吸声材料指有较强吸收声能、减低噪声性能的材料，一般用于对室内声环境有改善需求的空间，如音乐厅、会堂等。根据吸声机理的不同、材料的外观特征及材料构造状况，常见的吸声材料有多孔吸声材料和共振吸声结构。其中，多孔吸声材料包括超细玻璃棉板（毡）、矿棉板、岩棉板、泡沫塑料、毛毡等；共振吸声结构又分为薄板共振吸声结构，穿孔板以及膜状吸声结构，其中薄板共振吸声结构包括胶合板、石膏板、FC板、铝合金板、硬质板等；穿孔板结构（图6-9）包括穿孔胶合板、穿孔石棉水泥板、穿孔FC板、穿孔石膏板、穿孔金属板等；膜状吸声结构包括塑料薄膜、帆布、人造革等。另外还有一

---

❶ 罗春燕，胡晓峰. 楼板撞击声隔声措施的调研分析［J］. 建筑与文化，2012年第7期：88－89.

❷ Warnock, A. C. C. Controlling the transmission of airborne sound through floors. Institute for Research in Construction. National Research Council of Canada, Construction Technology Update 25, 1999.

❸ 钟祥璋. 建筑吸声材料与隔声材料［M］. 北京：化学工业出版社，2005.

(*a*)　　(*b*)

图 6-9　穿孔吸声板

(*a*) 水泥穿孔吸声板；(*b*) 金属微穿孔吸声板

类强吸声结构，它一般用于对宽频的吸声范围均有较大吸收效果，包括空间吸声体、吸声尖劈、吸声屏等。

吸声材料（构造）的性能一般用吸声系数表示，它是表征被吸收和透过的声能之和与入射声能之比值，该比值越大，则表示吸声系数越大，吸声系数越大，则吸声效果越显著。吸声系数除取决于材料本身的性质外，还与材料背面的条件（背后有无空气层）、材料的施工条件、声音的频率、声波的入射角等有关。声波的入射方向对吸声材料有直接影响。根据入射角度的不同，吸声材料分为垂直入射吸声系数和无规入射吸声系数，其中垂直入射吸声系数是指声波垂直入射到材料面上的吸声系数，无规入射吸声系数是声波从所有方向以相等的概率入射时的吸声系数。在建筑声环境设计中，通常使用无规入射吸声系数。同类吸声材料（构造）具有大致相似的吸声频率特性，同一种吸声材料（构造）对不同频率的声波有着不同的吸声系数。设计资料中通常提供 1 倍频程 125Hz、250Hz、500Hz、1000Hz、2000Hz、4000Hz 共 6 个频带的吸声材料或提供 1/3 倍频程 100～5000Hz 共 18 个频带的吸声系数。这样可以比较真实反映材料的吸声性能。

降噪系数（NRC）：无贴面吸声岩棉板≥0.70～0.85；无贴面吸声玻璃棉板≥1.00；带贴面吸声玻璃棉板≥0.85～0.95。

2. 适用范围

适用于多功能厅、音乐厅以及会议室等有声学要求的重要房间、住宅及公共建筑的设备机房等产生噪声的房间。铝板网吸声材料适合于地下室机房及新风机房；纤维喷涂吸声材料适用于游泳池、溜冰场等潮湿环境；空间吸声体、可调吸声结构等适用于多功能厅、音乐厅等场所。

3. 技术要点

(1) 技术指标

《绿色建筑评价标准》GB/T 50378—2014 第 8.1.2 规定，公共建筑中的多功能厅、接待大厅、大型会议室和其他有声学要求的重要房间进行专项声学设计，满足相应功能要求，得 4 分。

(2) 设计要点

在建筑设计中，要根据吸声系数和吸声特性来选择吸声材料（构造），要求如下：

1）多孔吸声材料一般对中高频声的吸声良好，背后留有空气层可提高对低频声的吸收；

2）薄板吸声结构一般对低频声有较好的吸收效果；

3）穿孔板吸声结构一般用于吸声中频声，与多孔材料结合使用吸收高频声，背后留有大空腔还能吸收低频声；

4）膜状吸声结构一般根据空气层的厚薄而吸收低中频声；

5）强吸声结构一般对宽频的声音范围均有较大的吸收。

选用吸声材料（构造）时，除了要考虑材料本身的吸声系数和吸声特性外，还应考虑考虑材料的防火安全性，防水、耐老化性能，对环境的污染性，施工安装的便捷性以及材料的力学性能。

具体的吸声构造详见《建筑隔声与吸声构造》08J931。

4. 相关标准、规范和图集

(1)《民用建筑隔声设计规范》GB 50118—2010；

(2)《建筑隔声与吸声构造》08J931。

5. 参考案例

某隔声检测实验室，混响时间验收时不合格，为了改进混响时间，在实验室墙面、吊顶均重新装设了35块600mm×600mm的穿孔铝板吸声板（图6-10），后期再进行混响时间测试，整个实验室混响时间达到了标准要求，说明采用穿孔铝板后，整个发声场的声环境得到了很大的改善。

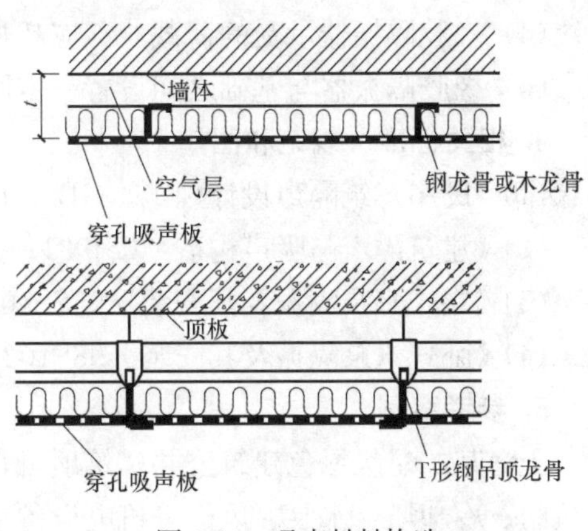

图6-10 吸声材料构造

6.1.6 设备隔声减振

1. 技术简介

指通过采用隔振材料或者隔振器来降低风机、水泵以及冷水机组等机电设备在运行过程中所产生的噪声干扰，以满足建筑周边或者室内声环境的需求。常用的设备基础隔振材料或隔振器主要有压缩型和剪切型两种，其中压缩型隔振材料和隔振器主要有：橡胶垫——平板型、肋型等多种，自振频率高，适用于转速为1450～2900r/min的水泵隔振；软木——自振频率较高，允许荷载较小，可用于水泵和小型制冷机；剪切型隔振器，主要有金属弹簧隔振器，是目前常用的隔振器，有承受荷载大，自振频率低，使用年限长，价格低廉，但阻尼比小，共振时放大倍数大，水平稳定性差，国内有HG、TJ、ZT型系列产品，适用于风机、冷水机组等隔振；橡胶剪切隔振器——自振频率低，仅次于金属弹簧减振器，对高频固体声有很高的隔声作用，阻尼比较大，不会引起自振，其缺点是易受温度、油质、卤代烃气体的侵蚀，容易老化等。

2. 适用范围

适用于需要进行隔声减振的机电设备

3. 技术要点

选用弹簧隔振器时，宜符合下列要求：

（1）设备的运转频率与弹簧隔振器垂直方向的固有频率之比，应大于或等于 2.5，宜为 4～5；

（2）弹簧隔振器承受的载荷，不应超过允许工作载荷；

（3）当共振振幅较大时，宜与阻尼大的材料联合使用；

（4）弹簧隔振器与基础之间宜设置一定厚度的弹性隔振垫；

选用橡胶隔振器时，应符合下列要求：

（1）应计入环境温度对隔振器压缩变形量的影响；

（2）计算压缩变形量，宜按照厂家提供的极限压缩量的 1/3～1/2 采用；

（3）设备的运转频率与橡胶隔振器垂直方向的固有频率之比，应大于或等于 2.5，宜为 4～5；

（4）橡胶隔振器承受的荷载，不应超过允许工作荷载；

（5）橡胶隔振器与基础之间设置一定厚度的弹性隔振垫；

4. 相关标准、规范和图集

(1)《民用建筑隔声设计规范》GB 50118—2010；

(2)《建筑隔声与吸声构造》08J931；

(3)《立式水泵隔振及其安装》95SS103；

(4)《卧式水泵隔振及其安装》98S102。

5. 参考案例

上海某二星级绿色建筑公共建筑项目，主要噪声污染源为辅助设备噪声，其中包括冷水机组、冷却塔、水泵、风机等机电设备运行时的噪声。在设备隔声减振方面主要采用了如下处理技术：

1）冷水机组、冷冻（却）水泵等分别安装在专用设备用房内，置于地下室一层，通过基础减振处理后，设备噪声对周围环境基本无影响。

2）冷却塔进行减振、景观处理；风机经过隔声、减振处理，排风系统进行适当消声处理。

3）给排水泵房水泵设置在设备房内并进行基础减振处理。

通过以上处理，项目设备产生的噪声满足《工业企业厂界环境噪声排放标准》GB 12348 的要求。

6.1.7　同层排水技术

1. 技术简介

同层排水是指卫生间内卫生器具排水管不穿越楼板，排水横管在本层套内与排水总管连接，一旦发生需要清理疏通的情况，本层套内就能解决问题的一种排水方式。卫生间同层排水技术是一种新型的室内排水方式，充分体现住宅建设“健康舒适，以人为本”的设计理念。同层排水技术在欧洲已被普遍采用，而我国尚处在初步实践与探索中。

同层排水系统是卫生间排水系统中的一项新颖技术，排水管道在本层内敷设，采用了一个共用的水封管配件代替P弯、S弯，整体结构合理，所以不易发生堵塞，而且容易清理、疏通，用户可以根据自己的爱好和意愿，个性化地布置卫生间洁具的位置。其优点包括：

(1) 房屋产权明晰：卫生间排水管路系统布置在本层（套）业主家中，管道检修可在本层（家中）内进行，不干扰下层住户。

(2) 卫生器具的布置不受限制：因为楼板上没有卫生器具的排水管道预留孔，用户可自由布置卫生器具的位置，满足卫生洁具个性化的要求，开发商可提供卫生间多样化的布置格局，提高了房屋的品位。

(3) 排水噪声小：排水管布置在楼板上，被回填垫层覆盖后有较好的隔声效果，从而排水噪声大大减小。

(4) 渗漏水几率小：卫生器具管道不穿越卫生间楼板，减小了渗漏水的几率，也能有效防止疾病的传播。

(5) 不需要旧式P弯或S弯：由“坐便接入器”、“多功能地漏”和“多功能顺水三通”接入，取代了传统隔层排水方式中各个卫生器具设置的P弯或S弯。

同层排水系统的形式可分为沿墙敷设方式（假墙式）或地面敷设方式（俗称“降板法”）。当管道井（或管窿）位置和卫生器具布置有特殊要求时，两种敷设方式可在同一卫生间中结合使用，此种方式也逐渐在工程项目中使用，可称之为同层排水的第三种形式。

2. 适用范围

适用于各类民用建筑，且以居住建筑居多。

3. 技术要点

(1) 技术指标

《绿色建筑评价标准》GB/T 50378—2014 第8.2.3条第2款规定，采用同层排水或其他降低排水噪声的有效措施，使用率不小于50%，得2分。

(2) 设计要点

1) 沿墙敷设方式

《建筑同层排水系统技术规程》CECS 247—2008 对沿墙敷设方式同层排水系统做出如下规定：

① 一般规定

4.1.1 排水支管和器具排水管暗敷在非承重墙或装饰墙内时，墙体厚度或空间应满足排水管道和附件的敷设要求。当采用隐蔽式水箱时，还应满足水箱的安装要求。

4.1.2 卫生器具的布置应便于排水管道的连接，接入同一排水立管的器具排水管和排水支管宜沿同一墙面或相邻墙面敷设。

4.1.3 大便器应靠近排水立管布置。

4.1.4 当卫生间设置地漏时，地漏宜靠近排水立管布置，并单独接人立管。

② 卫生器具与附件选择

4.2.1 大便器应采用壁挂式坐便器或后排式坐（蹲）便器。壁挂式坐便器宜采用隐蔽式冲洗水箱。

4.2.2 净身盆和小便器应采用后排式，宜为壁挂式。

4.2.3 浴盆及淋浴房宜采用内置水封的排水附件，地漏宜采用内置水封的直埋式地漏。水封深度不得小于50mm。

4.2.4 沿墙敷设方式的卫生器具宜采用配套的支架，支架应有足够的强度、刚度，并有防腐措施。壁挂式坐便器、净身盆等卫生器具应固定在隐蔽式支架上。

4.2.5 隐蔽式支架应安装在非承重墙或装饰墙内，并固定在楼板或墙体等承重结构上。当固定在墙体龙骨等构件上时，应根据支架供应商的规定采取措施确保构件的承载能力。

③ 布置与敷设

4.3.1 沿墙敷设方式的排水支管和器具排水管可采用暗敷或明装。暗敷时可埋设在非承重墙内或利用装饰墙隐藏管道。

4.3.2 设置壁挂式坐便器的非承重墙厚度或装饰墙空间应根据隐蔽式水箱、排水管管径等确定，宜为205～220mm，墙体高度应根据水箱冲洗按钮位置确定，顶按式宜为840～900mm，前按式不宜小于1140mm。

4.3.3 除卫生器具的安装支架外，墙体龙骨等构件应具有足够的强度和刚度，并应质轻防腐。墙体材料应耐压、抗冲击、防水，面层装饰材料应采用粘贴，具体要求应由建筑专业确定。

4.3.4 管道沿建筑墙体敷设并利用装饰材料包覆时，原墙面应涂刷无机防水涂料防潮。

4.3.5 卫生间的建筑面层厚度应满足地漏的设置要求，并不宜小于70mm。

2）地面敷设方式

① 一般规定

5.1.1 地面敷设方式可采用降板和不降板（抬高建筑面层）两种结构形式。

5.1.2 地面敷设方式排水管的连接可采用排水管道通用配件或排水汇集器等。

5.1.3 卫生间宜采用降板结构形式。局部降板或整体降板应根据卫生器具的布置确定。在满足管道敷设、施工维修等要求的前提下宜缩小降板的区域。

5.1.4 降板高度应根据卫生器具的布置、降板区域、管径大小、管道长度、接管要求、使用管材等因素确定。采用排水管道通用配件时，住宅卫生间降板高度不宜小于300mm（含建筑面层）；采用排水汇集器时，降板高度应根据产品的要求确定。

5.1.5 采用不降板（抬高建筑面层）结构形式时，结构楼板面至建筑面层的高度不宜小于300mm（含建筑面层）。

5.1.6 排水横管宜敷设在填充层内，也可敷设在架空层内。

② 卫生器具与附件选择

5.2.1 大便器宜采用下排式坐便器或后排式蹲便器。

5.2.2 排水汇集器应符合下列规定：

1 断面设计应保证汇集器内的水流不会回流到汇集器上游管道内。

2 材质和技术要求应符合现行的有关产品标准的规定和检测机构的认可。

3 排水汇集器宜采用铸铁或硬聚氯乙烯等材质。当采用塑料材质时，应符合国家有关的防火要求。

4 排水汇集器应在生产工厂内组装成型，并通过产品标准规定的密封性试验。

5 排水汇集器应设有专用清扫口。

③ 管道布置与敷设

5.3.1 地漏接入排水支管时，接入位置沿水流方向宜在大便器、浴盆排水管接入口的上游。

5.3.2 排水汇集器的管道连接应符合下列规定：

1 各卫生器具和地漏的排水管应单独与排水汇集器相连。

2 排水汇集器排出管的管径应经水力计算确定，但不应小于接入排水汇集器的最大横管的管径。

3 排水汇集器的设置位置应便于清洗和疏通。

5.3.3 降板区域应采用现浇钢筋混凝土楼板，其厚度应由结构专业确定。

5.3.4 卫生间降板区域（建筑面层抬高区域）结构楼板面与完成地面层均应采取有效的防水措施。防水处理方式、防水层高度和防水材料，应由建筑专业确定。

5.3.5 在降板区域（建筑面层抬高区域）结构楼板面防水层施工完毕后方可进行排水管道的安装，排水管道的支架应牢固、可靠，支架的固定不得破坏防水层。

5.3.6 采用填充方式时，填充的轻质材料应由建筑专业选定。填充时不得采用机械填充，应在排水管道两侧对称分层填充密实。在洗衣机、坐便器的部位应预留现浇细石混凝土的加厚位置。

5.3.7 采用架空方式时，架空层基层材料、面层装饰材料、防水处理方式等均应由建筑专业确定。架空层专用支架和管道安装支架均应采用专用胶粘剂立粘在楼板上，不得破坏防水层。

当卫生间净空高度受限时，宜采用沿墙敷设方式；当卫生间净空高度足够时，宜采用地面敷设方式。

4. 相关标准、规范及图集

(1)《建筑给水排水设计规范》GB 50015—2010；

(2)《卫生设备安装》09S304；

(3)《建筑同层排水系统技术规程》CECS 247—2008；

(4)《模块化同层排水节水系统应用技术规程》CECS 320—2012；

(5)《建筑同层排水部件》CJ 363-2011-T；

(6)《住宅卫生间局部降板同层排水（图集)》DBJT 08-109—2008；

(7)《住宅卫生间同层排水（TTC 型）设计图集》苏 S/T06—2006。

5. 参考案例

江苏南通某三星级住宅项目，总建筑面积 23.30 万 m^2，容积率 4.6，绿地率 45%，建筑密度 33.80 %，小区由 9 栋高层住宅和地下车库共同组成。

该工程卫生间采用了同层排水方式，设计中通过降板方式来实现管道的布置，见图 6-11、图 6-12。

该项目运行以来，住户对同层排水的隔声效果反映普遍较好。同时，项目物业也委托第三方检测机构对室内噪声级进行了检测，结果表明室内噪声级达到了《民用建筑隔声设计规范》GB 50118—2010 中的高标准限制要求。

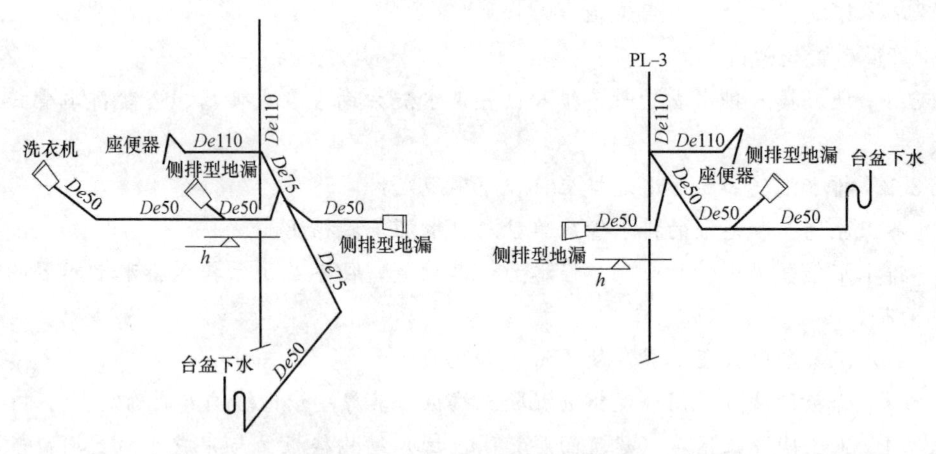

图 6-11　卫、客卫排水立管系统图

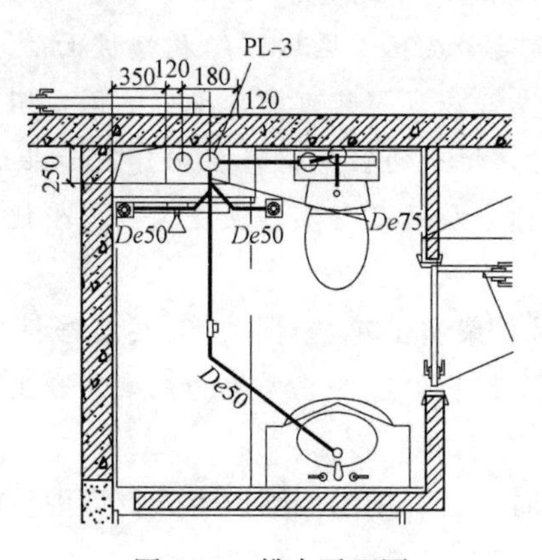

图 6-12　排水平面图

6.2　室内光环境

光环境是物理环境中的一个组成部分[1]。对建筑物来说，光环境是由光照射于其内外空间所形成的环境。因此光环境形成一个系统，包括室外光环境和室内光环境。前者是在室外空间由光照射而形成的环境。后者是在室内空间由光照射而形成的环境。主要包括关于包括天然光和人工照明。室内光环境是指合理设置建筑功能空间窗户，充分利用自然采光，使主要功能空间照度、采光系数满足规范要求。

6.2.1　天然采光

1. 技术简介

天然光主要是由太阳直射光、天空漫射光和地面反射光组成。其中太阳直射光是太阳光穿过大气层时部分透过大气层达到地面的光线。它形成的照度高，并具有一定的方向，在物体背后出现明显的阴影。天空漫射光是指太阳光中一部分碰到大气层中空气分子、灰

[1] 张馨予．城市景观照明光环境设计研究［D］．天津：天津工业大学，2010.

尘、水蒸气等微粒产生多次反射而形成的光线。这部分光形成的照度较低，没有一定的方向，不能形成阴影。地面反射光是太阳直射光和天空漫射光射到地球表面后产生的反射光。它可以增加亮度，一般可不考虑。

天然采光的主要形式有采光天窗、采光井和下沉式庭院。采光天窗是指在建筑的屋顶设置天窗进行天然采光，可分为矩形天窗、锯齿形天窗、平天窗、横向天窗和井式天窗。采光井技术最早是用在小别墅设计中，后而才逐渐应用到大型商业建筑、公共建筑中。采光井主要分成两种，其中一种是指地下室外及半地下室两侧外墙采光口外设的井式结构物；另外一种是指大型公共建筑采用四面围合、中间呈井式在建筑内部建筑内部的内天井。下沉式庭院是指运用在前后有高差的地方，通过人工方式处理高差和造景，使原本是地下室的部分拥有面向花园的敞开空间。下沉式庭院的经典设计就是将地下室一面墙打开，与下沉式庭院连接。这一设计，不仅有效地将阳光和新鲜空气引入地下室，而且为地下室创造了一个良好的庭院景观，使庭院的舒适性和功能性都得到了全面提升。

(1) 采光天窗

矩形天窗在单层工业厂房中应用很普遍。它是由装在屋架上的天窗架和天窗上的窗扇组成，窗方向垂直于屋架。它实质上是安装在屋顶上的高侧窗。该类型天窗照度均匀，不易形成眩光，便于通风，但采光效率较低。采光系数最高值在跨中，最低值在柱子处。

天窗宽度一般取建筑跨度的一半左右；天窗位置高度最好在跨度的 0.35～0.7 倍之间；天窗间距为天窗位置高度的 4 倍以内为宜，矩形天窗采光系数曲线如图 6-13 所示。

锯齿形天窗属于单面顶部采光。由于屋顶倾斜，可以充分利用顶棚的反射光，采光效率比矩形天窗高 15%～20%，且光线分布更均匀，可保证 7%的平均采光系数，能够满足精密工作车间的采光要求。

锯齿形天窗（图 6-14）的窗口朝向北面天空时，可避免直射阳光射入房间，常用于一些需要调节温湿度的车间，如纺织厂的纺纱、织布、印染等车间。为了使车间内照度均匀，天窗轴线间距应不小于窗下沿至工作面高度的 2 倍。

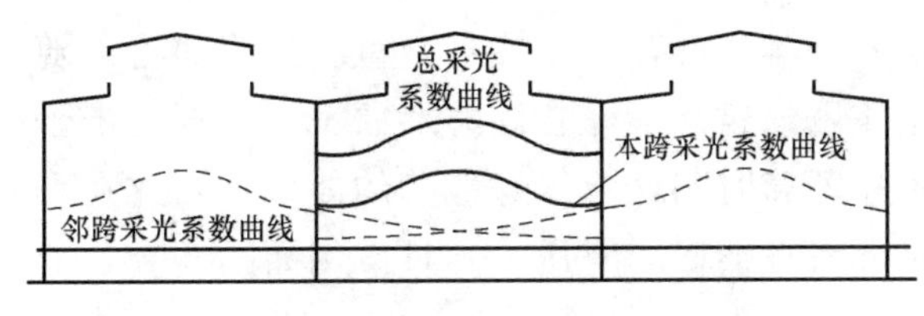

图 6-13 矩形天窗采光系数曲线

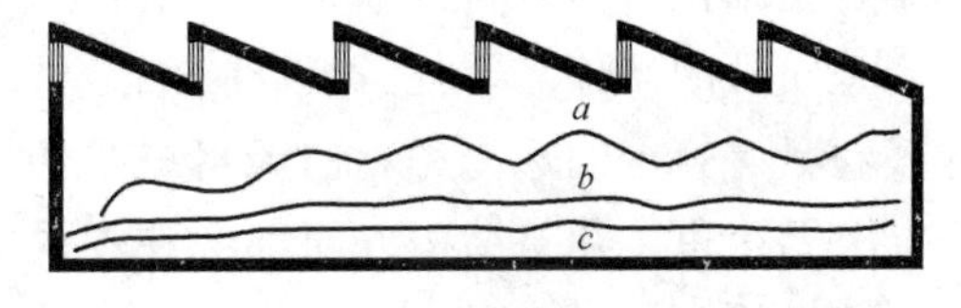

图 6-14 锯齿形天窗

平天窗是指在屋面直接开洞并铺上透光材料（如钢化玻璃、夹丝平板玻璃、玻璃钢、塑料等）。该类型天窗结构简化，施工方便，造价仅为矩形天窗的 21%～31%，但其采光效果比矩形天窗高 2～3倍，更容易获得均匀的照度。

平天窗的设计与应用应充分考虑当地气候特点、污染程度及地域性，不同类型样式如图 6-15 所示。

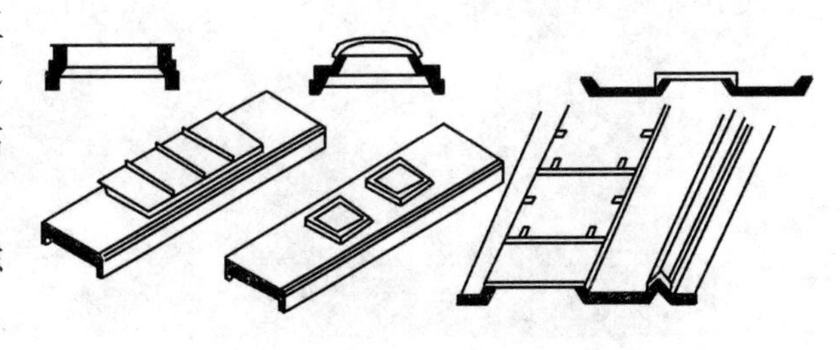

图 6-15 平天窗的不同作法

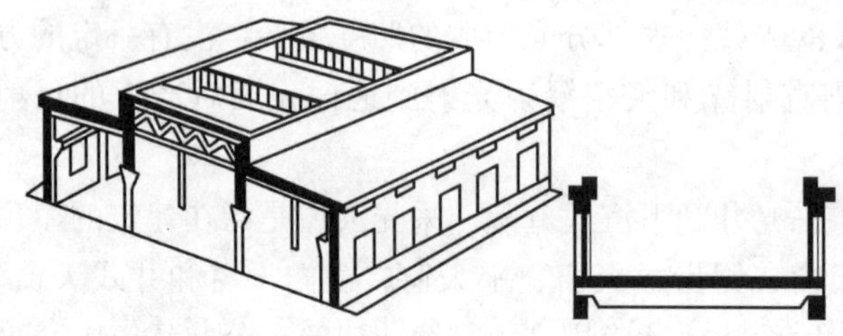

图 6-16　横向天窗透视图

横向天窗是指利用屋架上、下弦间的空间做成的采光口。该类型天窗的开口面积仅为矩形天窗的 62%，但采光效果差不多。横向天窗宜使用屋架杆件断面较小的钢屋架，减少挡光影响。比如梯形屋架比三角形屋架更有利于开窗，并获得更大的开窗面积。跨度大的空间更宜用横向天窗，见图 6-16。

井式天窗是指利用屋架上、下弦间的空间，将一些屋面板放在下弦杆件上形成井口，见图 6-17。该类型的天窗主要用于热车间，可起到通风作用。光线很少且难直接射入车间，都是经过井底板反射进入，因此采光系数一般在 1%以下。

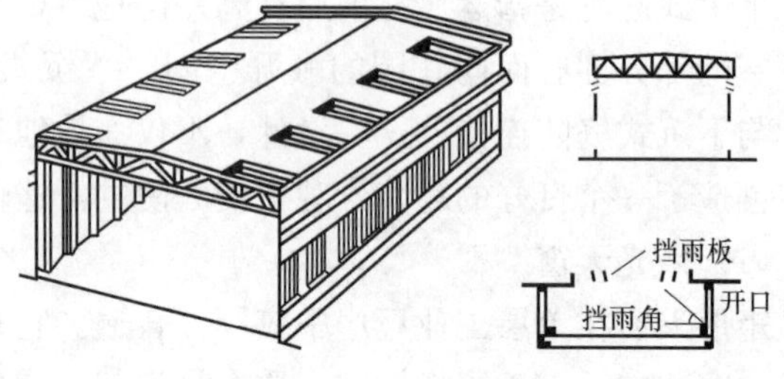

图 6-17　井式天窗

（2）采光井

在给建筑设置采光井时，必须要注意以下几点：①在地下室采光井中，为保证地下室的防水和安全，因此在地下室部分要使用玻璃盖好，这样只能采光放弃了通风功能。②如果是没有顶盖的采光井一定要安排好排水，以免下大雨排水不畅造成阻塞，在各别墅现场可以看到一般是采光井两端各设一处排水。③在采光井尺寸上，各种建筑公司都不相同，但必须要满足建筑的采光要求。④最后还是要满足相应的防火规范。

在制造采光井的材料上，多数还是应用玻璃顶盖，因为玻璃具有较好的透明度和表面光滑平整，无缺陷。保证了建筑内部的采光要求，并具有美观性。这里介绍一种全新的建筑材料，那就是膜结构，它是一种全新的建筑结构形式，它集建筑学、结构力学、精细化工与材料科学、计算机技术等为一体，具有很高技术含量。其曲面可以随着建筑师的设计需要任意变化，结合整体环境，建造出标志性的形象工程。而且由于膜材具有一定的透光率，白天可减少照明强度和时间，能很好地节约能源。因此在采光井乃至更多建筑结构方面都会在不久的将来有很好的应用，实景案例如图 6-18、图 6-19 所示。

图 6-18　采光井外部实景图

(3) 下沉式庭院

在园林建筑设计领域，下沉式庭院的魅力是通过庭院与底层绿地存在的坡度差产生的。中国传统园林设计讲究曲径通幽的意趣，下沉式庭院的两大特点让这种意境油然而生。其一，空间质量完全改观。在面向景观（庭院）的部分采用大面积开窗、开门，达到内外通透，实现自然采光。其二，景观更好，窗外就是花园，可以轻松步出庭院。第三，功能性更强。这是一个真正既舒适又实用的空间，它不仅使传统地下室的设备间、佣人房等辅助区域功能得到释放，同时更为地下室增加了家庭娱乐、室外活动休闲等功能区。

下沉式庭院实景如图 6-20、图 6-21 所示。

图 6-19 采光井内部实景图

图 6-20 下沉式庭院实景图（一）

图 6-21 下沉式庭院实景图（二）

目前在绿色建筑设计过程中，常采用的技术措施：对于住宅建筑和公共建筑均可以根据建筑实际情况合理设计功能空间的窗户。对于有地下空间或大进深空间的建筑，可结合建筑形式采用采光天窗、采光井和下沉式庭院等技术。

2. 适用范围

采光天窗一般适用于进深大的建筑，当采取侧窗采光方式不能满足房间深处的采光要求时，宜在屋顶开设天窗采光。由于天窗安装位置和数量不受墙面限制，因此能在工作面上形成较高而均匀的照度，并且不易形成直接眩光。

采光井主要有两种，第一种采光井主要是解决建筑内部个别房间采光不好的问题，同时采光井还兼具通风和景观作用。第二种主要是将采光不足的房间布置于内天井的四周，通过天井解决采光、通风不足的问题。采光井一般用于商场、酒店和政府办公楼等建筑的地下区域的采光。

下沉式庭院可以理解为采光井的更高级别，其特点是在正负零的基础上下跃一层，同时，附带了很大面积的室外庭院。这样一来，地下一层借助外庭院的采光，就相当于地上一层。可用于各类建筑的地下区域的采光。

3. 技术要点

(1) 技术指标

《建筑采光设计标准》GB 50033—2013对建筑采光做了具体规定:

4.0.1 住宅建筑的卧室、起居室(厅)、厨房应有直接采光;

4.0.2 住宅建筑的卧室、起居室(厅)的采光不应低于采光等级Ⅳ级的采光标准值,侧面采光的采光系数不应低于2.0%,室内天然光照度不应低于300lx;

4.0.4 教育建筑的普通教室的采光不应低于采光等级Ⅲ级的采光标准值,侧面采光的采光系数不应低于3.0%,室内天然光照度不应低于450lx;

4.0.6 医疗建筑的一般病房的采光不应低于采光等级Ⅳ级的采光标准值,侧面采光的采光系数不应低于2.0%,室内天然光照度不应低于300lx。

《绿色建筑评价标准》GB/T 50378—2014中规定:

8.2.6 主要功能房间的采光系数满足现行国家标准《建筑采光设计标准》GB 50033的要求,评价分值为8分,并按下列规则评分:1)居住建筑:卧室、起居室的窗地面积比达到1/6,得6分;达到1/5,得8分;2)公共建筑:根据主要功能房间采光系数满足现行国家标准《建筑采光设计标准》GB 50033要求的面积比例得分,最高可得8分。

8.2.7 改善建筑室内天然采光效果,评价分值为14分。包括:1)主要功能房间有合理的控制眩光措施,得6分;2)内区采光系数满足采光要求的面积比例达到60%,得4分;3)根据地下空间平均采光系数不小于0.5%的面积与首层地下室面积的比例得分,最高得4分。

绿色建筑设计中,针对天然采光主要是参考以上两个标准,对各主要功能空间的室内自然采光系数平均值及室内天然光临界照度进行计算,确定并校核实际技术措施的采光效果。各功能空间的采光系数平均值及室内天然光临界照度的参考值详见《建筑采光设计标准》GB 50033。

(2) 设计要点

1) 面积比例要求

设置采光天窗、采光井和下沉式庭院等能有效地改善室内自然采光效果。绿色建筑设计过程中对改善的面积比例有要求,比如地下空间平均采光系数不小于0.5%的面积与首层地下室面积的比例不小于5%才能得1分。因此在设计过程中,需要根据设计经验或借助模拟分析软件,确定采光设置的面积和个数是否满足要求。

2) 荷载要求

采光天窗和采光井一般采用玻璃设计,其荷载组合值应按《建筑结构荷载规范》和《建筑抗震设计规范》规定的方法计算确定,并应承受可能出现的积水荷载、雪荷载、冰荷载及其他特殊荷载。玻璃面板应采用安全玻璃,宜采用夹层玻璃或夹层中空玻璃,玻璃原片可根据设计要求选用,且单片玻璃厚度不宜小于6mm,夹层玻璃原片不宜小于5mm。所有玻璃应进行磨边倒角处理。

3) 排水要求

玻璃采光顶的坡度属于结构找坡,排水坡度不应小于3%,并满足设计要求,密封防水接缝的位移量不宜大于15%。排水沟及排水孔应有防异物堵塞措施。采光天窗的构造详图见图6-22。

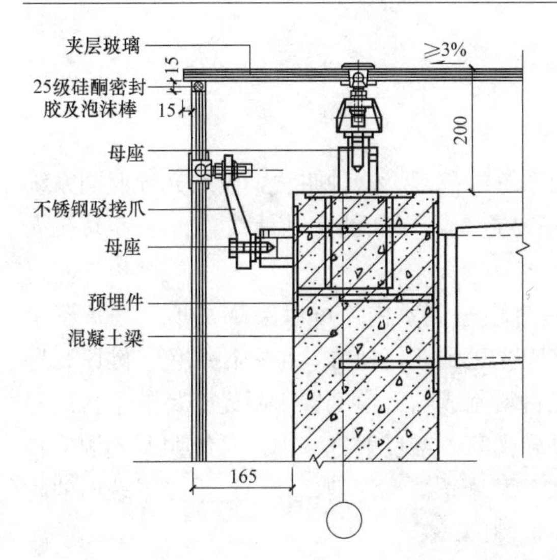

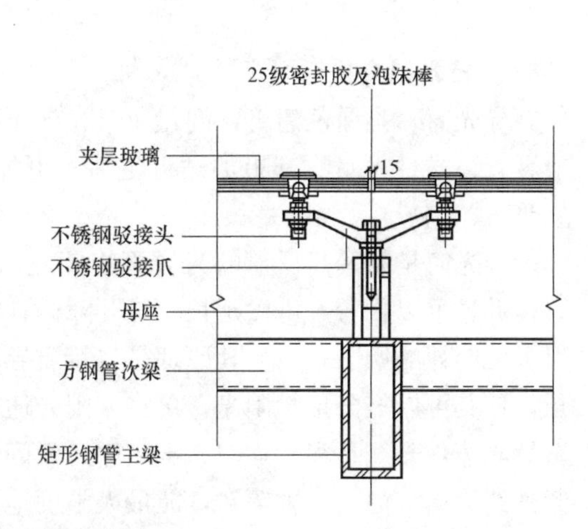

图 6-22　采光天窗构造详图

下沉式庭院在设计时尤其需要关注其排水能力，否则一旦到了雨季从楼上排下的雨水很可能淤积在庭院中。因此，在对下沉式庭院进行装修前，应该先将楼上的排水管道放置于庭院之外，以便让雨水顺利排在庭院之外。另外很多人都会为下沉式庭院加顶，以获得相对封闭的、同时具有一定采光能力的下沉式庭院。此时应该做好顶部防水工作，否则在雨水较大的时期，庭院顶面很可能会出现渗漏现象，降低庭院的实用性。

4. 相关标准、规范及图集

(1)《建筑采光设计标准》GB/T 50033—2013；

(2)《玻璃采光顶图集》07J205；

(3)《老虎窗、采光井、地下车库（坡道式）出入口》14SG313；

(4)《通风采光窗井通用图集》GJBT-342。

5. 参考案例

上海某办公建筑在建筑设计过程中充分考虑室内采光的设计，建筑四周设置大面积玻璃幕墙，且玻璃幕墙的可见光透射比大于0.6，可有效改善室内天然采光效果。地下室采用下沉式庭院设计，提高了地下庭院周边商业区域的自然采光效果。经模拟计算，地下一层建筑面积的12.33％区域满足平均采光系数不低于0.55％的要求，可有效改善其采光，减少人工照明的使用时间，建筑效果及采光示例如图 6-23、图 6-24 所示。

图 6-23　建筑效果图

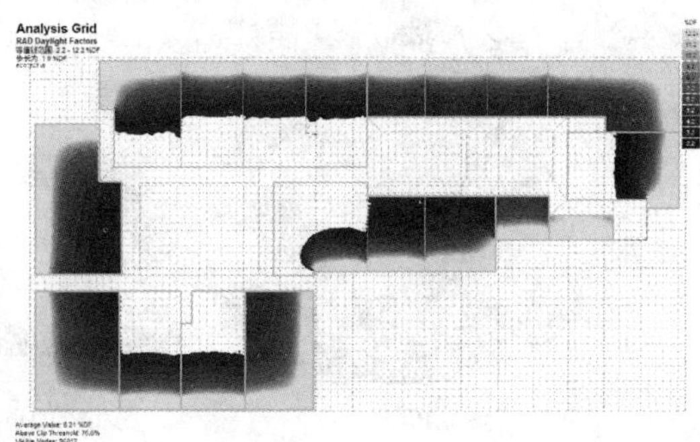

图 6-24　采光效果图

6.2.2 导光筒

1. 技术简介

导光筒，是绿色建筑咨询行业对光导照明系统的称呼。这种叫法，较之光导照明系统或者管道式日光照明都更加贴近生活，更加平易近人，更加的生动活泼，也更容易被人接受。

导光筒是利用高反射的光导管将阳光从室外引进到室内，可以穿越吊顶，穿越覆土层，并且可以拐弯，可以延长，绕开障碍，将阳光送到任何地方，是一种绿色、健康、环保、无能耗的照明产品。其原理是将特质导光材料制成的管道安置于阳光充足的平台或房顶，使其可以充分接触阳光，再将太阳光通过导光筒内壁反射进室内。系统照明光源取自自然光线，光线柔和、均匀、全频谱、无闪烁、无眩光、无污染，并通过采光罩表面的防紫外线涂层，滤除有害辐射，能最大限度地保护健康。

目前在绿色建筑设计过程中，对于有地下空间或大进深空间走廊的建筑，当无法采用采光井等形式时，可采用导光筒技术改善室内的自然采光效果，如图6-25所示。

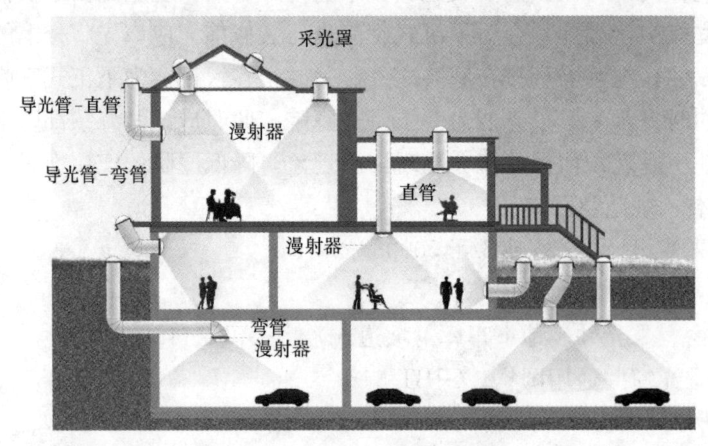

图6-25 导光筒原理示意图

导光筒系统设计主要由集光器、导光筒和漫射器三部分组成。这种系统利用室外的自然光线透过集光器导入系统内进行重新分配，再经特殊制作的导光管传输和强化后由系统底部的漫射装置把自然光均匀高效地照射到室内。

(1) 集光器（图6-26）：根据工作原理不同，集光器可分为被动式集光器和主动式集光器。前者多为半球形透明结构，内部也可设置棱镜等以提高效率。后者主要有定日镜

图6-26 集光器

等，可自动跟踪太阳以提高采集光线的效率。

图 6-27 导光筒

(2) 导光筒（图 6-27）：主要有四种类型：①金属反射型导光筒：在玻璃或塑料上镀一层高反射率的金属涂层，通过多次反射将光传送到需要的空间，适合于短距离的传输。这种导光筒虽然传输效率相对较低，但是由于其低廉的价格，而能够在一些对于效率要求不是非常高的场所得到广泛使用。②非金属反射型导光筒：实验表明，仅仅依靠非金属材料的部分反射，其效率非常低，但是这一点可以通过使用一种薄膜来克服，从而使得非金属反射型导光筒具有比较高的效率。但是这种装置造价非常高，目前很难得到大量推广。③透镜组型导光筒：主要是利用的光线的折射原理，它由一系列的光学透镜组成，这种导光筒需要很多价格昂贵的透镜，因此现在主要在一些光学仪器设备上使用。④棱镜型导光筒：主要是利用光线由密介质进入疏介质时出现的内部全反射的原理（与光导纤维同理），但是由于导光筒为中空的管子，因此传统的管子不可能实现，但是当改变管壁形状后则克服了这个问题，制成了内部全反射式的导光筒。

(3) 漫射器（图 6-28）：对于照明而言，不是简单地将光线引入室内，而是需要将光线合理地在室内分布，因此漫射器就需要根据配光的要求的不同，合理地选择相应的材料制备而成，并对其光通空间分布做相应的测试，从而保证照明的质量。

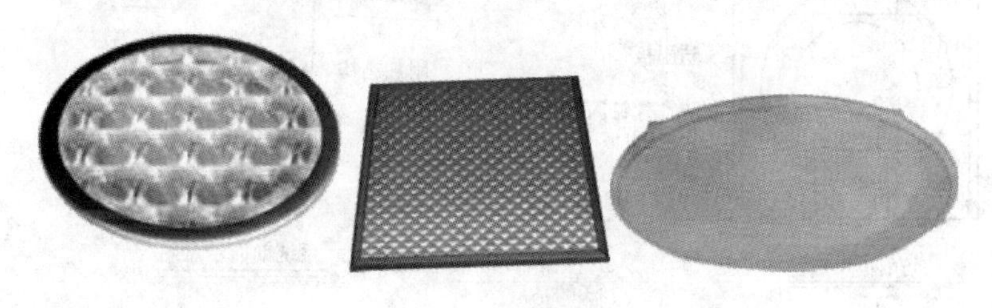

图 6-28 漫射器

2. 适用范围

导光筒适用于会议室、体育场馆、学校、地下空间、医院、疗养中心、商场超市、展览馆、动物园、海洋馆、办公场所、监狱、物流中心、港口、机场、火车站、地铁、轻轨、移动房、酒店、住宅、别墅、高级会馆等。

3. 技术要点

(1) 技术指标

相关技术指标参见本书第 6.2.1 节。

(2) 设计要点

采用导光筒可有效改善室内空间的自然采光效果，每个导光筒可以改善一定面积的采光，如索乐图 330DS（采光直径为 530mm），每个导光筒的能改善的面积约 46m^2。在设计初期，宜根据需要改善的功能空间面积的大小，根据设计经验或软件模拟分析计算的方法确定大致需要设置几个导光筒，并合理布局导光筒的位置。地下空间采用导光筒时需满足：①导光筒布置位置不能占用消防通道和登高场地；②地下改善空间不能位于人防区域，并有效改善其他主要功能空间的采光效果；③构造设计满足防水、防尘和保温隔热等要求。

导光筒的安装节点图见图 6-29 和图 6-30。

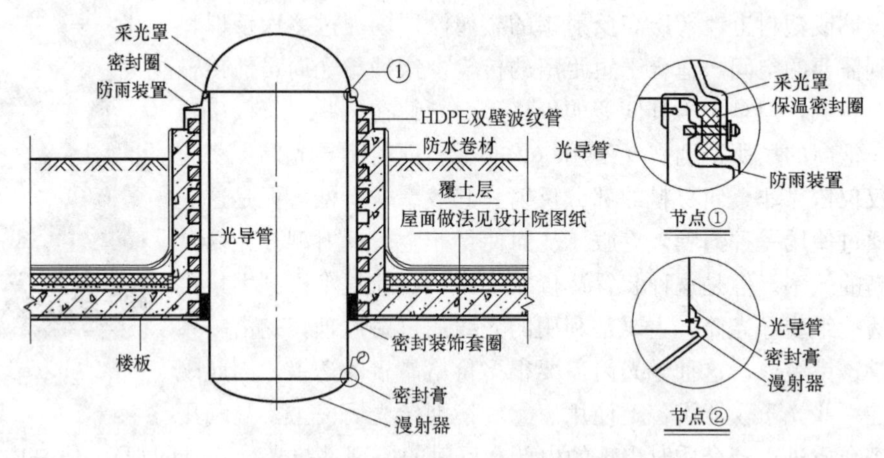

图 6-29　混凝土建筑安装及防水大样

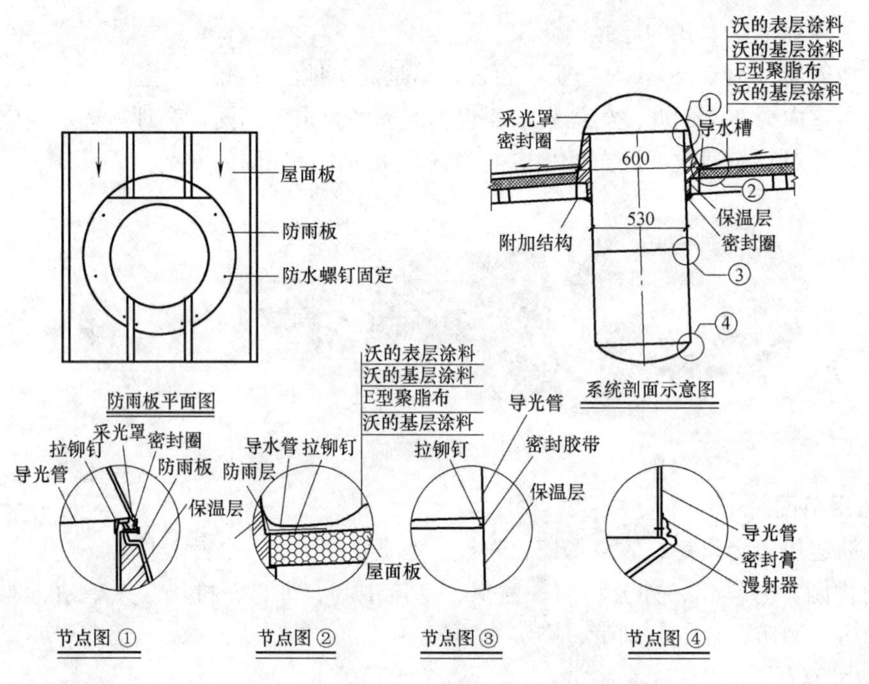

图 6-30　彩钢房面建筑安装及防水大样

4. 相关标准、规范及图集

(1)《建筑采光设计标准》GB 50033—2013；

(2)《玻璃采光顶图集》07J205；

(3)《绿色建筑评价标准》GB/T 50378—2014；

(4)《管道式日光照明装置标准》Q/320500STC01。

5. 参考案例

上海某高校建筑采用了导光筒系统，可有效改善室内自然采光，使用情况如图 6-31、图

6-32所示。该项目在屋顶设置了36个导光筒，每个导光筒的管道直径为350mm，开洞面积为380mm²，照射面积为28m²。室内在晴天可充分利用天然光，减少人工照明的使用。

图6-31 导光筒布置图

图6-32 导光筒室内采光效果图

6.2.3 反光板

1. 技术简介

反光板是一个历史悠久的自然采光构件，早在古埃及法老时期就有使用，被设计来遮阳和反射光线到建筑的顶部表面，并遮蔽来自天空的直接眩光。它通常安装在眼睛高度以上，是在立面窗口内侧或者外侧的一块水平或者倾斜的挡板。

反光板可以是不透明的或者半透明的，其材质主要是木材、金属、钢筋混凝土、塑料、织物、玻璃以及声学天花板材料等。材料的选择应该综合考虑其反射系数、结构强度、费用、清洁维护方便性、耐久性以及建筑室内外造型美观等多种因素。对于室外反光板一般采用铝质板材或者外包铝板是比较合适的，因为其反射系数高，容易清洁和维护，费用也适中，相关产品及应用情况如图6-33、图6-34所示。

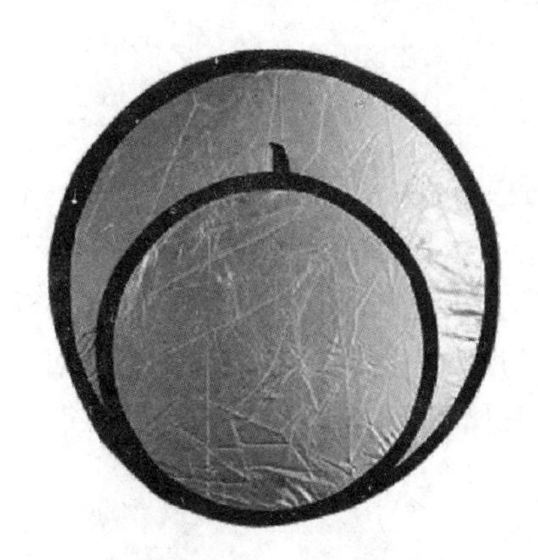

图6-33 反光板

图6-34 反光板实景图

在建筑周边墙体的窗户位置处使用反光板的作用机理：①夏天角度较高的光线可以被室外反光板直接阻挡，对下部观景窗起到遮阳作用，减少了室内热增益，避免了潜在的直接眩光。同时，室外反光板将经过热衰减的光线通过采光高侧窗反射入室内顶棚，提高室内深处照度值。②冬天高度角较低的光线可以进入室内以增加室内所需热量，进入室内的光线通过反光板将光线反射到顶棚上，提高了室内远离侧窗的照度值，室内反光板阻挡了向下的直射光而避免了来自采光高侧窗潜在的直接眩光。③反光板最主要的作用是降低近窗处的照度值，提高远窗处的照度值，从而改善整个室内空间照度均匀性，进而实现舒适柔和的光环境。

2. 适用范围

适用于建筑中存在大进深、有采光改善需求的空间。

3. 技术要点

(1) 技术指标

相关技术指标参见本书第6.2.1节。

(2) 设计要点

反光板设计主要是改善室内大进深空间的采光。在设计时根据窗户形式的不同（图6-35、图6-36），反光板在窗户上的位置也有所不同，分别是：①将整个窗户一分为二，形成上方的采光高侧窗和下方的观景窗；②在高侧窗的下方。建筑上的反光板可以是立面整体的一个组成部分，也可以是建筑建成后被安装上去的。

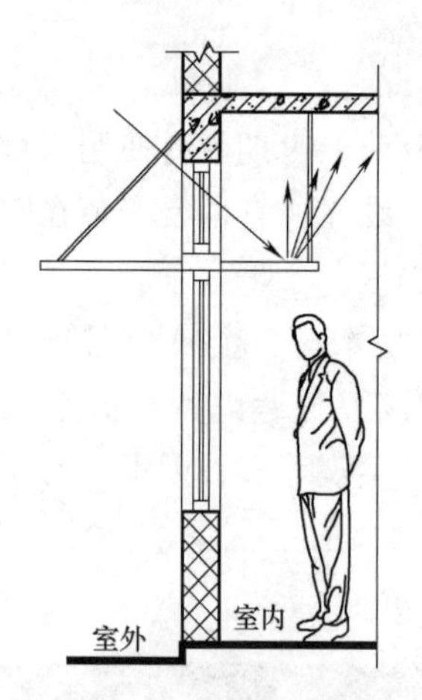

图6-35 采光高侧窗与观景窗之间的反光板

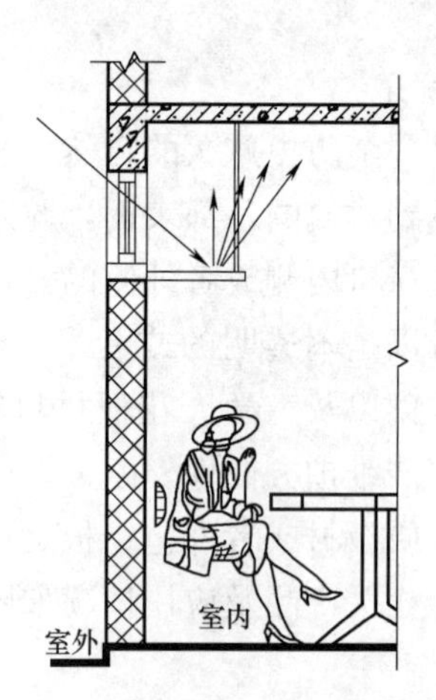

图6-36 高侧窗下方的反光板

必须注意的是反光板的使用对室内的光环境的影响是复杂的，不同的气候条件下，不同的反光板特征都可能影响到最终的采光效果。很多情况下，普通的水平反光板的使用会降低室内总的采光数量，但是采光均匀度则大多得到提高。反光板设计的出发点是通过反射太阳光线到顶棚，创造更多的间接照明，提高室内的照度均匀度，同时避免直射太阳光潜在的眩光可能，至于是否提高室内总的采光量则要视具体情况而定。

4. 相关标准、规范及图集

(1)《建筑采光设计标准》GB 50033—2013；

(2)《玻璃采光顶图集》07J205；

(3)《绿色建筑评价标准》GB/T 50378—2014。

5. 相关案例

无。

6.3 室内热湿环境

室内热湿环境主要由室内温度、湿度等要素综合组成，以人感知的热舒适程度作为评价标准。室内空气温、湿度合理控制直接关系到室内的热舒适性。合理设计室内的温、湿度不仅能够提升室内的热舒适性，同时能够降低暖通空调系统的运行能耗，同时，使用者可以根据实际需要调节室内温湿度。

6.3.1 可调节遮阳

1. 技术简介

建筑能耗中50%以上是空调能耗，空调能耗的一半是因为外窗（包括透明幕墙）的损耗，因此建筑外窗合理设置外遮阳是非常有意义的。太阳辐射通过窗户进入室内，是夏季房间过热，构成空调负荷的主要原因，设置遮阳是减少太阳辐射进入室内的一个有效措施。而活动遮阳既可以满足冬季采光、得热，又可以满足夏季遮阳与节能。采用可调节活动遮阳，可以兼顾夏季遮阳隔热、冬季透光增热两方面，适当的组合可以达到最大的节能效果，使室内拥有良好的热舒适性。

可调节遮阳措施包括活动外遮阳设施、永久设施（中空玻璃夹层智能内遮阳）、固定外遮阳内部高反射率可调节等措施。根据《建筑遮阳产品术语》JGJ 399—2012，建筑遮阳产品是指安装在建筑物上，用以遮挡或调节进入室内太阳能光的装置，通常由遮阳材料、支撑构件、调节机构等组成。活动遮阳装置是指可通过调节角度或形状改变遮光状态的遮阳装置。外遮阳产品是指安装在建筑围护结构外侧的建筑遮阳装置。中间遮阳装置是指安装在建筑物两层窗或两层玻璃之间的建筑遮阳装置。内遮阳装置是指安装在建筑围护结构内侧的建筑遮阳装置。

目前常用的可调节遮阳主要是指可调节外遮阳，常见的主要包括外百叶帘、外卷帘、机翼型百叶遮阳板、双层玻璃幕墙百叶系统、铝板夹芯百叶卷帘、百叶窗。

百叶帘是指连续的多片相同的片状遮阳材料组成，可伸展与收回以及开启与关闭，形成连续重叠的遮阳帘。卷帘是指采用卷曲方式，使遮阳材料在平行于围护结构的方向上伸展与收回的建筑用遮阳产品。遮阳板式指以水平、垂直及平铺等方式在建筑物表面，用于遮挡或调节进入室内的太阳能辐射的板式遮阳产品。旋转式遮阳板是指安装在建筑物表面，通过传动装置调节板面倾角的遮阳板，外形包括机翼式和翼帘式等（见图6-37～图6-40）。

图6-37 织物遮阳和铝合金百叶帘外遮阳

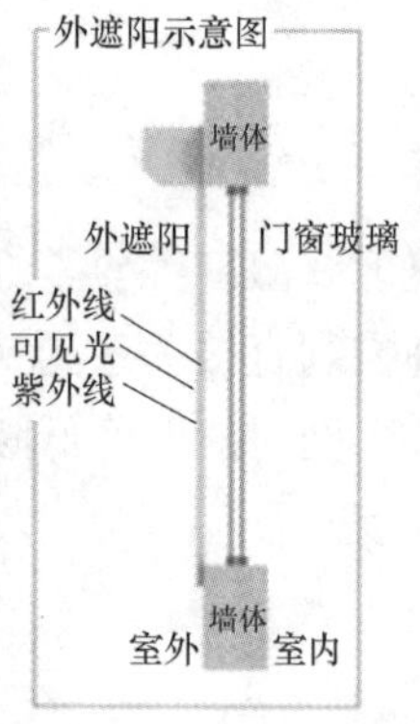

图 6-38　卷帘遮阳

图 6-39　铝合金机翼遮阳

图 6-40　内置遮阳百叶中空玻璃和玻璃幕墙中置遮阳百叶

2. 适用范围

适用于各类民用建筑。

根据《公共建筑节能设计标准》GB 50189—2015，夏热冬暖、夏热冬冷、温和地区的建筑各朝向外窗（包括透光幕墙）均应采取遮阳措施；寒冷地区的建筑宜采取遮阳措施。东西向宜设置活动外遮阳。

根据《上海市建筑遮阳推广技术目录》（2013 年版），建筑用外遮阳金属百叶帘系统适于于 40m 及以下民用建筑，建筑用外遮阳金属硬卷帘系统、中置铝合金百叶中空玻璃系统、建筑用遮阳隔热膜系统适用于 100m 及以下民用建筑，建筑用外遮阳软卷帘系统、铝合金遮阳板系统、曲臂遮阳篷系统适用于 7 层及以下民用建筑。

3. 技术要点

（1）技术指标

《绿色建筑评价标准》GB/T 50378—2014 第 8.2.8 条：合理采取可调节遮阳措施，降低夏季太阳辐射得热。外窗和幕墙透明部分中，有可控调节遮阳措施的面积比例达到 25%得 6 分；达到 50%得 12 分。

（2）设计要点

1）建筑遮阳形式

建筑设计应进行夏季和冬季的阳光阴影分析，以确定遮阳装置的类型。建筑外遮阳的类型可以按照下列原则选用：

① 南向、北向宜采用水平遮阳或综合式遮阳；

② 东西向宜采用垂直或挡板式遮阳；

③ 东南向、西南向宜采用综合式遮阳。

2）荷载验算

活动外遮阳装置应分别按照系统自重、风荷载、正常使用荷载、施工阶段及检修中的荷载等验算其静态承载能力。同时在结构主体计算时考虑遮阳装置对主体结构的作用。当采用长度 3m 及以上或系统自重大于 100kg 及以上的大型外遮阳装置时，应做抗风振、抗地震承载力验算，并应考虑以上荷载的组合效益。

3）控制形式

大于 3m 的大型外遮阳装置应采用电机驱动。建筑遮阳装置的控制系统，应根据使用要求或建筑环境的要求选择。对于集中控制的遮阳系统，系统应可显示遮阳装置的状态。

4. 相关标准、规范及图集：

(1)《建筑遮阳工程技术规范》JGJ 237—2011；

(2)《建筑遮阳通用要求》JG/T 274—2010；

(3)《建筑用遮阳金属百叶帘》JG/T 251—2009；

(4)《建筑用遮阳软卷帘》JG/T 254—2009；

(5)《建筑用遮阳天篷帘》JG/T 252—2009；

(6)《建筑用曲臂遮阳篷》JG/T 253—2009；

(7)《内置遮阳中空玻璃制品》JG/T 255—2009；

(8)《建筑外遮阳（一）》06J0506-1；

(9)《建筑节能窗外、建筑遮阳》11BJ2-10。

5. 参考案例

上海市委党校二期工程项目，在教学楼 A-M 轴/1-4 轴/M-A 轴的二～三层立面采用电动百叶外遮阳，遮阳形式为 550（W）×5000（H）的金属百叶，按 1400mm 间距布置。影响范围约为南立面 650m^2，具体使用情况见图 6-41。采用电动控制装置，根据阳光角度旋转调节。每三片竖向遮阳为一组，配置一个控制器。

图6-41　可调节外遮阳案例

该项目在选用可调节外遮阳时以经济适用为原则，采用了电动百叶外遮阳，可有效改善室内热环境，不仅能够保证室内的舒适性，同时能够降低室内负荷，减少空调系统能耗。

电动百叶遮阳采用一个电动机拖动一个单元的单幅百叶的控制方式。电机及控制系统满足耐候性要求。铝百叶在两侧立面幕墙内侧呈梯形的部分设固定百叶，百叶不可上下收起或放下，但可以通过电动调节百叶关闭角度。

6.3.2　供暖空调系统末端调节

1. 技术简介

供暖空调系统末端调节包括主动式供暖空调末端的可调性及个性化的调节措施，供暖空调系统末端可调节既可满足用户对热舒适性的差异需求，也可实现能源的节约。在我国的相关建筑节能设计标准中也有相关规定。

国家标准《公共建筑节能设计标准》GB 50189—2015规定：

4.5.6　供暖空调系统应设置室温调控装置；散热器及辐射供暖系统应安装自动温度控制阀。

行业标准《严寒和寒冷地区居住建筑节能设计标准》JGJ 26—2010规定：

5.3.3　集中采暖（集中空调）系统，必须设置住户分室（户）温度调节、控制装置以及分户热计量（分户热分摊）的装置或设施

行业标准《夏热冬冷地区居住建筑节能设计标准》JGJ 134—2010规定：

6.0.2 当居住建筑采用集中采暖、空调系统时，必须设置分室（户）温度调节、控制装置及分户热（冷）量计量或分摊设施。

行业标准《夏热冬暖地区居住建筑节能设计标准》JGJ 75—2003规定：

6.0.2 采用集中式空调（采暖）方式的居住建筑，应设置分室（户）温度控制及分户冷（热）计量设施。

用户能够根据自身的用热需求，利用空调供暖系统的调节阀主动调节和控制室温，是实现按需供热、行为节能的前提条件。对于集中供暖空调的住宅，由于节能标准的强制要求，容易实现末端可调节要求，对于采用供暖空调系统的公共建筑，应根据房间、区域的功能和所采取的系统形式，合理设置可调末端装置。

2. 适用范围

采用集中供暖空调的各类民用建筑。

3. 技术要点

(1) 技术指标

《绿色建筑评价标准》GB/T 50378—2014第8.2.9条规定，供暖空调系统末端现场

可独立调节，供暖、空调末端装置可独立启停的主要功能房间数量比例达到70%得4分；达到90%得8分。

(2) 设计要点

除末端只设手动风量开关的小型工程外，供暖空调系统均应具备室温自动调控功能。以往传统的室内供暖系统中安装使用的手动调节阀，对室内供热系统的供热量能够起到一定调节的作用，但因缺乏感温元件及自力式动作元件，无法对系统的供热量进行自动调节，从而无法有效利用室内的自由热，降低了节能效果。因此，对于散热器和辐射供热系统均要求能够根据室温设定值自动调节。对于散热器和地面辐射供暖系统，主要设置自力式恒温阀、电热阀、电动通断阀等。散热器恒温控制阀具有感受室内温度变化并根据设定的室内温度对系统流量进行自力式调节的特性，有效利用室内自由热从而达到节省室内供热量的目的。

4. 相关标准、规范及图集

(1)《公共建筑节能设计标准》GB 50189—2015；

(2)《严寒和寒冷地区居住建筑节能设计标准》JGJ 26—2010；

(3)《夏热冬冷地区居住建筑节能设计标准》JGJ 134—2010；

(4)《夏热冬暖地区居住建筑节能设计标准》JGJ 75—2003；

(5)《房间空气调节器能效限定值及能效等级》GB 12021.3—2010；

(6)《单元式空气调节机能效限定值及能源效率等级》GB 19576—2004；

(7)《民用建筑供暖通风与空气调节设计规范》GB 50376—2012；

(8)《实用供热空调设计手册》(第二版)；

(9)《浙江省公共建筑空气调节系统节能运行管理标准》DB33/T 1089—2012。

5. 参考案例

南京某超高层公共建筑项目，在暖通空调设计过程中，充分考虑了室内温湿度对室内的影响，室内空调设计参数均满足标准要求，见表6-8。

项目室内空调设计参数 **表6-8**

房间类型	设计参数			
	夏季空调温度(℃)	冬季空调温度(℃)	相对湿度(%)	风速(m/s)
大堂	25	18	<60	1.5~2
办公室	25	20	<60	1.5~2
商业	25	20	<60	1.5~2

此外，该项目室内设有调节方便、可提高人员舒适性的空调末端，可实现风速、温度、风量、风向等参数的调节，以满足使用者的需求，风机盘管系统室温调节装置如图6-42所示。

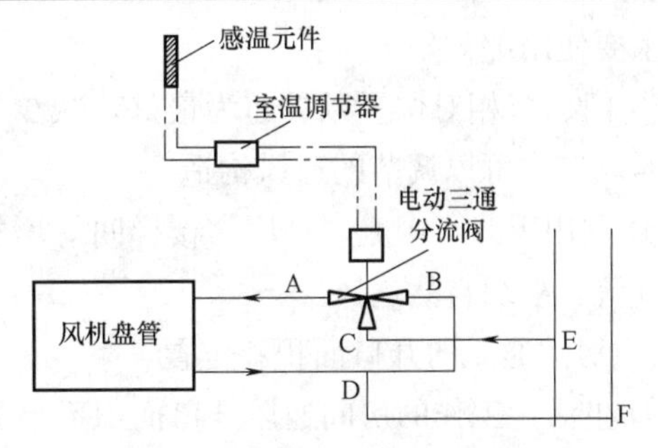

图6-42 风机盘管系统室温调节装置

6.4　室内空气质量

6.4.1　自然通风

1. 技术简介

自然通风是指依靠室外风力造成的风压和室内外空气温度差造成的热压，促使空气流动，使得建筑室内外空气进行交换的一种通风方式。自然通风按照通风原理分可分为风压通风，热压通风以及风压、热压混合通风三种形式。风压通风是指由于空气流动，在建筑迎风面形成正压，在建筑物背风面形成负压，由于空气压差所形成的通风形式；热压通风是指由于空气密度不同所造成的竖向压差而形成的通风形式。混合通风是指既包含热压通风形式又包含风压通风形式。

2. 适用范围

适用于新建、改建或者扩建的民用建筑。

3. 技术要点

(1) 技术指标

《绿色建筑评价标准》GB/T 50738—2014 第 8.2.11.1 条规定：气流组织合理，重要功能区域供暖、通风与空调工况下的气流组织满足热环境设计参数要求，得 4 分。

(2) 设计要点

自然通风是改善室内空气品质，降低空调系统在过渡季节能耗的重要手段。自然通风组织设计中，要注意以下问题：

1) 建筑朝向、间距及建筑群的布局

① 建筑物迎风面与夏季最多风向宜呈 60°～90°，且不应小于 45°；

② 建筑间距应满足后排建筑处于前排建筑风影区之外；

③ 建筑群宜采用错列式、斜列式平面布置形式以代替行列式、周边式平面布置形式。

2) 建筑的平面布置与剖面设计

① 主要使用的房间应布置在夏季迎风面、辅助用房可布置在背风面，并以建筑构造与辅助措施改善通风效果。

② 建筑立面开口位置的布置应尽量使室内气流场的分布均匀，并力求风能吹过房间中的主要使用部位。

③ 门、窗相对位置以贯通为最好，减少气流的迂回和阻力。纵向间隔墙在适当部位开设通风口或可以调节的通风构造。

④ 利用天井、中庭、小厅、楼梯间等增加建筑物内部的开口面积，并利用这些开口引导气流，组织自然通风。

3) 房间通风的开口面积和位置

① 生活、工作的房间通风开口面积不小于房间地板面积的 8%，厨房的通风开口有效面积不应小于该房间地板面积的 10%，并不得小于 0.60m^2；

② 夏季自然通风用的进风口，其下缘距室内地面的高度不应大于 1.2m；冬季自然通风用的进风口，当其下缘距室内地面的高度小于 4m 时，应采取防止冷风吹向人员活动区的措施。

4）其他促进自然通风的措施

在建筑中，某些建筑构件对室内通风将产生影响。首先，门、窗装置的开启方式对室内自然通风的影响很大。窗扇的开启有挡风或导风作用，装置得当，则能增加室内通风效果。一般房屋建筑中的窗扇常向外开启呈 90°角。这种开启方式，当风向入射角较大时，将使风受到阻挡。如增加开启角度，则可导风入室。其次，中悬窗、上悬窗、立转窗、百叶窗都可起调节气流方向的作用。此外，落地长窗、漏窗、漏空窗台、折叠门等通风构件有利于降低气流高度，增大人体受风面，也是常用的构造措施。

4. 相关标准、规范及图集

（1）《民用建筑供暖通风与空气调节设计规范》GB 50736—2012；

（2）《室内空气质量标准》GB/T 18883—2002；

（3）《民用建筑工程室内环境污染控制规范》GB 50325—2010。

5. 参考案例

上海某三星级绿色公共建筑项目，在 A、B、E、F 楼拔风井自然通风系统采用楼梯旁楼梯间作为通风井道，标高为伸出屋面 4.0m，中庭拔风井位于建筑内部。斜屋顶坡向屋面，南低北高。其中所有楼拔风井顶端向着南面及北面开口。通过拔风井自然通风系统在过渡季节可起到增强自然通风，改善室内舒适性的作用，项目实景如图 6-43 所示。

图 6-43 中庭拔风井实景图和楼梯间拔风井实景图

由于办公建筑室内门不可能经常打开，为了形成较好的“穿越式”自然通风及热压作用的热气流能够顺畅地流向拔风井，在每个办公间靠近走廊的内墙上开启百叶口。过渡季节利用自然通风时开启，空调季节时关闭，项目实地近、远景如图 6-44 所示。

拔风井的宽度在 1.4～1.7m 之间，拔风井的高度应在 15～17m 左右。拔风井伸出屋面高度取为 4m。

拔风井内侧开启百叶排风口的尺寸及标高见图 6-45，宽度根据建筑图为拔风井面向室内的实际宽度。

(*a*)

(*b*)

图 6-44　走廊内可开启的百叶口

(*a*) 远景；(*b*) 近景

拔风井采用各楼梯旁楼梯间，标高为伸出屋面 4.0m。斜屋顶坡向屋面，南低北高。其中所有楼拔风井顶端向着南面及北面开口，尺寸宽度为塔宽，高度为 1.0m，见图 6-46。

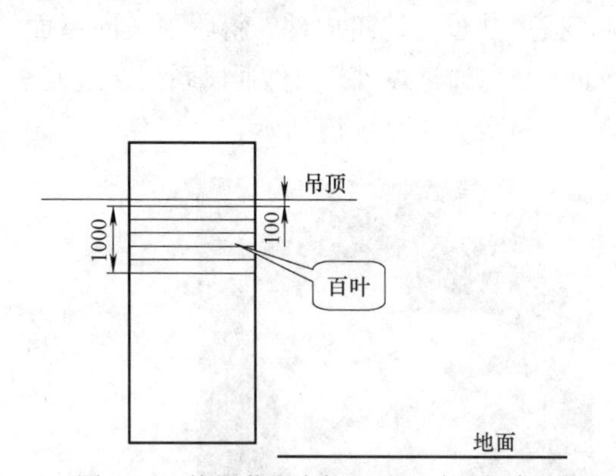

图 6-45　拔风井室内侧百叶尺寸及标高

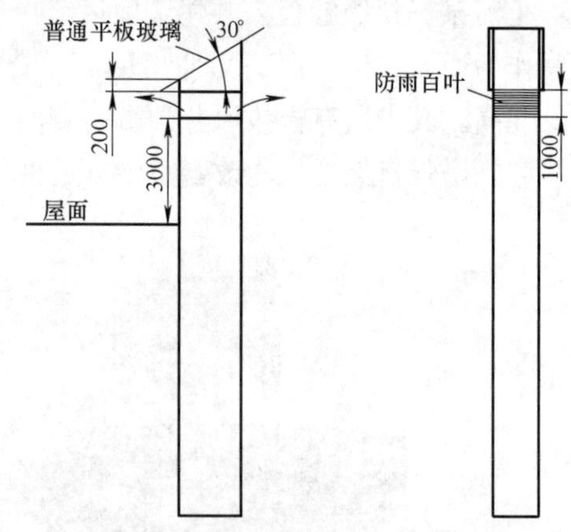

图 6-46　拔风井东立面及南立面图

各楼拔风井外部尺寸及标高，见表 6-9 和表 6-10。

各楼拔风井位置及面积　　**表 6-9**

	A	B	E	F
位置	楼梯左侧	楼梯右侧	楼梯左侧	楼梯北侧
目前构造情况	内侧为玻璃	内外侧均为墙	内侧为玻璃	内外侧均为玻璃
控制方式	电动控制开启	电动控制开启	电动控制开启	电动控制开启
井道截面积	3.0m²	3.0m²	3.0m²	3.0m²

A 楼拔风井外部尺寸及标高　　**表 6-10**

位置	标高	出口百叶尺寸	上部百叶离顶端距离	顶部倾斜角
东侧百叶	高出屋面 4.0m	1.2×0.7m	0.2m	30°
北侧百叶	高出屋面 4.0m	1.3×0.7m	0.2m	30°
西侧百叶	高出屋面 4.0m	1.2×0.7m	0.2m	30°

通过后期的实际测试得到如下结论：

在目前测试工况下（室内外温度差 1.8～3℃），通过对拔风井自然通风系统的运行测试，可以看出该系统有一定的通风效果，起到了自然通风的作用。在过渡季空调系统关闭的情况下，若将每个办公间靠近走廊的内墙上的百叶口打开，则热压和风压的双重作用将使得自然通风效果显著增强。

6.4.2 空调气流组织

1. 技术简介

在空调系统中，经过空调系统处理过的空气，经送风口进入空调房间，与室内空气进行热质交换后由回风口排出。空气的进入和排出，必然会引起室内空气的流动，形成某种形式的气流流型和速度场。气流组织的设计任务是合理组织室内空气的流动，使室内工作区的温度、湿度、速度和洁净度能更好地满足工艺要求及人们的舒适性要求。空调送风方式有贴附侧送风、孔板送风、喷口送风、散流器送风、置换通风、地板送风以及分层送风等几种形式。气流组织形式有上送上回式、上送下回式、下送上回式以及中送式等几种。空调送风方式决定了气流组织形式，因此要先确定空调送风方式，再选择气流组织形式。其基本要求如表 6-11 所示。

舒适性空调气流组织的基本要求　　表 6-11

空调类型	室内温湿度参数	送风温差（℃）	每小时换气次数	风速(m/s)		可能采取的送风方式
				送风出口	空气调节区	
舒适性空调	冬季 18～24℃，φ=30%～60% 夏季 22～28，φ=40%～65%	送风口高度 $h\leqslant 5$m 时，不宜大于 10； 送风口高度 $h>5$m 时，不宜大于 15	不宜小于 5 次，但对高大空间，应按其冷负荷通过计算确定	应根据送风方式、送风口类型、安装高度、室内允许风速、噪声标准等因素确定。消声要求高时，采用 2～5	冬季≤0.2 夏季≤0.3	侧向送风； 散流器平送或向下送； 孔板上送； 条缝口上送； 喷口或旋流风口送风； 置换通风； 地板送风

2. 适用范围

适用于所有采用集中空调系统的民用建筑。

3. 技术要点

(1) 技术指标

《绿色建筑评价标准》GB/T 50738—2014 第 8.2.11.1 条规定：气流组织合理，重要功能区域供暖、通风与空调工况下的气流组织满足热环境设计参数要求，得 4 分。

《民用建筑供暖通风与空气调节设计规范》GB 50736—2012 第 7.4.1 条：气流组织应根据建筑物的用途对空调房间内温湿度参数、允许风速、噪声标准、空气质量、室内温度梯度及空气分布特性指标（ADPI）的要求，结合内部装修，工艺或家具布置等进行设计，计算。影响气流组织的因素很多，如送风口位置及形式，回风口位置，房间几何形状及室内的各种扰动等，其中以送风口的空气射流及其送风参数对气流组织的影响最为重要。

(2) 设计要点

空调送风形式及气流组织设计中，应注意以下问题：

1）空调区的送风方式及送风口选型，应符合下列要求：

① 宜采用百叶、条缝型风口贴附侧送；当侧送气流有阻碍或单位面积送风量较大，且人员活动区的风速要求严格时，不应采用侧送；

② 设有吊顶时，应根据空调区的高度及对气流的要求，采用散流器或孔板送风。当

单位面积送风量较大，且人员活动区内的风速或区域温差要求较小时，应采用孔板送风；

③ 大堂、多功能厅、剧院、中庭等高大空间宜采用喷口送风，旋流风口送风或下部送风；

④ 送风口表面温度应高于室内露点温度；低于室内露点温度时，应采用低温风口。

2）采用贴附侧送风时，应满足下列要求：

① 送风口上缘与顶棚的距离较大时，送风口应设置向上倾斜10°～20°的导流片；

② 送风口内宜设置防止射流偏斜的导流片；

③ 射流流程中应无阻挡物。

3）采用孔板送风时，应符合下列要求：

① 孔板上部稳压层的高度应按计算确定，且净高不应小于0.2m；

② 向稳压层内送风的速度宜采用3～5m/s；

③ 孔板布置应与局部热源分布相适应。

4）采用喷口送风时，应符合下列要求：

① 人员活动区宜位于回流区；

② 喷口安装高度，应根据空调区的高度和回流区分布等确定；

③ 兼作热风供暖时，宜具有改变射流出口角度的功能。

5）采用散流器送风时，应满足下列要求：

① 风口布置应有利于送风气流对周围空气诱导，风口中心与侧墙的距离不宜小于1.0m；

② 采用平送方式时，贴附射流区无阻挡物。

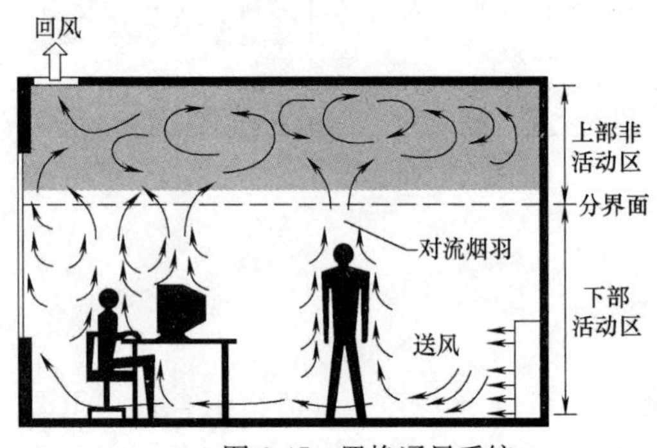

图6-47　置换通风系统

6）采用置换通风（图6-47）时，应符合下列要求：

① 房间净高宜大于2.7m；设计时控制分界面位于头部以上，使人员活动区的空气温度、风速和污染物浓度符合热舒适和卫生标准的要求。

② 送风温度不宜低于18℃；

③ 空调区的单位面积冷负荷不宜大于120W/m²；

④ 污染源宜为热源，且污染气体密度较小；

⑤ 室内人员活动区0.1～1.1m高度的空气垂直温差不宜大于3℃。

7）采用地板送风（图6-48）时，应符合下列要求：

① 地板送风系统的室内冷负荷和热负荷的计算方法与顶部混合式送风系统相同，但在确定供冷所需送风量时，考虑到地板送风系统在室内形成空气分层的特点，它与传统方法有所不同：将得热量分配到人员活动区与非人员活动区；考虑房间通过地板向静压箱传热。

② 地板送风系统供冷时，进入静压箱的送风温度应保持在16～18℃范围内，而地板散热器的出风温度以17～18℃为最佳，以避免附近人员感到过冷。在部分负荷情况下，送风温度甚至还可以设定的高一些。

③ 热分层高度应在人员活动区之上；

④ 静压箱应保持密闭，与非空调区之间有保温隔热处理。

8）采用分层空调送风（图 6-49）时（《公共建筑节能设计标准》GB 50189—2005 第 4.4.4 条：建筑空间高度大于或等于 10m 且体积大于 10000m^3 时，宜采用辐射供暖供冷或分层空调系统），应符合下列要求：

图 6-48　地板送风系统

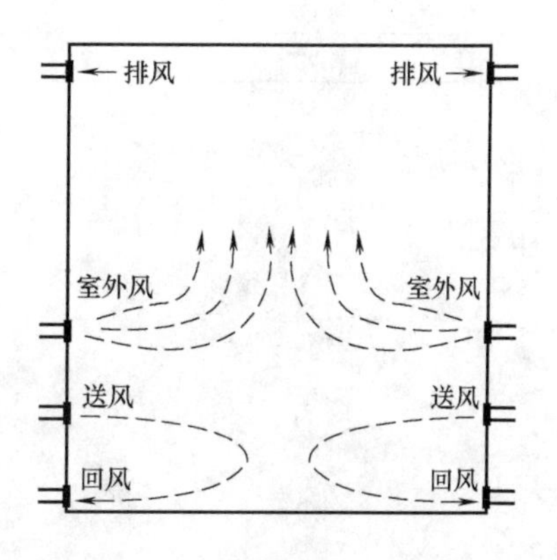

图 6-49　分层空调送风系统

① 空调区宜采用双侧送风；当空调区跨度较小时，可采用单侧送风，且回风口宜布置在送风口的同侧下方；

② 侧送多股平行射流应互相搭接；采用双侧对送射流时，其射程可按相对喷口中点距离的 90％计算；

③ 宜减少非空调区向空调区的热转移；必要时，宜在非空调区设置送、排风装置。

④ 送风口送风角度应调节方便，使夏季能进行水平送风，冬季能进行向下送风，下倾角大于 30°。对于集中空调系统或可配风管的空调机组，须考虑设置能使各个风口均匀送风的调节装置。

⑤ 冬季送风时回风口应布置在室内下部，不应采用集中回风、上部回风或中部回风。减小送风温差，增大送风量。在技术经济合理时，可以采用诱导风口。建筑物密封性能尽量做得好些，尽量减少渗透风的进入，以免浪费能量和影响工作区垂直温度场的均匀性。

9）常用的回风口有单层百叶风口、活动箅板式回风口、固定百叶格栅风口、网板风口、箅孔和孔板风口及蘑菇形回风口。回风口的布置方式、要求及回风口的吸风速度如下：

①回风口不应设在射流区内和人员长时间停留的地点。

②室温允许波动范围 Δt_x＝±0.1～0.2℃的空调房间，宜采用双侧多风口均匀回风；Δt_x＝±0.5～1.0℃的空调房间，回风口可布置在房间同一侧；Δt_x＞±1℃，且室内参数相同或相近似的多房间空调系统，可采用走廊回风。

③ 采用侧送时，回风口宜设在送风口的同侧；采用孔板或散流器送风时，回风口宜设在下部；采用顶棚回风时，回风口宜与照明灯具结合成一整体。

④ 回风口的回风量应能调节，可采用带有对开式多叶阀的回风口，也可采用设在回风支管上的调节阀。

⑤ 回风口的吸风速度如表 6-12 所示。

4. 相关标准、规范及图集

《民用建筑供暖通风与空气调节设计规范》GB 50736—2012。

回风口的吸风速度　　表 6-12

回风口位置		最大吸风速度(m/s)
房间上部		≤4.0
房间下部	不靠近人经常停留的地点时	≤3.0
	靠近人经常停留的地点时	≤1.5

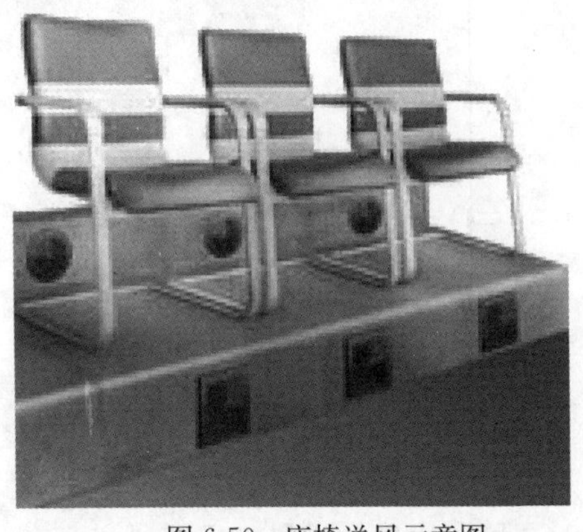

图 6-50　座椅送风示意图

5. 相关案例

武汉某商业裙房一星级绿色建筑项目，七～八楼有影院放映厅，层高为 6.5m，在空调风系统设计中，采用下部座椅送风，上部回风的方式，末端采用全空气定风量空调系统，空气处理机组采用双风机形式，可实现全室外新风运行（图 6-50）。一方面该送风方式具有很好的热舒适效果，另一方面将送风口放在台阶座椅的做法，节省了室内空间。

在供冷季节，下送风系统可采用较高的送风温度，一般为 16～18℃；而混合式送风系统的送风温度较低，一般为 13℃。随着送风温度的提高，冷水机组的出水温度和 COP 值相应提高，有好的节能效果。

在过渡季节，当室外空气温度低于要求的送风温度时，可直接利用新风提供免费供冷的时段较混合式送风系统增长，相应缩短了冷水机组的运行时间。

6.4.3　CO_2 浓度监控

1. 技术简介

CO_2 浓度监控系统是指在人员密度较大的房间利用传感器（图 6-51）对主要位置的二氧化碳浓度进行数据采集，将所采集的有关信息传输至计算机或监控平台，进行数据存储、分析和统计，CO_2 浓度超标时能实现报警，并与新风系统实现联动控制，以此来保证室内空气品质的系统。

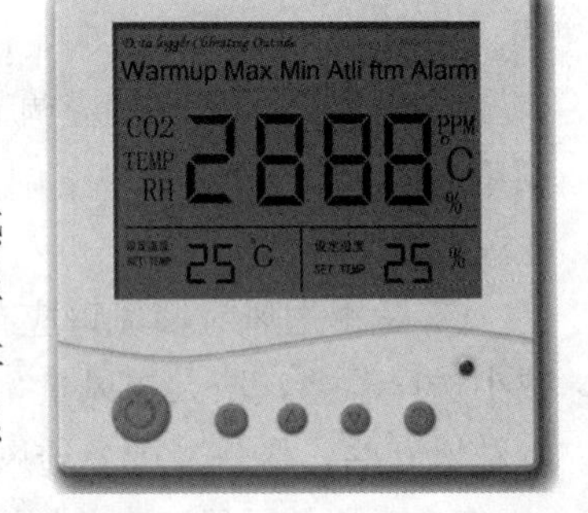

图 6-51　室内 CO_2 探测报警器

2. 适用范围

适用于各类公共建筑中的人员密度大或使用时间不固定的场合，如博物馆、电影院、大型商场、图书馆、体育馆；或人员较为集中的办公建筑或功能房间，如会议室，开敞式办公空间、医院候诊室、公共交通等候室等。

3. 技术要点

(1) 技术指标

《绿色建筑评价标准》GB/T 50738—2014 第 8.2.12 条：主要功能房间中人员密度较高且随时间变化大的区域设置空气质量监控系统。对室内的二氧化碳浓度进行数据采集、分析，并与通风系统联动，可得 5 分。

(2) 技术要点

二氧化碳浓度监测系统在设计安装过程中要注意以下几个问题：

1) CO_2 浓度传感器安装位置的确定

一般来说，CO_2 较空气密度大，室内人员呼吸区域空间范围为 1.2～1.5m 处，因此

CO_2 浓度传感器的位置可布置在室内回风口处，或设置在离地 1.2～1.5m 处。

2）CO_2 浓度传感器设置数量的确定

CO_2 传感器的设置数量应根据新风系统控制区域的面积大小进行确定，宜按下列原则进行布置：小于 50m²，1 个；50～100m²，2 个；100～500m²，不少于 3 个；500～1000m²，不少于 5 个；1000～3000m²，不少于 6 个；3000m² 以上，每 1000m² 不少于 3 个。

3）CO_2 传感器的量程精度要求

《室内空气质量标准》GB/T 18883—2002 规定，室内 CO_2 浓度的日平均值要求限值为 0.1%（1000ppm），因此测量范围宜为 0～2000ppm，精度为：±5%。

4. 相关标准、规范及图集

（1）《室内空气质量标准》GB/T 18883—2002；

（2）《室内环境空气质量监测技术规范》HJ/T 167—2004。

5. 相关案例

上海某三星级公共建筑项目，设计中注重室内空气质量的控制，设计了二氧化碳监测系统与新风系统联动，总计布置了 10 个 CO_2 浓度传感器（表 6-13），主要布置在会议室，餐厅，大堂，健身房区域（图 6-52、图 6-53）。当室内 CO_2 浓度超过 1000ppm 时，控制信号就会联动新风阀，增大开启角度，从而加大送风量，确保室内空气品质。

CO_2 传感器布置设备表 表 6-13

楼层	功能区	设置数量	安装要求	电源线	备注
一层	餐厅	4 个	高地 1300mm	低烟无卤阻燃型信号线缆和电源线缆	与 AHU-4-B1-2 电动新风阀联锁
	大堂	1 个	高地 1300mm	低烟无卤阻燃型信号线缆和电源线缆	与 EX-4-J-1 新风支管电动风阀联锁
	会议室	4 个	高地 1300mm	低烟无卤阻燃型信号线缆和电源线缆	与 EX-4-J-1 新风支管电动风阀联锁
二层	健身房	1 个	高地 1300mm	低烟无卤阻燃型信号线缆和电源线缆	与新风支管电动风阀联锁

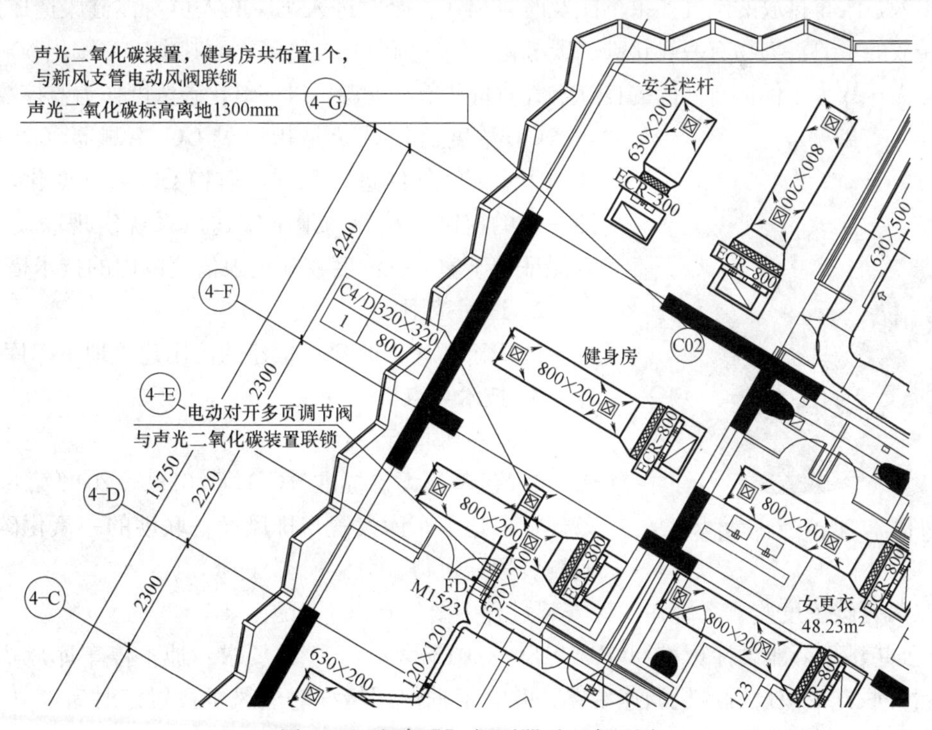

图 6-52 室内 CO_2 探测器平面布置图

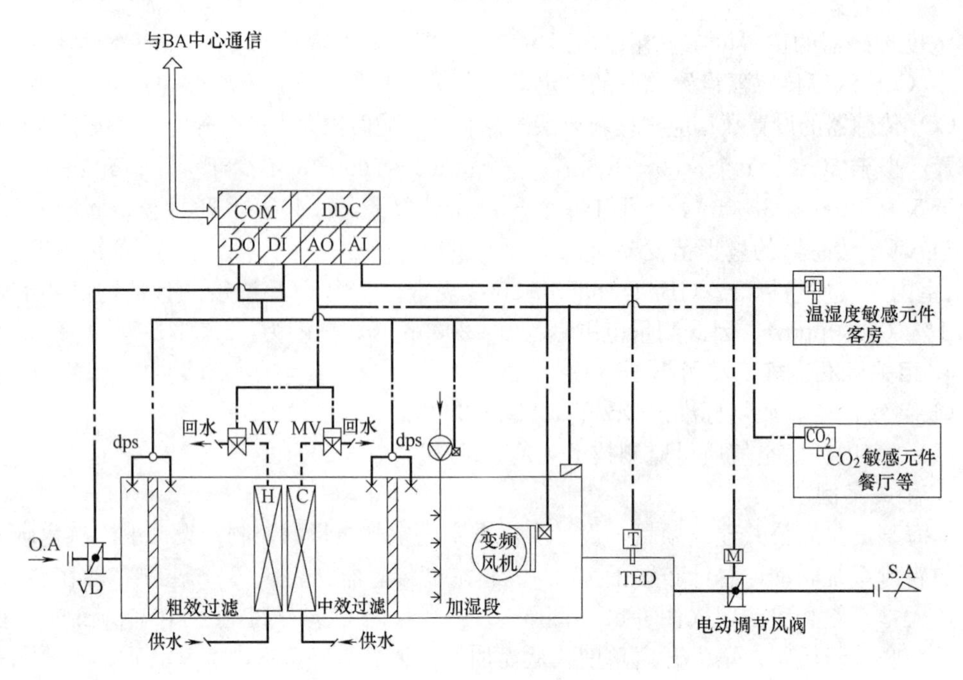

图 6-53　CO_2 探测联动新风机组控制图

6.4.4　CO 浓度监控

1. 技术简介

地下车库与地上建筑相比，处于封闭或半封闭的状态，自然通风和采光很少，且内部有汽车出入，汽车排放的尾气如果不能及时排出，就会对进入车库的人员身体健康造成危害。汽车排放的主要污染物有一氧化碳、碳氢化合物、氮氧化合物等，而其中以一氧化碳对人体危害最大，故为了保证车库内的良好空气质量并节约能源，以一氧化碳浓度作为监控数据。

CO 浓度监控系统是指通过 CO 探测器（图 6-54）对地下室 CO 气体进行采样，监控 CO 浓度变化，并按照一定的控制策略，与地下室送风系统实现联动控制，以保证地下室 CO 浓度在安全限值范围内的技术措施。

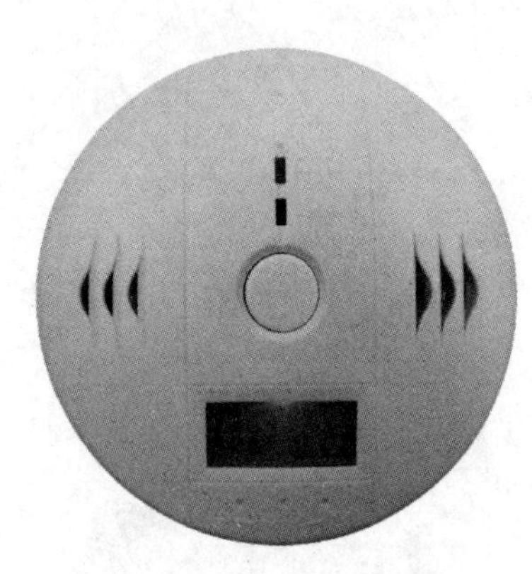

图 6-54　室内 CO 探测报警器

2. 适用范围

适用于新建，改建，扩建的民用建筑地下车库。

3. 技术要点

（1）技术指标

《绿色建筑评价标准》GB/T 50738—2014 第 8.2.13 条规定：地下车库设置与排风设备联动的一氧化碳浓度监测装置，可得 5 分。

二氧化碳浓度监测系统在设计安装过程中要注意以下问题：

《公共建筑节能设计标准》GB 50189—2015 第 4.5.11 条要求：地下停车库风机宜采用多台并联方式或设置风机调速装置，并宜根据使用情况对通风机设置定时启停（台数）控制或根据车库内的一氧化碳浓度进行自动运行控制。

(2) 技术要点

CO浓度监控系统设计中要重点关注传感器安装的位置，安装数量以及量程精度等，具体要求如下：

1) CO传感器安装位置的确定

一般来说，CO气体与空气密度相当，略低于空气密度，因此应靠近人员活动区上部进行安装，考虑到地下室的高度以及人员高度，一般建议安装在距地面2～2.5m高的位置；由于CO传感器主要反映的是地下室某一区域的平均CO浓度，因此安装位置不应位于汽车尾气直接喷到的地方；同时也要尽量避开送排风机附近气流直吹的位置。

2) CO传感器安装数量

一般情况下，地下室面积较大，安装一个传感器难以全面监控整个地下室区域。因此，可以根据地下室面积大小，每300～500m² 布置一个CO传感器，或者根据送排风系统划分控制的区域，每个送排风系统布置一个CO传感器。

3) CO传感器的量程及精度

《室内空气质量标准》GB/T 18883—2002对于CO浓度的限值要求为1h的平均浓度不超过10mg/m³，因此CO传感器的测量范围建议为0～20mg/m³，精度为：±0.05 mg/m³。

4. 相关标准、规范及图集

《室内空气质量标准》GB/T 18883—2002。

5. 应用案例

江苏扬州某三星级住宅项目，地下汽车库设置一氧化碳浓度监测装置，一氧化碳传感器300～500m² 布置一只（表6-14、图6-55），安装高度约为2.2m，用导线传送到控制单元主机，平时排风，根据车库内设置的一氧化碳浓度数据与设定值比较，调节风机风量，车库内一氧化碳浓度高于25ppm时，风机按最高效率运行，低于5ppm时风机停止运行，5～25ppm之间PID自适应调节，防止风机频繁启停的设置延时时间为8min，由智能通风控制单元进行控制，将安装与敏感点的传感器检测到的温度或湿度信号转变为对应的4～20mA的标准电信号上传给主控制器，主控制器对数据进行采集、存储、分析和处理，并对过程进行控制，给出风机的启停与风量调节信号和报警信号，接受控制器输出的控制信号，控制排风机和送风机的运行状态与风量变化，送风控制单元与排风控制单元通过通信线连接，通过通信接口与BA系统连接。

CO传感器布置设备表 **表6-14**

传感器形式	服务区域	使用电源	CO感测范围	温差感测范围	温差感测时间	外观尺寸	安装高度	个数	配套集中控制器			配套主风控制线缆块		
		V-0-Hz	ppm	℃	s	高×宽×高(mm)	mm		参考型号	功率(W)	台数	参考型号	功率(W)	个数
CO浓度探测传感器	车库防火分区1	24V AC/DC	1～100	1～10	1～60	102×56×26	h+2.200	6	FYK-1	20	2	FYM-1	5	2
CO浓度探测传感器	车库防火分区2	24V AC/DC	1～100	1～10	1～60	102×56×26	h+2.200	6	FYK-1	20	2	FYM-1	5	2

续表

传感器形式	服务区域	使用电源	CO感测范围	温差感测范围	温差感测时间	外观尺寸	安装高度	个数	配套集中控制器			配套主风控制线缆块		
		V-0-Hz	ppm	℃	s	高×宽×高(mm)	mm		参考型号	功率(W)	台数	参考型号	功率(W)	个数
CO浓度探测传感器	车库防火分区3	24V AC/DC	1～100	1～10	1～60	102×56×26	h+2.200	6	FYK-1	20	2	FYM-1	5	2
CO浓度探测传感器	车库防火分区6	24V AC/DC	1～100	1～10	1～60	102×56×26	h+2.200	5	FYK-1	20	2	FYM-1	5	2
CO浓度探测传感器	车库防火分区7	24V AC/DC	1～100	1～10	1～60	102×56×26	h+2.200	6	FYK-1	20	2	FYM-1	5	2

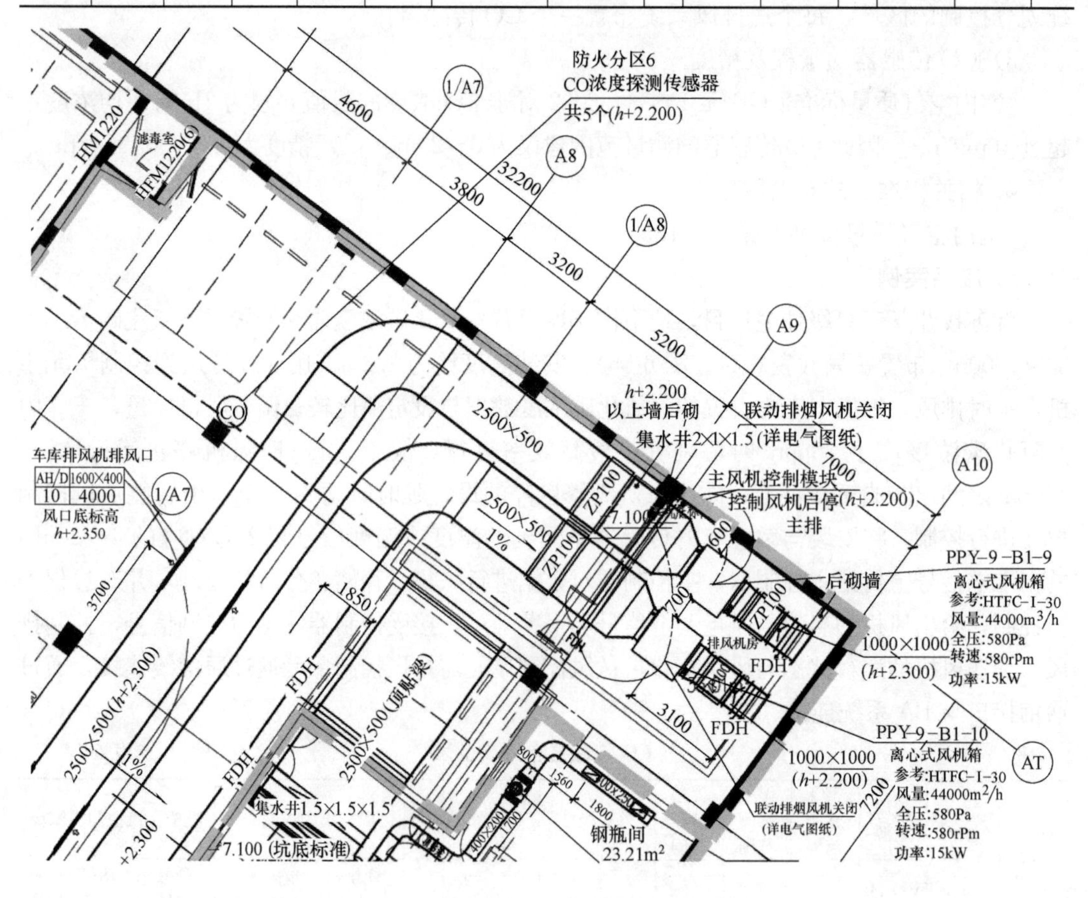

图 6-55　地下车库 CO 探测器平面布置图

6.4.5　PM2.5 新风系统

1. 技术简介

PM2.5 新风系统是用通风方法改善室内空气环境，将室内不符合卫生标准的污浊空气排至室外，把新鲜空气或经过深度除霾的符合卫生要求的空气送入室内。PM2.5 新风系统按系统形式可分为集中式和分户式。其中集中式PM2.5新风系统是整个建筑的PM2.5新风由PM2.5新风机组集中供给的通风方式。户内无需设置PM2.5新风机组，只需合理设置管道和进、排风口，系统示意图如图6-56所示。

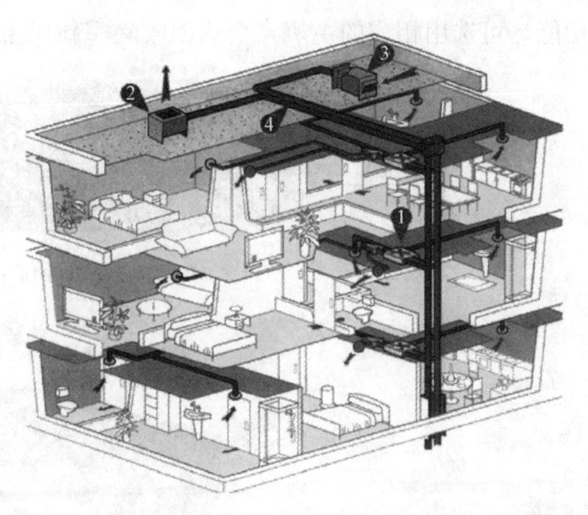

图6-56 集中式PM2.5新风系统示意图

分户式PM2.5新风系统是指每家每户各自安装一套独立的PM2.5新风系统。分户式PM2.5新风系统主要由PM2.5新风主机、排风口、除霾新风口、风管组成。根据送排风方式的不同，分户式除霾新风系统分为单向流和双向流除霾新风系统。单向流除霾新风系统示意图和双向流除霾新风系统示意图如图6-57所示。

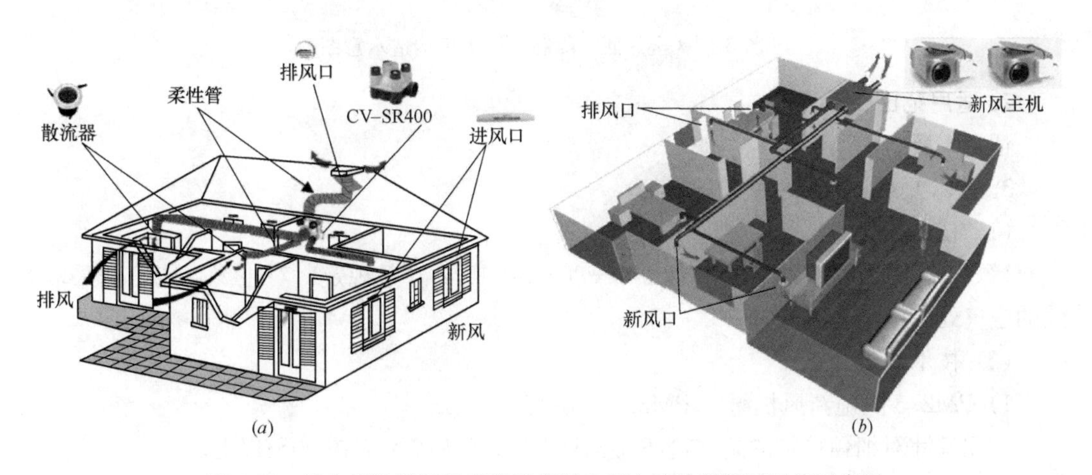

(*a*) (*b*)

图6-57 单向流除霾新风系统示意图和双向流除霾新风系统示意图

(*a*) 典型系统图；(*b*) 双向流中央新风系统原理图

其中，单向流除霾新风系统组成简单，主机和管道占用空间少，购置成本低，但无法实现对室外空气的处理，适合于室外空气质量较好的情况。双向流除霾新风系统组成比单向流复杂，主机和管道占用空间多，购置成本和维护费用较高，可在主机内部增设一个热交换器模块，从而可实现排风和除霾新风进行换热。主机若采用PM2.5除霾新风机组，则可实现对环境大气中细颗粒物PM2.5的有效去除。

除霾新风系统主要由除霾新风主机、管道、风口、控制单元及其他配件组成。

除霾新风系统的核心部件是除霾新风主机。对于集中式除霾新风系统，其主机由风机段、过滤段、热回收段、湿度处理段等功能不同段组合而成（图6-58），根据需求，可选择不同的配置，其组成如图6-58所示。户式除霾新风系统的主机可根据不同需要配置不同的功能单元：①单向流除霾新风系统，可选择单向流机组，市面上也称为自平衡除霾新风机组；②双向流除霾新风系统，可根据是否设置能量回收装置，是否设置PM2.5过滤功能，可选用相应的主机。全热回收除霾新风主机构造如图 6-59 所示。

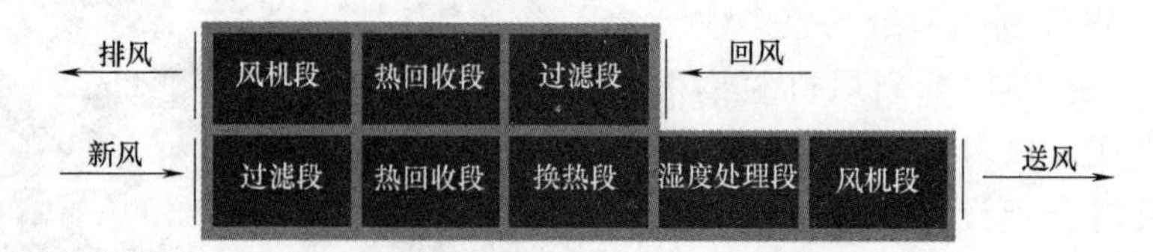

图 6-58　除霾新风主机功能组成

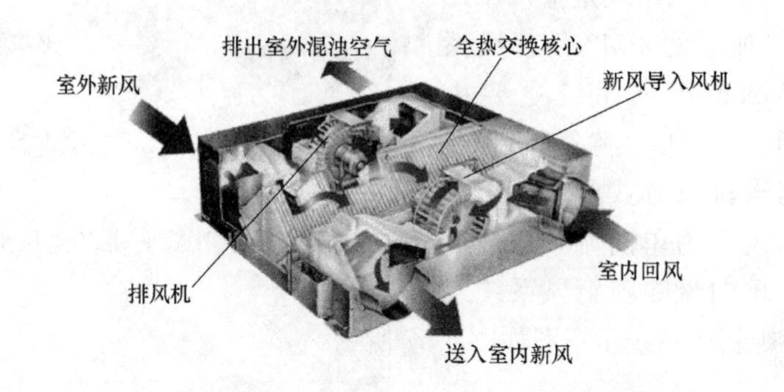

图 6-59　全热回收除霾新风主机构造示意图

2. 适用范围

适用于所有民用建筑。

3. 技术要点

（1）技术指标

《绿色建筑评价标准》GB/T 50378—2014 第 11.2.6 条规定：对主要功能房间采取有效的空气处理措施，得 1 分。

（2）技术要点

1）PM2.5 除霾新风机组的 PM2.5 去除率

应配备针对细颗粒物的高效过滤器，且 PM2.5 去除率应在 90%以上。

2）关注除霾新风机组的噪声

对于集中式除霾新风系统：户内噪声主要来源于风口，设计时应选择合适的风速。

对于分户式除霾新风系统：户内噪声主要来源于除霾新风机组，设计时应选择具有静音设计的除霾新风主机。

3）除霾新风室内气流的合理组织

要注意室内除霾新风系统气流组织的合理性，除霾新风口和排风口宜对角线布置，以避免出现气流短路。

优先选择下送风（由下部向上部送风）的除霾新风系统形式，上送上回和下送上回式气流组织如图 6-60 所示，上送上回式主机和风口布置如图 6-61 所示，下送风管道和风口布置如图 6-62 所示。

4. 相关标准、规范及图集

（1）《室内空气质量标准》GB/T 18883—2002；

（2）《工业建筑供暖通风与空气调节设计规范》GB 50019—2015

图 6-60 气流组织示意图（左：上送上回式，右：下送上回式）

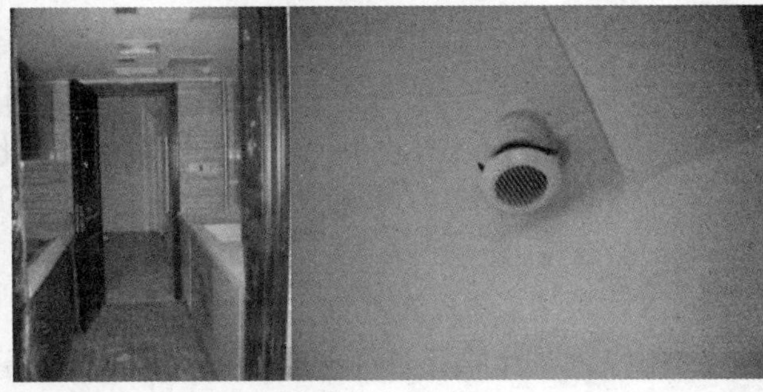

图 6-61 上送上回式主机和风口布置

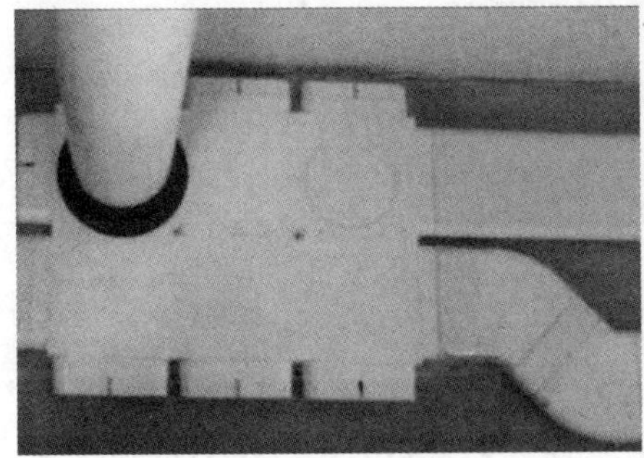

图 6-62 下送风管道和风口布置

(3)《夏热冬冷地区居住建筑节能设计标准》JGJ 134—2010；

(4)《民用建筑供暖通风与空气调节设计规范》GB 50736—2012；

(5)《环境空气质量标准》GB 3095—2012。

5. 相关案例

以某一面积约为 13m^2 的办公室为例说明除霾新风系统去除 PM2.5 的性能。采用送风量为 5.2m^3/min 的空气净化器，保证 8ACH 的换气次数。开启空气净化器 20min 后室内 PM2.5 浓度下降了约 35μg/m^3，约 30min 后室内 PM2.5 浓度降至 0，说明空气净化器能有效去除室内空

图 6-63 除霾效果现场测试图

气中的 PM2.5，现场测试情况如图 6-63 所示。

6.4.6　空气净化技术

1. 技术简介

空气净化技术是指对室内空气污染进行整治，以提升室内空气质量、改善居住、办公条件，促进身心健康等一系列技术的总称。空气净化技术按照净化原理可分为两类：一类是被动吸附过滤式原理，它是利用风机将空气抽入机器，通过内置的滤网过滤空气，主要能够起到过滤粉尘、异味、消毒的作用。这种滤网式空气净化器多采用 HEPA 滤网＋活性炭＋光触媒（冷触媒、多触媒）＋紫外线杀菌消毒＋静电吸附滤网等方法来处理空气。其中 HEPA 滤网有过滤粉尘颗粒物的作用，其他活性炭等主要是吸附异味的作用；第二类属于主动式空气净化原理，它是通过主动向空气中释放净化灭菌因子，通过空气弥漫性的特点，到达室内的各个角落对空气进行无死角净化。

目前市场上主流空气净化技术如下所述：

（1）过滤技术

过滤技术是目前最为主流的净化手段，主要净化对象为空气中的颗粒物。市场上大多数空气净化器都采用 HEPA 进行过滤。HEPA 是一种国际公认的高效滤材，一般采用多组分玻璃纤维制成，孔径微小，吸附容量大，净化效率高。HEPA 材料对微粒的捕捉能力较强，可有效滤除 0.3μm 以上的可吸入颗粒物、烟雾、细菌等，过滤效率达 99.97%以上，在空气净化器中得到了广泛的使用。它的缺点是滤网需频繁更换，维护成本较高。

（2）活性炭吸附技术

活性炭是应用最早、用途较广的一种优良吸附剂，其特点是具有独特的孔隙结构和较大的比表面积（5002000m^2/g），具有较强的吸附能力。活性炭的孔隙结构非常复杂，孔径分布范围很宽，在室内环境污染治理中，活性炭的多孔结构可以发挥与其相应的性能：微孔（直径＜2nm），呈现出很强的吸附性能；过渡孔（孔径 2～50nm），可作为负载化学改性剂的载体，可负载催化剂和脱臭剂，通过催化剂催化分解吸附到微孔中的污染物；大孔（孔径＞50nm）可吸附室内环境中的微生物及菌类。活性炭的吸附作用分为物理吸附和化学吸附。物理吸附吸附质与吸附剂的结合较弱，温度、风速升高到一定程度，所吸附的污染物就可能游离出来，造成二次污染。对室内空气中的有毒有害污染物，化学吸附更可靠。当活性炭吸附饱和后会失去吸附功能，需频繁更换

（3）膜分离技术

膜分离技术净化空气的机理包括分子筛分和克努森扩散。根据分子筛分机理，分子大小不同的混合物与膜接触后，大分子截留，而小分子则通过孔道，从而实现分离。根据克努森扩散理论，气体透过膜孔的速度与其相对分子质量的平方根成反比，因此，各组分在压力推动下透过膜的传质速率不同而实现分离。用于气体分离的膜分为有机膜和无机膜。有机膜应用于室内空气净化的研究目前尚少，无机膜因具有热稳定性好、化学性质稳定、不被微生物降解、容易控制孔径尺寸等特点，在室内空气净化方面有很大应用潜力。现已有用无机陶瓷膜净化空气的报道。有学者进行了用浓度梯度氧化铝净化空气的研究，实验

结果表明，该无机膜去除空气中大于0.2μm颗粒物的效率达100%，对细菌的总截留率也达99.99%。

(4) 水洗净化技术

水洗净化通过水与空气的接触，使空气中的颗粒物以及水溶性物质融入水中，水洗净化不仅能去除空气中的颗粒物和水溶性物质，还能加湿空气。

(5) 静电集尘技术

利用高压静电场形成电晕，在电晕区里自由电子和离子碰撞附到尘埃颗粒上，使颗粒带上电荷，荷电后的颗粒在电场力作用下被吸着到收集区并沉积下来，从而降低空气中的颗粒物浓度，同时能杀灭细菌等微生物。有关研究表明，对单级静电除尘净化器进行性能测试，单级静电除尘对直径在2μm以上颗粒物的去除效率达到92.78%，对直径在5μm以上颗粒物的去除效率达到94.5%；运行1h，对室内空气中自然菌的平均消除效率达90.33%。但该方法对室内空气中的有害气体没有效果，且使用过程中会产生臭氧。

(6) 负离子技术

负离子技术是利用施加高电压产生负离子，借助凝结和吸附作用，附着在固相或液相污染物微粒上，形成大粒子并沉降下来。空气中的负离子不仅能使空气格外新鲜，还可以杀菌和消除异味。但空气中的负离子极易与空气中的尘埃结合，成为“重离子”，而悬浮的重离子在降落过程中，依然附着在室内家具、墙壁等物品上，不能清除污染物或将其排出室外。

(7) 低温非对称等离子体技术

通过高压、高频脉冲放电形成非对称等离子体电场，等离子体中包含大量的高能电子、离子、激发态粒子和具有强氧化性的自由基，这些活性粒子和有害气体分子发生频繁的碰撞，产生雪崩效应式的一系列物理、化学反应，对有毒有害气体及病毒、细菌等进行快速分解。在化学反应的过程中，添加适当的催化剂，能降低分子的活化能从而加速化学反应。通过对3m^{3}密封舱内的甲醛降解实验，结果显示：采用等离子体单独降解甲醛，90min后降解效率达到峰值50%；而等离子体耦合催化降解甲醛，20min时甲醛的降解率达到78%，并在100min时实现83%的甲醛降解率。

(8) 光催化净化技术

半导体在紫外线照射下，价带电子受光的激发，跃迁到导带上，从而形成光生电子和光生空穴，并与空气中水分和氧气反应生成多种活性基团，能把空气中的有机污染物和细菌氧化。通过对GT501光触媒空气净化器在28m^{3}的实验舱内进行了性能测试，净化器运行90min后，对空气中细菌的去除率达84.8%，甲醛的去除率达73.9%，氨的去除率达61%。

该技术在室温条件下就能将许多有机污染物氧化成二氧化碳和水，是很具发展前景的室内空气净化技术。但它不能解决室内空气中的悬浮物及细颗粒物问题，同时催化剂微孔容易被灰尘和颗粒物等堵塞而致使催化剂失活。

2. 适用范围

适用于所有有改善室内空气质量需求的民用建筑。

3. 技术要点

（1）技术指标

《绿色建筑评价标准》GB/T 50378—2014 第 11.2.6 条规定：对主要功能房间采取有效的空气处理措施，得 1 分。

空气净化的实现主要是通过空气净化器或空气净化装置来实现的。对于空气净化器，《空气净化器》GB/T 18801—2015 作出了规定。净化器对颗粒物的净化能效分级见表 6-15，净化器对气态污染物的净化能效分级见表 6-16，对不同目标污染物的净化能效值应达到合格级的要求。

净化器能效等级（颗粒物）　　**表 6-15**

净化能效等级	净化能效 $\eta_{颗粒物}$[m^3/(W·h)]
高效级	$\eta_{颗粒物} \geqslant 5.00$
合格级	$2.00 \leqslant \eta_{颗粒物} < 5.00$

净化器能效等级（气态污染物）　　**表 6-16**

净化能效等级	净化能效 $\eta_{气态污染物}$[m^3/(W·h)]
高效级	$\eta_{气态污染物} \geqslant 1.00$
合格级	$0.50 \leqslant \eta_{气态污染物} < 1.00$

净化器工作时洁净空气量实测值对应的噪声值应符合表 6-17 的规定。

净化器工作时的噪声值　　**表 6-17**

洁净空气量/(m^3/h)	声功率级[dB(A)]
$Q \leqslant 150$	$\leqslant 55$
$150 < Q \leqslant 300$	$\leqslant 61$
$300 < Q \leqslant 450$	$\leqslant 66$
$Q > 450$	$\leqslant 70$

注：如果净化器可去除一种以上目标污染物，则按最大洁净空气量值确定表中对应的噪声限值。

此外，净化器对微生物的去除性能应符合 GB 21551.3—2010 的要求。

（2）设计要点

空气中的污染物主要分为三类：悬浮颗粒物、挥发性有机污染物和微生物。不同的空气净化技术，对于不同污染物的去除效果不一样，详见表 6-18，因此应根据污染源的特点来选择空气净化技术。

1）针对悬浮颗粒物，主要的净化技术是过滤、静电、负离子和水洗净化，过滤法是目前普遍采用的颗粒物净化手段；

2）针对有害气体最有效也是目前最常用的方法是吸附，活性炭因其简单、有效、成本低而成为广泛使用的吸附材料，其次是光触媒和等离子体净化方法较为有效；

3）针对微生物最高效的净化方法是紫外线照射，其次是光触媒和等离子体净化，过滤网对直径较大的细菌有效，但对病毒无效。

单一净化技术对主要污染物的净化效果 表 6-18

净化技术	污染物			
	悬浮颗粒物	有害气体	微生物	病毒
	灰尘、花粉、香烟烟雾、油烟等	甲醛、苯、氨等	细菌	
	直径：0.01～100μm	直径：0.001～0.001μm	直径：0.2～10μm	0.01～0.3μm
过滤	有效	无效	有效	无效
吸附	部分有效	高效	部分有效	无效
水洗净化	有效	部分有效	无效	无效
静电	有效	不明显	部分有效	无效
负离子	有效	不明显	部分有效	无效
光催化	不明显	有效	有效	有效
等离子体	不明显	有效	有效	有效
紫外线	无效	无效	高效	高效

4. 相关标准、规范及图集

(1)《洁净厂房设计规范》GB 50073—2013；

(2)《民用建筑工程室内环境污染控制规范》GB 50325—2010；

(3)《空气净化器能源效率限定值及能源效率等级》DB 31/622—2012；

(4)《空气净化器》GB/T 18801—2015

(5)《光催化空气净化材料性能测试方法》GB/T 23761—2009；

(6)《空气净化用竹炭》GB/T 26900—2011；

(7)《室内空气净化功能涂覆材料净化性能》JC/T 1074—2008；

(8)《室内空气净化吸附材料净化性能》JC/T 2188—2013；

(9)《空气净化器污染物净化性能测定》JG/T 294—2010；

(10)《医院空气净化管理规范》WS/T 368—2012。

5. 参考案例

某新装修住宅项目，对室内污染物浓度进行检测发现，甲醛浓度达到 0.16mg/m^3，远远高于标准限值的要求。采用强效型甲醛去除剂进行甲醛治理，对地板、家具、柜体、地毯、墙体等有可能产生甲醛的物体内外部进行喷涂，用量为 120～150m^2/kg，每隔 2 天喷涂一次，一共喷涂 3 次，起到了良好的效果，经重新检测，室内甲醛浓度为 0.04mg/m^3，达到了标准限值的要求。

第7章　施工管理

7.1　环境保护

施工是建筑全寿命周期中极为重要的一环。施工过程就是对场地进行改造的过程，因此会对周边环境造成一定的影响，包括水土流失、扬尘、噪声、污水等。因此，对施工现场进行环境保护意义重大，这不仅是为了保护和改善环境质量、保障人们身心健康，而且是为了合理利用开发自然资源，以期减少或消除有毒有害物质进入环境。本文的施工环境保护重点关注施工过程中扬尘控制、噪声震动控制、建筑垃圾控制等。

7.1.1　施工降尘

1. 技术简介

施工扬尘是施工过程中最常见的污染形式，其影响不仅作用于施工场界内，更经常对施工场地周围的市政环境也产生不良影响。因此，施工扬尘是文明施工部署的重要环节。

扬尘是由于地面上的尘土在风力、人为带动及其他带动飞扬而进入大气的开放性污染源，是环境空气中总悬浮颗粒物的重要组成部分。扬尘具有一定的危害性：它不仅使空气污浊，影响环境，对人体也有危害，如支气管炎，肺癌等。降雨后利用雨水资源立即清扫洗刷道路积存的泥水，是避免道路泥土风干后反复形成扬尘最有效手段，同时能够避免晴天时清扫形成扬尘，也能极大地节约清洁用水，是目前中国广大城镇应当立即采取的措施。

2. 适用范围

对于各类建筑项目在施工中均应注意防止扬尘现象，具有广泛适用性。以施工生产区域作为控制重点，施工生活区域作为辅助控制点。

3. 技术要点

（1）技术指标

《绿色建筑评价标准》GB/T 50378—2014 第 9.2.1 规定：采取洒水、覆盖、遮挡等降尘措施，评价分值为 6 分。

《建筑工程绿色施工评价标准》GB/T 50640-2010 中要求扬尘控制应符合下列规定：

1）现场应建立洒水清扫制度，配备专人负责；

2）对裸露地面、集中堆放的土方应采取抑尘措施；

3）运送土方、渣等易产生扬尘的车辆应采取封闭或遮盖措施；

4）现场进出口应设冲洗池和吸湿垫，保持车辆清洁；

5）易飞扬和细颗粒建筑材料应封闭存放，余料及时回收；

6）易产生扬尘的施工作业应采取遮挡、抑等措施；

7）拆除爆破作业应有降尘措施；

8）高空垃圾清运应采用密封式管道或垂直输机械完成；

9）现场使用散装水泥有密闭防尘措施。

（2）设计要点及注意事项

1）车辆覆盖、道路清扫：运送土方、垃圾、设备及建筑材料等时，应避免污损场外道路。运输容易散落、飞扬、流漏的物料车辆，必须采取措施封闭严密防止撒漏，并派专人打扫，保证车辆通行后道路的清洁（图 7-1）。

图 7-1 车辆覆盖、道路清扫示例图

2）土量适宜、勤洗勤冲：施工现场出入口应设置车辆冲洗台，上盖由钢筋加工成的铁箅。台侧应设沉砂池。土方开挖及回填土阶段，运输土方车辆出工地前，轮胎、车身必须冲洗干净。为了杜绝运输泥浆、散体、流体、物料撒漏而污染市政道路，门口应设专人检查自卸车装土量，若有超载，则应要求车辆卸掉多余土方后方可出工地（图 7-2）。

图 7-2 道路、车辆清洗示例图

3）扬尘覆盖、粉末密封：结构施工、安装、装饰装修阶段，对易产生扬尘的堆放材料应采取覆盖措施；对粉末状材料应封闭存放；场区内可能引起扬尘的材料及建筑垃圾搬运应有降尘措施，如覆盖、洒水等；浇筑混凝土前清理灰尘和垃圾时应尽量使用吸尘器，避免使用吹风器等易产生扬尘的设备；机械剔凿作业时可用局部遮挡、掩盖、水淋等防护措施；建筑清理垃圾应搭设封闭性临时专用道或采用容器吊运（图 7-3）。

4）杜绝毒害、洒水装卸：施工现场严禁焚烧建筑垃圾、生活垃圾、废料、有毒、有害和有恶臭的物质；装卸有粉尘的材料，应洒水湿润和在仓库内进行（图 7-4）。

图 7-3 扬尘、粉末清理示例图

图 7-4 施工场地粉尘处理示例图

5）垃圾禁洒、及时清运：清理施工垃圾时应使用容器吊运，严禁随意凌空抛撒造成扬尘。施工垃圾及时清运，清运时，适量洒水减少扬尘。施工道路采用硬化，并随时清扫洒水，减少道路扬尘（图 7-5）。

图 7-5 垃圾处理及清理示例图

6）散体材料、遮盖防扬：易飞扬的细颗粒散体材料应尽量库内存放，如露天存放时应采用严密苫盖（图 7-6）。运输和卸运时防止洒漏飞扬。

7）脚手架牢固、及时清理：外脚手架搭设整齐牢固，防护网布设严密，脚手架上的建筑垃圾及时清理干净（图 7-7）。

4. 相关标准、规范及图集

（1）《绿色建筑评价标准》GB/T 50378—2014；

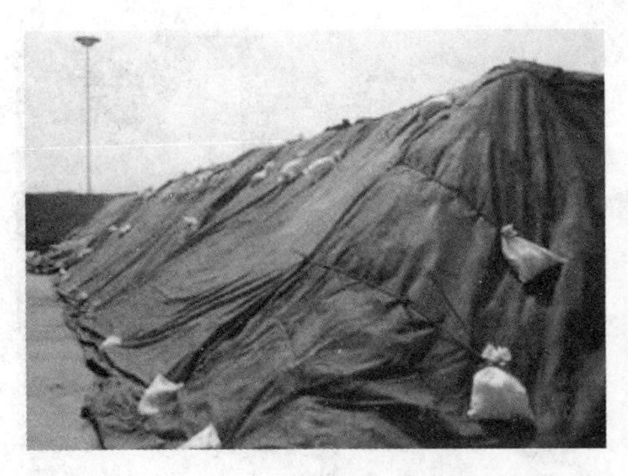

图 7-6 材料遮盖防扬示例图

图 7-7 脚手架搭设示例图

(2)《公共建筑节能设计标准》GB 50189—2015；

(3)《绿色施工导则》(建质［2007］233 号)；

(4)《建筑工程绿色施工评价标准》GB/T 50640—2010；

(5)《绿色施工评价标准》GB/T 50640—2010；

(6) 上海市《文明施工规范》DGJ 08-2102—2012；

(7) 国家、省、市现行的相关法律、法规、规范性文件。

5. 参考案例

上海某项目荣获 2013 年度绿色施工样板工程。该项目位于黄浦江中心段，开工日期为 2012 年 5 月 1 日，竣工日期为 2014 年 10 月。其建筑面积为 16.6 万 m^2，其中地下面积 7.5 万 m^2，地上面积 9.1 万 m^2，工程类型为商办楼。项目现场环建筑物四周布 6m 宽施工便道，出入口有 3 个大门，临时设施在施工现场西南侧，项目西毗滨江绿化带、东临浦明路、北靠 1-7 地块、南近 1-10 地块。

针对绿色施工是整个施工阶段的延续这个特点，项目部确定的绿色施工的总体思路如下：目标确定→制定方案→实施控制→对比检查→评估分析。项目部通过以上 5 个步骤来做到绿色施工的全过程、全方位、全参与的“四节一环保”。

该项目在施工阶段未发生一起因工地现场扬尘而遭到环卫部门处罚的情况（图 7-8），其采取的主要降尘措施包括：

(1) 施工现场和生活区设置全封闭的建筑垃圾堆场和生活垃圾堆场，无法及时外运的垃圾全部堆放进全封闭的堆场，以控制扬尘。

图 7-8 施工场地实景图

（2）安排专职清扫人员每日上班时及下班后，对施工现场便道表面进行清扫并使用洒水车进行洒水，以控制现场扬尘。

（3）全封闭施工：按照文明施工标准，结构施工阶段进行全封闭施工。结构的外侧均搭设钢管临边防护，另张挂密目绿网。定期对绿网进行清洗，并且及时清除杂物，防止积灰。

以上施工降尘的各种措施均仅需作相当低的成本投入，无设备材料的投入，只需相关工作人员投入一定工时即可。

7.1.2 施工降噪

1. 技术简介

噪声是一种无规律的，具有局部性、暂时性和多发性的无形的环境污染。随着人们的环境意识逐步加强，对居住环境的要求也越来越高，而建筑中的噪声污染是影响居住环境的一个重要因素。噪声最主要的危害是损害人的听力：据权威统计，如果人长期在 95 分贝的噪声环境里工作和生活，大约有 29%的会丧失听力；即使噪声只有 85 分贝，也有 10%的人会发生耳聋；120～130 分贝的噪声，能使人感到耳内疼痛；更强的噪声会使听觉器官受到损害。不仅如此，噪声还能诱发多种疾病，因为噪声通过听觉器官作用于大脑中枢神经系统，以致影响到全身各个器官，故噪声除对人的听力造成损伤外，还会给人体其他系统带来危害。此外，对人的生活工作有极大的干扰，会导致多梦、易惊醒、睡眠质量下降等，如此一来，势必影响人的工作和学习。施工期间，过大的噪声往往遭到附近居民的投诉，这样的例子比比皆是。应当控制场地内噪声，避免对周边居民造成影响。

2. 适用范围

对于施工期间的各类建筑项目，均应进行噪声控制，尤其是周边有住宅建筑时，需避免影响周边居民生活。

3. 技术要点

（1）技术指标

《绿色建筑评价标准》GB/T 50378—2014 第 9.2.2 条规定：采取有效的降噪措施。在施工场界测量并记录噪声，满足现行国家标准《建筑施工场界环境噪声排放标准》GB 12523 的规定，评价分值为 6 分。

《建筑工程绿色施工评价标准》GB/T 50640—2010 中要求噪声控制宜符合下列规定：

1）应采用先进机械、低噪声设备进行施工，机械、设备应定期保养维护；

2）产生噪声较大的机械设备，应尽量远离施工现场办公区、生活区和周边住宅区；

3）混凝土输送泵、电锯房等应设有吸声降噪屏或其他降噪措施；

4）夜间施工噪声强值应符合国家有关规定；

5）吊装作业指挥应使用对讲机传达令。

（2）设计要点及注意事项

1）建立噪声监测制度，定期进行噪声检测并记录，白天小于 70 分贝，夜间小于 55 分贝。在噪声较大的施工时段组织专职人员进行噪声测定（图 7-9）。

图 7-9 噪声监测示例图

2）禁止中午和夜间进行产生噪声的施工作业，使用低噪声、低振动的机具，采取隔声与隔振措施，避免或减少施工噪声和振动（图 7-10）。

图 7-10 隔声与隔振措施示例图

3）作业时尽量控制噪声影响，对噪声过大的设备尽可能不用或少用。在施工中采取防护等措施，把噪声降低到最低限度。

4）对强噪声机械（如电锯、电刨、砂轮机等）设置封闭的操作棚（图 7-11），以减少噪声的扩散。

5）在施工现场倡导文明施工，加强对施工人员的宣传教育，避免人为的大声喧哗、打闹，不使用高音喇叭或怪音喇叭，增强全体施工人员防噪声扰民的自觉意识。

4. 相关标准、规范及图集

（1）《绿色建筑评价标准》GB/T 50378—2014；

图 7-11 封闭操作棚示例图

（2）《公共建筑节能设计标准》GB 50189—2015；

（3）《绿色施工导则》（建质［2007］233 号）；

（4）《建筑工程绿色施工评价标准》GB/T 50640—2010；

（5）国家、省、市现行的相关法律、法规、规范性文件。

5. 参考案例

该项目的概况同本书 7.1.1 节的案例。

该项目在施工阶段未收到一起噪声投诉，其采取的主要降噪措施包括：

（1）设置专人管理：夜间运输车辆进入施工现场，严禁鸣笛；督促现场装卸材料轻拿轻放。

（2）每天设置三个噪声监测时点，一旦发现噪声超标，立即排查可能的噪声源，进行控制（图 7-12）。

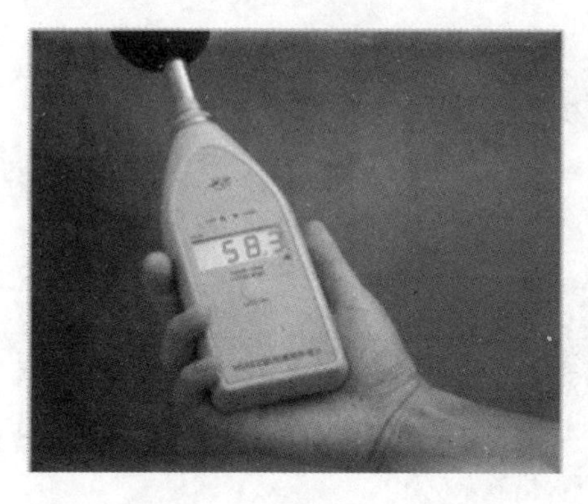

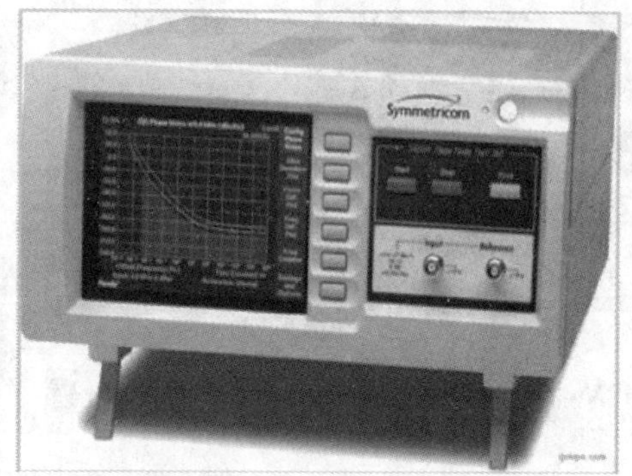

图 7-12 噪声监测示例图

7.1.3 施工废弃物减量化

1. 技术简介

建筑施工废弃物包括工程产生的各类施工废料，施工废弃物在施工的每一环节都无法避免，就以土建施工阶段的地基开挖来说，可能会产生诸如土方、淤泥、砂子、石方、桩头、树根、草、碎砖等废料，又如安装施工阶段的钢结构切割，会产生废钢角料、熔渣和金属屑等废料。这些产生的废料有的可回收，有的不可回收。建筑施工废弃物数量巨大，堆放或填埋均占用大量的土地。建筑垃圾中的淋滤液如渗入土层和含水层，会污染土壤和地下水；建筑垃圾有些有机物质在分解过程中会产生有害气体，污染空气。同时，在各类建筑施工废弃物中，有些是可回收再利用的。随着天然资源的日渐短缺和固体废物排放量的激增，许多国家把固体废物作为开发的“再生资源”加以综合利用。因此，施工废弃物的减量化、资源化是控制施工固废污染的有效措施。

2. 适用范围

对于施工期间的各类建筑项目，均应进行固废污染控制，落实废弃物减量化处理。

3. 技术要点

（1）技术指标

《绿色建筑评价标准》GB/T 50378—2014 第 9.2.3 条规定：制定并实施施工废弃物减量化、资源化计划，评价分值为 10 分。

《建筑工程绿色施工评价标准》GB/T 50640—2010 中要求建筑垃圾处理应符合下列规定：

1）建筑垃圾应分类收集，集中堆放；

2）废电池、废墨盒等有毒有害的废弃物应封闭回收，不应混放。

3）有毒有害废物分类率应达到 100%，

4）垃圾桶应分为可回收利用与不可回收利用两类，应定期清运

5）建筑垃圾回收利用率应达到 30%

6）碎石和土石方类等应用作地基和路基填埋材料。

（2）设计要点及注意事项

1）建筑施工过程中产生的建筑用胶、涂料、油漆等建筑垃圾严禁直接埋入地下。

2）充分利用结构施工阶段产生的垃圾，经分拣、剔除并把有用的废渣碎块粉碎后，与标准砂按 1∶1 的比例拌合作为细骨料（图 7-13），用于建筑非承重部位的抹灰砂浆和砌筑砂浆。

图 7-13　材料回收利用示例图

3）可将建筑施工和场地清理时产生的固体废弃物分类处理并将其中可再利用材料、可再循环材料分类回收和再利用。

4）施工现场生活区应设置封闭式垃圾容器，施工场地生活垃圾实行袋装化，及时清运（图 7-14）。对建筑垃圾进行分类，并收集到现场封闭式垃圾站，集中运出。

图7-14 施工现场垃圾处理示例图

4. 相关标准、规范及图集

(1)《绿色建筑评价标准》GB/T 50378—2014；

(2)《公共建筑节能设计标准》GB50189—2015；

(3)《绿色施工导则》(建质［2007］233号)；

(4)《建筑工程绿色施工评价标准》GB/T 50640—2010；

(5) 国家、省、市现行的相关法律、法规、规范性文件。

5. 参考案例

上海某项目地块建设为商务办公用地，布置有2栋28层钢框架支撑结构的办公楼，7栋3层钢框架结构的餐饮、商业裙楼及3层钢筋混凝土框架结构的地下室等。2013年12月25日开工建造，预计2016年竣工交付使用，合同造价为25750万元。目前已基本完成T1、T2塔楼±0.00结构的施工，正在进行商业群房±0.00结构的施工。

该项目针对固体废弃物减量工作做了如下工作：

(1) 建立废弃物回收体制，定期由工程公司进行收集。

(2) 选用的产品采用易回收利用、易处理或者在环境中易消纳的包装物。

(3) 利用每次混凝土浇筑最后的余料制作混凝土垫块，约$832m^3$。按混凝土碎块$2.4t/m^3$计算，共利用建筑垃圾1997t。

(4) 结构施工中，砂浆随砌随用，杜绝过量砂浆产生灰浆建筑垃圾。砌块卸车及搬运，注意对加气砌块进行相应的保护措施，避免产生大量碎砖建筑垃圾。

(5) 对于无法再利用的建筑垃圾，由专业单位进行外运。

(6) 现场管桩截桩后的桩原计划破碎后外运，利用此部分截下来的桩作为电缆线和水管的过路套管，节约过路电缆的保护套管。

7.2 资源节约

施工过程中，除了要保护环境外，还需要节约资源。节约资源主要关注施工过程的节能、节水和节材，施工节能涉及合理制定施工用能指标、采用高效的施工设备和机具等，施工节水涉及制定施工用水指标、采用节水器具、非传统水源利用，施工节材涉及减少预拌混凝土、钢筋等材料损耗，增加模板周转次数等。

7.2.1 施工节能

1. 技术简介

建筑施工过程中，应制定合理的节能和能源利用规划，规划应做到组织科学、技术先进、费用合理，有条件的情况下应制定具体的施工能耗指标，并将各项能耗指标进行层层分解，以指标控制能耗，提高能源的综合利用效率。

施工作业生产和施工辅助生活过程都在不断地消耗大量的能源。可以说，能源的消耗是施工现场除了材料之外的第二大资源消耗。因而，能源节约对整个施工工程的资源节约就显得尤为重要了。

2. 适用范围

对于施工期间的各类建筑项目，均应采取相关节能措施。施工生产区域和施工生活区域的节能控制同样重要，不同的节能手段和措施分别适用于生产区域或施工区域。

3. 技术要点

（1）技术指标

《绿色建筑评价标准》GB/T 50378—2014 第 9.2.4 条规定：制定并实施施工节能和用能方案，监测并记录施工能耗，评价分值为 8 分。

《建筑工程绿色施工评价标准》GB/T 50640—2010 中要求施工节能宜符合下列规定：

1）对施工现场的生产、生活办公和主要耗能设备应有节控制措。

2）对主要耗能施工设备应定期进行计算核算。

3）国家、地方政府明令淘汰的施工设备机具和产品不应使用。

4）临时用电应设置合理，管制度齐全并落实到位。

5）施工机具资源应共享。

6）应定期监控重点耗能设备的源利用情况，并有记录。

7）建立设备技术档案，并应定期进行维护、保养。

8）现场照明设计应符合国家行标准《施工临时用电安全技术规范》JGJ 46 的规定。

9）施工临时设应结合日照和风向等自然条件，合理采用自然光、通风和外窗遮阳设施。

10）临时施工用房应使用热性能达标的复合墙体和屋面板，顶棚宜采用吊顶。

11）建筑材料的选用应缩短运输距离，减少能源消耗。

12）应采用能耗少的施工工艺。

13）应合理安排施工序和进度。

14）应尽量减少夜间作业和冬期施工的时间。

（2）设计要点及注意事项

1）应制订合理的施工能耗指标，提高施工能源利用率。

2）应优先使用国家、行业推荐的节能、高效、环保的施工设备和机具，如选用变频技术的节能施工设备等（图 7-15）。

3）施工现场应分别设定生产、生活、办公和施工设备的用电控制指标，定期进行计量、核算、对比分析，并有预防与纠正措施。

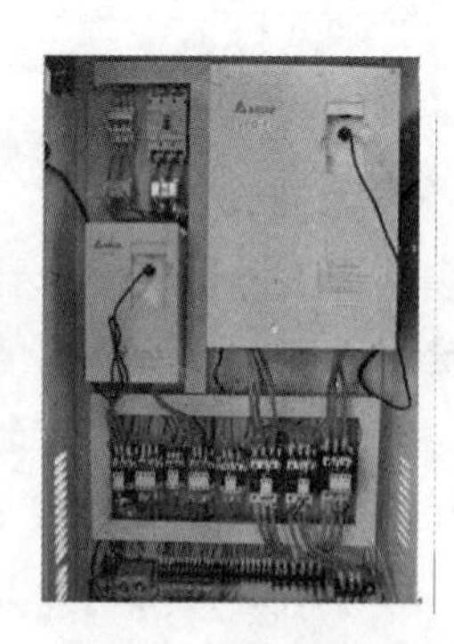

图7-15 节能施工设备示例图

图7-16 节能灯具示例

4）生活区办公区域应全部采用节能灯具（图7-16）

5）在施工组织设计中，应合理安排施工顺序、工作面，以减少作业区域的机具数量，相邻作业区充分利用共有的机具资源。安排施工工艺时，应优先考虑耗用电能的或其他能耗较少的施工工艺。避免设备额定功率远大于使用功率或超负荷使用设备的现象。

4. 相关标准、规范及图集

（1）《绿色建筑评价标准》GB/T 50378—2014；

（2）《公共建筑节能设计标准》GB 50189—2015；

（3）《绿色施工导则》（建质［2007］233号）；

（4）《建筑工程绿色施工评价标准》GB/T 50640—2010；

（5）国家、省、市现行的相关法律、法规、规范性文件。

5. 参考案例

该项目的概况同本书第7.1.3节的案例。

该项目根据施工要求安排进场施工机械设备，在满足施工要求的基础上，选用较小功率的机械设备，避免大马拉小车的现象；优先使用国家、行业推荐的节能、高效、环保的施工设备和机具等（图7-17）。合理安排工序，提高各种机械的使用率和满载率，降低各种能耗。

图7-17 项目施工现场实景图

7.2.2 施工节水

1. 技术简介

我国是一个缺水国家，在日常生活中，我们一拧水龙头，水就源源不断地流出来，可能丝毫感觉不到水的危机。据有关部门测算，目前我国每平方米建筑施工大约用水1t，且施工现场水资源浪费严重，估计每年要浪费掉几千万吨水，足够一个大城市居民一年的生活用水。其中混凝土的搅拌及养护用水10亿t。同时，施工现场用水普遍存在跑冒漏现象，造成水资源的大量浪费。目前，我们要清醒地认识到城市节水工作面临着新的形势和挑战。首先，全球性水资源短缺问题正在加剧；第二，我国缺水状况依然严重；同时，快速城镇化和工业化对水的利用和管理提出了严峻的挑战。所以，加强城市节约用水工作不是权宜之计，而是我们应长期坚持的一项战略任务。因此，节水是绿色施工中一个非常重要的环节。

2. 适用范围

对于施工期间的各类建筑项目，均应采取相关节水措施。施工生产区域和施工生活区域的节水要点各有偏重，但同等重要。

3. 技术要点

(1) 技术指标

《绿色建筑评价标准》GB/T 50378—2014 第9.2.5条规定：制定并实施施工节水和用水方案，监测并记录施工水耗，评价分值为8分。

《建筑工程绿色施工评价标准》GB/T 50640—2010 中要求施工节水宜符合下列规定：

1) 针对各地区的工程情况，制定用水定额指标，使施工过程节水考核取之有据。

2) 供、排水系统指为现场生产、生活区食堂、澡堂、盥洗和车辆冲洗配置的给水排水处理系统。

3) 节水器具指水龙头、花洒、恭桶水箱等单件器具。

4) 对于用水集中的冲洗点、集中搅拌点等，要进行定量控制。

5) 各项防渗漏闭水及喷淋试验等，均采用先进的节水工艺。

6) 施工现场尽量避免搅拌，优先采用商品混凝土和预砂浆。必须现场搅拌时，要设置水计量检测和循环水利用装置。混凝土养护采取薄膜包裹覆盖、喷涂养护液等技术手段，杜绝无措施浇水养护。

7) 防止管网渗漏应有计量措施。

8) 尽量减少基坑外抽水。在一些地下水位高的地方，很多工程有较长的降水周期，这部分基坑降水应尽量合理使用。

9) 尽量使用非传统水源进行车辆、机具和设备冲洗；使用城市管网自来水时，必须建立循环用水装置，不得直接排放。

10) 施工现场应对地下降水、设备冲刷用水、人员洗漱用水进行收集处理，用于喷洒路面、冲刷、冲洗机具。

11) 为减少扬尘，现场环境绿化、路面降尘使用非传统水源。

12) 将生产生活污水收集、处理和利用。

13) 现场开发使用自来水意外的非传统水源进行水质检测，并符合工程质量用水标准和生活卫生水质标准。

(2) 设计要点及注意事项

1) 工程现场除总水源外，现场设置施工水源、生活水源，每处水源设专人负责。并且定期检查水源连接点的使用及损坏情况，定期记录。发现水源连接点有损坏现象及时修理，杜绝带病作业造成水资源的浪费（图 7-18）。

图 7-18 施工现场水源利用示例图

2）设置集水池把生活用水、和雨水回收再利用（图 7-19），喷洒水泥路面和作为冲车用水。现场搅拌用水、养护用水应采取有效的节水措施，严禁无措施浇水养护混凝土。

图 7-19 雨水收集示例图

3）施工现场供水管网应根据用水量设计布置，管径合理、管路简捷，采取有效措施减少管网和用水器具的漏损。

4）施工现场办公区、生活区的生活用水采用节水系统和节水器具，提高节水器具配置比率（图 7-20），避免大开水龙头，用完水后，要及时拧紧，杜绝滴水。

图 7-20 节水示例图

5）施工现场分别对生活用水与工程用水确定用水定额指标（图 7-21），并分别计量管理。

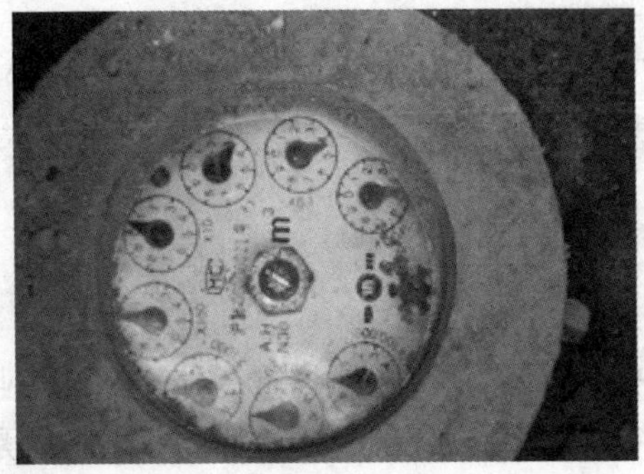

图 7-21 用水定额示例图

6）处于基坑降水阶段的工地，宜优先采用地下水作为混凝土养护用水、冲洗用水和部分生活用水。

7）现场机具、设备、车辆冲洗、喷洒路面、绿化浇灌等用水，优先采用非传统水源，尽量不使用市政自来水。

4. 相关标准、规范及图集

(1)《污水综合排放标准》GB 8978—1996；

(2)《建筑给水排水设计规范》GB 50015—2010；

(3)《绿色建筑评价标准》GB/T 50378—2014；

(4)《公共建筑节能设计标准》GB 50189—2015；

(5)《绿色施工导则》(建质［2007］233号)；

(6)《建筑工程绿色施工评价标准》GB/T 50640—2010；

(7)《绿色施工评价标准》GB/T 50640—2010；

(8) 国家、省、市现行的相关法律、法规、规范性文件。

5. 参考案例

上海某项目荣获2013年度创建绿色施工样板工程。该项目位于黄浦江中心段，开工日期为2012年5月1日，竣工日期为2014年10月。建筑面积为16.6万m^2，其中地下7.5万m^2，地上9.1万m^2，工程类型为商办楼。项目现场环建筑物四周布6m宽施工便道，出入口有3个大门，临时设施在施工现场西南侧，项目西毗滨江绿化带、东临浦明路、北靠1-7地块、南近1-10地块。

该项目采用了多种施工节水措施：

(1) 基坑施工阶段利用场地内排水沟及降水井抽水，通过集水水池至蓄水塔内，作为模板、道路及土方车辆冲洗用水。

(2) 上部结构阶段利用场地内排水沟及地下室的雨水井收集雨落水，再用增压泵将雨水井内积水抽至蓄水塔内，作为模板冲洗用水、道路日常冲洗用水及生活区厕所、盥洗室冲洗用水。

(3) 利用大临场地内排水沟及地下室的雨水井收集雨落水，通过集水水箱，作为道路日常冲洗用水。

(4) 混凝土养护用水采用专人控制，增压泵开关做到有序控制，不出现“人走水开”

现象。

(5) 雨水、地下水等，均通过沉淀池沉淀后，进入蓄水塔，再循环利用（非传统水不作为混凝土浇筑和养护用水），每周对循环水进行水质检测，以防污废水用于施工现场。

7.2.3 施工节材

1. 技术简介

建筑材料是建筑业的物质基础。建材工业是对天然资源和能源资源消耗最高、破坏土地最多、对大气污染最为严重的行业之一，是对不可再生资源依存度非常高的行业。不仅如此，现在施工中，建筑浪费现象较为严重。根据北京市有关统计，施工中“剩余混凝土”为总混凝土的0.8%，北京市每年约用200万m^3，就有1.6万m^3的混凝土浪费。同时，也会产生大量的废建筑玻璃纤维、陶瓷废渣、金属、石棉、石膏，装饰装修中的塑料、化纤边料等，此类建筑如可得到再利用，将可节约大量建材。就我国国情而言，我国人均资源和能源相对贫乏：按人均计算，我国属于贫资源国，煤炭、石油、天然气、可耕地、水资源和森林资源的人均拥有量仅为世界平均值的1/2、1/9、1/23、1/3、1/4、1/6。在经济快速发展的今天和未来很长一段时期，能源和资源短缺将影响我国经济的跨越式发展。节约能源、节约资源已经成为我国的一项重要国策。所以，在保证工程安全与质量的前提下，制定节材措施极具现实意义。

2. 适用范围

对于施工期间的各类建筑项目，均应采取相关节材措施。施工生产区域的节材目标明显高于施工生活区域，因此各项措施均适用于施工生产区域。

3. 技术要点

(1) 技术指标

《绿色建筑评价标准》GB/T 50378—2014第9.2.6条规定：减少预拌混凝土的损耗，损耗率降低至1.5%，得3分；降低至1.0%，得6分。

《绿色建筑评价标准》GB/T 50378—2014第9.2.7条规定：采取措施降低钢筋损耗，80%以上的钢筋采用专业化生产的成型钢筋，得8分；现场加工的钢筋损耗率低至4%，得4分；低至3%，得6分；低至1.5%，得8分。

《绿色建筑评价标准》GB/T 50378—2014第9.2.8条规定：使用工具式定型模板，增加模板周转次数，工具式定型模板使用面积占模板工程总面积的比例达到50%，得6分；达到70%，得8分；达到85%，得10分。

《建筑工程绿色施工评价标准》GB/T 50640—2010要求施工节材宜符合下列规定：

1) 应采用管件合一的脚手架和支撑体系。

2) 应采用工具式模板和新型模板材料，如铝合金、塑料、玻璃钢和其他可再生材质的大模板和钢框镶边模板。

3) 材料运输方法应科学，应降低运输损耗率。

4) 应优化线材下料方案。

5) 面材、块材镶贴，应做到预先总体排版。

6) 应因地制宜，采用新技术、新工艺、新设备、新材料；

7）应提高模板、脚手架体系的周转率。

8）建筑余料应合理使用。

9）板材、块材等下脚料和撒落混凝土及砂浆应科学利用。

10）临建设施应充分利用既有建筑物、市政设施和周边道路。

11）现场办公用纸应分类摆放，纸张应两面使用，废纸应回收。

（2）技术选择

1）严格控制钢筋下料尺寸，杜绝长料截短，短料浪费的现象（图 7-22）。

图 7-22　钢筋节约使用示例图

2）钢筋采购，按配料单确定所需定尺长度。

3）短小钢筋用于制作过梁等小型构件（图 7-23）。

图 7-23　钢筋回用示例图

4）钢筋废料用于制作板的马櫈筋（图 7-24）。

图 7-24　钢筋废料回用示例图

5）非承重结构采用钢筋头连接配筋。

6）控制马櫈数量、防止过多。

7）主体结构施工提前考虑过梁数量和尺寸、利用剩余钢筋头进行预制（图 7-25）。

废钢筋头用做悬挑架定位筋

废钢筋头用做悬挑架端部固定筋

废钢筋头用做排水沟盖板　废钢筋头用做悬挑架埋件定位筋

图 7-25　材料利用示例

8）大于 1m 的钢筋对焊后按规范要求在适当部位使用。

9）覆膜木模板在施工前进行模板设计，先做配板图，尽可能使用整张模板。

10）标准层施工，模板编号周转使用，禁止随意切割。

11）梁柱支模断面尺寸采用规范负误差（图 7-26）。

图 7-26　尺寸控制示例图

12）模板切割后油漆封边处理，以提高周转次数。

13）小块模板用做安全防护使用。

14）掌握好最后施工部位、最后一车混凝土用量，防止超量进场造成浪费。

15）底板垫层混凝土施工适当提高原土层标高。

16）大截面砌块代替小截面砌块砌筑（图 7-27），节约砂浆。

17）外保温板施工，事先排板、定尺采购，避免浪费。

18）加气块小料用于屋面保温层，碎砌块用于封堵脚手眼。

19）施工用水尽可能采用原来降水井水或地下水。

20）对拉螺栓周转使用。

21）限额领料、限额消耗。

22）防止料具无效闲置，及早退场。

图 7-27 砌块砌筑示例图

23）审核材料计划、防止材料进早、进多、进错。

24）使用早拆体系，梁板施工减少料具投入（图 7-28）。

图 7-28 框架体系示例

25）加强安全保卫、防止料具丢失。

26）准确计算采购数量、供应频率、施工速度等，在施工过程中动态控制。

4. 相关标准、规范及图集

（1）《钢筋焊接及验收规程》JGJ 18—2012；

（2）《污水综合排放标准》GB 8978—96；

（3）《绿色施工导则》（建质［2007］233 号）；

（4）《建筑工程绿色施工评价标准》GB/T 50640—2010；

（5）国家、省、市现行的相关法律、法规、规范性文件。

5. 参考案例

宁夏某项目位于银川市兴庆区以东，西临友爱中心路，东临燕庆路，北临新华街，南临银横公路。该工程由地下 1 层，地上 26 层组成。总建筑面积为 74763m^2，其中地下建筑面积为 17298.5m^2，地上建筑面积为 57464.5m^2，地上裙房 3 层，主塔楼 26 层，属一类高层民用建筑，建筑高度 99.45m，局部高度 113m。

该项目采用了如下多元化的节材方案：

（1）钢筋采用专业化加工和配送，尽量减少现场钢筋加工制作。

（2）优化钢筋配料和钢构件下料方案。钢筋及钢结构制作前应对下料单及样品进行复核，无误后方可批量下料。

（3）贴面类材料在施工前，应进行总体排版策划，减少非整块材的数量。

（4）采用非木质的新材料或人造板材代替木质板材。

（5）防水卷材、壁纸、油漆及各类涂料基层必须符合要求，避免起皮、脱落。各类油漆及粘结剂应随用随开启，不用时及时封闭。

（6）木制品及木装饰用料、玻璃等各类板材等宜在工厂采购或定制。

（7）应选用耐用、维护与拆卸方便的周转材料和机具。

（8）优先选用制作、安装、拆除一体化的专业队伍进行模板工程施工。

（9）施工前应对模板工程的方案进行优化。使用可重复利用的模板体系，模板支撑宜采用工具式支撑。

（10）现场办公和生活用房采用周转式活动房。现场围挡已最大限度地利用已有围墙，或采用装配式可重复使用围挡封闭。

第8章 运营管理

绿色物业、绿色运营，已成为我国绿色建筑发展的迫切需求！相对2～3年的设计建造过程，建筑的运行使用寿命通常为50～70年，建筑的运行阶段占整个建筑全生命时限的95%以上，是建筑物能源消耗的最主要时期。2010年，美国劳伦斯·伯克利实验室关于北京地区建筑全寿命阶段能耗及排放的分析显示，建筑运行阶段消耗了80%的能源[1]。因此，运行管理模式和具体措施关系到绿色建筑项目的成败，是实现绿色建筑目标和价值的关键。

中国城市科学研究会绿色建筑中心、中国绿色建筑与建筑节能委员会、中国建筑科学研究院上海分院等单位于2012年启动了全国范围内的绿色建筑后评估调研，挑选了位于各地的30个竣工或投入运营一定时间且具有代表性的绿色建筑项目作为调研样本，就绿色建筑的整体发展情况、绿色技术落实情况、运营能耗等方面进行了具体调研和分析。结果表明，绿色建筑在运营阶段存在不少问题。例如：由于物业管理和绿化维护等原因，导致可透水地面破坏严重，植草砖内无草丛存活；不少项目并未认真落实节水灌溉设计方案，运营过程中仍采用人工浇灌方式，有的设备损坏严重；6.7%的可再生能源设备闲置，10%的可再生能源利用效率偏低，20%的设备管理和维护不到位等。

因此，需要对绿色建筑运营策略和措施进行计划、组织、实施和控制，需要对绿色建筑的设施、设备、绿色方案进行设计、运行、评价和改进，并对绿色建筑的管理者和使用者进行宣传教育。

绿色建筑的运营管理主要是通过物业来实施的。物业必须担负起提高绿色建筑的运行质量、节省建筑运行中的各种消耗、降低运营成本和管理成本的责任，坚持“以人为本”和可持续发展的理念，从建筑全寿命周期出发，应用通信、计算机和自动控制等高新技术，与业主一起实现节地、节能、节水、节材和保护环境的目标。

本章介绍运营管理的相关技术，主要从管理制度、技术管理（含智能化系统、分户分项计量等）、环境管理（含绿化管理技术、垃圾管理技术等）三个方面展开。

8.1 管理制度

1. 技术简介

科学合理、明确可行的管理制度，是绿色建筑有序、高效运行的保障。只有建立现代物业设施管理理念和制度，充分估量物业管理对绿色建筑的管理效果，充分体现制度的约

---

[1] 绿色建筑重在节能运行管理，赵言冰，《能源评论》. http://www.sgcc.com.cn/ztzl/newzndw/cyfz/12/26141.shtml

束性、引导性作用，才能真正提升物业服务的水平与质量。

管理制度主要涉及物业管理部门资质与能力、管理制度的制定、绿色教育与宣传、资源管理激励机制等。

2. 适用范围

物业管理部门资质与能力的提升、管理制度的制定、绿色教育与宣传、资源管理激励机制的建立在住宅建筑、公共建筑中皆适用。物业管理的专业化、绿色化，是现代物业管理发展的必然趋势。

3. 技术要点

（1）提升物业管理部门的资质与能力

首先，物业管理部门通过ISO 14001环境管理体系认证（图8-1），是提高环境管理水平的需要。ISO 14001是环境管理标准，它包括了环境管理体系、环境审核、环境标志、全寿命周期分析等内容，旨在指导各类组织取得表现正确的环境行为。

UCS
环通认证中心有限公司
环境管理体系认证证书
编号：E0902004R0
兹证明
深圳市特发物业管理有限公司
（地址：深圳市福田区香梅北路2003号特发小区综合楼二楼　邮编：518034）
环境管理体系符合标准：
ISO14001:2004
环境管理体系覆盖范围：
公司本部及所属特发小区、发展中心大厦、泊林花园、华为数据中心的物业管理服务及相关管理活动
发证日期：2009年02月18日　证书有效期至：2012年02月17日
（本证书有效期内每年需进行监督审核，证书是否继续有效以是否加贴监督合格标志为准。）
机构印章：　签发（主任）：
第一次监督合格标志加贴处　第二次监督合格标志加贴处　第三次监督合格标志加贴处
C345
IAF
地址：深圳市华强南路无线电管理大厦13楼

图8-1 ISO 14001认证证书

其次，物业公司需要有一套完整规范的服务体系和一支专业精干的业务队伍。应根据建筑设备系统的类型、复杂性和业务内容的不同，配备专职或兼职人员进行管理。管理人员和操作人员必须经过培训和绿色教育，经考核合格后才可上岗。唯有通过专业化的分工和严明的制度管理，才能提高绿色建筑的运营管理水准。

（2）制定科学可行的操作管理制度

需要制定包括节能、节水、节材等资源节约与绿化的操作管理制度，可再生能源系统、雨废水回用系统的运行维护管理制度。

节能、节水、节材等资源节约与绿化的操作管理制度不能仅摆在文件柜里、挂在墙上，必须成为指导操作管理人员工作的指南，必须内化到人们的思维和行为中。

特别需要考虑的是，可再生能源系统、雨废水回用系统的运行维护技术要求高，日常管理的工作量大，无论是自行维护管理还是购买专业服务，都需要建立完善的管理制度，并保证实施效果，避免出现低效运转甚至废弃的情况。

运行管理部门应定期检查有关制度的执行情况，需要对操作人员和系统状态进行定时或不定时的抽查，并进行数据统计和运行技术分析。

运营管理制度包括：

1）节能管理制度：业主和物业共同制定节能管理模式；分户、分类的计量与收费；

建立物业内部的节能管理机制；节能指标达到设计要求。

2）节水管理制度：按照高质高用、低质低用的梯级用水原则，制定节水方案；采用分户、分类的计量与收费；建立物业内部的节水管理机制；节水指标达到设计要求。

3）耗材管理制度：建立建筑、设备、系统的维护制度，减少因维修带来的材料消耗；建立物业耗材管理制度，选用绿色材料。

4）绿化管理制度：对绿化用水进行计量，建立并完善节水型灌溉系统；规范杀虫剂、除草剂、化肥、农药等化学药品的使用，有效避免对土壤和地下水环境的损害。

5）垃圾管理制度。

6）建筑、设备、系统的维护制度。

7）岗位责任制、安全卫生制度、运行值班制度、维修保养制度和事故报告制度等。

(3) 绿色教育与宣传

在建筑物长期的运行过程中，用户和物业管理人员的意识与行为，直接影响绿色建筑的目标实现。绿色教育需要针对建筑能源系统、建筑给排水系统、建筑电气系统等主要建筑设备的操作管理人员，进行绿色管理意识和技能的教育；也需要针对建筑使用者，如办公人员、商场和旅馆的游客、学校的学生等，进行行为节能的宣传（表 8-1)。

首先，应定期对使用暖通空调系统的用户进行使用、操作、维护等有关节能常识的宣传，最大可能地减少浪费现象的出现。

用户的行为节能——室内温度设置 **表 8-1**

相关规定	冬季	夏季	过渡季节
用户的房间温度设置规定	供暖不高于 20C	制冷不低于 26℃	
房间空调器的使用规定	户外干球 温度≥16℃	夏季户外干球 温度≤28℃	应尽可能利用 自然通风

其次，现在很多绿色建筑的使用者并不知道自己所生活、工作的楼宇，获得过某种绿色认证，这样在意识上就很难形成自主的绿色观，在行为上也很难参与到绿色建筑中来。作为物业管理人员有义务指导业主或租户了解建筑物所采用的绿色技术及使用方法，一方面使大家学习掌握节能环保技巧，另一方面培养大家的绿色建筑主人翁精神。可向使用者提供绿色设施使用手册。

再次，需要明确“管理人员的科学管理＋用户的行为节能＝绿色建筑的成功运营”的思路。比如在办公建筑中，物业必须让入驻的公司了解他们的行为与建筑物的节能效果是密切相关的，作为入驻公司的管理者也必须让员工了解同样的道理。成功的绿色建筑在于运营、在于管理，在于建筑物内所有人对绿色建筑的共识、共鸣和共同行动。如某著名跨国公司的每一间会议室都贴有一张纸条提醒员工要关掉电灯，纸条内容是：一间空办公室一整晚亮着的灯所浪费的能源足够用来烧开 5000 杯冲泡咖啡的热水。这就是很好的绿色教育。

在开展这些工作的过程中，要对绿色教育宣传工作进行记录；如有突出的绿色行为与风气，可邀请媒体报道，以达到扩散宣传的效果。

(4) 资源管理激励机制

资源管理激励机制是指物业管理机构在管理业绩上与节能、节约资源情况挂钩，并通过合理的管理制度激励业主积极参与资源节约。

1）物业管理机构的工作考核体系中应当包含能源资源管理激励机制要求。物业在保证建筑的使用性能要求、投诉率低于规定值的前提下，实现物业的经济效益与建筑能耗、水耗和办公用品等的使用情况直接关联。

2）与租用者的合同中应当包含节能条款。通过激励机制，做到多用资源多收费、少用资源少付费、少用资源有奖励，从而实现绿色建筑节能减排、绿色运营的目标。

3）采用能源合同管理模式更是节能的有效方式。例如香港的上海汇丰银行决定将所有物业交由管理公司负责，合约内容包括能源管理：该合约明确列出数项能源管理要求，并提供管理公司相当有利的条件，承诺管理公司可从省下的能源开支中抽取一定的比例的金额[1]。

4. 相关标准、规范及图集

(1)《物业管理条例》(2003年6月8日中华人民共和国国务院令第379号公布　根据2007年8月26日《国务院关于修改〈物业管理条例〉的决定》修订)；

(2)《中华人民共和国物权法》中华人民共和国主席令第62号，2007年3月16日，自2007年10月1日起施行

(3)《关于进一步加强住宅装饰装修管理的通知》(建质［2008］133号)；

(4)《住宅室内装饰装修管理办法》(建设部第110号部令，2002年3月5日颁布，2002年5月1日实施)；

(5)《物业服务企业资质管理办法》(建设部第164号部令，2004年3月17日颁布，2007年10月30日修改)；

(6)《前期物业管理招标投标管理暂行办法》(建设部“建住房〔2003〕130号”文件，2003年6月26日颁布，2003年9月1日起实施工)；

(7)《住宅专项维修资金管理办法》(中华人民共和国建设部部令第165号，2007年12月4日颁布，2008年2月1日起施行)；

(8)《能源管理体系要求》GB/T 23331；

(9) 新修订版《安徽省物业管理条例》(2010年1月1日起施行)；

(10) 安徽省人民政府办公厅关于贯彻落实《公共机构节能条例》的意见(2009年5月21日)，《绿色建筑评价技术细则补充说明(运行使用部分)》。

5. 应用案例

苏州某办公建筑，是集办公、展厅、公务餐厅、车库、活动室及小型配套商店等功能的综合性办公设施，曾先后获得绿色建筑设计标识、运行标识，该建筑的物业管理公司制定和实施了以下节能、节水、节材与绿化管理制度：

(1) 节能方面

①节约空调用电：严格执行空调温度控制标准；②节约照明用电：自然采光条件较好的办公区域充分利用自然光；夜间楼内公共区域尽量减少照明灯数量；杜绝白昼灯、长明灯；③节约办公设备用电：长时间不使用的要及时关闭，减少待机能耗；④严禁使用电

[1] 洪雯等. 建筑节能：绿色建筑对亚洲未来发展的重要性. 北京：中国大百科全书出版社，2008.

炉、热得快等大功率电器。

（2）节水方面

①加强节水宣传；②安排专人定时、定期抄录水表，对用水量比较分析，发现情况异常，立即进行管网检查并采取有效措施；③注重绿化节约用水。

（3）绿化制度

绿化管理方面，制定治虫、除草、浇水、施肥、修剪等方面的规定。

此外，还采用绩效考核的方式，把物业的经济利益和建筑用能效率、耗水量直接挂钩。通过实施激励制度，做到多用资源多付费、少用资源有奖励，从而实施绿色建筑节能减排、绿色运营的目的。

物业管理激励制度如下：

（1）以2011年6月至2012年6月的电耗、水耗为基数，每年节约费用的50%作为对物业管理公司资源节约效果的奖励；若产生增加费用，以增加费用的30%作为惩罚。

（2）物业公司管理下，无跑冒滴漏现象发生，业主年终将对物业给予表扬及适当奖励。

（3）物业公司对节能、节水、节材方面提出具有可行性的合理改造建议，经业主讨论可以付诸实施的，可以申报合理化建议奖励。

（4）一年内项目的用电、用水、空调采暖设施均运行良好，未出现故障，则一次性奖励5万元。

（5）经常出现常明灯、长流水现象一次性罚款1万元。

8.2 技术管理

8.2.1 节能与节水管理

1. 技术简介

绿色建筑的运营管理是通过物业管理工作来体现的，物业的管理水平直接影响能绿色建筑的节能、节水目标的实现效果。

物业公司在建筑节能、节水方面有着天然优势。首先是它非常熟悉建筑系统的运作机制，可以根据预定方案直接地迅速地采取节能、节水措施；其次，它与客户联系密切，可以有效地施加影响。因此物业必须是整个建筑或小区的节能、节水运动的引领者和组织者。

物业公司应当建立节能、节水责任制，把节约能源工作纳入日常工作计划，使用节能/节水新技术、新工艺、新设备，并组织开展节能节水宣传活动，提高建筑用户的资源保护意识。

2. 适用范围

在住宅建筑、公共建筑中皆适用。对于那些不符合民用建筑节能强制性标准的既有建筑的围护结构、供热系统、制冷系统、照明设备和热水供应设施等，需要实施节能改造。

3. 技术要点

（1）分户、分类计量

分项计量是指对建筑的水、电、燃气、集中供热、集中供冷等各种能耗进行监测，从而得出建筑物的总能耗量和不同能源种类、不同功能系统的能耗量。要实现分项计量，必须进行数据采集、数据传输、数据存储和数据分析等。

分户计量与收费是指每户使用的电、水、燃气等的数量能够分别独立计量，并按用量收费。

对于公共建筑，办公、商场类建筑对电能和冷热量具有计量装置和收费措施；按不同用途（照明插座用电、空调用电、动力用电和特殊用电）、不同能源资源类型（如电、燃气、燃油、水等），分别设置计测仪表实施分项计量；新建公共建筑应做到全面计量、分类管理、指标核定、全额收费。通过耗电和冷热量的分项计量，分析并采取相应的节能措施以符合绿色建筑节能运营的目标。

对于居住建筑，要求住宅内水、电、燃气表等表具设置齐全，并采用符合国家计量规定的表具，且对住宅每户均实行分户分类计量与收费。

在绿色建筑的运营管理中，首先，要做好全年计量与收费记录。其次，如果所管理的建筑加入了政府的能耗监测网络（目前以大型公共建筑为主），还要配合相关部门安装能耗计量仪表，并按要求传送相关能耗数据（图8-2）。最后，跟踪能耗数据，准确找出建筑的能耗浪费和节能潜力，对症下药，做好本楼宇节能工作。

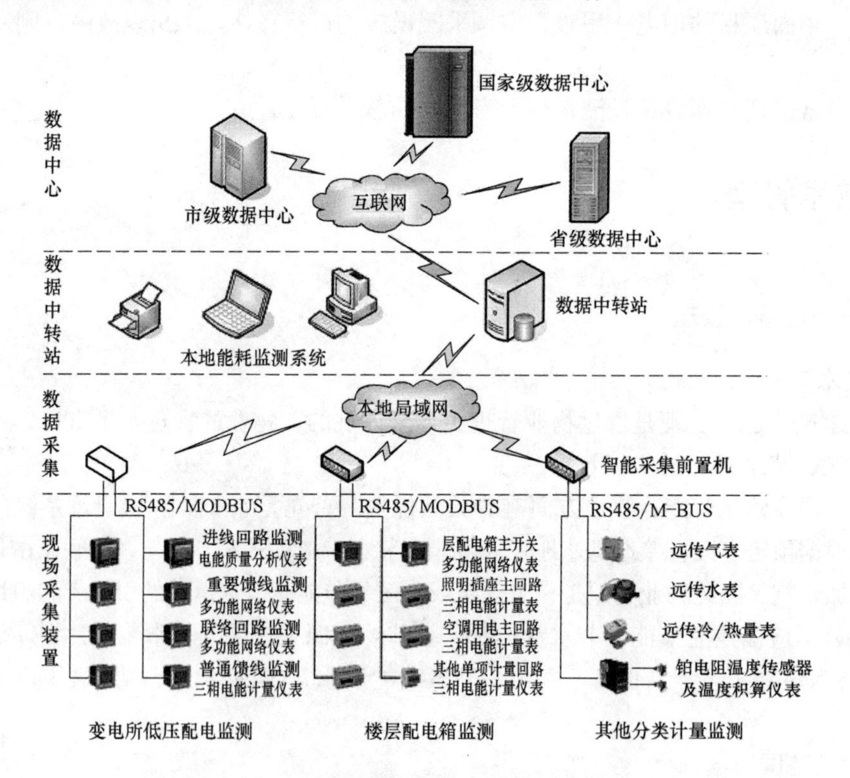

图8-2 建筑能耗监测分析管理系统

(2) 节能管理相关技术

业主和物业共同制定节能管理模式；建立物业内部的节能管理机制；节能指标达到设计要求。运营管理过程中，最重要的是依照绿色建筑的设计要求，确保各种系统、设备正常运行，实现最佳节能效果（参看本书第 3 章）。

（3）节水管理相关技术

建筑中水和市政再生水可优先用于冲厕，满足冲厕后尚有余量时，可依次用于绿化浇灌、水景补水、地面冲洗等。雨水收集可优先用于冷却塔补水，其次优先用于绿化浇灌，尚有余量时可再应用于道路浇洒、洗车等其他杂用水。

在节水管理方面，还需要注意防止给水系统和设备、管道的跑冒滴漏，规范地使用节水器具和节水设备、设施。同时，要提高建筑物水资源的使用效率，采取梯级用水、循环用水等的措施。如果建筑已设置了雨水收集、中水回用系统，需要充分使用雨水、再生水等非传统水源。为了保证非传统水源的安全性，必须定期进行水质检测，并准确记录。物业内部也必须建立节水管理机制（参看本书第 4 章）。

4. 相关标准、规范及图集

（1）《国家机关办公建筑和大型公共建筑能耗监测系统建设相关技术导则》（建科[2008] 114 号文件）（含《分项能耗数据采集技术导则》、《分项能耗数据传输技术导则》、《楼宇分项计量设计安装技术导则》、《数据中心建设与维护技术导则和建设》和《验收与运行管理规范》）；

（2）《城市供热价格管理暂行办法》（发改价格 [2007] 1195 号）；

（3）《能源管理体系要求》GB/T 23331；

（4）《中华人民共和国水法》；

（5）《当前国家鼓励发展的节水设备》（产品）目录；

（6）《节水型生活用水器具》CJ/T 164—2014。

5. 参考案例

上海某酒店的设计采用了多种绿色环保的管理手段，通过购买当地绿色能源项目的碳排放额度，实现碳中和。该酒店实施了一系列低成本和无成本的节能运行措施，将绿色设计和绿色运营结合，酒店在入住率提高的情况下，实现 27%的节能效果。改善的措施有：

（1）针对酒店高端服务的要求及设备特征，在保证酒店舒适度的情况下，酒店物业工程师严格控制了酒店的四管道供暖/冷系统。

（2）定期清洁空调系统过滤网和盘管，大大提高了设备的运行效率，节约了能源。

（3）对客房温控器进行调整，缩小其调整范围。客房内的温度设定在夏季不低于 22℃，冬季不高于 26℃。

（4）对全天 24h 开启的走廊照明灯的工作时间进行了调整，在有充足的日光照射的时间内手动关闭走廊照明。

（5）为喷泉及客房卫生间采取了节水措施。重新设定了喷泉的运行时间，降低了喷泉高度以防止喷水溢出池外，调整了进水阀以减少向喷泉池的供水量。降低了客房马桶的冲水量，从而在保证满足客人标准的同时，减少了冲洗马桶的耗水量❶。

---

❶ 赵言冰. 绿色建筑重在节能运行管理.《能源评论》. http://www.sgcc.com.cn/ztzl/newzndw/cyfz/12/261461.shtml

8.2.2 耗材管理

1. 技术简介

绿色建筑的“节材”理念同样应当体现于绿色建筑的运行阶段。物业公司开展的各项专业管理与服务，如建筑设备的维修养护、清洁保洁、污染防治、绿化管理等，都涉及物料用品的使用和消耗。加强各种耗材的管理，既可以节约运营成本，又能节省资源、保护环境。

2. 适用范围

在住宅建筑、公共建筑中皆适用。

3. 技术要点

建立建筑、设备、系统的维护制度，减少因维修带来的材料消耗；建立物业耗材管理制度，选用绿色材料。从物业内部的角度来讲，则需要注意以下环节：购买放置在容器内的物品以减少包装；制定清洗设备的标准，要求将清洗的化学物降到最低限度，并反复使用清洁布；采用双面打印或电子办公等方式，减少纸张的使用等。

4. 相关标准、规范及图集

《物业管理条例》(中华人民共和国国务院令第379号)。

5. 参考案例

某物业公司出台了《物料用品采购规定》，将各种耗材分为由公司统购的物品和由管理处自行采购的非统购物品两种，对大宗、常用、易损物品由公司统一采购，各管理处根据年初预算的需求，到公司仓库领用，对单位价值较低、非常用物品由各管理处自行采买。年度预算时公司从多方面考虑，根据各个物业区域的设施设备、房屋及附属物的老化程度进行物料耗材的预算。如对于清洁保洁用品的预算可以按照保洁人员的数量，根据保洁区域的档次和清洁卫生工作所负责的面积大小，来配置不同的保洁工具用具，预算出不同的费用额。公司对物品的采购实行年初预算总额，日常管理过程中放权和收权相结合的管理模式，通过建立健全物品管理的内部控制制度，在物品采购、领用、储存管理上建立规范的操作程序，堵住漏洞，降低成本。

8.2.3 室内环境品质管理

1. 技术简介

室内环境品质包括室内空气品质、室内热舒适性、室内声环境、室内采光与视野，在本书第7章已详细论述了这些指标。在绿色建筑的运行管理阶段，控制和提高建筑物的室内环境品质，在满足业主需求的前提下，又保证能源效率、资源效率，是物业管理的职责所在。

2. 适用范围

以公共建筑为主。

3. 技术要点

(1) 空调清洗

对风管系统的清洗由符合《公共场所集中空调通风系统清洗规范》规定的机构承担，

并严格按照该规范规定的程序进行清洗和消毒。

定期对空气处理机组、过滤器（网）、表冷器、加热（湿）器、冷凝水盘进行检查或更换。

开放式冷却塔应当每6个月至少清洗一次；空气处理机组、过滤网、表冷器、加热（湿）器、冷凝水盘等设备或部件应当每年至少清洗一次。

（2）HVAC设备自动监控技术

HVAC设备管理系统旨在创造安全、健康、舒适、温馨的生活环境与高效的工作环境，并提高系统运行的经济性和管理智能化，在绿色建筑运行管理中具有十分重要的作用。

在实际操作过程中，应对建筑内空调通风系统的冷热源、风机、水泵等设备进行有效监测，对关键数据进行实时采集并记录，设备系统按照设计要求进行可靠的自动化控制。对于照明系统，在保证照明质量的前提下，尽量减小照明功率度设计，采用感应式或延时的自动控制方式，实现建筑的照明节能运行。

此外，还要积极应对建筑物使用者的投诉和建议，制定意见反馈形式，发现问题后及时解决。

4. 相关标准、规范及图集

（1）《空调通风系统清洗规范》GB 19210—2003；

（2）《公共场所集中空调通风系统清洗规范》；

（3）《室内空气中细菌总数卫生标准》GB/T 17093—1997。

5. 参考案例

广州某公共建筑项目，制定了详细的清洗维护制度并实施：

（1）VRV空调系统保养

制定了《VRV中央空调系统保养规程》，由有专业保养人员进行保养，内容包括：查看控制点；检查开关灯灵敏度；检修更换失灵部件；检查清理控制箱、电源盘、包括磁吸触点、电气开关盒电路等；检查冷媒质量；检查主机控制系统、保护系统和各组件；检查阀门工作状态、密封性；清洗冷凝器及蒸发器；测量温度探头的电压和电阻确保准确性；检查更换底盖上的垫片。

（2）风机盘管保养

制定了《VRV空调系统附属设备保养规程》，对风机盘管每两年保养一次，内容包括：拆机检查保养风机/发动机，清洁叶轮机外壳；检查保养轴承；检查清洗表冷器、清洁过滤网；检查保温、冷凝水管；手动盘车试机。

天津某公共建筑项目，通风、空调等设备采用自动监控技术：

（1）新风机控制送风典型房间的温度及相对湿度；达到系统降温及除湿的要求。

（2）风机盘管设置冷热转换功能的温控器，设置风机三速开关及水管电动二通阀。

（3）毛细管设置冷热转换功能的温控器，设置水管电动二通阀。

（4）制冷机房内监测用户侧及地源侧系统流量、温度及压差。同时监测室外温度及相对湿度。

8.2.4 设备的设置、检测与管理

1. 技术简介

保持建筑物与居住区的公共设施设备系统运行正常，是保证绿色建筑实现各项目标的基础。应通过将公共使用功能的设备、管道、管井设置在公共部位等措施，尽量在减少对住户干扰的前提下，便于日常维修与更换。在运营维护中，通过物业管理机构的定期检查以及对设备系统调试、维护，不断提升设备系统的性能，提高建筑物的能效管理水平。

2. 适用范围

在住宅建筑、公共建筑中皆适用。

3. 技术要点

(1) 建筑中设备、管道的使用寿命普遍短于建筑结构的寿命，因此各种设备、管道的布置应方便将来的维修、改造和更换。

设计设备和管道时应考虑以下因素：

1) 设备机房功能完善、规模布局合理；

2) 各管井（电气间、设备间）应设置在公共部位且方便检修；

3) 管道、桥梁的布置合理方便；

4) 避免公共设备管道设在住户室内。

(2) 施工单位必须在施工图上详细注明设备和管道的安装位置，以便于后期检查和更新改造。

(3) 物业管理单位有责任定期检查、调试设备系统，标定各类检测器的准确度，根据运行数据或第三方检测的数据，不断提升设备系统的性能，提高建筑物的能效管理水平。

4. 相关标准、规范及图集

《物业管理条例》（中华人民共和国国务院令第379号）。

5. 参考案例

苏州某住宅项目具有公共使用功能的设备为消防水泵房、电度表箱，设置在属于公共部位的地下室、配电间。具有公共使用功能的管道为水、电、新风管井、设置在属于公共部位的楼道公共管道井内。此外，机房等设备置于地下室便于维修。

天津某公共建筑是一个绿色二星级运行标识项目，物业管理不仅对水暖电设备进行维护保养，保证各种建筑设备能够正常运行，而且通过BAS智能控制系统使绿色生态建筑更加节能、环保。

8.2.5 系统调试

1. 技术简介

系统调试是指通过现场调研，分析以及优化建筑系统性能来确保建筑系统持续高效运行。实施系统调试，一方面可以确保室内舒适度水平得到提升，满足使用者的需求；另一方面可以降低建筑系统运行能耗，节省运行费用。

2. 适用范围

适用于所有新建、改建和扩建民用建筑。

3. 技术要点

（1）技术指标

《绿色建筑评价标准》GB/T 50378—2014 第 10.2.5 条规定：定期检查、调试公共设施设备，并根据运行检测数据进行设备系统的运行优化。实行垃圾分类收集和处理，评价总分值为 10 分，并按下列规则分别评分并累计：①垃圾分类收集率达到 90%，得 4 分；②可回收垃圾的回收比例达到 90%，得 2 分；③对可生物降解垃圾进行单独收集和合理处置，得 2 分；④对有害垃圾进行单独收集和合理处置，得 2 分。

（2）实施要点

1）调试范围的确定

系统调试的对象为整个建筑，因此需要对其内部的系统以及相互作用情况进行测试以验证其是否符合当前的运行需求。这种整体式的调试方式能使调试效益最大化，确保建筑运行更加安全、高效并达到当前设施技术要求。尽管在工业调试实践中，通常将调试的范围限制在一个单独的系统（如暖通空调系统）或者独立的对象或者目标（如节能），但在建筑调试中，应注意整体的概念，不能只关注建筑系统的一部分，这样不会使建筑的整体运行效果达到最佳。

在建筑系统调试中，需要进行调试的系统如下：

① 暖通空调系统：由于空调系统是由各种设备（或空调子系统）和控制系统所构成，一般需要实施调试的内容至少有：冷水机组、冷却塔、泵（包含变速驱动）、风机（包含变速驱动）、空气处理机组（包含新风处理机）及控制系统。

② 建筑附属物：包括建筑围护结构、建筑内部以及周边道路。

③ 动力系统：包括电梯和自动扶梯。

④ 安防系统：包括火灾控制和防雷系统。

⑤ 给排水系统：包括给水系统、排水系统以及生活热水系统。

⑥ 电气系统：包括供配电以及照明系统。

⑦ 通信网络系统：包括通信、语音、视频系统。

⑧ 报警系统：包括故障诊断、安全及渗漏监测系统。

⑨ 可再生能源系统：包括太阳能热水、太阳能光伏系统等。

⑩ BAS 系统：包括暖通、给排水、电气、室内环境质量等。

2）调试顾问的选择

系统调试需要有一个专业的调试顾问，该顾问的作用是负责整个调试工作的领导和实施，包括调试计划的制定、调试工作的推进实施以及调试过程中的相关协调工作，提供建筑系统调试方案以及协助验证被调试系统在实施调试后一段时间内运行的性能。

系统调试顾问应是独立的业主方代表，最理想的情况是，调试顾问应独立于物业管理团队之外，对于被调试建筑没有具体的运维或者工程建设职责。系统调试顾问作为独立的第三方，有助于将一种自身全新的观念融入调试工作中，以此颠覆传统的运维工作。建筑调试顾问将通过提供专业技术和人力资源及灌输全新的工作热情来全程指导调试工作，并确保最终的调试工作达到最好的收益。

系统调试顾问也可以是独立的咨询顾问或者具备资格的业主方人员。如果调试顾问是独立的咨询顾问，并且其公司主要负责运维工作，参与其他工程项目但与业主方没有直接的合同关系，与业主方存在潜在的利益冲突。此种情况下，调试顾问应通过书面的形式公开申明利益冲突的性质以及解决冲突的办法。

调试顾问除了要求有良好的书写和语言沟通能力外，还要求有丰富的、最新的建筑工程知识和现场经验，包括了解建筑设计和建造过程，参与过建筑系统的调试，了解被调试建筑系统的工作原理，熟悉建筑系统的开启，平衡以及调整，测试，检修，运行以及维保步骤。

3）调试步骤及要求

系统调试不是一次就能完成的事情，而是在建筑全寿命周期内持续进行的一种活动。系统调试强调运维工作的重要性并要求建筑运行始终处于最佳水平，因此要求所有的参与方，包括最高管理层、工程师、运维人员、承包商、供货商以及租户进行通力合作。

系统调试一般分为5个基本阶段，包括计划阶段、调研阶段、实施阶段、移交阶段以及保持阶段，每个阶段的工作内容及目标如下所述。

① 计划阶段

计划阶段的目标是确认业主需求，并且通过制定一份“当前设施系统需求（CFR）”来明确建筑设施系统运行应达到的要求。通过制定系统调试计划，可以明确被调试建筑设施系统的调试步骤。如果建筑调试顾问聘请的是第三方的咨询顾问，承包商和咨询顾问应在业主方的“当前设施系统需求（CFR）”以及所需服务的范围基础上进行准备和执行。

（a）明确各参与方的角色和职责

所有参与系统调试的相关方的角色和职责应该在调试计划中进行明确。要有清晰的文档说明业主方的运行需求和要求，该项工作应该在本阶段工作结束前完成。

（b）明确工作范围、时间安排以及“当前设施系统需求（CFR）”

如果聘请了第三方作为系统调试顾问，其必须熟悉整个调试工作的范围、时间安排以及“当前设施系统需求（CFR）”并形成文档，所有这些文档应作为调试承包商合同的一部分。所有调试参与方的角色应在协议中进行明确。根据被调试系统的规模以及服务的范围，调试合同服务的时间可能会持续几星期或者几年。

（c）明确调试目标

调试过程中的目标对象必须予以明确，以便于团队关注，在计划阶段提供的指导将作为系统调试计划内容的一部分。

（d）明确“当前设施系统需求（CFR）”

在需要的情况下，该过程可以以审核的方式开始，更新“当前设施系统需求（CFR）”以及建筑运行需求。对于准备重新进行建筑调试的建筑而言，“当前设施系统需求（CFR）”是对本建筑之前所进行的“业主工程需求”初调试的一种演化。系统调试计划应详尽的说明“当前设施系统需求（CFR）”的各个细节，以便于文档中记录的要求与后续需要验证的要求相吻合。如果现有的建筑使用功能发生了变更，或者“当前设施系统需求”缺失，业主应该在调试顾问的协助下，重新建立一份“当前设施系统需求（CFR）”文档，内容包括温度、湿度、运行时间、过滤要求、振动和噪声控制等。对于一些特殊的要求应进行讨论并明确在“当前设施系统需求（CFR）”文档中。该“当前设施系统需求

(CFR)”文档应注明任何的集成要求、包括控制要求、火灾和生命安全要求、人员培训要求、质保审核要求、服务商审核要求、系统安全等。

(e) 进行初步建筑对标

通过历史运行数据计算分析当前建筑总体性能状况，以此进行初步建筑对标。该对标工作可以帮助发现建筑潜在的改进方向，并且可作为今后实施调试工作后测量建筑性能改善程度的基准线。

(f) 审核系统文件

审核系统的文件，包括建设设计和说明文档、运维手册、运维文档记录等。该审核工作能够加深对该建筑的进一步了解，但其主要目标是确认现有文档在系统调试调查阶段的可用性。

(g) 访谈关键运维人员

现场走访主要的运维人员，学习和了解他们在建筑日常运维工作中所获得的知识和经验。

(h) 现场走访

进行一次现场的全面走访，了解被调试建筑的所有功能空间以及它们目前的条件状况，入住率、照明、控制以及其他基础设备和设施的相关技术信息。

(i) 建立调试计划

建立一份系统调试计划，内容包括调试目标、各参与方的角色和职责、调试过程、沟通协议、主要工作内容和任务、总体的调试时间安排。调试计划应重点考虑所有参与方的水平以及如何与关键业主进行沟通等问题，这些将有助于确保各参与方达成共识，使调试工作顺利实施并最终取得成功。调试计划作为一份具体的工作方案将贯穿于整个调试过程。

(j) 制定建筑运行计划

对于已实施调试的建筑，应制定一份建筑运行计划，内容包括建筑基本概况、系统设备水平、分区级别、运行策略、设定最佳运行工况点和时间表，该计划将用于运行的需要以及“当前设施系统需求（CFR)”。

② 调查阶段

调查阶段的目标是进行现场调研，然后比较分析实际建筑条件状况以及系统性能与业主现行运行需求下所制定的“现行设施系统需求（CFR)”之间的差别。该阶段将最终审核调查结果总清单和确认各设施改进方案。其中设施改进方案应达到下列效果，实施该方案后将会改善建筑系统性能，达到“现行设施系统需求（CFR)”的目标，减少能耗，降低运维成本，改善室内环境质量。

(a) 调试协调

在调研阶段或者整个调试过程中，调试顾问应定期举行会议来讨论调试进展状况，调试系统的性能以及存在的问题。参与该会议的相关方，应提出调试工作所需的额外投入，比如一些简单的维修或者设施系统调整并达成最终的共识。

(b) 文档审核

审核建筑图纸和文档，了解建筑能源使用情况、最初设计的基础，评估系统集成。审核过程包括评估所有新旧图纸、指标，测试和平衡报告，运维手册（特别是与机械，电气和控制相关的）以及任何的历史调试报告。

（c）现场调查

进行一次全面的现场走访（最好有维保人员参与），评估计划阶段所确认的问题以及图纸和文档审核中看到的问题。文档审核期间未发现的一些重要设备信息，在现场调查中应重点关注并重新建立（例如在测试和平衡分析中确认当前空气以及水流量，或者如果运行数据不可用，进行正常的性能测试来确定系统是如何运行的）。对于文档审核中未发现而在该步骤中发现的问题应重新进行记录。

（d）用户询问

现场问询物业维护人员、使用人员、租户以及其他相关的人群，了解当前的建筑需求以及与设施系统运维相关的问题。正式的问询过程应在对建筑设施系统潜在问题了解的情况下，发现可以改进方向，进一步确认“现行设施系统需求”，并且能促使后续的调试目标达成一致。

（e）系统性能分析以及基准线的建立

收集和分析可用的能耗、非能耗以及其他系统性能运行数据，以此来建立设施性能的基线基准。可用的设施性能基准线数据应包括公用事业账单数据、分项计量数据、运行模式、舒适度投诉日志、室内空气质量参数、租户满意度调查结果、BAS系统趋势数据以及独立数据记录器记录的数据。

（f）系统诊断监测

建立一个诊断监测计划，然后执行全面的系统诊断监测。诊断监测方法包括BAS趋势分析，便携式数据记录器趋势分析以及能耗和天气数据采集。分析被收集的数据，确认问题和改进的方向以及需要进一步深入调研和关注的特殊问题。监测数据的分析有助于确认系统是否符合当前设施需求。

（g）测试制定

在工程范围内为需要确认的系统制定测试步骤，测试计划应重点关注确认现有的系统性能是否符合业主提出的设施需求。

（h）系统测试

通过系统测试来评估建筑系统性能。此外，任何在之前调研阶段发现的异常现象和问题，在系统测试中应做进一步的评估以确认产生的原因和可能的解决方案。特别是那些对于建筑系统的有效和高效运行有直接作用的重要传感器，应注意在测试过程中进行确认和校正。

如果在调研阶段的监测和测试中，在适当的条件下得到调试团队确认并进行简单的维修或者改进确认。系统调试过程将是一个重复性和灵活性过程，因此，一些执行工作将发生在调研阶段，反之，在执行阶段也将进行深入的调研工作。

（i）调查结果总清单

在基于以上步骤中所发现的问题，建立一份调查结果总清单并确认所有可能的改进措施方法。为了便于业主有充分的依据来做出决定并且选择具体的改进措施方法来实施，每种改进措施方法应至少包含以下信息：调查结果的描述；测试和解决方案的描述；改进后的益处；弊端和存在的风险；实施成本；节能效益；投资回报分析；调试团队对于实施的建议。通常情况下，在调研阶段的总清单中只有粗略预算的实施成本，实际的承包报价只有在实施阶段选择了具体的实施方案后才有确定。用于精确评估节能量的节能计算方法会因方法的不同而有较大的波动。对于影响计算方法精度的因素包括可应用的实际程序需求、业主的期望以及对于方案实施的投资水平。

(j) 性能保证

评估系统性能测试方法以及验证方案的正确实施，以此来论证实施的改进方案是成功的。每一项措施都应有一个适合于其规模和复杂性的验证方法学。确认后的验证方法学将会写入测量与验证（M&V）计划。测量与验证（M&V）计划将会提供一个全面的规则来验证所采用改进措施的性能，并确认在实施该措施后所预测的节能量是否达到要求。作为测量与验证（M&V）过程的一部分，连续的BAS趋势监测、便携式数据记录器监测、现场测量以及功能测试将会用于实施改造措施前、后的测试工作。

③ 实施阶段

实施阶段的目标是实施从调查结果总清单中所选择的和已被论证能达到预期结果和系统性能要求的改进措施。

(a) 分析、选择和确定改进措施

实施阶段中，应先分析和选择调查结果的改进措施，然后再实施。业主方应在调试团队必要的支持下，对调试团队所提出的改进措施进行评估和排序。最终实施方案的选择以及实施时间安排一般会受到多种因素的影响，包括投资回报、投资回收期、预算限制、预期设施的影响、今后资本的计划、可利用的改造资源等。

(b) 准备实施计划

在选择好改进措施后，调试团队应准备一份实施计划来指导实施过程。该计划通常会表明在实施阶段将有哪些改进工作会执行，在作为主要改进工程的计划实施时间表下，哪些工作会被延期。在总体系统运行能效目标下，最终达到所制定的“当前设施系统需求(CFR)”。

(c) 实施所选择的改进措施（FIMs）

在实施计划中已明确规定，针对系统和运行所选择的改进措施将会实施完成。

(d) 验证所选择方案的有效性

对改进和更新的系统进行测试或者再测试工作，验证改进措施的有效性。对于已确认的延期改建设备工程，通常也需要制作一份后期测试的计划。如果测试结果表明改进措施没有达到预期效果，则应作进一步的调整或者优化使其性能得到提升以达到预期效果。

(e) 执行测量和验证（M&V）计划

执行测量和验证（M&V）计划来评估工程改进取得成功并取得了预期的节能效果。

(f) 制定持续调试计划

应制定一份制定持续调试计划来帮助改进措施能持续发挥作用。

④ 移交阶段

移交阶段的目标是确保建筑调试团队与负责建筑后期运营的物业团队对于改进措施工

作有一个顺利的工作交接。成功的工作交接应能保证所有必需的文档、知识以及系统移交给运维人员，并且运维人员能有效地使用这些工具，实施的改进设施成为标准操作实践的一部分，设施需求达到预期目标并且产生的积极效果能在后续运行中持续。

(a) 更新运维手册和竣工资料

要求更新运维手册和所需的竣工资料。如果业主已有可接受的最新运维手册，这时只需修改在调试工程中已进行过改进的设备或操作。如果现有的手册无法充分支持现有设备的有效运维，业主应考虑增加一项工作，在调试范围内来完善这些内容。

(b) 制定总结报告并更新文档

调试总结报告记录了所有的建筑调试活动以及为业主所实施的改进措施，它将成为当前和今后建筑以及建筑运营者重要的资料文档。

(c) 编辑或者更新系统手册

对于"当前设施系统需求（CFR)"来说，编制或者更新系统手册是必需的。系统手册是建筑重要的档案，包括"当前设施系统需求（CFR)"文件、系统说明书、操作规程以及总结报告等。系统手册将会大大增强建筑管理人员有效管理建筑的能力。系统手册一般包括如下信息：索引；设施需求（CFR)；建造记录文档，说明书以及送审记录；设计基础；推荐的操作记录程序列表；运维手册；持续优化指南；培训资料。

(d) 建立一致性运行、调试和改进的计划

为了确保能持续改进和保持调试效果，应制定一份一致性运行和持续调试的计划，它是移交阶段一项非常重要的工作。该计划将提交给建筑使用者，内容包括建筑和系统的详细说明以及运行的策略和可利用的工具，监测和维护的任务。该计划将保证调试工作的成效并能持续改进。该计划将包括如下相关建议和说明：建立和监测能效和其他性能指标的基准线，跟踪能效，设施系统的预防和预测维护，BAS趋势分析，培训，更新CFR的步骤以及其他资料。

(e) 制定培训计划

建筑运维人员应该是调试团队的一分子，应参与到建筑调试过程的各个阶段，了解现场调研结果以及调试过程所产生的改变和进行的改进。培训工作应贯穿于整个调试过程。移交阶段应提供集中的培训机会，包括相关改进措施的实施，系统优化技术以及持续改进策略培训等。今后培训计划的建立应基于当前培训的需求，并应评估今后的需求，包括新员工培训，持续改进技巧的培训等。

(f) 举行一次学习会议

与物业管理人员以及其他调试团队成员一起举办一次学习交流会议。这将有助于运维人员继续保持由调试所带来的建筑系统性能的提升，并且能增加他们的知识，拓展他们今后在建筑管理中发现和提出改进措施的能力。

⑤ 保持阶段

保持阶段的目标是确保所有进行过调试改进的设施系统在其寿命周期内能继续合理有效运行，通过规章制度和运行管理工具使设施系统性能能持续改进，满足当前的设施系统需求。

(a) 保持一致性的运营和持续调试计划

通过实施一致性的运营以及持续调试计划，达到持续改进设施系统性能的目标。

(b) 建筑能耗对标

通过与其他同类型建筑以及实施调试前的建筑进行对标，持续分析被调试建筑的能源消耗情况，这是目前一种可靠的评估建筑运行性能的方式。通过制定激励机制来促使建筑每年的能效提升目标。

(c) 监测和跟踪能耗使用情况

通过监测和追踪实时了解建筑能耗的变化情况。公用账单数据记录了建筑运行过程中的能源使用数量，它能够帮助物业运营人员及时了解建筑各种类型能源的使用情况。追踪能耗量和运行费用，可通过分析公用账单费用以及能源实时监测系统。该系统目前得到广泛应用，它可以帮助物业管理人员监测实时的关键基础能耗，设施系统运行参数以及各种历史数据的比较。通过在能源实时监测系统中建立不同能源类型和系统水平性能目标，在持续调试的基础上帮助改进能源效率。

(d) 监测和追踪建筑的其他性能指标

监测和追踪建筑的其他性能指标，如舒适度、租户满意度、室内空气品质等，以此来评估建筑性能，并与在调试前所建立的建筑性能基准进行比较。

(e) 分析关键系统参数趋势

通过分析关键系统参数运行趋势，可以提前预测潜在的问题以及评估系统的性能。系统中的BAS系统有大量的系统运行趋势日志，定期分析趋势日志对于确认调试改进设施是否正确运行是十分重要的手段。

(f) 在操作日志中记录改进内容

通过操作日志来记录运行中的重要事件，如设备的更换、维护保养、测试、出现的问题以及解决方案。可能的情况下，日志最好采用电子文档的方式，以方便查询。目前有专业的计算机维修管理系统，可用于辅助管理运行日志。

(g) 应用BAS系统执行持续性策略

应用系统中已有的BAS系统，可以方便物业管理人员了解和保持实施调试后的系统性能。通过建立设施改进措施系统变化检查机制，确保改进措施的任何原始变化都能立即被记录并纳入到设施系统的日常运维和工作制度中。

(h) 启用自动故障和诊断工具

启用BAS系统中集成的自动故障和诊断工具，可以检测系统故障并提醒运维人员。

(i) 执行人员培训计划

对于上一年已制定的人员培训计划，应按照计划时间安排严格执行，并做好下一年度的人员培训计划。

(j) 执行再调试过程

建筑在运行一段时间后，应执行再调试过程。执行再调试的时间周期一般为3～5年，如果建筑性能有明显下降或者建筑使用功能发生了较大变化，调试时间可酌情调整。

4. 相关标准、规范及图集

(1)《通风与空调工程施工质量验收规范》GB 50243—2002；

(2)《建筑给水排水及采暖工程施工质量验收规范》GB 50242—2002；

(3)《建筑节能工程施工质量验收规范》GB 50411—2007。

5. 应用案例

杭州某三星级绿色公共建筑项目，在实施过程中注重整个项目的能源系统调试工作，成立了专门的能源调试小组，具体涉及业主方、调试方、监理、总包、设计、机电设备承包商、弱电承包商等。从项目的方案阶段，整个调试工作全程介入，依据既定设定目标，对能源系统在设计、施工、安装调试以及运营管理各个阶段进行监管，涉及的系统包括地源热泵系统、毛细管末端系统、溶液调湿新风系统、活动外遮阳系统、雨水系统、智能照明系统、自然导光系统、室内环境监控系统、BAS系统等。通过对该项目的系统进行全面的调试管理，整个项目目前运行良好，室内舒适度水平高，运行能耗也较低，实景情况如图8-3所示。

图8-3 热泵及辐射末端现场实景图

8.2.6 物业管理信息系统

1. 技术简介

物业管理信息系统是专门用于物业信息的收集、传递、存储、加工、维护和使用的系统，它能实测物业及物业管理的运行状况，并具有预测、控制和辅助决策的功能，帮助物业管理公司实现其规划目标。

2. 适用范围

适用于各类民用建筑。

3. 技术要点

(1) 设计要点

1) 物业管理软件应符合的基本要求

① 软件的功能要覆盖物业管理和提供服务过程中所包含的主要工作，并与工作习惯保持一致；

② 操作系统平台具有兼容性，数据可以在不同系统间进行传递；

③ 全面导入ISO 9001：2000质量体系管理模式；

④ 软件兼容性好，能够与其他办公自动化（如财务税控系统）和专业化管理软件（如小区一卡通系统）实现无缝对接；

⑤ 能够与现有硬件（如各银行刷卡机、各种手持终端设备）建立数据接口；

⑥ 支持软件功能扩展、系统日常维护和版本的升级；

⑦ 物业管理软件应界面友好，易学易用。

2）物业管理信息系统应具备的基本功能

① 房产资源管理。建立起物业管理、客户档案等基本信息，对所有的房产资源进行管理。

② 物业收费管理。系统应能快速地生成所有的物业收费项目，方便地录入变动数据，可对每户的收费情况进行统计和查询。

③ 保安消防管理。包括重大事件的记录、消防器械的维护、岗位责任的明确等功能。能做到有事可查，有据可依，有责可追。

④ 客户管理。提供二次装修、服务派工、租售房产等功能。每次系统启动时都有报事提醒，以方便快速地解决客户报事。

⑤ 财务管理。设计派工一览表、派工费用查询、报事统计等模块，按报事类别对公司的花销进行控制管理。

⑥ 停车场管理及库存管理。对业主车辆的信息进行管理，外来车辆和业主车辆进行有效记录。记录所有设备和物品的入库出库情况，以便于对商品和供应商的信息进行维护。

⑦ 工程设备管理。此模块应包括设备档案、故障维修、仓库物料、图纸资料管理等功能。

⑧ 办公管理。实现会议记录、工作计划、公司文档、社区服务等功能，以提高物业管理公司的文档管理效率及科学规范性。

⑨ 绿化保洁。对绿化保洁进行计划、实施情况、绿化药品的使用存储情况进行统计。

⑩ 人事管理。维护员工信息，分析员工结构，审核发放员工工资。

⑪ 系统管理。支持口令修改和用户权限管理功能。定期对数据进行备份、恢复等操作，提高数据的安全性。

4. 相关标准、规范及图集

《建筑及居住区数字化技术应用第 3 部分物业管理》GB/T 20299.3。

5. 参考案例

南通某绿色居住建筑项目总建筑面积 23.30 万 m^2，容积率 4.6，绿地率 45%，建筑密度 33.80%，小区由 9 栋高层住宅和地下车库共同组成。

该小区物业管理系统采用思源物业管理系统。通过此系统，物业管理人员可为住户提供一站式管家服务。该系统由基础管理子系统、收费管理子系统、客户服务子系统、“我的工作组”四个部分组成。

通过基础管理子系统，物业管理人员可完成系统管理、住户档案管理、物业资源档案管理、车辆档案管理及综合查询功能。

通过收费管理子系统，物业管理人员可完成入住管理、收费管理、走表分摊等功能。

通过客户服务子系统，物业管理人员可完成装修管理、室内维修、家政服务、客户投诉、本体维修等功能。

8.3 环境管理

绿色建筑的环境管理主要包括绿化管理和垃圾管理，具体又可分为：病虫害防治措施、提高树木成活率、垃圾站冲洗、垃圾分类回收、可降解垃圾单独收集等。

关于增量成本：病虫害防治措施、提高树木成活率、垃圾站冲洗、垃圾分类回收不增加成本，可降解垃圾单独收集处理成本相对较高。

8.3.1 绿化管理

1. 技术简介

在绿化管理方面采用无公害防治技术，保证较大的树木成活率，是绿色建筑的一个重要指标。

2. 适用范围

绿化管理相关技术或制度在住宅建筑、公共建筑中皆适用。

3. 技术要点

（1）采取无公害病虫害防治措施

绿色管理要采用无公害病虫害防治技术，规范杀虫剂、除草剂、化肥、农药等化学药品的使用（图8-4）。

在绿化管理过程中要注意：

1）加强病虫害预测预报：病虫病虫害的发生和蔓延，将直接导致树木生长质量下降，破坏生态环境和生物多样性，应当做好预测预报工作，严格控制病虫害的传播、扩散。

2）增强病虫害防治工作的科学性：要坚持生物防治和化学防治相结合的方法，科学使用化学农药，大力推广生物制剂、仿生制剂等无公害防治技术，提高生物防治和无公害防治比例，保证人畜安全、保护有益生物，防止环境污染，促进生态可持续发展。

3）对化学药品实行有效的管理控制，保护环境，降低消耗。

4）对化学药品的使用要规范，要严格按照包装上的操作说明进行使用。

对化学药品的处置，应依照固体废物污染环境防治法和国家有关规定执行。

（2）提高树木成活率

图8-4 绿化养护

绿化管理贯穿于规划、施工及养护等各个阶段，在养护的过程中，物业须及时进行树木的养护、保洁、修理，使树木生长状态良好，保证树木有较高的成活率。《绿色建筑评价标准》GB/T 50378对住宅建筑的小区绿化水平有很明确的规定："老树成活率达98%，新栽树木成活率达85%以上。"

在绿色建筑的绿化管理过程中，物业需要了解植物的生长习性、种植地的土壤、气候、水源水质等状况，根据实际情况进行植物配置，以减少管理成本，提高苗木成活率。

需要对行道树、花灌木、绿篱定期修剪，草坪及时修剪。及时做好树木病虫害预测、防治工作，做到树木无暴发性病虫害，保持草坪、地被的完整。发现危树、枯死树木及时处理。

4. 相关标准、规范及图集

(1)《城市绿化条例》(国务院令［1992］第100号)；

(2)《合肥市城市园林绿化工程管理规定》(1994年8月1日起施行)；

(3)《合肥市城市绿化管理条例》(2010年2月1日起施行)；

(4)《农药管理条例》(中华人民共和国国务院令第326号)；

(5)《农药管理条例实施办法》(中华人民共和国农业部令第9号)。

5. 参考案例

苏州某住宅项目，于2011年获得绿色建筑三星级运行标识，该项目在绿化方面采取了以下措施：

(1) 乔木修剪每年3遍以上、灌木修剪每年5遍以上，无枯枝、萌蘖枝；篱、球、造型植物按生长情况，造型要求及时修剪，做到枝叶茂密、圆整、无脱节；地被、攀缘植物修剪、整理及时，每年3次以上，无枯枝。草坪常年保持平整，边缘清晰，草高不超过6cm。

(2) 常年土壤疏松通透，及时清除杂草，做到每平方低于3棵杂草。

(3) 按植物品种、生长、土壤状况适时适量施肥。每年施基肥不少于一遍，花灌木增追施复合肥二遍，满足植物生长需要。

预防为主、生态治理，各类病虫害发生低于3%。

8.3.2 垃圾管理

1. 技术简介

需要对垃圾物流进行有效控制和科学管理。一般而言，垃圾管理的技术难度并不高，但要实行到位却也不容易，主要是会遭遇执行力度不够大、用户行为习惯跟不上等阻碍。因此，在解决了技术设备等硬件问题后，还需跟协作单位作好协调、对建筑物用户展开宣传教育，并依照严格的管理操作制度，进行积极有效的控制，最终由所有人同心合力创造一个优雅、整洁、美观、健康的生活环境。

2. 适用范围

垃圾管理相关技术或制度在住宅建筑、公共建筑中皆适用。

3. 技术要点

(1) 垃圾站冲洗

垃圾站，是收集垃圾的中途站，也是物料回收的中转站。垃圾站的清洁程度，直接影响整个生活或办公区域的卫生水平。重视垃圾站（间）的景观美化及环境卫生问题，才能提升生活环境的品质。

垃圾站（间）设冲洗和排水设施，存放垃圾需要做到及时清运、不污染环境、不散发臭味。出现存放垃圾污染环境、散发臭味的情况时，要及时解决，不拖延时间，不推卸责任。

（2）垃圾分类回收

垃圾分类回收就是在源头将垃圾分类投放，并通过分类的清运和回收使之分类处理或重新变成资源。垃圾分类收集有利于资源回收利用，便于处理有毒有害的物质，减少垃圾的处理量，减少运输和处理过程中的成本。

垃圾分类收集率是指实行垃圾分类收集的住户占总住户数的比例。在《绿色建筑评价标准》GB/T 50378 中，要求垃圾分类收集率（实行垃圾分类收集的住户占总住户数的比例）达 90％以上。

在建筑运行过程中会产生大量的垃圾，包括建筑装修、维护过程中出现的土、渣土、散落的砂浆和混凝土、剔凿产生的砖石和混凝土碎块，还包括金属、竹木材、装饰装修产生的废料、各种包装材料、废旧纸张等，对于宾馆类建筑还包括其餐厅产生的厨余垃圾等。这些众多种类的垃圾，如果弃之不用或不合理处理将会对城市环境产生极大的影响。为此，在建筑运行过程中需要根据建筑垃圾的来源、可否回用性质、处理难易度等进行分类，将其中可再利用或可再生的材料进行有效回收处理，重新用于生产。在垃圾输运过程中采用封闭的车辆，避免垃圾异味、污水的溢散，减少扬尘等环境污染。

开展垃圾分类回收工作还须注意以下几点：

1）需要明白垃圾分类是个复杂、长期的系统工作，其主要困难在于以下几个方面：缺乏环保意识；宣传力度不够；分类设施不全；部门规划不利。

2）避免已分类回收的垃圾到垃圾站又重新混合，这是不少分类小区存在的现象。

3）重心前移，加强前端管理实现垃圾减量化是最根本的办法，重心不要光围着环卫作业，工作重心是社区，以社区为平台，将垃圾分类收集（图 8-5）、分类存放、分类运输、分类加工、分类处理等一一落实好，才是抓点子，才能抓出成效。

图 8-5　垃圾分类

（3）可降解垃圾单独收集

可降解垃圾指可以自然分解的有机垃圾，包括纸张、植物、食物、粪便、肥料等。垃圾实现可降解，大大减少了对环境的影响。

这里所说的可降解垃圾主要是指有机厨余垃圾。

垃圾生物降解技术原理：将筛选到的有效微生物菌群，接种到有机厨余垃圾中，通过好氧与厌氧联合处理工艺降解生活垃圾，引起外观霉变到内在质量变化等各方面变化，最终形成二氧化碳和水等自然界常见形态的化合物。降解过程低碳节能符合节能减排的理念。有机厨余垃圾的生物处理具有减量化、资源化效果好等特点，是垃圾生物处理的发展趋势之一。

要进行有机垃圾的生物处理，需要实行垃圾分类，以提高生物处理垃圾中有机物的含量。还需要对可生物降解垃圾进行单独收集，设置可生物降解垃圾处理房，垃圾收集房设有风道或排风，冲洗和排水设施，处理过程无二次污染。

4. 相关标准、规范及图集

(1)《中华人民共和国固体废物污染环境防治法》;

(2)《中华人民共和国水污染防治法实施细则》(中华人民共和国国务院令第284号);

(3)《中华人民共和国水土保持法》;

(4)《城市生活垃圾管理办法》(中华人民共和国建设部令第157号);

(5)《安徽省城市生活垃圾处理收费管理暂行办法》(2008年1月1日起执行)。

5. 参考案例

苏州某住宅项目，于2011年获得绿色建筑三星级运行标识。

该项目物业管理公司制定专门的垃圾管理办法，为小区每家每户免费赠送垃圾袋，在楼栋设置密闭分类垃圾桶，并安排保洁人员定期清理，生活垃圾日产日收。

(1) 引导业主在室内对垃圾进行分类;

(2) 垃圾清运人员在清运时，对垃圾进行简单分类，分类装运;

(3) 配备1名保洁员，在垃圾房进行分类:

1) 不可回收的厨余垃圾进行生物降解处理；其他不可回收垃圾重新装袋统一运走;

2) 可回收垃圾集中统一分类放置，联系废品回收机构回收;

3) 有害垃圾送至服务中心集中存放，达到一定量后送至苏州市再生资源投资发展有限公司处理。

为了本小区实现垃圾分类及无害化处理，减少垃圾废弃物的产量，实现废弃物的再利用和再利用，在小区实行垃圾分类处理，前期选择十七幢一单元作为推进垃圾分类工作的试点，逐步向整个园区推进。

该项目采用某品牌垃圾生物处理机3台，处理能力100kg/24h，处理机外观美观整洁、密封紧密，可设置“正转—停止—反转—停止”的自动运转程序，出料口设置警示灯。处理过程中无需加水，不要添加任何辅料，也没有污水排放。采用国际先进生化技术，完全、彻底地将对人畜有害的有机垃圾进行生化处理，处理后所产生的衍生物为纯绿色的有机肥料，不含任何化肥成分，不但可以解决有机垃圾对环境的污染，还可以通过衍生物补偿在垃圾处理过程中的成本支出，处理过程无二次污染。处理过程中产生的二氧化硫、氨、硫化氢和噪声等均远远小于标准限值，不会对周围环境造成影响。

垃圾分类宣传主要通过入户向业主发放调查问卷、倡议书，宣传栏张贴宣传海报，小区主入口摆放宣传海报，还有网络宣传、LED宣传等手段，全方位、多维度地向业主推广小区的垃圾分类活动，吸引更多的业主参与。通过从小区业主中招募环保志愿者，发展环保宣传和推进垃圾分类的骨干，使更多的业主参与到垃圾分类进程中。